使君子

红花羊蹄甲

喜花草

红花玉蕊

红蝉花

五星花

黄兰

双荚槐

火焰木

灰莉

直立山牵牛

红楼花

蔓马缨丹

依兰香

红萼龙吐珠

黄钟花

猩猩草

皇帝菊

香彩雀

紫背万年青

黄蝎尾蕉

瓷玫瑰

韭莲

变叶木

肾蕨

鹅掌藤

沙漠玫瑰

红雀珊瑚

火殃勒

文心兰

美冠兰

蝴蝶兰

睡莲

王莲

银鳞风铃木

海南杜鹃

美丽异木棉

海桑

火烧花

钝叶鸡蛋花

棍棒椰子

琼棕

霸王棕

老人葵

糖棕

热带林学（风景园林）系列教材

热带观赏花卉学

赵　莹
宋希强　主　编

中国建筑工业出版社

图书在版编目（CIP）数据

热带观赏花卉学/赵莹，宋希强主编. —北京：中国建筑工业出版社，2020.4（2023.5 重印）
热带林学（风景园林）系列教材
ISBN 978-7-112-24949-7

Ⅰ.热… Ⅱ.①赵… ②宋… Ⅲ.①热带-花卉-观赏园艺-教材 Ⅳ.①S68

中国版本图书馆 CIP 数据核字（2020）第 039791 号

责任编辑：郑淮兵 王晓迪
责任校对：王 烨

热带林学（风景园林）系列教材
热带观赏花卉学
赵 莹
宋希强 主 编

*

中国建筑工业出版社出版、发行（北京海淀三里河路 9 号）
各地新华书店、建筑书店经销
北京科地亚盟排版公司制版
建工社（河北）印刷有限公司印刷

*

开本：787 毫米×1092 毫米 1/16 印张：24¾ 插页：8 字数：599 千字
2020 年 8 月第一版 2023 年 5 月第二次印刷
定价：**78.00** 元
ISBN 978-7-112-24949-7
（35709）

编　委　会

序　一

花卉科学是植物科学与人类美学的结合，花卉是生态建设、美化环境的重要材料资源，也是医药和食品产业不可或缺的原料来源，因此，花卉学是园林、林学、农学、食品等专业的重要专业课或专业基础课之一，具有重要的学术价值、产业价值及教材建设价值。由于植物资源的种群差异是紧随气候带的变化而变化的，花卉植物资源的种类分布具有十分重大的地域性差异，因此建立不同地理气候带的特色花卉学研究方向，发展不同气候带的特色花卉产业，以及设计具有地域特色的园林植物造景等工作皆是十分必要的，具有重要意义。

目前我国花卉学方面的专业教材主要集中于温带花卉，对热带花卉进行介绍的内容非常少，针对热带、亚热带地区花卉资源方面的教材还很缺乏。2010 年宋希强教授开启了这一领域教材的探索，主编出版了《热带花卉学》，发挥了很好的作用。近年来，花卉科学与技术及花卉产业发展迅速，随着热带兰、热带睡莲、凤梨基因组测序的完成，针对热带花卉资源的基因组、转录组、蛋白组、代谢组等不同“组学”研究不断加深，细胞生物学技术逐渐发展，科研人员能够对热带花卉进行从微观到宏观的多学科综合研究，探讨热带花卉的生命活动规律等，使热带花卉科学有了极大的进步。热带花卉产业规模不断扩大，教学改革不断深入，迫切需要对《热带花卉学》进行与时俱进的修订、完善与再版。

今天，宋希强教授领衔的教学名师工作室主持了本次修订工作，由赵莹、宋希强主编的《热带花卉学》修订出版为《热带观赏花卉学》。本书在系统介绍观赏花卉共性特征的基础上，突出了热带地区花卉的分布和分类情况，热带、亚热带地区的花卉种类，热带花卉的生长发育环境，热带花卉的栽培繁殖等知识内容，同时介绍了具有典型特征的热带趣味花卉，具有完整的课程体系和十分鲜明的热带特色；本书理论联系海南省热带自然生态资源实际，结合海南花卉产业区划与布局，挖掘并阐明野生花卉资源的利用潜力，对发展热带观赏花卉产业及海南花卉产业化构建进行了探讨，对我国热带花卉产业的发展具有指导意义；本书适应教学改革“智能＋教育”的模式需求，内容与“热带观赏花卉学”省级精品开放课程相匹配，弥补了在线开放课程缺乏教材指导的不足；本书融入了最新的科研成果，增加了当前国际上在热带花卉领域先进的研究工作基础知识，可为科研人员和社会科普工作提供参考。

我相信该教材一定会在热带区域高等农林院校林学、园林、风景园林本科教学过程中发挥积极作用，为提高本课程教学质量和培养区域性农林高级人才作出贡献。

乐为序！

中国工程院院士
尹伟伦

2020 年 3 月 20 日

序　二

热带地区是全球生物多样性最丰富的地区，热带陆地、淡水和海洋生态系统涵盖了全球78%的物种。中国是全世界唯一具有热带、亚热带至寒温带连续完整的各类植物类型的国家，热带植物资源丰富，其中1/3以上具有观赏价值，可以用于花卉栽培观赏和应用。老茎生花、独木成林、空中花园、巨大板根，构成了热带地区独特的植物景观；多姿多彩、芳香馥郁、四季不断、繁殖栽培简易的特点，又赋予了热带花卉巨大的开发潜力和应用价值，其中不少已经成为当今花卉产业的主要种类。

然而，长期以来，我国花卉学的教学内容以温带、暖温带和亚热带花卉为主，对种类繁多的热带花卉多是点到为止，国内也缺少专门介绍热带花卉的教材。2010年，由海南大学宋希强教授主编的《热带花卉学》填补了这一空缺，成为我国第一本系统介绍热带花卉的专业教材。该书出版10年以来，被多所高校作为教材或参考书，得到了广大师生和花卉爱好者的肯定与赞誉。10年后的今天，我国花卉产业需求和教学形势都发生了巨大的变化：新花卉作物的研发周期加快，花卉种类更新迅速，产业技术的创新能力不断增强，以及慕课、翻转课堂等新型教学模式的应用，都使原有教材的修订势在必行。因此，《热带花卉学》编委会再次组织人员，对教材进行了再版修订。

首先，本次教材修订突出了热带花卉的特点，强调了实践性，调整了第一版教材的框架，与海南省级网络精品课程“热带观赏花卉学”授课内容密切对应，便于通过网络教学方式学习热带花卉的同学和爱好者使用；其次，新增了当前和以后一段时间内花卉市场可能广泛应用和流行的新种类、新品种，增加了最新的花卉繁育技术，以适应当前花卉产业的发展；最后，针对第一版的问题和不足之处进行了修订，使教材更加完善。本教材是主编赵莹和宋希强两位教授和编者们长期教学和科研成果的应用，具有较强的科学性、系统性和实用性。我相信，本次修订不仅能使新版教材更加适应网络教学的方式，更加符合目前我国花卉产业发展和高等教育的需要，还能为花卉爱好者提供系统的花卉学知识，对完善我国花卉学教学内容具有重要意义，值得庆贺。希望《热带观赏花卉学》编写组充分发挥特色和优势，再接再厉，编写出更多更好的热带特色教材。

北京林业大学教授
张启翔

2020年2月20日于北京

前　言

《热带花卉学》自2010年作为热带园艺园林专业特色教材出版以来，至今已过去了十个春秋。在此期间，热带花卉以其丰富艳丽的色彩、独特的观赏特性受到越来越多民众的关注，如多浆植物、水生花卉、兰科花卉等已进入人们的日常生活，频频出现在室内庭院中、工作案头上。而作为一本有关热带花卉学的教材，编者也欣闻其被花卉爱好者、花卉生产者、景观设计者等作为重要的参考资料使用。然鉴于我国花卉产业发展迅猛，新的花卉品种、培育方法和科研成果层出不穷，为了推介热带花卉学新理论、新技术及生产实际中新出现的观赏种类，因此迫切需要对《热带花卉学》教材予以修订补充。同时，近年来在线开放课程和学习平台，包括慕课、翻转课堂等新的教学形式在世界范围迅速兴起，教学内容、方法、模式和教学管理体制机制发生了重大变革。为补充新的花卉学知识，适应新的教学方式，提升热带花卉学教学水平，我们开设了海南联盟“热带观赏花卉学”省级精品在线开放课程，运行几年来取得了良好的教学效果。《热带观赏花卉学》作为其配套教材，结合当前的新形势、新需求，对第一版《热带花卉学》教材结构和内容进行了调整，以适应新时代的需要：如将第一版中第八章宿根花卉，修订为20种，其中商陆不再介绍，新增肾茶、长寿花、鱼腥草及猪笼草4种观赏植物；第九章球根花卉，修订为12种，其中红球姜、晚香玉及白芨不再介绍；第十一章水生花卉，按照重要水生花卉和常见水生花卉划分，增加重要水生花卉内容。

与《热带花卉学》相比，《热带观赏花卉学》对知识结构进行了调整，删减了少量热带地域不明显、观赏价值不高的种类；新增了近几年生产实际中应用较广泛的种类，并重点突出了对每种植物观赏特性的介绍。由原来的22章更改为14章，其中总论中第一章花卉的形态和构造本书不再介绍，各论中第十二章岩生植物、第十三章地被植物、第二十章观赏凤梨和第二十一章姜目花卉不再介绍。本教材重点介绍热带草本植物，对一部分观赏木本植物进行了精简，对《热带花卉学》中的第十四章、第十五章、第十六章、第十八章进行优选，统一合并为木本花卉。第一版第二十二章部分棕榈科植物融入本书第十四章趣味花卉里。对近年来园林应用广泛、产业化规模较大的荷花、睡莲等重要水生花卉进行重点讲述。其他修订内容请参阅各章节介绍，恕编者不再一一赘述。

《热带观赏花卉学》也对教材特色进行了凝练，增加了第十四章热带趣味花卉；同时对第一版中存在的一些不足之处进行了订正，对行业发展的新进展进行了更新。修订后的教材将更适合热带地区和亚热带地区花卉学的教学，也可以作为对热带花卉感兴趣的学者、爱好者的参考资料。

《热带花卉学》是热带林学、风景园林专业系列教材，全国许多兄弟院校，尤其是华南、西南地区院校将其作为林学、园林专业、风景园林、园艺专业的主干课程教材，也有许多院校将其作为相关专业选修课教材，还有一些读者将其作为一本很好的工具书使用。在使用过程中，一些老师和同学发现了其中的错误与瑕疵，并通过各种方式将意见反馈给编者，我们在《热带观赏花卉学》教材中一并进行了处理。谨此，对上述老师和同学表示衷心的感谢。需要特别感谢的是，本教材承蒙北京林业大学尹伟伦院士在百忙中抽出时间审阅，并提出宝贵的修改意见！此外，我们也衷心感谢出版、编辑人员为此书出版付出的大量辛勤劳动。本教材得到海南省高等学校教育教学改革研究项目（Hnjg2017ZD-9）和海南大学教育教学研究项目（hdjy1704、hdjy2006、hdjy2063）、海南大学自编教材资助项目（Hdzbjc1807）、海南大学国家精品在线课程培育《热带观赏花卉学》（hnjpk201704）、海南大学教学名师工作室项目（hdms202016）、海南省科技厅重点研发项目（ZDYF2017025）、国家自然科学基金（31760217、31760590）资助，同时得到国家林木种质资源共享服务平台运行服务奖励补助项目（hdzkpt2019001）支持，在此表示衷心感谢。

海南大学林学院宋希强教授领衔的教学名师工作室主持了本教材的撰写与修订工作，海南师范大学、热带海洋学院、琼台师范学院也参与了部分章节资料的收集、整理与修订工作。由于编者水平所限，加之时间仓促，缺点错误仍在所难免。恳请读者们在使用过程中给予批评和指正，并将具体意见及时反馈，以便在下一次修订时予以吸收。

编者

2020 庚子年于椰城西子湖畔

目　录

绪　论

本章概述了热带花卉的概念和类型，介绍了热带观赏花卉学的研究内容，分析了海南省的花卉资源和特点，最后结合花卉生产区划与布局的原则与方法，就海南省热带花卉产业的构建和发展进行了探讨。

第一节　花卉与热带花卉

一、概念

花卉有广义、狭义两个层面。狭义的花卉是指有观赏价值的草本植物，如菊花（*Dendranthema morifolium*）、芍药（*Paeonia lactiflora*）、凤仙花（*Impatiens balsamina*）、唐菖蒲（*Gladiolus hybridus*）、香石竹（*Dianthus caryophyllus*）等。广义的花卉除指有观赏价值的草本植物外，还包括草本或木本的地被植物、花灌木、开花乔木、观赏果蔬以及盆景等，如麦冬类（*Liriope* ssp.）、景天类（*sedum* spp.）、丛生福禄考（*Phlox subulata*）等地被植物，洋金凤（*Caesalpinia pulcherrima*）、翅荚决明（*Cassia alata*）、山茶（*Camellia japonica*）、扶桑（*Hibiscus rosasinensis*）、月季（*Rosa chinensis*）、黄槿（*Hibiscus tiliaceus*）、木棉（*Bombax malabaricum*）等观花乔灌木，美丽猕猴桃（*Actinidia meliana*）、西番莲（*Passiflora caerulea*）、火龙果（*Hylocereus undatus*）、四棱豆（*Psophocarpus tetragonolobus*）等观赏果蔬。

热带花卉（Tropical ornamentals），亦有广义和狭义之分。狭义的热带花卉，仅指在热带气候带区域内自然分布的植物资源，如椰子（*Cocos nucifera*）、凤凰木（*Delonix regia*）、油棕（*Elaeis guineensis*）等。但由于植物的可塑性，一些亚热带（介于南北回归线23.5°～40°之间的地带）花卉在热带地区也表现出良好的适应性，如木槿（*Hibiscus syriacus*）、红花檵木（*Loropetalum chinense* var. *rubrum*）、金丝桃（*Hypericum chinense*）、构树（*Broussonetia papyrifera*）、夹竹桃（*Nerium indicum*）、枫香（*Liquidambar formosana*）、五色椒（*Capsicum frutescens* var. *cerasiforme*）等，这些种类也可包含在广义的热带花卉之列。本书所指的热带花卉，是广义的热带花卉。

在世界气候带划分中，热带地区占据了陆地面积的小部分。我国没有典型的热带地区，但具有广阔的热带—亚热带过渡带，包括海南、云南南部、广西、广东、贵州部分地区、福建东南部和台湾最南端。热带地区具有极大的生物多样性，孕育了丰富的热带花卉资源。

二、热带花卉产业与热带观赏花卉学

花卉产业是指围绕花卉产品展开，进而形成的利益相互联系、具有不同分工、由各个相关行业所组成的业态总称。花卉产业按照生产、销售、应用的流程，可以划分为产前、

产中、产后三大环节。①产前是指为花卉生产提供种子、种苗等繁殖材料的相关产业。包括花卉制种业、花卉种苗业、花卉种球业等。②产中是指以生产出具备观赏价值和商品价值的花卉产品为目的的相关产业。包括以生产切花为主要目的的切花产业，以生产盆花为主要目的的盆花产业，以生产盆景为主要目的的盆景产业等。③产后是指围绕生产出的花卉产品或商品，进行商业储运、装饰、应用等处理，提升其商品价值而形成的相关产业。如延长切花瓶插寿命的切花保鲜行业，进行花卉室内外装饰应用的插花、压花、干花产业，花卉与观光、休闲旅游相结合的产业等。

热带观赏花卉学是以热带观赏花卉为主体，研究热带花卉的分类、生物特性、繁殖、栽培管理及园林应用的一门自然科学。花卉学是园林专业和观赏园艺专业的一门必修课，是整个园林、园艺专业知识结构中的一门主干课程，也是园林设计、城市园林绿地规划、园林植物育种、园林生态、园林植物栽培和养护、园林苗圃等课程的重要专业基础课，先修课程有植物学、植物生理学、园艺植物繁殖学、种苗学等。花卉学课程使学生掌握花卉的分类、识别、生态习性、繁殖、栽培管理及应用等方面的基础理论和实践技能，为花卉的产业化栽培和经营、城市园林规划设计中园林植物的配置、花卉的新品种培育打下坚实基础。该门课程为园林花卉生产、栽培、养护管理、园林设计和园林绿化服务，是培养合格的园林专业高级专门人才所必不可少的课程之一。

具体来说，热带观赏花卉学研究的内容包括花卉种质资源及其分布、花卉分类、花卉生长发育规律、花卉与环境条件的关系、花卉栽培设施、花卉的繁殖、花卉栽培管理等。

第二节　海南热带花卉生产区划与布局

一、花卉区划的目的和意义

花卉区划布局的目的在于适地适花，因地制宜发展花卉，使各生产基地以最少的花卉资源、气候和土地资源、人力资源和资金投入，取得最大的经济效益。合理的区划布局不仅可作为花卉生产者经营决策的基础，如品种的正确选择、生产设施的合理投资，而且是因地制宜发展专业化生产、建立花卉商品生产基地的理论依据。

二、花卉生产气候区划的原则与方法

海南岛花卉生产气候区划结合气候形成与气候特征、主导因素与个别指标综合分析的原则进行。主要以降水为主，同时考虑到花卉的正常生长发育需要一定的积温和低温，按月降水量小于100mm的月份数和最冷月气温小于18℃两个指标，将海南岛划分为4个一级气候带（图0-1）：东北湿润冷凉气候带（Ⅰ）、东南湿润温暖气候带（Ⅱ）、西北干旱冷凉气候带（Ⅲ）和西南干旱炎热气候带（Ⅳ）。根据150～250m等高线以上的山地丘陵与沿岸低平地受风状况，再将每个气候带沿海台地、低平地区（1）与山地丘陵区（2）分开：山地丘陵属内陆性气候，台风弱且常风小；沿岸台地则属海岸性气候，台风较强且常风较大。

三、海南热带花卉生产气候区划

海南岛屹立于南海大陆架北端，地处东经108°15′～120°05′，北纬18°10′～20°10′，面

积为 $3.4\times10^4km^2$，为我国最大的热带岛屿。北隔琼州海峡与雷州半岛相望，西临北部湾与越南为邻，东滨南海与台湾省相望，东南和西南海紧邻菲律宾、马来西亚等东南亚国家，地理资源十分优越。

海南岛是我国唯一的低纬度热带岛屿，具有典型的热带季风气候特征。地貌类型多样，地形中高周低，呈环状结构。全岛气候东湿西干，南暖北凉；中部有五指山相隔，造成大环境中的地域性和生境的多样化。全省平均气温 23～25℃，最冷月平均气温 17～20℃，大于 10℃积温 8200～9200℃，年日照时数 1750～2500h。光温资源特别丰富，是“天然大温室”。雨量充沛，年降水量 964～2400mm。

海南岛属热带海洋季风性气候。不仅热带资源丰富，而且也是良好的热带作物生产繁育基地。岛内四周低平、中间高耸的地形，造成各地区气候差异十分显著，为不同生态类型的花卉提供了良好的生育环境。

海南岛拥有热带植物 6000 余种，超过 1/3 种类具有较高的观赏价值，其中野生种约 1000 种。乔木花卉如美丽梧桐（*Firmiana pulcherrima*）、毛萼紫薇（*Lagerstroemia balansae*）、南亚杜鹃（*Rhododendron klossii*）、木荷（*Schima superba*）、银珠（*Peltophorum tonkinense*）、刺桐、长叶木兰（*Magnolia paenetalauma*）、槟榔、鱼尾葵等，灌木花卉如海南杜鹃、映山红、虎舌红（*Ardisa mamillata*）、钝叶紫金牛（*Ardisia obtusa*）、华南苏铁（*Cycas rumphii*）等，藤本花卉如羊蹄藤、海南鹿角藤（*Chonemorpha splendens*）、鱼黄草（*Merremia hederacea*）、大花翼萼藤（*Porana spectabilis var. megalantha*）等，草本花卉如铜锤玉带草（*Pratia nummularia*）、狭叶钩粉草（*Pseuderanthemum couderci*）、扭序花（*Clinacanthus nutans*）、钟花草（*Codonacanthus pauciflorus*）等。

（一）海南热带植被类型

海南岛热带植被大致可分为以下六种类型。

1. 高山矮林

分布在海拔 1000m 以上，但随各主要山岭海拔不同而有差异，如五指山的山顶矮林分布于海拔 1500m 以上，尖峰岭则在 1000m 以上。在海拔较高的山顶地段，由于风力强劲，土壤瘠薄，不利于林木生长，在这种特殊的环境下形成高山矮林，植物区系成分和森林结构简单，乔木仅一层，多矮小，分枝多，弯曲而密集，叶片革质较厚，且多被毛，并具旱生结构，为小型叶或中型叶。在海拔较高处，由于空气湿度较大，地表、树干和树枝上常有许多苔藓植物，因此山顶矮林又称为苔藓林，高山云雾林。

2. 山地常绿针、阔叶混交林

分布在琼中山地的上部，海拔 1000～1500m，树种复杂，密度很大。面积不大，除了常绿阔叶树种以壳斗科、樟科、山茶科和金缕梅科等为优势，针叶树有陆均松、海南油杉和海南五针松等。

3. 山地雨林

主要分布于中部山区低海拔的山坡上，垂直分布带的下限约为海拔 500m 左右，上限约为 1000～1100m。海南山地雨林是一个混合的、没有分化的原始森林，是海南岛热带森林植被中面积最大、分布集中的垂直自然地带性的植被类型。林层结构与低山雨林相似，特点是没有茎花植物、层间植物较少以及缺少坡垒木（*Hopea hainanensis*）等龙脑香科植物。山地雨林主要分布在吊罗山、五指山、尖峰岭、黎母岭和霸王岭等林区的山地。

4. 低地雨林

雨林外貌高大、茂密而终年常绿，是热带低海拔地区的典型植被类型。分布海拔一般在500m以下，林内阴暗潮湿。层间植物丰富，林层结构达6层之多；林内茎花植物多，如大果榕（*Ficus auriculata*）；有热带指示植物龙脑香科植物，伴有野荔枝（*Litchi chinensis*）和母生（*Homalium hainanense*）等。

5. 季雨林

为低地雨林和山地雨林过渡带，海拔600～800m。海南的热带季雨林包括：①常绿季雨林，如东方峨贤岭地区；②落叶季雨林，如海南岛西部霸王岭国家级自然保护区。根据地貌类型，可分河溪两侧的河滩林和山涧谷地的沟谷雨林。

6. 滨海台地、石灰岩、火山岩地区

火山岩地区的植被为禾本科杂草和灌丛，这一地区的附生兰如美花兰、白点兰等多附生于火山石的缝隙中，靠石缝中堆积的腐殖土提供养分维持生命。东方峨贤岭为我国分布最南端的喀斯特地貌地区，保亭毛感乡仙安石林为新发现的针状石林。

（二）热带花卉生产区划分区评述

I_1东北琼、文沿岸台地大风区　本区位于海南岛东北部，包括海口、文昌等地。全年主导风向为东北风，常风大，台风危害严重。水分条件较好，年平均降雨量1600～1900mm，冬春季仍有相当量的降雨。年均温24℃，最冷月均温约17℃，极端最低温度6℃，10℃以上（含）积温大于8500℃。全年基本无霜害，偶有寒害，应加保温措施。

本区农业气候资源充足，地理位置优越，交通便利，适宜发展观叶盆栽植物、暖季型草坪、切枝、切叶植物和大型园林绿化苗木等。应充分发挥海南岛冬季天然大温室的阳光优势，大面积发展反季节鲜切花生产，使本区成为海南岛南花北调生产基地和重要外销港口。因台风危害较严重，应加强抗风措施，建立露地种植和一般保护地相结合的花卉生产基地与专业性花圃；探索适合本区域的设施园艺栽培技术，如月季、非洲菊等切花的越夏和天堂鸟的冬季防寒，以期实现鲜切花的周年供应。

I_2东北屯昌丘陵盆地阴冷区　本区包括屯昌西南部和琼中东北部，为海南岛寒冷中心之一。冬季处于冷空气迎风面，山上冷空气下沉盆地有冷湖逆温现象。年均温23.4℃，最冷月均温16.9℃，极端最低气温达到3.4℃，热带作物寒害较严重。年降雨量2000mm，降水分布较均匀，冬季仍有相当降雨，春旱较轻。本区为热带与亚热带、山地与低平地、内陆与沿海气候过渡带，应注意营建防风林，可适当发展山茶、报春、常绿杜鹃等喜冷凉型温带花卉和百合、马蹄莲、石蒜、唐菖蒲等球根花卉，同时本区亦为温带花卉在热带地区引种驯化的良好基地。

II_1东南琼、万沿岸台风多雨区　本区包括琼海、万宁、陵水三县沿岸地带，属湿润地区。雨量充沛，年降雨量1700～2100mm，雨季较长，分布均匀。全年较温暖，年均温24～25℃，最冷月均温约18℃，极端低温大于8℃。全年无霜害，为海南岛台风登陆及受影响最多的地区。应加强沿海防风林建设，广植椰子、木麻黄、水椰等抗风绿化树种。本区适合发展大型苗圃，生产园林绿化苗木、草坪、热带盆花和切叶植物。

II_2中部山地、琼中谷地及保亭盆地湿暖区　本区地处中部山地东南，包括琼中、保亭、万宁三县。气候以湿润为主要特征，年降雨量1700～2500mm，为全岛湿度最大地区。年均温22.4～24℃，最冷月均温16.2～19.6℃，极端低温4.1～6.6℃。气温垂直变

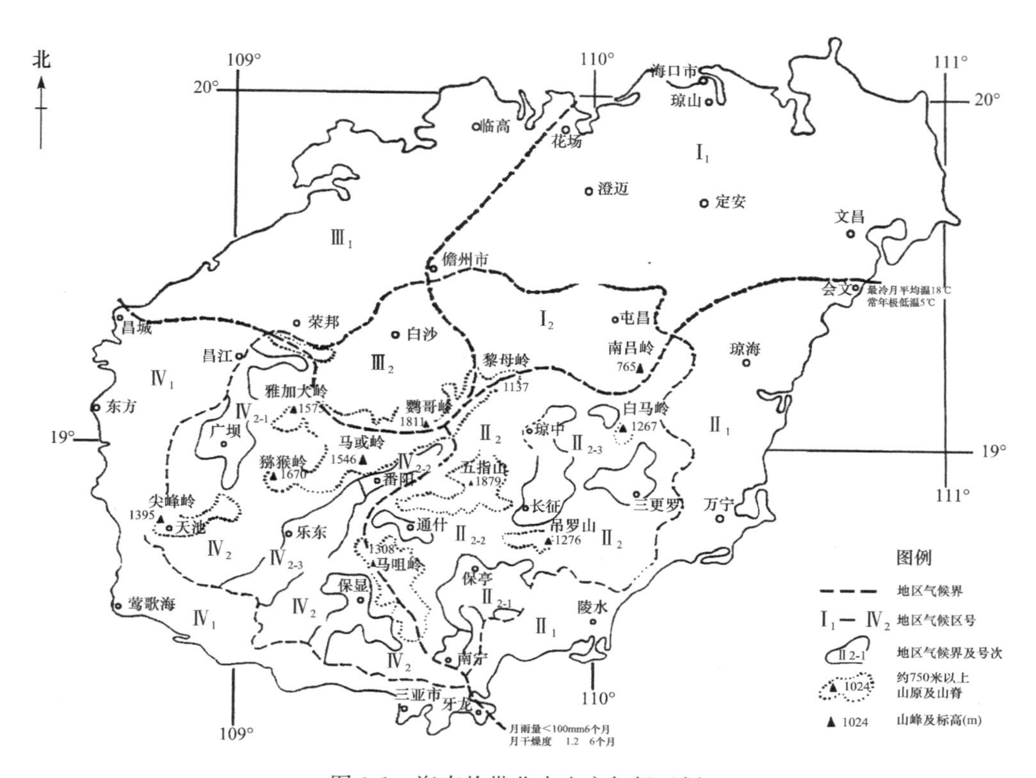

图 0-1　海南热带花卉生产气候区划

I_1东北琼、文沿岸台地大风区　I_2东北屯昌丘陵盆地阴冷区

II_1东南琼、万沿岸台风多雨区　II_2中部山地、琼中谷地及保亭盆地湿暖区

III_1西北儋临沿岸台地大风区　III_2中北山地白沙盆地冬冷区

IV_1西南沿岸干热大风区　IV_2西南山地干旱温暖区

化明显，温度随海拔高度增加而降低，雨量则相反。地方气候显著：$\mathrm{II}_{2\text{-}1}$保亭盆地及其西南部的一些小盆地，热量高、无霜害、作物生长快但旱季较长，偶有台风危害；$\mathrm{II}_{2\text{-}2}$通什谷地，地势较高、冬暖夏凉，非洲菊在该地可实现周年生产；$\mathrm{II}_{2\text{-}3}$五指山东坡，该地水湿条件好、土壤疏松肥厚、富含腐殖质。

本区属于热带山地气候，适宜种植喜温畏热温带、亚热带花卉，如百合、非洲菊、月季、大丽花、山茶等和需低温春化的热带花卉如蝴蝶兰、大花蕙兰等。

III_1西北儋临沿岸台地大风区　本区包括临高、儋州大部分地区，属于环岛海岸气候。较I_1区干旱，年降雨较少，约 1400mm，且多集中在夏季（5—10 月，占全年雨量 80%），旱期长达 6～7 个月。年均温 23.5℃，最冷月均温 16.5℃，极端气温大于 4℃。沿海台地野生花卉资源和盆景资源丰富，仙人掌、海南龙血树、光棍树、福建茶、五色梅、长春花、马鞍藤等遍地分布。本区光照充足，适宜生产热带盆花和不耐寒宿根花卉。应充分利用西北部沿海野生植物资源优势，发展微型树桩盆景，园林绿化苗木则宜选择耐旱、抗风品种。

III_2中北山地白沙盆地冬冷区　本区位于鹦哥岭北部、黎母岭以西的白沙境内，冬季受季风影响，为海南岛寒冷中心。年均温 22.5℃，最冷月均温 16.4℃，常年低温 3.2℃，极端低温 1.4℃，年平均霜日 1.2d。本区降雨量 1900mm，但降雨量分布不均。气候垂直变化显著，海拔 500m 以上为寒冷区，应注意防寒抗旱。本区较Ⅰ$_{2}$低温，重点生产温带球根花卉如百合、唐菖蒲和不耐寒宿根花卉，同时也是北花南引、温带花卉在热带地区理想的引种驯化基地。

Ⅳ$_{1}$西南沿岸干热大风区　本区为东方、乐东、三亚的沿海地带，地势临海而低平，是全岛光照最强、热量最高的地区。冬季气温最高，年均温 24.5～25.5℃，最冷月均温大于 18℃，极端气温大于 7℃。年降雨量为 1000～1200mm，沿海少林地，干旱突出。冬春季连旱严重，应兴建水利，发展灌溉系统，扩建沿岸防护林以增加湿度防干旱。本区属典型的热带气候，一方面可发挥本地资源优势，种植乡土名特优花卉，如仙人掌、热带兰、沙漠玫瑰等；另一方面也可大力推广引种外来优良花卉品种，如非洲紫罗兰、大岩桐、观赏凤梨、一品红等热带花木。作为我国优良的南繁育种基地，该区还可发展为我国热带草花制种、春植球根花卉种球生产中心。

Ⅳ$_{2}$西南山地干旱温暖区　本区大部分位于乐东、昌江两县，气候暖热。年均温 23.4～24℃，最冷月均温大于 18.5℃，极端气温大于 5℃，无寒害，少台风。年降雨量较少，为 1500～1700mm。雨季较迟，干旱期较长（5～6 个月）。盆地内部地方气候明显：Ⅳ$_{2\text{-}1}$广坝盆地，焚风明显、山地干热突出，不宜生产花卉；Ⅳ$_{2\text{-}2}$番阳盆地，山高、水源丰富、灌溉便利，可生产勿忘我、霞草等叶材类插花配材；Ⅳ$_{2\text{-}3}$乐东盆地，光照充足、台风危害轻但较干旱，可生产百合、唐菖蒲等球根花卉。

本区山地小气候复杂，花卉生产应选择有利的地形以及与其相适宜的品种。另外，该区拥有尖峰岭和霸王岭两大国家天然热带雨林自然保护区和广坝、佳西两个省级自然保护区，热带植物资源十分丰富。可考虑适当发展博兰、白木香、坡垒等热带树桩盆景；同时加强对海南桫椤、盾叶秋海棠、安诺兰、华石斛、垂叶暗罗、海南地不容、海南五针松、陆均松等珍稀、优质野生花卉资源的保存、开发与利用，使之推向市场，产生应有的经济效应。

（三）海南花卉生产布局

在对海南岛气候合理区划的基础上，结合其丰富的植物资源、独特的地理位置和产品市场定位等因素，初步提出如下六大类商品花卉生产基地布局的设想。

1. 冬季鲜切花商品生产基地

海南岛享有“天然温室”的美称，全年无冬，可四季种植花卉。与大陆相比，反季节花卉生产具有独特的优势。鲜切花一直为各大中小城市个人、集团消费的主要类型。尤其是在冬春季节，花卉装饰、花艺设计和租摆等用花需求量都很大。Ⅰ$_{1}$区气候温暖，交通便利，很适合发展鲜切花生产。在进一步完善运输环节和加强产品保鲜措施的基础上，该区将成为海南岛重要的南花北调生产基地，几大主要切花如月季、非洲菊、百合、唐菖蒲、菊花和热带花卉如红掌、文心兰、姜花、天堂鸟、鹤蕉等均可大规模生产。产品一方面面向国内市场，内销北方各大城市，满足内地淡季供花需求；另一方面可择优出口，销往港、澳、日本和东南亚周边国家和地区。

2. 切花、切叶、观叶盆栽植物、暖季型草坪商品生产基地

海南岛属热带季风气候，冬无严寒、夏无酷暑。Ⅰ$_{1}$、Ⅱ$_{1}$、Ⅲ$_{1}$沿海低平地便于机械化耕作，适宜发展暖季型草坪，品种主要为结缕草属狗牙根系列；观叶植物和一些切花、

切叶品种可周年生产，常见的室内观叶植物有天南星科、竹芋科、百合科、龙舌兰科；切叶主要为棕榈科植物（如散尾葵、针葵、假槟榔、鱼尾葵）、苏铁、蕨类、桉叶、竹芋、露兜、朱蕉等；切花品种宜选择红掌、天堂鸟和需高温花芽分化的热带兰（石斛、万代兰、卡特兰），其中红掌是最适合海南岛气候的切花，在无需保护地栽培条件下实现周年生产，应大面积推广成为海南热带切花的拳头产品。

3. 温带、亚热带花卉和春植球根花卉引种、驯化基地

五指山和鹦哥岭两大山脉的周边区域I_2、II_2、III_2属于山地内陆性气候，气温相对较低，可作为温带花卉和春植球根花卉引种、驯化基地。其中III_2区白沙盆地为海南岛寒冷中心，极端低温1.4℃，适宜种植报春、山茶、倒挂金钟、常绿杜鹃等喜冷凉型温带花卉。百合、唐菖蒲等春植球根花卉，冬季在IV_1区制种和复壮，夏季则移植到山区采收切花。II_2区通什谷地冬暖夏凉，可提供蝴蝶兰花芽分化所需要的低温；非洲菊、月季、菊花、红掌、鹤蕉在该地可实现周年生产。由于山地小气候差异较大，有些地区出现逆温层，花卉种植需因地制宜选择合适的品种。

4. 热带草花、温带球根花卉繁育生产基地

在区划一级带Ⅳ带（IV_1、IV_2乐东盆地）中，光照充足，辐射强，光合作用效率高，种子种球成熟期天气晴朗干燥，籽粒、种球中蛋白质积累高，品质好。IV_2乐东盆地可作为百合、唐菖蒲等春植球根花卉的种球生产中心。IV_1则可为彩叶草、凤仙、紫茉莉、鸡冠花、半支莲、万寿菊、千日红等喜温耐热草花制种提供基地。

5. 珍稀野生花卉资源研究开发中心和盆景生产基地

海南岛为我国热带植物资源最丰富的地区，4600余种野生种子植物中约有1200种为中国特有种，600余种为海南特有种。属国家珍、稀、濒危植物的有海南粗榧、陆均松、海南五针松、长叶竹柏、海南罗汉松、香籽含笑、海南地不容、马兜铃等。林下兰科植物资源丰富，有兜兰属、兰属、石斛属、鹤顶兰属；蕨类植物生长繁茂，有海南海金沙、巢蕨、崖姜蕨、海南网蕨。中、高海拔地区生长观光木、海南杜鹃、毛棉杜鹃、华石斛、密花石斛、大序隔距兰、海南桫椤、斜脉暗罗等。滨海台地分布海南龙船花、小叶九里香、嘉兰、多脉紫金牛等野生花卉。一些野生资源具有极高的观赏价值，有的还是理想的育种材料，对研究植物起源、地理分布、品种改良和杂交育种具有重要的科学价值。II_2、IV_2区许多野生花卉都是很有市场潜力的盆花和切花后备资源，只要稍加开发研究就可能成为海南省特色的拳头产品，如兰科中的卷萼兜兰、象牙白、黄花美冠兰，杜鹃花科的毛棉杜鹃、南华杜鹃，苦苣苔科的红花芒毛苦苣苔、海南旋蒴苦苣苔，紫金牛科的多脉紫金牛和矮紫金牛，以及海南桫椤、盾叶秋海棠、紫花野牡丹、大花忍冬等。其中钻喙兰、华杜鹃花姿艳丽，花期持久，又适逢春节开放，是节日供花的优良品种；而黄花美冠兰花繁色艳、花莛粗壮、花序长达80～150cm，花期20d，为优秀的切花品种，尤其适合大型花艺设计。陆均松、海南五针松、长叶竹柏、海南罗汉松、博兰、斜脉暗罗、翼叶九里香和母生等都是制作树桩盆景理想的树种。因此，应尽快成立野生花卉资源研究开发中心，在进一步加强野生资源收集、整理和利用的基础上，开展引驯、育种和保鲜工作，为培育具有地方特色和参与国际竞争的名优花卉提供物质保障和技术储备。

6. 各城市时令花卉生产基地

满足当地花卉应用的常年花卉生产基地，为第一级生产基地。主要承担本地日常用花

的任务，自给自足，以减少运输环节；中、大型基地可适当外运，稍有调剂。生产上露地、保护地以及四周宜农坡地配套，精细高档种类与常见种类配套，旺、淡季配套，形成多品种、多季节的供花体系，满足不同层次对花卉的需求。

第三节　海南热带花卉产业构建

一、市场定位

海南省属于岛屿型经济，部分产品满足岛内需求，产品消费主要靠国内外两大市场。由于海南省花卉产业底子薄、距离欧美等世界主要花卉消费国遥远，加之南美洲、东南亚国家的强烈竞争和高额关税，从长远来看，海南岛花卉出口市场应以日本、俄罗斯、香港等主要周边国家和地区为首选对象，与欧美等国家的出口贸易则采用合作方式进行。现阶段应以拓展国内市场为主，产品销往北方各大中城市，实现周年供花。

二、产业结构

根据海南岛花卉生产区划与布局，海南岛应发展热带切花红掌、热带兰（文心兰、石斛兰、卡特兰）和切叶植物为主，观叶盆栽和盆景为辅；保持园林绿化苗木生产规模，适量生产盆花和草坪。冬季可利用天然大温室的阳光优势，生产月季、菊花、百合、大丽花、非洲菊、唐菖蒲，产品内销大陆，满足淡季和春节期间大量用花。

三、发展目标

海南岛花卉产品无论在质量还是数量上，都与国际市场的要求有很大的差距。因此，花卉产业发展也将分期逐步进行。

（一）近期发展目标

以地方传统名特优花卉产品开拓国内市场。海南岛夏长而无酷暑，无冬而秋春相连，气候最适合发展热带兰、红掌和天堂鸟。切花品质好，而且露地种植便可实现周年生产，较内陆设施栽培具有巨大的优势和竞争力。热带切叶规模化、专业化生产，一年可采收10～12次。花卉经营方向把握补缺和补淡原则，做到人无我有、人有我优。在琼北种植喜温暖花卉，用以冬季供花；琼中生产冷凉型花卉，满足夏季用花。百合、唐菖蒲等球根花卉冬季可在琼南种植，夏季则移到琼中地区采收，产花上市。绿化苗木、草坪和盆花基本上岛内自给，一些棕榈科植物如油棕、大王棕可适量繁殖，主要销往华南地区。本阶段应以引进海南岛缺少的国内外优良品种为先导，以积极开发培育新品种为长远目标，实施近期和远期相结合的发展战略。

（二）中期发展目标

花卉生产实现专业化、规模化，以高品质参与国际大宗产品的市场竞争，同等品质则以低成本取胜。根据当地气候特点和企业自身条件，结合市场需求，主攻1～2种花卉，实现规模化生产。并不断进行品种改良和新品种的培育，逐步形成独具特色的拳头产品。本阶段需是一个相当长的过程，同时也是我国跻身为世界主要花卉生产出口国的关键时期。进一步加大花卉产品科技含量、资金投入和政府扶持力度，是海南省花卉业蓬勃发展的前进动力和物质保障。

（三）长期发展目标

以丰富的野生花卉资源为依托，选育出海南岛特色的花卉产品竞争国际市场。众所周知，现代花卉业发展的核心在于不断推出名优特新品种，而拥有种质资源的多少直接决定了育种成功与否。海南省大量的优良基因和育种材料为海南省培育新品种提供了坚实的物质基础，而生物工程的广泛应用则提供了先进的技术手段。通过科技人员长期不懈的努力，海南省的花卉业终将形成具有海岛特色的热带花卉生产体系，在国际花卉市场占据一席之地。

四、对策

纵观世界各国成功发展花卉产业的模式，主要有以下四类：荷兰模式、哥伦比亚模式、以色列模式和泰国模式。以荷兰为代表的西欧国家和美国，发展集约型经济，走高成本、高投入、高产出、高效益的道路，花卉生产基本上实现专业化、规模化、自动化。哥伦比亚、肯尼亚等热带高原赤道国家气候适宜，露地或仅靠简易的阴棚便可周年生产鲜切花，加之土地和劳动力廉价，距离美国和加拿大较近，产品几乎完全占据北美市场。以色列以精确农业著称，设施园艺发达。泰国、新加坡等东南亚国家，依据本国资源，重点发展几种具有特色的热带花卉，如泰国、新加坡生产秋石斛。另外我国台湾生产蝴蝶兰也有一定规模。

海南岛花卉业生产由于经济长期落后，栽培技术低下，仍停留在传统的小农经济水平。“小而全”的家庭式花圃自发地在低水平上简单重复、设置，现代化生产基地和上规模的专业化花圃还未出现。全省较大型的花木公司偏少，全岛常见花卉栽培种或品种不超过500种。花卉专业科技人才匮乏，研究成果与生产严重脱节。优质野生花卉资源开发利用仍处于初级阶段，花卉的栽培、育种和保鲜技术都亟待提高。落后的基础设施和有限的航运能力，严重制约了海南省花卉产业的发展。因此，海南岛花卉业不能照搬以上四类发展模式，必须结合本岛的具体情况，充分发挥自己的资源和区位优势，探索具有海岛特色的热带花卉产业发展模式。技术落后、人才匮乏、资金不足和流通不畅已成为海南热带花卉业发展的四大制约因素。发展具有海岛特色的热带花卉产业，建议从以下方面着手：

（一）借鉴台湾省、夏威夷成功经验，发展热带花卉

台湾省、夏威夷和海南省都为岛屿，经济类型也类似。台湾省与海南省相比，人多、地少，资源也不丰富，花卉业却发展迅猛，是亚洲主要的花卉出口基地，日本最大的花卉进口基地。夏威夷与三亚处于同一纬度，热带花卉业也很发达，为世界上最大的红掌生产基地。它们的成功经验对于海南花卉业的发展有着重要的指导意义。同时这两地政府对农业的扶持力度也很大，给予必要的资金和优惠政策扶持。40年前，夏威夷与海南省目前的经济状况基本一致，主要生产糖蔗和菠萝，建州后及时调整产业结构，发展热带观光农业，以花卉业促进旅游业，以旅游业带动经济的腾飞。

海南省发展花卉业应借鉴台湾省、夏威夷的成功经验，充分发挥现有的优势、扬长避短，走中外（境外）合作的道路。利用海南省的廉价劳动力、土地资源和投资方对国内外市场与销售渠道熟悉的优势，发展热带花卉业。这一生产模式已在我国成功运用，可适度缓解资金和技术不足的问题。如由于两岸互补性很强，琼台交流与合作前景广阔。另外，政府也应加强基础设施建设，协调、疏通流通渠道；在政策和资金上给予倾斜，加强科技人员的培养和从业人员的培训，使海南省花卉业朝着健康、协调、有序的方向发展。

（二）调整花卉产业结构，以区划指导生产

从世界花卉业发展趋势来看，花卉品种从以切花为主逐渐向切花、盆栽、切叶、种球种苗和园林绿化苗木多样性发展。而海南岛的花卉业起步较晚，底子较薄弱，栽培面积也较小，花卉生产仍以热带切花、切叶为主，以观叶盆栽和园林绿化苗木为辅。现阶段海南岛的花卉生产应实现从以扩大生产面积为主向提高花卉产量、质量方向转化，从以小规模生产向集约化、专业化生产转化，从以单纯引进国外品种为主向引育结合转化和以盲目生产向科学区划转化。另外，由于热带地区气候资源性和灾害性共存，海南岛的花卉生产，尤其在琼北地区，可适当发展一般保护地设施栽培，主要用来抵抗台风、冬季寒冷和春季阴湿等不良气候。

（三）坚持科技兴花、科研出花和科学种花

产品科技含量的多少直接决定了商品价值的高低。科技是促进产业迅速发展的直接动力，发达国家都十分重视对花卉资源育种、生理保鲜、栽培技术和生物工程技术的研究，它们利用科技力量改变花卉的品种特性来满足市场需求。同时由于高新技术的不断应用，传统的生产模式和耕作方法得到改善，使经济结构日趋合理。运用组培快繁技术，可批量生产规格完全整齐一致的种苗。温室自动化控制可任意调节作物的生育环境，实现花卉周年生产。这种集约化、规模化、自动化生产方式，不仅节约了大量的土地和劳动力，同时减少了对生态的破坏，为现代花卉发展的重要方向。为了提高我们的产品在国际、国内市场的竞争力，必须坚持“科技兴花”，重视科技成果在生产中的应用与推广。以科研促生产，以生产养经营，形成科研、生产和教学的良性循环。

（四）坚持资源的开发与保护并举，实现可持续发展

花卉产业的“两高一优”应建立在生态与经济良性循环的基础上。对野生花卉资源实行保护性开发与利用，为产业今后可持续发展提供保障。

科技含量、资金投入和政府扶持是促进花卉产业发展的三大法宝。海南省发展花卉产业，应坚持高起点、高科技、高品位的原则，以市场为导向、资源为依托、经济效益为核心，“两个根本转变”为指导，调整和优化产业结构和生产布局，通过科学区划、合理布局、规模经营，走具有海岛特色的热带花卉产业发展道路。

思考题

1. 气候特征与区域物种分布有何关系？热带地区植物多样性受哪些因素影响？
2. 我国热带地区包括哪些区域？请对这些地区的植物多样性作介绍。
3. 简述热带花卉的含义及其范畴。根据自然分布地气候特点，热带花卉可划分为哪些气候型，请举例说明？
4. 我国热带花卉生产经营存在哪些不足？如何调整产业结构？
5. 海南发展热带花卉，拥有哪些得天独厚的优势，请举例说明。
6. 海南热带花卉产业有何特点？请根据扬长避短、适地适花的原则，提出发展海南花卉的战略。
7. 我国在“一带一路”的背景下，热带花卉产业的发展面临哪些机遇和挑战？

本章推荐阅读书目

1. 侯元兆. 热带林学　基础知识与现代理念［M］. 北京：中国林业出版社，2002.
2. 侯元兆. 世界热带林业研究［M］. 北京：中国林业出版社，2001.
3. 黄敏展. 亚热带花卉学总论［M］. 宜兰：中兴大学园艺系，1996.

4. 赖明洲. 台湾的植物：台湾植物的发源、形成与特色生物多样性保育及资源永续开发利用［M］. 台中：晨星出版有限公司，2003.
5. 孟庆武. 热带亚热带花卉［M］. 北京：中国农业出版社，2003.
6. 宋希强. 观赏植物种质资源学［M］. 北京：中国建筑工业出版社，2012.
7. 许再富，陶国达. 西双版纳热带野生花卉［M］. 北京：中国农业出版社，1988.

第一章 热带花卉的分类

热带花卉缤纷绚烂、种类繁多，必须要有一种科学合理的方法进行归类。本章首先介绍了植物分类的基础知识，包括植物分类简史、植物分类的等级与命名等。在此基础上着重介绍了花卉分类的基本原理与方法，包括自然分类法和人为分类法，分析比较了不同分类方法的特点及其应用。

第一节 植物分类基础

植物分类就是根据自然界植物有机体的性状分门别类，并按照一定的分类等级和分类原则进行排列，从而建立一个合乎逻辑的、能反映各类植物间亲缘关系的分类系统。分类的过程包括植物的命名、分类等级的确定、分类性状的选择以及植物标本的鉴定等。自人类有史以来，就开始认识植物。对植物进行科学的分类，也有200多年历史了。植物分类学所总结的经验和规律，已成为人类认识植物和利用植物的有力武器。

一、植物分类简史

根据英国植物分类学家杰弗雷（C. Jeffrey）所著的《植物分类学入门》（*An Introduction to Plant Taxonomy*）（1981）一书，将植物分类按时间划分为三个时期，即人为分类系统时期、进化论发表前的自然系统时期和植物系统发育时期。

（一）人为分类系统时期

在这一时期，人类最初在寻找食物和药草的过程中积累了认识植物的基础，尤其是对药用植物的探索很大程度上促进了早期植物分类学的发展。以我国为例，西汉刘安编著的《淮南子》就有“神农尝百草之滋味，一日而遇七十毒”的记载。后汉的《神农本草经》记载有药物365种，并分为上、中、下三品：上品是有营养、常服用的药，共120种；下品则是专攻病、毒的药，共125种；中品有120种。这是一种初步的、从实用角度出发的分类。明代李时珍（1518—1593）编纂的《本草纲目》，共收录药物1892种，其中植物1195种，并把植物分为草、谷、菜、果、木5部；草部又根据生长环境分为了山草、芳草、湿草、蔓草和水草等11类。这本著作把植物从实用、植物习性和生长环境进行了分类，尤其是乔木和灌木的区分与现代观点相同，在当时起了很大的作用。

西方植物分类学的发展也经历了类似的历程，但更为进步。古希腊人切奥弗拉斯特（Theophrastus）（公元前370—285）编著的《植物的历史》（*Historia Plantarum*）和《植物的研究》（*Enquiry into Plants*）两本书中，记载了当时已知的植物约480种，分为乔木、灌木、半灌木和草本，并分为一年生、二年生和多年生；而且知道了有限花序和无限花序、离瓣花和合瓣花，并且注意到了子房的位置，这在当时是非常了不起的认识，因而他被后人称作“植物学之父”。德国人布朗·菲尔斯（Otto Brunfels）（1464—1534）是第一个以花之有无将植物分为有花植物和无花植物两类的植物学家。瑞士人格斯纳（Conrad Gesner）（1516—1565）指出分类上最重要的依据应为花和果的特征，其次才是叶与茎，并由此定出了“属”的概念，成为“属”的创始人。现今的苦苣苔属（*Gesneria*）就是为纪念他而命名的。却古斯（Charles de I'Eluse，1525—1609）对植物的观察细致入微，对植物的描述也十分精确，最早设立了“种”（Species）的概念。

16 世纪末 17 世纪初，欧洲文艺复兴时期，植物学者从中古欧洲的黑暗思想中解放出来，努力考察自然界。意大利人凯沙尔宾罗（Andrea Caesalpino）（1519—1603）于 1583 年发表《植物》（*Die Plants*）一书，记载了 1500 个种。认识了几个自然的科，如豆科、伞形科、菊科等，知道子房上、下位的不同，特别是他开创性地提出研究植物分类应首先注意植物生殖器官的性质。这一见解超越了同时期的其他学者，对后期植物分类的研究影响至深。林奈也因此把他尊称为“第一个分类学者”。现在的苏木科（Caesalpiniaceae）就是以他的名字命名的。

到了 18 世纪，欧洲资本主义为了发展，寻找原料和基地，不断向外扩张，收集了世界各地大量的植物标本。但由于当时仍然没有一个比较全面的分类系统，致使许多植物杂乱无章、无法归类。瑞典植物学家林奈（Carl von Linné，1707—1778）对大量植物进行了研究，在 1737 年发表了“自然系统”（Systema Naturae）学说，根据花的构造特点和花部各部分数目（尤其是雄蕊数目），把植物分为 24 纲，其中第 1～13 纲按照雄蕊数目划分，第 14～20 纲按雄蕊长短划分，第 21～23 纲按花的性别划分，第 24 纲是隐花植物，即今天所说的蕨类、苔藓、藻类、菌类等孢子植物。由于这种分类方法只是根据某一个特征进行分纲，常会导致亲缘关系较为疏远的种类放在同一个纲中，因此被视作是人为分类系统的典型。

（二）进化论发表前的自然系统时期（1763—1920）

由于资本主义生产力的提高和科学的发展，人们对植物的认识越来越深入，许多学者逐渐认识到 18 世纪以前的植物分类方法和系统存在许多漏洞，纷纷寻求能客观反映自然界植物类群的分类方法，走向了自然分类的道路。其中著名的有法国的裕苏（A. L. de Jussieu）系统（1789），瑞典的德堪多（A. P. de Candolle）系统（1813）和英国的本生（Bentham）& 虎克（Hooker）系统（1862—1883）。

（三）系统发育系统时期（1883 至今）

1859 年达尔文《物种起源》一书发表，提出了“物竞天择、适者生存”的生物进化学说，认为任何生物都有它的起源、进化和发展过程，物种是变化发展的，各类生物间都有或近或远的亲缘关系。进化论的思想开阔了人们的眼界，分类学者重新评估已建立的系统，认识到要创立反映植物界客观进化情况的系统，这就是系统发育系统。

在此后的 100 多年时间，先后建立了几十个分类系统。比较著名的有德国的恩格勒（A. Engler）系统（1887—1899）、英国的哈钦松（J. Hutchinson）系统（1926，1934）、苏联的塔赫他间（A. Takhtajan）系统（1953，1966，1980）、美国的克朗奎斯特（A. cronquist）系统（1968，1979，1981），以及基于分子系统发育的 APG（Angiosperm Phylogeny Group，被子植物系统发育研究组）系统等（1998，2003，2009，2016）。

二、被子植物分类系统

尽管近代学者从比较形态学、比较解剖学、古生物学、生物化学、植物生态学、植物地理学、系统进化生物学等多个学科，结合微观和定量方向的研究成果，提出了众多的分类系统；但鉴于被子植物起源、演化的知识和证据不足，迄今还没有一个比较完善且被公认的自然分类系统。自达尔文《物种起源》一书发表后的百余年来，建立的分类系统有数十个。现就当前应用较为广泛的5个被子植物自然分类系统介绍如下。

（一）恩格勒被子植物分类系统

这一分类系统是德国植物学家恩格勒（A. Engler）和柏兰特（K. Prantl）于1897年在《植物自然分科志》一书中发表的，是植物分类学史上第一个相对比较完整的自然分类系统。恩格勒系统建立在假花学说的基础上，将植物界分成13门，而被子植物是第13门中的1个亚门，即种子植物门被子植物亚门，并将被子植物亚门分成双子叶植物和单子叶植物2个纲（图1-1）。其主要论点是：

第一，无花瓣、花单性、木本、风媒传粉等为原始特征，而有花瓣、花两性、虫媒传粉为进化特征。由此认为葇荑花序类植物（如杨柳科、桦木科、壳斗科等）是被子植物中最原始的类型，木兰科、毛茛科则较为进化，此看法已被许多研究证明是错误的。

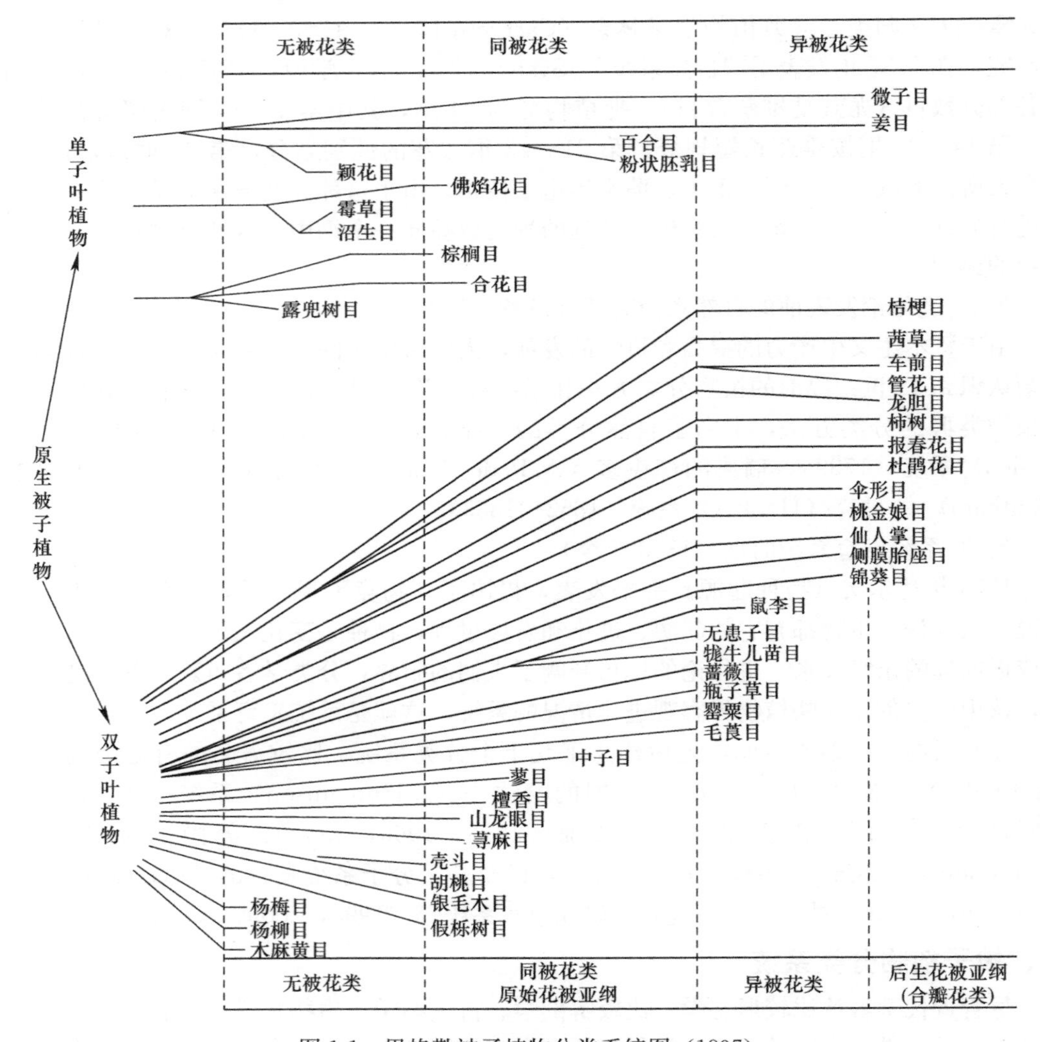

图1-1 恩格勒被子植物分类系统图（1897）

第二，单子叶植物比较原始，故将单子叶植物排在双子叶植物之前。这点后来在第二版《植物分科纲要》（修订版，1964）中，被负责修订此书的曼希尔（Melchior）所改变，即将双子叶植物改排在单子叶植物前面，但仍将双子叶植物分为古生花被亚纲和合瓣花亚纲，基本系统大纲没有多大改变；并把植物界分为17门，其中被子植物独立成被子植物门，共包括2纲、62目、344科。

恩格勒系统包含的目和科的范围较大，也是使用时间较长、影响较大的系统。许多国家植物标本室植物类群的排列，如俄罗斯和中国多采用恩格勒分类系统处理。《苏联植物志》《中国植物志》《中国高等植物图鉴》以及许多地方志都采用恩格勒分类系统。

（二）哈钦松被子植物分类系统

哈钦松系统是英国植物学家哈钦松（J. Hutchinson）在本生（Bentham）及虎克（Hooker）的分类系统和美国植物学家柏施（Bessey）真花学说（花是由两性孢子叶球演化而来）的基础上发展而成的（图1-2），其主要论点是：

第一，两性花比单性花原始；花各部分分离大多比连合、定数原始；花各部分螺旋状排列比轮状排列原始；木本较草本原始；无被花、单被花是演化蜕变而来的。木本植物起源于木兰目，草本植物起源于毛茛目。

第二，单子叶植物比较进化，将其放在双子叶植物之后。

第三，柔荑花序类各科来源于金缕梅目；单子叶植物起源于双子叶植物的毛茛目，并在早期就沿着三条进化路线分别进化，从而形成具有明显形态区别的三大类群，即萼花群、冠花群和颖花群。

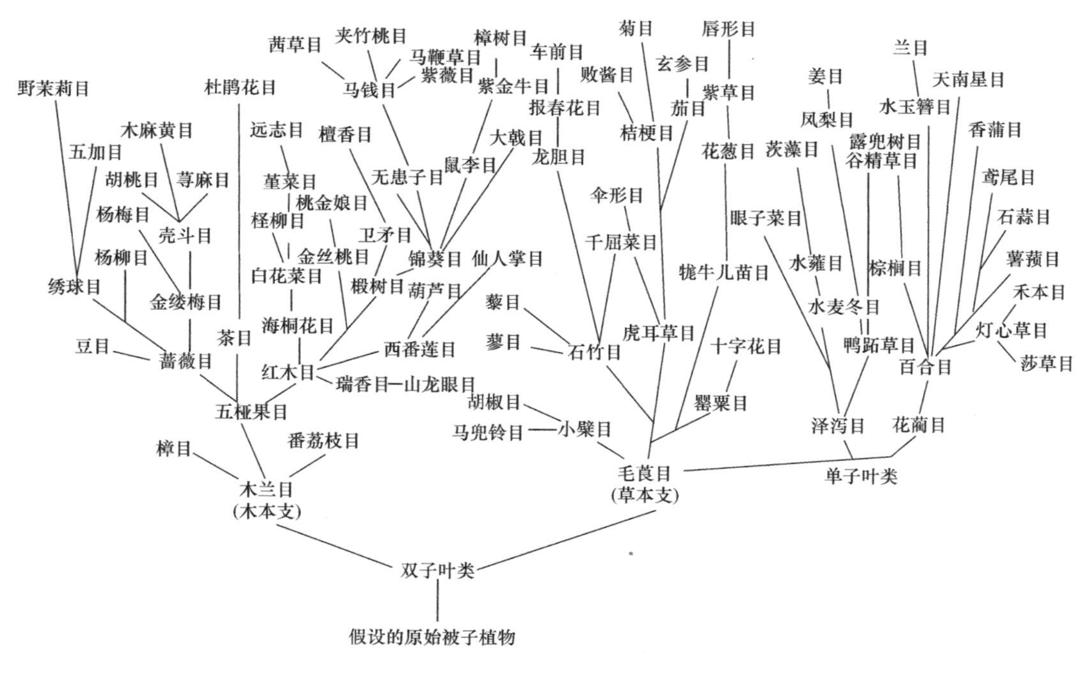

图1-2　哈钦松被子植物分类系统（1926）

该系统于1926年在《有花植物科志》中提出，后经历1959年和1973年两次修改，将最初的332科增加到411科。哈钦松代表了被子植物起源的真花学派，包含目和科的范围较小。我国有些地方志或植物分类教科书采用此系统排列。

哈钦松系统由于坚持将木本和草本作为第一级区分，因此导致许多亲缘关系很近的科（如草本的伞形科和木本的山茱萸科、五加科等）远远地分开，占据很远的系统位置，故这个观点很难被人接受。

（三）塔赫他间被子植物分类系统

俄罗斯学者塔赫他间（A. Takhtajan）1954 年公布了他的系统理论（图 1-3），后来在 1966 和 1980 年又作了修订。其论点和哈钦松被子植物分类系统相似，不同点是：塔赫他间认为被子植物起源于种子蕨；草本由木本演化而来；单子叶植物来源于狭义的睡莲目等。主要论点如下：

第一，被子植物是单元起源的，木兰目最为原始，毛茛目起源于木兰目，反映出毛茛目较木兰目进化，草本植物来自木本植物。

第二，以金缕梅目为中心，演化出柔荑花序类各目；但杨柳目已被划出，归入五桠果亚纲内。

第三，芍药属（*Paeonia*）已单独从毛茛科中分出，成立芍药目，属于五桠果亚纲，为这一亚纲中的原始类型，与其他多目共同起源于木兰目，但芍药目为一小侧支。

第四，单子叶植物中原始的泽泻亚纲与其他 2 个亚纲共同起源于双子叶植物的木兰目，而且与睡莲目有较近的亲缘关系，睡莲目早期已与单子叶植物祖先分道扬镳。

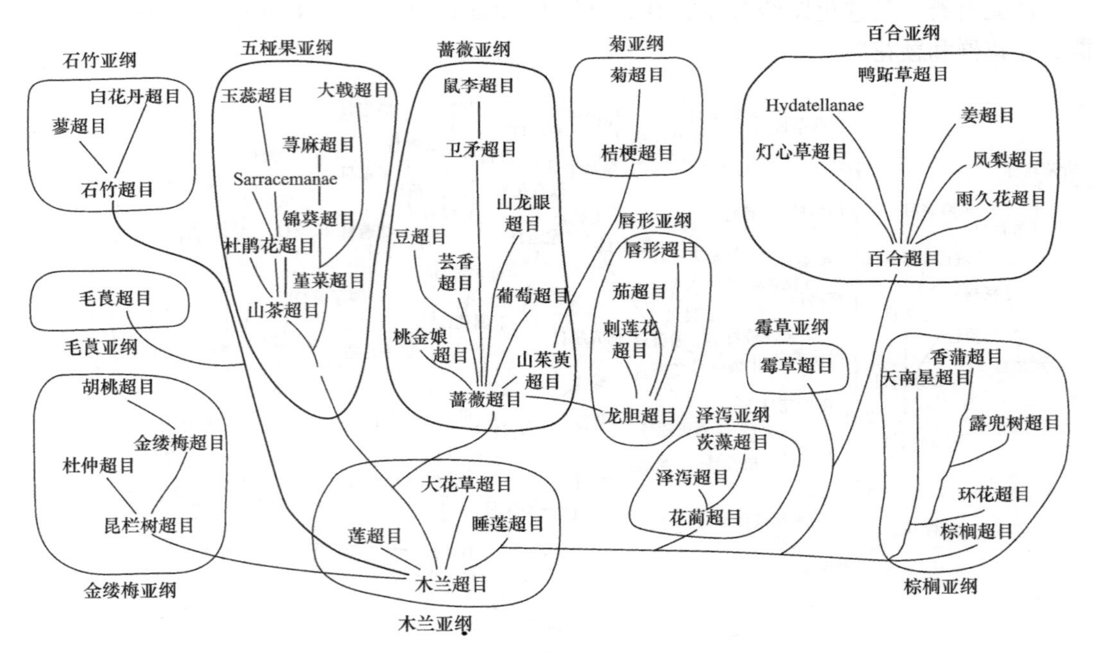

图 1-3 塔赫他间被子植物分类系统（1980）

修订后的塔赫他间分类系统把被子植物分成 2 纲、10 亚纲、28 超目，其中木兰纲（即双子叶植物纲）包括 7 亚纲、20 超目、71 目、333 科；百合纲（即单子叶植物纲）包括 3 亚纲、8 超目、21 目、77 科，总计共 92 目，410 科。该系统首先打破了传统的将双子叶植物纲分成离瓣花亚纲和合瓣花亚纲的概念，增加了亚纲的数目，使各目的安排更为合理；在分类等级方面，于“亚纲”和“目”之间增设了“超目”一级分类单元，对某些分类单元，特别是目与科的安排作了重要的改动，如把连香树科（Cercidiphyllaceae）独立成连香树目（Cercidiphyllales），将原隶属毛茛科的芍药属（*Paeonia*）独立成芍药科（Paeoniaceae）等，都和当今植物解剖学、染色体分类学的研究结果相吻合；在处理柔荑花序问题时，亦比原来的系统前进了一步。但不足的是，在该系统中增设了“超目”一级分类单元，科的数目达410科，似乎太繁杂了些，不利于应用。

（四）克朗奎斯特被子植物分类系统

美国学者克朗奎斯特（A. Cronquist）于1958年发表了《有花植物的进化和分类》，在此书中公布了其被子植物分类系统（图1-4）。该分类系统亦采用真花学说及单元起源的观点，认为有花植物起源于一类已经绝灭的种子蕨，现代所有生活的被子植物各亚纲都不可能是从现存的其他亚纲的植物进化来的，木兰目是被子植物的原始类型，柔荑花序类各自起源于金缕梅目，单子叶植物来源于类似现代睡莲目的祖先，并认为泽泻亚纲是百合亚纲进化线上近基部的一个侧支。

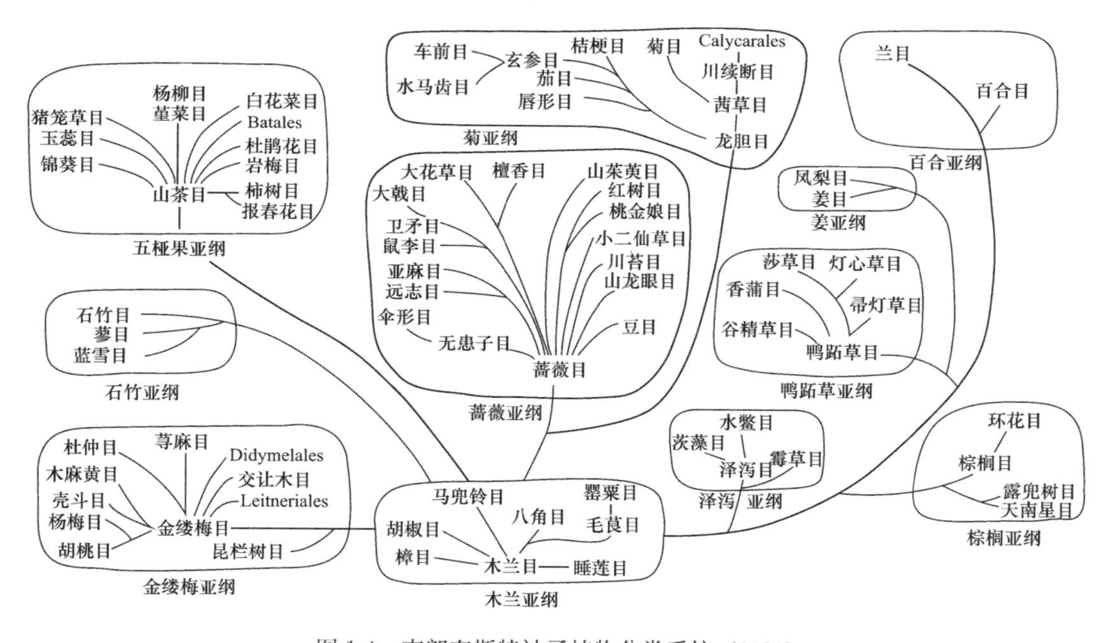

图1-4　克朗奎斯特被子植物分类系统（1981）

在1981年修订的分类系统中，克朗奎斯特把被子植物（称木兰植物门）分为木兰纲和百合纲，前者包括6个亚纲、64目、318科，后者包括了5亚纲、19目、65科、合计11亚纲、83目、383科。

克朗奎斯特系统与塔赫他间系统接近或相似，但在个别分类单元的安排上仍然有较大的差异，如将大花草目（Rafflesiales）从木兰亚纲移出，放在蔷薇亚纲檀香目（Santalaes）之后；把木犀科（Oleaceae）从蔷薇亚纲鼠李目（Rhamnales）移出，放在菊亚纲玄参目（Scrophulariales）内；将大戟目（Euphorbiales）从五桠果亚纲分出，放在蔷薇亚纲卫矛目（Celastrales）之后；把姜目（Zingiberales）从百合亚纲移出，独立成姜亚纲（Zingiberidae）；把香蒲目（Typhales）从槟榔亚纲中移出，放在鸭跖草亚纲中。

另外，本系统简化了塔赫他间系统，取消了“超目”一级分类单元，同时将塔赫他间系统的木兰亚纲和毛茛亚纲合并成木兰亚纲，科的数目也有所压缩。因而克朗奎斯特系统在各级分类系统的安排上，似乎比前几个分类系统更为合理，科的数目及范围也较适中。该系统目前受到多数植物分类学家的青睐，2001 年出版的《中国高等植物》一书亦采用了此系统。

（五）APG 系统

APG 系统亦称作 APG 分类法，是由被子植物系统发育组（Angiosperm Phylogeny Group，APG）以分子分类学和分子系统学为研究方法提出的基于演化历史的被子植物分类系统。于 1998 年首次提出，2003 年修订为 APGⅡ，2009 年修订为 APGⅢ，2016 年修订为 APGⅣ。

这种分类方法和传统的基于植物形态分类的方法不同，是主要以亲缘分支为手段，以单系群为原则，利用分子生物学数据对被子植物进行的系统分类。在科一级的分类时，这种分类法因为将一些传统的科拆分为几个科，或将几个传统的科合并，引起了很大的争议。而在目以上等级的分类时，这种分类法没有使用传统的分类名称：门和纲，而是使用“分支”，例如单子叶植物分支、真双子叶植物分支、蔷薇分支、菊分支等。APG Ⅳ被子植物分类系统共有 6 个基本类群，即 ANA 基部群（ANA Grade）、木兰类（Magnoliides）、金粟兰目（Chloranthales）、单子叶植物（Monocots）、金鱼藻目（Ceratophyllales）和真双子叶植物（Eudicots），合计共 64 目 416 科（图 1-5）。

（1）被子植物基部群，即 ANA 基部群（ANA Grade），共 3 目 7 科。

（2）木兰类（Magnoliides），共 4 目 18 科。

（3）金粟兰目（Chloranthales），共 1 科，即金粟兰科 Chloranthaceae，其系统归属目前尚未确定。

（4）单子叶植物（Monocots），共 11 目 77 科。

（5）金鱼藻目（Ceratophyllales），共 1 科，即金鱼藻科 Ceratophyllaceae，其系统归属目前尚未完全确定，是真双子叶植物的可能姊妹群。

（6）真双子叶植物（Eudicots），共 44 目 312 科。

三、植物分类的等级与命名

（一）植物分类等级

现在通常用等级的方法表示每一种植物的系统地位与归属，分别是界（Regnum）、门（Divisio）、纲（Classis）、目（Ordo）、科（Familia）、属（Genus）、种（Species）等。有时在各个阶层之下，根据实际需要还可再划分更细的单位，如亚门（Subdivisio）、亚纲（Subclassis）、亚目（Subordo）、亚科（Subfamilia）、族（Tribus）、亚族（Subtribus）、亚属（Subgenus）、亚种（Subspecies）。

种（Species）是生物分类系统的基本单位。“种”是自然界客观存在，具有稳定、相似的形态特征，表现出一定的生物学和生态学特性，能够产生遗传相似的后代，并且具有一定自然地理分布区的多个个体的总和。

分类实践中，经常把形态性状相近的种组合成为“属”，又把相类似的属组成为“科”，按同样原则，由小到大，依次组合至植物分类最高单位——“界”，形成界、门、纲、目、科、属、种各级分类单位，从形式上是阶梯式，以表现植物诸类群间的亲缘关系。

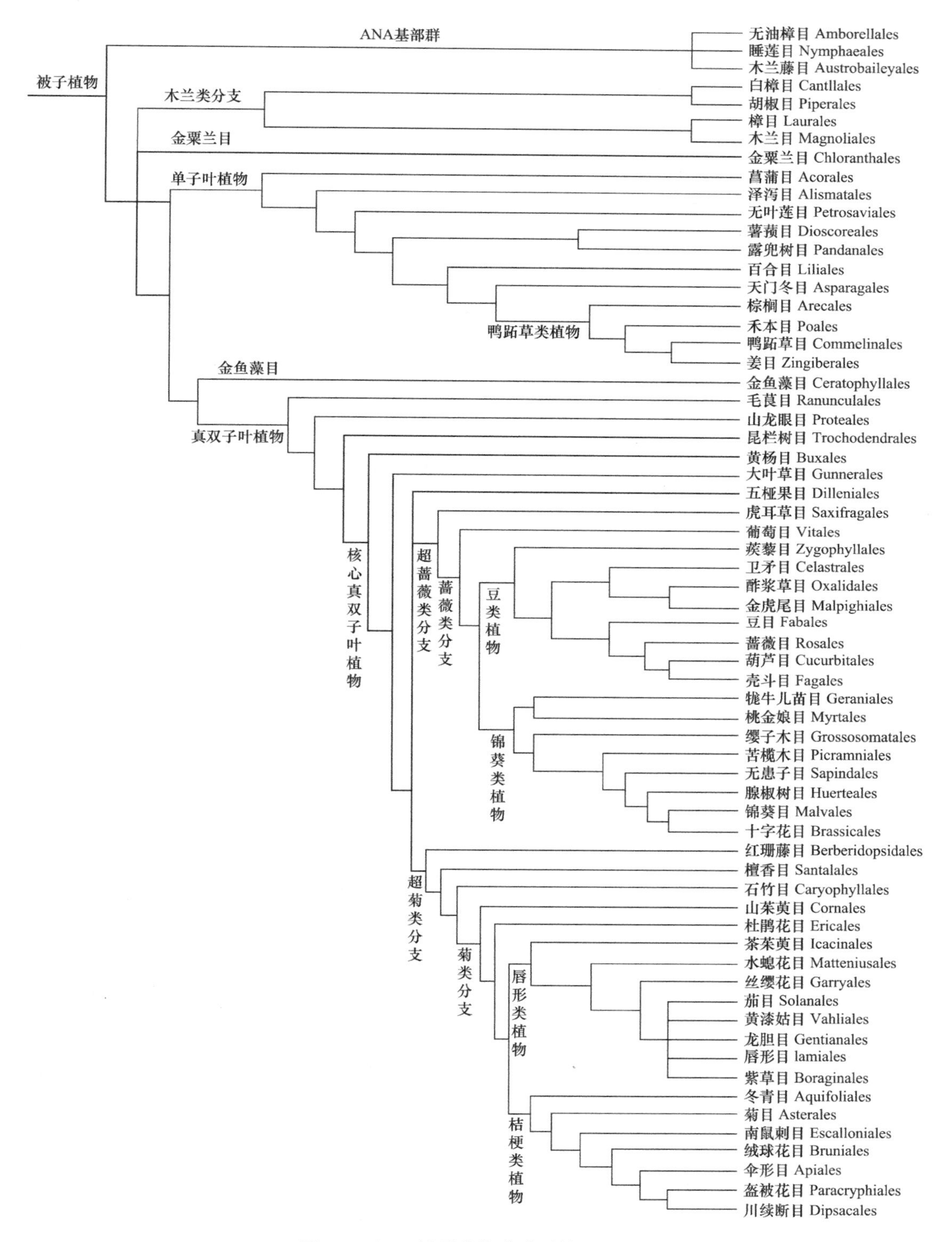

图 1-5　APG 被子植物分类系统（2016）

例如海南五针松在分类系统中的位置：

界　植物界 Regnum Plantae

　门　种子植物门 Spermatophyta

　　亚门　裸子植物亚门 Gymnospermae

　　　纲　松柏纲 Coniferopsida

　　　　目　松柏目 Pinales

　　　　　科　松科 Pinaceae

　　　　　　属　松属 *Pinus*

　　　　　　　种　海南五针松 *Pinus fenzeliana* Hand.-Mazz.

有时在种下还设有亚种（Subspecies）、变种（Varietas）、变型（Forma）等单位，以指代种内形态、自然分布等具有稳定的变异，但又不能构成独立种的类群。

亚种（Subspecies，subsp.）：一般认为一个种内的类群，形态上有区别，分布上、生态上或季节上有隔离，这样的类群即为亚种，如凹叶厚朴（*Magnolia officinalis* subsp. *biloba*）。

变种（Varietas，var.）：是一个种有形态变异，变异比较稳定，它分布的范围（或地区）比起前述的亚种小得多，如芦荟（*Aloe vera* var. *chinensis*）。

变型（Forma，f.）：亦有形态变异，一般指种群内出现的少数形态性状上存在差异的个体，这样的个体被视为变型，如龙爪槐（*Sophora japonica* f. *pendula*）。

（二）植物命名

自然界有数十万种植物。为了科学地研究、交流、利用它们，以世界共通的科学语言，给每个植物种定一个世界通用的科学名称，这个名称即植物学名。

现行的植物命名体系是由林奈于 1753 年所创立，其核心是“双名法”。所谓双名法是指用拉丁文给植物命名时，需用两个拉丁词来表达，第一个词是属名，第二个词是种加词（即种名）；一个完整的学名还需要加上最早给这个植物命名的作者名，故第三个词是命名人。如朱槿的学名为 *Hibiscus rosa-sinensis* L.。此外，如果涉及种下等级如亚种、变种和变型，则其植物学名的书写就由三个词构成，也就是“属名＋种加词＋亚种（或变种、变型）加词”，这种命名被称作“三名法”。如凹叶厚朴 *Magnolia officinalis* subsp. *Biloba*，以及白花洋紫荆 *Bauhinia acuminata* var. *candida* 等。而在第 3 个加词（亚种种加词）前还有一个代表其分类等级的英文缩写，如 subsp. 代表亚种 subspecies，var. 代表变种 varietas。

植物的属名和种加词都有其特定的含义和来源，并有一些具体规定。

1. *属名*

一般采用拉丁文的名词，若用其他文字或专有名词，也必须使其拉丁化、亦即使词尾转化成拉丁文语法的单数、第一格（主格）；书写时第一个字母一律大写。属名的来源包括：

① 以古老的拉丁文名字命名，如 *Papaver* 罂粟属，*Rosa* 蔷薇属，*Piper* 胡椒属，*Morus* 桑属，*Pinus* 松属。

② 以古希腊文名字命名，如 *Colocasia* 芋属，*Platanus* 悬铃木属、*Zingiber* 姜属。

③ 根据植物的某些特征、特性命名，如 *Phalaenopsis* 蝴蝶兰属，意指花形似蛾；*Sagittaria* 慈姑属，意指叶为箭头形；*Terminalia* 诃子属，Terminal 示“顶生的”，意指

该属植叶片常聚生于枝条顶端；*Polygonum* 蓼属，poly-用于复合词，示"许多"，gonum 示"膝"，意指茎具很多膨大的节；*Spathodea* 火焰树属，spathos 示"佛焰苞"，eidos "相似"，意指花萼一侧开裂呈佛焰苞状；*Epiphyllum* 昙花属，epi 示"压在上面"，phyllum 示"叶"，意指花生在扁平的叶状枝上。

④ 根据颜色、气味命名，如 *Rubus* 悬钩子属，rubeo 示"变红色"，意指果红色；*Osmanthus* 木犀属，osme 示"气味"，anthus 示"花"，意指花具香味。

⑤ 根据植物体含有某种化合物命名，如 *Eucommia* 杜仲属，eu 示"良好"，kommi 示"树胶"，意指其含有优质树胶；*Dracaena* 龙血树属，drakaina 示"雌龙"，意指某些流出的红色液体似龙血。

⑥ 根据用途命名，如 *Ormosia* 红豆属，ormos 示"项链"，意指其鲜红色的种子可供制项链。

⑦ 纪念某个人名，如 *Tsoongia* 假紫珠属，系纪念我国植物学家钟观光教授。

⑧ 根据习性和生活环境命名，如 *Dendrobium* 石斛属，dendron 为树木之意，bion 示"生活"，指本属植物多附生在树上；*Gypsophila* 石头花属，gypsos 为白垩，philos 示"爱好"，指本属植物喜生于石灰土上。

⑨ 根据植物产地命名，如 *Taiwania* 台湾杉属，*Fokienia* 福建柏属，*Hainania* 海南椴属。

⑩ 以神话或文字游戏来命名，如 *Narcissus* 水仙属，为希腊神话中的美少年，因扑捉自己水中的倒影而落水溺死，死后变为水仙；又如 *Saruma* 马蹄香属，系将 *Asarum* 细辛属的第一个字母调到末尾而成；*Tapiscia* 瘿椒树属，系将 *Pistacia* 黄连木属的中间两字母调到字首而成。

⑪ 以原产地或产区的方言或土名经拉丁化而成，如 *Litchi* 荔枝属，来自广东方言；又如 *Ginkgo* 银杏属，来自日本，称银杏为金果的译音经拉丁化而成。

⑫ 采用加前缀或后缀而组成属名，如 *Pseudolarix* 金钱松属，系在 *Larix* 落叶松属前加前缀 pseudo-(假的) 而成；*Acanthopanax* 五加属，系在 *Panax* 人参属前加缀 acanthe-(有刺的) 而成。

2. 种加词

种加词大多为形容词，少数为名词的所有格或为同位名词。种加词其来源不拘，但不可重复属名。如用 2 个或多个词组成种加词时，则必须连写或用连字符号连接。用形容词作种加词时，在拉丁文语法上要求其性、数、格均与属名一致。例如，板栗（*Castanea mollissima* Bl.），"*Castanea*" 栗属（阴性、单数、第 1 格），"*mollissima*" 被极柔软毛的（阴性、单数、第 1 格）。种加词的来源如下：

① 表示植物的特征，通常用性质形容词表示植物体某些器官的形态特征、大小、颜色和气味等，如紫珠 *Callicarpa dichotoma*（二歧的），朱蕉 *Cordyline terminalis*（顶生的），天鹅绒竹芋 *Calathea zebrina*（像斑马的，具条斑的），白兰 *Michelia alba*（白色的），九里香 *Murraya paniculata*（圆锥花序的），米兰 *Aglaia odorata*（具香甜气味的），爪哇木棉 *Ceiba pentandra*（五雄蕊的），宝巾花 *Bougainvillea glabra*（光秃无毛的），荷花 *Nelumbo nucifera*（具坚果的），椰子 *Cocos nucifera*（具坚果的），矮棕竹 *Rhapis humilis*（矮的）等。

② 表示方位，如刺桐 *Erythrina variegata var. orientalis*（东方的），一球悬铃木 *Platanus occidentalis*（西方的），平枝栒子 *Cotoneaster horizontalis*（水平的）。

③ 表示用途，如铁皮石斛 *Dendrobium officinale*（药用的），金盏菊 *Calendula officinalis*（药用的），构树 *Broussonetia papyrifera*（造纸的），油茶 *Camellia oleifera*（产油的），甘蓝 *Brassica oleracea*（蔬食的）。

④ 表示生态习性或生长季节，如水蕹菜 *Ipomoea aquatica*（水生的），高山石竹 *Dianthus alpinus*（高山生的），高山紫菀 *Aster alpinus*（高山生的），四季秋海棠 *Begonia semperflorens*（四季的），金鱼草 *Antirrhinum majus*（五月的）。

⑤ 表示人名，用人名作种加词是为了纪念该人，一般要把人名改变成形容词的形式，如垂叶榕 *Ficus benjamina*，"benjamina" 来自人名 Benjamin。

⑥ 以当地俗名经拉丁化而成，如龙眼 *Dimocarpus longan*（汉语龙眼），人参 *Panax ginseng*（汉语人参），梅花 *Prunus mume*（日本土名，梅）。

⑦ 表示原产地，用地名、国名以形容词的形式作种加词，按性别有不同词尾，通常为：-ensis（-ense），-（a）nus，-inus，-ianus（-a，-um）或-icus（-ica，-icum）。例如蒲葵 *Livistona chinensis*（原产中国的），海南杜鹃 *Rhododendron hainanense*（原产海南的），吊瓜树 *Kigelia africana*（原产非洲的），文殊兰 *Crinum asiaticum*（原产亚洲的），橡胶树 *Hevea brasiliensis*（原产巴西的），龙舌兰 *Agave americana*（原产美洲的），旅人蕉 *Ravenala madagascariensis*（原产马达加斯加的）。

⑧ 以名词的所有格形式作种加词，采用这类名词多是用以纪念某人，其构词法为以元音字母或-er 结尾时，按照被纪念人的性和数，给予适当的所有格结尾，如彩叶草 *Coleus blumei* 来自 Blume（男性），蕙兰 *Cymbidium faberi* 来自 Faber（男性）；何氏山楂 *Crataegus coleae* 来自 Cole（女性）；如男性姓名以元音-a 结尾时，则加-e，如毛萼紫薇 *Lagerstroemia balansae* 来自 Balansa；若以辅音字母（-er 除外）结尾时，则要先加-i-，然后再按照被纪念的人的性和数，给予适当的所有格结尾，如杜鹃花 *Rhododendron simisii* 来自 Sims（男性），南洋杉 *Araucaria cunninghamii* 来自 Cunningham（男性），阴香 *Cinnamomum burmanii* 来自 Burman（男性），垂丝海棠 *Malus halliana* 来自 Hall（男性）。

⑨ 以同位名词作种加词时，只要求它与属名在数和格上一致，不要求性别上的一致，如樟 *Cinnamomum camphora*，樟属 "*Cinnamomum*" 为中性名词、单数、主格，而种加词 "*camphora*"，为阴性名词、单数、主格。

3. 命名人

植物学名最后附加命名者之名，不但是为了完整地表示该种植物的名称，也是为了便于查考其发表日期，而且该命名者要对他所命名的种名负有科学责任。命名人的书写格式如下：

① 命名人通常以其姓氏的缩写来表示，并置于种加词的后面；命名人要拉丁化，第一个字母要大写，缩写时一定要在右下角加省略号 "."，如 Linnaeus（林奈）缩写为 Linn. 或 L.（L.，单一字母缩写只限用于 Linnaeus 一人使用。因其为非常著名的分类学家，无人不晓，其他命名者的名字，均不作单一字母的缩写。此外，Linnaeus 虽然可有 Linn. 或 L. 两种缩写形式，但在同一篇论文或书籍中最好统一，切勿混用），Maximowicz 缩写为 Maxim.；两命名人如为同姓，则在姓前加上名字缩写，以免造成混乱，如 Robert

Brown 缩写为 R. Br.、Nicholas Edward Brown 缩写为 N. E. Br.；命名人如为双姓，两个姓都要缩写，如 Handel-Mazzetti 缩写为 Hand.-Mazz.；如果命名人为两人，则在两个人的姓名中加"et"或"&"（和），如 Tang et Wang；如果由二人以上合作为同一植物命名时，则在第一人名后加"et al."（alii 其他人）或 etc.（et cetera 等等）。

② 当父子（女）均为命名人时，儿子或女儿的姓后加上"f."（filius 儿子）或"fil."（filia 女儿），如 Hook. 代表 William Jackson Hooker，其儿子 Joseph Dalton Hooker 通常写作 Hook. f.。

③ 如一学名系由甲植物学家命名，但未经正式发表，后经乙植物学家描述代为发表，则甲与乙都应作为学名的命名人，甲作者置于前，乙作者置于后，在两作者的姓名中间加"ex"（从）来表示，如加那利海枣（*Phoenix canariensis* Hort. ex Chaub.）和印度榕（*Ficus elastica* Roxb. ex Hornem.）等。

4. 国际植物命名法规

"国际植物命名法规"（International Code of Botanical Nomenclature，ICBN）（以下简称"法规"）是由国际植物学大会通过，由"法规"委员会根据大会精神拟定的，并由每 6 年召开的国际植物学会议加以修订补充。第 1 届大会于 1900 年在巴黎举行。而最近一届（即第 19 届）国际植物学大会于 2017 年在中国深圳市举行，经过 5 天的讨论和表决后，形成了新版的《国际藻类、菌物和植物命名法规》，简称"深圳法规"，在此后的 6 年内，全球相关藻类、菌物和植物都将依此命名。"法规"是国际植物分类学者命名共同遵循的文献和规章，有了它才能使命名方法统一和正确，便于国际交流。其要点如下：

① 一种植物只有一个合法的拉丁学名，其他名只能作异名或废弃。

② 每种植物的拉丁学名包括属名和种加词，另加命名人名。

③ 一种植物如已见有两个或两个以上的拉丁学名，应以最早发表的（不早于 1753 年林奈的《植物志种》一书发表的年代）并按"法规"正确命名的名称为合法名称，例如，西伯利亚蓼 *Polygonum sibiricum* Laxm. 发表于 1773 年，而 Murr. 将此植物命名为 *Polygonum hastatum* Murr. 发表于 1774 年，后者比前者晚一年，故应以前者有效，后者为异名（Synonym）。

基原异名（Basionym）为异名之一，即一种植物的属名已改（如重新组合时，列入另一属中，但种加词不变），种加词不改时，原来的拉丁学名为基原异名，例如白头翁 *Pulsatilla chinensis*（Bge.）Regel 的基原异名为 *Anemone chinensis* Bge.。

④ 一个植物合法有效的拉丁学名，必须有有效发表的拉丁语描写。

⑤ 对于科或科以下各级新类群的发表，必须指明其命名模式才算有效，新科应指明模式属；新属应指明模式种；新种应指明模式标本。

⑥ 保留名（Nomina conservenda）是不合命名法规的名称，按理应不通行，但由于历史上已习惯用久了，经公议可以保留，但这一部分数量不大。例如科的拉丁词尾有一些不是以-aceae 结尾的，如伞形科 Umbelliferae 可写为 Apiaceae，十字花科 Cruciferae 可写为 Brassicaceae，禾本科 Gramineae 可写为 Poaceae 等。

5. 花卉品种命名

品种（Cultivar，garden variety），即栽培品种，指作物经过长期栽培或经育种改良后，在外观上、栽培习性或园艺性状上表现出不同的特性，形成不同的品种；是区别栽培作物不同的栽培种而立的名称，所以野生种是不存在品种的。

在植物分类学上，依照花的器官、叶片等性状差异先分为科，再分为属、种及变种等。由于花卉除重视花形、花瓣数之外，还注重花色、叶色等变化以及开花习性等，因此存在许多种内性状变异。对每一特性的变化，只要能遗传给下一代，则可分别视为不同的栽培种（Cultivar）亦即品种。所以同一种花卉内有很多具特色的品种。

栽培品种的命名，是在种的学名之后，再列品种名（雅名 Fancy name），每个字首均大写，但均不斜体。如凤仙花的品种‘红旗四倍’，拉丁学名书写为 *Impatiens balsamina* ‘Red Flag Tetra’，仙人掌科植物‘绯牡丹’为 *Gymnocalycium mihanovichii* var. *friedrichii* ‘Rubra’，荷花品种‘中国红·北京’为 *Nelumbo nucifera* ‘Zhongguohong Beijing’。

6. 模式标本

模式标本即将种（或种以下分类群）的拉丁学名与一个或一个以上选定的植物标本相联系，作为发表新种的根据。这种选定的标本就叫作模式标本（Type）。新种的描述以模式标本为主要依据，因而模式标本对于鉴别这个种非常重要，通常要妥善保存在标本室中。模式的方法也可用到属、科和目。

四、植物检索表的编制与使用

植物分类检索表（key）的编制与使用是鉴定植物类群的主要手段。在植物志、植物分类专著、论文中往往都有检索表，学会使用和编制会给学习及科研工作带来极大的便利。

（一）植物分类检索表的类型

检索表的类型按内容可分为分科检索表、分属检索表、分种检索表，分别鉴定科、属、种。根据其编排形式，通常分为以下 3 种类型：

1. 定距检索表

这是一种比较常用的检索表。检索表中每一对相对应的特征给予同一号码，并列在书页左边的一定距离处，然后按检索主次顺序将一对对特征依次编排下去，逐项列出。所属的次项向右退一字距开始书写，因而书写行越来越短（距离书页左边越来越远），直到在书页右边出现科、属、种等各分类等级为止。

1. 花顶生，雌蕊群无柄或具短柄
  2. 聚合果卵球形，常绿，花期 5 月 ·········· 1. 木莲 *Manglietia fordiana*
  2. 聚合果长圆柱形
    3. 叶常绿，叶下密被锈色毛，花期 5 月 ·········· 2. 荷花玉兰 *Magnolia grandiflora*
    3. 叶落叶，花先叶后放，花期 3 月 ·········· 3. 玉兰 *Magnolia denudata*
1. 花腋生，雌蕊群具显著的柄
    4. 小枝，叶柄，花梗被褐色绒毛，灌木 ·········· 4. 含笑 *Michelia figo*
    4. 新枝，芽密被黄白色卷毛
      5. 叶柄中下部具托叶痕，白花 ·········· 5. 白兰 *Michelia alba*
      5. 叶柄中部以上有托叶痕，黄花 ·········· 6. 黄兰 *Michelia champaca*

定距检索表的优点是：条理性强，脉络清晰，便于使用，不易出错，即使在检索植物过程中出现错误，也容易查出错在何处，目前大多数分类著作均采用定距检索表。缺点是：如果编排的特征内容（也就是涉及的分类类群）较多，两对应特征的项目相距必然甚远，不容易寻找（克服办法是标出对应特征的项目所在页码），同时还会使检索表文字向右过多偏斜而浪费较多的篇幅（克服办法是当另起一页时，最左边的一行向左移至顶格的位置，其余部分也作相应的移动）。《中国植物志》《海南植物志》和本教材的分科检索表均采用本种形式的检索表。

2. 平行检索表

平行检索表的编排形式和定距检索表基本相同，不同的是本检索表的各项特征均排在书页左边的同一直线上，既整齐美观又节省篇幅，唯一不足的是没有定距检索表醒目。

1. 花顶生，雌蕊群无柄或具短柄 ………………………………………………………… 2
1. 花腋生，雌蕊群具显著的柄 ………………………………………………………… 4
2. 聚合果卵球形，常绿，花期5月 ……………………………… 1. 木莲 *Manglietia fordiana*
2. 聚合果长圆柱形 ………………………………………………………………………… 3
3. 叶常绿，叶下密被锈色毛，花期5月 ………………………… 2. 荷花玉兰 *Magnolia grandiflora*
3. 叶落叶，花先叶后放，花期3月 ………………………………… 3. 玉兰 *Magnolia denudata*
4. 小枝，叶柄，花梗被褐色绒毛，灌木 ……………………………………… 4. 含笑 *Michelia figo*
4. 新枝，芽密被黄白色卷毛 …………………………………………………………………… 5
5. 叶柄中下部具托叶痕，白花 ……………………………………………… 5. 白兰 *Michelia alba*
5. 叶柄中部以上有托叶痕，黄花 ………………………………… 6. 黄兰 *Michelia champaca*

3. 连续平行式检索表

连续平行检索表，又称动物学检索表。在处理方法上吸取了定距检索表和平行检索表的优点，即将一对互相区别的特征用两个不同的项号表示，其中后一项号加括弧，以表示它们是相对比的项目，如下列中的1.（6）和6.（1），排列按1.2.3……的顺序。查阅时，若其性状符合1时，就向下查2；若不符合1时就查相对比的项号6，如此类推，直到查明其分类等级。如：

1.（6）花顶生，雌蕊群无柄或具短柄
2.（3）聚合果卵球形，常绿，花期5月 ……………………………… 1. 木莲 *Manglietia fordiana*
3.（2）聚合果长圆柱形
4.（5）叶常绿，叶下密被锈色毛，花期5月 ………………………… 2. 荷花玉兰 *Magnolia grandiflora*
5.（4）叶落叶，花先叶后放，花期3月 ………………………………… 3. 玉兰 *Magnolia denudata*
6.（1）花腋生，雌蕊群具显著的柄
7.（8）小枝，叶柄，花梗被褐色绒毛，灌木 ……………………………… 4. 含笑 *Michelia figo*
8.（9）新枝，芽密被黄白色卷毛
9.（10）叶柄中下部具托叶痕，白花 ………………………………………… 5. 白兰 *Michelia alba*
10.（9）叶柄中部以上有托叶痕，黄花 ………………………………… 6. 黄兰 *Michelia champaca*

连续平行式检索表的各项特征均排在书页左边的一直线上，显得较整齐也节约篇幅，因而现时在植物分类检索表中被广泛采用。

（二）植物分类检索表的编制与使用

编制植物分类检索表，要求必须掌握植物的特征，特别是精确掌握每一类群的各种变异和变异幅度，然后找出各类群（科、属、种）之间的共同特征和主要区别，才能进行编制。编制时，一般要考虑类群间的亲缘关系和系统发育关系，但通常为了方便应用，亦可以不考虑它们之间的亲缘关系，而是按照人为的方法进行编制，只要能把各类群精确地区别开来即可。

植物分类检索表采用二歧分类的方法编制而成。首先比较分析出各类群植物分类性状的异同点，选取某一个或几个性状，根据是与否、上与下、这样或那样等，将该群植物分成相对的两部分，直至分到所要求的分类单位为止，最后把分的过程和所用的性状，按一定的格式排列出来就成了检索表。编制的基本步骤是：

1. 首先要决定编制的是分科、分属，还是分种检索表。接着对各分类群的形态特征进行认真观察和分类性状比较分析，列出相似特征（共性）和区别特征（特性）的比较表，才能进行编制。

2. 在选用区别特征时，最好选用稳定的、明显相反的特征，如单叶或复叶，木本或草本；或采用易于区别的特征。尽可能不采用似是而非的、渐次过渡的特征，如叶的大小、植株毛的多少、花的颜色等特征作为划分依据。如选择蓝花和红花作为划分依据，则会难倒手持紫花的鉴定者，因为同种植物的花色受发育阶段等多种因素影响而发生变化，有些种类的花色甚至在一天之中也有变化，如牵牛花在早晨为蓝色，中午渐变为红色（花中所含的花青素颜色随细胞液由碱性变为酸性而变色）。

3. 采用的特征要明显，最好选用肉眼、手持放大镜或解剖镜就能看到的特征，尽量不采用需要显微镜或电镜才能看到的显微或亚显微解剖特征。

4. 检索表的编排号码，每个数字只能并且必须用两次。

5. 有时同一种植物，由于生长的环境不同而产生形态特征的变化，既有乔木，也有灌木，遇到这种情况时，在乔木和灌木的各项中都可编进去，这样就保证可以查到。

6. 在编制分科（属）检索表时，由于有些植物的特征不完全符合所属的某一分类群的特征，如蔷薇科的心皮从多数到定数，子房从上位、周位到下位，果实有聚合蓇葖果、聚合瘦果、核果、梨果，为保证能查到各种植物，在编制时都要考虑进去。因此，在检索表中常常会在不同的地方出现相同的分类等级，如在“种子植物分科检索表”中蔷薇科、虎耳草科、旋花科等科会出现多次。因此，初学者在查检索表时，必须持谨慎的态度。

7. 编制的检索表要实用，需要在实践中去验证。

判断一个检索表的好坏，除编制的格式是否正确外，从内容上可从以下三方面去分析：一是检索表中所用的特征对于被检索的植物类群是否是稳定的和主要的，一般来说这是划分类群的主要依据；二是利用这些特征将其中的某一部分植物划分成两部分时，界线是否清楚，切忌模棱两可；三是被应用的特征是否直观、便于应用，好的检索表所列特征一般都能在标本上或野外记录上直接反映出来。

第二节　花卉分类

植物分类学是各种应用植物学的基础，也是花卉栽培和应用的基础，依据植物的系统分类，人们易于理解和掌握植物的亲缘关系及系统位置。但另外，其理论性和专业性太强，往往难以在花卉的生产实践中普及和应用。如同为大戟属植物，一品红（*Euphorbia pulcherrima*）是灌木多用于盆栽，高山积雪（*E. marginata*）则是花境植物，虎刺梅（*E. milii*）为灌木状多肉质植物，抗旱性很强，可用于园林与盆栽观赏。因此，花卉的分类大多采用人为分类法，从实用角度出发，充分考虑其观赏特性和生产应用，主要根据花卉的生物学特性、对环境因子要求以及栽培应用等进行分类。

一、按生物学特性的综合分类

（一）一、二年生花卉

一年生（annuals）花卉是指一个生长季节内完成生活史的观赏植物。即从播种、萌芽、开花结实、衰老乃至枯死，均在一个生长季节内完成。一般不耐寒，春季晚霜后播种，夏、秋季开花结实后死亡，多是短日照花卉，如一串红（*Salvia splendens*）、茑萝（*Quamoclit pennata*）、凤仙花（*Impatiens balsamina*）、鸡冠花（*Celosia cristata*）、白花曼陀罗（*Datura metel*）、千日红（*Gomphrena globosa*）、半支莲（*Portulaca grandiflora*）、猩猩草（*Euphorbia heterophylla*）、夏堇（*Torenia fournieri*）等。

二年生（biennials）花卉是指两个生长季节内才能完成生活史的观赏植物。一般比较耐寒，但不耐高温，常秋天播种，当年只生长营养体，第二年开花结实，大都是长日照花卉，如三色堇、金鱼草、香豌豆、五色苋、福禄考（*Phlox drummondii*）、美女樱、瓜叶菊等。

（二）宿根花卉

宿根花卉（perennials，perennial flower）植株地下部分宿存越冬而不膨大，次年继续萌芽开花。宿根花卉种类繁多，大多花色艳丽，适应性强，多数耐寒或半耐寒，可露地栽培，管理粗放。主要有商陆、萱草、天竺葵、蜀葵、鸢尾属花卉等。不耐寒种类需温室栽培，主要有鹤望兰、旱金莲、非洲菊、彩叶草、非洲紫罗兰、紫茉莉、花烛属、秋海棠属花卉等。有时也包括多年生低矮的，用于覆盖地面的植物类型或群体。

（三）球根花卉

球根花卉（bulbous plants）地下茎或根变态膨大，形成球状物或块状物，并贮藏大量营养，以休眠状态度过寒冷的冬季或炎热的夏季。根据变态部分的来源和形态分为五类。

1. 鳞茎类

鳞茎类（bulbs）的茎短缩为圆盘状的鳞茎盘，其上着生多数肉质膨大的鳞叶，主要有百合、郁金香、水仙、风信子、网球花、朱顶红、百子莲、文殊兰、水鬼蕉、葱莲属等。

2. 球茎类

球茎类（corms）的地下茎短缩膨大呈实心球或扁球形，主要有唐菖蒲、小苍兰、秋水仙、番红花等。

3. 块茎类

块茎类（tubers）的地下茎或地上茎膨大呈不规则实心块状或球状，主要有球根秋海棠、大岩桐、白芨、仙客来、海芋、花叶芋等。

4. 根茎类

根茎类（rhizomes）的地下茎呈根状膨大，主要有红花酢浆草、蜘蛛抱蛋、艳山姜、红球姜、美人蕉属等。

5. 块根类

块根类（tuberous root）是由不定根经异常地次生生长，增生大量薄壁组织而形成，主要有大丽花、花毛茛、银莲花属等。

（四）兰科花卉

兰科花卉（orchids）为单子叶植物，地生、附生或腐生，常具假鳞茎或根状茎。全世界约有兰科植物 800 属，2 万至 3.5 万种及天然杂交种，人工杂交种约 4 万多种，主产于热带地区。我国约180属，1400余种。通常又将兰科花卉分为国兰和洋兰两大类，常见的仅是兰科植物中小部分具有观赏价值的栽培种。国兰特指兰属植物中的地生兰，主要有春兰（*Cymbidium goeringii*）、春剑（*C. tortisepalum* var. *longibracteatum*）、惠兰（*C. faberi*）、建兰（*C. ensifolium*）、墨兰（*C. sinense*）、寒兰（*C. kanran*）和莲瓣兰（*C. goeringii* var. *tortisepalum*）等。洋兰特指一些热带兰，常见的有蝴蝶兰（*Phalaenopsis* spp.）、卡特兰（*Cattleya* spp.）、石斛（*Dendrobium* spp.）、兜兰（*Paphiopedilum* spp.）和万带兰（*Vanda* spp.）等。

（五）仙人掌类及多肉多浆植物

仙人掌类及多浆植物（Cacti and Succulents）多数原产于热带或亚热带的干旱地区或森林中，通常包括仙人掌属（*Opuntia*）、景天科（Crassulacae）、番杏科（Aizoaceae）、大戟科（Euphorbiaceae）、菊科（Compositae）、龙舌兰科（Agavaceae）中的一些属种。

（六）水生花卉

水生花卉是指常年生活在水中，或在其生命周期的某段时间内生活在水中的观赏植物，如荷花（*Nelumbo nucifera*）、睡莲（*Nymphaea tetragona*）、王莲（*Victoria amazonica*）、凤眼莲（*Eichhornia crassipes*）、金鱼藻（*Ceratophyllum demersum*）等。通常可分为挺水花卉、浮水花卉、漂浮花卉和沉水花卉等四大类型。

（七）草坪地被植物

草坪植物（lawn plants）是组成草坪的植物总称，主要是禾本科和莎草科，也有豆科和其他科的植物，如地毯草、狗牙根、结缕草等。地被植物（Ground covers）指覆盖在地表面的低矮植物，如蔓花生、三裂蟛蜞菊、马鞍藤、大花马齿苋等。

（八）热带观叶植物

观叶植物是指叶片具有较高观赏价值的植物种类，大多数是草本植物，也有部分木本植物，如印度榕（*Ficus elastica*）等。这类植物大多原产热带地区，四季常绿，多数比较耐阴，在我国北方一般用作室内装饰，如绿萝（*Epipremnum aureum*）、春羽（*Philodendron selloum*）、龟背竹（*Monstera deliciosa*）、香龙血树（*Dracaena fragrans*）、海芋（*Alocasia cucullata*）、广东万年青和落檐（*Schismatoglottis hainanensis*）等。

（九）竹类植物

属禾本科（Gramineae）竹亚科（Bambusoideae），我国约有40余属400多种，主要分布于秦岭、淮河以南的广大地区。主要有龟甲竹、人面竹、佛肚竹、凤尾竹、粉单竹等。

（十）棕榈类植物

包括苏铁科、棕榈科的全部成员，以及与它们形态、习性及园林用途相似的植物。棕榈类植物树姿独特，最能体现热带、亚热带的南国风光，如苏铁、槟榔、棕榈、鱼尾葵、棕竹、油棕等。

（十一）蕨类植物

很多种蕨类植物（ferns）可作为室内的观叶植物，如桫椤、肾蕨、鸟巢蕨、二叉鹿角蕨、波斯顿蕨、崖姜蕨等。

（十二）木本花卉

以观花为主的木本植物，包括观花乔木、观花灌木、观花的木质藤本等类型。其中观花乔木如白兰（*Michelia alba*）、黄兰（*M. champaca*）、凤凰木（*Delonix regia*）、雨树

(*Samanea saman*)、蓝花楹（*Jacaranda mimosifolia*）、木棉（*Bombax malabaricum*）、鸡蛋花（*Plumeria rubra* 'Acutifolia'）等；观花灌木如含笑（*Michelia figo*）、朱槿、狗尾红（*Acalypha hispida*）、朱缨花（*Calliandra haematocephala*）、金凤花（*Caesalpinia pulcherrima*）、红纸扇和龙船花（*Ixora chinensis*）等；观花藤本如炮仗花（*Pyrostegia venusta*）、蒜香藤（*Mansoa alliacea*）、鹰爪花（*Artabotrys hexapetalus*）、叶子花、使君子（*Quisqualis indica*）和首冠藤（*Bauhinia corymbosa*）、软枝黄蝉（*Allemanda cathartica*）、球兰（*Hoya carnosa*）和桉叶藤（*Cryptostegia grandiflora*）等。

此外，根据木本花卉的生长习性还可分为落叶和常绿两类。落叶类木本花卉常见的有凤凰木、红花羊蹄甲（*Bauhinia blakeana*）、鸡蛋花、蓝花楹、鹧鸪麻（*Kleinhovia hospita*）、大花紫薇（*Lagerstroemia speciosa*）、美丽异木棉（*Ceiba insignis*）、海南梧桐（*Firmiana hainanensis*）、木棉、石榴、红千层（*Callistemon rigidus*）、紫薇、金蒲桃（*Xanthostemon chrysanthus*）、无忧花（*Saraca dives*）等。常绿花木类常见的有滨玉蕊（*Barringtonia asiatica*）、印度榕、海南木莲、白兰、朱槿、龙船花、朱缨花、黄槿等。

二、按生态环境要求分类

（一）水分

1. 水生花卉

水生花卉是园林中水景园观赏植物的重要组成部分，种类繁多，但其共性是根的全部或部分必须生活在水中，遇干旱则枯死。水生植物进化过程为：沉水植物→浮水植物→挺水植物→陆生植物。根据水生植物生活方式与形态的不同，可分为挺水型、浮叶型、漂浮型和沉水型。

挺水型的根或根状茎生于泥中，植株茎、叶和花高挺出水面，如荷花、香蒲、伞草等。浮叶型的根或根状茎生于泥中，茎细弱不能直立，叶片漂浮在水面上，如王莲、睡莲、田字萍、萍蓬草、水鳖、芡实等。漂浮型的根悬浮在水中，植株漂浮于水面上，随着水流、波浪四处漂泊，如凤眼莲、槐叶萍、满江红、大薸等。沉水型整株沉于水中，无根或根系不发达，通气组织特别发达，利于在水中进行气体交换，如龙舌草、金鱼藻、苦草等。

2. 湿生花卉

湿生花卉性状近于挺水花卉。根部生于潮湿或积有浅水的沼泽中，地上部均生于空气中，不能适应深水淹埋，也不能生长在干旱的土壤中，如再力花（*Thalia dealbata*）、千屈菜、水生美人蕉（*Canna glauca*）、海芋、花叶万年青等。

3. 中生花卉

中生花卉是生长于适当湿润、既不干旱也不积水的土壤中的花卉。它们既不耐干旱也不耐水淹，大部分花卉属于此类。

4. 旱生花卉

旱生花卉是适应干旱环境的花卉。它们有很强的抗旱能力，能较长期忍耐干旱，只需很少的水分便能维持生命或进行生长，如海南龙血树、五色梅、美丽梧桐、灰莉、仙人掌类及许多肉质多浆花卉。

（二）温度

1. 耐寒花卉

耐寒花卉多原产于高纬度地区或高海拔地区，耐寒而不耐热，冬季能忍受－10℃或更低的气温而不受害。在我国西北、华北及东北南部能露地安全越冬，如牡丹、芍药、锦带花、黄刺玫等。

2. 喜凉花卉

喜凉花卉在冷凉气候下生长良好，稍耐寒而不耐严寒，但也不耐高温。一般在－5℃左右不受冻害。在我国江淮区域及北部的偏南地区能露地越冬，如梅花、桃、蜡梅、紫罗兰、萱草、落新妇等。

3. 中温花卉

中温花卉一般能耐轻微短期霜冻，在我国长江流域以南大部分地区能露地越冬，如苏铁、山茶花、桂花、栀子花、含笑、杜鹃花等。

4. 喜温花卉

喜温花卉性喜温暖而绝不耐霜冻。一经霜冻，轻则枝叶坏死，重则全株死亡。一般在5℃以上安全越冬，在我国长江流域以南部分地区及华南能安全越冬，如茉莉花、鸡蛋花、叶子花、白兰、嘉兰、含羞草、瓜叶菊、非洲菊、蒲包花等。

5. 耐热花卉

耐热花卉多原产于热带或亚热带。喜温暖而能耐40℃或以上的高温，但极不耐寒，在10℃甚至15℃以下便不能适应。在我国福建、广东、广西、海南、台湾大部分地区及西南地区能露地安全越冬，如番木瓜、红桑、米兰、扶桑、变叶木、竹芋、芭蕉属、凤梨科、仙人掌科和天南星科花卉等。

（三）光强

根据植物对光强的要求，可分为喜光、耐阴和喜阴三种类型。

1. 喜光花卉

也称阳生光卉，这类花卉只有在全光照下才能生长发育良好并正常开花结实，光照不足常使节间伸长、生长不良、不开花、少开花或不正常结实，如茉莉花、一品红、鸡蛋花、椰子、凤凰木、大王棕、木棉、睡莲、半支莲、仙人掌科及许多旱生、沙生、多浆花卉等。

2. 耐阴花卉

也称中性花卉，这类花卉在充足光照下生长良好，但能忍耐不同程度的阴蔽。大部分花卉属这一类型，只是耐阴的程度各不相同，如广东万年青、龟背竹、袖珍椰子、米兰、桂花、杜鹃花、夜合花、红背桂、含笑等。

3. 喜阴花卉

也称阴生花卉，这类花卉只有在一定阴蔽环境下才能生长良好，适于在散射光下生长。直射的强光，尤其在夏季，将造成灼伤、叶片变黄、生长受阻甚至死亡，如蕨类、虎耳草属、蜘蛛抱蛋属（*Aspidistra*）、秋海棠属、常春藤属和天南星科植物等。

（四）光周期

根据植物对光周期的反应，可分为三种类型。

1. 短日照花卉

在日长等于或短于临界日长条件下开花或促进开花的观赏植物，如三角梅、一品红、蟹爪兰、菊花、波斯菊、伽蓝菜等。

2. 长日照花卉

与短日照花卉相反，日长等于或长于临界日长条件下开花或促进开花的观赏植物，如八仙花、香豌豆、紫茉莉、长春花等。

3. 日中性花卉

这一类花卉，花芽的分化和发育不受日照长短的影响。只要其他条件合适，生长到一定时期便能开花，有些花卉甚至能周年不断开花，如月季、茉莉、扶桑、矮牵牛、五色梅等。

三、按栽培方式分类

（一）露地花卉

露地花卉（outdoor flower）指在当地自然条件下不加保护设施能完成生长发育过程的花卉，实际栽培中有些露地花卉冬季也需要简单的保护，如使用阳畦或覆盖物等。

（二）温室花卉

温室花卉（greenhouse flower）指在本地需要在温室中栽培，提供保护方能完成生长发育过程的花卉。一般多指原产于热带、亚热带及南方温暖地区的花卉，在北方寒冷地区必须在温室内栽培或冬季需要在温室中保护过冬，包括草本花卉和一些观赏价值很高的木本植物。

（三）切花花卉

切花花卉（cutting flower）指用来进行切花生产的花卉，如月季、红掌、鹤蕉等。

（四）盆栽花卉

盆栽花卉（potted flower）是花卉生产的一类产品。主要观赏盛花时的景观，要求株丛圆整，开花繁茂，整齐一致，如杜鹃、一品红、新几内亚凤仙等。

四、按观赏部位和观赏特性分类

（一）观花类

花色、花形、花香等表现突出的花卉，如黄蝉（*Allamanda neriifolia*）、木棉、垂花火鸟蕉（*Heliconia rostrata*）、地涌金莲（*Musella lasiocarpa*）、玫瑰茄（*Hibiscus sabdariffa*）、吊灯花（*H. schizopetalus*）、小悬铃花（*Malvaviscus arboreus*）等。

（二）观果类

果实显著、挂果丰硕、宿存时间长的花卉，如菠萝蜜、石榴、毛叶猫尾木（*Markhamia stipulata*）、朱砂根（*Ardisia crenata*）、五色椒、乳茄（*Solanum mammosum*）、大花茄（*Solanum wrightii*）、海红豆、假苹婆、金莲木（*Ochna integerrima*）、炮弹花（*Couroupita guianensis*）、葫芦树、铁西瓜（*Crescentia cujete*）、吊灯树（*Kigelia africana*）等。

（三）观叶类

叶色、叶形或叶的大小、着生方式等独特且具有较高观赏价值的植物，如异叶南洋杉（*Araucaria heterophylla*）、红桑、山麻杆（*Alchornea davidii*）、变叶木、彩叶芋、竹芋属、豆瓣绿属（*Peperomia*）及其他一些观叶植物。其中，春色叶树种有斯里兰卡天料木、铁力木、金丝李、秋枫、荔枝、红果仔等；秋色叶树种有枫香、榄仁、大花紫薇等。

（四）赏枝干类

枝、干有独特的风姿或有奇特的色泽、附属物等观赏性强的植物，如陆均松、美丽异木棉、光棍树、竹节蓼、红雀珊瑚、仙人掌类及天门冬属植物。

（五）赏根类

根部形态奇特，有较高观赏价值的植物，如高山榕、银叶树（*Heritiera littoralis*）、露兜树、红刺露兜等。

（六）赏株型

株形奇异，具有较高观赏价值的植物，如酒瓶椰、棍棒椰、金刚纂、佛肚树等。

（七）闻香型

花朵香味浓郁或香气清雅宜人的花卉，如米兰、假鹰爪、香桄榔、黄兰、肉桂、钻喙兰等。

五、按应用方式分类

（一）观赏花卉

人们通常把以观赏为目的而栽培的花卉称为观赏花卉，如观赏棕榈、鹤望兰、凤梨等。

（二）食用花卉

可以食用的花卉，如菊花、百合、玉兰、荷花、金银花等。

（三）工业用花

可用于食品、油脂、制糖、制药、建筑、纺织、造纸等工业，或是橡胶、油漆、酿造、化妆品等工业，甚至冶金、煤炭、石油等工业中的植物原料或植物产品称为工业用花，如棕榈、油楠、麻风树、香荚兰、油棕等。

（四）保健花卉

具有药食保健作用的花卉，如食用仙人掌、火龙果、菊花、芦荟等。

（五）药用花卉

具有药用功能的花卉，如龙血树、地不容、白芨、石斛等。

思考题

1. 什么叫自然分类法？什么叫人为分类法？二者各自有何特点？
2. 请简述植物命名的基本规则。
3. 依生物学特性，花卉分哪几类？各有哪些代表性植物？请举例说明。
4. 依观赏部位和观赏特性，花卉可分为哪几类？各有哪些代表性植物？
5. 请区分樟树、黄樟、肉桂和阴香，并编制连续平行检索表。
6. 请区分黄兰、白兰、含笑、海南木莲和白玉兰，并编制定距检索表。
7. 请区分羊蹄甲、红花羊蹄甲、洋紫荆，并编制检索表。

本章推荐阅读书目

1. 陈俊愉. 中国花卉品种分类学［M］. 北京：中国林业出版社，2001.
2. 冯富娟. 东北植物野外实习指导［M］. 哈尔滨：东北林业大学出版社，2006.
3. 李景侠，康永祥. 观赏植物学［M］. 北京：中国林业出版社，2005.
4. 刘燕. 园林花卉学［M］. 北京：中国林业出版社，2003.

5. 宋希强. 观赏植物种质资源学［M］. 北京：中国建筑工业出版社，2012.
6. 汪劲武. 种子植物分类学［M］. 2 版. 北京：高等教育出版社，2009.
7. 臧德奎. 观赏植物学［M］. 北京：中国建筑工业出版社，2012.
8. 赵梁军. 观赏植物生物学［M］. 北京：中国农业大学出版社，2002.
9. 庄雪影. 园林树木学［M］. 华南本 3 版. 广州：华南理工大学出版社，2014.

第二章　花卉的生长发育与环境

环境因子包括气候因子（温度、光照、水分、空气等）、土壤因子（土壤温度、土壤结构、土壤质地、土壤理化特性、土壤水分等）、地形因子（海拔高度、坡度、坡向、山脊和山谷等）、生物因子（指相关的动物、昆虫、微生物；植物之间的相生相克）、人为因子（指垦殖、放牧、采伐等人类活动）等。在自然界中，这些因子并不是孤立存在的，它们之间相互影响、相互制约，综合形成特定的生态环境，影响着花卉的生长发育。本章详细介绍了花卉生长发育与生态环境因子相互作用的机理，以期指导人们科学地进行栽培管理、控制和改造花卉，达到优质高产的目的，创造理想的观赏效果。

第一节　温度

温度是影响花卉生长发育最重要的环境因子之一。它既可通过影响花卉的光合作用、呼吸作用、蒸腾作用、有机物的合成和运输等代谢过程，来间接影响植物的生长，也可通过土温、气温影响水肥的吸收和输导，直接影响植物的生长。

一、花卉生长的温度三基点

每一种花卉的生长发育，都有一个温度范围。当温度超过生长所需的最低温度，生长随之加快起来，直到生长最快的温度，超过此温度后随着温度再增高，反而引起生长速度快速下降，到达温度高限后，生长即停止。这就是常说的温度的“三基点”：最低温度（minimum temperature）、最适温度（optimum temperature）和最高温度（maximum temperature），亦即温度的最低点、最适点和最高点。

花卉种类不同，原产地气候型不同，温度的“三基点”也不同，有的差别甚至很大。一般而言，原产热带或亚热带的花卉，温度三基点偏高，分别为10℃、30～35℃、45℃；原产温带的花卉，温度三基点偏低，分别为5℃、25～30℃、35～40℃；原产寒带的花卉，生长的温度三基点更低，北极或高山上的花卉可在0℃或0℃以下的温度生长，最适温度一般很少超过10℃。

还要指出的是，同一种花卉在不同的生长发育时期，对最适温度的要求是不断改变的。如春播一年生草花，种子萌发在较高温度中进行，幼苗期间要求温度较低，但随着幼苗逐渐生长到开花结实，对温度的要求逐渐增高。二年生花卉，种子萌芽在较低温度下进行，幼苗期间要求温度更低，否则不能顺利通过春化阶段，而在开花结实时，则要求稍高于营养生长时期的温度。

二、温度对花卉分布的影响

不同气候带中有不同的植被类型，也分布着不同的花卉。如气生兰类主要分布在热带、亚热带；百合类绝大部分分布在北半球温带；仙人掌类大多数原产于热带、亚热带干旱地区沙漠地带或森林中。

花卉的耐寒力指其忍耐最低温度的能力，通常根据耐寒力大小可将花卉分成三大类。

（一）耐寒性花卉

耐寒花卉（cold-resistant flower）多原产于寒带和温带地区，包括大部分多年生落叶木本花卉、松柏类常绿针叶观赏树木和一部分落叶宿根花卉及球根类花卉。这类花卉抗寒力强，一般能耐0℃以上的温度，其中一部分种类能忍耐−5～−10℃以下的低温，在我国北方大部分地区能够露地越冬，如玫瑰、紫薇、丁香、迎春、玉簪、萱草、蜀葵、龙柏、紫藤、银杏等。

（二）半耐寒性花卉

半耐寒花卉（half cold-resistant flower）多原产于温带较暖处，耐寒力介于耐寒性与不耐寒性花卉之间，包括一部分秋播一年生草花、二年生草花、多年生宿根草花、落叶木本和常绿树种。通常要求冬季温度在0℃以上，在我国长江流域能够露地栽培安全越冬，在华北、西北和东北，有的需埋土防寒越冬，有的需包草保护越冬，有的则需进入冷室或地窖越冬，如金盏菊、紫罗兰等。通常在秋季露地播种育苗，在早霜到来前移于冷床（阳畦）中，以便保护越冬，当春季晚霜过后定植于露地。此后在春季冷凉气候下迅速生长开花，在初夏较高温度中结实，夏季炎热时期到来后死亡。这一类花卉有芍药、石榴、夹竹桃、大叶黄杨、玉兰、五针松、三色堇、金鱼草、石竹、翠菊、郁金香、部分观赏竹等。

（三）不耐寒性花卉

不耐寒花卉（cold-sensitive flower）多原产于热带及亚热带地区，相当一部分为常绿宿根和木本花卉，以及露地春播一年生草本花卉和温室花卉。在生长期间要求高温，不能忍受0℃以下的温度，其中一部分种类甚至不能忍受5℃左右的温度，在这样的温度下则停止生长或死亡。因此，这类花卉的生长发育只能在一年中的无霜期内进行，在春季晚霜过后开始生长发育，在秋季早霜到来时死亡或休眠。如秋海棠类、彩叶草、吊兰、大岩桐、茉莉等要在10～15℃的条件下正常越冬，而王莲在25℃以上才能越冬。

三、温度对花卉生长发育的影响

温度不仅影响花卉种类的地理分布，而且影响花卉生长发育的每一过程和时期，如种子或球根的休眠、茎的伸长、花芽的分化和果实的发育等，都与温度有密切关系。

（一）春化作用

1. 春化的温度要求

花卉生长发育进程与季节温度变化相适应。一些花卉在秋季播种，冬前经过一定的营养生长，然后度过寒冷的冬季，在第二年春季重新旺盛生长，并于春末夏初开花结实。如将秋播作物春播，则不能开花或延迟开花。这种低温诱导促使植物开花的作用称春化作用（vernalization）。如兰科植物中的独蒜兰、春兰就需要经历春化阶段，否则不能开花。

依据要求低温值的不同，可将花卉分为3种类型。

1）冬性植物

冬性植物（winterness plant）在通过春化阶段时要求低温，约在10℃的温度下，能够在30～70d的时间内完成春化阶段。在近于0℃的温度下进行得最快。

二年生花卉，如月见草、毛地黄、毛蕊核等为冬性植物。在秋季播种后，以幼苗状态度过严寒的冬季，满足其对低温的要求而通过春化阶段，使植物正常开花。这些植物若在春季气温已回升时播种，便不能正常开花，因其未经低温的春化阶段。但若春季播种前经过人工春化处理，可使它当年开花，但缺点是植株矮小，花梗变短，若作为切花是不利的。因此对于二年生花卉如需在春季播种时，应于早春开冻后及早播种，可得较好的效果，虽也可开花，但不及秋播的好。如延误播种，对开花则不利。虞美人、蜀葵及香矢车菊等，如春播，时间应当更早，否则开花极为不良。

早春开花的多年生花卉也为冬性植物，这些植物通过春化阶段也要求低温（如鸢尾、芍药等）。

2）春性植物

春性植物（spring plant）在通过春化阶段时，要求的低温值（5～12℃）比冬性植物高，也就是说，需要较高的温度诱导才能开花，同时完成春化作用所需要的时间亦比较短，约为5～15d。一年生花卉和秋季开花的多年生花卉为春性植物。

3）半冬性植物

在上述两种类型之间，还有许多种类，对于温度的要求不甚敏感，在15℃下也能够完成春化作用，但是，最低温度不能低于3℃，其通过春化阶段的时间是15～20d，这类花卉称作半冬性植物（half winterness plant）。

在花卉栽培中，不同品种间对春化作用的反应也有明显差异，有的品种对春化要求很高，有的品种要求不高，有的则无春化要求。不同的花卉种类通过春化阶段的方式也不相同，通常有两种方式，以萌芽种子通过春化阶段的称种子春化（seed vernalization）；而有些植物，萌动种子不能进行春化，只有当绿色植株长到一定大小后，才能通过春化，即以一定生育期的植物体通过春化阶段的称植物体春化，又称绿体春化（green plant vernalization）。多数花卉种类是以植物体方式通过春化阶段的，如紫罗兰、六倍利（*Lobelia erinus*）等。而种子春化的种类至今还不太清楚。据日本农学博士阿部定夫等人指出，经过低温催芽的香豌豆种子可以提前开花。

2. 花芽分化的温度要求

春化阶段的通过是花芽分化的前提，但通过春化阶段以后，也必须在适宜的温度条件下，花芽才能正常分化和发育。花卉种类不同，花芽分化和发育所要求的适温也不同，大体上有两种情况。

1）在高温下进行花芽分化

一年生花卉，宿根花卉中夏秋开花的种类，球根花卉的大部分种类，在较高温度下进行花芽分化。许多花木类如杜鹃、山茶、梅、桃和樱花、紫藤等都在6—8月气温高至25℃以上时进行分化，入秋后，植物体进入休眠，经过一定低温后结束或打破休眠而开花。许多球根花卉的花芽也在夏季较高温度下进行分化，如唐菖蒲、晚香玉、美人蕉等春植球根于夏季生长期进行，而郁金香、风信子等秋植球根是在夏季休眠期进行。还有一些花卉，如中华紫菀、金光菊在高温下诱导成花。

2）在低温下进行花芽分化

许多原产温带中北部以及各地的高山花卉，其花芽分化多要求在20℃以下较凉爽气候条件下进行，如八仙花、卡特兰属和石斛属的某些种类在低温13℃左右和短日照下促进花芽分化，许多秋播草花如金盏菊、雏菊等也要求在低温下分化。

温度对于分化后花芽的发育有很大影响。温度对球根花卉花芽的促进作用，其低温最适值和范围因花卉种和品种而异，郁金香为2～9℃，风信子为9～13℃，水仙为5～9℃，必要的低温时期约为6～13周。如果没有低温条件或低温时间不够，则不能开花。

（二）昼夜温差对花卉生长发育的影响

在自然条件下气温是呈周期性变化的，许多生物适应温度节律性变化（季节变化和昼夜变化），并通过遗传成为其生物学特性，这一现象称为温周期现象（thertnoperiodism）。这种周期性变温环境对许多植物的生长和发育是有利的，而不同气候型植物，其昼夜的适应温差也不相同。昼夜温差用DIF（DIF＝白天温度－夜晚温度）来表示，一般热带植物的DIF为2～6℃，温带植物为5～7℃；而沙漠植物，如仙人掌则要求相差在10℃以上。

栽培中为使花卉生长迅速，最理想的条件是DIF要大，但并非DIF越大越好，否则对生长也不利。白天温度在该花卉光合作用的最佳温度范围内，温度越高，越有利于光合作用；夜间温度尽量在呼吸作用较弱的温度限度内，温度越低，呼吸作用对养分的消耗越少，则积累的有机物质越多，花卉生长迅速。就盆花而言，可通过降低DIF，进行高度控制。如一品红为木本盆花，将DIF控制在5.5℃时，盆花高度最高；将DIF控制在0℃时，盆花高度中等，将DIF控制在－5.5℃时，盆花高度最低。另如三色堇幼苗生长的调节也能通过DIF实现，将白天和黑夜的温度均保持在20℃，DIF为0时不能合理地控制徒长；使用－2.8～－5.6℃的温差（黑夜温度为17.8～20℃，白天温度为14.4～16.7℃）可以控制植株的高度。

但对于某些花卉，较低的昼夜温差会使花卉生长发育异常。如极端昼夜温差（如DIF≤－5.5℃时），可能引起麝香百合叶片黄化和卷曲；蝴蝶兰催花期间，DIF≤－2℃时，会产生大量的盲花。不同花卉种类昼和夜的最适温度不相同（表2-1）。

表2-1　常见花卉的昼、夜最适温度（℃）

种类	昼温	夜温	种类	昼温	夜温
金鱼草	14～16	7～9	香豌豆	17～19	9～12
心叶藿香蓟	17～19	12～14	矮牵牛	27～28	15～17
百日草	25～27	16～20	彩叶草	23～24	16～18
非洲紫罗兰	19～21	23～25.5	翠菊	20～23	14～17
月季	21～24	13.5～16	非洲菊	22～26	20～24

（三）温度对花色的影响

温度是影响花色的主要环境因子，很多花卉受温度和光强的作用，花色有很大波动。随着温度升高和光强减弱，花色变浅，如落地生根属和蟹爪属，尤其是落地生根的品种，对不适环境条件的反应非常明显：在弱光、高温下有些品种开的花几乎不着色；有些品种的某些花色变浅，但仍很鲜艳。产生这些现象的原因，一时还不清楚。

据哈尔德（Harde）等人研究，蓝白复色的矮牵牛，蓝色和白色的比例随温度而变化：在30～35℃高温下，开花繁茂时，花瓣完全呈蓝或紫色；在15℃条件下，同样开花很繁茂时，花色呈白色；在上述两者之间的温度下，就呈现蓝和白的复色花。原产墨西哥的大丽花，如果在暖地栽培，一般炎热夏季不开花，即使有花，也是花色暗淡，至秋凉后才变得鲜艳；在寒冷地区栽培的大丽花，盛夏也开花，且花色艳丽。月季的花色在低温下呈浓红色，在高温下呈白色。还有菊花、翠菊以及其他草花于寒冷地区栽培时，其花色均比在暖地时浓艳。

喜高温的花卉在高温下花朵色彩艳丽，如荷花、半支莲、矮牵牛等；喜冷凉的花卉，如遇 30℃以上的高温则花朵变小，花色黯淡，如虞美人、三色堇、金鱼草、菊花等。

（四）温度逆境对花卉生长发育的影响

花卉只有在一定的温度范围内（最低温度与最高温度之间）才能够生长，若温度过高和过低，花卉遭受高温或低温胁迫，影响花卉生长和发育，易使花卉受到损害或死亡。

1. 低温伤害 low-temperature injury

根据低温的程度不同，花卉受低温的危害可分为冻害（freeze damage）和冷害（cold injury）两种。

1）冻害指冰点（0℃）及其以下低温对花卉造成的伤害。冻害的临界温度因花卉种类和低温经历时间长短而异。不同花卉存在明显结构上和适应能力上的差异，所以抗冻能力不同，如不耐寒花卉受冻害易死亡。由于温度下降到冰点以下的速度不同，有细胞外结冰和细胞内结冰两种不同的结冰方式。

2）冷害指 0℃以上低温对花卉的伤害。原产热带亚热带的不耐寒花卉，当温度下降到 0～10℃范围（因种类等而不同）就会被迫休眠及受害乃至死亡。冷害的根本原因普遍认为是细胞膜系统受损，因而导致代谢混乱，如光合作用下降或停止，气孔导度减小，根系吸水能力下降、叶片物质运输受阻、合成能力下降等。外观上可能产生叶片伤斑、叶色变为深红或暗黄、嫩枝和叶片出现萎蔫或干枯掉落等现象，时间久了或达到生命的冷死点温度植株就死亡。

2. 高温伤害 high-temperature injury

一般花卉种类在 35～40℃温度下生长就缓慢下来，虽然有些花卉种类在 40℃以上仍能继续生长，但增长至 50℃以上时，除热带干旱地区的多浆植物外，绝大多数花卉的植株便会死亡。超过花卉生长的最高温度会对花卉造成高温伤害，其生理变化主要有呼吸作用大大增强，有机物的合成速度不及消耗速度，使植株出现“饥饿”状态；高温下植株蒸腾失水加快，水分平衡受破坏，致使气孔关闭，光合作用受阻，植株被迫休眠；植株体温上升，导致蛋白质变性，代谢功能紊乱等。在植株外观上可能出现灼烧状坏死斑点或斑块（灼环）乃至落叶，出现雄性不育以及花序、子房、花朵和果实脱落等现象，时间久了或到达生命的热死点温度，植株就会死亡。高温使花卉的茎（干）、叶、果等受到伤害，通常称为灼伤，灼伤的伤口又容易遭受到病害的侵袭。

耐（抗）热力是指花卉忍耐最高温度的能力。在各类花卉中，耐热力最强的是水生花卉，其次是仙人掌类和春播一年生草花，还有能在夏季连续开花的扶桑、夹竹桃、紫薇等，以及大部分原产热带的观叶植物；耐热力差的有秋播一年生草花、一些原产热带亚热带的高山花卉如倒挂金钟等。在分析花卉的耐热力时，需要注意花卉原产地的局部气候条件，不能生搬硬套。当研究花卉的原产地时就会发现，赤道附近虽属热带地区，没有明显的四季之分，但此地夏季的光照长度比温带和亚热带要短，又属于海洋性气候，当地的夏季最高气温常低于其他地区。因此一部分热带地区原产的花卉，也往往经受不住我国大部分地区的夏季酷热，不能正常生长开花，或被迫休眠，或因管理不善甚至导致死亡。如热带花卉火鹤耐低温性较弱，但也未必适于高温，当气温超过 30℃则火鹤的佛焰苞不平整，凹凸不平且畸形花出现，若超过 35℃则开花率下降，产量低且品质不佳。

第二节 光照

光是植物的生命之源，是植物赖以生活的必要条件，是植物制造有机物质的能量源泉。

一、光照对花卉生长发育的影响

光对花卉生长发育的影响主要表现在3个方面，即光照强度、光照长度和光质。

（一）光照强度对花卉生长发育的影响

光照强度（light intensity）对植物生长发育的影响主要表现在光合作用方面。太阳辐射强度与光照强度是两个不同的概念。农业气象中将单位面积上的辐射能通量称为辐射通量密度（单位 $\mu mol/m^2 \cdot s$），又称为辐射强度。辐射能通量对人眼产生光量感觉的能量，称为光通量（单位 lm），单位面积内的光通量称为光照强度，即光照度（单位 lx）。现在为了适于光合作用的研究，常采用光合量子通量密度。本书还是采用 lx 为单位。光照强度常依地理位置（纬度、海拔）、地势高低、坡向以及云量、雨量、时间的不同而变化，其变化是有规律性的。随纬度的增加而减弱，随海拔的升高而增强；一年之中以夏季光照最强，冬季光照最弱；一天之中以中午光照最强，早、晚光照最弱。

1. 花卉对光强的需求

光照强度不同，不仅直接影响光合作用的强度，还影响一系列形态上和解剖上的变化，如叶片的大小和厚薄，茎的粗细、节间的长短，叶肉结构以及花色浓淡等。另外，不同的花卉种类对光照强度的反应也不一样：多数露地草花，在光照充足的条件下，植株生长健壮，着花多，花也大；有些花卉，如万年青等，在光照充足的条件下生长极为不良，在半阴条件下才能健康成长。因此依照花卉对光照强度要求的不同，分为三种类型。

1）阳性花卉

阳性花卉（heliophyte plants）喜强光，不耐阴蔽，具有较高的光补偿点，在阳光充足的条件下才能正常发育，发挥其最大观赏价值。该类花卉必须在完全的光照下生长，如果光照不足，则枝条纤细，节间伸长，枝叶徒长，叶片黄瘦，花小而不艳、香味不浓，开花不良或不能开花。原产于热带及温带平原，高原南坡以及高山阳面岩石上，如多数露地一、二年生花卉及宿根花卉、仙人掌科、景天科和番杏科等多浆植物。常见的种类有一串红、茉莉、扶桑、石榴、柑橘、月季、梅花、菊花、玉兰、棕榈、苏铁、橡皮树、银杏、紫薇、香石竹、旱金莲、半支莲等。该类花卉虽喜强光直射，但夏季强光会引起温度的剧增，从而可能对花卉造成伤害。

2）阴性花卉

阴性花卉（sciophyte plants）要求在适度阴蔽下才能生长良好，喜漫射光，不能忍受强烈的直射光线，生长期间一般要求有50%～80%蔽阴度的环境条件，光补偿点和光饱和点较低。多原产于热带雨林下，或分布在高山阴面的树林下以及阴暗的山洞中，主要是一些观叶花卉和少数观花植物，如蕨类、兰科、苦苣苔科、凤梨科、姜科、秋海棠科、天南星科植物以及文竹、玉簪、八仙花、大岩桐、紫金牛、肺心草等。其中一些花卉可以较长时间地在室内陈设，所以又称为室内观赏植物。当然阴性花卉也不能放在室内光线太弱的地方，放置处的光强必须在其光补偿点以上，除避免直射外，一般放在窗边等室内光线最强的地方。

3）中性花卉

中性花卉（mesophyte plants）又称为阴-阳生植物（skio-hel-iophyte flower）。多原产于热带亚热带地区，由于原产地空气中的水蒸气较多，一部分紫外线被水雾吸收，因而减弱了光照的强度。这类花卉对于光照强度的要求介于阳生和阴生花卉之间，既不很耐阴又怕夏季强光直射，通常需光照充足，但遇光强烈时需适当遮阴。常见的有萱草、耧斗菜、桔梗、白芨、杜鹃、山茶、白兰花、栀子、牡丹、棕竹、扶桑、长春花、天竺葵、八仙花、倒挂金钟等。

2. 花卉对光强适应性

有少数花卉比较特殊，能适应的光照强度范围大。例如马拉巴栗可以在全日照下生长，也可放在遮阴处栽培，在全日照下栽培的具有较高的光补偿点和饱和点，在阴棚中栽培的则具有较低的光补偿点和饱和点。但如果把一直在全日照下栽培的植株突然搬入室内摆放，则植株会落叶甚至死亡，这是由于植株不能适应光照突变、光补偿点还没降下来的缘故。

一般植物的最适需光量大约为全日照的50%～70%，多数植物在50%以下的光照时生长不良。就一般植物而言，2000～4000lx已可达到生长、开花的要求。在夏季各月的平均照度可达50000lx，一半的照度即为植物所需要的最适照度，过强的光照会使植物的同化作用减缓。只有在冬季温室内，由于天气不良而有光照不足的情况。当日光不足时，因同化作用及蒸发作用减弱，植株徒长，节间延长，花色及花的香气不足，花期延迟，且易感染病虫害。

3. 光强对花卉开花时间的影响

光照强弱对花蕾开放时间有很大影响。紫茉莉、晚香玉需在傍晚弱光时盛开，香气更浓，到第二天日出即闭合；昙花一般也在晚上开放；半支莲、酢浆草则必须在强光下才能绽开，日落后就闭合了。为了确切地说明开花时间和光线强弱有关的关系，18世纪著名的瑞典植物学家林奈，根据不同花卉的开花时间，顺时针排列在一个精心设计的花坛里，制作了世界上第一个“花时钟”。几种花卉花蕾开放的时间如下：3时，蛇床花开；4时，牵牛花开；5时，蔷薇花开；6时，龙葵花开；7时，芍药花开；8时，莲花开；9时，半支莲开；10时，马齿苋开；16时，万寿菊开；17时，茉莉花开；18时，烟草开；19时，剪秋罗开；20时，夜来香开；21时，昙花开。由此可看出不同花卉开花时对光线强弱的要求，在栽培时可设法满足其开花对光照的要求，也可作为欣赏花卉的时间参考。

4. 光强对花色的影响

光照强度对花色也有影响。紫红色的花是由于花青素的存在而形成的，花青素必须在强光下才能产生，在散光下不易产生，如春季芍药的紫红色嫩芽以及秋季红叶均为花青素的颜色。花青素产生的原因除受强光影响外，一般还与光的波长和温度有关。春季芍药嫩芽显紫红色，这与当时的低温有关，白天同化作用产生的碳水化合物，由于春季夜间温度较低，在转移过程中受到阻碍，滞留叶中，而成为花青素产生的物质基础。光照强度也会对某些花卉的叶色产生影响。如红桑和南天竹在弱光下叶绿素合成多而使叶片发绿，在强光下类胡萝卜素合成多而使叶片发橙。

（二）光照长度对花卉生长发育的影响

光照长度（light duration）首先影响植物花芽分化、开花、结实，其次还影响到节间的伸长、分枝习性、叶片发育，甚至地下贮藏器官如块茎、块根、球茎、鳞茎等的形成以及花青素等的合成，所以光照长度与植物的生命活动有密切的关系。一天的日照长度（也即一天中日出至日落的时数）或指一天中明暗交替的时数被称为光周期（photoperiod），这种现象被称为光周期现象（photoperiodicity）。我国地处北半球，以北半球为例，纬度越高（即越向北方）夏季日照越长，而冬季日照越短。因此，北方一年中的日照时数，不同季节的相差较大，如哈尔滨冬季每天只有8～9h，而夏季可达15.6h。南方的日照时数不同季节相差较小，如广州的冬季每天日照有10～11h，而夏季也只有13.3h。

各种植物成花所需要的日长条件不同。依据植物对日长条件的要求，可划分为长日照植物（long-day plant，LDP）、短日照植物（short-day plant，SDP）和日中性植物（day-neutral plant，DNP）。

1. 长日照植物

又称为短夜植物（short-night plant，SNP）。这类植物要求较长时间的光照才能成花。一般要求每天有14～16h的日照，可以促进开花，若在昼夜不间断的光照下，能起到更好的促进作用。相反，在较短的日照下，便不开花或延迟开花。二年生花卉秋播后，在冷凉的气候条件下进行营养生长，在春天长日照下迅速开花。瓜叶菊、紫罗兰于温室内栽培时，通常7—8月播种，翌年早春1—2月便可开花，若迟至9—10月播种，在春季长日照下也可开花，但因植株未充分成长而变得很矮小。

早春开花的多年生花卉，如锥花福禄考在冬季低温条件下，满足其春化要求长日照下开花。

2. 短日照植物

又称为长夜植物（long-night plant，LNP）。这类植物要求较短的光照就能成花。在每天日照为8～12h的短日照条件下能够促进开花，而在较长的光照下便不能开花或延迟开花。一年生花卉在自然条件下，春天播种发芽后，在长日照下生长茎、叶，在秋天短日照下开花繁茂。若春天播种较迟，当进入秋天后，虽植株矮小，但由于在短日照条件下，仍如期开花。如波斯菊通常4月播种，9月中旬开始开花，株高可达2m，如迟至6—7月播种，至9月中旬仍可开花，但株高仅1m。

秋天开花的多年生花卉多属短日照植物，如菊花、一品红等在短日照下方能开花，因此为使它们在“十一”国庆节开花，必须进行遮光处理。

3. 日中性植物

日中性植物对每天日照时数要求不严，在长短不同的日照环境中均能正常孕蕾开花，如大丽花、香石竹、扶桑、非洲紫罗兰、花烟草、矮牵牛、非洲菊等。虽这类花卉对日照时数需求不严格，但以在昼夜长短较接近时适应性最好。

日照长度还能促进某些植物的营养繁殖，如某些落地生根属的种类，其叶缘上的幼小植物体只能在长日照下产生；虎耳草腋芽发育成的匍匐茎，也只有在长日照中才能产生。另外，长日照还能促进禾本科植物的分蘖。短日照能促进某些植物块茎、块根的形成和生长，如菊芋块茎的发育是在短日照中发生的，于长日照下只在土层下产生匍匐茎，并不加粗；反之，在短日照下匍匐茎是短的，膨大起来形成块茎。大丽花块根的发育对日照长度也很敏感，某些在正常日照中不能很快产生块根的变种，经短日照处理后也能诱导形成块根，并且在以后的长日照中也能继续形成块根。具有块茎类的秋海棠，其块茎的发育也为短日照所促进。

日照长度对温带植物的冬季休眠有重要意义和影响，短日照经常促进休眠，长日照通常促进营养生长。因此，对处于休眠状态的植物，在短日照的暗周期中曝以间歇光照，从而可以获得长日照效应。

（三）光质对花卉生长发育的影响

太阳光是太阳辐射以电磁波形式投射到地面的辐射线。太阳辐射光谱组成波长范围很大，波长范围为150～4000nm，约占太阳辐射的总能量的99%。光质（light quality）又称光的组成，是指具有不同波长的太阳光谱成分。根据人能否感受到的光谱段，可分为可见光和不可见光。可见光（即红、橙、黄、绿、蓝、紫）波长为380～760nm，占全部太阳光辐射的52%。波长大于760nm和小于380nm的都是不可见光，前者为红外线，占全部太阳光辐射的43%，有热效应，其波长越大，增热效应也越大，红外线被大气中的臭氧、水蒸气和CO_2吸收；后者叫紫外线，占全部太阳光辐射的5%，能抑制枝梢生长，促进花青素的生成。

1. 不同波长的光对植物生长发育的作用不同

太阳辐射光谱中具有生理活性的波段，称为光合有效辐射（photosynthetically active radiation，PAR），以可见光和紫外线为主，波长分布在300～700nm。其中以600～700nm的橙色及红色光可激发叶绿素光合作用的能力，具有最大的生理活性；其次为蓝光，吸收绿光最少。而波长300～400nm的紫光和紫外线是植物色素合成之主要光能来源。

太阳光照射植物体时，有直射光和散射光两种形式。晴天地面上光照中直射光约占63%，散射光约占37%；阴天时只有散射光。在一定限度内，直射光的强弱与光合作用呈正相关，如超过光饱和点，其效能反而降低，过强的光还会对植物产生“灼伤”现象。漫射光强度低，但被植物完全利用的红光和黄光较多，高达50%～60%，而太阳直射光中红光和黄光最多只有37%。漫射光中还含有较多的蓝紫光，易被叶绿素B吸收利用，并不会受伴光而来的热量所伤害。一般而言，喜阳的植物需要在直射光下栽培；喜阴植物则应种植在较阴暗的地方，只要有散射光便能生长好。光质随纬度、海拔高度和地形变化，通常直射光随海拔升高而增强，海拔每升高100m，光的强度增加4.5%，紫外线强度增加3%～4%。一般高山上紫外线较多，防止徒长，使植株矮化，同时还能促进花青素的形成，所以高山花卉的色彩比平地的艳丽，热带花卉的花色浓艳亦因热带地区含紫外线较多之故。

2. 光对花卉的种子萌发的影响

有些花卉的种子，曝光时发芽比在黑暗中发芽的效果好，一般称为好光性种子，如报春花、秋海棠等，这类好光性种子，播种后不必覆土或稍覆土即可。有些花卉的种子需要在黑暗条件下发芽。通常称为嫌光性种子，如喜林草属、伐塞利阿花属花卉等。这类种子播种后必须覆土，否则不会发芽。

3. 花卉生长的向光性

向光的一面比背光的一面生长慢些，使花卉向光弯曲。在窗台或室内栽培花卉时，由于光线多由一个方向射入，以及植物生长的趋光性，时间稍久，植株就会偏向光线射入的一方，影响姿态美观，可采用经常转动花盆的方法来预防。另外，光与植物感性运动有关。如含羞草除了有感震运动以外，还表现昼开夜合的感性运动，这种运动与光照程度改变有关。

二、强光、弱光逆境对花卉生长的影响

如果栽培的花卉光照强度和光照时间明显不足，尤其是阴雨雪天，光照强度甚至低于光补偿点，随着光照强度减弱，植物净光合速率下降，下降幅度受温度、CO_2 浓度、相对湿度等因素的影响，还与花卉作物品种间耐弱光能力有关，耐弱光能力强的品种光合速率降低幅度较小。同时还会改变光合产物运输和分配，影响矿物质的吸收和利用，进而严重影响花卉作物的生长发育，导致产量和品质下降。这种现象尤其在设施栽培中常见。提高花卉弱光逆境适应性的方法有选用透光率高的长寿流滴膜、经常保持薄膜清洁、适时揭盖草帘和纸被、地面铺设银灰膜、人工补光、适当稀植等。强光同样也会对植物产生伤害，会损害光合器官，灼伤叶片、花，严重时植株发生萎蔫。减少强光伤害的技术措施有设置遮阴网、叶面喷水、适当密植等。

第三节　水分

水是植物体的重要组成部分，也是植物生命活动的必要条件。足够的含水量使植物细胞保持膨压状态，植株枝叶便会挺立舒展，以维持正常的生理活动。水是理想的溶剂，营养物质的吸收、转化、运输与分配，光合作用、呼吸作用等重要的生理过程，都必须在有水的环境才能正常进行。水具有热容量高、汽化热高的特性，调节树体与环境间的温度变动，从而保护树体避免或减轻灾害。因此，水分与花卉的生长发育关系密切。

一、花卉对于水分的要求

不同花卉由于原产地的雨量及其分布状况不同，为了适应环境的水分状况，植物体在形态上和生理机能上形成了不同的生态习性和适应类型。根据对土壤水分的要求不同，可以把花卉大体分为五个类型。

（一）耐旱花卉

又称为旱生花卉（xerophytic plants）。原产于相当干旱的条件下如沙漠、干草原、干热山坡等，或有明显干、湿季节之分的地区环境，能忍受较长期空气或土壤的干燥而继续生活，如许多仙人掌科和景天科的多肉植物以及芦荟、龙舌兰等。为了适应干旱的环境，它们在外部形态上和内部构造上都产生许多相适应的变化和特征：叶片变小或退化变成刺毛状、针状，或肉质化；表皮层、角质层加厚，气孔很少且常关闭，并深陷在组织里；叶表面具厚茸毛以及细胞液浓度和渗透压变大等，减少植物体水分的蒸腾，同时该类花卉根系都比较发达，能增强吸水力。这类花卉忌土壤水多、排水不良或经常潮湿，否则根系受害、病害易侵染，从而引起烂根、烂茎而死亡。在栽培时，应注意掌握土壤“宁干勿湿”的浇水原则。

（二）半耐旱花卉

又称为半旱生花卉（half xerophyte plants）。包括一些叶片呈革质或蜡质状，以及叶片上具有大量茸毛的花卉，如山茶、橡胶榕、白玉兰、天竺葵、龙吐珠等；还包括一些具针状或片状枝叶的花卉，如天门冬等，以及松科、柏科、杉科植物等。在栽培管理时，生长期要掌握“干透浇透”的土壤浇水原则。

（三）中生花卉

大部分花卉都属于中生花卉（mesophytic plants），它们对土壤水分的要求多于半耐旱花卉，但也不能让土壤长期潮湿。中生花卉的特征是根系及输导系统均较发达，叶片表皮有一层角质层，叶片的栅栏组织和海绵组织均较整齐，细胞液渗透压为（5.07～25.33）$\times 10^5$ Pa，叶片没有完整且较发达的通气系统。对这类花卉在生长期的浇水原则是“间干间湿”，在土壤含水量约低于田间持水量的60%时即进行浇水。

（四）耐湿花卉

又称为湿生花卉（hydromorphism plants）。原产于热带雨林或山谷湿地、河滩低洼地、沼泽土等。该类花卉耐旱性弱，生长期间要求经常有大量水分存在，或有饱和水的土壤和空气。长期的潮湿使其产生了形态结构的适应性。典型的耐湿花卉叶面很大，光滑无毛，角质层薄，无蜡层，气孔多而经常开张。许多种类还产生了泌水组织（水孔）。耐湿花卉的吸收和输导组织通常简化，根系浅，侧根少而延伸不远，中柱不发达，导管少，叶脉稀疏。此外，由于生活在高度潮湿的环境下，细胞经常处于膨胀状态，机构组织的作用降低而简化，通气组织却极为发达。耐湿花卉主要是阴生观叶植物。在栽培管理时，生长期应该注意掌握“宁湿勿干”的浇水原则，表土一干即进行浇水。

（五）水生花卉

指水生植物（aquatic plants）的植株全部或部分生长于水中或浮于水面，常见的水生花卉有王莲、荷花、睡莲等。水生植物的植株表面都有吸收功能，因此它们的根系不发达，输导系统也已衰退，而通气组织发达或体内有很大的细胞间隙。

二、同一种花卉在不同生长时期对水分的要求不同

对具体某一种花卉来说，在其生长发育的各个时期，对水分的要求也有差异。种子发芽时，需要较多的水分，以使种子吸收水分，有利于胚根和胚芽的萌发。种子萌发后，幼苗时期因根系弱小，在土壤中分布较浅，抗旱力极弱，必须经常保持湿润。到成长时期抗旱能力虽较强，但若要生长旺盛，也需给予适当的水分。

花卉不同阶段对空气湿度的要求不同。一般来说，在营养生长阶段对湿度要求大，开花期要求低，结实和种子发育期要求更低。生长时期的花卉，一般都要求湿润的空气，但空气湿度过大时，植株易徒长。开花结实时，要求空气湿度小，不然会影响开花和花粉自花药中散出，使授粉作用减弱。在种子成熟时，更要求空气干燥。

三、水分对花卉生长发育的影响

水分主要指土壤中的水分和空气中的水分，它们都影响着花卉的生长发育。

（一）土壤的水分影响花卉的生长发育

控制对花卉的水分供给，以控制营养生长，促进花芽分化，在花卉栽培中应用很普遍。广州的盆栽金橘就是在7月控制水分使花芽分化、开花结果而获得的。生产中对球根花卉，凡球根含水量少，则花芽分化也早，早掘的球根或含水量高的球根，花芽分化延迟、球根鸢尾、水仙、风信子、百合等用30～35℃的高温处理，使其脱水而达到花芽分化提早和促进花芽伸长的目的。

花朵正常的色彩需适当的湿度才能显现，一般在土壤水分缺乏时色素形成较多，所以花色变浓，如三角梅、蔷薇、菊花。

（二）空气湿度影响花卉的生长发育

空气中的水分含量可以用空气湿度（%）表示。一天中，午后最高气温时的空气相对湿度最小，清晨时的最大，但在山顶或海岸地区，两者常趋于一致或变化幅度不大。一年四季空气湿度也有差别，如在内陆干燥地区，冬季空气湿度最大，夏季最小，而在季风地区情况则相反。

不同花卉对空气湿度的要求不同。原产干旱、沙漠地区的仙人掌类花卉要求空气湿度小，而原产于热带雨林的观叶植物要求湿度大（超过80%）。湿生植物、附生植物、一些蕨类、苔藓植物、苦苣苔科花卉、凤梨科花卉、食虫植物及气生兰类在原生境中附生于树的枝干、生长于岩壁上、石缝中，通过气孔或气生根直接吸收空气中的水分，对空气中湿度要求大。如果空气干燥，容易出现叶面粗糙、叶尖及边缘枯焦等现象，甚至全叶枯焦，严重影响其观赏价值。所以它们在干燥季节，需经常通过喷水、喷雾等措施来提高空气湿度。

对大多数花卉而言，要求65%～75%的空气湿度。当空气达到饱和时（空气湿度为100%），可提高嫩枝扦插的成活率。花卉移植或定植时，增加空气湿度可降低植株的蒸腾作用从而减少死亡率。但在空气湿度大的情况下，往往枝叶徒长，植株柔弱，对病虫害的抵抗力降低，会产生落花落果；还会妨碍花药开放，影响传粉和结实。所以如果空气湿度过大就要注意通风和防治病害。空气湿度过小，花卉易产生红蜘蛛等病虫害，影响花色，使花色变浓。

四、花卉对水质的要求

水的质量主要就是指其主要成分以及总盐度的含量。表达盐度的指标，在做生理研究时使用溶液的摩尔浓度，但在田间研究时，由于土壤基质（soil matrix）和灌溉溶液中所含盐之间的相互作用，摩尔浓度是不太实用的。故而田间研究时，最常用25℃下的电导率（electrical conductivity，简称EC）表达水质盐度，单位常用dS/m（desi siements per meter）。高浓度时，1dS/m大体相当于10mmol/L NaCl；低浓度时，1dS/m大体相当于12mmol/L NaCl。此外，还可用溶液中总可溶性盐的浓度或溶液的渗透压（Ψs）来表示（表2-2）。

表2-2　水质盐度的常用单位及其25℃下的电导率的转换系数（Gucci和Tattini，1997）

盐度指标	单位	转换系数*
电导率	dS/m	1
NaCl浓度	mmol/L	10～12
NaCl浓度	mg/L	580～700
总可溶性盐	%	≈0.064
渗透压（Ψs）	MPa	0.036

注：*转换系数随离子成分而变，是近似值

城市污水以及被厂矿废水污染的水都不能用于花卉的灌溉。我们通常用于花卉灌溉的水有地下水、井水、江湖河水、池塘水、雨水等。地下水和井水等水中含有较多钙盐和镁盐的天然水称为硬水。而池塘水、雨水和江湖河水等含少量或完全不含钙和镁的天然水称为软水。许多花卉虽然对土壤中的钙和镁有很高的耐受性（钙和镁本身就是花卉的必需元素），但长期用硬水浇灌土壤，一方面会造成盐的积累，另一方面会使土壤变碱，从而降低土壤中磷、铁、锰、硼等养分的有效性，造成缺素症。有些水中含有过高的钠离子，长期使用，会造成毒害（吸收过多）以及在土壤中累积而影响植株的吸水吸肥性。在生产过程中，硬水软化的方法主要是通过添加有机酸如柠檬酸、醋酸（食用醋）等，或添加酸性化学物质如硫酸亚铁等，使水的 pH 值降低。一般不用硫酸等强酸，以免烧伤根系和造成土壤板结。南方的水质还可能有铁、锰含量过高的问题。

在自来水中还有加入漂白粉或液氯的问题。氯也是植物必需元素之一，但若含有过多的氯反而对花卉有害，因此可把自来水放置一二天，让氯气散发掉再使用。但也有人认为自来水中氯含量极少，可以忽略不计。也正是因为含有（不单是自来水，雨水和清洁井水也有）氯，其量已能满足植物的需要，所以在无土壤栽培中，营养液也无需再添加氯。

五、干旱和涝害对花卉生长发育的影响

（一）旱害

花卉因缺水而受的危害称为旱害（drought injury）。旱害按其成因可分为土壤干旱和大气干旱。由于土壤缺水，植物根系吸收的水分不足以补偿蒸腾的支出而受害，称土壤干旱。由于空气干燥，植物蒸腾耗水量大，即使土壤中存在一定有效水分，但根系吸收的水分来不及供应蒸腾的支出致使植物受害，称大气干旱。土壤干旱会加重大气干旱，大气干旱也会使土壤水分迅速减少，而发生土壤干旱。两种类型的干旱同时发生，危害更大。

花卉植株一方面从土壤和空气中吸收大量的水，另一方面叶片又把绝大部分水分通过蒸腾作用而散失掉。只有当水的吸收与消耗达到平衡时，植株才能够正常生长发育。如果吸收小于消耗，营养元素的吸收也随着减少，那么植株代谢过程如光合作用等会变得缓慢，呈现萎蔫现象，叶片及叶柄皱缩下垂，特别是一些叶片较薄的花卉更易显露出来。中午由于叶面蒸发量大于根的吸水量，常呈现暂时的萎蔫现象，此时若使它在温度较低、光照较弱和通风减少的环境中，就能较快恢复过来。若植株经常处于水分亏缺状态，根系的深度会增加；叶少而薄，叶面积变小；分枝少，新梢减弱，饱满度和所含的汁液不足；茎叶颜色转深，有时变红；叶尖、叶缘或叶脉间组织枯黄，这种现象常由基部叶片逐渐发展到顶梢，引起早期落叶、落花、落果，花芽分化也减少。水分不足还易使土壤溶液浓度变高而产生盐害，这在草花中更易出现，所呈现的症状是植株各部分由于木质化的增加，常使其表面粗糙而失去叶子的鲜绿色泽，所以在施用多量化肥时更需注意。

以上讲的是土壤缺水或空气干燥造成的结果。还有一种情况是土壤含有足够的水或空气中湿度也很高，但由于土温低、通气不良、盐分过高等其他原因使根系不能吸收水分，引起的花卉的生理干旱，同样也会对植株造成伤害。

（二）涝害

如果土壤排水不良而积水，或遇暴雨洪水，使植株的一部分被淹而导致植株受害，则称为涝害（flooding damage）。涝害使植株根部缺乏氧气，只能进行无氧呼吸，所以水分和营养元素吸收受到影响，造成生理性的土壤干旱和营养不足现象。另外涝害引起土壤嫌气性细菌活跃，使土壤中积累有机酸和无机酸，增大土壤溶液浓度，影响植株对营养元素的吸收；同时产生一些有毒物质如 H_2S、NH_3 等，使根中毒。此外，水涝植株部分地上部浸在水中，会影响光合作用和呼吸作用的进行。涝害会使植株在外观上出现黄叶、花色变浅、花的香味减退、落叶落花、落果等现象，严重时根细胞因处于窒息状态而死亡，根系腐烂，乃至全株死亡，还会使植株徒长、易倒伏、易受病菌侵害。如果土壤浇水太频繁而处于潮湿状态，一些花卉也可能出现类似涝害的现象。

第四节 土壤与矿质营养

一、土壤

土壤是由矿物质、有机质、土壤水分、土壤空气和土壤微生物等组成的。它是培育花卉的重要基质，是花卉赖以生存的物质基础，是供给花卉生长发育所需要的水、肥、气、热的主要源泉。土壤种类很多，理化性质不同，肥力状况、土壤微生物不同，形成了不同的地下环境。土壤物理特性（土壤质地、土壤温度、土壤水分等）和土壤化学特性（土壤酸碱度 pH 值、土壤氧化还原电位 Eh）以及土壤有机质、土壤微生物等是花卉地下根系环境的主要因子，因此影响着花卉的生长发育。

花卉理想的栽培土壤具有丰富的腐殖质，保水保肥能力强，排水好、通气性好、适宜的酸碱度等特点。科学实验证明，适合植物生长的土壤按容积计，矿物质约占 38%，有机质约占 12%，土壤空气和土壤水分各约占 15%～35%。

（一）土壤矿物质

土壤矿物质为土壤组成的最基本物质，它能提供花卉所需的多种营养元素。土壤质地指土壤的物理性状，即土壤黏性、沙性程度。根据土壤黏性和沙性程度，一般分为沙土、壤土和黏土三大类。土壤颗粒直径小于 0.01mm，占 10%以下的为沙土，占 60%以上的为黏土，介于两者之间的为壤土。黏土、沙土、壤土又根据黏沙程度不同分为若干等级，如重黏土、轻壤土等。

沙土类土粒间隙大，通透性强、排水良好，但保水性差；土温易增、易降，昼夜温差大；有机质含量少，肥劲强但肥力短。常用作培养土的配制成分和改良熟土的成分，也常作为扦插用土和栽培幼苗、球根花卉、耐干旱的多肉植物。黏土类土粒间隙小，通透性差，排水不良但保水性强；含矿质元素和有机质较多，保肥性强且肥力也长，土温昼夜温差小，尤其是早春土温上升慢，对幼苗生长不利，除南方少数树木、水生花卉栽培喜偏黏质土外，一般不适于花卉的栽培，常与其他土类配合使用，如用于沙土的改良。壤土类土粒大小居中，性状介于二者之间，通透性好，保水、保肥力强，有机质含量多，土温比较稳定，对花卉生长比较有利，适宜于大多数的花卉的栽培，是理想的园林花卉栽培用土。

（二）土壤有机质

土壤有机质包括各种动植物残体、微生物及其生命活动的各种有机产物。土壤有机质是土壤固相物质的一个重要组成部分，不仅能供应花卉生育的养分，而且对改善土壤的理化性质和土壤团粒结构以及保水、供水、通风、稳温等都有重要作用。所以有机质含量高的土壤，不仅肥力充分而且土壤理化性质也好，有利于花卉的生长。

（三）土壤通气性

土壤通气性又称土壤透气性，主要是指土壤中空气以及其中氧与二氧化碳的含量，反映出土壤空气与近地层大气进行气体交换以及土体内部允许气体扩散和流动的性能。在种子萌发时，要求土壤中氧浓度大于 10%，否则，嫌气呼吸产生有机酸类物质如酒精，会使种子受害。植物根系生长发育要求的氧气来自土壤，若土壤空气中氧的含量小于 9%或 10%，根系发育就会受到影响，氧含量低至 5%以下时，绝大多数作物根系停止发育。氧与二氧化碳在土壤空气中互为消长，氧含量减少意味着二氧化碳增多，当二氧化碳含量大于1%时，根系发育缓慢，至5%～20%，则为致死的含量。土壤空气中的还原性气体，也可使根系受害，如 H_2S 使花卉产生黑根，导致吸收水肥能力减弱，甚至死亡。土壤空气还会影响微生物活动，从而影响有机质转化。土壤通气良好有利于有机质矿质化，为花卉生长提供速效养分。

（四）土壤温度

土壤温度直接影响花卉根系的生长、吸收及运输能力，影响矿质营养的溶解、流动与转化。土壤温度和有机质的分解、土壤微生物的活动有密切关系，从而影响花卉的生长发育。花卉种子都要求在一定的土壤温度条件下播种。土壤温度高，种子发芽较快；但若土壤温度过高，发芽太快，呼吸消耗过多，则幼苗不壮，且易致种子内有机养料变质，失去发芽能力或出土后烧苗。土壤温度过低，则种子不能发芽。低温湿润的土壤条件还容易造成烂种、烂芽，或使种子失去发芽能力。当土壤温度降低到花卉受害的临界值以下时，幼苗易受低温危害。因此春季提早播种常因温度太低需要采用人工保温育苗；盛夏播种则因温度太高，需要采用遮阴或喷水降温等措施。对于越冬花卉，特别是宿根花卉，分蘖节的生命力与3～5cm深处的土壤温度关系极大。土温若低于花卉分蘖节所能忍受的临界温度，分蘖节即受冻害，甚至导致植株死亡。冻融交替也易使花卉受害。花卉冻害常和冻土深度有关。冻土深，春季气温回升后表土融化，植株地上部分恢复生机，但根系仍处于冻土层中，不能吸水，植株易受生理干旱危害。土壤温度对微生物活性的影响也极明显。多数土壤微生物的活动要求有15～45℃的温度条件，超出这个范围，微生物的活动就受抑制，从而影响土壤中的腐殖化过程和矿质化过程。温度高时有机质分解快，温度低则分解慢。

（五）土壤水分

土壤水分是形成土壤肥力的主要因素，不仅作为矿质营养溶剂，使之易为根系吸收，还可以作为营养物质液流在土壤中流动，或向着根圈或随着蒸发流向土表或随潜流漏失。土壤水分还可以调节土壤温度和土壤通气状况。因此，土壤水分状况直接控制对花卉需水的供给。土壤水分可分为有效水和非有效水两大类。有效水（available water）是指根系有效吸收利用的田间持水量到永久凋萎点之间的土壤含水量。非有效水（unavailable water）是指低于永久凋萎点以下的土壤含水量，主要是土壤胶体表面的吸着水与气态水。土壤类型不同，土壤有效水含量有差异。花卉根系大多适宜田间持水量60%～80%的土壤水分环境。土壤有效水含量降低，首先是根细胞伸长减弱，短期内根毛密度加大；如进一步缺水，根停止生长，新根木栓化，根毛死亡。随后由于水分在植物体内重新分配，根生长点死亡。

（六）土壤酸碱度

土壤酸碱度对花卉的生长发育有密切关系。由于酸碱度与土壤理化性质和微生物活动有关，所以土壤有机质、矿质元素的分解和利用，也与土壤酸碱度紧密相关。土壤的酸碱度用土壤pH表示。测定培养土酸碱度的简便方法是准备一盒石蕊试纸，盒内装有一副标准比色板。取少量培养土放到干净的玻璃杯中，土和凉开水按1∶2的比例混合，经充分搅拌沉淀后，将石蕊试纸放入溶液内，1～2s取出试纸与标准比色板比较，找到颜色与之相近似的色板号，即为这种培养土的pH。此外，还可以使用土壤酸度计。在花卉栽培中，依酸碱性把土壤划分六个类型。

不同的花卉对土壤酸碱的要求不同，有较大差异的适应力（表 2-3）。大多数露地花卉在中性到偏酸性（pH 5.5～7.0）的培养土里生长发育良好，因为在这一界限内花卉从土中吸取的营养元素都呈可溶性状态。高于或低于这个界限，有些营养元素即变为不可吸收的状态，因而易引起某些花卉出现营养缺乏症。仅有少数花卉可以适应强酸性（pH 4.5～5.5）或碱性（pH 7.5～8.0）土壤。温室花卉几乎全部种类都要求酸性或弱酸性土壤。

表 2-3　花卉适宜的土壤酸碱度

种类	土壤 pH	适宜生长的花卉
酸性	4.0～5.5	羽扇豆、凤梨类、八仙花、兰花类、蕨类植物
弱酸性至中性	5.0～7.0	大岩桐、倒挂金钟、铁线莲、天竺葵、朱顶红、蒲包花、紫罗兰、君子兰、秋海棠
碱性	7.0～8.5	霞草、鸢尾、非洲菊、宿根花卉

土壤酸碱度对某些花卉的花色有重要影响，八仙花的花色变化即由土壤 pH 的变化引起。著名植物生理学家莫利希（Molisch）的研究结果指出，八仙花蓝色花朵的出现与铝和铁有关，还与土壤 pH 的高低有关。pH 低，花色呈现蓝色；pH 高，则呈现粉红色。另外，随着 pH 的减小，萼片中铝的含量增多（表 2-4）。

表 2-4　土壤 pH 与八仙花花色、花中铝含量的关系

土壤 pH	花色	铝含量（mg/kg）	土壤 pH	花色	铝含量（mg/kg）
4.56	深蓝色	2375	6.51	红紫色	214
5.13	蓝色	897	6.89	粉红色	180
5.5	紫色	338	7.36	深粉红色	100

如果土壤过酸或过碱，均需加以改良，才能养好花。提高土壤 pH 的方法是在土壤中加入细石灰、碳酸钙等；降低土壤 pH 的方法是在土壤中加少量硫黄粉、硫酸亚铁、硫酸铁，施用有机肥等。对少量培养土可以提高其中腐叶或泥炭的混合比例。部分南方花卉如苏铁、茉莉等长期在北方栽培后，往往因土壤呈碱性而生长不良，这就需要浇灌 1∶50 的硫酸铝（白矾）水溶液或 1∶200 的硫酸亚铁水溶液，使土壤呈酸性，以适应其生长。另外，施用硫黄粉见效很快，但作用时间短，需每隔 7～10d 施一次。

二、矿物质营养

花卉在生长发育阶段，除需要适当的阳光、温度、空气、水分和土壤外，还需要适当的肥料，即元素。维持植物正常生长所必需的大量营养元素（major element），约占物体干重的 0.01%～10%，有碳、氢、氧、氮、磷、钾、硫、钙、镁等。除上述大量元素外，尚有为植物生长所必需的微量元素（minor element），如铁、硼、锰、锌、铜、钼和氯等，在植物体内含量甚少，约占植物体重 10^{-9}～10^{-7}。此外尚有多种超微量元素，亦为植物生活所需要。近来，实验证明，如镭、钴及铀等天然放射性元素，也为植物所必需，有促进生长的作用。在植物生活中，碳、氢、氧来自空气中的二氧化碳和水中的氢、氧，其他 13 种则来自土壤，而以氮、磷、钾需求量最大，一般土壤里却含量很少，远远不能满足花卉生长发育的需要，必须人工加以补充。其他元素需求量不大，一般土壤里的含量基本可以满足，只有在特殊情况下，才需要人工加以补充。现将三种主要元素及主要微量元素的作用，以及这些元素过多或过少造成花卉生长不良的表现与及补救办法介绍如下。

（一）氮

氮是构成蛋白质、核酸、叶绿素的重要成分，氮又参与酶的合成，因此它与植物体内一切代谢活动密切相关，故称氮为“生命元素”，也称叶肥。氮素充足，生长旺盛，叶片大，叶色深绿，此时植物的光合强度增加，使花冠增大和籽实饱满。植物需要氮也不是越多越好，当氮素过多时，植物营养生长过旺，会贪青徒长，茎叶柔嫩多汁，抗倒伏，抗逆性减弱，易遭病虫害和寒害，同时开花结实及成熟也推迟。一年生花卉在幼苗时期对氮肥的需要量较少，随着生长的要求而逐渐增多。两年生和宿根花卉在春季生长初期需氮肥较多。观花、观果的花卉和观叶的花卉对氮肥的要求是不同的，观叶花卉在整个生长期中，都需要较多的氮肥，以使在较长的时期中保持美观的叶丛；对观花、观果种类来说，只是在营养生长阶段需要较多的氮肥，进入生殖阶段以后，应该控制使用，否则将延迟开花期，或落花落果。氮缺少时，生长受到抑制，植株矮小，分枝少，节间短，枝条细弱，叶片小而薄，呈黄绿色，下部老叶易枯萎，很早落叶，新叶出叶很慢，花及籽粒小，不饱满。缺氮时，应使用速效性化肥中的氮肥，如硫酸铵（含氮20%～21%），硝酸铵（含氮34%～35%），氯化铵（含氮20%～25%），尿素（含氮46%）均可。也可用尿素喷叶作根外追肥，浓度幼苗期为0.1%～0.5%，草本花卉为0.2%～1.0%，木本花卉为0.5%～1.0%。

（二）磷

磷是核酸、核蛋白和许多酶的成分，所以也是组成细胞质、细胞核的重要成分，它能促进细胞分化，使植物长根长芽。在光合作用和呼吸作用中参与能量的贮藏转变和运输与能量代谢密切相关。所以增施磷肥能促进提前孕蕾开花，花多花大；还促进果实种子早熟，籽粒饱满，这一功能正与氮肥相反。磷素还能增强抗逆性，能提高植物的抗旱、抗寒、抗病虫害和抗倒伏的能力。因此，磷肥也称果肥，花卉在幼苗营养生长阶段需要有适量的磷肥，进入开花期以后，磷肥需要量更多。但是磷肥过多也会产生不良影响，如无效分蘖增加，繁殖器官过早成熟，植株早衰等。缺磷时，植物蛋白质合成受阻，光合作用和呼吸作用的强度明显下降，新的细胞分裂和生长都受影响，以致植株矮小，发育差，生长慢，叶片少，分蘖及新根少，叶中糖分积累相对增多，老叶和茎变成紫红色或暗绿色，开花小而少，也影响结果。开花和成熟期都延迟。缺磷时，可施用速效性磷肥，如过磷酸钙（含磷12%～20%）、钙镁磷肥（含磷10%～12%）、磷矿粉（含磷18%～28%）或磷酸二氢钾（含磷50%、钾30%）。也可用磷酸二氢钾0.1%～0.3%溶液作根外追肥。

（三）钾

钾是许多酶的活化剂，在芽、幼叶、根尖等幼嫩部位含量最多。钾能促进碳水化合物的合成，在叶片中钾的含量增加，光合作用也提高。钾还促成蛋白质的合成和使茎杆中纤维素增加，使茎杆变粗壮，增加抗倒伏的能力，同时使植物体内糖分含量增加，提高抗旱抗寒、抗病虫害的能力，并促进块根、鳞茎增大。因此，钾肥也称根肥。但施用钾肥一定要适量，过量的钾肥使植株生长低矮、节间缩短，叶子变黄，继而变褐色而皱缩，以致在短时间内枯萎而死亡。缺钾时，体内代谢失调，叶子浓绿色，叶边缘或尖端开始变黄，继而变褐，最后干枯，呈火烧状。叶子发育不平衡，常有不规则的卷曲状。抗病虫害的能力弱，根发育不良，易患根腐病。特别是块根发育不良，茎杆矮小；纤维素发育不良，容易倒伏。缺钾时可追施速效性钾肥和氯化钾（含钾48%～60%）、硫酸钾（含钾48%～

52%）、磷酸二氢钾（含磷50%，含钾30%），也可用磷酸二氢钾0.1～0.5%溶液作根外追肥。

（四）钙

钙用于细胞壁、原生质及蛋白质的形成，促进根的发育。钙离子能作为磷脂中的磷酸与蛋白质的羧基间联结的桥梁，具有稳定膜结构的作用。钙对植物抗病有一定作用，据报道，至少有40多种花卉的生理病害是因低钙引起的。钙也是一些酶的活化剂，如由ATP水解酶、磷脂水解酶等酶催化的反应都需要钙离子的参与。植物细胞质中存在多种与Ca^{2+}有特殊结合能力的钙结合蛋白（calcium binding proteins，CBP），其中在细胞中分布最多的是钙调素（calmodulin，CaM）。Ca^{2+}与CaM结合形成Ca^{2+}-CaM复合体，它在植物体内具有信使功能，能把胞外信息转变为胞内信息，用以启动、调整或制止胞内某些生理生化过程。钙还可以降低土壤酸度，在我国南方酸性土地区亦为重要肥料之一。钙也可以改进土壤的物理性质，黏重土施用石灰后可以变得疏松，而施用钾肥的效果恰恰相反，可以使沙质土变得紧密。缺钙主要表现在幼叶上，叶片较小，幼叶首先出现褪绿与坏死斑点。严重时枝梢先端的嫩叶叶尖、叶缘和叶脉开始枯死，顶叶和茎枯死，或花朵萎缩。新根停止生长早，粗短、扭曲、尖端不久褐变枯死，枯死后附近又长出很多新根，形成粗短且多分枝的根群。缺钙还能导致桃树等的流胶病和根癌病，引发红玉斑点病等的发生。在酸性培养土中适当施用石灰，可以中和土壤酸度、提高土壤中置换性钙含量，减轻缺钙症。缺钙时可在生长季节叶面喷施1000～1500倍硝酸钙或氯化钙溶液2～4次，也可用0.2%～0.4%的石灰水溶液进行连续浇灌2～3次，每次每株20～30mL。

（五）铁

铁是一些酶的组成部分，以价态的变化传递电子（$Fe^{3+}+e^{-}=Fe^{2+}$），在呼吸和光合电子传递中起重要作用。叶绿素中不含铁，但铁却是合成叶绿素所必需的元素。铁还参与氮代谢，在硝酸及亚硝酸还原酶中含有铁，豆科根瘤菌中固氮酶的血红蛋白也含铁蛋白。

土壤中含铁较多，一般情况下植物不缺铁。但在碱性土或石灰质土壤中，铁易形成不溶性的化合物而使植物缺铁。缺铁首先产生于新梢嫩叶，叶片变黄，发生黄叶病。其表现是叶肉发黄，叶脉为绿色，称典型的网状失绿，严重时，除叶片主脉靠近叶柄部分保持绿色外，其余部分均呈黄色或白色，甚至干枯死亡。随着病叶叶龄的增长和病情的发展，叶片失去光泽，叶片皱缩，叶缘变褐、破裂。尤其在喜酸性土壤的花卉如山茶、杜鹃、栀子、茉莉等如种在偏碱性土壤中，易发生上述现象。

缺铁时可施用酸性肥料改变土壤性质，可施用硫酸亚铁（含铁20%）每平方米用30～75g，也可用0.2%～1.0%硫酸亚铁水作根外追肥。

（六）硼

硼与花粉形成、花粉管萌发和受精有密切关系，能促进开花、授粉、结果。硼还能改善氧的供应，促进糖分在植物体内的运输，促进根系的发育和豆科根瘤的形成。虽然植物对硼元素需要量（2～95mg/L）很小，但如缺少，嫩叶会失绿，叶缘向上卷曲，顶叶及幼根的生长点坏死，籽实常不能正常发育。最明显的表现是“蕾而不花”“花而不实”“有壳无仁”等。缺硼时可在现蕾前追施硼砂（含硼11.3%），也可用0.1%～0.3%硼酸水作根外追肥，可使花色鲜艳，花大果大。

（七）锌

锌是合成生长素前体——色氨酸的必需元素，缺锌时就不能将吲哚和丝氨酸合成色氨酸，因而不能合成生长素（吲哚乙酸），从而导致植物生长受阻。锌也是碳酸酐酶（carbonic anhydrase，CA）的成分，此酶催化 CO_2+H_2O ══ H_2CO_3 的反应。由于植物吸收和排除 CO_2 通常都先溶于水，故缺锌时呼吸作用和光合作用均会受到影响。锌还是谷氨酸脱氢酶、RNA 聚合酶及羧肽酶的组成成分，因此它在氮代谢中也起一定作用。

缺锌时新生枝条上部的叶片狭小，枝条纤细节缩短，形成簇生小叶，通称“小叶病”，不易分化花芽，花期的花蕾有的变黑而干枯在果台上；重者叶片从新稍的基部逐渐向上脱落，只留顶端几簇小叶，形成光枝现象。所结果实小，有畸形，失去观赏风味。矫正方法是在春季萌芽前喷施 3%～5%硫酸锌加 3%～5%的尿素，芽露红时再喷 1 次 1%硫酸锌；也可在将直径 0.2cm 左右的树根剪成斜口插入 0.5%的硫酸锌水溶液的瓶，于 4 个不同方位埋入树下；或者结合秋春施基肥，每株树施 3g 左右的硫酸锌。

（八）硫

硫是蛋白质的构成元素之一，能促进根系的生长，并与叶绿素的形成有关。硫可以促进土壤中微生物的活动，如豆科根瘤菌的增殖，可以增加土壤中氮的含量。缺硫情况在农业上很少遇到，因为土壤中有足够的硫满足植物需要。但在一些沙质土壤中也会发生。花卉缺硫一般多为幼叶先呈黄绿色，植株矮小，茎干细弱，生长缓慢，植株的发育受到抑制。矫正方法是每株施硫酸钾 2～3g。

（九）镁

镁是叶绿素主要成分之一，又是核酮糖二磷酸羧化酶、5-磷酸核酮糖激酶、葡萄糖激酶、果糖激酶等酶的活化剂，对光合作用、碳水化合物的转化和降解以及氮代谢有重要作用。缺镁最明显的病症是叶片失绿，从下部叶片开始，往往是叶肉变黄而叶脉仍保持绿色。严重缺镁时可形成坏死斑块，引起叶片的早衰与脱落。矫正方法是每株施硫酸镁 2～3g 或叶面喷施 2%～3%硫酸镁。

（十）锰

锰对叶绿素的形成和糖类的积累转运有重要的作用，对于种子发芽和幼苗的生长以及结实均有良好影响。缺锰时植物新叶不能形成叶绿素，叶脉间失绿褪色，有坏死小斑点（褐或黄），但叶脉仍保持绿色。缺锰时可在土壤中施入氧化锰、氯化锰和硫酸锰等，最好结合有机肥分期施入。也可叶面喷施 0.2%～0.3%硫酸锰，喷施时可加入半量或等量石灰，以免发生肥害，也可结合喷布波尔多液或石硫合剂等一起进行。

此外，缺氯、缺钼、缺铜等现象不常出现。万一施肥过浓过多，出现叶片萎蔫等肥害，应立即遮阴，并浇灌透水两三次，必要时，还要换土、洗根，并剪掉一部分枝条和老根，放置阴处养护催根。

第五节　其他环境因素

一、气体

对于需氧生物，氧气和二氧化碳是生命中不可缺少的。空气是人类和一切动植物的生命支柱，同时也是重要的自然资源。其成分主要是氧气（占 21%）、二氧化碳（占

0.03%）、氮气（占78%）和其他微量气体。空气中各种气体对花卉生长有不同的作用，栽培过程中，所遇到的问题通常能通过栽培技术解决。但随着现代化工业的发展，排放到空气中的有害气体和烟尘，改变了空气的成分，造成了空气污染。而被污染了的空气会严重影响花卉的生长。据初步统计，已经产生危害或引起人们注意的大气污染物约有100种，主要有二氧化硫、氟化氢、氯气、臭氧、二氧化氮、一氧化氮和碳氢化合物等。光化学烟雾也危害花卉，所谓光化学烟雾（photochemical smog）是指工厂、汽车等排放出来的，在紫外线作用下，形成一些氧化能力极强的氧化性物质，如臭氧、二氧化氮、醛类(RCHO)、硝酸过氧化酰（peroxyacetyl nitrate，PAN）等。这些有害气体对花卉的伤害分急性伤害、慢性伤害、不可见伤害三种。急性伤害往往在短时间内使叶或花发生坏死斑点，或落花。慢性伤害使叶变小、变形，并使花期推迟，或开花少、小，甚至不开花结实。不可见伤害又称为生理性伤害，看不到外部的症状，但植物的一些生理活动如光合作用、呼吸作用及一些合成分解代谢均受到抑制或减弱。

（一）氧气

植物呼吸需要氧气，空气中氧气的含量约为21%，足够满足植物的需要。空气中的氧气含量降低到20%以下时，植物地上部分呼吸速率开始下降，降到15.6%以下时，呼吸速率迅速下降。由于氧气含量基本稳定，一般不会成为花卉生长发育的限制因子。在自然条件下，氧气含量成为花卉地下器官呼吸作用的限制因子，土壤中氧气含量为5%，根系可以正常呼吸，低于这个浓度，呼吸速率降低；当土壤通气不良，氧气含量低于2%时，就会影响花卉根系的呼吸和生长。

在一般栽培条件下，出现氧气不足的情况较少，只在土壤过于紧实或表土板结才会引起氧气不足。当土壤紧实或表土板结层形成时，会影响气体交换，致使二氧化碳大量聚集在土壤板结层之下，使氧气不足，根系呼吸困难，造成生长不良，严重时引起烂根。种子由于氧气不足，停止发芽甚至死亡。松土使土壤保持团粒结构，空气可以透过土层，使氧气达于根系，以供根系呼吸，也可使土壤中二氧化碳同时散发到空气中。

（二）二氧化碳

空气中二氧化碳的含量虽然很少，但对植物生长影响却很大，是植物进行光合作用合成有机质的原料之一。二氧化碳的含量与光合强度密切相关，在正常光照条件下，光照强度不变，随着二氧化碳浓度的增加，植物的光合作用强度也相应提高。因此在现代栽培技术中，可以对植物进行二氧化碳施肥，用提高植物周围二氧化碳含量的方法促使植物生长加快。二氧化碳浓度的提高，除有增强光合作用的效果外，还有促进某些雌雄异花植物的雌花分化率效果，因此可以用于提高植物的观赏价值。花卉种类繁多，栽培设施也多种多样，究竟施用多大浓度既安全又能增加光合作用强度，仍需进行试验。国外已大量应用二氧化碳施肥，收到良好效果。根据日本阿部定夫博士的资料，月季增施到0.12%～0.2%就有增收效果，菊花和香石竹由于增施二氧化碳，大大提高了产品的质量。

过量的二氧化碳，对植物有危害，在新鲜厩肥或堆肥过多的情况下，二氧化碳含量高达10%左右，会对植物产生严重危害。在温室或温床中，施过量厩肥，会使土壤中二氧化碳含量增多至少1%～2%，也会导致植物根系窒息或中毒死亡。此时对植物给予高温和松土，可防止这一危害发生。

（三）氮气

氮气是大气成分中组成最多的气体，也是植物体内不可缺少的成分，但是高等植物却不能直接利用它，仅有少数根瘤菌共生的植物可以用根瘤菌来固定大气中的游离氮。所以，大部分植物吸收的氮元素来自于土壤中有机质的转化和分解产物。植物体内的氮素含量通常占干重的1.0%～2.0%。氮是构成蛋白质的主要成分，细胞核都含有蛋白质，所有的酶亦都以蛋白质为主体等，因此氮在植物生命活动中占有首要地位，但土壤中的氮素经常不足。当氮素缺乏时，植物生长受抑制，缺氮的植物生长量常有大幅度下降。植物的叶子从老叶开始逐渐向幼叶发展缺绿，甚至叶黄枝死。所以生产上常常施以氮肥进行补充。一般植物对施氮都有积极反应，即使是外表并无缺氮症状的植株。

特别要注意的是大量补充氮元素时，常会产生氨（NH_3）。氨含量过多，对花卉生长不利：当空气中含量达到0.1%～0.6%时，可发生叶缘烧伤现象；含量达到0.77%时，质壁分离现象减弱；含量若达到4%，经过24h，植株即中毒死亡。施用尿素、碳酸氢铵等后也会产生氨气，最好在施后盖土或浇水，以免发生氨害。不同种类对氨气危害敏感性不一样，抗性强的树种有女贞、蜡梅、银杏、紫荆、石楠、石榴、木槿、紫薇、玉兰、广玉兰等；反应敏感的树种有紫藤、小叶女贞、杨树、悬铃木、杜仲、刺槐等。

（四）二氧化硫

二氧化硫是当前最主要的大气污染物，也是全球范围造成植物伤害的主要污染物。是火力发电厂、黑色或有色金属冶炼、炼焦、合成纤维、合成氨工业的主要排放物。当空气中二氧化硫含量增至0.001%时，会使花卉受害，浓度愈高，危害愈严重。因二氧化硫从气孔及水孔浸入叶部组织，破坏细胞中的叶绿体，组织脱水并坏死。表现症状即在叶脉间发生许多褪色斑点，受害严重时，致使叶脉变为黄褐色或白色。生长旺盛的叶子受害尤其严重。

各种花卉对二氧化硫的敏感程度不同，常发生不同的症状，综合一些报道材料，对二氧化硫抗性强的花卉有金鱼草、美人蕉、金盏花、晚香玉、鸡冠花、大丽花、唐菖蒲、酢浆草、凤仙花、扫帚草、石竹、菊花、桂花、夹竹桃、龟背竹、铁树、散尾葵、君子兰、大叶黄杨、女贞、夹竹桃、广玉兰等；抗性较强的树种有华山松、云杉、龙柏、臭椿、桑树、蜡梅、毛白杨、木槿、桃树、丁香、卫矛、板栗、地锦、泡桐、槐树、金银木、紫荆、柿树、垂柳、加杨、旱柳、紫薇、杏树等；反应敏感的花木有苹果、梨、悬铃木、雪松、贴梗海棠、梅花、玫瑰、月季等。

（五）氟化氢

氟化氢是氟化物中毒性最强、排放量最大的一种，其主要来源于炼铝厂、磷肥厂及搪瓷厂等厂矿地区。它首先危害植株的幼芽和幼叶，先使叶尖和叶缘出现淡褐色至暗褐色的病斑，然后向内扩散，几小时后出现萎蔫现象。氟化氢还能导致植株矮化、早期落叶、落花及不结实。抗氟化氢的花卉有棕榈、紫薇、玫瑰、大丽花、一品红、天竺葵、万寿菊、大叶黄杨、倒挂金钟、山茶、秋海棠等；抗性较强的树种有桧柏、女贞、玉兰、垂柳、木槿、合欢、白皮松、梧桐、紫薇、地锦、柿树、丁香、樱花、银杏等；抗性弱的花卉有郁金香、葡萄、杏、梅、唐菖蒲、榆叶梅、万年青、杜鹃等。

（六）氯气

花卉受氯气伤害，叶脉间产生不规则的白色或浅褐色的坏死斑点、斑块。初期呈水渍状，严重时变成褐色并卷缩，叶子逐渐脱落。对氯气抗性强的花木有苏铁、合欢、龙柏、扶桑、翠菊、枸杞等；抗性较强的树种有紫荆、紫穗槐、悬铃木、银杏、柽柳、毛白杨、泡桐、云杉、梧桐、旱柳等；反应敏感的树种有枫杨、樟子松。

其他有害气体如乙烯、乙炔、丙烯、硫化氢、氯化氢、氧化硫、一氧化碳、氰化氢等，它们多从工厂烟囱中散出，对植物有严重的危害。这些有害气体即使在空气中含量极为稀薄（当乙烯含量只有 1mg/kg，硫化氢含量仅有 40～400mg/kg 时)，仍可使植物遭受损害。

人们经常利用改变空气成分的方法调控花卉的花期。例如，正在休眠状态的杜鹃、海棠、紫丁香等，在每 $1000m^3$ 体积空气中加入 10mL 40％的 2-氯乙醇，经过 24h 就可以打破休眠而提早发芽开花。又如郁金香、小苍兰等均可在含乙醚或三氯甲烷的气体中催醒休眠而提早开花，每 $1000m^3$ 空气中用 20～24g 的乙醚，时间需 1～2 昼夜。

综上可知，花卉的健壮生长要求经常有新鲜的空气。因此露地栽培花卉的场地要求宽敞通风，防止烟尘及空气污染。温室花卉由于栽培地点的特定性，更应注意通风透光。特别是用煤火取暖的温室，如通风不良就会使一氧化碳、二氧化硫等有害气体大量增加，引起花卉中毒。另外，鉴于空气污染给人类和大自然带来的危害，在发展生产的同时，必须要充分认识保护环境的重要性，注意消除污染源，以保障人类的健康和保护自然资源。

二、地形地势

地形地势主要指栽植地的海拔高度、坡度、坡向、山脊和山谷等。地形地势是影响花卉生长发育的间接因素，它通过改变光、温、水、热等生态因子在地面上的分配，进而影响花卉的生长发育、改变花卉的品质；海拔高度还常常影响花卉的分布。由于不同花卉对生态因子的要求不同，因此它们的垂直分布都各有其“生态最适带”。所以山地园林应充分考虑不同的地形地势造成的光、温、水、土等的差异，结合植物的生态特性合理配置植物，以形成符合自然的植被景观。

（一）地势

地势（surface configuration）指地面形状高低变化的程度，包括海拔高度、小地形、坡度、坡向等；其中海拔高度对花卉的影响最为明显，大致与纬度的变化相似。

1. 海拔高度

海拔高度（sea level elevation）主要影响光照和温度。海拔高度对气温呈现有规律的变化；在北半球中纬度地区 1000m 以下，海拔高度每垂直升高 100m，气温下降 0.6～0.8℃。受温度变化的影响，无霜期随海拔升高而缩短；山地花卉的物候期随地势升高而推迟，而生长结束期随海拔升高而提早。海拔高度对光照有明显影响，海拔高度每垂直升高 100m，光强平均增加 4.5％，紫外线增加 3％～4％。日照时数也与海拔有着一定的关系，它们之间的关系式为 $Y=4176.634-4.9822H+0.002662H^2$（$Y$，表示年日照时数，单位 h；$H$，表示测点海拔高度，单位 m)。同时，降水量与相对湿度也发生相应变化。

与海拔高度所引起的气候因素的垂直变化相适应，山地的花卉也呈垂直变化，会影响植物的生长与分布。海拔的增高，引起温度渐低，光照渐强、紫外线含量增加，相对湿度增加、有机质分解渐缓、淋溶和灰化作用加强，pH 值渐低等各方面因子的变化。对于花卉个体而言，生长在高山的花卉与生长在低海拔的同一物种，则有植物高度变矮、节间变短、叶的排列变密等变化。花卉的物候期随海拔升高而推迟，生长期结束早，秋叶色艳而丰富，落叶相对提早，而果熟较晚。

2. 坡度

通常把坡面的垂直高度 h 和水平宽度 l 的比叫作坡度（slope gradient），又称坡比。用字母 i 表示：

$$i(\%)=\frac{h}{l}\times\%$$

坡度主要影响太阳辐射的接受量、水分再分配及土壤的水热状况，对水土的流失与积聚都有影响，从而直接或间接地影响到植物的生长和分布。其影响程度的大小又与坡度的大小相关。坡度通常可分为五级，即平坦地为 5°下，缓坡为 6°～15°，中坡为 16°～35°，急坡为 36°～45°，险坡为 45°以上。在坡面上水流速度与坡度及坡长成正比，流速越快、径流量越大时，冲刷掉的土壤量也越大。因此坡度影响地表径流和排水状况，直接改变土壤的厚度和土壤的含水量。一般在斜坡上，土壤肥沃，排水良好，对植物生长有利，而在陡峭的山坡上，土层薄，石砾含量高，植物生长差。

3. 坡向

坡向（aspect of slope）不同，接受太阳辐射量不同，其光、热、水条件有明显差异，因而对花卉生长发育有不同的影响。如在北半球南向坡接受的太阳辐射最大，北坡最少，东坡与西坡介于两者之间。

不同方位山坡的气候因子有很大差异，例如南坡光照强，土温、气温高，土壤较干；而北坡正好相反。所以在自然状态下，往往同一树种垂直分布，南坡高于北坡。在北方，由于降水量少，所以土壤的水分状况对树木生长影响极大。在北坡，由于水分状况相对南坡好，适宜乔木生长，植被繁茂，甚至一些阳性树种亦生于阴坡或半阴坡；在南坡由于水分状况差，仅能生长一些耐旱的灌木和草本植物。但是在雨量充沛的南方，则阳坡的植被就非常繁茂。西坡与东坡得到同样的辐射，介于南坡和北坡之间，但是实际上上午太阳照东坡时，大量的辐射热消耗于蒸发，或因云雾较多，太阳辐射被吸收或散射损失较多；下午太阳照到西坡时，太阳辐射用于蒸发大大减少，或因云雾较少，地面得到的直接辐射较多，因而西坡的日照较强，温度较高，植物易遭受日灼。此外，不同的坡向对花卉冻害、旱害等亦有很大影响。

不同的坡向还会影响台风对花卉产生的风害，但它们之间的关系是十分复杂的，首先是由于台风本身在运行过程中，风向在不断地变化；而台风进入地形较复杂的区域，也会因为地势的影响而形成风路。

（二）地形

地形（topography）是指所涉及地块纵剖面的形态，具有直、凹、凸及阶形坡等不同类型。不同的地形是通过影响花卉的光、温、湿等条件，而间接地对花卉产生综合生态效应。如在低凹的地形，由于冬春夜间冷空气下沉、积聚，往往形成冷空气潮或霜眼，使花卉特别是早开花的花卉易受晚霜危害。山地坡谷自下而上常有逆温层，反而可以减轻花卉的冻害。

三、生物因素

在生态系统中，一切环境因素都是相互适应、相互排斥而又维持一定的平衡关系。花卉作为生物圈的一部分，它与其他许多植物、动物和微生物之间也存在着相互依存、相互促进或相互排斥的现象。

当栽培盆花时，由于不种在同一盆钵中，可以不考虑根系分泌物的影响，只需考虑叶子或花朵、果实分泌物对放在同一室内空间的其他花卉的影响。如丁香和铃兰不能放在一起，否则丁香花会迅速萎蔫；如把铃兰移开，丁香就会恢复原状。铃兰也不能与水仙花放在一起，否则会两败俱伤。丁香的香味对水仙花也不利，甚至会危及水仙的生命；丁香、紫罗兰、郁金香和毋忘我不要种养在一起或插在同一花瓶内，否则彼此都会受害。此外，丁香、薄荷、月桂能分泌大量芳香物质，对相邻植物的生长有抑制作用，最好不要与其他盆花长时间摆放一块；桧柏的挥发性油类，含有醚和三氯四烷，会使其他花卉植物的呼吸减缓、停止生长，呈中毒现象。桧柏与梨、海棠等花木也不宜摆在一块，否则易使其感染上锈病。再则，成熟的苹果、香蕉等，最好也不要与含苞待放或正在开放的盆花（或插花）放在同一房间内，否则果实产生的气体也会使盆花早谢，缩短观赏时间。

能够友好相处的花卉种类则有：百合与玫瑰种养或瓶插在一起，比它们单独放置会开得更好；花期仅 1d 的旱金莲如与柏树放在一起，花期可延长至 3d；山茶花、茶梅、红花油茶等，与山苍子摆放一起，可明显减少霉污病。

目前发现的具有相生相克作用的物质，大多是次生代谢物质。一般分子量都较小，结构也比较简单。主要有简单水溶性有机酸、直链醇、脂肪族醛和酮，简单不饱和内脂，长链脂肪酸和多炔，萘醌、蒽醌和复合醌，简单酚、苯甲酸及其衍生物，肉桂酸及其衍生物，香豆素类，黄酮类，单宁，类萜和甾类化合物，氨基酸和多肽，生物碱和氰醇，硫化物和芥子油，嘌呤、核苷等。其中以酚类和类萜化合物最为常见，而乙烯又是相克相生作用的代表性化合物。

总而言之，任何一个环境因子在花卉的生长发育过程中都具有同等重要性和不可替代性，并且任何一个环境因子的消长变化，还会引起其他因子的变化，同时任何一个环境因子对植物无论多么重要，它的作用也只能在与其他因子相互作用下才能发挥出来。例如适宜的温度是花卉生长必不可少的环境因子之一，甚至是生存的决定因子，但是温度只有在适宜的水分、光照和通气条件下才能发挥作用。虽然花卉的生长发育受到诸多环境因子综合作用的影响，但是生长发育的速率受需要量最低而强度比较小因子的制约。因此在花卉培育过程中，要考虑各个方面的因素，进行合理的调配控制，培育出更加优越的品系，繁育出高观赏性、高价值的花卉。

思考题

1. 温度对花卉生长发育产生什么影响？
2. 如何利用光照因子来调节花卉的生长发育？
3. 影响花卉生长发育的主要矿物质营养元素有哪些，各自具有主要生理功能是什么？
4. 分别列举对二氧化硫、氟化氢、氯气具有高度抗性、高度敏感性的三种花卉名称。

本章推荐阅读书目

1. REILEY H E, SHRY C L. Introductory horticulture[M]. 6th ed. Delmar Publishers, 1979.
2. 包满珠. 花卉学 [M]. 北京：中国农业出版社，2003.
3. 冷平生. 园林生态学 [M]. 北京：中国农业出版社，2003.
4. 刘燕. 园林花卉学 [M]. 北京：中国林业出版社，2003.
5. 章守玉. 花卉园艺 [M]. 沈阳：辽宁科学技术出版社，1982.

第三章 热带花卉栽培设施与器具

自然情况下，花卉总是在其适应的环境中生长发育，而且其生存的首要目的是繁殖后代，以保证种群的延续，对于观赏性能并无特别的强调。当花卉在人工条件下栽培时，它所处的环境并不总是适合其生长，而且，人工栽培花卉的首要目的是提高其观赏性，如增加花的大小和重瓣性，这往往意味着需要最适宜的生长条件。因此，进行花卉人工栽培时，经常需要利用一定的栽培设施，采取一些栽培措施，改善其生长的环境条件，为花卉的生长提供最优的条件。本章介绍了花卉保护地栽培的作用和意义，对主要设施（温室、阴棚等）结构和功能做了较为详细介绍。

第一节 花卉栽培设施概述

一、花卉栽培设施的概念

花卉栽培设施是指人为建造的适宜或保护不同类型的花卉正常生长发育的各种建筑及设备。常见花卉栽培设施如温室、塑料大棚、遮阳棚、防虫网、防雨棚、冷床与温床、风障、机械化及自动化设备、各种机具及容器等。

二、花卉栽培设施的作用

在人们生活中，对于花卉有周年供应的要求，为满足人们的需要，我们采用设施来实现在不适合花卉生态要求的地区或者不适合花卉生长的季节进行花卉栽培，使得花卉生长不受地域、季节的限制，便于花卉的周年生产与市场供应。

三、花卉栽培设施的特点

花卉设施栽培和露地栽培相比，具有以下优点：①不受季节和地区限制，可全年生产多种花卉；②能集约化栽培，提高单位面积产量，实现工厂化生产；③能生产出优质高档花卉，经济效益显著，一般是露地花卉产值的5～10倍。

花卉栽培也存在如下不足：①设备费用大，初期投资大，生产成本高；②栽培管理技术要求严格；③消耗能源多，要有一定经济实力和条件。

四、发展趋势

（一）设施结构大型化

温室、大棚等大型栽培设施，在整个设施中的所占比重增加。20世纪80年代，我国栽培设施以中小拱棚为主，薄膜温室及大棚的设施面积不足0.7万公顷，而到2013年，设施园艺（包括连栋温室、日光温室、塑料大棚）栽培总面积增加至187.4万公顷。说明我国设施结构趋于大型化。近年来从国外引进现代化温室设备及配套技术，对它的消化吸收促进了我国设施结构的改进发展，使得大型园艺设施配套技术、设备不断创新。

（二）现代化、工厂化

设施园艺是多种高新技术集成的平台，包括计算机控制、物联网、无土栽培、生物技术、物理化学技术、新材料及新能源利用等，是多个学科交叉的集成体。现代化计算机控制技术和传感器技术基于数字化的模型能够对温室进行精确的管理，目前从育苗、定植、栽培、施肥、灌溉等过程，已基本实现智能化操作管理，并根据作物生长特点自动调节温室内温度、湿度、CO_2浓度等，为植物创造最适宜的生长环境。我国现已开发了一系列的设施园艺环境控制系统，如温室环境数据采集控制系统、肥水一体化自动灌溉控制系统，可以更加精确和高效地实现对温室环境参数的自动控制；在栽培环境监测与控制方面，基于云技术、无线传感器的物联网技术研究也取得显著进展。我国设施园艺环境控制系统正朝着现代化、工厂化、数字化、智能化发展。

第二节　温室（现代温室）

一、现代温室概念

现代温室指以有透光能力的材料作为围护结构材料建造的一种特殊建筑，能够提供适宜植物生长发育的环境条件。

二、温室的作用

在不利于花卉生长的自然环境中，温室能够创造适宜植物生长发育的条件。此外，可利用温室促成或抑制栽培、提早或延迟花期，达到周年供花的效果。

三、温室的类型

现代温室根据建筑形式可分为单栋温室（图 3-1）和连栋式温室（图 3-2）；依据温室屋面形式可分为拱圆顶温室（图 3-3）、尖屋顶温室、锯齿形温室、屋脊窗温室（图 3-4）；依据屋面覆盖材料可分为玻璃温室、塑料薄膜温室、PC 板面温室；依据温度可分为低温温室、中温温室、高温温室；依据应用目的可分为观赏温室（图 3-5）、栽培温室（图 3-6）、繁殖温室、促成或抑制栽培温室、人工气候室。

图 3-1　单栋温室

图 3-2　连栋式温室

图 3-3　拱圆顶温室

图 3-4　屋脊窗温室

图 3-5　观赏温室

图 3-6　栽培温室

四、温室设计与建造

温室建造基本要求：

（一）符合当地的气候条件

不同地区气候条件各异，温室性能只有符合使用地区的气候条件，才能充分发挥其作用。南方地区温室宜设计为南北向延伸的连栋温室，温室内应具备良好的降温、通风和遮阴设施。

（二）满足栽培花卉的生态要求

满足所栽花卉的主要生态因子——温度、光照和水分的需求。如多浆植物，喜强光，耐干燥；蕨类植物，喜阴蔽，耐阴湿；兰科植物，喜湿度大，一定程度遮阴。

（三）选址要求

应选择阳光充足的地块，避开风道，并在北面或其他迎风面有防风屏障或防风林；排水良好，水源便利，交通方便；地下水位较低、土质良好的区域。

（四）温室的排列

互不遮阴，宜近不宜远。当温室为东西向延伸时，南北两排温室间的距离通常为温室高度的两倍；当温室南北向延伸时，东西两排温室间的距离常为温室高度的 2/3。

（五）辅助用地

充分考虑辅助用地，建设温室要有足够大的面积。

（六）温室朝向与屋面倾斜角

根据不同建筑形式的温室确定朝向，单栋温室应选择坐北朝南，连栋温室可选择南北向延伸。当温室东西向延伸时，南北屋面倾斜角不小于33.4°，南北向延伸时，南北屋面倾斜角不小于30°。

五、温室结构系统

温室结构系统由框架结构、覆盖材料、自然通风系统、加热系统、帘幕系统、计算机环境测量和控制系统、灌溉和施肥系统、CO_2气肥系统、补光系统等组成。

（一）框架

框架由基础、骨架、排水槽三部分构成。其中基础指的是连接结构与地基的构件，由预埋件和混凝土浇筑而成（图3-7）。骨架由柱、梁、拱架与门窗、屋顶构成，柱、梁或拱架用矩形钢管、槽钢等制成，经过热浸镀锌防锈蚀处理；门窗、屋顶等为铝合金型材，经抗氧化处理，轻便美观、不生锈、密封性好，且推拉开启省力。排水槽又叫“天沟”，它的作用是将单栋温室连接成连栋温室，同时又起到收集和排放雨（雪）水的作用（图3-8）。

图3-7　基础

图3-8　骨架与排水槽

（二）采光覆盖材料

温室的采光覆盖材料应满足植物自身的光合作用，同时产生强烈的温室效应，使设施内的温度迅速升高，进行花卉的反季节生产。因此理想的覆盖材料应具有透光性、保温性好、坚固耐用、质地轻、便于安装、价格便宜等特点。常用的材料有塑料薄膜与塑料板材（图3-9）。

图3-9　塑料薄膜与塑料板材

（三）自然通风系统

常见的自然通风系统主要有三种类型：侧窗通风（图3-10）、顶窗通风（图3-11）或两者兼有。为保证通风的良好效果，通风的进、排风口的高度差应较大，通常在侧墙下部设置进风口，在屋面上设置排风口。天窗设置在屋脊处时，可以获得最高的排风位置。通风速率取决于室外风速和开窗面积的大小。

图 3-10　侧窗通风

图 3-11　顶窗通风

（四）加热系统

加温是温室内温度环境调控的最有效手段，但会造成能源的消耗和生产成本的提高，因此我们需选择合适的加热方式来满足植物生长的需要。常见的温室加热系统可分为热水循环加热系统（图 3-12）和热风加温系统（图 3-13）两种。

热水循环加热系统：热水管道加温主要是利用热水锅炉，通过加热管道对温室加温。特点：温室内温度上升速度慢，室内温度均匀，在停止加热后温室内温度下降的速度也慢，因此有利于作物生长。

热风加温系统：热风加热主要是利用热风炉，通过风机将热风送入温室加温。特点是温室内温度上升速度快，但在停止加热后，温度下降也快，加热效果不及热水管道。热风加温适用于面积比较小的连栋温室。

图 3-12　热水循环加热系统

图 3-13　热风加温系统

（五）帘幕系统

帘幕系统具有双重功能，即在夏季可遮挡阳光，降低温室内的温度，一般可遮阴降温 7℃左右；在冬季则可增加保温效果，降低能耗，提高能源的有效利用率，一般可提高室温 6～7℃。根据其功能可分为内保温系统（图 3-14）和外遮阳系统（图 3-15）。

图 3-14　内保温系统

图 3-15　外遮阳系统

（六）降温系统

高温季节，太阳辐射较强，温室内的气温往往高达 40℃以上，严重影响温室内花卉的正常生长，因此需配套相应的降温系统以满足植物生长的需要。常见的降温系统有通风降温系统（图 3-16）、湿帘/风机降温系统（图 3-17）、喷雾降温系统（图 3-18）。

图 3-16　通风降温系统

图 3-17　湿帘/风机降温系统

图 3-18　喷雾降温系统

（七）灌溉和施肥系统

绝大多数温室建成后，得不到外界的自然降水，在温室内通常采用水肥并用，以提高肥料的利用率，减少工作强度。因此在温室的结构设计中，需考虑灌溉和施肥系统的应用。目前，常用到的灌溉施肥系统有滴灌系统（图 3-19）、喷灌系统（图 3-20）、潮汐灌溉系统（图 3-21）。

图 3-19　滴灌系统

图 3-20　喷灌系统

图 3-21　潮汐灌溉系统

（八）补光系统

大型温室常配备补光系统，其主要目的是补充光照强度、延长光照时间，因此应选择光谱性能好、光照强度大、价格优惠、使用寿命较长的光源。目前常用的人工光源有卤化灯、高压钠灯、白炽灯、生物效应灯、LED 灯等。

（九）CO_2 气肥系统

CO_2 是植物光合作用的主要原料，由于温室属于全封闭或半封闭的环境，导致 CO_2 的浓度偏低，影响植物的光合作用，因而需要通过 CO_2 气体的补充来加速植物生长。

（十）计算机环境测量控制系统

计算机可以根据分布在温室内各处的探测器所得到的数据，算出整个温室所需要的最佳数值，使整个温室的环境控制在最适宜的状态，既可以尽量节约能源，又能让植物生长发育良好；一些现代化温室采用物联网技术逐步实现了管理网络化。

第三节　塑料大棚

一、塑料大棚的概念及应用

塑料大棚（plastic-covered shed）简称大棚，是花卉栽培及养护的主要设施之一，可用于替代温床、冷床，甚至低温温室，而其费用仅为温室的 1/10 左右。大棚以单层塑料薄膜覆盖，能量全部来自日光，光照条件比较好，光照时间长，分布均匀，无死角阴影；因大棚夜间没有保温覆盖，散热面大，冬季没有加温设备，棚内气温季节差异明显。

大棚在我国北方只作临时性保护设施，常用于观赏植物的春季提前、秋季延后生产，不能作为越冬生产。如早春大棚栽培月季、唐菖蒲、晚香玉等，可比露地提早 15～30d 开花，晚秋花期又可延长 1 个月，但在长江以南及热带地区可用于一些花卉的周年生产。大棚还可用于播种、扦插及组培苗的过渡培养等，与露地育苗相比具有出苗早、生根快、成活率高、生长快、种苗质量高等优点。

二、塑料大棚的构造及类型

（一）塑料大棚的构造

塑料大棚一般南北向延伸，主要由骨架和透明覆盖材料组成。骨架主要包括拱架、纵梁、立柱、连接卡具和门等部件组成（图 3-22、图 3-23）。透明覆盖材料多采用聚氯乙烯（PVC）薄膜、聚乙烯（PE）薄膜，近年乙烯-醋酸乙烯（EVA）膜也逐步用于设施花卉生产。

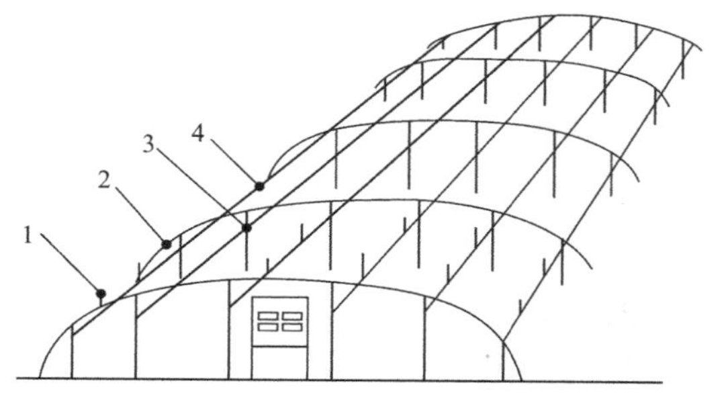

图 3-22　大棚骨架各部位结构
1. 小支柱　2. 拱杆　3. 立柱　4. 拉杆

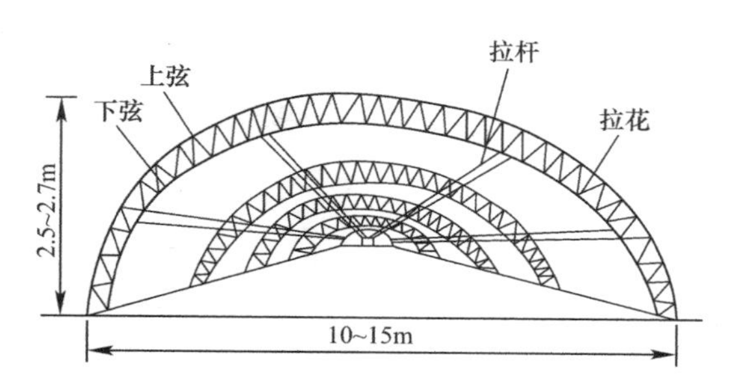

图 3-23　无柱钢架大棚

（二）塑料大棚的分类

塑料大棚依据建造形式分类可分为单栋式和连栋式大棚；依据建造材料可分为：简易竹木结构大棚、焊接钢结构大棚、热镀锌钢管装配式大棚。下面按建材不同分别介绍。

1. 竹木结构大棚

用竹竿作拱杆、纵梁，杂木作立柱。建筑简单，拱杆有多立柱支撑，比较牢固，建造成本低，但多立柱造成遮光严重，操作不便，使用寿命较短（图 3-24）。

2. 焊接钢结构大棚

骨架采用轻型钢材焊接成桁架式栱架，桁架下弦出设钢筋纵向拉梁。此种大棚无立柱，透光性好，作业方便，抗风雪力强，是目前主要的棚型结构，但造价较高，钢材容易腐蚀（图 3-25）。

图 3-24　竹木结构大棚

图 3-25　焊接钢结构大棚

3. 装配式镀锌薄壁钢管大棚

以内外热浸镀锌薄壁钢管作为骨架，由卡具、套管连接组装而成，覆盖薄膜用卡膜槽固定。此种大棚属国家定型产品，规格统一，结构合理，耐锈蚀，组装拆卸方便，坚固耐用。我国南方都市郊区应用普遍（图 3-26）。

图 3-26　装配式镀锌薄壁钢管大棚

三、塑料大棚的设计

（一）场地选择

棚址宜选在背风、向阳、地势平坦，土质肥沃、水源充足、排灌方便、交通便利的地方。棚内最好有自来水设备。

（二）大棚面积

南北向延伸的大棚受光均匀，适于春秋生产；东西向延伸的大棚冬季光照条件好。大棚一般长 30～50m，宽度 6～10m，高度 2.5～3m 为宜，面积一般为 180～500m^2。大棚太长，两头温差大，运输管理不方便；太宽则通风换气不良，增加设计和建造的难度。

（三）棚间距

在建设大棚群时，棚间距应保持 1.5～2.5m，棚头间距离 5～6m，有利于通风换气与产品运输。

第四节　南方地区其他栽培设施

阴棚（遮阳棚）、防雨棚、防虫棚是南方地区的主要栽培设施，可用于四季栽培热带亚热带花卉。

一、阴棚

（一）阴棚的概念与作用

阴棚（遮阳棚，shade frame）指在棚架上覆盖遮阳网或竹帘、苇帘等进行遮阳的一类设施，是花卉栽培与养护中必不可少的设施。具有避免日光直射、降低温度、增加湿度、减少蒸发等作用，为耐阴和喜阴花卉植物的繁殖、栽培、养护创造了适宜环境。如大部分温室花卉在夏季出温室后的养护，夏季花卉的嫩枝扦插及播种，分苗、上盆、换盆等操作，均需置于阴棚下进行。一部分露地栽培的切花花卉如有阴棚保护，可获得比露地栽培更好的效果。

（二）类型

阴棚的种类和形式很多，大致分为临时性与永久性两类。

1. 临时性阴棚　除放置越夏的温室花卉外，还可用于露地繁殖床及紫苑、菊花等切花栽培。多以木材构成主架，用竹帘、苇帘或遮阴网覆盖，露地扦插及播种床用的临时性阴棚较低矮，通常只有0.5～1.0m（图3-27）。遮阴程度通过选用不同规格的遮阳网及时调整。

2. 永久性阴棚　多用于温室花卉和兰花栽培，在江南地区还常用于栽培杜鹃花等喜阴植物。一般高2.0～2.5m，用钢管或钢筋混凝土柱做成主架，棚架上覆盖竹帘、苇帘或遮阴网等（图3-28）。多设于温室近旁，不积水又通风良好之处。阴棚的遮光程度可根据植物的不同要求而定。为避免阳光从东西面照进棚内，东西两端还需设倾斜的遮阳帘，遮阳帘下缘要距地表50cm以上，以利通风。棚内地面最好铺设煤渣、粗沙、卵石、透气砖等材料，以利排水又可减少泥水溅到枝叶或花盆上。

目前还有一种可移动性阴棚，即遮阴幕可由一套自动、半自动或手动机械转动装置来控制开启（图3-29）。这种阴棚在中午高温、高光照期间遮去强光利于降温，同时又能有效地利用早晚的光照。大型的现代化连栋温室的外遮阴系统即此类。

图3-27　临时性阴棚

图3-28　永久性阴棚

图3-29　可移动性阴棚

二、防雨棚

（一）防雨棚的概念与作用

利用塑料薄膜等覆盖材料，扣在大棚或小棚的顶部，但四周通风不扣膜，或扣防虫网、遮阳网的一种栽培设施。在夏季多雨季节可使植物免受雨水直接淋洗，降低涝害对植物生长的影响，并有效降低病虫害的发生。

（二）类型

1. 大棚型防雨棚

大棚顶上天幕不揭除，四周围裙幕揭除，以利通风，四周也可挂上防虫网防虫。

2. 小棚型防雨棚

小棚型防雨棚主要用于越夏栽培，小拱棚顶部扣膜，两侧通风，使植物不受雨淋，也可用作花卉的育苗。

三、防虫棚

（一）概念与作用

因夏秋虫害多，塑料大棚、中棚栽培花卉后，利用大棚骨架，或另建专用设施，盖上防虫网进行夏秋栽培。主要用于南方地区降低虫害的发生。

（二）类型

1. 大棚覆盖防虫棚

大棚覆盖法是目前使用最为普遍的覆盖方式，由数幅防虫网缝合覆盖在单栋或连栋大棚上，全封闭式覆盖，内装微喷灌水装置（图 3-30）。

2. 立柱式隔离网状防虫棚

立柱式隔离网状覆盖先用高约 2m 的水泥柱或钢管做成骨架，上盖防虫网，可进行植物栽培（图 3-31）。

图 3-30　大棚覆盖防虫棚

图 3-31　立柱式隔离网状防虫棚

第五节　花卉栽培容器与机具

一、栽培容器

（一）栽培床（槽）

栽培床（槽）主要用于各类保护地栽培中。可直接建在地面上，也可将床底抬高，距地面 50～60cm，便于人员操作。栽培床（槽）的槽壁高约 30cm，内宽 80～90cm，长度不限。床体材料多用混凝土，亦可用硬质塑料、发泡塑料、金属材料等。常用于栽培栽植期较长的花卉（图 3-32）。

现代化温室中常采用滑动花床（图 3-33），床体用轻质金属材料制成，床底部装有“滚轮”或可滚动的圆管用以移动栽培床。因此，只留一条宽 50～80cm 的通道即可，以增加温室可利用面积，一般用于生产周期较短的盆花和种苗。另有一种活动花框（图 3-34），方便机械把大量盆花很轻易地从温室里移到工作室内进行各种操作。

图 3-32　栽培床（槽）

图 3-33　滑动花床

图 3-34　活动花框

（二）花盆容器

花盆是栽培观赏植物用的容器之总称，是栽培盆花、制作盆景等必备的容器。花盆根据质地，可分为素烧盆、陶瓷盆、木盆或木桶、塑料盆。花盆根据使用目的，可分为水养盆、兰盆、盆景用盆。另外，目前兴起一种自动浇水盆，比较适合现代都市人使用（图 3-35）。

（三）育苗容器

花卉种苗生产中常用的育苗容器有穴盘、育苗钵等（图 3-36、图 3-37）。

图 3-35　自动浇水盆

图 3-36　穴盘

图 3-37　育苗钵

1. 穴盘

穴盘育苗技术自 20 世纪 80 年代引入我国以来，以其不伤根、成苗快、便于远距离运输、机械化操作和工厂化生产等优点，已得到越来越广泛的应用。花卉育苗使用的穴盘有多种规格，穴格有不同形状，数目为 18～800 穴/盘不等，容积 7～70mL/穴。可根据不同花卉苗木的大小选用不同规格的穴盘。常用的穴盘育苗配套机械有混料、填料设备和穴盘播种机等。

2. 育苗钵

用于培育小苗的钵状容器，有塑料育苗钵和有机质育苗钵之分。前者由聚氯乙烯和聚乙烯制成，规格很多，常用规格为口径 6～15cm，高 10～12cm，底部有小孔排水。后者以泥炭为主要原料制作，还可用牛粪、锯末、黄泥土或草浆制作。这种容器质地疏松透气、透水，在土中能迅速降解，不影响根系生长，移植时可与种苗同时栽入土中，不会伤根，无缓苗期，生长快，成苗率高。

二、栽培机具

设施中常见的栽培机具有播种机（图 3-38）、球根种植机（图 3-39）、上盆机（图 3-40）、收球机、传送装置（图 3-41）、球根清洗机、分拣称重装置、切花去叶去茎机（图 3-42）、切花分级机（图 3-43）、包装机（图 3-44）、盆花包装机（图 3-45）、温室计算机控制系统（图 3-46）等。

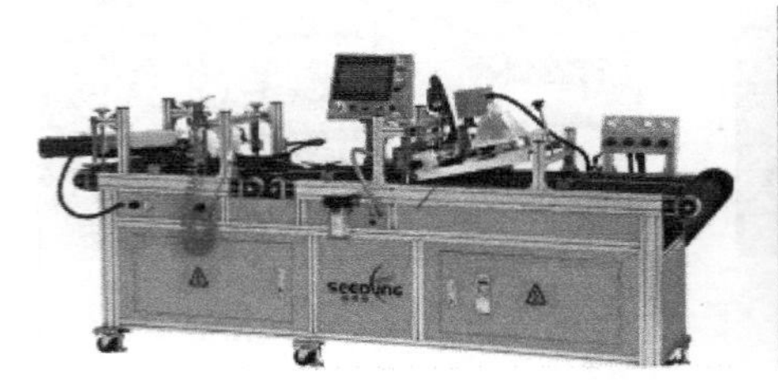
图 3-38　播种机

图 3-39　球根种植机

图 3-40　上盆机

图 3-41　传送装置

图 3-42　切花去叶去茎机

图 3-43　切花分级机

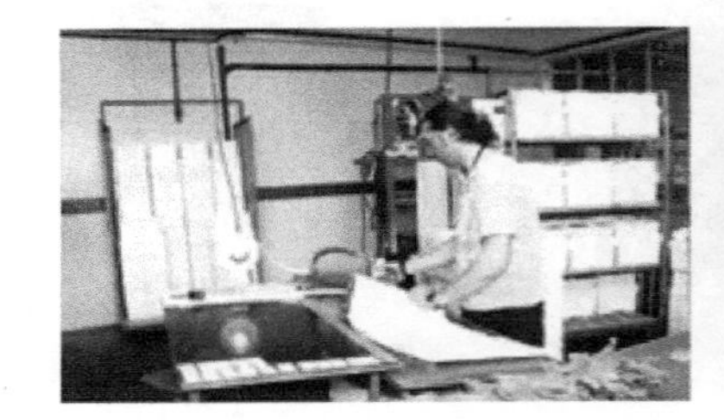
图 3-44　包装机

图 3-45　盆花包装机

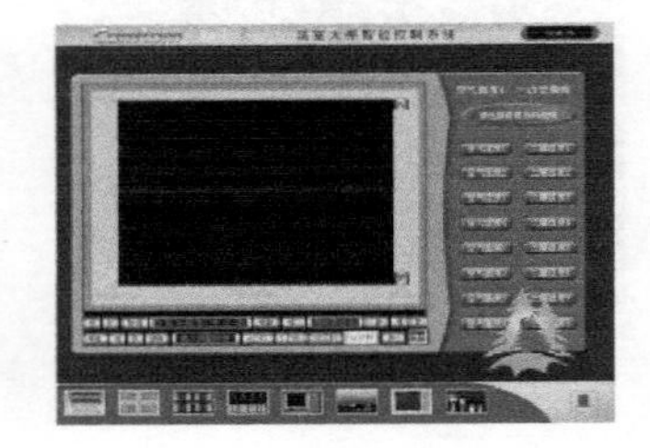
图 3-46　温室计算机控制系统

1. 播种机

用于播种作物种子的种植机械。当用于某种特定作物的播种机，常常在前面添加作物种类名称，如谷物条播机、玉米穴播机、棉花播种机、牧草撒播机等。

2. 上盆机

在花卉等植物栽培中，一般在采用花盆时要对花盆进行基质装盆，用上盆机将块状基质打碎，进行搅拌，以达到松土的效果。

3. 球根清洗机

采用气泡翻滚、刷洗、喷淋技术，最大限度地对球根进行清洗的流水线机具。

4. 切花分级机

又叫种球分级机，严格按照分级标准，通过过滤筛选进行种球分级的机具，大大地提升了切花品质。

5. 包装机

一类用于包装产品的机器，起到保护产品、美观的作用。主要由两部分组成：①流水线式整体生产包装设备；②产品外围包装设备。

6. 温室计算机控制系统

以丰富的植物生长数据库为基础设计的计算机控制系统，通过数据采集层的反应，自动控制温室内的整体环境，降低了人工成本。

思考题

1. 热带花卉常用的栽培设施有哪些？
2. 现代温室的主要结构系统有哪些？
3. 现代温室的主要作用和常见类型有什么？
4. 列举一些花卉栽培常用的栽培容器与机具。
5. 花卉设施栽培相对露地栽培的优势体现在哪些方面？
6. 塑料大棚与温室相比有哪些优缺点？

本章推荐阅读书目

1. 张福墁. 设施园艺学 [M]. 北京：中国农业大学出版社，2019.
2. 张志轩. 设施园艺 [M]. 重庆：重庆大学出版社，2013.
3. 中国设施园艺信息网 http://www.sheshiyuanyi.com/.
4. 中国设施农业信息网 http://www.camafa.org/.

第四章　热带花卉的繁殖

植物只有具有恰当的繁殖方式，才能将自身基因遗传给下一代。由于植物生长习性和生长环境的巨大差异，植物的繁殖方法和类型也具有极大的差异。从繁殖部位来看，植物的根、茎、叶、花、果、种子等都有可能成为繁殖材料，而现代技术的发展，更使单个细胞繁殖为新个体也可以实现。本章介绍了有性繁殖获得的种子的生物学特性研究，以及扦插、嫁接、分株、压条和组织培养等无性繁殖方式，其中，组织培养是实验室手段帮助花卉规模化繁殖的现代技术，因具有高品质、一致性等优点受到推崇。掌握花卉适宜的繁殖方式将有助于在花卉生产和实践中发挥重要的作用，也是本课程必须掌握的知识之一。

第一节　有性繁殖

花卉的有性繁殖（sexual propagation）也称种子繁殖（seed propagation），是植物经过减数分裂形成的雌、雄配子结合形成合子，合子发育为胚，胚再生长发育为新个体的过程。有性繁殖具有简便、快捷、繁殖系数大的特点，特别适合需求量大、生长期短的花卉，如一、二年生花卉的繁殖。有性繁殖的后代具有发达的根系，抗性较强的优点，但是在有性繁殖的过程中，由于要经过染色体的配对、交换和重组，故有性繁殖的后代与亲代相比往往有较大的变异，后代在观赏性状上常会发生分离，如花色不同，高矮不均，花期不一致等，使其生产应用上受到一定的影响。因此，作为生产上应用的有性繁殖的种子，一般要应用一定的技术加以纯化。但是从另一方面来讲，正是由于有性繁殖后代性状会发生变异，反而为选育新的品种类型提供了广泛的基础群体。因而，有性繁殖也是进行新品种培育的重要手段。此外，相对于一、二年生花卉，多年生花卉采用有性繁殖具有幼年期相对较长的缺点，如大多数球根花卉播种栽培需要 3 年以上才能开花，木本植物需要的时间更长。

生产上花卉的有性繁殖材料即是花卉的种子。种子是由胚珠发育而来的器官，外被果皮。在农业实践中，常有一些干果具有单粒种子而又不开裂（如颖果、翅果、瘦果、小坚果等），种子和果皮很难分开，通常也将这类干果称为种子。需要注意的是，并不是所有的种子都是由有性繁殖产生的。某些具有无融合生殖（apomixis）的种类，如芒果和柑橘，往往有多胚现象，其种子繁殖的后代中部分实质是无性系，属于无性繁殖。

一、种子类型和来源

（一）种子的类型

高品质的种子是进行种子繁殖的基础。优良的种子必须要有高的萌发率、纯度和相对整齐的发芽期，并且含水量在安全含水量之下。我国 2000 年制定了花卉种子质量标准见《主要花卉产品等级　第 4 部分：花卉种子》GB/T 18247.4—2000，规定了 48 种主要花卉种子产品的一级品、二级品和三级品的质量等级指标及各级种子含水率的最高限和各级种子的每克粒数，为我国花卉种子生产提供了一个初步的标准。由于对花卉种子质量要求越来越高，现代花卉产业中，高品质种子生产已经专业化，由一些专业的种业公司生产。

在花卉种子产业中，常见的有三类种子：一是纯系种子，即由野生或农家品种中的优良单株或群体通过多代自交后得到的纯系生产的种子，基因型纯合，其后代群体遗传特性和观赏性状一致，能稳定遗传；二是 F_1 代种子，即利用植物杂种优势、通过纯系杂交得到的 F_1 代种子，其群体遗传特性和观赏性状一致并能超过亲本，但基因型杂合，因而后代会大量分离，观赏性能下降，这类种子必须年年制种；三是花卉植株间自然授粉而得到的混合品种，其遗传背景复杂，观赏性状多样，适用于对一致性要求不高的绿化场所。在这三类种子中，F_1 代种子由于其较高的观赏性和一致性、较强的抗性以及有利于品种保护的特点，现已成为花卉种业特别是一、二年生草本花卉种子的主要类型。不过 F_1 代种子常用人工控制授粉获得，即使利用雄性不育系，其生产成本仍然较高，因此价格也较高一些。

（二）种子的来源

在我国花卉生产实践中，种子的来源除从种业公司购买外，自然留种作为繁殖材料的也十分常见。在留种的过程中，根据花卉传粉习性的不同，留种方式也有所不同。

1. 自花传粉花卉

这一类花卉种子经过自花传粉、受精形成，不带来外来的遗传物质，因而基因型是纯合的，从而可以保证其后代能与其亲代保持相同的性状。对于这类花卉植物，留种时只需注意去杂、去劣、选优，一些豆科花卉及禾本科草坪植物属于这一类。

2. 异花传粉花卉

花卉植物中相当一部分都是异花传粉的，这类植物种子由种内、变种内或品种内异花传粉所得到。根据其不同的遗传背景，其后代是不同程度的杂合体，实生苗有不同程度变异，应区别对待。对于一些基因基本达到纯合、性状差异很小的纯系品种，应将不同的品种隔离。在品种内杂交留种，可得到保持相对一致遗传性的种子。对于性状多样、基因类型杂合的混合品种，则应在品种中选择优良植株留种，达到选优去劣的目的，提高后代的观赏性。对于高度杂合的 F_1 代种子，则除了少部分 F_2 代有一定应用价值的类型外，生产上基本上没有留种的价值，因其后代会出现严重的分离而使其观赏价值大大下降。对于一些栽培品种都是高度杂合的无性系、品种内自交不孕的花卉，如菊花、大丽花等，除了以育种为目的，生产上不用种子繁殖。

二、花卉种子成熟、采收与处理

（一）种子的成熟

种子的成熟，是指受精后的合子发育成具有种胚和胚乳的过程（胚根、胚芽、胚茎和子叶）。种子的成熟可分为生理成熟和形态成熟。种子在成熟过程中，当内部营养物质积累到一定程度，种胚发育到具有发芽能力时，称为生理成熟。当种子的外观具有完全成熟的特征，称为形态成熟。花卉生产上所指成熟，一般是指形态成熟。达到形态成熟的种子一般内部生物化学变化基本结束，营养物质的积累已经终止，内含物由易溶状态转为难溶的脂肪、蛋白质和淀粉等，含水量降低，酶活性减弱，种子呼吸强度弱，种子开始转入休眠状态，颜色变深，种皮坚硬致密，抗性增强，外观上具有完全成熟的特性，种子耐贮藏，发芽能力高，属高活力的种子，对贮藏、发芽都有利。大多数植物种子的生理成熟与形态成熟是同步的，但也有一些种类的花卉如蔷薇属、李属、兰属等的种子形态成熟时，其生理上尚未成熟，需要进行适当的预处理，才能促使发芽。也有一些种类的植物，如凤仙花等，形态尚未成熟，但生理上已经达到成熟，因此其未完全成熟的种子也可发芽。

（二）种子的采收与处理

1. 种子的采收

种子一般形态成熟时采收，采收时期要恰当。种子成熟期因植株种类、生长环境和着花部位不同而不同，因此必须经常观察成熟情况，及时采收。过早采收种子，种子尚未发育成熟，营养物质积累不够，含水量过高，干燥后种子皱缩严重，千粒重低，发芽率低，造成种子品质下降；采收过迟，则种子容易散失，或者因雨淋湿后在植株上发芽而降低品质。

每种花卉在种子成熟时都会有自己的特征，可以通过特征判别来及时采收。不同的种子成熟时颜色不同，如鸡冠花、千日红、金鱼草等的种子成熟时黑色发亮，一串红、凤仙花等的种子呈深褐色，夏堇、四季秋海棠种子呈灰白色有光泽。对成熟后即自行飞散或脱落的种子，如夏堇、三色堇、凤仙花、茑萝、鸡蛋花、凤凰木、火焰木等，应分批随时采收；对果实不开裂、种子不会散落的，如百日草、万寿菊等的种子，可在整株种子大部分成熟时连株收割，捆扎成束或摊开晾干后采收种子。种子采收时要有选择。在同一株上，一般选早开花的花朵所结的种子，尤以生长在主杆或主枝上的种子为好。盛花期后开花及柔弱侧枝上花朵所结的种子，不宜留种。

2. 种子的处理方法

种子采后要及时进行处理，以获得纯净、适于运输、贮藏或播种用的种子。这一过程称为种子的调制（seed processing）。种子调制的内容包括脱粒、净种、干燥、去翅、去杂、分级等。种子采集后应尽快调制，避免发热、发霉，但调制方法必须恰当，以保证种子的品质。因花卉种子类型不同，其处理方法也不相同。

1）干果类

干果类是指坚果、翅果、荚果和蒴果。干果类的调制包括去掉果皮，取出种子，调制的方法因种子贮藏期间所需含水量的高低不同而异。在通常情况下，含水量高的种子一般采用阴干法，即在阴凉通风环境下干燥种子，不宜阳光直接曝晒，如壳斗科的许多种类；含水量低的种子一般采用阳干法，即利用阳光曝晒干燥种子，常见的一、二年生花卉大多属于这一类型。在阴雨气候条件下，也可以用人工加热的方法干燥，但干燥温度应加以控制，一般不超过 32℃，含水量低的种子也不宜高过 43℃。在干燥的过程中，种子一般连同果实一起干燥，大部分干果类种实干燥后会果实裂开，种子散落出来，加以收集即可，部分不易开裂的种类，用棍棒敲打或用石磙压碎进行脱粒。种子脱粒后应及时筛选或风选，清除发育不良、有病虫的种子和各种杂质，提取净种。最后再进一步干燥达安全含水量，一般为 8%～15%。这样得到的种子，就可以播种或贮藏了。

2）肉质果

肉质果类包括核果、仁果、浆果、柑果、聚合果等，热带花卉中包括棕榈科、天南星属、榕属、无花果属、蔷薇属等的一些种类。肉质果的肉质部分含果胶、糖类较多，易腐烂，采后须立即处理，否则会降低种子的品质。肉质果成熟一般有明显的特征，多数是果肉颜色由绿色转变为红色、黄色、黑色等各色，可作为采收的标准。采收后一般要浸水数日，直接揉搓，再脱粒净种，阴干或晾干贮藏。少数种子假种皮富含胶质，用水冲洗难以奏效，如三尖杉、圆柏、罗汉松、竹柏等，可用湿沙或苔藓加细石与种子一同堆起，然后揉搓，除去假种皮，再阴干贮藏。肉质果中的种子一般含水量较高，应立即放在通风良好的室内或棚下晾干，并经常翻动，不可曝晒或雨淋。当种子含水量达到要求即播种或贮藏和运输。热带园林植物中一些肉质果种类如海芋、马蹄莲、芒果等种子无休眠期，故洗后略干燥一两天再播种为好。

三、热带花卉种子的生活力、寿命与贮藏

种子的生活力是指种子能够萌发的潜在能力或种胚具有的生命力。无生活力的种子就是死亡的种子，不能萌发。

种子寿命是指种子生活力在一定环境条件中能够保持的期限，一般用种子高于某个发芽百分率的时间来度量。由于单个种子的寿命在生产上不具有现实意义，所以种子的寿命一般用群体寿命表示。种子群体的平均寿命是用种子的“半活期”来表示，即一批种子的发芽率从收获后降低到50%所经历的时间。农业生产上，过低的发芽率会造成土地和其他生产资料的极大浪费，因此，农业上种子寿命一般用种子生活力在一定环境条件中能够保持90%以上发芽率的期限为标准。

（一）种子寿命的类型

自然条件下，根据种子寿命的长短，一般可分为三类：①短命种子，寿命在3年以内，常见的为种子特别细小的，无休眠期的，或种子含水量高的植物以及水生植物，热带花卉中有相当多种类属于这一类；②中寿种子，寿命在3～15年以内，大多数花卉属于这一类；③长命种子，寿命在15年以上，以豆科花卉最多，此外，荷花、桂竹香、满天星等的种子寿命也很长。

（二）影响种子寿命的因素

影响种子寿命的因素很多，总体说来有内在因素和外在因素。

1. 内在因素

种子自身结构是影响种子寿命的主要因素。大部分长命种子种皮致密，含水量低，颗粒大小适中，胚较小，油脂含量低，种子结构完整无破损。这些特征使得种子的呼吸作用受到抑制，从而消耗的能量减少，寿命得以延长。其中种子的水分含量对寿命有重要的影响。一般而言，含水量越低，寿命越长。但是，过低的含水量（小于5%）也会破坏细胞膜结构，从而加速种子的衰败。大多数花卉种子含水量在5%～6%寿命最长，是种子贮藏的安全含水量。此外种子中油脂含量一般不超过9%，淀粉含量不超过13%。需要注意的是，许多热带植物如芒果、荔枝、菠萝蜜、龙脑香、望天树等的种子，却需要20%以上的含水量才能保持发芽能力，这一类种子被称为顽拗性种子，往往寿命较短。

2. 外在因素

温度、湿度、空气是影响种子寿命的最主要的外在因素。温度对植物种子有显著的影响。随着环境温度的升高，种子的代谢活动加快，种子的贮藏寿命随之而缩短。根据哈林顿（Harrington）经验法则，在0～50℃范围内，每上升5℃，种子寿命缩短一半（后经Rorberts等人修正为每上升6℃，寿命缩短一半）。因此低温有利于种子的贮藏。

空气湿度可以影响种子的含水量，因为种子具有较强的吸湿性，当种子对水汽的吸附与解吸以同等的速率进行，此时的种子水分含量称为种子的平衡水分。当空气相对湿度为

70%时，一般种子平衡水分含量为14%左右，这是一般种子安全贮藏含水量的上限。

环境中气体种类和含量也对种子寿命有影响，降低氧气含量、提高氮气、二氧化碳等惰性气体比例，可以有效抑制种子的呼吸作用，从而提高种子寿命。但是，氧气含量也不宜过低，太低会导致无氧呼吸从而积累大量有毒物质，加速种子的衰败。一般来说，氧气的含量不宜低于2%～3%。

（三）花卉种子贮藏的方法

花卉种子一般数量较少、价格高、种类多，所以贮藏宜采用较精细的方法。种子因安全贮藏含水量的不同，大致可分为干藏法和湿藏法。

1. 干藏法

指把充分干燥的种子贮藏在干燥的环境中。这类种子一般含蛋白质、脂肪多，含淀粉少，种皮致密，含水量低，如大多数一二年生花卉、豆科多年生花卉等。根据贮藏设备和贮藏时间的不同，干藏又可以分为三种。

1）普通干藏　种子干燥至安全含水量后装入纸袋、麻袋或瓷缸中，置于干燥、通风、低温室内。为防止种子回潮，可在装种子的袋、缸四周放生石灰或其他干燥剂，干燥剂与种子比例约为10∶1。

2）密封干藏　对种皮薄、易吸湿和需要长期贮藏的种子，应使用密封贮藏。将种子充分晾晒，使其含水量在10%左右，冷却后装入缸、罐或玻璃器皿内。装种子时不可过满，要留有一定的空间。最后将缸、罐等容器用石蜡密封，必要时在容器内放生石灰等吸湿剂。置于低温干燥的环境中保存。

3）种子库贮藏　将适于干藏的种子置于温度4～10℃、相对湿度50%以下的种子库中，保存期更长、效果更佳。

2. 湿藏法

一些植物种子的含水量高，在高湿环境下贮藏才能保持其生命力，如芒果、荔枝、菠萝蜜、竹柏、银杏、睡莲等。因此，其贮藏应保持较高的环境湿度才能延长寿命。

1）水藏法　将种子装在尼龙网袋内，放入流水中贮藏。贮藏种子处必须干净，无淤泥、烂草。在种子四周用木桩围挡，以防冲走。水生花卉如荷花、睡莲、王莲、梭鱼草等和栎类树种的种子适用于水藏法。

2）湿沙掩埋法　将种子埋入湿沙中贮藏的方法。湿沙的体积约为种子体积的3倍。沙的湿度因物种不同：银杏、樟树等种子用含水量为15%的湿沙，栎类用含水量为30%左右的湿沙，热带植物如芒果、可可等种子所用湿沙的含水量应更高。温度控制应根据植物种类有所不同，产于温带和亚热带的种类在2～10℃为宜，产于热带的应控制在15～30℃范围内，温度太高种子易发芽、发霉，温度太低会发生冻害。粒小的种子不宜使用此法，因为很难从沙中择出。此外，随着科技水平的发展，超低温贮藏等新技术也开始应用于珍贵花卉种子和难贮藏的热带园林植物种子的贮藏。

四、花卉种子休眠与解除

如果将有生活力的种子放在适宜的条件下仍不萌发，这种现象称之为“休眠”（dormancy）。休眠是植物在长期演化过程中形成的对环境变化的适应机制。温带植物种子若于秋季成熟，一般会进入休眠状态，以度过寒冷的冬季；若于早春成熟，如杨属、柳属的种子，成熟时的环境适于种子萌发，因而没有休眠期；原产热带湿润气候的植物，因四季环境湿热，种子一般也不休眠；而产于热带干湿季明显的植物，旱季前成熟的种子也会休眠以度过干旱季节。

（一）种子休眠原因

种子形成后即具有的先天性的休眠，称之为初生休眠（primary dormancy）。种子在初生休眠解除后，若遇到不利环境，又重新转入休眠状态而不发芽，称为次生休眠（secondary dormancy），是为环境胁迫导致的生理抑制，需要再度解除休眠才能萌发。温度、光照、氧气浓度等都可引起次生休眠。种子休眠的深浅，是以休眠期的长短作指标。种子休眠期是指从种子收获到发芽率达到80%所经历的时间。种子休眠为一群体概念，是将一批种子，从收获开始每隔一定时间测一次发芽率，然后计算该批种子从收获至最后一次发芽试验置床时的天数。种子休眠的原因较多，大致有以下几类。

1. 胚休眠

胚休眠有两种不同类型，一种是种胚尚未成熟，典型的如多种热带兰花在种子达到形态成熟时，胚还发育很不完全，需要一段时间的后熟才能具有萌发能力，其他如毛茛属、白蜡属、冬青属、银杏等也有类似现象；另一种是胚分化但不具备生长能力，种子存在代谢缺陷，缺乏代谢物质如酶、激素等，尚未完全后熟，如猕猴桃、龙胆、金银花、紫草等。

2. 种皮的障碍

有些种子的种皮（指广义的种皮——种被，除真正的种皮外，还包括果皮及果实外的附属物）成为种子萌发的障碍，即便外界环境适于种子萌发，这些条件亦不能被种子利用，可以说是种皮迫使种子处于休眠状态。种皮对发芽和休眠的影响主要表现在以下几方面：一是种皮不透水，如豆科、百合科、锦葵科、茄科等多种植物中，种子具有坚固而不透水的果皮或种皮，农业上通常称为硬实（hard seed），难以萌发；二是种皮不透气，如咖啡、苹果等的内果皮均能阻碍氧气的透入；三是种皮有抑制萌发的物质，如玫瑰种子种皮中存在的抑制物脱落酸是引起其休眠的主要原因；四是种皮减少光线到达胚部；五是种皮的机械约束作用，如未成熟的白蜡树种子因种皮的机械阻力而妨碍胚的继续发育进而引起休眠，酸模种子若去掉种皮，则胚生长迅速，且可在低水势下萌发，若不去掉种皮则萌发很差。

3. 光引起的休眠

光对种子休眠的影响因不同植物而异。由于光的存在而缩短或解除休眠的种子称为喜光性种子或需光性种子。如报春花、秋海棠、非洲凤仙、金鱼草、夏堇、千屈菜、毛地黄、瓶子草、槲寄生、千屈菜及许多禾本科牧草的种子；由于光的存在而助长或诱导休眠的种子称为嫌（忌）光性种子或需要暗性种子，如福禄考、金盏花、鸡冠花、美女樱、雁来红、黑种草等；还有一类种子的萌发或休眠不受光、暗的影响，称为非感光性种子。光对种子休眠和萌发的影响是通过光敏素控制的。

4. 生理休眠

胚发育完全的种子，由于生理上代谢物质的存在，而导致的休眠，称之为生理休眠。这类休眠一般都是由内源激素调节的。大量资料表明在植物种子和果实中，发芽抑制物广泛存在，如香豆素、脱落酸（ABA）就是两种很重要的发芽抑制物，而赤霉素（GA）、细胞分裂素（CK）和乙烯等则是能使种子解除休眠的三种重要的激素。种子的休眠与这些激素的分布与变化密切相关。

（二）花卉种子休眠的解除

常用的方法有：

1. 机械破损

适用于有坚硬种皮的种子。可用沙子与种子摩擦、划伤种皮或者去除种皮等方法来促进萌发。如豆科的坚硬果实可加沙和砾石各1倍进行摇擦处理，能有效促使萌发。莲子、花旗木等在播种前一般要将萌发孔处磨破或剪破，以提高萌发率。

2. 清水漂洗

对龙胆、花楸等种子外壳含有萌发抑制物的，播种前可将种子浸泡在水中，反复漂洗，流水更佳，让抑制物渗透出来，能够提高发芽率。

3. 层积处理

即将种子埋在湿沙中置于1～10℃温度中，经1～3个月的低温处理就能有效地解除休眠。在层积处理期间种子中的抑制物质含量下降，而赤霉素（GA）和细胞分裂素（CTK）的含量增加。层积处理多用于温带、亚热带植物的种子处理，如桃、胡桃、苹果、梨、榛、山毛榉、白桦、赤杨等。近年来发现热带植物也可层积处理来解除休眠，如假槟榔，但是处理温度要求较高，一般为10℃以上。

4. 热水处理

某些种子，如一串红、文竹、九里香等用35～40℃温水处理，可促进萌发。火炬树可用70～90℃热水处理，待其自然冷却，再浸泡24h，可促进萌发。油松、沙棘种子用70℃水浸泡，可增加透性，促进萌发。金合欢种子投入三倍于种子量的沸水中，自然冷却后播种，效果很好。

5. 化学处理

一些种皮厚实的种子可以用浓硫酸处理软化种皮，提高种皮透性，处理的时间因物种不同而有差异，约2分钟到2小时，如马蔺、厚荚相思、软叶刺葵、刺槐、皂荚、合欢、漆树、国槐等。用0.1%～2.0%过氧化氢溶液浸泡棉花种子，也能显著提高发芽率，对玉米、大豆也同样有效果。原因是过氧化氢的分解给种子提供氧气，促进呼吸作用。此外，用硝酸钾溶液、聚乙二醇、酒精、丙酮等处理种子，也可以打破休眠，提高萌发率。

6. 生长调节剂处理

多种植物生长物质能打破种子休眠，促进种子萌发，其中赤霉素效果最为显著。如2000mg/L的赤霉素可以提高显著多花野牡丹的发芽率，200～1000mg/L赤霉素和20～100mg/L激动素溶液浸泡24 h能显著促进假槟榔、软叶刺葵种子萌发。此外，仙客来、一串红、大花紫薇、牡丹、梅花等也有类似报道。

7. 光照处理

需光性种子种类很多，对照光的要求也很不一样。有些种子一次性感光就能萌发。如泡桐浸种后给予1000lx光照10min就能诱发30%种子萌发，8h光照萌发率达80%。有些则需经7～10d，每天5～10h的光周期诱导才能萌发，如团花、八宝树、榕树等。藜、云杉、水浮莲、大薸和烟草的某些品种，种子吸胀后照光也可解除休眠。

8. 物理方法

用X射线、超声波、高低频电流、电磁场处理种子，也有破除休眠的作用。

五、种子的检验

无论采用何种贮藏方法，种子在播种前都应该进行检测以确定种子的品质，为计算播种量和播种密度提供参考。种子检验（seed testing）又称种子鉴定，即用科学方法检查判断种子纯度、净度、发芽率、发芽势、籽粒重、含水量、病虫害、生活力等项目是否达到国家规定的标准，为种子分级提供依据。种子检验分为田间检验和室内检验两种。

田间检验主要检验品种的纯度，病虫害感染、异作物和杂草混杂情况以及作物的生长情况。对需要隔离繁殖的作物，还要了解隔离情况。检验时按作物种类、检验田面积大小，划区设若干检验点，分别计算品种纯度、杂草比例、异作物比例。杂交制种田要调查母本散粉株比例。室内以检验纯度、净度、发芽率、发芽势、水分、病虫害、杂草籽等为重点，还应检验千粒重、容重、饱满度。具体的种子检验方法可参看国内和国际的种子检验规程。

六、种子繁殖的方法与技术

（一）种子繁殖的基本条件

1. 容器

花卉种子繁殖常见的容器有栽培床（槽）、花盆、穴盘、育苗盘（催芽盘）、育苗箱、育苗钵、营养袋等。随着花卉产业的发展，现在越来越多地采用穴盘播种。穴盘多用塑料制成，由不同数目（50～512个）的播种穴组成，播种穴的大小、深度、性状等因不同规格而不同。穴盘十分便于机械化播种，也有利于移植和幼苗成活，是花卉播种的主要容器。

2. 基质

种子发芽的基质应该具有良好的排水性能、低的盐浓度（电导率小于 $1.0dS \cdot m^{-1}$）、良好的质地并且不含有病菌。泥炭土是良好的播种基质；沙、珍珠岩、蛭石等常作为发芽基质的添加物使用。

3. 温度

大多数花卉适宜的播种温度是21～24℃，但是不同物种变化很大。热带花卉通常需要的发芽温度较高，一般在25℃以上，如王莲萌发的适应温度为30～35℃，大花紫薇在昼夜25～30℃下种子萌发率比20～25℃下要高一倍多。需要注意的是潮湿的基质的温度一般比气温低2～3℃，播种时应加以注意。变温条件往往有利于种子的萌发，如在日温30℃，夜温16℃的变温条件下红掌种子的萌发率比恒温条件下高。

4. 光照

光照应根据种子的特性来确定。喜光种子一般不覆土，而嫌厌光种子应覆土或用黑色膜覆盖。热带地区播种时要注意遮光，以防止基质温度升高和干燥。种子萌发后，应给予足够的光照（约 $240\mu mol \cdot m^{-2} \cdot s^{-1}$），以防止幼苗徒长。

5. 水分

种子的萌发需要充足的水分。基质保持适当的水分含量十分重要，种子吸水膨胀，种皮破裂，呼吸强度增大，各种酶的活性随之增加。基质水分过低，种子和幼苗容易失水受到损伤；过高容易导致病害发生。基质保湿可采用自动喷雾系统，也可以覆膜保湿。基质过湿时宜通风以降湿，但不可大风猛吹，以防失水。

6. 营养

商业栽培基质往往含有少量的营养成分，幼苗在萌发后2～3周移植，一般不需要额外施肥。如果需要较长时间才能移栽，则需要补充含有25～75ppm氮肥的复合肥。一般对幼苗施用液态肥，并且在发芽2～3周后开始施用。

7. 病虫

播种苗常见病害是猝倒病（damping-off）。幼苗大多从茎基部感病（亦有从茎中部感病者），初为水渍状，并很快扩展、溢缩变细如“线”样，病部不变色或呈黄褐色，病势发展迅速，子叶仍为绿色，萎蔫前即从茎基部（或茎中部）倒伏而贴于床面。病害开始往往仅个别幼苗发病，条件适合时以这些病株为中心，迅速向四周扩展蔓延，形成一块一块的病区。病菌以卵孢子或菌丝在土壤中及病残体上越冬，并可在土壤中长期存活。猝倒病主要靠雨水、喷淋而传播，带菌的有机肥和农具也能传病。因此，清除病原菌和控制育苗环境是防治猝倒病最重要的方面，必须对种子、基质、播种容器等消毒杀菌，种子播种后要定期喷洒百菌清等杀菌剂预防。除猝倒病外，常见的播种病害还有白绢病、立枯病等，也应积极预防。播种常见虫害有蚂蚁、螨类及其他土壤害虫。热带湿润地区蜗牛、蛞蝓也是常见虫害，应积极防治。

（二）播种期与播种技术

花卉播种期的确定应根据其生长习性来确定。一般二年生花卉宜秋播，也可早春播种，但往往开花不良。一年生花卉宜春播，一些原生热带的一年生花卉如鸡冠花、百日草等，在热带地区几乎可以全年播种。多年生花卉中有休眠习性的应根据休眠特性来播种，如郁金香夏季休眠宜秋播，百合冬季休眠宜春播。热带花卉中无休眠期的种类，则宜即采即播。此外，播种时也要考虑成品期是否处在适宜的观赏季节、销售季节。花卉的播种技术主要包括八个环节。

1. 播种基质配制与处理

一般用园土、泥炭土、腐叶土等与珍珠岩、蛭石、沙等按一定比例混合。曾用于栽植的基质必须严格消毒，否则小苗易感猝倒病。消毒方法有：①曝晒；②60℃以上高温处理30min；③用40%甲醛50倍液喷湿基质，加塑料膜覆盖3d后，除去覆盖物，通风两周直至无甲醛气味；④用高锰酸钾0.01%溶液湿透基质后沥干。栽培容器也宜一并消毒。

2. 种子预处理

可采用温水浸泡、激素处理、层积处理、物理处理等方法催芽。易发芽的类型可不处理。

3. 播种

常有的方法有：①点播，按一定距离播下1至若干粒种子，近几年多用穴盆点播，移苗不伤根，大规模穴盘播种可用播种机；②撒播，在苗床、育苗箱上均匀撒播种子，小粒种子拌沙撒播较均匀；③条播，大粒种子可均匀播种在开挖出来的播种槽中。

4. 播后覆盖

播种后均匀撒上一层基质，使种子能充分接触基质。覆盖厚度为种子直径的2～3倍。细小或具有好光性的种子不覆盖。

5. 浇水

播种前基质应充分浇水湿透，播种后根据基质湿度用花洒或喷雾器喷洒补充水分，保持基质湿润。如果种子细小又用盆播种，可用浸盆法给水。

6. 遮阴

遮阴使育苗环境稳定。遮阴材料有帘、玻璃、薄膜等，或在阴棚下培育。

7. 出苗后管理

种子出苗后开始进行光合作用，要及时揭去遮盖物以增加光照度，并逐步转移到正常环境下使它逐渐适应自然环境。注意浇水并适当施以稀薄的肥料。

8. 间苗与移栽

种子两片子叶展开或长出一片真叶时间苗，以防止幼苗过于拥挤。幼苗长至 2～4 片真叶时宜移栽，阴天或雨后移栽成活率较高。容器育苗者可等苗木稍大时视具体情况移栽，但不宜过晚。移栽前半天应浇一次透水，使幼苗吸足水分，同时土壤湿度适宜操作。移栽后要及时浇水，并遮阴喷水防治幼苗萎蔫。花卉的播种也可采用不经移栽的直播方式，即将种子直接播种于露地或容器中不加移栽，直到开花结实。这种播种方法多适用于生长快、直根性、不适合移栽的种类，如虞美人、花菱草、波斯菊、紫茉莉等，也适用于其他花卉的大面积露地播种。

第二节　无性繁殖

无性繁殖（asexual propagation）又称“克隆”（clone），字源是希腊字，表示用离体的细枝或小树枝增殖的意思。这一名词于 1903 年引入园艺学，以后逐渐应用至植物学、动物学和医学方面。它是指不经过受精作用，由植物的营养器官（根、茎、叶、芽等）直接产生子代的繁殖方法，所以又称为营养繁殖（vegetative propagation）。无性繁殖由体细胞经有丝分裂的方式重复分裂，产生遗传信息和母本完全相同的子代，称之为无性系或营养系。

无性繁殖的方法在花卉栽培中十分常见，特别是多年生花卉多采用无性繁殖的方法。相对于有性繁殖，无性繁殖后代幼年期短，往往开花早。而且，多年生花卉如菊花、兰花、月季等，栽培品种往往是杂合体，采用无性繁殖能保持品种特性。无性繁殖的后代保留了母本的性状，不易发生变异，能较好地适应外界环境。花卉中还有一些品种和种类不能或难以产生种子，如菊花、香石竹以及重瓣扶桑、重瓣山茶等重瓣类型，只能采用无性繁殖的方法。需要注意的是，无性繁殖的木本植物根系较浅，在台风地区应用时需要加以注意。

无性繁殖的主要方法有：扦插（cutting）、嫁接（grafting）、分生（division）、压条（layering）、组织培养（tissue culture）和孢子繁殖（spore propagation）。

一、扦插繁殖

扦插（cutting）指的是取植物茎、叶、根的一部分，插入沙或其他基质中，使其生根或发芽成为新的植株的繁殖方法。扦插所用的营养体的部分，称之为插条或插穗。它的优点是繁殖材料充足、产苗量大、成苗快、开花早，并能保持原品种的固有优良特性，花卉生产中应用极广。

（一）扦插繁殖原理

扦插繁殖用的插条、叶片、地下茎和根段能生根、发芽、长叶，是由于植物的生活器官具有再生能力，而且，构成植物器官的生活细胞都具有发育成一株完整植株的潜能，即所谓的细胞全能性。此外，植物体具有再生机能，即当植物体的某一部分受伤或被切除而使植物整体受到破坏时，能表现出弥补损伤和恢复协调的功能。当植物的部分器官脱离母体时，只要条件适合，其再生能力和细胞的全能性就会发生作用，分化出新的根、茎、叶，而且总是在植物形态学下端生根。

（二）影响插条生根的因素

1. 内在因素

不同种类植物，其插条生根的难易程度有很大差别。

1）植株本身的遗传特性

插穗能否生根以及生根快慢是由母株的种类、品种的遗传特性来决定的。花卉按照生根的难易程度可以分为三类。第一种易生根类，指插穗生根很容易，生根快，如菊花、一串红、矮牵牛等这些草本花卉。第二种较难生根类，插穗能生根，但生根比较慢，对后期的管理要求比较高，如草本花卉中的非洲菊、洋桔梗等，木本花卉中的山茶花、桂花等。第三种极难生根类，这类花卉用扦插来进行繁殖的话不能生根或者生根困难，如鸡冠花、三色堇、紫罗兰等，所以说对于这类花卉一般不能用扦插繁殖。

2）母株和枝条的年龄

选择的插条一般实生苗比嫁接苗的再生能力强。取自幼龄母株的枝条，比取自老龄母株的枝条较易生根成活。同龄母株、1～2 年生枝条，再生能力强，作为插条生根成活率高。多年生枝条，生根成活率低。另外从较老树冠上采集的枝条，由于阶段发育年龄较老，所以，即使枝条本身的年龄较小，其生根能力也比较差；但在同一母株上采取根部萌蘖枝生根能力较强，原因是根颈部分经常保持着阶段发育上的年幼状态。

3）枝条的着生部位及生长发育状况

当母株年龄相同、阶段发育状况相同时，发育充实、养分积贮较多的枝条发根容易。一般植株主轴上的枝条发育最好，形成层组织较充实，发根容易，反之虽能生根，但长势差。

4）插条上的芽、叶对插条成活的影响

无论硬枝扦插或嫩枝扦插，凡是插条带芽和叶片的，其扦插成活率都高于不带芽或叶的插条。但留叶过多，蒸腾失水大，插条易枯死，亦不利于生根。另外，斜插比直插生根率高。

5）插条内源激素的种类和含量

营养物质虽然是保证插条生根的重要物质基础，但更为重要的是植株体内的生长调节物质，特别是各种激素间的比例对插条生根有重要影响。一般情况下，当细胞分裂素/生长素比较高时，有利于诱导芽的形成；当二者的摩尔浓度大致上相等时，愈伤组织生长而不分化；当生长素的浓度相对地大于细胞分裂素时，便有促进生根的趋势。

2. 外在因素

为提高插条生根成活率，基质必须疏松、通气、清洁、消毒、温度适中、酸碱度适宜。在生产上常采用石英沙、蛭石、水苔、泥炭、火烧土等作为插床基质，以创造一种通气保水、性能好、排水通畅、含病虫少和有一定肥力的环境条件。

1）温度

温度对插条的生根有很大影响。一般生根的最适温度是白天 18～27℃，夜间 15℃左右。热带花卉如茉莉、米兰、朱蕉等生根的温度要在25℃以上。土温比气温高3～5℃有利于生根。

2）水分和湿度

插条生根适宜的土壤含水量，以不低于田间最大持水量的50％～60％，插床内空气相对湿度高达80％～85％为宜。过低易造成插条枯萎死亡，过高易造成插条基部切口变黑，甚至切口腐烂，不利于插条生根。

3）光照

日光对于插条的生根是十分必要的，但直射光线往往造成土壤干燥和插条灼伤，而散射光线则是进行同化作用最好的条件。所以，适当的遮阴，对于硬枝插或嫩枝插都是有利的。

（三）扦插繁殖类型

根据插穗的来源不同，扦插繁殖可分为以下几种。

1. 叶插

叶插（leaf cutting）指用叶片作为插穗的扦插方法，适用于能生长不定芽和不定根的花卉，一般叶片比较肥厚或者具有比较粗壮的叶脉或者叶柄。例如秋海棠类、大岩桐、虎尾兰、石莲花、椒草类、落地生根等，均可用叶插法繁殖。叶插可分为全叶插和片叶插。

1）全叶插　即用完整叶片扦插，多用于叶片肥厚多汁的花卉。扦插时叶片可以平置，主要是叶片较薄软的类型，如秋海棠类、落地生根，扦插时剪取发育充分的叶子，切去叶柄和叶缘薄嫩部分，以减少蒸发。秋海棠类可在叶脉交叉处用刀切割，再将叶片铺在基质上，使叶片紧贴在基质上，给以适合生根的条件，在其切伤处就能长出不定根并发芽，分离后即成新植株。也可以斜插，主要是叶片较厚硬的类型，将叶片连带叶柄剪下，斜插入基质约1/3，可在叶柄基部生根发芽形成新植株，如大岩桐、非洲紫罗兰、苦苣苔等。

2）片叶插　将叶片切为数片，然后将各片插入基质，从切口处生根发芽，发育成新植株，片叶插的繁殖系数较高。典型的如虎尾兰，可将叶片剪下来，再横切长5cm左右的叶段为插穗，直插于基质中。插时原来上、下的方向不要颠倒。即可在叶段基部发出新根，形成新的植株。

2. 茎插

按照选取的枝条不同，茎插（stem cutting）可分三类。

1）芽叶插　茎段上带有一个芽和一片叶。常见的有菊花、山茶花和橡皮树等。节约插穗，一个茎可以繁殖出很多植株，操作比较简单，效率高。

2）嫩枝扦插　也叫作绿枝扦插。以生长季的枝梢为插条（5～10cm），枝条比较幼嫩，属于半木质化的枝条，如杜鹃花、一品红等。

3）硬枝扦插　也叫作休眠期扦插，通常以生长成熟、硬化、处于休眠期的枝条为插穗。多用于落叶木本的观赏植物，这种方式在热带花卉中应用不多。

3. 根插

根插（root cutting）即用根段来扦插，发育成新的植株的方法。用于根上能形成不定芽，枝插不易生根的种类。如火焰木、无花果、丁香、芍药、补血草、宿根福禄考、剪秋罗等。方法是春季结合分苗移植时，采集较粗壮的侧根，长10～15cm，草本花卉可短些，直插或横埋入土中，稍加覆盖，以后保持土壤湿润即可。

(四）扦插繁殖技术

花卉扦插繁殖技术主要包括以下几个环节。

1. 准备插穗

根据扦插类型的不同，分别准备生长充实的茎、叶或根作为插穗，去除多余的叶片，并修剪为适宜长度。热带花卉中常见的是用嫩枝扦插，叶插的也较多，应注意插穗的保湿，最好是即采即插，防止萎蔫。多浆类花卉要先阴干，待插穗伤口汁液干燥后再扦插。

2. 插穗预处理

某些种类的花卉扦插难以成活，常采用下列方法来促进生根。

1）黄化处理　也称白化处理。在枝条未剪取前，对母树进行遮光处理，可以用黑布或者黑纸来封裹枝条，使叶绿素消失或大量减少，枝条黄化或者变白软化，这样就有利于根原基的分化，在扦插时就容易生根。

2）加温处理　采用温床提高地温，使地温高于气温 3～5℃，效果很好，但要注意保持土壤湿度。

3）激素处理　吲哚乙酸（IBA)、萘乙酸（NAA)、赤霉素（GA)、2，4-D、三十烷醇等生长调节剂可以促进花卉插条发根。处理方法有粉剂处理、液剂处理、脂剂处理、母株处理和扦插基质的处理等。

4）机械处理　包括环割、绞缢或割伤等。木本植物如印度榕、扶桑、变叶木等在母株上将茎环割、绞缢或割伤，使伤口上方聚集更多的促进生根物质及养料，有助于扦插生根，此法针对老枝效果更好。

3. 扦插苗管理

扦插苗的管理主要是根据扦插的外在影响因素，选择合适的基质，通过遮阴、浇水、覆盖等措施提供插穗合适的水分、光照和温度环境，促进插穗生根。现代花卉生产上常用“全光照间歇喷雾法”来进行扦插繁殖，这种方法是利用自动调节器来控制特制的喷雾口中喷雾的时间和次数，可以保持较高的空气湿度，又在叶片上形成水膜，抑制水分蒸腾，降低温度和呼吸作用，有利于生根。扦插后生根的扦插苗往往较柔弱，应先逐步减少水分供给、撤去遮阴，进行前期锻炼后再移栽。

热带花卉中许多室内观叶植物，如合果芋、富贵竹、春羽、虎尾兰等，可以用水作为基质扦插，将其茎段或叶片插入水中，经常换水，约 15～20d 即可生根，很容易成活，因此这类植物也往往制作成水培植物出售。

二、嫁接繁殖

嫁接（grafting）是指将植物体的一部分（接穗，section）嫁接到另一植物体（砧木，stock）上，通过愈合生长在一起形成新的植株的繁殖方法。

嫁接在花卉繁殖中有重要的作用。第一，嫁接通常以观赏价值高的作为接穗，以抗性强的为砧木，可以结合二者的优点，繁殖出优良的植株，如菊花嫁接黄蒿可以生产出高达 5m 的塔菊。第二，对扦插繁殖困难或种子繁殖不易的种类，常用嫁接的方法，如白兰、云南山茶、梅花、桃花等。第三，嫁接苗可以克服幼年期长的缺点，提早开花，又能保持与母本相同的遗传特性，如银杏嫁接苗可以提早开花结实。第四，花卉中一些特殊类型，如仙人掌类中的不含叶绿素的红、黄、白等种类，只能嫁接在绿色砧木上才能成活。因此，嫁接在花卉中应用十分广泛。

（一）嫁接成活原理

接穗和砧木嫁接后，能否成活的关键在于二者的组织能否愈合，而愈合的主要标志是维管组织系统的联结。嫁接后，砧木与接穗的形成层细胞紧密接触，在适当的温度、湿度条件下，受愈伤激素的作用，砧、穗形成层细胞旺盛分裂，产生愈伤组织，互相愈合，进而形成新的形成层，向内分生木质部，向外分生韧皮部，使砧、穗之间的维管系统连接，结合成一个统一的整体，共同组成一个新植株。

（二）影响嫁接成功的因素

1. 嫁接亲和力

嫁接亲和力（graft compatibility）是指接穗和砧木在形态、结构、生理和遗传性彼此相同或相近，因而能够互相亲和而结合在一起的能力。嫁接亲和力是嫁接成活最基本条件。影响嫁接亲和力的因素主要有以下两点。

1）亲缘关系　一般来说接穗和砧木的亲缘关系越近，二者的亲和力便越大。品种间嫁接最易接活，种间次之，如柑橘属、蔷薇属、李属、山茶属的属内种间易嫁接，不同属之间又次之，如仙人掌科中多个属间易嫁接，而不同科之间目前尚无嫁接成功的报道。

2）生长习性　接穗与砧木的生长习性越相似，二者的亲和力越大。如草本与草本、木本与木本之间的亲和力，要比草本与木本之间大。这是由于草本、木本间在形态、结构乃至对外界条件的要求上，相差很大的缘故。

2. 接穗和砧木的状态

植物生长健壮，营养器官发育充实，体内贮藏的营养物质多，嫁接就容易成活。所以砧木要选择生长健壮、发育良好的植株，接穗也要从健壮母树的树冠外围选择发育充实的枝条。

3. 环境条件

主要是温度、湿度、氧气和光照。其中温度最为重要，因为形成层要在一定温度下才能活动。热带花卉一般在20～35℃下生长较好，这也是嫁接的适宜温度。其次，嫁接中保持一定的湿度是十分必要的，过低湿度会导致接穗失水，切口细胞枯死，因此，生产上一般采用塑料薄膜包扎、涂蜡等方式保湿。此外，嫁接中切口还需要充足的氧气，并避免强光，聚乙烯薄膜可以透气保湿挡光，是较好的包扎材料。

4. 嫁接技术水平

主要是接穗的削面是否平滑，接穗削面的斜度和长度是否适当，接穗、砧木的形成层是否对准。

（三）嫁接的方法与技术

根据砧木和接穗的来源，可将嫁接分为三种方法。

1. 枝接

枝接（section grafting）是以枝段为接穗的繁殖方法。常用的方法有七种。

1）切接（splice grafting）　在适宜嫁接的部位将砧木剪断，剪锯口要平，然后用切接刀在砧木横切面的1/3左右的地方垂直切入，深度应稍小于接穗的大削面，再把接穗剪成有2～3个饱满芽的小段，将接穗下部的一面削成长3cm左右的大斜面（与顶芽同侧），另一面削一长约1cm左右小削面，削面必须平，迅速将接穗按大斜面向里、小斜面向外的方向插入切口，使砧穗形成层贴紧，然后用塑料布条绑好。

2）劈接（cleft grafting） 多在砧木较粗时采用，先将砧木截去上部并削平断面，用劈接刀在砧木中央垂直下劈，深约 4～5cm，一般每段接穗留 3 个芽，在距最下端芽 0.5cm 处，用刀沿两侧各削一个 4～5cm 的大削面，使下部呈楔形，两削面应一边稍厚一边稍薄，迅速将接穗插入砧木劈口，使形成层对齐贴紧，绑好即可。

3）腹接法（side grafting） 选 1 年生生长健壮的发育枝作接穗，用刀在接穗的下部先削一个长 3～5cm 的削面，再在削面的对面削一个长 1～1.5cm 的小削面，使下端稍尖，接穗上部留 2～3 个芽，顶端芽要留在大削面的背面，在砧木的嫁接部位用刀斜着向下切一刀，深达木质部的 1/3～1/2 处，然后迅速将接穗大削面插入砧木削面里，使形成层对齐，用塑料布包严即可。其最大的特点是失败一次后还可以补接。

4）皮下接（bark grafting） 在砧木断面皮层与木质部之间插入接穗，视断面面积的大小，可插入多个接穗。需在砧木芽萌动离皮的情况下进行。

5）舌接（whip grafting） 又叫双舌接，在砧穗粗度相当时采用此法，在砧木上削出长 3.5～4.5cm 的马耳形削面，在削面上端 1/3 长度处垂直向下切一长约 2cm 的切口，接穗与砧木削法相同，然后将砧、穗大、小削面对齐插入直至完全吻合，两个舌片彼此夹紧，若砧穗粗度不等，可使一侧形成层对准，然后用塑料条包严绑紧。

6）平接（flat grafting） 平接又名对口接，用于嫁接仙人掌类。嫁接时，将砧木顶部沿水平方向削去，再将接穗下端沿水平方向削去，然后将接口对准按紧，最后用细线绑扎固定。

7）靠接（approach grafting） 靠接法又称诱接法。此法多用于一般嫁接法不易成活的花卉植物，但操作较麻烦，先将盆栽的砧木靠近接穗母株旁边，然后各选近旁光滑无节的枝节，各削一个相同大小的接口，深达木质部，再对准形成层，把两个切面合在一起，用塑料薄膜条扎紧，等两个枝条的切面完全愈合，将作砧木的在愈合处上端剪断，作接穗的在愈合处下端剪断，即形成独立的植株。靠接的特点是：接穗可以不剪离母株，可依靠母株获得养分和水分，砧木也不需要剪头。

2. 芽接

芽接（budding）是以芽片为接穗的繁殖方法，包括盾形芽接（shield budding）和贴皮芽接（bark budding）。

1）盾形芽接 是将接穗削成带有少量木质部的盾形芽片，再嫁接于砧木上的方法。根据砧木切口的不同，又可分为 T 字形芽接（T-budding）、倒 T 字形芽接（inverted T-budding）和嵌芽接（chip budding）。

2）贴皮芽接 接穗为不带木质部的小片树皮，将其贴在砧木去皮部位的嫁接方法。其常用的方法有补皮芽接（patch budding）、I 形芽接（I-budding）和环形芽接（ring budding）。

补皮芽接是把砧木的一块树皮切下来，大小刚好和接穗吻合，两者可以直接接合。I 形芽接是把砧木切成一个 I 形的切口，再把芽片接上去。环形芽接是把砧木的树皮呈环形的切割下来，再把环形的接穗补接到环形砧木切口上。

3. 根接

根接（root grafting）是利用根做砧木，将栽培品种嫁接在根上的一种育苗方法。嫁接的方法一般采用劈接或切接。采用该法是因为有些砧木自身易产生芽而抑制接穗，或无适当砧木时，可用此法。在月季、芍药、紫藤、槭树上常用。另外可用于一些生长年限比较久的多年生花卉，植株根系不太健康，植株容易老化死亡，可以利用新的和它同类的比较健壮的根作为接穗来进行嫁接。通常用于老树复壮，或者拯救一些生长状态不好的多年生花卉。

三、分生繁殖

分生繁殖指人为地将植物体分生出来的幼株（吸芽、株芽、根蘖等）或者植物营养器官的一部分（变态茎等）进行分离或分割，脱离母体而形成独立植株的繁殖方法。该方法特别适合能产生营养繁殖体的多年生花卉，所产生的新植株能保持母株的遗传性状，方法简便、易于成活、成苗较快；但繁殖系数较低，易感染病毒病等病害。

根据所利用的繁殖器官的不同，可以将分生繁殖分为分株繁殖和分球繁殖。

（一）分株繁殖

将植物根部或茎部产生的带根萌蘖（根蘖、茎蘖）从母体上分割下来形成新的独立植株的方法。适于分株的热带花卉，如竹芋类、天南星科观叶植物、朱蕉、虎尾兰以及棕竹、南洋森等。禾本科中的一些种类也可用此法繁殖。

依萌发枝的来源不同，可以分为以下几种。

1. 分短匍匐茎（offsets divisions）　匍匐茎上每节处都能长出不定根和芽，分离后均可成为独立完整的植株，如禾本科草坪草狗牙根等。

2. 分根蘖（suckers divisions）　将根部产生的带根萌蘖从母体上分离下来，如丁香、蔷薇等。

3. 分根茎（crown divisions）　指在茎部产生的带根萌蘖，从母体上可以分割下来进行繁殖，主要是一些丛生型的灌木类花卉和宿根花卉，如蜡梅、牡丹、芍药等。

4. 分走茎（runner）　走茎是叶丛中抽生出来的节间较长的茎，节上着生叶、花和不定根，分离栽培即能产生幼小植株，最常见的如吊兰。

5. 分珠芽（bulblets）　珠芽是植物体叶片或者茎上片形成的一些初生分生组织，比如落地生根叶片上着生的一些珠芽可以作为繁殖材料，脱离母株自然落地后即可生根长成新的植株。

（二）分球繁殖

指利用具有贮藏作用的地下变态器官进行繁殖的一种方法。主要用于球根花卉繁殖。在自然环境下，一些球根花卉容易繁殖，如大丽花、唐菖蒲、百合、小苍兰等；也有一些不易繁殖，如仙客来、大岩桐、球根秋海棠等，宜用种子繁殖。在用球根繁殖的类型中，根据球根种类不同，又分为五种类型。

1. 分根茎　根茎与地上茎在结构上相似，均具有节、节间、退化鳞叶、顶芽和腋芽。用根茎繁殖时，将其切成段，每段具2～3个芽，节上可形成不定根，并发生侧芽而分枝，继而形成新的株丛。有美人蕉、鸢尾、香蒲等。

2. 分球茎　球茎老球侧芽萌发，基部形成新球，新球旁常生子球。繁殖时可直接用新球茎和子球栽植，也可将较大的新球茎分切成数块（每块具芽）栽植。唐菖蒲等可用此法繁殖。

3. 分鳞茎　鳞茎鳞叶之间可发生腋芽，每年可从腋芽中形成一个或数个子鳞茎从老鳞茎分出。生产上可将子鳞茎分出栽种而形成新植株，如水仙、郁金香等。百合等无皮鳞茎种类，还可将其鳞片扦插，产生新的小鳞茎，以加速繁殖。对于有皮鳞茎，如风信子，也可采用切割法（notching）或去底盘法（scooping）促进小鳞茎的产生。

4. 分块茎　多年生植物有的变态地下茎近于块状。根系自块茎底部发生，块茎顶端通常具几个发芽点，块茎表面也分布一些芽眼，内部着生侧芽，如马蹄莲、彩叶芋、海芋等，可将块茎直接栽植或分切成块繁殖。

5. 分块根　块根在繁殖时必须带有根颈部，根颈部一般有多个芽，故可将块根分割成带有2～3个芽的小块，分别栽植。大丽花、花毛茛等常用此法繁殖。

四、压条繁殖

压条是指在枝条不与母体分离的情况下，将枝梢部分埋入土中或包裹于发根基质中，促使枝梢生根，然后再与母株分离成独立植株的繁殖方法。该方法成活率高，可以较快提供园林大苗，但繁殖周期长、繁殖系数低，仅适合用其他无性繁殖方法比较困难的种类。

压条一般分为以下几类

（一）普通压条

即取靠近地面的枝条，将枝条中段压入地中，先端直立于土坑外，埋入部分可环割促进生根。待压条生根后，将压条与母株割断，移植培育成新株。此法适用于罗汉松、无花果、葡萄、柑橘等枝条较软的植物。

（二）堆土压条

此法多用于丛生性花木，如石榴、李、樱桃等分枝较矮、枝条较硬、不易弯曲的苗木等。将老龄母株于近地面处截断，促使侧枝萌发，待新梢长至20cm左右时，将新梢基部刻伤或环剥，再堆上疏松湿润的土壤，枝条便会在堆土层生根。然后将其与母株分离单独栽培。

（三）波状压条

常用于枝条长而较软的花木，如金银花、葡萄等。在母株附近适当处，沿着枝条的生长方向挖一些坑，将选用的枝条波状弯曲于地面，将枝条割伤几处，将割伤处埋入坑内。生根后即可切断移植，成为新的植株。该方法成活率高，繁殖系数大。

（四）高空压条

此法常用于株形直立、枝条硬而不易弯曲又不易发生根蘖的植物，如白兰、菠萝蜜、变叶木、山茶等。选取当年生成熟健壮的枝条，于基部适当位置刻伤或环剥皮层，用塑料薄膜套包住环剥处，填满肥沃湿润的土壤或其他基质，用绳扎紧。等到新根长满后剪下，将薄膜解除，即可获得新植株。

五、组织培养

植物组织培养（tissue culture）是把植物的器官、组织或者单个细胞，应用无菌操作使其在人工条件下，能够继续生长，分化发育成一个完整植株的过程。主要原理就是利用植物细胞的全能性。

（一）组织培养的程序

1. *无菌培养物的建立*

无菌培养物的建立包括外植体的选择、采样、灭菌与接种三个环节。

1）外植体的选择　外植体（explant）指的是从植物体上切取下来用于组织培养的部分。外植体一般分为两类：一类是带芽的外植体，如茎尖芽、嫩梢和茎段、鳞芽、原球茎等，在组织培养过程中可直接诱导丛生芽的大量产生，其获得再生植株的成功率较高，变异性也较小，易于保持材料的优良性状。另一类主要为根茎、叶等营养器官及花药、花瓣、花托、胚珠、果实等生殖器官。这类外植体大都需要一个脱分化过程。

2）外植体的采样　外植体采样时要注意选取较干净、无病虫害、生长健壮、发育充实的植株。

3）外植体的灭菌与接种　取回的外植体应尽快进行表面灭菌处理，剪除多余部分，用自来水冲洗30min以上，在70%酒精中迅速浸泡30s左右，再用灭菌剂（2%～10%次氯酸钠溶液或0.1%～0.2%氯化汞溶液）浸泡3～15 min，取出后用无菌水冲洗4～5次，在无菌条件下接种到已备好的培养基上。

2. 外植体生长与分化的诱导

1）诱导芽　通过顶芽和腋芽的发生进行再生的芽。为促进侧芽分化生长，常在培养基中添加0.1～10mg/L细胞分裂素及0.01～0.5mg/L的生长素或0.05～1mg/L赤霉素。常用的细胞分裂素有6-苄氨基嘌呤（6-BA）和细胞激动素（KT）。常见的生长素有萘乙酸（NAA）、吲哚乙酸（IAA）和吲哚丁酸（IBA）。

2）诱导胚状体　多数植物在生长素和细胞分裂素同时添加的培养基上可诱导出胚状体，如山茶花、彩叶芋等。而一些植物如金鱼草、矮牵牛等需要添加适量的生长素类物质（多用2，4-D）才能诱导脱分化、愈伤组织生长和胚性细胞形成，后期再降低或完全去掉生长素类物质才能完成胚状体的发生。

3）诱导原球茎　用MS基本培养基即可诱导原球茎。

3. 继代培养

将第二阶段诱导出的芽、胚状体、原球茎在适宜的培养基上进行继代培养，视情况进行再增殖，以获得所需要的植株数量。

4. 生根与壮苗

将继代培养形成的不定芽和侧芽转移到生根培养基上进行生根培养。生根培养基中较低的矿物元素浓度、较低的细胞分裂素以及较多的生长素有利于生根。壮苗则可通过减少培养基中糖含量和提高光照强度来实现。

5. 试管苗的出瓶与移栽

生根的试管苗从无菌，光照、温度、湿度稳定的环境中进入自然环境，从异养过渡到自养过程，必须经过一个驯化锻炼的环节，即炼苗。移植前先将培养容器打开盖子，于室内自然光照下锻炼1～2d，然后取出苗，用自来水将根系上的琼脂清洗干净，再栽入基质中。移栽前期要适当遮阴，保持较高的空气湿度（相对湿度90%左右），但基质不易过湿积水，以防烂苗。炼苗4～6周，新梢开始生长后，小苗即可转入正常管理。

（二）组织培养在热带花卉上的应用

在花卉产业及研究上，组织培养已经成为生产和科学研究不可缺少的重要手段。在种苗繁殖上，利用组织培养，可以快速大量繁殖幼苗，生产无病毒苗；在育种上，可以利用此法进行单倍体培养、胚培养、转基因研究等。因此，组织培养是花卉生物技术的重要组成部分。目前热带花卉中组织培养应用到的几个方面有以下几种。

1. 兰花无菌播种

兰花的种子极为细小，数目虽多，但是胚却发育极不成熟，自然条件下发芽率极低。

1922 年，克努森（Knudson）首先采用无菌操作法，将兰花种子播种于含有无机盐和糖分的无菌培养基上，成功地使种子在人工培养基上大量萌发，打开兰花人工大量繁殖的时代。但 Knudson 所用配方无机盐种类不够完整，对不同的兰花要添加不同的无机成分，比较麻烦。后来日本京都大学狩野邦雄发明了简便又有效的培养基，即著名的京都培养基（Kyoto solution），现在兰花无菌播种中大量应用。兰花无菌播种后，发芽时先是胚逐渐膨大，初为淡黄色，后逐渐变为黄绿色，直至绿色，再由胚长出原球茎，由原球茎产生幼苗，经炼苗后即可用于生产。

2. 分生组织培养

大部分多年生草本花卉多采用营养繁殖，如嫁接、分株、压条等方法繁殖，以维持原有品种的特性。若植株患有病毒病，则病毒（或者类病毒）易通过营养体及刀具、土壤传递给后代，大大加速了病毒病的传播与积累，导致病毒病的危害越来越严重，使得观赏价值大大降低。1943 年怀特（White）发现茎尖生长点及附近细胞，病毒浓度极低。1952 年法国莫雷尔（Morel）等培养大丽花、马铃薯的茎尖组织，获得无病毒苗。现代花卉生产中，茎尖分生组织培养已经广泛应用于花卉无病毒苗的繁殖上，月季、香石竹、菊花、非洲菊等花卉都已建立了无毒苗繁殖体系。

3. 微型繁殖

即一般而言的组织培养，是指用适当的繁殖材料，如茎、叶、种子、花等，在适当的培养基上无菌培养，分化产生大量幼小植株的方法。这些繁殖材料称为外植体。这种方法可以在短时间内繁殖大量的幼苗，是扩增幼苗的理想方法。

通常在微型繁殖中，外植体先产生愈伤组织，愈伤组织再分化产生芽和根，或者直接由外植体产生不定芽。但是在兰花组培中，一般是由外植体或其愈伤组织产生原球茎（protocorm like body，PLB），再由 PLB 培养形成幼株。微型繁殖现已大量应用在各种花卉的繁殖上。

4. 其他

组织培养在花卉中，还可用于胚抢救、种质资源保存等其他方面。

六、孢子繁殖

孢子（spore）一般指藻类、苔藓、蕨类等植物和真菌所产生的、通常为单细胞的繁殖体。孢子脱离母体后，不需跟其他细胞结合，即能直接或间接发育成新的个体（配子体）。热带花卉中的蕨类植物一般都可采用孢子繁殖。

（一）孢子的采集

孢子播种繁殖首先要掌握好采收时期。大多数蕨类的孢子在夏末到秋天成熟，少数可全年产孢。采集的最佳时间是在大多数孢子囊刚要脱落而孢子还没有扩散时采摘，此时孢子囊由浅绿色变成浅棕色或黄色。同一片叶的孢子成熟度不一，一般是从下往上渐渐成熟，未成熟的孢子囊是浅绿色，随着发育逐步变成棕色到深棕色或黄色。将摘下的成熟孢子的叶片放入对折的干净的纸中，保存于温暖干燥的环境中。不久孢子陆续从孢子囊弹出，可用洁净的纸袋收集或直接用刀刮下孢子囊，将其干燥后装入纸袋，以备播种。

（二）孢子的贮藏

孢子的生活期只有 2～3 天，少数种有 3～6 月，所以孢子收集后应立即播种。也可以放入 4℃冷藏保存，可适当延长孢子活力。

（三）孢子的去杂和灭菌

由于收集的孢子中难免会混有孢子囊碎片或其他杂物、苔藓、藻类及菌类的孢子，因此播种前应去除杂质并用5%的次氯酸钠或次氯酸钙溶液浸泡5～10min灭菌消毒。

（四）播种及播种后管理

蕨类的孢子在很多基质上都能生长，但要保证基质保水透气。最常用的基质是2份水藓和3份珍珠岩的混合物。播种时用手轻轻振落孢子，使其均匀地落在装有基质的容器里或制成悬浮液喷洒。由于孢子非常小，播后不用覆土，只要在盆面上加盖玻璃片和报纸即可，以遮阴并防止水分蒸发，此间一般不需要浇水。待孢子变成绿色的原叶体时将报纸揭去，并将玻璃片垫高，以利通风。萌发的最适温度为24～27℃，湿度为80%，每天光照4h以上，多数蕨类植物的孢子播种后2～3周即萌发。播种后3～4个月孢子体幼苗可长至0.5～1.5cm，此时可将过密的蕨苗分块栽于与播种同样的基质上，并采取类似的管理方法。当叶长到5～6cm时，经炼苗移植上盆。上盆后应放在半阴地方培养，并充分浇水；以后每1～2周施一次稀薄的肥料，使其生长快速而健壮。有些蕨类，一年就能长成具孢子的成年植株。

（五）孢子无菌播种

在孢子成熟时摘取带孢子囊的叶片进行消毒后直接播在培养基中。消毒时可用滤纸将带孢子的叶片包起来开口可用线扎紧防止孢子散出，先在70%的酒精中浸泡15～30s，赶去滤纸包中的气泡使孢子消毒完全，然后放在0.1%的升汞溶液中消毒3min左右，无菌水冲洗。消毒完全后小心打开滤纸包，用镊子直接将孢子接种在1/2 MS培养基表面。23±2℃，500～1000lx，6～12h光照培养。一般3000个/cm^2的密度。为了加速孢子萌发，可在播种前用赤霉素处理2～5min。

思考题

1. 花卉的繁殖有何生物学意义？园艺上如何获得优质的后代个体？
2. 无性繁殖和有性繁殖各有何优缺点？
3. 花卉种子休眠的原因和解除方法是什么？
4. 热带花卉中可以用叶片扦插的种类常见的有哪些？请举例说明。
5. 影响嫁接成功的主要因素有哪些？
6. 分生繁殖有哪些方法？请举例说明。
7. 高空压条的优缺点有哪些？如何提高生根率？
8. 孢子繁殖要注意哪些问题？

本章推荐阅读书目

1. DOLE J M, WILKINS H F. Floriculture principles and species[M]. 2nd ed. Upper Saddle River: Prentice Hall, 2004.
2. 包满珠. 花卉学［M］. 2版. 北京：中国农业出版社，2003.
3. 陈俊愉. 中国农业百科全书观赏园艺卷［M］. 北京：中国农业出版社，1996.
4. 鲁涤非. 花卉学［M］. 北京：中国农业出版社，1997.

第五章　花卉的栽培管理

花卉的生命活动过程是在各种环境条件综合作用下完成的。为了使花卉生长健壮，姿态优美，必须满足其生长发育需要的条件，而在自然环境下，几乎不可能完全具备这些条件。因此花卉生产中常采取一些栽培措施进行调节，以期获得优质高产的花卉产品。本章分别介绍了露地花卉和设施花卉管理的一般流程，对花卉促成和抑制栽培的技术措施做了较为详细的解析，最后对无土栽培的工作原理和应用也做了推介。

第一节　露地花卉栽培管理

露地花卉是指花卉整个生长发育周期可以在露地进行，或主要生长发育时期能在露地进行的花卉。露地花卉栽培是指在露地条件下，花卉经过育苗、移植、修剪、水肥、病虫害管理、采收等环节的过程。露地花卉具有管理简单、适合大面积生产的特点，同时还不需要太多的投资，而热带地区天然的气候优势决定了多数的热带花卉栽培属于露地栽培。

露地花卉的种类包括：(1) 一、二年生花卉（主要用作花坛等）；(2) 多年生的宿根和球根花卉（主要用作花境等）；(3) 水生花卉、岩生花卉；(4) 园林绿化中的大多数花木等。

做好露地花卉栽培的前提条件：(1) 充分了解所在地区的生态条件；(2) 熟悉各类花卉的生物学特性；(3) 选择适合当地生产的花卉种类；(4) 做到科学管理。

一、整地和作畦

（一）土壤的选择

首先，要选择光照充足、土质肥沃、水肥方便和排水良好的地块；其次，地块周围的交通要方便，利于苗木的运输和销售；再次，地块周围没有污染源，水质清洁，空气清新；最后，要对地块的 pH 值进行检测，多数花卉喜欢偏酸性到中性的土壤，适宜的 pH 值为 5.5～5.8。土壤酸碱度对花卉的生长有较大的影响，诸如必需元素的可给性、土壤微生物的活动、根部吸水吸肥的能力以及有毒物质对根部的作用等，都与土壤的酸碱度有关。如酸性条件下，磷酸可固定游离的铁离子和铝离子，使之成为有效形式；而与钙形成沉淀，使之成为无效形式。

土壤最好是园土，不过沙土和黏土也可通过加入有机质或沙土进行改良。可加入的有机质包括堆肥、厩肥、锯末、腐叶、泥炭以及其他容易获得的有机物质。

（二）整地

对土壤进行翻耕、深松耕、耙地、镇压、平地、起垄、作畦等一系列的土壤耕作措施，称为整地。整地的目的在于改良土壤的物理结构，使其具有良好的通气和透水条件，便于根系伸展；又能促进土壤风化，有利于微生物的活动，从而加速有机肥料的分解，以利于花卉根系吸收；同时整地还可以将土壤病虫害等翻于表层，暴露于空气中，经日光暴晒，防治病虫害。

整地深度对整地质量至关重要，宿根和球根花卉宜深，一、二年生花卉宜浅，宿根花卉定植后，继续栽培数年至十余年，根系发育比一、二年生花卉强大，因此要求深耕土壤至 40～50cm，同时需施入大量有机肥料。球根花卉因地下部分肥大，对土壤要求尤为严格，深耕可使松软土层加厚，利于根系生长，使吸收养分的范围扩大，土壤水分易于保持。深耕应逐年加深，不宜一次骤然加深，否则心土与表土相混，对植物生长不利。一、二年生花卉生长期短，根系入土不深，宜浅耕至 20～30cm。

（三）作畦

花卉露地栽培用畦栽的方式，作畦的方式很多。用于播种和草花的移植地，大多需要密植，因此畦宽多不超过 1.6m，以便站在畦梗上进行间苗和中耕除草。球根类花卉的栽植地、切花生产地和木本花卉的栽植地，都需保留较宽的株行距，因此畦面都比较大，主要应根据水源的流量来决定每畦面积的大小。在雨量较大的地区，地栽牡丹、大丽花、菊花等特怕水渍的花卉时，最好打造高畦，四周开挖排水沟，防止田面积水。畦埂的高度应根据灌水量的大小和灌水方式来决定，采用渠道自流给水时，如果畦面较大，畦埂应加高，以防外溢。畦埂的宽度和高度是相对的，沙质土应宽些，黏壤土可窄些，但不要小于 30cm，以便来往行走。

二、育苗与间苗

露地花卉因种类不同繁殖方法各异，如一、二年生花卉多用播种法繁殖，宿根花卉除播种外，常采用分株或扦插、压条、嫁接等方法繁殖，球根花卉主要采用分球法进行繁殖。繁殖的季节大体为春秋两季。

一串红、凤仙花、翠菊、百日草等一、二年生草本花卉，以及不耐移植花卉多以直播繁殖，播种苗往往比较密集而且不均匀，因此当子叶完全展开并要长出真叶时就必须进行间苗。间苗即对苗床幼苗去弱留壮、去密留稀，拔去一部分幼苗，使幼苗之间有一定距离，分布均匀，故又俗称疏苗。当幼苗出土至长成定植苗应分 2～3 次进行间苗，每次间苗量不宜大，最后一次间苗称为定苗。播种时密度为 1000～1600 株/平方米，间苗后为 400～1000 株/平方米。间苗可以扩大幼苗间距，改善拥挤情况，使空气流通，日照充足，防治病虫害等，从而生长健壮。

三、移植与定植

（一）概念与作用

露地花卉中除去不宜移植而进行直播的花卉外，大都是先在苗床育苗，经分苗和移植后，最后定植于花坛或花圃中。将作物从苗床或穴盘移动到另一个地方栽植，称之为移植。而栽植到采收为止的最后固定栽培地点的措施，称之为定植。幼苗通过移植或定植，从狭窄拥挤的苗床移到开阔的栽培地，获得了更多的生长空间，水、肥、光等条件都大为改善，为进一步生长提供了良好的环境。

（二）移植的季节与方法

花卉的移植，必须掌握适宜的季节和正确的操作方法。一般情况下，春秋两季适合大多数花卉的移植。热带花卉大多喜欢高温高湿，因此只要满足温湿条件，基本上可以常年移栽。移植的时间宜选择无风的阴天，若在炎热的晴天，则应于傍晚日照不过分强烈时进行。晴天大风水分蒸发量大，花卉容易萎凋，一般不宜移植。在降雨前移植，则成活率更高。微雨天能移植，但雨量较大时反而有害，因为雨天地温较低，移植后新根发生缓慢，此外，特别是黏性土，容易固结。移植应在土壤不过湿或过干时进行，因过湿使土壤黏闭，过干除不便于操作外，又不能保持土壤良好的团粒结构。当天旱土干时，应在移植的前一天充分灌水，使土湿润。

移植通常有裸根移植和带土移植两种方法。裸根移植通常用于小苗及容易成活的种类，带土移植则常用于大苗及较难移植成活的种类。穴盘育苗一般都是带土移植，成活率很高。移植一般在幼苗生出 3～4 片真叶时进行。苗过大，移栽不易成活，过小不易操作。移栽时用小铲从幼苗外围铲下，截断主根，不伤及须根，可促进移栽后苗木的根系生长。但一些直根性的花卉如虞美人、花菱草、羽扇豆、洋桔梗等，因根的再生力差，不宜切断主根。穴盘苗直接将幼苗连同栽培基质移栽，也无需断根。移栽后要及时浇水，适当遮阳，当幼苗恢复正常长势后再进行常规管理。

（三）定植的机具

花卉的田间定植工作，如球根类，已有专门的栽植机，可以完成开沟、播球、覆盖等一系列的工作。但是灌木类或草本类的苗木，如月季和菊花，仍然是手工操作。近年来日本推出了专用的菊花定植机，类似自动插秧机，自动定植幼苗，提高了效率。而盆花的移植与定植，欧美国家已采用自动上盆机，从花盆装土、打孔、栽植都可以自动操作。

四、灌溉

花卉的一切生理活动，都是在水的参与下完成的。各种花卉由于生活的环境条件不同，需水量不尽相同；同一种花卉在不同生长发育阶段或不同季节，对水分的需求也不一样，因此花卉的灌溉方式及灌水量和灌溉次数也各不相同。

（一）灌溉方式

1. 漫灌　大面积的表面灌水方式，用水量大，适用于夏季高温地区植物生长密集的大面积花卉或草坪。

2. 畦灌　在田间筑起田埂，将田块分割成许多狭长地块——畦田，水从输水沟放入畦中，畦中水流以薄层水流向前移动，边流边渗，润湿土层，这种灌水方式称为畦灌。畦灌用水量大，土地平整的情况下，灌溉才比较均匀。常常离进水口近的区域灌溉量大，远的区域灌溉量小。

3. 地下灌溉　又称渗灌或浸灌。利用埋在地下的渗水管，水依靠压力通过渗水管管壁上的微孔渗入田间耕作层，从而浸润土壤的灌溉方法。

4. 喷灌　利用喷灌设备系统，使水在高压下通过喷嘴喷至空中，分散成细小的水滴，像降雨一样进行灌溉。喷灌可节水，可定时，灌溉均匀，但投资大。

5. 滴灌　利用低压管道系统将水直接送到每棵植物的根部，使水分缓慢不断地由滴头直接滴在根附近的地表，渗入土壤并浸润花卉根系主要分布区域的灌溉方法。主要缺点是管道系统堵塞问题，严重时不仅滴头堵塞，还可能使滴灌毛管全部废掉。采用硬度较高的水灌溉时，盐分可能在滴头湿润区域周边产生积累，产生危害，利用天然降雨或结合定期大水漫灌可以减轻或避免土壤盐分积累的问题。

（二）灌水量及灌溉次数

因季节、土质及花卉种类的不同而异。春季及夏季土壤干旱时期应多次灌水，夏季浇水多在早晚进行，此时水温与土温相差较小，不致影响根系活动。露地播种床的植物，因植株矮小，宜用细孔喷雾器喷水。小面积可用喷雾器、喷壶、水桶、木勺等工具人工浇水，大面积的可用抽水机抽水，用沟渠灌水或喷灌，每次浇水都应浇透土层。花卉浇水次数往往根据季节、天气和花卉本身生长状况决定。夏季蒸发量大，早晚各浇一次水，春秋隔天浇一次水。幼苗期可以少浇些，随着花卉的旺盛生长，至开花前要多一些，开花期间保持湿润，结实期又要略少浇水。如果叶上有茸毛的植物，则不要进行叶面喷水，以免发生斑点。

应特别注意幼苗定植后的水分管理。幼苗移植后的灌溉对其成活关系很大，因幼苗移植后根系尚未与土壤充分接触，移植又使一部分根系受到损伤，吸水力减弱，此时若不及时灌水，幼苗会因干旱而生长受到阻碍，甚至死亡。生产实践中有“灌三水”的操作：即在移植后随即灌水一次；过3d后，进行第二次灌水；再过5～6d，灌第三次水，每次都灌满畦。“灌三水”后，进行正常的松土、灌溉等日常管理。对于根系强大，受伤后容易恢复的花卉，如万寿菊等，灌两次水后，就可进行正常的松土等管理；对于根系较弱、移苗后生长不易恢复的花卉，如一些直根系的花卉，应在灌第三次水后10d左右，再灌第四次水。

五、施肥

（一）肥料种类

1. 有机肥　主要来源于动植物遗体或排泄物，施于土壤以提供植物营养为其主要功能的含碳物料。经生物物质、动植物废弃物、植物残体加工而来，消除了其中的有毒有害物质，富含大量有益物质，包含多种有机酸、肽类以及包括氮、磷、钾在内的丰富的营养元素。不仅能为农作物提供全面营养，而且肥效长，可增加和更新土壤有机质，促进微生物繁殖，改善土壤的理化性质和生物活性，是绿色食品生产的主要养分。

2. 无机肥　为矿质肥料，也叫化学肥料，是指用化学合成方法生产的肥料，包括氮、磷、钾、复合肥，简称化肥。它具有成分单纯，含有效成分高，易溶于水，分解快，易被根系吸收等特点，故称“速效性肥料”。

3. 矿质元素　是指除碳、氢、氧以外，主要由根系从土壤中吸收的元素。矿质元素是植物生长的必需元素，缺少这类元素植物将不能健康生长，矿质元素可以促进营养吸收。矿质元素分为大量元素和微量元素。大量元素是指植物正常生长发育需要量或含量较大的必需营养元素。一般指碳、氢、氧、氮、磷和钾6种元素。铁、锰、锌、铜、硼、钼、氯、铝等在植物体内含量很低，但是也是必不可少的，称之为微量元素。其中，碳、氢、氧是植物通过光合作用固定CO_2和水而来，一般不称之为肥料。但是，有时也可通过往温室中注入CO_2来提高光合效率，称为施CO_2肥。氮、磷、钾是植物需求量最大的，称为肥料三要素，使用最多。硫、钙、镁次之，使用较少。微量元素在土壤中含量一般可满足需求，但是在特殊情况下也要施用，如喜酸的花卉如栀子、杜鹃等往往需要施用铁肥。

（二）施肥方法

花卉的施肥方法，可分为基肥、追肥以及根外追肥。

1. 施基肥。基肥是播种或移栽之前，结合耕作整地施入土壤深层的肥料，也称底肥。花圃或花坛施肥以基肥为主，通常在整地的同时翻入土内。目的是为了改良土壤和保证花卉整个生长期间能获得充足的养料。基肥一般以有机肥为主，常用的有堆肥、厩肥、饼肥和骨粉等，与无机肥配合使用，效果更好。以无机肥做基肥时，应注意三种肥分的配合

（表 5-1）。

为了调节土壤的酸碱度，改良土壤，施用石灰、硫黄或石膏等间接肥料也应作基肥。施基肥常在春季进行，但有些露地木本花卉可在秋季施入基肥，以增强树体营养，利于越冬。施基肥的方法一般是普施，施肥深度应在 16cm 左右。

表 5-1　花卉基肥施用量（单位：$kg/100m^2$）

花卉种类	硝酸铵	过磷酸钙	氯化钾
一年生花卉	1.2	2.5	0.9
多年生花卉	2.2	5.0	1.8

2. 追肥。追肥即施用速效肥料来满足和补充花卉某个生育期所需要的养分。一、二年生花卉在幼苗期的追肥，主要目的是促进其茎叶的生长，氮肥成分可稍多一些，但是在以后生长期间，磷钾肥料应逐渐增加，生长期长的花卉，追肥次数应较多。宿根和球根花卉追肥次数较少，一般追肥 3～4 次，第 1 次在春季开始生长，第 2 次在开花前，第 3 次在开花后。如花圃中采籽用的母株、花坛中花大色艳和花期长的种类，应适当予以追肥。常用的有完全腐熟的人粪尿、饼肥水和化肥。化肥常用的有尿素、碳铵、硫酸铵等。施用浓度一般为 1%～3%。

3. 根外追肥又称叶面施肥，是将水溶性肥料或生物性物质的低浓度溶液喷洒在生长中的作物叶上的一种施肥方法。叶片喷施，浓度则要求更小，通常为 0.1%～0.3%倍液。

（三）施肥依据

花卉施肥主要依据花卉的需肥和吸肥特点、土壤类型和理化性质、气候条件以及配套农业措施等。

1. 花卉的需肥和吸肥特性。不同花卉需肥种类和数量不同，同一花卉在不同生育阶段需肥种类和数量不同；不同花卉的吸肥能力不相同，对营养元素的种类、数量及其比例也有不同的要求。

一、二年生花卉对氮、钾的要求较高，施肥以基肥为主，生长期可以视生长情况适量施肥。但一、二年生花卉间也有一定的差异。播种一年生花卉，在施足基肥的前提下，出苗后只需保持土壤湿润即可，苗期增施速效性氮肥以利快速生长，花前期加施磷肥、钾肥，有的一年生花卉花期较长，故在开花后仍需追肥。而二年生花卉，在春季就能旺盛生长开花，故除氮肥外，还需选配适宜的磷、钾肥。宿根花卉对于养分的要求以及施肥技术基本与一、二年生花卉类似，但是为了保证次年萌发时有足够的养分供应，所以后期应及时补充肥料，常以速效肥为主，配以一定比例的长效肥。球根花卉对磷、钾肥需求量大，施肥上应该考虑如何使地下球根膨大，除施足基肥外，前期追肥以氮肥为主，在子球膨大时应及时控制氮肥，增施磷、钾肥。

2. 土壤类型和理化性质。因不同类型和不同理化性质的土壤中，营养元素的含量和有效性不同，保肥能力不同，土壤类型和性质必然影响肥料的效果，所以施肥必须考虑土壤类型和性质。沙质土保肥能力差，需少量多次施肥；黏质土保肥能力强，可以适当少次多量施肥。

3. 气候条件。气候条件影响施肥的效果，与施肥方法的关系也很密切。干旱地区或干旱季节，肥料吸收利用率不高，可以结合灌水施肥、叶面施肥等。雨水多的地区和季节，肥料淋溶损失严重，应少量勤施。

4. 栽培条件和农业措施。施肥必须考虑与栽培条件和农业技术措施的配合。例如，在瘠薄土壤上施肥，除应考虑花卉需肥外，还应考虑土壤培肥，即施肥量应大于花卉需求量；而在肥沃土壤上施肥应按需和按吸收量施肥。

（四）露地施肥基本原则

有机肥和无机肥合理施用。有机肥多为迟效性肥料，可以在较长时间内源源不断地供应植物所需的营养物质；无机肥多为速效性肥料，可以满足较短时间内植物对营养物质相对较多的需求。在花卉施肥中，有机肥和无机肥要配合使用，以达到相互补充。增施有机肥、适当减少无机肥，可以改良土壤理化性状，减少环境污染，使土地资源能够真正实现可持续利用，同时也是提高花卉产品品质、减少产品污染，实现无公害安全生产的有效途径。

以基肥为主，及时追肥。基肥施用量一般可占总施肥量的50%～60%。在暴雨频繁、水土流失严重或地下水位偏高的地区，可适当减少基肥的施用量，以免肥效损失。结合不同花卉种类和不同生育时期对肥料的需求特点，要进行及时、合理的追肥。

六、中耕除草

（一）中耕的作用与方法

中耕是作物生育期中在株行间进行的表土耕作，指对土壤进行浅层翻倒、疏松表层土壤。中耕的目的是松动表层土壤，一般在降雨、灌溉后以及土壤板结时进行。在苗圃管理中，田间栽培大苗多采用中耕锄草。作用是既起到松土结合除草的作用，又避免使用除草剂对环境的污染。另外，中耕能疏松表土，切断土壤毛细管，减少水分蒸发，增加土温，使土壤内空气流通，促进土壤有机物的分解，为根系正常生长和吸收营养创造良好的条件。中耕通常结合除草进行。

中耕的方法：花卉幼苗期宜浅耕，以后随苗株生长逐渐加深；植株长成后由浅耕到完全停止中耕；中耕的深度依花卉根系的深浅及生长时期而定。一、二年生草本花卉宜浅耕、多年生花卉宜深耕，深度一般再深3～5cm。

（二）除草的方法要点

在苗木生长的初期，大部分土面都暴露在阳光下，这时除土表容易干燥外，杂草也繁殖很快，因此应经常中耕除草。随着幼苗逐渐生长，根系扩大，这时中耕宜浅，否则根系被切断，使生长受阻碍。秋季的露地花卉大多已布满田面，形成了郁闭状态，因此应在郁闭前将杂草拔净。

除草可以避免杂草和花卉争夺土壤中的养分、水分和阳光。药剂除草优点很多，药量小、效用大，省力、省工。但使用时需要准确掌握各种药剂的作用和性能，以及配制各种药剂溶液的浓度。

除草工作应在杂草发生的早期及时进行，在杂草结实之前必须清除干净，不仅要清除栽植地上的杂草，还应把四周的杂草除净，对多年生宿根性杂草应把根系全部挖出，浅埋或烧掉。小面积土块以人工除草为主，大面积地块可采用机械除草或化学除草。还可以通过地面覆盖的方法除草，一般覆盖腐殖土、泥炭土及特制的覆盖纸、黑地膜等，抑制杂草。

七、整形修剪

（一）整形和修剪的定义和作用

整形是通过修剪、设支柱和支架等手段对花卉的植株形态进行整理，以达到株行美观、调节生长发育的目的。修剪是对花卉枝条及器官进行整理，使花卉株行紧凑，改善植株通风透光状况，调节生长与发育的矛盾，使植株生长均衡，满足观赏与生长的需求。

（二）整形的方式

花卉整形一般以自然形态为主，常用的形式有以下几种。

1. 单干式　每株只保留一个主枝，不留侧枝，使顶端开一朵花。如独本菊、单干大丽花等。

2. 多干式　一株保留多个主枝，每个枝干顶端开一朵花。如多本菊、紫薇、石榴、花桃、花梅等。

3. 丛生式　幼苗期多次摘心，形成多数枝条，全株呈低矮丛生状，开出很多花朵。如藿香蓟、矮牵牛、一串红、波斯菊、金鱼草、美女樱、百日草、蛾蝶花、半边连棕竹、凤尾竹等。

4. 悬垂式　全株枝条向一方下垂，呈悬垂状。如悬崖菊、常春藤等。

5. 攀缘式　对于蔓性花卉，如茑萝、牵牛等，使其附于墙壁或缠绕在篱垣、支架上。

6. 匍匐式　利用半枝莲、鸭跖草等匍匐生长的枝叶将地面覆盖。

7. 支架式　将蔓生花卉牵引于棚架上。

总之，根据生长需要和观赏喜好，通过对花卉艺术加工处理，细心琢磨，精心养护，以达到整形预想的目的。

（三）修剪的手法

花卉修剪依花卉本身的生物学特征及观赏要求不同，常用的手法有以下几种。

1. 摘心　摘除主枝或侧枝上的顶芽，或者连同生长点附近的几片嫩叶一同摘除。可以控制生长，促发侧枝，从而增加花枝数，如大立菊能在一株上开花 3000 余朵，就是反复摘心的结果。此外摘心也可抑制生长，延迟花期。

2. 抹芽　抹芽是将花卉的腋芽，嫩枝或花蕾抹去，目的是为了集中养分，促使主干通直健壮，花朵大而艳丽，果实丰硕饱满。切花栽培上一般要采取抹芽的措施，以保证切花质量。观果植物中，有时为了使果实生长良好，也会摘去一部分果实。

3. 立支架　盆栽花卉中有的枝茎柔弱，有的由于是攀缘植物，有的为了整齐美观，有的为了作为扎景，经常采用细竹竿、芦苇秆或粗铅丝绑扎支架，增加观赏效果。典型的如大立菊、塔菊、悬崖菊等。切花栽培中，一般也需要设支架，主要是为保证花径直立不弯曲，并可以牵引固定枝条，调节光照条件。生产上常用网目为 10cm×10cm 的尼龙网格作为支撑物。支撑物于定植时铺设在栽培畦上，四周用木棍或竹竿绷紧。以后随着植株长高，逐渐将支撑物上移。一般网状支撑物需铺设 2～3 层，定植时全部叠放在一起，以后逐渐向上拉开，第一层离地面 15～20cm，两层的间距一般为 15cm 左右。

4. 折梢和捻梢　将枝梢扭曲，使木质部折断而韧皮部连接。可防止枝条徒长，促进花芽分化。

5. 曲枝　将长势过旺的枝条向侧方压曲，将长势过弱的枝条扶直，也可通过牵拉使株丛内的枝条分布均匀。

6. 去蕾　摘除叶腋生出的侧蕾，促使主蕾开出大而色正的花朵。

7. 疏枝　包括疏剪和短截两种。疏剪是将枯枝、徒长枝、不良枝和不合树形的枝条从基部剪去。短截是指将一年生的枝条剪去一部分。疏剪和短截可以调整树姿，利于通风透光，但萌芽力弱的花木，如广玉兰、白玉兰等，疏枝量宜少。

其他手法还有圈枝、修根、剥叶、去残花等，可根据具体情况使用。

（四）整形与修剪的关系

修剪是指对植株的某些器官，如茎、枝、叶、花、果、芽、根等部分进行剪截或删除的措施。整形是指对植株施行一定的修剪和矫正措施，从而形成某种树体结构形态。整形与修剪可以调节营养生长和生殖生长的关系，改善花卉的光照条件，促进植株丰满，还可以根据需要制作出特定的植株外形，提高花卉的观赏价值，因此是花卉管理中的重要组成部分。二者是相互联系，互为依托的。

八、防寒降温

（一）防寒

1. 覆盖法：即在霜冻到来之前，在畦面上用干草、落叶或草席等覆盖物将苗盖好，晚霜过后再清理畦面。耐寒力较强的花卉小苗，常用塑料薄膜进行覆盖，效果较好。

2. 培土法：对冬季地上部分全部休眠的宿根花卉，可在其上盖土或埋入地下，防止冻害，等冬天过去，花木萌芽前，再将上面的土除去，使其继续生长。

3. 灌水法：即利用冬灌进行防寒，也称浇冻水。由于水的热容量大，灌水后可以提高土壤的导热能力，将深层土壤的热量传到表面。同时，灌水还可提高空气中的含水量，空气中的蒸汽凝结成水滴时放热，可以提高气温。灌溉后土壤湿润，热容量加大，能减缓表层土壤温度的降低。灌水法提高了植株周围的土壤和空气的温度，起到保温和增湿的效果。

4. 熏烟法：即利用熏烟进行防寒。为了防止晚霜对苗木的危害，在霜冻到来前夕，可在苗畦周围或上风口点燃干草堆，使浓烟遍布苗木上空，用烟和水汽组成的烟雾，能减少土壤热量的散失，防止土壤温度降低。同时，发烟时烟粒吸收热量使水汽凝结成液体而释放出热量，可使地温提高。

5. 浅耕法：进行浅耕，可减低因水分蒸发而发的冷却作用；同时，翻耕后表土疏松，有利于太阳辐射的导入。再加镇压后，能增强土壤对热的传导作用并减少已吸收热量的散失，保持土壤下层的温度。

6. 绑扎：一些观赏花木茎干，用草绳等包扎，可防寒。

7. 密植：密植可以增加单位面积茎叶的数目，减低地面热的辐射散失，起到保温的作用。

除上述方法外，还有设立风障、利用冷床（阳畦）、减少氮肥和增施磷钾肥增强花卉抗寒力等方法，都是有效的防寒措施。

（二）降温

夏季温度过高，会对花卉产生危害，可通过人工降温保护花木安全越夏。人工降温措施包括叶面喷水、畦面喷水、搭设遮阳网或草帘覆盖等。

第二节　设施花卉栽培管理

设施花卉栽培是花卉产业化栽培生产的重要组成部分，通过设施栽培可以为花卉提供良好的物质和环境条件。但是要取得良好的栽培效果，还必须掌握完全的设施栽培管理技术，即根据各种花卉的生态习性，采用相应的设施栽培管理技术措施，创造最适宜的环境条件，才能取得优异的栽培效果，达到质优、成本低、栽培期短、供应期长、产量高的生产要求。

一、温室环境的调节

温室环境的调节主要包括温度、光照和湿度三个方面，根据不同花卉的要求和季节的变化来进行，这三个方面的调控是相互联系的。

（一）温度管理

花卉对温度的要求有最低、最适和最高三个基准点，温室的温度应经常保持在最低和最高之间，并且还应使其符合自然界温度的变化规律。温室温度的高低，可通过加温、通风、遮阳等手段的综合运用来调整。利用燃煤、暖气可提高室温；通过阳光照射、电热线加温可提高盆床和床土的温度；关闭门窗、覆盖草帘可保持室温；通风、喷水、屋顶遮阳措施可降低室温。

为满足各类花卉的生长发育条件，还必须根据花卉的习性来调节室温。在同一温室中最好放置要求温度基本一致的观赏花卉，如变叶木、王莲、鸡蛋花、黄花夹竹桃等控制室温在18～30℃，仙客来、倒挂金钟、天竺葵等可控制室温在12～20℃等。仅控制室内的最高、最适和最低温度是不够的，还应考虑温室内的年温差和日温差。一年中，夏季温度应高于冬季温度；一天中，白天温度应高于夜间温度。其次，土温与气温也是必须考虑的，一般情况下，白天表土温度略高于气温，夜间表土温度应略低于气温。如果温差过大，或土温达不到要求，应采取相应的调节措施。

（二）光照管理

遮阴是调节光照强度唯一的方法，兼有调节温度、保湿和提高空气湿度的效果。常用的遮光物有白色涂料（石灰水）、苇帘、竹帘、遮阳网。

（三）湿度管理

热带或亚热带地区的花卉，对空气湿度均有较高的要求。春、秋、夏三季均需人为增加空气湿度，如对室内的盆花定期喷水，以增加空气湿度；在室内的地面上、植物台上及盆壁上洒水，以增加水分的蒸发量；有条件的地方可设置人工或自动喷雾装置，自动调节。

二、培养土的配制

（一）常见温室用土种类

1. 堆肥土　是用枯枝、落叶、青草、果皮、粪便、毛骨、内脏等为原料，加上换盆旧土、炉灰、园土分层堆积，再于上面浇灌人畜粪便，最后再在四周和上面覆盖园土。经过半年以上贮放，让其发酵腐烂而成。堆肥土含有较多的腐殖质和矿物质，一般呈中性或微酸性（pH 6.5～7.4）。

2. 腐叶土　又称腐殖土，是植物枝叶在土壤中经过微生物分解发酵后形成的营养土。腐叶土土质疏松，养分丰富，腐殖质含量多，一般呈酸性（pH 4.6～5.2），适于多种温室盆栽花卉用土。尤其适用于秋海棠、仙客来、地生兰、蕨类植物、倒挂金钟、大岩桐等。

3. 针叶土　是由松科、柏科针叶树的落叶残枝和苔藓类植物堆积腐熟而成。针叶堆积1年即可应用。针叶土呈强酸性（pH 3.5～4.0），腐殖质含量多，不具石灰质成分，适用于栽培杜鹃等喜酸性土壤的花卉。

4. 泥炭土　是指在某些河湖沉积低平原及山间谷地中，由于长期积水，水生植被茂密，在缺氧情况下，大量分解不充分的植物残体积累并形成泥炭层的土壤。泥炭地可分为褐泥炭和灰泥炭两种。

1）褐泥炭　是炭化年代不久的泥炭，呈浅黄至褐色，含多种有机质，微酸性（pH 6.0～6.5）。褐泥炭粉末加河沙是温室扦插床的良好用土。泥炭不仅具有防腐作用，不易生霉菌，而且含有胡敏酸，能刺激插条生根，比单用河沙效果好很多。

2）黑泥炭　是炭化年代较久的泥炭，呈黑色，含有较多的矿物质，有机质较少，并含有一些沙，呈微酸性至中性（pH 6.5～7.4），是温室盆栽花卉的重要栽培基质。

5. 沙土　即一般的沙质土壤，排水良好，但养分含量不高，呈中性或微碱性。另外，蛭石、珍珠岩也可以作为栽培基质。

（二）培养土配制要求

要有足够的营养成分，具有良好的物理性质。即土质疏松，水分渗透性能好，能保持水分和养分，没有有害物质，富含腐殖质，酸碱度适宜。

三、盆栽设施管理

（一）花盆的种类

选择适当的花盆对于盆栽很重要。花盆是栽培观赏植物用的容器之总称，是盆花栽培、盆景制作等必备的容器。不同类型花盆的透气性、排水性等差异较大，应根据花卉的种类、植株的高矮和栽培目的选用。

1. 根据花盆质地分类

1）素烧盆　又称瓦盆。由黏土烧制，有红盆和灰盆两种。大多圆形，盆口径与盆高约相等，一般口径在7～40cm之间，过大容易破碎，盆底或两侧留有小孔以排水。素烧盆排水通气性好，适宜花卉生长，且价格便宜，但其质地粗糙，色泽不佳，易生青苔，欠美观，且易碎，运输不便，不适于栽植大型花木，目前用量逐年减少。

2）陶瓷盆　由高岭土烧制而成。可不上釉制为陶盆，也可上釉制为瓷盆。陶盆多为紫褐色或赭紫色，有一定的排水、通气性。瓷盆多有彩色绘画，外形美观，但通气、透水性差，不适于花卉栽培，仅适合作套盆，供室内装饰及展览之用。陶瓷盆外形除圆形外，也有方形、菱形、六角形等。

3）木盆或木桶　需要口径40cm以上花盆时即用木盆或木桶。其外形上大下小，以圆形为主，也有方形或长方形的；盆的两侧设把手，以便搬动；盆下设短脚以免腐烂。一般选用质坚而又不易腐烂的红松、栗杉木、柏木等，外部刷油漆，内面用防腐剂涂刷制成。多用作栽植高大、浅根的观赏花木，如棕榈、苏铁、南洋杉、橡皮树、桂花等。现逐渐被塑料盆或玻璃钢盆所取代。

4）紫砂盆　形式多样，造型美观，只是透气性能稍差，多用于室内名贵花卉以及盆景栽培。

5）塑料盆　规格多，形状、色彩极为丰富，质轻而坚固耐用，便于运输，虽排水、透气性较差，但可通过改善培养土的物理性状来克服此缺点。目前，塑料盆已成为国内外大规模花卉生产及流通贸易中主要的容器，尤其是在规模化盆花生产中应用更加广泛。

6）纸盆　特别适合培养不耐移栽的花卉幼苗之用，如香豌豆、香矢车菊等在定植露地前，先在温室内纸盆中育苗。

此外，还有金属盆、玻璃盆，多用于水培、水生花卉栽培或实验室栽培。

2. 根据花盆使用目的分类

1）水养盆　专用于水生花卉或水培花卉，盆底无排水孔，盆面阔大而较浅，如莲花盆。球根水养用盆多为陶制或瓷制的浅盆，如水仙盆。

2）兰盆　专用于栽培气生兰及附生的蕨类植物，盆壁有各种形状的孔洞，以便空气流通，也常用各种形状的竹篮或竹框代替兰盆。

3）盆景盆　有树桩盆景盆和水石盆两类。树桩盆底部有排水孔，形状多样，色彩丰富，古朴大方。水石盆底部无孔，均为浅口盆，形式以长方形和椭圆形为主。盆景盆质地有泥、瓷、釉、紫砂外，还有水泥、石质等，石质中以洁白、质纫的汉白玉和大理石为上品。

4）育苗容器　花卉种苗生产中常用的育苗容器有穴盘、育苗钵等。

(1) 穴盘　穴盘育苗技术自20世纪80年代引入我国以来，以其不伤根、成苗快、便于远距离运输、机械化操作和工厂化生产等优点，已得到越来越广泛的应用。花卉育苗使用的穴盘有多种规格，穴格有不同形状，数目为18～800穴/盘不等，容积7～70mL/穴。可根据不同花卉苗木的大小选用不同规格的穴盘。常用的穴盘育苗配套机械有混料、填料设备和穴盘播种机等。

(2) 育苗钵　用于培育小苗的钵状容器，有塑料育苗钵和有机质育苗钵之分。前者由聚氯乙烯和聚乙烯制成，规格很多，常用规格为口径6～15cm，高10～12cm，底部有小孔排水。后者以泥炭为主要原料制作，还可用牛粪、锯末、黄泥土或草浆制作。有机质育苗钵质地疏松，透气、透水，在土中能迅速降解，不影响根系生长，移植时可与种苗同时栽入土中，不会伤根，无缓苗期，生长快，成苗率高。

（二）盆栽方法

1. 上盆

是指将苗床中繁殖的幼苗，栽植到花盆中的操作。具体做法是按幼苗的大小选用相适应规格的花盆，用一块碎瓦片盖于盆底的排水孔上，将凹面向下，盆底可用由培养土筛出的粗粒或碎盆片、沙粒、碎砖块等填入一层排水物，上面再盖一层培养土，以待植苗。用左手拿苗放于盆口中央深浅适当位置，填培养土于苗根的四周，用手指压紧，土面与盆口应有适当距离，栽植完毕后，用喷壶充分灌水，暂置阴处数日缓苗。待苗恢复生长后，逐渐放于光照充足处。

2. 换盆

就是把盆栽的植物换到另一盆中去的操作。换盆有两种不同的情况：其一是随着幼苗的生长，根系在盆内土壤中已无再伸展的余地，因此生长受到限制，应及时由小盆换到大盆中；其二是已经充分成长的植株，不需要更换更大的花盆，只是由于经过多年的养护，原来盆土的物理性质变劣，养分丧失，或被老根所充满，换盆仅是为了修整根系和更换新的培养土，用盆大小可以不变。

3. 转盆

在单屋面温室及不等式温室中，光线多自南面一方射入，因此，在温室中放置的盆花，如时间过久，由于趋光生长，则植株偏向光线投入的方向而使株形倾斜。株形偏斜的程度和速度，又与植物生长的速度有很大关系。生长快的盆花，偏斜的速度和程度就大一些。因此，为了防止植物偏向一方生长，破坏匀称的株形，应在相隔一定日数后，转换花盆的方向，使植株均匀生长。双屋面南北向延长的温室中，光线自四方射入，盆花无偏向一方的特点，不用转盆。

4. 倒盆

有两种情况，其一是盆花经过一定时期的生长，株幅增大从而造成株间拥挤，为了加大盆间距离、使之通风透光良好、盆花茁壮生长必须进行的操作。如不及时倒盆，会遭致病虫危害和引起徒长。其二是在温室中，由于盆花放置的部位不同，光照、通风、温度等环境因子的影响也不同，盆花生长情况各异。为了使各盆花生长均匀一致，要经常进行倒盆，将生长旺盛的植株移到条件较差的温室部位，而将较差部位的盆花，移到条件较好的部位，以调整其生长。通常倒盆与转盆同时进行。

5. 松盆土

也叫扦盆。可以使因不断浇水而板结的土面疏松，空气流通，植株生长良好，同时可以除去土面的青苔和杂草。青苔的形成影响盆土空气流通，不利于植物生长；而土面为青苔覆盖，难以确定盆土的湿润程度，不便浇水。松盆土后还对浇水和施肥有利。松盆土通常用竹片或小铁耙进行。

6. 施肥

在上盆及换盆时，常施以基肥，生长期间施以追肥。施肥的注意事项如下。

1）应根据不同种类、观赏目的、生长发育时期灵活掌握。

2）肥料应多种配合施用，避免发生缺素症。

3）有机肥应充分腐熟。

4）以少量多次为原则，积肥与培养土的比例不要超过 1∶4。

5）无机肥料的酸碱度和 EC 值要适合花卉的要求（EC 值是用来测量溶液中可溶性盐浓度的，也可以用来测量液体肥料或种植介质中的可溶性离子浓度）。

7. 浇水

根据花卉的种类及不同生育阶段确定浇水次数、浇水时间和浇水量。

不同栽培容器和培养土对水分的需求不同；浇水时间夏季以清晨和傍晚浇水为宜，冬季以上午 10 时以后为宜。浇水的原则是盆土见干才浇水，浇水就应浇透，要避免多次浇水不足，只湿及表层盆土而形成“截腰水”，使下部根系缺乏水分，影响植株的正常生长。

第三节　花卉促成和抑制栽培

促成和抑制栽培又称花期调控、催延花期。我国自古就有花卉进行促成栽培，开出“不时之花”的记载。明代《帝京景物略》云：“草桥唯冬花支尽三季之种，坏土窖藏之，蕴火炕烜之，十月中旬，牡丹已进御矣。”可见北京草桥在明代已经熟练掌握牡丹促成栽培的方法。

一、促成和抑制栽培的意义

为了满足冬春季市场对花卉的需求，很多花卉需要采取促成或抑制栽培的方法进行生产。使花期比自然花期提前的栽培方式称为促成栽培，使花期比自然花期延后的方式称为抑制栽培。

花期调控的主要目的体现在以下几个方面：首先能打破自然花期的限制，根据市场或消费需求来提供花卉产品；其次能丰富不同季节花卉种类，能使鲜切花周年供应，实现花卉的产业化生产，满足特殊节日花卉的供应；再者能使自然花期不在同一时间的亲本同时开花，便于培育新品种；最后将一年开一次花的调控为一年二次开花结实，缩短培育期，加速土地利用周转率，利于花卉种子的生产，也缩短了杂交育种周期。促成和抑制栽培还有利于深入了解各类花卉的生长发育规律及其生活习性；准时供花还可以获取有利的市场价格。因此，促成与抑制栽培技术具有重要的社会意义和经济意义。

促成和抑制栽培日益受到园林生产部门的普遍重视，并被纳入正常的花卉生产计划中，成为花卉生产理想的栽培手段及经常应用的技术措施。目前不少花卉，如月季花、香石竹、菊花、百合等重要种类，采用促成和抑制栽培，已能达到周年供花的目标。

二、花卉促成和抑制栽培的途径

（一）花卉促成和抑制栽培的前期准备

选择适宜的种类及品种：在确定用花时间后，首先要选择适宜的花卉品种。一方面，被选花卉应能充分满足花卉应用的要求；另一方面要选择在确定的用花时间比较容易开花、不需过多复杂处理的花卉种类，以节省处理时间、降低成本。同种花卉的不同品种对处理的反应不同，有时甚至相差较大，例如菊花早花品种‘南洋大白’，短日照处理 50d 即可开花。若要延迟开花，则选用晚花品种。

植株和球根要足够大：球根花卉进行促成栽培，要设法使球根提早成熟，球根的成熟程度对促成栽培的效果有重大影响。成熟程度不高的球根促成栽培反应不良，开花质量降低，甚至球根不能发芽生根结果。

另外，还要有完善的处理设备、良好的栽培设备和栽培技术。

（二）温度对开花的影响

温度对开花的影响主要体现在质和量两个方面。质的作用是指温度使植物的发育产生质的变化，只有在一定的温度条件下，植物发育才能从一个阶段到另一个阶段，如诱导和打破休眠、春化作用。量的作用是指温度作用于植物生长和开花的速度，从而使植物提前或延迟开花。温度对开花的质和量的作用在花期调控中密切相关、共同作用。

1. 打破休眠　增加休眠胚或生长点的活性，打破营养芽的自发休眠，使之萌发生长。

2. 春化作用　在花卉生活周期的某一阶段，在一定温度下，通过一定时间，即可完成春化阶段，使花芽分化得以进行。

3. 花芽分化　栽培花卉的花芽分化，要求一定的适宜温度范围，只有在此温度范围内，花芽分化才能顺利进行。不同的花卉适宜温度不同。

4. 花芽发育　有一些花卉在花芽分化完成后，花芽即进入休眠，要进行温度处理才能打破花芽的休眠而发育成花。花芽分化和花芽发育需不同的温度条件。

5. 花茎伸长　有的花卉花茎的伸长要进行一定时间低温的预先处理，然后在较高的温度下花茎才能伸长。也有一些花卉春化作用需要的低温，也是花茎伸长所必需的，如球根鸢尾、小苍兰、麝香百合等。

综上可见，温度对打破休眠、春化作用、花芽分化、花茎伸长均有决定性作用。我们进行相应的温度处理即可提前打破休眠，形成花芽并加速花芽发育而提早开花。反之，不给相应的温度条件，亦可使之延迟开花。

（三）光照对开花的影响

1. 光周期对开花的影响　光周期是决定植物能否开花的主要环境因素。对于长日照植物，如紫罗兰、鸢尾等，光照时间越长，开花越早。而光照长度小于临界日常时推迟开花或不能开花。短日照植物只有在日照长度短于临界日常时才能开花。在一定范围内，暗期越长，开花越早，如果处于长日照条件下则只进行营养生长而不能开花。许多热带、亚热带和温带春秋季开花的植物多属于短日照植物，如秋菊、一品红等。对于长日照和短日照植物可以人为地控制日照时间，以提早或延迟其花芽分化或花芽发育，调节花期。

2. 光周期诱导对开花的影响　花卉植物在达到一定的生理年龄时，经过足够天数的适宜光周期处理，以后即使处于不适宜的光周期条件下，仍然能够开花的现象称为光周期诱导。感受光周期部位的器官是成熟的叶片，经光周期诱导后能产生诱导开花的信号，然后从叶片传递到茎尖分生组织。通过对不同光质的光进行暗期间断试验，发现红光间断能促进长日照植物开花、抑制短日照植物开花，而远红光能逆转这个反应。

（四）植物生长调节剂对开花的影响

植物生长调节剂是调控植物生长发育的物质。一类是在植物体内合成的对生长发育起关键性作用的微量有机物的内源植物激素，对调控花期有作用的主要是赤霉素和细胞分裂素。另一类是人工合成的具有内源植物激素活性的植物生长调节剂，对花期有调控作用的主要有萘乙酸、乙烯利、矮壮素、6-BA、琥珀酰胺酸、多效唑、缩节胺等。植物生长调节剂在花期调控中能够代替日照长度或低温来促进或延迟开花、或打破休眠，但是植物生长调节剂调控植物开花的作用机理目前还没有探索清楚。

（五）控制栽培措施

在花卉繁殖期或栽植期，采取修剪、摘心、施肥和控制水分等管理措施可有效地调节花期。

三、促成和抑制栽培的技术方法

（一）温度处理

1. 休眠期的温度处理

一些多年生花卉在入冬前如放入高温或中温温室内培养，一般都能提前开花。秋播草花中的大部分如果冬季放入高温温室，都可在早春开花，这种栽培方式叫作“秋种冬花”，草花中的瓜叶菊、旱金莲、大岩桐等常采用这种方式催花。还有一些春季开花的木本花卉，如牡丹、南迎春、碧桃等，如在温室中进行促成栽培，可将花期提前到春节前后。杜鹃、山茶在南方都在早春开花，但花芽已在头年入冬前基本形成，在北方盆栽时如将它们放入中温温室，可促使它们在冬季开花。

利用加温方法来催花，首先要预定花期，然后再根据花卉本身的习性来确定提前加温的时间。在将温度增加到 15～20℃、湿度增加到 80%以上的环境下，牡丹经 30～50d 可以开花，杜鹃需 40～45d 开花，龙须海棠仅 10～15d 就能开花。

对于越冬休眠的木本花卉，在自然界正常生长情况是：春夏季生长缓慢、花芽分化完成，形成花芽，秋季开始落叶进入休眠，冬季在低温中度过休眠。促成栽培采取的处理措施一般是通过短日照处理或使用生长延缓剂置于低温条件下打破休眠。对于越冬休眠的球根花卉，在自然条件下秋季时叶片开始枯萎，冬季在低温环境下休眠越冬，第二年春天开始生长。处理的措施是模拟冬季低温打破休眠。而越冬休眠的宿根花卉，在秋季地上茎叶开始枯死，冬季根茎或地下茎的芽休眠越冬，春季在适宜的温度下萌芽生长，采取低温处理的方法打破休眠。对于二年生草花来讲，秋天播种，冬天时以幼苗状态越冬完成春化作用，第二年春天温度升高开始生长，夏季死亡或半休眠。处理措施是将幼苗在低温环境下模拟春化，或放入温室升温催花。

2. 生长期的温度处理

种子发芽后应立即进行低温处理，有春化效果的花卉很少，仅见于矢车菊、多叶羽扁豆等。而在植株营养生长达到一定程度、再进行低温处理的，能够促进花芽分化的花卉种类比较多，如紫罗兰、报春花、瓜叶菊、小苍兰、石斛兰、木茼蒿等。这些花卉在夏秋持续高温的地方，茎不伸长，叶呈莲座状。这时候一经低温处理，就会形成花芽，茎亦旺盛伸长生长。

（二）光照处理

春天开花的花卉多为长日照植物，秋天开花的花卉则多为短日照植物。一般短日照和长日照花卉在30～50lx的光照强度就有日照效果，100lx有完全的日照作用。通常夏季晴天中午的日照强度是100 000lx左右，一般讲光照强度是能够充分利用的。

光照处理包括长日照处理、短日照处理和光暗颠倒处理三种方式。

1. 长日照处理　是为了使长日照花卉在短日照条件下，完成光照阶段而提前开花，必须用灯光来补充光照。采取长日照处理也可以使短日照条件下开花的花卉延迟开花。长日照处理方法有多种，如彻夜照明法、暗中断法、间隙照明法、交互照明法等。目前生产上应用较多的是延长明期法和暗中断法。

1）延长明期法　在日落后或日出前给花卉一定时间的照明，使明期延长到该植物的临界日长小时数以上。较常用的是日落前作初夜照明。

2）暗中断法　也称“夜中断法”或“午夜照明法”。在自然长夜的中期（午夜）给以一定时间的照明，将长夜隔断，使连续的暗期短于该植物的临界暗期小时数。通常晚夏、初秋和早春夜中断照明时长为1～2h，冬季夜中断照明时长多，约3～4h。

3）间隙照明法　也称“闪光照明法”。该法以“夜中断法”为基础，但午夜不用连续照明，而改用短的明暗周期。其效果与夜中断法相同。

4）交互照明法　此法依据在诱导成花或抑制成花的光周期需要连续一定天数方能引起诱导效应的原理而设计的节能方法。

2. 短日照处理　能使短日照花卉提前开花和使长日照花卉延迟开花。如秋菊、一品红为典型的短日照花卉，可以在夏秋季进行短日照处理，使其提前开花。

短日照处理的方法：在日出之后至日没之前利用黑色遮光物，如黑布、黑色塑料膜等对植物遮光处理，使日长短于该植物要求的临界小时数的方法称为短日照处理。短日照处理以春季及早夏为宜，夏季作短日照处理，在覆盖物下易出现高温危害或降低花品质。为减轻短日照处理可能带来的高温危害，应采用透气性覆盖材料，在日出前和日落前覆盖，夜间揭开覆盖物使与自然夜温相近。

3. 光暗颠倒处理　可以改变夜间开花的习性。“昙花一现”说明昙花的花期很短，但是，更重要的是昙花的自然花期是在夏季晚上9时至11时左右，使人们欣赏昙花受到限制。如果当昙花花蕾形成，长达8cm的时候，采取白天遮光、夜晚开灯照明的处理方法，就可使昙花在白天开放，且能延长开花的时间。

（三）植物生长调节剂

1. 促成诱导成花

矮壮素、比久（B_9）、嘧啶醇可促进多种植物的花芽形成。矮壮素浇灌盆栽杜鹃与短日照处理相结合，比单用药剂更为有效。有些栽培者在最后一次摘心后5周，叶面喷施矮壮素溶液可促进成花。在杜鹃摘心后5周喷施B_9，有促进成花的作用。矮壮素促使秋海棠花芽形成的适温为18℃；如果温度高于24℃则花朵变小。矮壮素在短日照条件下促使叶子花成花。

乙烯利（ETH）、乙炔、β-羟乙基肼（BOH）对凤梨科的多种植物有促进成花的作用。赤霉素（GA）对部分植物种类有促进成花作用。细胞分裂素（CTK）对多种植物有促进成花效应。激动素（KT）可促进金盏菊及牵牛花成花。苄氨基腺嘌呤（BA）和赤霉素（GA）组合应用，对部分菊花可在短日照诱导的后期代替光周期诱导成花。

2. 打破休眠促进开花

不少花卉通过应用赤霉素打破休眠从而达到提早开花的目的。宿根花卉芍药的花芽需经低温打破休眠，5℃下，枝梢需经10天。促成栽培前用赤霉素（GA_3）10mg/L处理可提早开花并提高开花率。蛇鞭菊在夏末秋初休眠期用100mg/L GA_3处理，经贮藏后分期种植分批开花。当10月以后进入深休眠时处理则效果不佳，开花少或不开花。

木本花卉也可利用赤霉素打破休眠提早开花。杜鹃花形成花芽后于秋季进入休眠。休眠期的长短与休眠深度因品种而异。5～10℃低温有利于解除休眠。应用赤霉素促进解除休眠，提早开花的适宜时机与花芽发育程度有关。

3. 代替低温促进开花

夏季休眠的球根花卉，花芽形成后需要低温使花茎完成伸长准备。赤霉素常用作部分代替低温的生长调节剂。

4. 防止莲座化，促进开花

一些宿根花卉在经过越夏高温后生长活力下降。在凉温中转向莲座化而停止生长，须经过低温期后方可恢复生长活力。应用生长调节剂可以防止莲座化，促进生长开花。

5. 代替高温打破休眠和促进花芽分化

夏季休眠的球根花卉起球时已进入休眠状态，在休眠期中花芽分化。促成栽培中常应用高温处理打破休眠和促进花芽分化，而应用生长调节剂也有同样效应。

（四）栽培处理措施

1. 调节繁殖期和栽植期

1）调节播种期　如“五一”用花，一串红可于8月下旬播种，冬季温室栽培，不断摘心，不使它开花，于“五一”前25～30d，停止摘心，“五一”时繁花盛开，株幅可达50cm。其他如金盏菊9月播种，冬季在低温温室栽培，12月至次年1月开花。

2）调节扦插期　如需“十一”开花，可于3月下旬栽植葱兰，5月上旬栽植荷花（红千叶），7月中旬栽植唐菖蒲、晚香玉，7月25日栽植美人蕉（上盆、剪除老叶、保护叶及幼芽）。

2. 其他栽培措施处理

1）修剪　为使“十一”开花，早菊的晚花品种于7月1日—7月5日，早花品种于7月15日—7月20日修剪；荷兰菊于3月上盆后，修剪2～3次，最后一次在“十一”前20d进行。

2）摘心　一串红于“十一”前25～30d摘心。

3）摘叶　白兰花花后可摘除少量老叶，促进新枝生长和花芽分化。紫叶重瓣丁香在7月叶片全部摘除相对部分摘叶而言，其展叶期与开花期都提前3～5d，花期长2～3d，此外部分摘除叶片的植株有的仅长叶但不能开花。

4）施肥　适当增施磷钾肥，控制氮肥，常常对花卉的发育起促进作用。

5）控制水分　人为地控制水分，使植株落叶休眠，再于适当时候给予水分供应，则可解除休眠、发芽、生长、开花。玉兰、丁香等木本植物，用这种方法也可以在“十一”开花。

在花卉催延花期的实际工作中，常采用综合性的技术措施处理，促成和抑制栽培的效果更加显著。

（五）花期调控常见的问题及分析

1. 哑蕾现象　主要原因是过度干旱、缺少肥料、温度过高。

2. 花朵露心　主要原因是品种退化、营养亏缺、光照不足等。

3. 时间错位　就是花期提前或者花期延后，对某些花木在实际应用中会造成比较严重的影响。

4. 花色裂变　即花色不正，主要原因是养分、光照、温度不合适。

第四节　花卉无土栽培

一、概述

（一）无土栽培的原理

无土栽培是现代新兴的花卉栽培先进技术，是经过科学家的潜心研究，把植物所需要的大量营养元素按照一定的比例配成植物所需要的营养液，再将这些营养液直接供给根系的栽培方法。无土栽培不受任何限制，任何地方只要有空气和水，都可以采用这一技术栽培花卉。

（二）无土栽培的优缺点

1. 与土培花卉相比，无土栽培优点明显。

1）花卉生长健壮、叶色浓绿、花多且大、色泽鲜艳、花期长。

2）节约养分、水分和劳力。土培花卉所用的养分、水分，植物仅能吸收少部分，大量养分流失或蒸腾，同时在管理上费工费时，而水培只要定期补充配好的营养液就行了，操作简便，省工省时；不受土地条件的限制，极大地拓展农业生产空间；便于工厂化生产等。

3）清洁、无杂草、病虫害少，土培花卉施有机肥，常有臭味，而且易带来大量病虫害，而水培花卉所用肥料是用无机元素配制的营养液，既清洁又卫生。此外，水培由于生长环境较适宜，因而花卉生长迅速，产花周期短，单位面积产花量较高。

4）花卉无土培养管理更方便。

5）可以避免土壤连作障碍。如果土壤连作频繁，会导致土传病虫害日见增长，土壤盐类不断积聚或土壤酸化、板结等障碍，已成为影响花卉生产发展的一个重要制约因素，而应用无土栽培则可以避免上述土壤连作障害的发生。

2. 无土栽培的缺点主要是技术要求高、设备要求严格、投资大。

二、无土栽培的方法

因环境和条件的不同，采用方式可以多种多样，但关键的是供给植物适宜的营养和充分的通气条件。温度、光照等要求均与土壤栽培相同。目前常用的有水培和基质栽培 2 种方法。

（一）水培

即将花卉的根系悬浮在栽培容器中的营养液中，营养液必须不断循环流动，以改善供氧条件。近年发展的营养膜技术（nutrient film technique，NFT），仅有一薄层营养液经过栽培容器的底部，不断供给花卉所需营养与水分，同时大大改善了供氧条件。另外，还有深液流栽培（deep flow technique，DFT），是指植株根系生长在较为深厚并且是流动的营养液层的一种水培技术，以及浮根法（deep root technique，DRF）和浮板毛管水培法（floating capillary hydroponics，FCH）等。水培方式由于设备投入较多，故应用受到一定限制。

（二）基质（介质）栽培

即在一定容器中，以基质固定花卉的根系，花卉从中获得营养、水分和氧气的栽培方法。栽培基质有两类，即无机基质和有机基质。无机基质如沙、蛭石、岩棉、珍珠岩、泡沫塑料颗粒、陶粒等；有机基质如泥炭、锯末、木屑等。

此外，用作栽培基质的还有椰子纤维、木炭、砖块、树皮等。采用任何一种基质，使用前均应进行处理，如筛选去杂、水洗除泥、粉碎浸泡等。有机基质经蒸汽或药剂消毒后才宜使用。基质栽培有两个系统，即基质—营养液系统和基质—固态肥系统。①基质—营养液系统：在一定容器中，以基质固定花卉的根系，根据花卉需要定期浇灌营养液，花卉从中获得营养、水分和氧气的栽培方法；②基质—固态肥系统：亦称有机生态型无土栽培技术，不用营养液而用固态肥，用清水直接灌溉。

三、无土栽培的基质

（一）基质选用的标准

1. 要有良好的物理性状，结构和通气性要好。

2. 有较强的吸水和保水能力。

3. 价格低廉，调制和配制简单。

4. 无杂质，无病虫菌，无异味和臭味。

5. 有良好的化学性状，具有较好的缓冲能力和适宜的 EC 值。

（二）常用的无土栽培基质

1. 沙　沙为无土栽培最早应用的基质。其特点是来源丰富，价格低，但容重大，持水力差（表 5-2）。

2. 石砾　石砾是河边石子或石矿场的岩石碎屑，来源不同，化学组成差异很大。一般选用的石砾以非石灰性为好。

3. 蛭石　蛭石属于云母族次生矿物，含铝、镁、铁、硅等。通气性良好，持水力强，pH 中性偏酸，具有良好的保温、隔热、通气、保水、保肥作用。

4. 岩棉　岩棉质轻，空隙度大，通气性好，但持水力略差，pH 7.0～8.0，花卉所需有效成分不高。

5. 珍珠岩　珍珠岩是由硅质火山岩燃烧膨胀而成。宜排水、通气，物理和化学性质比较稳定。不宜单独作为基质使用，因其容重较轻，根系固定效果较差，一般和草炭、蛭石等混合使用。

6. 泡沫塑料颗粒　质轻，空隙度大，吸水力强。一般与沙和泥炭等混合使用。

7. 泥炭　容重较小，富含有机质，持水保水能力强，偏酸性，含植物所需的营养成分。一般通透性差，很少单独使用，常与其他机质混合用于花卉栽培，是一种非常好的无土栽培机质，特别是在工厂化育苗中发挥着重要的作用。

8. 锯末　锯末是一种便宜的无土栽培基质。锯末基质很轻，和珍珠岩、蛭石的密度相似。作为长途运输或高层建筑上栽培花卉是很好的基质。锯末具有良好的吸水性与通透性，容易使大多数粗壮根系的植物获得适宜的水气比例。注意不宜采用含有毒物质树种的锯末。

9. 树皮、稻壳　树皮、稻壳　都能提供良好的通气条件和吸水性。但有些树皮和锯末一样含有有害物质，不宜采用；大多数树皮含有酚类物质且 C/N 较高的，必须发酵后再使用。稻壳重量轻，排水通气性好，不影响氢离子浓度，通常作为混合基质配料。

10. 炉渣　炉渣含有一定的营养物质，适合偏酸性花卉的栽培。特别是炉渣含有多种微量元素，用炉渣栽培的花卉一般不会出现微量元素缺乏症。

表 5-2　常见栽培基质物理特性一览表

基质	容重 (g/m²)	总孔隙度 (%)	大孔隙（%）通气容积	小孔隙（%）毛管容积	大孔隙/小孔隙
沙	1.49	30.5	29.5	1.0	29.50
煤渣	0.70	54.7	21.7	33.0	0.64
蛭石	0.13	95.0	30.0	65.0	0.46
珍珠岩	0.16	93.2	53.0	40.0	1.33
岩棉	0.11	96.0	2.0	94.0	0.02
泥炭	0.21	84.4	7.1	77.3	0.09
木屑	0.19	78.3	34.5	43.8	0.79
炭化稻壳	0.15	82.5	57.5	25.0	2.30
蔗渣	0.12	90.8	44.5	46.3	0.96

四、营养液

植物生长的必须元素有 16 种，有大量元素和微量元素之分。N、P、K、Ca、Mg、S 为大量元素；而 Fe、Zn、Mn、B、Mo、Cu、Cl 为微量元素。营养液的配方由大量元素、微量元素和长效肥料，按不同的比例配制而成，还要考虑营养液的 pH 值范围。

（一）营养液的特点

任何一种营养液都应当具备以下三个特点。第一，包括所有的必需的矿质元素。对某些植物还可以增加有关的元素。例如，禾本科植物的营养液中可以加入适量的 Si。第二，是均衡的营养液，也就是矿质元素之间要有适宜的浓度比例。第三，具有适宜的 pH 范围。

（二）营养液配制的原则

在无土栽培种，营养液必须正确使用，主要是保持各种例子之间的数量关系，使它们有利于植物的生长和发育，也就是应达到各种营养元素的平衡。要做到这一点必须经过化学分析和精确的计算，同时还要经过反复的栽培实践。

1. 营养液的组成

1）营养液的浓度　在植物体内的溶液浓度不低于营养液浓度的情况下，营养液的浓度偏高并没有多大危害，但过多的铁和硫对各种植物都是相当有害的。各种花卉植物所适应的溶液浓度都不能超过 0.4%。

2）营养液应含有花卉所需要的元素数量的多少，可以把它们按照下列顺序来排列，即氮、钾、磷、钙、镁、硫、铁、锰、硼、锌、铜、钼。这一顺序仅是近似顺序，一些蛋白质含量较少的花卉植物，它们所需要的钾往往多于氮。

3）配制营养液应采用易于溶解的盐类，并易为植物吸收利用以满足植物的需要。元素比例依花卉种类而调配。其次是矿物质营养元素，一般应控制在0.4%以下。

2. 营养液的酸碱度

营养液的pH值大小直接关系到无机盐类的溶解度和根系细胞原生质半透性膜对它们的渗透性。不同花卉植物适应不同的酸碱度。一般营养液的pH值在6.5时，植物优先选择硝态氮。若营养液的pH值在6.5以上或为碱性时，则以铵离子形式提供较合适，但溶液中氮素总量不得超过25%。因此，营养液的pH值也是使植物合理吸收营养的重要条件。遇到营养液的pH值偏高或偏低，与栽培花卉要求不相符时，应进行调整校正。偏高时加酸，偏低时加氢氧化钠。

3. 严格控制微量元素

若营养液中微量元素使用不当，即使只有很小的剂量，也能引起毒性。原则上任何一种元素的浓度不能下降到它原来在溶液内浓度的50%以下。

4. 配制营养液时的用水问题

配制营养液的水要保证清洁，不含杂质。在进行大规模花卉无土栽培时，每次配制营养液多以1000L为单位，因此不可能使用蒸馏水来配制，这就必须对使用的水有充分的了解。如果水中钙和镁的含量很高或者是硬水，营养液中能够游离出来的粒子数量就会受到限制。自来水中大多含有氯化物和硫化物，它们都对植物有害，还有一些重碳酸盐也会妨碍根系对铁的吸收。因此在用自来水配制营养液时，应加入少量的乙二胺四乙酸二钠（$EDTA\text{-}Na_2$）或腐殖盐酸化合物来克服上述缺点。

5. 几种主要花卉营养液的配方

由于肥源条件、花卉种类、栽培要求及气候条件不同，花卉无土栽培的营养液配方也不一样。表5-3中这3种营养液是花卉无土栽培常用的营养液，其中最有名的是格里克营养液，其他两种营养液配方根据此方调整而来。因此这三种营养液对适合水培的花卉品种均适用，如香石竹、文竹、非洲菊、郁金香、风信子、菊花、马蹄莲、大岩桐、仙客来等。表5-4营养液配方适用于月季、山茶、君子兰等观花植物，表5-5营养液配方使用于绿萝等观叶植物，表5-6营养液适合金橘等观果植物。

表5-3 常见的营养液配方（g/L水）

成分	凡尔赛	道格拉斯	格里克
硝酸钾	0.568	0.700	0.542
硝酸钙	0.710	0.310	0.096
硫酸镁	0.284	0.400	0.135
氯化铁	0.112	—	—
碘化钾	0.00284	—	—
硼酸	0.00056	—	—
硼砂	—	—	0.0017
磷酸铵	0.142	0.190	—

续表

成分	凡尔赛	道格拉斯	格里克
硫酸锌	0.00056	—	0.0008
硫酸铁	—	—	0.014
硫酸铜	—	—	0.0006
硫酸锰	0.00056	—	0.002
过磷酸钙	—	0.460	0.135
钼酸铵	—	0.0006	—
硫酸	—	—	0.073

表 5-4　观花花卉营养液配方

成分	化学式	用量（g/L）	成分	化学式	用量（g/L）
硝酸钾	KNO_3	0.6	硫酸亚铁	$FeSO_4$	0.015
硝酸钙	$Ca(NO_3)_2$	0.1	硼酸	H_3BO_4	0.006
硫酸镁	$MgSO_4$	0.6	硫酸铜	$CuSO_4$	0.0002
硫酸钾	K_2SO_4	0.2	硫酸锰	$MnSO_4$	0.004
磷酸二氢铵	$NH_4H_2PO_4$	0.4	硫酸锌	$ZnSO_4$	0.001
磷酸二氢钾	KH_2PO_4	0.2	钼酸铵	$(NH_4)_2MoO_4$	0.005
EDTA 二钠	Na_2EDTA	0.1			

表 5-5　观叶植物营养液配方

成分	化学式	用量（g/L）	成分	化学式	用量（g/L）
硝酸钾	KNO_3	0.505	硼酸	H_3BO_4	0.00124
硝酸铵	NH_4NO_3	0.08	硫酸铜	$CuSO_4$	0.000125
硫酸镁	$MgSO_4$	0.246	硫酸锰	$MnSO_4$	0.00223
磷酸二氢钾	KH_2PO_4	0.136	硫酸锌	$ZnSO_4$	0.000864
氯化钙	$CaCl_2$	0.333	钼酸	H_2MoO_4	0.000117
EDTA 二钠铁	$Na_2FeEDTA$	0.024			

表 5-6　金橘等观果类植物营养液配方

成分	化学式	用量（g/L）	成分	化学式	用量（g/L）
硝酸钾	KNO_3	0.70	硫酸铜	$CuSO_4$	0.0006
硝酸钙	$Ca(NO_3)_2$	0.70	硼酸	H_3BO_4	0.0006
过磷酸钙	$CaSO_4 \cdot 2H_2O+$ $Ca(H_2PO_4)_2 \cdot H_2O$	0.80	硫酸锰	$MnSO_4$	0.0006
硫酸镁	$MgSO_4$	0.28	硫酸锌	$ZnSO_4$	0.0006
硫酸亚铁	$FeSO_4$	0.12	钼酸铵	$(NH_4)_2MoO_4$	0.0006
硫酸铵	$(NH_4)_2SO_4$	0.22			

以上配方可供无土栽培花卉经测试后选用，有些需要另加微量元素，其用量为每千克混合肥料中加 1g，少量时可不添加。

思考题

1. 热带花卉常用的栽培设施有哪些？
2. 露地花卉栽培的管理措施有哪些？
3. 花卉的育苗措施有哪些？请举例介绍。
4. 花卉栽培的培养土如何配制？
5. 有机肥在施肥过程中有何作用？
6. 常见的灌溉技术有哪些？各有什么优缺点？
7. 修剪的常用技术有哪些？各有什么作用？
8. 盆花栽培的特别栽培措施有哪些？请举例说明。
9. 花卉促成和抑制栽培的意义是什么？如何调整花期？
10. 请简述无土栽培的特点及我国无土栽培的现状？

本章推荐阅读书目

1. DOLE J M, WILKINS H F. 2004. Florichulture principles and species[M]. 2nd ed. New York: Pearson Education, Inc. ,2014.
2. 包满珠. 花卉学 [M]. 2 版. 北京：中国农业出版社，2003.
3. 陈俊愉. 中国农业百科全书（观赏园艺卷）[M]. 北京：中国农业出版社，1996.
4. 李光晨，范双喜. 园艺植物栽培学 [M]. 北京：中国农业大学出版社，2001.
5. 鲁涤非. 花卉学 [M]. 北京：中国农业出版社，1997.
6. 车代弟. 园林花卉学 [M]. 北京：中国建筑工业出版社，2017.
7. 李宗艳，林萍. 花卉学 [M] 北京：化学工业出版社，2014.

第六章　一、二年生花卉

花卉的生命周期在一个生长季内完成，即称为一年生花卉；生活史跨越冬春两个生长季则称为二年生花卉。本章首先讲述一、二年生花卉的定义与特点，对一、二年生花卉的繁殖与栽培管理作详细的介绍。接着对典型种类作较为详细的介绍，包括生物学特性、原产地、生态习性、常见品种或同属栽培品种以及园林用途等方面内容。

第一节　概述

一、一、二年生花卉定义与特点

一年生花卉（annual flowers）指生命周期在一个生长季内就完成的花卉。一般是春播花卉，夏秋开花，多为日中性或短日照植物，不耐严寒，常见的如凤仙花、鸡冠花等。热带地区当年生的很多花卉属于一年生花卉。

二年生花卉（biennial flowers）指生命周期在两个生长季内完成的花卉，即播种后第一年仅形成营养器官，次年开花结实后死亡。一般是秋播花卉，春季开花，多为长日照植物，较耐寒，有些植物需春化作用才能开花，不耐高温，如羽衣甘蓝、三色堇、紫罗兰（*Matthiola incana*）、须苞石竹（*Dianthus barbatus*）等。这些种类在热带地区露地栽培往往生长不良。

值得注意的是，许多一年生花卉在适当的条件下（如冬季气候温和的地区或保护地越冬），也可以秋季播种，春季开花，如一串红（*Salvia splendens*）、鸡冠花等，因此这些花卉有时也可作二年生花卉栽培。

在花卉栽培中，有些花卉是多年生的，但在栽培管理及园林应用上与一、二年生花卉类似，一般也将其视作一、二年生花卉，如长春花、含羞草、美女樱、藿香蓟、矢车菊、紫茉莉等。一、二年生花卉多用种子繁殖，因而具有繁殖系数大、开花快、经营周期短、繁殖成本低的特点，适合大规模商业种植与应用。缺点是花期相对较短，管理工作量较大。

一、二年生花卉主要用于花坛或花境中，也可用于盆栽、窗台花池、吊篮、岩石园等，并可组合栽培，用于花柱、花球等立体装饰中，株形高大的种类还可用作切花。

二、一、二年生花卉繁殖与栽培管理

一、二年生花卉可以在一到两年的时间内完成生命周期，一般采用播种繁殖，也可以采用扦插等其他营养繁殖的方法。它们的栽培条件相近，在疏松肥厚、有机质含量高的土壤中生长良好；绝大多数需要完全光照；一年生花卉往往不耐低温，二年生花卉不耐高温；需要适当的肥水管理，但不能施肥过多，以防徒长；栽培管理期间注意防治花卉病虫害。园艺栽培中，一般要经过播种繁殖、发芽管理、移栽、苗期管理、花期管理、花后管理几个阶段，同时要加强花卉常见病虫害的管理。

（一）播种繁殖

一、二年生花卉绝大多数采用播种繁殖，种子多用 F_1 代杂交种。一年生花卉多为春播，二年生花卉多为秋播，在热带地区由于气温终年较高，故有些一年生花卉也可秋播，冬春即可开花。二年生花卉在热带地区露地条件下往往生长不良，因为需要一定的低温才能正常开花结实，如三色堇、紫罗兰等。

播种时大、中型种子一般要覆土，小种子可以不覆土。一些花卉种子需要光照才能萌发得比较好，称为好光性种子，如报春花、秋海棠、非洲凤仙、金鱼草、夏堇等，其种子不能覆土；有些花卉种子要在黑暗条件下才能有较高的萌发率，称为嫌光性种子，如雁来红、福禄考、黑种草、金盏花、美女樱等，播种时要覆土或者置于黑暗中。播种用土要求疏松肥沃、透气保肥性好，播种要均匀，最好用穴盘播种。不易发芽的种子要先浸种处理后再播种，播种后要注意水分管理，不可太干或太湿。大多数一、二年生花卉的播种适宜温度为 15～20℃，一些热带的花卉需要 25～30℃的温度萌发率才比较高。

（二）发芽管理

一、二年生花卉的发芽时间一般在 5～20d，播种后，要经常检查出苗情况，发现种子已经发芽出苗，应将覆盖物揭去，使幼苗逐渐见到阳光；如果覆盖时间过长，幼苗容易发生徒长，生长柔弱。由于幼苗吸收能力差，拆除覆盖物之后，不能放在烈日下。夏秋阳光强烈时，需要做好遮阴工作。另外，早春室内播种的，由于趋光性作用，幼苗常常向光倾斜生长，因此每隔数日就要转动播种盆，以保证幼苗受光均匀，保持直立生长。

种子发芽出苗后，要逐渐减少浇水，使幼苗茁壮成长，大雨期间注意防雨。在幼苗长出 1～2 片真叶后，可施 5%腐熟液肥一次，促使幼苗生长健壮，但注意液肥浓度不可过大，以免烧坏幼苗。

（三）移栽

真叶出现后应做好间苗工作，扩大幼苗间距，使苗株生长健壮。盆栽的间苗可以和移植同时进行。起苗前先用细孔喷壶浇水，后用小铲起苗移植，这样可以减少幼苗根部的损伤，间苗后需立即浇水，以免留苗部分土壤松动。在幼苗长到 4～5 片真叶时便可以进行移栽定植了。移植时可以切断少部分主根，促进侧根萌发，以扩大幼苗的根系，促进植株的生长。但是一些侧根不易发生的直根性种类，如虞美人（*Papaver rhoeas*）、花菱草（*Eschscholtzia californica*）、飞燕草等，不宜移栽，因其主根一旦破坏，则很难恢复，容易导致植株生长势减弱甚至死亡，此类花卉一般采用直播，即直接播种而不进行移栽。

（四）苗期管理

一、二年生花卉的花前管理主要是光照、温度和水肥管理。光照要根据花卉的生长习性来管理，一般喜光的种类有一串红、万寿菊、大花马齿苋（*Portulaca grandiflora*）、鸡冠花等，光照强度应在 40 000～50 000lx 以上；喜阴的种类如非洲凤仙、山梗菜（*Lobelia sessilifolia*）等要求光照强度不宜超过 25 000～30 000lx，应有一定的遮阴措施。

一、二年生花卉对温度的适应性较强，一般在 15～30℃范围内可以正常生长，但一些一年生花卉不耐低温，冬季需要温室越冬，而一些二年生花卉不耐高温，如当气温超过 25℃时即开花不良，不能结实。因此遇低温时应采取盖塑料棚等保温措施；遇高温时，须适当遮阴、淋水及加大通风量等以降低温度。

水分管理要掌握“见干见湿”的原则浇水，即“不干不浇，浇必浇透”。温度高、光照强，植株蒸发蒸腾量大，需水量大，浇水量要多；温度低、光照弱，需水就少，浇水量应相应减少。花卉生长旺季宜多浇，生长缓慢甚至休眠的季节宜少浇。浇水的时间，应在早晨和傍晚，避免正午高温时浇水，避免植株生理性失水和日灼病的发生。

施肥要根据花卉的种类及生长发育时期，确定肥料的种类及使用量。一般在移栽上盆前，将腐熟好的有机肥混拌在营养土中作为底肥。移栽上盆后可追肥浇灌。追肥的原则是“薄肥勤施”，一般1～2周施用一次。此外，为了提高肥料的利用率，也可采用根外追肥的方法，即叶面喷肥。花前多施用磷钾肥。

此外，栽培中还可用各种方法调控花期以适应消费市场需求，包括温度调节、光周期调节、栽培措施调节、激素处理、栽培措施处理等，具体的处理方法应根据植物种类和生长习性来确定。为促进花卉生长旺盛，花枝繁茂，一般在适当时期要对植株进行摘心处理，促进侧枝萌发，同时注意松土、转盆、除草、防治病虫害等管理措施，以保证花型丰满，提高观赏价值。

（五）花期管理

一、二年生花卉的花期管理比较简单，开花后，主要是除去残叶败花，防止腐烂而导致病害发生。花期一般不需太多肥料，但浇水要及时并且要浇透，避免水沾染到花朵上，一些种类的花卉如菊科花卉、三色堇、蒲包花等，花瓣沾水后很容易腐烂。开花期间，一般要给予足够的光照，否则花色变暗，花径变小，香味变淡，甚至不能开花。要避免高温或低温伤害，遭遇极端温度时要及时采取相应的保护措施。若不需留种，则可及时去除果实，减少植株的营养消耗以延长花期。一些种类的一、二年生花卉花后经过重新修剪，过一段时间后又能多次开花，从而延长花期，如一串红等。

（六）花后管理

盆栽一、二年生花卉一般在末花期失去观赏价值时即脱盆处理，但一些需要留种的，则应在花后加强肥水管理，待种子成熟后采收。种子采收要及时，因为有些花卉的种子，如三色堇、凤仙花、一串红等，成熟后极易散失。地栽一、二年生花卉一般在其失去观赏价值后整地，栽种其他种类的花卉，一般应避免连作，注意一定要在种子成熟前将其除去，防止次年萌发而影响其后种植花卉的观赏效果。

（七）病虫害管理

病虫害防治是花卉养护管理中的一项重要工作任务。花卉病虫害的防治应坚持“预防为主，综合防治，防治结合，防重于治”的原则，要求无病无虫早防，有病有虫早治，做到“治早、治小、治了”，将病虫害的发生控制在合理的范围内。一、二年生花卉常见的病害有立枯病、猝倒病、白粉病、叶斑病等，花卉病害的症状不易被及时发现，应提前做好预防，播种前用多菌灵、百菌清、五氯硝基苯、代森锌等杀菌剂进行土壤杀菌消毒处理。日常管理中还应注意降低土壤湿度，加强通风透光，适当降低空气湿度，可在一定程度上减少病害的发生。发现病株时，及时清除销毁，并用代森铵、甲基托布津等药剂进行防治。常见的花卉害虫有蛾类、蝶类、叶甲类等食叶性害虫，蚜虫、蓟马、粉虱、蚧壳虫、叶螨等吸汁类害虫，蝼蛄、蛴螬等地下害虫等。发现虫害发生，应及时根据发生的种类及其危害程度，对症选用杀虫、杀螨类农药进行消杀。

第二节 一年生花卉

一年生花卉是指在一年四季之内完成播种、开花、结实、枯死全部生活史的花卉。一年生花卉又称春播花卉。

一年生花卉适合在庭院中种植，庭院种植的乔木、灌木在春季开花的较多，即使夏天开花的花期也不太长。而不少一年生花卉管理方便，且整个夏季都能开花，如同一品种成片密植，效果更佳，能使庭园院景观增色不少。常见的一年生花卉种类有鸡冠花、凤仙花、万寿菊、猩猩草、皇帝菊、香彩雀、千日红、百日草、波斯菊、茑萝、曼陀罗、牵牛花、半支莲等。

1. 鸡冠花

学名：*Celosia cristata*

别名：红鸡冠、鸡冠头、鸡公苋

科属：苋科青葙属

英名：cockscomb

[生物学特性] 一年生草本。株高 20～80cm，茎粗壮直立，光滑具棱，少分枝。叶互生，卵状披针形，顶端急尖或渐尖，基部渐狭。穗状花序肉质，顶生，扁平皱褶为鸡冠状，或为卷冠状、羽毛状。花色艳丽，有红、紫红、玫红、橘红、橙黄、黄、白或红黄相间等色；中下部密生小花，花被膜质，5 数；花期 7—9 月。种子黑色发亮，多数。

[地理分布与生态习性] 原产非洲、美洲热带和印度，世界各地广为栽培。喜阳光充足、湿热，不耐霜冻。较耐旱，不耐瘠薄，喜疏松肥沃和排水良好的土壤。短日照诱导开花。栽培适温为昼温 21～24℃，夜温 15～18℃。自播繁殖力强。

[品种与繁殖] 常见栽培品种：矮鸡冠 *C. cristata* 'Nana'，植物矮小，株高仅 15～30cm，多为紫红色或暗红色。如品种宝石盆 'Jewel Box'，高约 20cm，叶红铜色，有大红、黄、粉红、鲑红、金黄等各色。凤尾鸡冠（笔鸡冠）*C. cristata* 'Plumosa'，株高 30～120cm，全株分枝开展，茎粗壮多分枝，枝顶着生金字塔形圆锥花序。圆绒鸡冠（凤尾球）*C. cristata* f. Childsii Hort，株高 40～60cm，分枝不开展，花序卵球形，表面羽绒状，紫红或玫红色，有光泽。同属栽培种类有：青葙（*C. argentea*），与本种类似，但穗状花序较小，顶生，花初开时淡红色，后变白色，花被片 5，披针形，干膜质，白色或粉红色；花期 6—9 月，果期 8—10 月。

常用播种繁殖，以气温在 20～25℃时为好。种子较小，播种时宜掺沙；种子嫌光照，但覆土 2～3mm 即可，不宜深。一般 7～10d 可出苗，待苗长出 3～4 片真叶时可移植一次，但由于为直根性，不宜移栽过多；苗高 5～6cm 时即应带根部土移栽定植。

[园林应用] 鸡冠花地植、盆栽均宜，耐热抗旱，常用作热带花坛、花境、盆栽材料，并可作干花和切花材料，是热带观赏和美化环境的重要花卉。

2. 凤仙花

学名：*Impatiens balsamina*

别名：指甲花、指甲草、透骨草、小桃红

科属：凤仙花科凤仙花属

英名：garden balsam

［生物学特性］ 一年生草本。株高20～80cm，茎肉质，光滑，节部膨大。叶互生，叶柄两侧具腺体。花单朵或数朵簇生于上部叶腋，萼片花瓣状，1枚后伸成距；花瓣5片，左右对称，侧生4片两两结合，花色白、黄、粉、大红、深红、紫、雪青等或具斑点、条纹，花瓣有单瓣、复瓣、重瓣，花型有蔷薇型、茶花型等；花期6—9月。蒴果纺锤形，表面有白色茸毛，成熟时果实外皮自动弹裂为5个旋卷的果瓣，故中药称该种子为“急性子”，种子多数，球形，黑色。

［地理分布与生态习性］ 原产于中国、印度及马来西亚。喜温暖、炎热，阳光充足，畏寒冷，耐贫瘠，对土壤无严格要求，适应性强。忌湿，高温高湿条件下，易患白粉病。顶端优势较强，生长迅速。

［品种与繁殖］ 凤仙花品种繁多，按枝姿可分为拱曲类（枝条拱曲向下）、平展类（枝茎开展）、直立类（枝茎直上）、虬枝类。按株高分为超矮群（高约20cm）、矮生群（高25～35cm）、中高群（高35～65cm）、高大群（高70～80cm及以上）；按花型可分为单瓣型、蔷薇型、茶花型和平顶型。此外，还可根据花色分为11个花系，园艺品种十分丰富。

同属栽培种类有：喜马凤仙花（*I. balfouri*），又称包氏凤仙、包富凤仙。多年生草本，叶缘有外弯之齿，花6～8朵簇生成总状花序，粉红和黄色（瓣基），产自喜马拉雅西部，华北可露地栽培。温室凤仙（*I. walleriana*），又名玻璃翠凤仙、非洲凤仙等，原苏丹凤仙（*I. sultanii*）与何氏凤仙（*I. holstii*）融合，多年生草本，株高20～60cm。叶互生，近卵形，多分枝，在株端呈水平开展状；花大，腋生，1～3朵，花形扁平，径4～4.5cm，四季开花不绝。原产非洲，喜温暖湿润，花多色丽，连续开放，是优良的温室栽种，热带地区露地栽种。

种子繁殖。21℃下种子约7d发芽。播种前，应将苗床浇透水，使其保持湿润，播后覆土约3～4mm。苗期适温16～21℃。小苗长出2～3片真叶时就要开始移植，以后逐步定植或上盆培育。采种要及时，当果皮发白，用手轻按即能裂开时就要采收，防止种子弹射散失。要选择优良植株，否则极易退化。

［园林应用］ 可作花坛、花境材料，热带地区可开花不断，为良好的庭院花卉。凤仙花在我国民间的栽培历史比较悠久，其花可用于染红指甲，种子、全草均可入药。

3. 万寿菊

学名：*Tagetes erecta*

别名：臭芙蓉、蜂窝菊

科属：菊科万寿菊属

英名：african marigold

［生物学特性］ 一年生草本。茎光滑而粗壮。叶对生，羽状全裂，全叶具腺点，有异味。头状花序单生，花梗长而中空；舌状花具长爪，边缘皱曲，花色乳白、黄、橙至橘红；花期6—10月。瘦果黑色。

［地理分布与生态习性］ 原产于墨西哥。性喜温暖，稍耐寒；喜阳光充足，耐半阴；不择土壤，抗性强，耐干旱，在多湿气候下生长不良。

［品种与繁殖］ 一般按植株高度分为矮型（25～30cm），如安提瓜（Antigua），发现

(Discover)，紧凑系列（Grush）；中型（40～60cm），如丰盛系列（Galore）；高型（70～90cm），如金币系列（Gold coin）。

同属栽培种类有：孔雀草（*T. patula*），又名红黄草，小万寿菊、孔雀菊等。株高20～40cm，茎多分枝，细长，洒紫晕；花径2～6cm，舌状花黄色或橘黄色，基部具紫斑。细叶万寿菊（*T. tenuifolia*），株高30～60cm，叶羽裂，裂片12～13枚，线形；花黄色，较小，径约2.5cm。香叶万寿菊（*T. lucida*），株高30～50cm，叶无柄，长椭圆形，芳香；花序小，径约1.2cm，顶端簇生。

播种繁殖或扦插繁殖。发芽适温15～20℃，播后一周出苗，苗具5～7枚真叶时定植，株距30～35cm。也可嫩枝扦插，生长期进行，很易成活。

[园林应用] 园林绿化上主要用作花坛、花境、花丛或切花材料，矮生品种可用作室内观赏盆栽或庭院栽植观赏。

4. 大花马齿苋

学名：*Portulaca grandiflora*

别名：太阳花、半支莲、松叶牡丹、洋马齿苋

科属：马齿苋科马齿苋属

英名：large flower purslane

[生物学特性] 大花马齿苋见光开花，早、晚、阴天闭合，故有太阳花、午时花之名。大花马齿苋为多年生肉质匍匐性草本，多作一年生栽培。株高15～20cm。茎细而圆，茎叶肉质，平卧或斜生，节上有丛毛。叶散生或略集生，圆柱形，长1～2.5cm叶腋有柔毛。花顶生，直径2.5～5.5cm，基部有叶状苞片。花瓣颜色鲜艳，有白、黄、红、紫等色。雄蕊多数，基部合生。蒴果，近椭圆形。盖裂，种子细小，银灰色或黑色。栽培品种花瓣类型多样，有单瓣、半重瓣、重瓣之分。花期6—9月，海南花期3—10月，果期6—11月。

[地理分布与生态习性] 原产于南美、巴西、阿根廷、乌拉圭等地，现在我国各地均有栽培，大部分生于山坡、田野间。性喜温暖、阳光充足而干燥的环境，阴暗潮湿之处生长不良。极耐贫瘠，一般土壤均能适应。

[品种与繁殖] 大花马齿苋的品种较多，通常有妃红、大红、深红、紫红、白色、雪青、淡黄、深黄等颜色。以播种、扦插繁殖为主，也可自行繁殖；种子落地，环境条件合适即可发芽。大花马齿苋管理粗放，平时保持湿度，半月施一次0.1%的磷酸二氢钾，就能保持花大艳丽。

[园林应用] 优秀的地被植物，宜布置花坛外围，也可辟为专类花坛，用于美化树池、窗台装饰以及屋顶绿化等。

5. 黄帝菊

学名：*Melampodium divaricatum*

别名：美兰菊、帝王菊

科属：菊科美兰菊属

英名：blackfoots

[生物学特性] 一年生草本。植株较矮，高20～30cm，分枝数量多。叶对生，阔披针形或长卵形，有锯齿。头状花序金黄色，顶生，花直径约3cm，总苞黄褐色，舌状花金黄色，花色明艳大气，观赏效果佳。

［地理分布与生态习性］ 原产于中美洲，现国内多地均有栽培。性喜温暖、干燥、阳光充足的环境，忌积水。耐热，耐干旱，耐瘠薄，不耐寒。

［品种与繁殖］ 常见的园艺品种有开花密集、花色金黄艳丽、小叶紧凑、适宜作盆栽的德比系列，还有花色金黄、植株整齐性好、株形紧凑呈圆球状丛生的金球系列。

播种繁殖。热带地区几乎四季可播，出苗后2对真叶时移植一次，无需摘心，即可自然分枝。管理粗放。

［园林应用］ 黄帝菊分枝低矮密集，开花常年不断，耐热性好，花色灿烂，是十分优良的盆栽及地被花卉。适合作公园、庭院等路边绿化，也可作花坛及花境栽培。

6. 柳叶香彩雀

学名：*Angelonia salicariifolia*

别名：天使花、蓝天使

科属：玄参科香彩雀属

［生物学特性］ 多年生直立草本，常做一年生栽培。全株有腺毛。花单生叶腋，花梗细长；花冠蓝紫色，唇形；花冠筒短，喉部有一对囊，上唇宽大，2深裂，下唇3裂。

［地理分布与生态习性］ 原产于南美洲。性喜光照，耐高温，耐高湿。花期长，热带地区常年开花。

［品种与繁殖］ 常见花色品种为白色、红色、紫色或杂色品种。新品种常见有2个品种系列。“热曲”系列：深紫色，花色独特，花期早，产量高，开花不断且不留残花，易养护管理，在不同生长条件下都能有出色表现；在高温、湿润的条件下种植，植株常增大50%，是园林景观、花园美化与组合盆栽的理想品种。“热舞”系列：花色淡雅，除了拥有“热曲”品种系列的美观、持久性、易于管理等特点外，植株更紧凑，花期提前约一周，二茬花满盆速度快，更易控制生长。

播种繁殖。发芽迅速，生长较快。如不摘心，则植株分枝较少，栽培时需适当密植。

［园林应用］ 香彩雀花色淡雅，多属冷色系，热带地区使用效果良好。花小，但开花量大，花期长，是优良的花坛、花台、盆栽及地被花卉，也适合组合栽培，也常用作水岸边、浅水处的绿化材料。

7. 千日红

学名：*Gomphrena globosa*

别名：火球花、杨梅花

科属：苋科千日红属

英名：globeamaranth

［生物学特性］ 一年生草本，株高30～60cm。单叶对生，椭圆至倒卵形，全缘。花小，两性，头状花序球形紫红色，花色艳丽有光泽，花干后不落，经久不变；花期长，花期6—10月。

［地理分布与生态习性］ 原产于热带美洲，我国广泛栽培。对环境要求不严，但性喜阳光、炎热干燥气候，不耐寒，适生于疏松肥沃排水良好的土壤中。

［品种与繁殖］常见品种为红色的千日红，尚有千日粉、千日白等品种类型。

播种或扦插繁殖。幼苗生长缓慢，一般9—10月采种，4—5月播种，播种适温在20～25℃，播前需用温水浸种一天或冷水浸种两天，挤出水分后稍晾干，选用阳光充足、排水良好、土质疏松肥沃的壤土作为苗床，拌以草木灰或细沙均匀播种，播后略覆土。20～25℃温度下，约10～15d即可出苗。待幼苗出齐后间苗一次。6月可定植。扦插时，选取3～4节的健壮枝梢，剪去近土层的节间叶片后插入沙床。20～25℃温度下，18～20d后可移栽上盆。

[园林应用] 热带地区良好的地栽或盆栽花卉，花期长，可作花坛或花境等，花序还是优良的干花材料。

8. 百日草

学名：*Zinnia elegans*

别名：百日菊、步步高、对叶菊

科属：菊科百日菊属

英名：common zinnia

[生物学特性] 一年生草本。叶对生，基部稍心形抱茎。头状花序单生枝顶，梗长中空，但茎秆较硬不易倒伏，舌状花倒卵形，白、黄、红、粉红、紫等色，筒状花橙黄色；花期6—9月。

[地理分布与生态习性] 原产于北美墨西哥。喜温暖、阳光，不耐寒，忌酷热，35℃以上生长不良，较耐干旱；宜疏松肥沃、排水良好的土壤，忌连作。

[品种与繁殖] 约几百个品种，依植株高矮、花型分为高型（70cm以上）、中型（30～70cm）和矮型（30cm以下）。

同属栽培种类有：多花百日草（*Z. peruviana*），与百日草类似，主要区别是花序较小，约2.5～3cm，花序梗在花后中空肥状，托片无附片，管状花瘦果有1～2长芒。小花百日草（*Z. angustifolia*），植株较小，高30～45cm，叶椭圆至披针形，花序小，直径约2.5～4cm，数目多，颜色多深黄或橙黄；易栽培。细叶百日草（*Z. linearis*），株高约25cm，叶线状披针形；头状花序金黄色，舌状花边缘橙黄，花径约5cm；花朵、分枝多。小百日草（*Z. haageana*），叶批针形或狭批针形，头状花序小，径1.5～2cm，小花全部橙黄色，托片有黑褐色全缘的尖附片。

播种或扦插繁殖。播前将基质湿润后进行撒播或点播，播后覆1cm左右薄土，播后浇水，5～10d后发芽，幼苗长出2片叶、高5～8cm时移植一次。21～23℃温度下，3～5d即可发芽。扦插育苗一般选择10cm侧芽进行扦插，5～7d即可生根。

[园林应用] 花期长，可按高矮分别用于花坛、花境、花带。高型种还可用于切花。也常用于盆栽，花序还可做干花。

9. 波斯菊

学名：*Cosmos bipinnatus*

别名：秋英、格桑花、大波斯菊

科属：菊科秋英属

英名：garden cosmos

[生物学特性] 一年生草本。株高1～2m，茎直立。叶对生，2回羽状深裂至全裂，裂片线形。头状花序；舌状花单轮8枚，顶端齿裂，白、粉及深红等色，筒状花黄色；花期6—10月，海南地区可冬季开花。有重瓣品种。

[地理分布与生态习性] 原产于北美墨西哥。喜温暖、凉爽，不耐寒暑；喜光，稍耐

阴；耐干旱瘠薄土壤，肥水过多反而不易开花。

[品种与繁殖] 园艺品种分早花型品种、晚花型品种。常见多为单瓣品种，也有重瓣品种，花姿秀雅。同属栽培种类有：硫华菊（*C. sulphureus*），又称硫黄菊、黄秋英、黄波斯菊，花色由纯黄、金黄至橙黄连续变化。

播种或扦插繁殖。播种一般在4—5月，播后覆土约2cm，播后约10d即可出苗，苗长到5cm高，5～6片真叶时，即可移植。波斯菊自播力强，散落的种子可自行发芽出苗，也可移植。扦插多在初夏或8—9月进行。扦插选择健康枝条，截取枝条顶梢7～10cm，插入备好的苗床中，浇水遮阴，二周后即可生根。

[园林应用] 波斯菊株形高大，叶形雅致，花色丰富，有红、白、粉、紫等色，适于布置花境，在草地边缘，树丛周围及路旁成片栽植作背景材料，颇有野趣，还可用作监测空气中二氧化硫含量的指示植物。重瓣品种可作为切花材料。

10. 茑萝

学名：*Ipomoea quamoclit*

别名：茑萝松、五角星花、羽叶茑萝等

科属：旋花科番薯属

英名：cypress vine

[生物学特性] 一年生缠绕草本。单叶互生，羽状细裂，裂片线型。聚伞花序腋生，花形似五角星，深红色。花期7—9月。除红色品种外，还有白色（如Alba）和浅红色品种（如Cardinalis）。

[地理分布与生态习性] 原产于热带美洲地区，现广泛栽培。喜阳光充足及温暖环境，对土壤要求不严，但在排水良好的肥沃腐殖质土壤中生长更好。不耐寒。直根性，能自播繁衍。

[品种与繁殖] 同属栽培种类还有：圆叶茑萝（*I. coccinea*），叶子如牵牛，呈心状卵圆形，花橙红或猩红，喉部稍呈黄色。裂叶茑萝（*I. lobata*），又称鱼花茑萝，叶心脏形，具三深裂，花多，二歧状密生，深红后转乳黄色。掌叶茑萝（*Ipomoea X sloteri*），又名大花茑萝、槭叶茑萝，为圆叶茑萝与掌叶茑萝杂交种，叶呈掌状分裂，宽卵圆形。花红色至深红色，喉部白色。

播种繁殖。一般4月份播种，播后保持苗床湿润，一周后可发芽，苗生3～4片叶时即可定植，苗太大时移植不易成活。茑萝生命力强，适应性好，种子成熟时会自然裂开，易于自播繁殖。

[园林应用] 茑萝蔓叶纤细秀丽，花色艳丽，花型活泼动人，是庭院花架、花篱的优良植物，也可盆栽陈设于室内。

11. 白花曼陀罗

学名：*Datura metel*

别名：白曼陀罗、洋金花

科属：茄科曼陀罗属

英名：devil's trumpet

[生物学特性] 一年生直立草本。株高50～150cm。单叶互生，叶片卵形或广卵形，花单生叶腋或枝杈间，花萼筒状，花冠呈漏斗状，长14～20cm，白色、黄色或浅紫色，

在栽培类型中有重瓣。花期 6—11 月。广布于热带和亚热带地区。喜温暖湿润气候，不耐低温，当气温低于 2～3℃时，植株死亡。喜排水良好的壤土或沙质壤土。不宜与茄科植物连作。

［生态习性］ 植株高大，花大色纯，常有香味。热带地区常绿，花期很长，是优良的观花植物。全株富含生物碱，对人、家畜、鱼类和鸟类有强烈的毒性，其中果实和种子的毒性较大。

［品种与繁殖］ 常见为白色品种，但也有黄色、紫色品种。除单瓣外，也有重瓣、复瓣类型。也有夜间开花品种。同属栽培种还有：曼陀罗（*D. stramonium*），花白色，主要区别是其果实直立生长，规则 4 裂，花萼筒部呈 5 棱角，花冠较短，长 6～10cm。紫花曼陀罗（*D. tatula*），与曼陀罗类似，主要区别是花紫色，茎枝淡紫色。无刺曼陀罗（*D. inermis*），与曼陀罗类似，主要区别是果表面无刺。毛曼陀罗（*D. innoxia*），与白花曼陀罗类似，但全株密被细毛，果俯垂生。重瓣曼陀罗（*D. fastuosa*），现一般认为是白花曼陀罗的重瓣类型。

播种繁殖。一般于 4 月选择向阳地块，施肥整地后，条播或撒播，播后轻覆薄土，保持土壤潮湿，2～3 周后即可出苗。当幼苗长至 4～6 片真叶时可带土移栽。

［园林应用］植株高大，花大色纯，常有芳香味，热带地区常绿，花期很长，是优良的观花植物。宜作公园、绿地等路边、林缘、山石边绿化，也可用作篱垣或花境背景材料。

12. 牵牛

学名：*Pharbitis nil*

别名：牵牛花、喇叭花、朝颜

科属：旋花科牵牛属

英名：morning glory

［生物学特性］ 一年生缠绕草本，植物体被毛。叶互生，宽卵形或近圆形，常为 3 裂，偶 5 裂被柔毛。秋季开花，花冠漏斗状，蓝紫色渐变淡紫色或粉红色。蒴果。茎蔓与花色相关。茎红色，则花多红色；茎紫色，则花为蓝色或紫色；茎绿色，花多白色。

［地理分布与生态习性］ 原产于热带美洲，现已广布于热带和亚热带地区。喜温暖向阳环境，耐暑热而不耐寒，能耐干旱瘠薄，以在湿润肥沃、排水良好的中性土壤生长最好。深根性植物，不耐移植。为短日照植物。花朵通常清晨开放，不到中午便萎缩凋谢。

［品种与繁殖］常见粉红色或白色品种，也有深色品种。同属栽培种有：圆叶牵牛（*I. purpurea*），叶全缘，阔心形，花玫红色；裂叶牵牛（*I. hederacea*），叶三裂，裂片大小相当，花先蓝紫，后变紫红。

播种繁殖。种子外壳坚硬，播前应先割破种皮，或浸种 24h 后播种，若浸种后置于 20～25℃环境中催芽后播种，则可加快种子出苗，出苗相对整齐。苗床覆土厚度约 2cm，不宜太薄，否则容易带帽出土。种子不经处置直接播种的，也可点播，但发芽率不高，每穴一般播 3～5 粒种子，出苗后再行间苗，在合适条件下 7～8d 可出苗。

［园林应用］ 牵牛花花色鲜艳，花型清雅，生长迅速，是良好的篱垣和小型棚架的绿化材料，种植阳台上也十分适宜，也可栽培为矮化不攀缘的花丛，可作为垂直绿化的优良材料，也可作盆花栽培。

13. 猩猩草

学名：*Euphorbia cyathophora*

别名：柳叶大戟、台湾大戟、火苞草、草一品红、老来娇

科属：大戟科大戟属

英名：desert poinsettia

［生物学特性］ 一年生草本。株高60～80cm，茎直立，光滑。叶互生，叶形不规则，腰部收缩变窄，呈深刻状，先端呈波浪状浅刻，叶色浓绿。茎叶均有乳汁。花小，有蜜腺，排列成密集的伞房花序。总苞形似叶片，也叫顶叶，基部大红色，也有半边红色半边绿色的。蒴果扁圆形。种子卵圆形，黑色。花果期2—11月。

［地理分布与生态习性］ 原产于热带美洲，我国南方多见栽培。不耐寒，喜光照。耐干不耐湿。

［品种与繁殖］ 一般按苞叶颜色，可大致将其分为红苞、白苞、粉苞和重瓣猩猩草几类。常见为红色类型，还有草本象牙白，花序下的叶片基部具白色斑块；草本象牙粉，花序下的叶片基部呈粉色斑块。近年来因新品种和新技术的引进，其观赏性提高、观赏时期延长，园艺品种增多，其四倍体新品种茎叶粗壮，叶片宽阔，叶形奇特，“花”大艳丽，观赏性更高，应用范围也较广。

常用播种繁殖。4月上旬春播，播后7～10d发芽，发芽迅速整齐。出苗后间苗一次，定植距离30～40cm。种子有自播繁衍能力。蒴果成熟后会裂开，采种宜早。

［园林应用］ 猩猩草上部叶片红白镶嵌，异常热闹，苞片奇特美丽，亦花亦草。最宜作为点缀，常用作花境或空隙地的背景材料，也可作盆栽和切花材料。

第三节　二年生花卉

二年生花卉指在两个生长季内完成生命周期的花卉种类。当年只生长营养器官，次年开花、结实、死亡。一般秋天播种，次年春季开花，又常称为秋播花卉，如瓜叶菊、美女樱、彩叶草、五色苋、五彩石竹、紫罗兰、羽衣甘蓝、一串红、翠菊、金盏菊、三色堇等。是园林布置的重要材料，常栽植于花坛、花境或作室内观赏等，也可与建筑物配合种植于围墙、栏杆四周。

1. 美女樱

学名：*Glandularia*×*hybrida*

别名：铺地马鞭草、美人樱

科属：马鞭草科马鞭草属

英名：vervain

［生物学特性］ 多年生草本常作一、二年生栽培，株高30～50cm。茎四棱，匍匐状横展。叶对生，长圆形或卵圆形，叶缘具缺刻状粗齿。穗状花序顶生，开花时呈伞房状；花冠筒状，花冠中央多呈明显的白色或浅色的圆形“眼”。花期6—9月。

［地理分布与生态习性］ 原产于南美巴西、秘鲁等地。喜温暖湿润、阳光充足的气候，具有一定的耐寒性，生长适宜温度为5～25℃，最适温度16℃。冬季温度可耐5℃。夏季高温对美女樱生长不利，温度超过30℃，植株生长停滞。

［品种与繁殖］ 常见的栽培品种有细叶、加拿大、红叶和深裂美女樱等品种，花色丰富，有白、粉、红、紫等色，略有香味。以其植株生长特点又分为直立型和横展型，直立型有诺瓦利斯系列，其以蓝花白眼最为知名；横展型有石英系列、传奇系列、坦马里系列、迷案系列和塔皮恩系列。同属相近种有：细叶美女樱（*V. tenera*），别名四季绣球、草五色梅，株高 20～30cm，枝条细长，叶三深裂，每个裂片再羽状分裂，小裂片呈条形。穗状花序顶生，花冠玫紫色。

播种或扦插繁殖。一般春季播种，7 月盛花。种子发芽率常比较低，播种后应保持空气湿润以利于出芽，种子发芽慢而不整齐。15～17℃的温度下，经 2～3 周始出芽。扦插一般于 5—6 月进行。选稍木质化的枝条，剪成 5～6cm 长做插条，插于湿沙床中，及时遮阴，2～3d 后适当补光促进生根发芽。当幼苗长出 5～6 片真叶时进行移植，长至 7～8cm 时定植。

［园林应用］ 美女樱株丛矮密，花繁色艳，花期长，可用作花坛、花境、路缘、坡地等景观材料。也可作盆花或大面积栽植于园林隙地、树坛中。

2. 彩叶草

学名：*Coleus scutellarioides*

别名：五彩草、锦紫苏

科属：唇形科鞘蕊花属

英名：painted nettle

［生物学特性］ 多年生常绿肉质草本植物，多作一、二年生栽培。茎四棱，基部木质化。叶密生，菱状卵圆形；叶面绿色，有黄、红、棕、紫、蓝等鲜艳的斑纹，是著名的园林观叶植物之一。顶生总状花序、花小、浅蓝色或浅紫色。花期 3—10 月。小坚果平滑。

［地理分布与生态习性］ 原产于亚太热带地区，印度尼西亚爪哇。现在世界各国广泛栽培。性喜温暖湿润、阳光充足、通风良好的环境，耐寒力弱，最低越冬温度不低于 10℃，生长适温 20～25℃；宜疏松肥沃、排水良好的沙质土壤，忌积水。

［品种与繁殖］ 彩叶草变种、品种繁多，通常根据叶型分为 5 类，各种叶型中还有不少品种，并且仍在不断地培育新品种，使彩叶草在花卉装饰中占有重要地位。

1）大叶型（large-leaved type），植株高大，分枝少，叶片大，卵圆形，叶面皱褶；

2）柳叶型（willow-leaved type），叶片呈柳叶状细长，边缘有不整齐的锯齿和缺裂；

3）皱边型（fringed type），叶缘褶皱，叶色丰富，状如彩裙花边；

4）彩叶型（rainbow type），叶小，叶面较平滑，叶色变化多端、色彩斑斓；

5）黄绿叶型（chartreuse type），叶片较小，分枝较多，叶面多呈黄绿色，最常见的有叶缘绿色、叶心紫色、近中肋处红色的品种，此外还有黄绿、深绿、大红、褐红、紫红、粉红、黄、淡黄、橙黄、褐紫、紫等彩色斑纹的品种。

常见的园艺变种为五色彩叶草（var. *verschaffeltii*），叶片有淡黄、桃红、朱红、暗红等色彩斑纹，长势强健。另外同属观赏性较高的有小纹草（*C. pumilus*），原产菲律宾和斯里兰卡。株高 15～20cm，叶面暗褐色，边缘绿色，背面色淡。圆锥花序，花蓝绿色。丛生彩叶草（*C. thyrsoideus*），亚灌木，株高 80～100cm，叶鲜绿色，叶缘具粗锯齿。花亮蓝色。花期 11—12 月。

扦插或播种繁殖。扦插前要向育苗池中浇一遍透水，待池土呈泥浆状时进行扦插。扦插时，从成熟植株上剪取约 10cm 嫩枝，尽量剪短枝叶，将扦插苗按正常生长方向垂直插入 2cm 即可。播种时，先淋湿基质，将种子混拌细土，均匀撒于育苗盘。一般每个孔穴内撒放2～3 粒种子，使用装有细土的筛子向穴盘表面筛土进行表面覆土，覆土厚度为 1～2mm，将育苗盘放置到育苗床上发芽。由播种到商品苗一般需要 5 个月。

［园林应用］ 彩叶草株型美观，叶色艳丽，繁殖简便，易于造景，常用作布置节日花坛、公园或广场色带，也常用作布置会场、广场图案及植物造型，还可以盆栽用作室内观赏装饰。

3. 五色苋

学名：*Alternanthera bettzickiana*

别名：五色草、锦绣苋、红绿草

科属：苋科虾钳菜属

英名：garden alternanthera

［生物学特性］ 多年生草本常作一、二年生栽培。叶对生，叶色绿色或红色，或绿色杂以红色、黄色，是著名的观叶植物之一。株高 5～40cm，茎四棱，直立或斜生，多分枝，枝叶繁茂。头状花序腋生或顶生，花期 8—9 月。

［地理分布与生态习性］ 原产于南美巴西及亚洲，现我国广泛栽培。喜温暖，不耐寒，宜在 15℃以上越冬。夏季喜凉爽气候，高温高湿则生长不良。生长季节要求阳光充足，土壤湿润，排水良好。该种叶色丰富，包括红色、黄色、绿色、杂色等，植株矮小，分枝力强，耐修剪。

［品种与繁殖］ 常见品种为绿叶品种“小叶绿”和红褐色品种“小叶黑”。“小叶绿”茎干相对斜出，叶小而狭，叶片嫩绿或绿中略泛黄。红褐色品种“小叶黑”茎干直立，略粗壮，叶呈三角形卵状，略大，叶色黄褐色或红褐色，较深。

扦插繁殖。扦插极易生根存活，一般选取具有 2～3 节的枝条作插穗，插入沙床的株距以 3cm 为宜。22～25℃温度下，约一周可生根，二周即可移栽。

［园林应用］ 叶色鲜艳多见于节假日的毛毡花坛和绿雕，也可做成浮雕式图案或立体图案造型，应用范围广，绿化效果佳。剪枝可作花篮配叶，热带地区可以四季欣赏。

思考题

1. 一年生花卉为春性花卉，二年生花卉为冬性花卉，如何理解？
2. 一、二年生花卉在生长管理上，有何异同？
3. 一年生花卉主要原产热带地区，请列举 10 种常见种类，简述其主要形态、生态习性、繁殖特点和园林应用特点。
4. 在热带地区生产二年生花卉，应采取哪些特别的栽培管理措施？

本章推荐阅读书目

1. DOLE J M，WILKINS H F. Florichulture principles and species[M]. 2nd ed. New York：Pearson Education，Inc. ，2004.
2. 包满珠. 花卉学［M］. 2 版. 北京：中国农业出版社，2003.
3. 陈俊愉. 中国农业百科全书（观赏园艺卷）［M］. 北京：中国农业出版社，1996.
4. 姬君兆，黄玲雁，姬春. 一、二年生草花［M］. 北京：中国农业大学出版社，1999.

5. 鲁涤非. 花卉学［M］. 北京：中国农业出版社，1997.
6. 布里克尔. 世界园林植物与花卉百科全书［M］. 杨秋生，李振宇，主译. 郑州：河南科学技术出版社，2005.
7. 董丽，包志毅. 园林植物学［M］. 北京：中国建筑工业出版社，2013.
8. 何礼华，汤书福. 常见园林植物彩色图鉴［M］. 杭州：浙江大学出版社，2012.
9. 刘敏. 观赏植物学［M］. 北京：中国农业大学出版社，2016.
10. 徐晔春. 观花植物1000种经典图鉴［M］. 长春：吉林科学技术出版社，2009.
11. 徐晔春. 经典观赏花卉图鉴［M］. 长春：吉林科学技术出版社，2015.

第七章　宿根花卉

植株地下根系正常，宿存越冬，次年春天仍能萌蘖开花，如此循环往复实现多年生长。本章主要讲述宿根花卉的种类、生态习性、繁殖方法、栽培管理和园林应用等，着重介绍20种常见热带宿根花卉。

第一节　概述

宿根花卉（perennial flower）指植株地下部分宿存越冬而不形成肥大的球状或块状根，次春仍能萌蘖开花并延续多年的草本花卉。事实上，一些种类多年生长后茎都会有些木质化，但上部仍然呈柔弱草质状，应称为亚灌木，但一般也归为宿根花卉，如菊花（*Chrysanthemum morifolium*）。

宿根花卉按照地上部分是否能露地越冬的习性，可为耐寒性宿根花卉和常绿不耐寒宿根花卉两大类。耐寒性宿根花卉在冬季地上部分枯死，地下部分进入休眠状态，能耐受冬季短期低温，主要原产于温带至寒冷地区，如菊花、紫菀（*Aster tataricus*）、松果菊（*Echinacea purpurea*）、芍药（*Paeonia lactiflora*）、耧斗菜（*Aquilegia viridiflora*）、蜀葵（*Althaea rosea*）等。常绿性宿根花卉冬季地上部分仍为绿色，这类花卉在华南地区可做露地宿根花卉栽培，如秋海棠（*Begonia grandis*）、网纹草、彩叶草（*Coleus hybridus*）、艳山姜（*Alpinia zerumbet*）等，以及许多原产美洲热带的多年生草本花卉，在我国长江以北常作温室花卉或一年生花卉栽培。

一、地理分布

宿根花卉种类繁多，分布范围很广，我国各地都有分布。华南地区露地栽培的如秋海棠、网纹草、彩叶草、艳山姜等花卉，在我国长江流域以北地区需温室栽培。

二、生态习性

宿根花卉一般生长强健，适应性强。种类不同，其生长发育过程中对环境条件的要求不一致，生态习性差异很大。

（一）温度

不同种类的耐寒力差异很大，在我国从南到北均有分布。总的来说，早春及春季开花的种类大多喜冷凉，忌炎热，如荷包牡丹（*Dicentra spectabilis*）；夏秋开花的种类大多喜温暖，如四季海棠（*Begonia semperflorens*）。

（二）光照

根据对光周期反应特性不同，宿根花卉可分为长日照花卉，如春末夏初开花的鸢尾（*Iris tectorum*）、火炬花、大花萱草（*Hemerocallis hybrida*）、月见草（*Oenothera biennis*）等；短日照花卉，如秋菊、寒菊等；以及日中性花卉，如香石竹（*Dianthus caryophyl-*

lus）、四季秋海棠、非洲菊（*Gerbera jamesonii*）等。根据对光照强度要求不同，宿根花卉可分为阳生花卉，如菊花和彩叶草等；阴生花卉，如玉簪（*Hosta plantaginea*）、秋海棠（*Begonia grandis*）、铃兰（*Convallaria majalis*）、冷水花（*Pilea notata*）等；中性花卉，如天冬草（*Asparagus cochinchinensis*）等。

（三）水分

宿根花卉根系较一、二年生花卉强，抗旱性较强，但不同品种或种类对水分要求有差异。如鸢尾、铃兰、乌头（*Aconitum carmichaelii*）喜欢湿润的土壤，而黄花菜（*Hemerocallis citrina*）、马蔺（*Iris lactea*）、松果菊则耐干旱。

（四）土壤

一些野生性状较强的宿根花卉对土壤要求不严，如大花旋覆花（*Inula grandiflora*）、大花桔梗、一枝黄花（*Solidago decurrens*）、松果菊、金鸡菊（*Coreopsis basalis*）等，除沙土与重黏土外，大多都能生长良好。但大多数宿根花卉，特别是栽培历史悠久、品种丰富的名贵品种则要求疏松、肥沃、排水良好、保水力强、透气性又好的土壤环境。露地栽培的宿根花卉，多以沙质土壤为宜；保护地或容器栽植应按栽植种类（品种）的习性，以黏质土壤为佳，小苗喜富含腐殖质的疏松土壤。宿根花卉对土壤肥力要求也不同，金光菊、荷兰菊等耐瘠薄；而菊花则喜肥。紫茉莉（*Mirabilis jalapa*）喜酸性土壤；非洲菊、宿根霞草（*Gypsophila paniculata*）喜微碱性土壤。

三、繁殖方式

宿根花卉的繁殖方式分为有性繁殖和无性繁殖两种。

（一）有性繁殖

即播种繁殖，常用播种繁殖的种类主要有马蔺、花菖蒲（*Iris ensata*）、溪荪（*Iris sanguinea*）、射干（*Belamcanda chinensis*）、落新妇（*Astilbe chinensis*）、黑心菊（*Rudbeckia hirta*）、松果菊、柳兰（*Epilobium angustifolium*）、大滨菊（*Leucanthemum maximum*）、蜀葵（*Alcea rosea*）和千屈菜（*Lythrum salicaria*）等。

（二）无性繁殖

主要应用分株繁殖和扦插繁殖等。

1. 分株繁殖　是宿根花卉的主要繁殖方法，常用于优良品种或优良单株的繁殖。由于植物种类的不同，产生蘖芽的方式亦有不同。蜀葵、宿根福禄考（*Phlox paniculata*）等，由根部发生萌蘖，形成新株，称为根蘖苗；菊花、萱草、一枝黄花等多由根茎或地下茎发生萌蘖，形成的新株，称为茎蘖苗；玉带草等的匍匐茎上，由节间处向下生根，向上长苗，也属茎蘖苗的一种。有些种类，如荷兰菊、随意草、景天、蜀葵等，可用萌蘖芽进行繁殖。春季将蘖芽剥离母体，埋入沙土中，深度以微露芽顶为好，然后浇透水，7～10d后即可生根，长成新的幼小植株。

不同种类的宿根花卉，产生萌蘖的时期有所不同，春季萌蘖力强的种类，如鸢尾、萱草、蓍草等，可于春季进行繁殖，繁殖系数约为1∶20。夏季萌发力强的种类，如天人菊、黑心菊、荷兰菊等，可于夏季进行繁殖。秋季萌发能力强的种类，如蓍草、早小菊等，可于秋季进行繁殖。

2. 扦插繁殖　是宿根花卉最常用的繁殖方法。优点是增殖率高，植株进入花期早。扦插的时期以生长期为主。

扦插繁殖的主要方法有：

1）茎插繁殖，很多宿根花卉，如随意草、紫露草等均可利用茎段扦插，将健壮的茎，截成8～10cm长的小段，去除下部的部分叶片，插入基质中，保持一定的温度、湿度，很快即可生根，扦插时间四季均可，但以春秋季节较好；2）根插繁殖，有些宿根花卉，如蓍草（*Achillea wilsoniana*）、剪秋罗（*Lychnis fulgens*）、玉竹（*Polygonatum odoratum*）、芍药等，具有粗壮的根系，可将其截成8～15cm的小段，插于湿润的基质中，即可萌发长成新株；3）叶插繁殖，凡叶片及叶柄上能发生不定芽及不定根的宿根花卉种类，如蟆叶海棠等均可用此法繁殖。

四、栽培管理

宿根花卉的管理是综合性的技术措施，只有科学管理，才能很好地发挥花卉的观赏效果。

（一）土壤准备

宿根花卉根系强大，入土较深，应有40～50cm的土层，土壤下层混有沙砾，利于排水，表土为富含腐殖质的黏质壤土时，花朵开得更好。

（二）施肥

初次栽植宿根花卉时，应深翻土壤，并大量施入有机肥料，为植物提供生长所需充足的养分和维持良好的土壤结构。为使宿根花卉生长茂盛，花大花多，最好在春季新芽抽出时追肥，花前和花后再各追肥一次。秋季叶枯时，可在植株四周施以腐熟的厩肥或堆肥。

（三）浇水

一般3月中旬要浇一次返青水，雨季前遇旱适时灌水，雨季要及时排涝，退寒前要浇足防寒水。其他浇水时间及次数视土壤墒情采取适当灌水措施。

（四）防寒

对耐寒的种类，如蜀葵、麦冬等，无需防寒；对一些耐寒性差的种类，灌冻水后，再覆盖防寒物即可使其安全越冬。

（五）其他管理

适时中耕除草，及时修剪，可使植株生长健壮，花多且大而艳。宿根花卉栽培多年后，株丛过挤，生长衰退开花稀少，病虫害渐多，宜结合分株重新栽植一次，或淘汰弱株、老株，补齐新苗，使之更新复壮。

五、宿根花卉的园林应用

（一）宿根花卉的应用特点

宿根花卉不但种类繁多，还具有适应性强、栽培容易、养护成本低、收效快等优点。在观赏用途上，宿根花卉可用作切花、室内盆栽花卉或室外园林花卉。

许多宿根花卉的花形花色美丽，花期持久，又具有合适长度的花枝，非常适合用作鲜切花，如传统的鲜切花品种菊花、香石竹、鹤望兰、非洲菊等。室内盆栽一般选用常绿宿根花卉，常见的如君子兰（*Clivia miniata*），君子兰原产南非，叶带状具有革质光泽，排列整齐，伞形花序顶生，花色美丽花型大方，可观花、观叶、观姿，元旦至春节前后开花。大花君子兰和垂笑君子兰是常见的两个栽培变种。还有一类用于室内盆栽的宿根观叶植物，它们叶色美丽，四季常青，姿态优雅，可以净化空气、美化居室，深受人们喜爱，如吊兰、白纹草、吊竹梅、文竹等。此外，还有长寿花、红掌、丽格等宿根观花花卉用于室内盆栽。

宿根花卉作为单株种植，一般观赏效果稍差，但作为群体，成丛、成片或与其他花卉、其他植物材料进行合理搭配种植，则可收到极好的效果。因为科学的种植设计，既考虑了各种不同植物材料的生物学特性，又考虑了不同植物种间的关系，使整个群体生长茂盛，从而收到非群体所能达到的效果。宿根花卉作为个体栽培在我国已有悠久的历史，群体的组合应用在近年来逐步发展兴起。根据其生长特性与艺术的要求，全国多地兴建了宿根花卉专类园，如芍药园、水生植物园等。宿根花卉与建筑、道路的搭配，应用方式有花坛、花境、花钵、花台等，通过花卉与硬质环境的协调，为建筑、道路增添美感，使环境更具有吸引力。

（二）宿根花卉的园林应用形式

不同类型的绿地，因其性质和功能不同，对宿根花卉的要求也不同。因此，要根据宿根花卉的生态习性合理配置，才能展示最佳的景观效果。

1. 花坛、花带。盛花花坛或花带可选用花色艳丽的种类烘托气氛，如菊花、四季秋海棠等。模纹花坛则选用花色、叶色对比显著，株型紧凑的种类组成色块，如彩叶草、五色苋（*Alternanthera bettzickiana*）、银叶菊（*Senecio cineraria*）等。

2. 花境、花丛、观赏草。属于自然式造景。花境将不同种类的花卉，按照不同观赏特性、花期，高低错落、自然地搭配组合。既展示植物的个体美，也体现组合的群体美，还能营造出观赏期此起彼伏、延续不断的季相之美。而花丛的应用方式更加灵活，花卉种类可以更少，面积可以更小。花境花丛常用的宿根花卉有菊科的一些属种，如金鸡菊类、勋章菊类、松果菊类、金光菊类、紫菀类、蓍草类植物。除此之外其他科属的，如蜀葵类、桔梗类、耧斗菜类、宿根鸢尾类、百合科的萱草类、玉簪类、火炬花等。

近年来，观赏草从不为人知的荒野来到人们的城市，越来越多地应用于园林造景。它们主要集中在一些单子叶禾本科或莎草科的植物，如蒲苇属（*Cortaderia*）、芒属（*Miscanthus*）、狼尾草属（*Pennisetum*）、乱子草属（*Muhlenbergia*）、芦苇属（*Phragmites*）、莎草属（*Cyperus*）等。

3. 地被。地被植物常选取株型低矮致密的种类，形成良好的地表覆盖效果。常用的观叶地被品种有：比较耐寒的麦冬（*Ophiopogon japonicus*）、沿阶草（*Ophiopogon bodinieri*）、吉祥草（*Reineckea carnea*）等；温暖地区常用的山菅兰（*Dianella ensifolia*）、虎尾兰（*Sansevieria trifasciata*）、花叶冷水花、紫鸭跖草（*Tradescantia pallida*）、紫背万年青（*Tradescantia spathacea*）等。另一些既可以观叶、又可以观花的品种如白车轴草（*Trifolium repens*）、蔓花生（*Arachis duranensis*）等。

4. 种植钵。花钵、花台的种植方式，可选择花期较长，方便管理的品种如四季秋海棠、矮牵牛（*Petunia hybrida*）、何氏凤仙等。

5. 垂直绿化。主要选择蔓性的攀缘植物或悬垂植物，如铁线莲（*Clematis florida*）、天门冬等。

第二节　落叶宿根花卉

1. 菊花

学名：*Chrysanthemum morifolium*

别名：寿客、金英

科属：菊科菊属

英名：florist chysanthemum

[生物学特性]　多年生草本植物。除悬崖菊外多为直立分枝，基部半木质化。单叶互生。头状花序顶生或腋生，一朵或数朵簇生。舌状花为雌花，筒状花为两性花。花色丰富，花序大小和形状各异，有单瓣、重瓣。

[地理分布与生态习性]　原产于我国，热带地区可作反季节栽培。性喜凉爽、较耐寒，生长适温18～21℃，地下根茎耐旱，忌积涝，喜地势高、土层深厚、富含腐殖质、疏松肥沃、排水良好的壤土。在微酸性至微碱性土壤中皆能生长。而以pH6.2～6.7最好。短日照植物，在每天14.5h的长日照下进行营养生长，每天12h以上的黑暗与10℃的夜温适于花芽发育。

[品种与繁殖]　菊花品种繁多。按照花序大小，可以分为“大”“中”“小”菊系。花序直径超过18cm的称为大菊，花径6～18cm称为中菊，小于6cm的为小菊。按照花期归类：5月下旬至9月开花的称为夏菊；10月中旬至11月下旬开花的称为秋菊；12月到第二年的1月开花的称为寒菊，以及对季节变化不敏感，四季均可开花的四季菊。

依据花型和花瓣进行分类，对于花径超过10cm以上的晚秋菊，分成5个瓣类，包括30个花型和13个亚型。这5个瓣类分别是：①平瓣类，花瓣平展，基部管筒，在全长的1/5以下。如叠球形、荷花型、翻卷型、平盘型；②匙瓣类，舌状花的管部，为瓣长的1/2～2/3，顶端形成汤勺儿的形状；③管瓣类，舌状花管状；④桂瓣类，舌状花少，花端筒形不规则开裂；⑤畸瓣类，管瓣的先端开裂成爪状或毛刺状。

依据枝条形态的塑造整理类型不同，可分为：①独本菊，又称“标本菊”，即一盆一株、一株一花。独本菊茎秆粗壮、花大色艳。独本菊的形成需要在培育过程中不断进行摘心、剪除侧枝，只留一根主枝，集中养分供给一个顶生花序。②立菊，立菊是一株多花的类型，通常留花5～7朵，是在菊花的生长期，通过1～2次摘心，促进侧芽萌发，形成多花的结果。③大立菊，每株开花达数百至数千朵之多。现代大立菊的栽培主要通过在砧木上嫁接多个枝条，不断打头摘心，绑扎造型，养护管理而得到。④悬崖菊，对小菊类的品种进行整枝，形成下垂的悬崖状。除此之外还有“嫁接菊”形式，侧重于同一个砧木上嫁接不同花型花色的接穗；而“塔菊”则是多层塔状支架上的栽培形式；“艺菊”是将菊花以盆景形式进行艺术造型。

扦插、分株、嫁接及组织培养等方法繁殖。

[园林应用]　菊花为我国传统十大名花之一，有着长达3000多年的栽培历史，也是园林应用中的重要花卉之一，广泛用于花坛、花境、地被、盆花和切花等。

2. 紫菀

学名：*Aster tataricus*

别名：青苑、紫倩

科属：菊科紫菀属

英名：tatarian aster

［生物学特性］ 多年生草本，茎疏被粗毛。叶疏生，基生叶长圆形或椭圆状匙形，基部渐窄成长柄，连柄长 20～50cm，边缘有具小尖头圆齿或浅齿；茎下部叶匙状长圆形，基部渐窄或骤窄成具宽翅的柄，除顶部外有密齿；中部叶长圆形或长圆状披针形，无柄，全缘或有浅齿；上部叶窄小；叶厚纸质，上面被糙毛，下面疏被粗毛，沿脉较密，侧脉 6～10 对。头状花序径 2.5～4.5cm，多数在茎枝顶端排成复伞房状，花序梗长，有线形苞叶；总苞半球形，径 1～2.5cm，总苞片 3 层，覆瓦状排列，线形或线状披针形，先端尖或圆，被密毛，边缘宽膜质，带红紫色。舌状花约 20，舌片蓝紫色。瘦果倒卵状长圆形，紫褐色，上部被疏粗毛：冠毛 1 层，污白或带红色，有多数糙毛。花期 7—9 月，果期 8—10 月。

［地理分布与生态习性］ 分布于我国东北、华北地区，以及朝鲜、日本、苏联西伯利亚东部。山顶和低山草地及沼泽地，耐涝、怕干旱、耐寒性强。

［品种与繁殖］ 品种有紫菀、红花紫菀和荷兰菊。常用繁殖方式有播种、扦插、分根。

［园林应用］ 紫菀属植物株形密集、开花整齐，常用作花坛或花境材料。

3. 松果菊

学名：*Echinacea purpurea*

别名：紫锥花、紫锥菊、紫松果菊

科属：菊科松果菊属

英名：purple coneflower

［生物学特性］ 多年生草本植物，株高 60～150cm，全株具粗毛，茎直立；基生叶卵形或三角形，茎生叶卵状披针形，叶柄基部稍抱茎；头状花序单生于枝顶，或多数聚生，花径达 10cm，舌状花紫红色，管状花橙黄色。花期 6—7 月。

［地理分布与生态习性］ 原产于加拿大的马尼托巴湖及萨斯喀彻温省的东南部及美国中南部的一些开阔树林、大草原上，世界各地多有栽培。性喜光照充足、温暖的气候条件，适生温度 15～28℃，性强健，耐寒，耐干旱，对土壤的要求不严，在深厚、肥沃、富含腐殖质的土壤中生长。

［品种与繁殖］ 品种有火鸟、金吉达、紫色绸缎、粉色贵宾犬等。播种繁殖，于春、秋两季进行。

［园林应用］ 松果菊株形高大、花期长，生长健壮，管理简便。可作为花境、花坛、坡地的材料，亦可作切花。

4. 芍药

学名：*Paeonia lactiflora*

别名：别离草、花中宰相

科属：芍药科芍药属

英名：Chinese peony

［生物学特性］ 多年生草本。根粗壮，分枝黑褐色。茎高 40～70cm，无毛。下部茎生叶为二回三出复叶，上部茎生叶为三出复叶；小叶狭卵形，椭圆形或披针形，顶端渐尖，基部楔形或偏斜，边缘具白色骨质细齿，两面无毛，背面沿叶脉疏生短柔毛。花数朵，生茎顶和叶腋，有时仅顶端一朵开放，而近顶端叶腋处有发育不好的花芽，直径 8～11.5cm；苞片 4～5，披针形，大小不等；萼片 4，宽卵形或近圆形，长 1～1.5cm，宽 1～1.7cm；花瓣 9～13，倒卵形，长 3.5～6cm，宽 1.5～4.5cm，白色，有时基部具深紫色斑块；花丝长 0.7～1.2cm，黄色；花盘浅杯状，包裹心皮基部，顶端裂片钝圆；心皮 4～5，无毛。蓇葖长 2.5～3cm，直径 1.2～1.5cm，顶端具喙。花期 5—6 月；果期 8 月。

［地理分布与生态习性］ 在我国分布于东北、华北、陕西及甘肃南部。在东北分布于海拔 480～700m 的山坡草地及林下，在其他各省分布于海拔 1000～2300m 的山坡草地。在朝鲜、日本、蒙古国及苏联西伯利亚地区也有分布。在我国四川、贵州、安徽、山东、浙江等省及各城市公园也有栽培。喜光照，耐旱，属于长日照植物，只有在长日照下才能正常发育。

［园林应用］ 芍药花大色艳、品种繁多，在我国常以丛植或孤植形式栽培于庭院，或与牡丹共同组成专类园。因其花梗修长、水养持久，也是优秀的切花材料。

5. 耧斗菜

学名：*Aquilegia viridiflora*

别名：猫爪花

科属：毛茛科耧斗菜属

英文：columbine

［生物学特性］ 根肥大，圆柱形，粗达 1.5cm，简单或有少数分枝，外皮黑褐色。茎高 15～50cm，常在上部分枝，除被柔毛外还密被腺毛。基生叶少数，二回三出复叶；叶片宽 4～10cm，中央小叶具 1～6mm 的短柄，楔状倒卵形，长 1.5～3cm，宽几乎相等或更宽，上部三裂，裂片常有 2～3 个圆齿，表面绿色，无毛，背面淡绿色至粉绿色，被短柔毛或近无毛；叶柄长达 18cm，疏被柔毛或无毛，基部有鞘。茎生叶数枚，为一至二回三出复叶，向上渐变小。花 3～7 朵，倾斜或微下垂；苞片三全裂；花梗长 2～7cm；萼片黄绿色，长椭圆状卵形，长 1.2～1.5cm，宽 6～8mm，顶端微钝，疏被柔毛；花瓣瓣片与萼片同色，直立，倒卵形，比萼片稍长或稍短，顶端近截形，距直或微弯，长 1.2～1.8cm；雄蕊长达 2cm，伸出花外，花药长椭圆形，黄色；退化雄蕊白膜质，线状长椭圆形，长7～8mm；心皮密被伸展的腺状柔毛，花柱比子房长或等长。蓇葖长 1.5cm；种子黑色，狭倒卵形，长约 2mm，具微凸起的纵棱。5—7 月开花，7—8 月结果。

［地理分布与生态习性］ 在我国分布于青海东部、甘肃、宁夏、陕西、山西、山东、河北、内蒙古、辽宁、吉林、黑龙江等地。生于海拔 200～2300m 间山地路旁、河边和潮湿草地。苏联远东地区也有分布。性喜凉爽气候，忌夏季高温曝晒，性强健而耐寒，喜湿润排水良好的沙质土壤。

［园林应用］ 耧斗菜花期春季，花型奇特，常用作花境材料。也适合丛植、群植等自然式种植。

6. 荷包牡丹

学名：*Dicentra spectabilis*

别名：元宝花、状元花

科属：罂粟科荷包牡丹属

英名：lyre flower

［生物学特性］ 多年生直立草本，高 30～60cm 或更高。茎圆柱形，带紫红色。叶片轮廓三角形，长 15～40cm，宽 10～20cm，二回三出全裂，第一回裂片具长柄，中裂片的柄较侧裂片的长，第二回裂片近无柄，2 或 3 裂，小裂片通常全缘，表面绿色，背面具白粉，两面叶脉明显；叶柄长约 10cm。总状花序长约 15cm，有 5～15 朵花，于花序轴的一侧下垂；花梗长 1～1.5cm；苞片钻形或线状长圆形，长 3～10mm，宽约 1mm。花优美，长 2.5～3cm，宽约 2cm，长为宽的 1～1.5 倍，基部心形；萼片披针形，长 3～4mm，玫瑰色，于花开前脱落；外花瓣紫红色至粉红色，稀白色，下部囊状，囊长约 1.5cm，宽约 1cm，具数条脉纹，上部变狭并向下反曲，长约 1cm，宽约 2mm，内花瓣长约 2.2cm，花瓣片略呈匙形，长 1～1.5cm，先端圆形部分紫色，背部鸡冠状突起自先端延伸至瓣片基部，高达 3mm；爪长圆形至倒卵形，长约 1.5cm，宽 2～5mm，白色；雄蕊束弧曲上升，花药长圆形；子房狭长圆形，长 1～1.2cm，粗 1～1.5mm，胚珠数枚，2 行排列于子房的下半部，花柱细，长 0.5～1.1cm，每边具 1 沟槽，柱头狭长方形，长约 1mm，宽约 0.5mm，顶端 2 裂，基部近箭形。花期 4—6 月。

［地理分布与生态习性］ 产于我国北部（北至辽宁），生于海拔 780～2800m 的湿润草地和山坡。日本、朝鲜、俄罗斯有分布。喜耐寒、半阴的环境，不耐干旱，喜湿润、排水良好的肥沃沙壤土。

［园林应用］ 优良的花坛、花境植物，也可作盆栽。

7. 蜀葵

学名：*Alcea rosea*

别名：熟季花、戎葵

科属：锦葵科蜀葵属

英名：rose mallow

［生物学特性］ 直立草本，高达 2m，茎枝密被刺毛。叶近圆心形，直径 6～16cm，掌状 5～7 浅裂或波状棱角，裂片三角形或圆形，中裂片长约 3cm，宽 4～6cm，上面疏被星状柔毛，粗糙，下面被星状长硬毛或绒毛；叶柄长 5～15cm，被星状长硬毛；托叶卵形，长约 8mm，先端具 3 尖。花腋生，单生或近簇生，排列成总状花序式，具叶状苞片，花梗长约 5mm，果梗长至 1～2.5cm，被星状长硬毛；小苞片杯状，常 6～7 裂，裂片卵状披针形，长 10mm，密被星状粗硬毛，基部合生；萼钟状，直径 2～3cm，5 齿裂，裂片卵状三角形，长 1.2～1.5cm，密被星状粗硬毛；花大，直径 6～10cm，有红、紫、白、粉红、黄和黑紫等色，单瓣或重瓣，花瓣倒卵状三角形，长约 4cm，先端凹缺，基部狭，爪被长髯毛；雄蕊柱无毛，长约 2cm，花丝纤细，长约 2mm，花药黄色；花柱分枝多数，微被细毛。果盘状，直径约 2cm，被短柔毛，分果爿近圆形，多数，背部厚达 1mm，具纵槽。花期 2—8 月。

［地理分布与生态习性］ 本种系原产于我国西南地区，全国各地广泛栽培供园林观赏

用。世界各国均有栽培供观赏用。喜阳光充足，耐半阴，但忌涝，耐寒冷，耐盐碱能力强，在疏松肥沃、排水良好、富含有机质的沙土中生长良好。

［园林应用］ 蜀葵花期夏季，花色丰富、花大色艳，其株形高大强健，适宜丛植于墙垣、建筑物前。是优良的花境材料。

8. 无毛紫露草

学名：*Tradescantia virginiana*

科属：鸭跖草科紫露草属

英名：spiderwort without fair

［生物学特性］ 多年生草本植物。茎通常簇生，直立。花冠紫蓝色，花蕊黄色。蒴果，无毛。清晨开花，午前闭合。

［地理分布与生态习性］ 原产于北美洲。性喜凉爽、湿润气候，耐寒性强。喜阳光，在阴蔽地易倒伏。要求疏松、湿润而又排水良好的土壤，怕涝。在中性、偏碱性土壤条件下生长良好。较耐瘠薄土壤。

［品种与繁殖］ 分株和扦插繁殖。

［园林应用］ 宜作花境、树台、地被和公路护坡植物材料。

第三节　常绿不耐寒宿根花卉

1. 花烛

学名：*Anthurium andraeanum*

别名：红鹅掌、红掌

科属：天南星科花烛属

英名：flamingo plant，anthurium

［生物学特性］ 多年生常绿草本植物。叶聚生茎顶，革质；叶基凹心形，叶柄坚挺。佛焰花序单生叶腋，花梗圆柱状，直立；佛焰苞心状卵形，肥厚，平展，鲜红色或橙红色。肉穗花序无柄，黄色，下具白斑纹，花两性。

［地理分布与生态习性］ 原产于美洲热带哥伦比亚等地，我国东南部至西南各地常见栽培。性喜温暖、湿润气候，宜半阴，不宜强光直射。生长适温 18～30℃，冬季不低于 15℃，夏季不高于 35℃。要求腐殖质丰富、肥沃疏松、排水良好的壤土。生产上用氮∶五氧化二磷∶氯化钾为 3∶1∶2 的液体肥料浇灌，也可用缓释肥、长效肥和包衣肥料，效果较好。

［品种与繁殖］ 常用分株繁殖和扦插繁殖。同属观花品种的还有：火鹤（*A. scherzerianum*）。火鹤，也称花烛，肉穗花序弯曲如火焰，主要作中小盆栽培，为优良的苞、叶共赏植物。

［园林应用］ 红掌为高级插花花材。同类品种及变种繁多，极富变化。花期持久，全年均能开花，是现今最为名贵的切花品种之一。在全球热带花卉贸易中红掌销量仅次于兰花名列第二。为高档场合的重要插花摆设，常用于家庭居室、客厅及会议室的美化。

2. 鹤望兰

学名：*Strelitzia reginae*

别名：天堂鸟，极乐鸟花

科属：鹤望兰科鹤望兰属

英名：crane flower

［生物学特性］ 多年生草本，高约 1m。肉质根粗壮。茎不明显。叶大且具有长柄，似芭蕉，叶对生、两侧排列。花序苞片紫色，花萼橙黄色，花瓣蓝色。

［地理分布与生态习性］ 鹤望兰原产于南非。性喜温暖湿润，喜阳光充足，不耐寒。适宜生长温度为 20～30℃，冬季要求不低于 5℃，夏季也要给予一定的蔽阴。花期春、夏、秋三季，一个花序可开花 20～25d，整个植株花期长达 2 个月之久。

［品种与繁殖］ 鹤望兰可以采用播种繁殖，在原产地，它是典型的鸟媒植物，依靠体重仅 2g 的蜂鸟传粉，人工栽培环境下需要人工授粉才能正常结实。成熟种子应立即播种，发芽率高。发芽适温为 25～30℃，种子发芽后半年形成小苗，栽培 4～5 年、具 9～10 枚成熟叶片时才能开花。如果需要尽快赏花，可以采用分株繁殖的方式。分株应不少于 6～8 枚叶片，栽植后放半阴处养护，当年秋冬就能开花。鹤望兰还可采用现代组织培养法进行繁殖。外植体用叶柄或短缩茎，也可以用顶芽或者花序轴。

［园林应用］ 鹤望兰叶形优美、花型奇特，是著名的切花材料，在热带地区也非常适宜用作花丛和花境的布置。

3. 蝎尾蕉

学名：*Heliconia metallica*

别名：银肋赫蕉

科属：蝎尾蕉科蝎尾蕉属

英名：wild plantains

［生物学特性］ 株高 0.3～2.6m。叶长圆形，长 0.25～1.1m，宽 8～27cm，先端渐尖，基部渐窄，上面绿色，下面亮紫色；叶柄长 1～40cm。花序顶生，直立，长 23～65cm，花序轴稍呈“之”字形弯曲，微被柔毛；苞片 4～7 枚，绿色，长 7～11cm；每苞片有 1～3 朵花或多花，开放时突露。花被片红色，先端绿色，窄圆柱形，长 5.5cm，基部宽 4～5mm，呈管状；退化雄蕊宽 4～5mm。果三棱形，灰蓝色，长 0.8～1cm，有 1～3 粒种子。

［地理分布与生态习性］ 原产于委内瑞拉。主要分布于美洲热带地区和太平洋诸岛。喜光，在温暖湿润地区的森林道路旁、河边以及可以透过光线的林下生长茂盛。

［园林应用］ 蝎尾蕉属种类较多，它们花型奇特、花期长，在热带地区常用作花境、花丛的布置。

4. 长寿花

学名：*Kalanchoe blossfeldiana*

别名：长寿花、圣诞长寿花

科属：景天科伽蓝菜属

英名：winter pot kalanchoe

［生物学特性］ 多年生肉质草本。叶片厚肉质，上部叶缘具波状钝齿，下部全缘，

亮绿色。圆锥状聚伞花序。花小，高脚碟状，花瓣 4 片，花朵色彩丰富，有绯红、桃红、橙红、黄、橙黄和白等。花冠长管状，基部稍膨大，蓇葖果。种子多数。花期 1—4 月。

［地理分布与生态习性］ 原产于非洲马达加斯加。性喜温暖、稍湿润的气候和充足的光照。不耐寒，生长适温为 15～25℃，夏季高温超过 30℃，则生长受阻，冬季室内温度需 12～15℃。低于 5℃，叶片发红，花期推迟。冬春开花期如室温超过 24℃，会抑制开花，如温度在 15℃左右，开花不断。耐干旱，对土壤要求不严，以肥沃的沙壤土为好。长寿花为短日照植物，对光周期反应比较敏感。生长发育好的植株，给予短日照（每天光照 8～9h）处理 3～4 周即可出现花蕾开花。利用短日照来调节花期，可达到全年供应盆花的目的。

［品种与繁殖］ 品种有卡罗琳‘Caroline’，米兰达‘Miranda’。常用繁殖方法为扦插和组培。

［园林应用］ 由于临近圣诞节日开花，故又被称为‘圣诞伽蓝菜’。植株小巧、株型紧凑、叶片翠绿、花朵密集，是理想的室内盆栽花卉。可用于装点窗台、案头及公共场所的花坛、橱窗和大厅等，整体观赏效果极佳。

5. 非洲菊

学名：*Gerbera jamesonii*

别名：扶郎花、灯盏花

科属：菊科大丁草属

英名：flameraygerbera

［生物学特性］ 多年生草本植物。头状花序单生，高出叶面 20～40cm；总苞盘状，钟形；舌状花瓣 1～2 或多轮呈重瓣状；花色有大红、橙红、淡红、黄色等。通常四季有花，以春秋两季最盛。

［地理分布与生态习性］ 原产于非洲的南非，少数分布在亚洲。性喜冬暖夏凉、空气流通、阳光充足的环境，不耐寒，忌炎热。生长适温 20～25℃，夜间 14～16℃，开花适温不低于 15℃，冬季休眠期适温为 12～15℃，低于 7℃则停止生长，但可忍受短期的 0℃低温，属半耐寒性花卉。对光周期的反应不敏感，自然日照的长短对花数和花朵质量无影响。喜肥沃、疏松的腐叶土和 pH 6～7 的微酸性土壤，切忌黏重土壤。碱性土壤中，叶片易产生缺铁症状。

［品种与繁殖］ 扦插和组培繁殖。本属植物约 45 种，有诸多园艺变种与栽培品种。如红花非洲菊 var. *illustris*，花红色、耐寒性强；大苞非洲菊 var. *transvaalens*，总苞和花特大。荷兰育成四倍体杂交品种，花莛高可达 70cm，有缘与冠毛，如矮绒蜂‘Dwarf Frishbee’，株丛矮而密实，高 15～22cm，有 7 种颜色；矮盆枭‘Dwarf-Happipot’，高 20～30cm，有各色花；切花类型中重瓣品种佛罗里达‘Terra-florida’，舌状花深粉，花心绿色；红管‘Terra loute’，舌状花 3 层，瓣窄，白色，花心粉褐色；莫尔‘Terra Mor’，舌状花多层，大红，花心黄色等。

［园林应用］ 非洲菊花朵硕大，花枝挺拔，花色艳丽，水插时间长，切花率高，瓶插时间可达 15～20d，栽培省工省时，为世界著名十大切花之一。也常作插花主体，多与肾蕨、文竹相配置。可布置花坛、花境或盆栽作为厅堂、会场等装饰摆放。

6. 紫鸭跖草

学名：*Tradescantia pallida*

别名：紫竹梅、紫锦草

科属：鸭跖草科鸭跖草属

英名：purple heart

［生物学特性］ 多年生常绿草本植物。幼株半直立，成年株茎下垂或匍匐。茎与叶均为暗紫色，被细绒毛。小花生于茎顶端，鲜紫红色。蒴果椭圆形，有3条棱线。种子小，淡棕色。

［地理分布与生态习性］ 原产于墨西哥。喜温暖、湿润，不耐寒，忌阳光暴晒，喜半阴。对干旱有较强的适应能力，适宜肥沃、湿润的壤土。

［品种与繁殖］ 扦插繁殖。

［园林应用］ 可布置客厅、书房、办公室和卧室。秋季可作为花坛的配色植物。

7. 蟆叶秋海棠

学名：*Platycentrum rex*

别名：王秋海棠、毛叶秋海棠

科属：秋海棠科秋海棠属

英名：elephant car，beef-steekgeranium

［生物学特性］ 多年生草本植物。肉质根茎呈匍匐状。叶及花均自根茎外抽出，叶卵圆形，具不规则的银白色环纹；叶背红色，叶脉多毛。花粉红色，高出叶面。

［地理分布与生态习性］ 原产于印度的阿萨姆地区，是秋海棠的代表种，也是观叶秋海棠中最大型的美叶种。性喜温暖、湿润和半阴环境。生长适温22～25℃；冬季温度不低于10℃。不耐高温，超过35℃，生长缓慢。冬季温度低于10℃，叶片易受冻害脱落，茎叶干枯皱缩，严重时死亡。对光照的反应敏感，适合晨光和散射光下生长，在强光下易造成叶片灼伤。冬季需充足阳光，株形发育匀称美观。蟆叶秋海棠以200～300lx条件下生长最好。适用pH 6.5～7.5的中性土壤。

［品种与繁殖］ 本属1000余种，我国有90种，主要分布在华南、西南和喜马拉雅地区。

常见的观叶秋海棠有：①莲叶秋海棠（*B. nelumbiifolia*），原产墨西哥。叶大，绿色，圆形至椭圆形，似莲花叶。②枫叶秋海棠（*B. acerifolia*），原产墨西哥。根茎粗大，密布红色长毛。叶柄紫红色，有棱，上有绿色小斑点；叶片圆形，有5～9狭裂，深达叶片中部。③铁十字海棠（*B. masoniana*），原产我国南部，无地上茎；叶心形，叶缘有不规则锯齿，叶面有疱状凸起；叶色黄绿，叶脉紫褐色呈十字形。花序自叶腋生出。④彩纹海棠（*B. variegata*），铁十字海棠的一个变种。全株被白色柔毛，叶面上延叶脉周围为浅色，组成不规则图案，这些图案随叶龄增加而变化。⑤伏地秋海棠（*B. scandens*），又名常春藤秋海棠。全株光滑无毛，茎细长，下垂或匍匐。⑥银星秋海棠（*B. albopicta*），又名银星竹节秋海棠。原产巴西，亚灌木。茎直立，多分枝，茎红褐色，茎节处膨大。叶表绿色，其上密布银白色斑点。腋生花序，花白色染红晕。⑦绒叶秋海棠（*B. cathayana*），又名花叶秋海棠。原产我国云南、广西、福建等地。茎高60～80cm，被红色毛；花朱红色或白色。⑧竹节秋海棠（*B. maculata*），多年生小灌木，全株无毛。叶互生，边缘波状，表面绿色，有多数白色小斑点；叶背深红色，花及花梗深红色。⑨榆叶秋海棠（*B. ulmifolia*），茎分枝，有绒毛。叶长椭圆形，边缘有双锯齿，叶面有毛，叶色淡绿。⑩珊瑚叶秋海棠（*B. coccinea*），又名绯红秋海棠。半灌木状，全株无毛，茎直立，有分枝。叶缘波状，叶色鲜绿，叶柄短。⑪星点秋海棠（*B. boweri* 'Tiger'），茎较细，半灌木状，高 60～100cm，新枝绿色，老枝紫褐色，先端下垂。叶卵状披针形，表面鲜绿色，具有光泽，有无数银白色的斑点，花朵白绿色。⑫玻璃秋海棠（*B. margaritae*），全株密被细毛，茎直立，叶卵形，浅绿有光泽。小型盆栽，花叶俱美，为观叶赏花类型。

蟆叶秋海棠种类繁多，可以营养繁殖，如常用扦插法进行繁殖，但繁殖系数很低；采用组织培养技术，能够做到快速无性繁殖；也可以种子繁殖。根状茎的秋海棠属植物可以由叶或是茎和叶脉的段繁殖。纤维状根的秋海棠可以用种子和茎扦插繁殖。

［园林应用］ 蟆叶秋海棠叶片茂密，色彩华丽，株形矮小，是厅堂摆设装饰中的一种不可多得的小型观叶植物。可将不同品种种植于长方形种植箱中，也可配置于吊盆内，或与冷水花、蕨类植物等混植。

8. 四季秋海棠

学名：*Begonia semperflorens*

别名：蚬肉秋海棠、玻璃翠

科属：秋海棠科秋海棠属

英名：wax begonia，bedding begonia

［生物学特性］ 多年生草本，作一年生栽培。茎直立，多分枝。叶互生，绿色或带淡红色。聚伞花序腋生，常数朵成簇。花淡红色，雌雄同株异花，一般雄花多于雌花。蒴果具翅。种子细小，呈褐色面粉状。

［地理分布与生态习性］ 原产于南美巴西。性喜温暖、湿润和阳光充足环境，深色叶种更要求充足阳光。生长适温 18～20℃。冬季温度不低于 5℃，否则生长缓慢，易受冻害。夏季温度超过 32℃，茎叶生长较差。但耐热品种前奏曲 'Prelude'、鸡尾酒会 'Cocktail Party' 等系列，在高温下仍能正常生长。

［品种与繁殖］ 栽培品种繁多，株型有高种和矮种；花有单瓣和重瓣；花色有红、白、粉红。叶有绿、紫红和深褐等色。园艺品种有二倍体（2n＝30～34）、四倍体（4n＝66～68）和三倍体（3n＝50～51），其中三倍体 F_1 代花大，适应性广，栽培广泛。

常用播种、扦插、分株和组培繁殖。播种繁殖以春、秋季为宜。种子细小，短命，发芽率较低，隔年种子发芽率更显著下降。现有聚包衣的种子，发芽率大大提高。发芽适温为 20～22℃，发芽需光，播后不覆土，8～10d 发芽，9～10 周后开花。扦插繁殖以生长季进行，剪取长 10cm 的顶端嫩枝作插条，保持较高的空气湿度和 20～22℃室温，插后 16～20d 生根。分株繁殖可结合换盆时进行。

［园林应用］ 四季秋海棠花朵成簇，花期长，可用作盆栽观赏，也是花坛、花钵和吊盆的优良材料。

9. 猪笼草

学名：*Nepenthes mirabilis*

别名：猪仔笼、雷公壶

科属：猪笼草科猪笼草属

英名：pitcher plant

［生物学特性］ 多年生湿生攀缘植物。食虫植物，雌雄异株，茎最长可达 10m。叶互生，长椭圆形，中脉延长为卷须，末端有一叶笼。叶笼瓶状，瓶口边缘较厚，上有小盖，能捕食、消化和吸收小动物。总状花序，小花 10～100 朵。果实成熟开裂，随风传播。

［地理分布与生态习性］ 原产于我国海南、广东西南部，中印半岛和马来西亚也有分布。生于向阳的潮湿地或沼泽地环境中。喜明亮光照、通风向阳的环境。

［品种与繁殖］ 品种有绯红猪笼草（*N.* ×*Coccinea*）、绅士猪笼草（*N.* ×*Gentle*）、米兰达猪笼草（*N.* ×*Miranda*）。播种繁殖。种子不耐贮存，即采即播。播种后要保持土壤的湿度、空气的湿度和光照，勿让阳光照射到种子及幼芽上。也可采用扦插和压条等繁殖。猪笼草是一种美丽而奇特的食虫植物。笼色以绿色为主，有褐色或红色的斑点或斑纹，还有整个叶笼都呈红色、褐色甚至紫色、黑色的品种。

［园林应用］ 可用于吊盆点缀客室、阳台、走廊。也可栽种于花架或水岸，优雅而别致，具有极高的观赏价值。植物可药用，其性味甘凉，可清热止咳、利尿，主治急慢性肝炎。其叶片可制作凉茶。

10. 肾茶

学名：*Clerodendranthus spicatus*

别名：猫须公、牙努秒

科属：唇形科肾茶属

英名：spicateclerodendranthus herb

［生物学特性］ 多年生草本植物。总状花序，花冠浅紫或白色，3 裂。雄蕊 4，超出花冠 2～4cm。小坚果卵形，深褐色，具皱纹。花、果期 5—11 月。

［地理分布与生态习性］ 原产于印度、南洋群岛等地，在我国广东、海南、云南南部、台湾及福建等地区也有分布。性喜温暖、湿润气候。常用扦插繁殖。

［园林应用］ 肾茶花序美丽奇特，在热带地区常用于公园、居住区等园林绿地中，作花丛或花境布置。同时，肾茶清凉消炎，可入药，主要用于治疗急慢性肾炎、膀胱炎、尿路结石和风湿性关节炎，功效显著。

11. 鱼腥草（蕺菜）

学名：*Houttuynia cordata*

别名：岑草、紫背鱼腥草

科属：三白草科蕺菜属

英名：heartleaf houttuynia herb

［生物学特性］ 多年生挺水草本。地下茎匍匐状，节上生不定根。叶具腺点，有腥味。穗状花序顶生与叶对生。总苞片为白色，雄蕊长于子房。蒴果顶端具宿存的花柱。种子卵形，有光泽。花期 4—7 月。

［地理分布与生态习性］ 原产于我国南部，马老西亚、印度、泰国、越南、朝鲜及日本也有分布。生于沟边、溪边或林下湿地，喜浅水或沼泽地环境，耐阴。

［品种与繁殖］ 块茎、扦插与分株繁殖。常见品种有两种：一种常见，叶子为心形；另一种的叶子为细长尖形。同属常见的有：花叶鱼腥草（*H. cordata*. var. *variegata*）。

［园林应用］ 鱼腥草叶形漂亮，小花白色，可种植于池畔河边，是观赏价值较高的水生花卉。全株可入药。

思考题

1. 宿根花卉的概念是什么？有哪些类型？
2. 宿根花卉的繁殖栽培要点有哪些？
3. 宿根花卉都有哪些园林应用方式？

本章推荐阅读书目

1. 费砚良，张金政．宿根花卉［M］．北京：中国林业出版社，1999.
2. 金波．宿根花卉［M］．北京：中国农业大学出版社，1999.
3. 李作文．园林宿根花卉彩色图谱［M］．大连：辽宁科学技术出版社，2002.
4. 李作文．园林宿根花卉 400 种：园林植物图鉴 2［M］．大连：辽宁科学技术出版社，2007.

第八章　球 根 花 卉

一些球根花卉如郁金香、风信子、朱顶红等在世界上久享盛名，不仅是重要的切花材料，还可供盆栽。因其种类丰富，花色艳丽，花期较长，适应性强，广泛应用于花坛、花境、岩石园、基础栽植、地被覆盖、美化水面等。本章概述球根花卉的含义、地理分布、分类、栽培管理和园林应用形式，着重介绍了热带地区 9 种常见球根花卉。

第一节　概述

一、球根花卉的定义

球根花卉（bulbous plants）是指具有膨大的根或地下茎的多年生草本花卉。这类花卉地下部膨大的器官具有贮藏养分、保护和保存芽体及生长点的功能。球根栽植后，从生长发育，到新球根形成、原有球根死亡这一过程，称为球根演替。有些球根花卉的球根一年或跨年更新一次，如郁金香、唐菖蒲等；另一些球根花卉需连续数年才能实现球根演替，如水仙、风信子等。该类花卉繁殖、管理简便，一年种植可多年开花，特别适合用于城镇绿化、美化。

在世界种植的球根花卉中，种植面积超过 900hm^2 的属有唐菖蒲属（*Gladiolus*）、风信子属（*Hyacinthus*）、鸢尾属（*Iris*）、百合属（*Lilium*）、水仙属（*Narcissus*）和郁金香属（*Tulipa*）。这六大属占世界球根花卉种植面积的 90%。种植面积为 100～900hm^2 的属有六出花属（*Alstroemeria*）、秋海棠属（*Begonia*）、花叶芋属（*Caladium*）、铃兰属（*Convallaria*）、番红花属（*Crocus*）、大丽花属（*Dahlia*）、香雪兰属（*Fressia*）和孤挺花属（*Amaryllis*）。种植面积为 5～25hm^2 的属有仙客来属（*Cyclamen*）、酢浆草属（*Oxalis*）、晚香玉属（*Polianthes*）、菖蒲属（*Acorus*）、美人蕉属（*Canna*）、雪光花属（*Chionodoxa*）、火星花属（*Rocosmia*）、菟葵属（*Eranthis*）、独尾草属（*Eremurus*）、粘射干属（*Ixia*）、绵枣属（*Scilla*）和布罗地属（*Brodiaea*）。荷兰是世界球根花卉种球生产的主导者，大约占了全球球根花卉种植面积的 55%，占世界种球生产量的 75%。球根花卉栽培现已在许多国家形成巨大的产业，荷兰的风信子、郁金香和水仙，日本的麝香百合，以及中国的卷丹、兰州百合和中国水仙等，在世界上均久享盛名。

二、球根花卉的分类

球根花卉的分类主要是两种方法，一种是以其地理分布区域进行划分，另一种是按养分贮藏器官的结构进行划分。

（一）按地理分布区域的分类

从地理分布区域来看，球根花卉主要产于两个中心，一个是以地中海沿岸为代表的冬雨地区，包括小亚细亚、好望角和美国加利福尼亚等地。这些地区秋、冬、春降雨，夏季干旱。从秋至次年春是生长季，是秋植球根花卉的主要原产地区。秋天栽植，秋冬生长，春季开花，夏季休眠。这类球根花卉较耐寒、喜凉爽气候而不耐炎热，如郁金香、水仙、百合、风信子等。另一个是以南非（好望角除外）为代表的夏雨地区，包括中南美洲和北半球温带。夏季雨量充沛，冬季干旱或寒冷，由春至秋为生长季，是春植球根花卉的主要原产地区。春季栽植，夏季开花，冬季休眠。此类球根花卉生长期要求较高温度，不耐寒。春植球根花卉一般在生长期（夏季）进行花芽分化，秋植球根花卉多在休眠期（夏季）进行花芽分化，据此提供适宜的环境条件，是提高开花数量和品质的重要措施。常见的春植球根花卉有彩色马蹄莲（*Zantedeschia hybrida*）、球根秋海棠、大丽花、葱兰等。

根据生长原产地不同，球根花卉也可分为温带种或热带种。温带种喜好冷凉（如郁金香、风信子、水仙类等），华南地区不易培养开花球，每年均由外地进口球根，经短期培养开花。热带种（如晚香玉、网球花、美人蕉等）在华南地区全年生长良好。

（二）按养分贮藏器官结构的分类

球根花卉地下的养分贮藏结构依其器官与外部形态，可分为鳞茎（bulb）、球茎（corn）、块茎（tuber）、根茎（rhizome）和块根（tuberous root）五大类。

1. 鳞茎类

地下茎是肥厚多肉的叶变形体，其地下茎短缩，呈圆盘状的鳞茎盘（bulbous plate）。其上着生多数肉质膨大的变态叶——鳞片（scale），鳞片抱合而成整体球状，鳞片生于茎盘上，茎盘上鳞片发生腋芽，腋芽成长肥大便成为新的鳞茎。根据鳞片排列状态，通常又将鳞茎分有皮鳞茎（tunicated bulb）和无皮鳞茎（notunicated bulb）。有皮鳞茎外被干膜状鳞叶，肉质鳞叶层状着生，故又名层状鳞茎（laminate bulb），如水仙（*Narcissus tazetta* var. *chinensis*）（图 8-1，图 8-2），风信子（*Hyacinthus orientalis*）、郁金香（*Tulipa gesneriana*）（图 8-3）、百子莲（*Agapanthus africanus*）、朱顶红（*Hippeastrum*）和文殊兰（*Crinum asiaticum*）等大部分鳞茎。无皮鳞茎则不包被膜状物肉质鳞叶片状，沿鳞茎中轴整齐抱合着生，又称片状鳞茎（scaly bulb），如百合（*Lilium brownii*）、贝母（*Fritillaria taipaiensis*）等（图 8-4）。有的百合（如卷丹），地上茎叶腋处产生小鳞茎（珠芽），可用以繁殖。有皮鳞茎较耐干燥，不必保湿贮藏；而无皮鳞茎贮藏时，必须保持适度湿润。

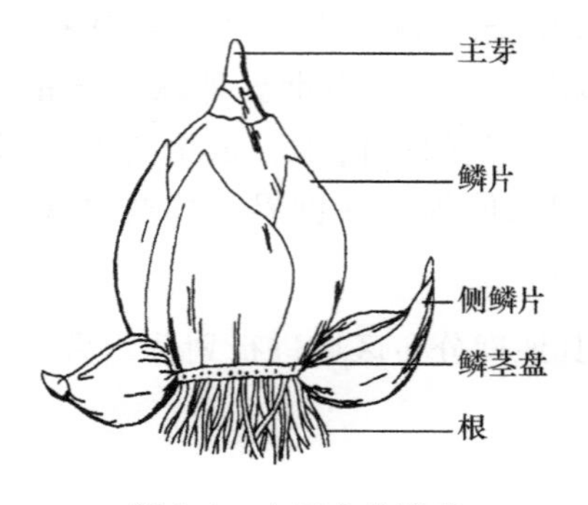

图 8-1 中国水仙鳞茎

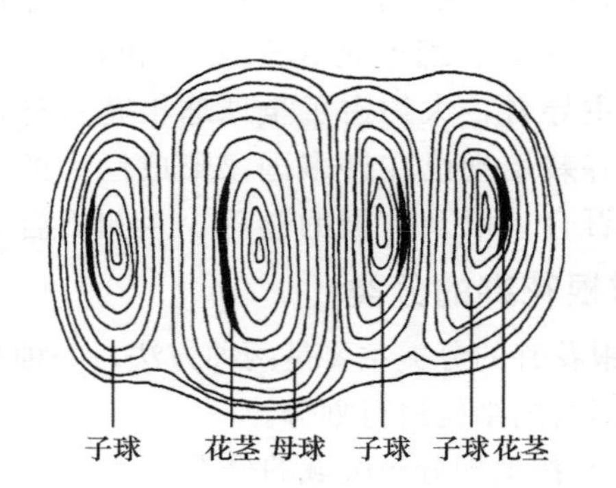

图 8-2 中国水仙鳞茎横切面

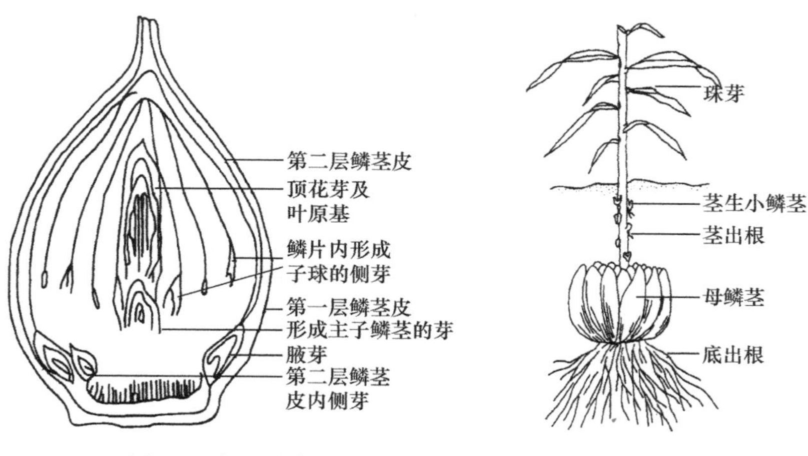

图 8-3 郁金香鳞茎　　图 8-4 百合鳞茎

2. 球茎类

地下茎短缩膨大呈实心球状或扁球形，有明显的环状茎节，节上有侧芽，外被膜质鞘，顶芽发达。细根生于球基部，开花前后发生粗大的牵引根或称收缩根（contractile root），除支持地上部分外，还能使母球上着生的新球不露出地面。球茎基部常分生多数小球茎（cormel），称子球，可用于繁殖，如唐菖蒲（*Gladiolus* × *gandavensis*）（图 8-5～图 8-7）、小苍兰（*Freesia refracta*）、蜘蛛抱蛋（*Aspidistra elatior*）、天鹅绒、番红花（*Crocus sativus*）等。

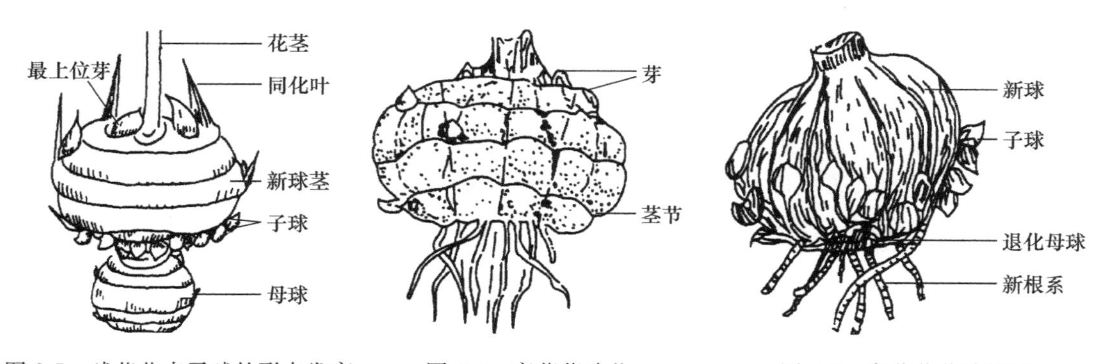

图 8-5 球茎花卉子球的形态发育　　图 8-6 唐菖蒲球茎　　图 8-7 唐菖蒲分球繁殖

3. 块茎类

地下茎或地上茎膨大呈不规则实心块状或球状，但块茎外无皮膜包被。根据膨大变态的部位可以分为两类。一种由地下根状茎顶端膨大而成，上面具明显的螺旋状排列的芽眼，在其块茎上直接产生根，主要靠形成的新茎进行繁殖，如花叶芋（*Caladium bicolor*）。另一种有种子胚轴或少部分上胚轴及主根膨大而成，其芽着生于块状茎的顶部，须根则着生于块状茎的下部或中部，能连续多年生长，但不能分生小块茎，因而需用种子繁殖或人工办法繁殖，如仙客来（*Cyclamen persicum*）（图 8-8）、球根秋海棠（*Begonia* × *tuberhybrida*）、大岩桐（*Sinningia speciosa*）等。

4. 根茎类

地下茎肥大呈根状，上面具有明显的节和节间。节上有小而退化的鳞片叶，叶腋有腋芽，尤以根茎顶端侧芽较多，由此发育为地上枝，并产生不定根。这类球根花卉有大花美人蕉（*Canna* × *generalis*）、鸢尾（*Iris tectorum*）、荷花（*Nelumbo nucifera*）（图 8-9）、姜花（*Hedychium coronarium*）、睡莲（*Nymphaea*）、玉簪（*Hosta plantaginea*）、嘉兰（*Gloriosa superba*）、白头翁（*Pulsatilla chinensis*）等。

5. 块根类

与上述四种变态茎不同，块根为根的变态，是由不定根经异常的次生生长，增生大量薄壁组织而形成，其中贮藏大量养分。块根无节，无芽眼，只有须根。发芽点只存在于根颈部的节上，由此萌发新梢，新根伸长后下部又生成多数新块根。分株繁殖时，必须带有能发芽的根颈部。这类球根花卉如大丽花（*Dahlia pinnate*）（图 8-10）和花毛茛（*Ranunculus asiaticus*）等。

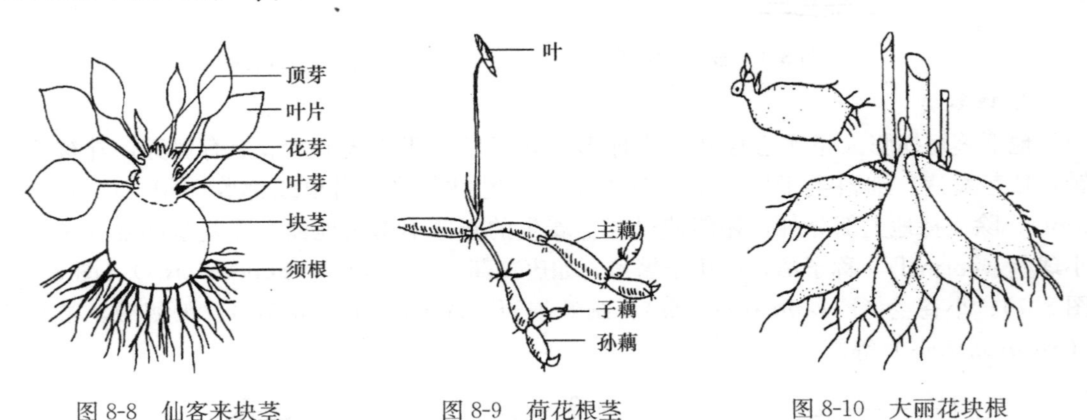

图 8-8 仙客来块茎　　图 8-9 荷花根茎　　图 8-10 大丽花块根

此外，还有过渡类型，如晚香玉（*Polianthes tuberosa*），其地下膨大部分既有鳞茎部分，又有块茎部分。以上列举的鳞茎、球茎、块茎、根茎和块根等，在观赏园艺上，统称球根。这些球根的来源从形态发育的角度分析属于根、茎、叶的变态，均具有营养器官和繁殖器官的双重作用。

三、生态习性

球根花卉从热带到寒带，从高山到湿地均有分布，生物学特性相差很大，但其生长周期均有一个共同的长期抗旱习性休眠。休眠期长短因品种而异，约 30～90d，休眠时茎叶枯黄萎凋死亡，将养分大量贮藏于地下球根中；但有些品种在休眠期中仅停止生育，并无明显的枯死现象，如朱顶红（*Hippeastrum rutilum*）、葱兰（*Zephyranthes candida*）、紫娇花（*Tulbaghia violacea*）等。在栽培上为缩短休眠期，促使开花整齐，常采用低温冷藏法，打破球根休眠。

（一）温度

不同的球根花卉因原产地不同而对温度需求有很大的差异。春植球根主要原产热带、亚热带及温带地区。这些地区夏季多降雨，植物生长季要求高温，耐寒力弱，秋季温度下降后，地上部分停止生长，进入休眠。耐寒性弱的种类需要在温室中栽培。而秋植球根原产于地中海和温带地区。这些地区冬季多雨，植物喜凉爽，怕高温，较耐寒。秋季气候凉爽时开始生长发育，春天开花；夏季炎热到来前地面地上部分休眠。耐寒力差异也很大，如山丹（*Lilium pumilum*）、卷丹（*Lilium tigrimum*）、喇叭水仙（*Narcissus pseudo-*

narcissus）可耐－30℃低温，可露地越冬；而小苍兰（*Freesia refracta*）、郁金香、风信子要利用设施园艺保护才能越冬。

（二）光照

除了百合类部分种耐阴，如山百合、山丹等，大部分球根花卉喜欢阳光充足，若阳光不足，不仅影响当年开花，而且由于球根生长不充实，还影响翌年开花，这些花卉种类一般为中日性花卉。只有麝香百合（*Lilium longiflorum*）、唐菖蒲等少数种类是长日照花卉。日照长短对地下器官形成有影响，如短日照促进大丽花（*Dahlia pinnata*）块根的形成，长日照促进百合等鳞茎的形成。

（三）水分

球根一般处于旱生状态，土壤中不宜有积水。尤其是在休眠期，过多的水分造成腐烂。但旺盛生长期必须有充足的水分；球根接近休眠时，土壤宜保持干燥。

（四）土壤

大多数球根花卉喜中性至碱性土壤；喜疏松、肥沃的沙质壤土；要求排水良好有保水性的土壤，上层为深厚壤土，下层为沙砾层最适宜。少数种类在潮湿、黏重的土壤也能生长，如番红花属的一些种类和品种。

四、繁殖

球根花卉系多年生草本花卉，从播种到开花，常需数年，在此期间，球根逐年长大，只进行营养生长。待球根达到一定大小时，开始分化花芽、开花结实。因此球根花卉主要利用母株自然形成的新鳞茎、球茎、块茎、块根或根茎等进行分生繁殖。百合、朱顶红等还常取母球鳞片进行扦插繁殖。大丽花、球根秋海棠等可进行茎插。除少数不能结实的三倍体种（如水仙、卷丹）外，专业性生产常采用播种法，以便大量繁殖，减少病毒感染。

（一）分球繁殖

1. 自然分球繁殖

球茎和鳞茎类的繁殖用此法。其特点是母球与子球之间有着一定的连接，但这种连接只要稍加外力即可自然分开，如唐菖蒲、小苍兰等。对分离的球进行分级种植，小的子球种植 2～3 年后方可成为产花的商品用球。

2. 机械切离分球繁殖

对于块根、块茎、根茎类，常用刀切或用手掰将其分球。如块根类的大丽花；块茎类的花叶芋；根茎类的美人蕉等。

1）切割法　如大丽花，纵向切割，每块必须有芽；花叶芋，切成数块，每块上有 2 个左右的芽眼；美人蕉，切成若干块，每块必须有 2 至 4 个芽；花毛茛，将块根掰成数块，每块上带有一段根茎和芽。

2）刳底法（或十字法）　如风信子，将底部刳底或深划十字形，然后愈伤置于 20～25℃，当生长出小球时再培养。

3. 株芽繁殖

株芽是生长在植株上部叶腋处的小球，分离这些小球种植能够长成植株。可以进行株芽繁殖的球根花卉有百合、小苍兰等。

（二）播种繁殖

球根花卉只要能结种子，均可采用播种繁殖。采用种子繁殖往往不能保持优良的品种特性。因此，仅在新品种选育时才采用。种子繁殖的植株，从播种到开花时间较长，如小苍兰一般 7 个月开花，仙客来需 12～18 个月，大岩桐需 6～7 个月，马蹄莲需 2 年，花毛茛需 2 年，唐菖蒲一般 3～5 年，喇叭水仙、红口水仙需 3～4 年。

（三）扦插繁殖

1. 嫩梢扦插　又称茎插。截取生长健壮的茎顶端未木质化的幼嫩部分作插穗，不宜过老或过嫩，过老的茎段生根慢，过嫩易于腐烂。如将冬贮的大丽花的块根从窖中取出，埋在湿沙中，温度 18～20℃。新芽会不断从根颈部发出，待嫩梢长到 6～7cm、茎还未出现中空时取下进行扦插，扦插生根的昼温为 20～22℃、夜温为 15～18℃，2～3 周后生根。

2. 叶插法　对于叶插的花卉要求具有肥厚的叶片、粗壮的叶脉和叶柄，并且叶缘、叶柄或叶脉具有生根发芽的能力，如球根秋海棠利用叶脉生根、大岩桐利用叶柄生根等。

3. 鳞片扦插法　鳞片是叶的变态，所以鳞片插相当于叶插，鳞茎类球根花卉，如百合、水仙、朱顶红、风信子、石蒜、网球花等都可采用此种方法。

（四）组织培养繁殖

球根花卉均可用组织培养繁殖。但组培小苗发育成开花的植株需较长时间，在生产上很少用于繁殖。组织培养可以解决种球的脱毒问题，从而使组织培养在球根花卉脱毒方面的应用日益广泛。郁金香、小苍兰、唐菖蒲、水仙等重要的切花球根花卉，可以通过组织培养脱毒，使其复壮，恢复种性。组织培养繁殖是获得健康种球的有效方法。

五、栽培管理

球根花卉的栽培管理一般主要包括以下几个方面：

（一）栽培地的选择

球根花卉一般喜疏松肥沃的沙壤土。沙壤土有利球根的肥大生长，略带黏性的壤土，有利于球根的充实发育。它们的根一般较长，以表土深厚、下层土混以沙砾为好。因此在选择栽培地时考虑不能有积水，否则球根易腐烂，如果地势低洼，需要先垫设排水物，如炉渣、瓦砾等，也可设排水管。如果在土壤呈酸性反应地区种植，则需施用适量的石灰加以中和。

（二）肥料管理

栽培球根花卉施用的有机肥必须充分腐熟，否则会招致球根腐烂。磷肥对球根的充实及开花极为重要，常用骨粉配合作基肥，钾肥需量中等，氮肥不宜过多。

（三）栽植

春植球根花卉如大丽花、唐菖蒲、晚香玉等，喜温暖的气候，栽植期须在晚霜期后（4 月中旬以后）。春季生长，夏季开花，冬季休眠。而原产地中海气候区的秋植球根花卉，如中国水仙、百合、郁金香、风信子等，一般较喜冷凉的气候，且较能耐寒，所以栽植期一般在 10 月中下旬；秋春季生长并开花，夏季休眠。

栽植同一品种球根花卉时要选择大小一致的球根，栽植深度也要大体一致，这样可使花期整齐。不同品种球根栽植的深度存在差异（图 8-11），通常为球高的 3 倍。但因土质、栽植目的及种类不同而异，如黏重土壤栽植应略浅，疏松土壤可略深，为繁殖而多生子球栽植也要浅；如需开花多，或准备多年采收的，可略深栽植。有些品种如晚香玉及葱兰以覆土至球根顶部为适度；朱顶红需要将球根的 1/4～1/3 露于土面之上；仙客来则需 4/5 球根露于地面，百合类中多数种类，要求栽植深度为球高的 4 倍以上。另外，球根栽植时应分离侧面的小球，另行栽植。

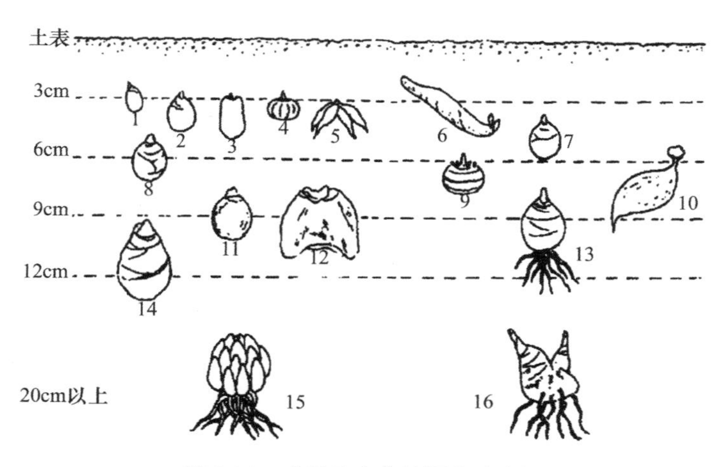

图 8-11 球根花卉栽植深度示意图

1. 雪钟花 2. 蓝壶花 3. 绵枣儿 4. 藏红花 5. 花毛茛 6. 嘉兰 7. 葱莲 8. 小型水仙 9. 唐菖蒲 10. 大丽花 11. 郁金香 12. 秋水仙 13. 石蒜 14. 大型水仙 15. 百合 16. 美人蕉

（四）常规管理

注意保根保叶。由于球根花卉常常是一次性发根，且吸收根少而脆嫩，折断后不能再生新根，栽后在生长期间不宜移植。叶一般甚少，要特别注意保护，即使作切花用时，也应适当多留些叶片，以利制造养分供给新球生长。以生产球根为目的者，宜见蕾即摘。大多数球根花卉从播种到开花一般需经数年，但如美人蕉、大丽花、球根海棠等则当年或次年就可开花。若不采种，花后应及时剪除残花，不使其结实，以减少养分的损耗，有利于新球的充实。花后浇水量逐渐减少，但仍需注意肥水管理，此时为地下器官膨大时期。生育期间浇水不能过多，否则球根易腐烂，施肥必须充分腐熟，不然也易造成球根腐烂。应多施些磷肥，因磷肥对球根的充实及开花十分重要；同时施氮肥不宜过多。

若以观花为目的时，应将母球上所附的子球全部摘除，以免子球消耗养分，影响大球开花；如以培养小球为目的时，则应带子球栽植，以便小球养料充分，生长迅速。

（五）采收

球根花卉停止生长后叶片呈现萎黄时，即可采球茎。采收要适时，过早球根不充实；过晚地上部分枯落，采收时易遗漏子球，以叶变黄 1/2～2/3 时为采收适期。采收应选晴天，土壤湿度适当时进行。采收中要防止人为的品种混杂，并剔除病球、伤球。挖掘出的球根，去掉附土，表面晾干后贮藏。

六、球根贮藏

球根成熟采掘后，放置室内并给予一定条件以利其适时栽植或出售的措施和过程，称为球根贮藏（bulb storage）。若球根名贵而病斑不大，则可用刀将病斑剔除，在伤口上涂抹防腐剂或草木灰等留用。容易受病害感染的球根，贮藏时最好混入药剂或用药液浸洗消毒后贮藏。球根的贮藏可分为自然贮藏和调控贮藏两种类型。

（一）自然贮藏

自然贮藏（natural storage）指贮藏期间，对环境不加人工调控措施，使球根在常规室内环境中度过休眠期。通常在商品球出售前的休眠期或用于正常花期生产切花的球根，多采用自然贮藏。

球根的贮藏条件和方法，常因种和品种不同而有差异，又与贮藏目的有关。①对通风要求不高而需保持一定湿度的球根，如美人蕉、百合、大丽花等，可采用埋藏或堆藏法。量少时可用盆、箱装，量大时堆放在室内地上或窖藏。贮藏时，球根间填充干沙、锯末等。②要求通风良好、充分干燥的球根，如唐菖蒲、球根鸢尾、郁金香等，可在室内设架，铺上席箔、苇帘等，上面摊放球根。如设多层架子，层间距为 30cm 以上，以利通风。少量球根可放在浅箱或木盘上，也可放在竹篮或网袋中，置于背阴通风处贮藏。

球根自然贮藏所要求的环境条件也因球根种类而不同。春植球根冬季贮藏，室温应保持在 4～5℃，不能低于 0℃或高于 10℃。在冬季室温较低时贮藏，对通风要求不严格，但室内也不能闷湿。秋植球根夏季贮藏时，首要的问题是保持贮藏环境的干燥和凉爽，不能闷热和潮湿。球根贮藏时，还应注意防止鼠害和病虫害。

（二）调控贮藏

调控贮藏（regulation and control storage）是在贮藏期运用人工调控措施，可提高成花率与球根品质，还能催延花期以及抑制病虫害等，故已成为球根经营的重要措施。调控球根的生理过程的常用的方法有三种。

1. 药物处理，如对中国水仙的气调贮藏，在相对黑暗的贮藏环境中适当提高室温，并配合乙烯处理，就能使每球花莛平均数提高 1 倍以上，使其成为“多花水仙”。

2. 温度调节　如郁金香若在自然条件下贮藏，则一般 10 月栽种，翌年 4 月才能开花。如运用低温贮藏（17℃经 3 个星期，然后 5℃经 10 个星期），即可促进花芽分化，将秋季至春季前的露地越冬过程，提早到贮藏期来完成，使郁金香可在栽后 50～60d 开花。另如麝香百合收获后用 47.5℃的热水处理半小时，不仅可以促进发芽，还对线虫、根锈螨和花叶病有良好防治效果。

3. 气体成分调节（气调）　如对中国水仙的气调贮藏，需在相对黑暗的贮藏环境下适当提高室温，并配合乙烯处理，就能使每球花莛平均数提高一倍以上，从而成为“多花水仙”。如荷兰鸢尾（*Iris ×hollandica*）在 8 月每天熏烟 8～10h，连续处理 7d，可收成花率提高一倍之效。收获后的小苍兰，在 30℃条件下贮放 4 个星期，再用木柴、鲜草焚烧，释放出乙烯气进行熏烟处理 3～6h，便可有明显促进发芽的作用。这样做不仅缩短了栽培时间，也能与其他措施相结合，设法达到周年供花的目的。

七、病虫害防治

对球根花卉常见的病、虫危害，除在生长期喷洒药剂防治外，须注意如下几点：①选用无病虫感染的球根和种子；②进行土壤消毒；③栽植或播种前，对球根或种子进行处理，以杀灭病菌、虫卵（还可加入解除球根休眠的药剂，使球根迅速而整齐地萌芽）；④球根采收后，贮藏之前要进行药剂处理。

八、园林应用

球根花卉种类丰富，花色艳丽，花期较长，栽培容易，适应性强，是园林布置理想的材料，常用于花坛、花境、岩石园、基础栽植、地被覆盖、美化水面（水生球根花卉）和点缀草坪等。它们又是重要的切花材料，大多可供盆栽，一部分适合水培，最常见的有水仙等。

第二节　热带地区常见的球根花卉

1. 球根秋海棠

学名：*Begonia*×*tuberhybrida*

别名：茶花海棠

科属：秋海棠科秋海棠属

英名：tuberous begonia

［生物学特性］　多年生球根花卉，株高约5～10cm。块茎肉质，扁圆形；叶互生，倒心脏形。花有单瓣、半重瓣和重瓣，花色丰富。球根秋海棠近年来有很多新品种，可以根据花瓣形态进行分类。球根海棠是以原产南美山区的十几个野生品种培育出来的杂交种。

［地理分布与生态习性］　适宜在我国西南高原、山东半岛和辽东半岛沿海等地种植。天然种生长于3000m高山上，性喜温暖湿润的半阴环境，宜肥沃、疏松、通气良好的沙质土壤。

［品种与繁殖］　常用播种、扦插与块茎分割法。品种分为六大系列，分别是永恒系列、修饰系列、幻境系列、命运系列、光亮系列、挂觉系列。

［园林应用］　球根秋海棠姿态优美，花色艳丽，是世界著名的盆栽花卉，用来布置厅堂、会客室、窗前，娇媚动人；布置花坛、花境和入口处，分外窈窕。

2. 水鬼蕉

学名：*Hymenocallis littoralis*

别名：美洲水鬼蕉、蜘蛛兰

科属：石蒜科水鬼蕉属

英名：spider lily

［生物学特性］　多年生草本。具鳞茎。叶剑形，基生。花白色，无柄，3～8朵生于花茎之顶；雄蕊生于管之喉部，花丝基部合成漏斗形副冠，花形如蜘蛛。花期夏末秋初，其花由外向内顺次开放。

［地理分布与生态习性］　原产于美洲热带、西印度群岛，世界各地都有栽培，我国主要分布广东、福建等地。性喜温暖湿润气候，喜光但畏烈日，不耐寒。冬季节制浇水，5℃左右可安全越冬。露地栽培时，遭霜冻地上部分即受冻枯萎，故多作温室盆栽，对土壤适应性广，适宜在富含腐殖质且稍黏的壤土中生长。

［品种与繁殖］　分株繁殖。每年3月将母株挖出，把侧旁的子株切下分栽；也可播种。栽植以3～5月为宜。生长期注意水肥管理，花后及时修剪残花。同属主要观赏种有秘鲁蜘蛛兰（*H. narcissiflora*）、美丽蜘蛛兰（*H. speciosa*）等。

［园林应用］　水鬼蕉花形别致，花姿素雅，叶形美丽。地被质地粗糙，风格自然。园林中作花境条植，草地丛植，可盆栽供室内、门厅、道旁、走廊摆放，也是南方城市街道、立交桥下绿化的常用材料。

3. 文殊兰

学名：*Crinum asiaticum* var. *sinicum*

别名：十八学士、白花石蒜

科属：石蒜科文殊兰属

英名：sacred Lily，Chinese crinum

［生物学特性］ 多年生草本。叶肥厚且长，反曲下垂，有草腥味。伞形花序顶生，着花20～30朵，花白色。

［地理分布与生态习性］ 原产于印度尼西亚苏门答腊等地，生于滨海或河旁沙地以及山涧林下阴湿地。我国广东、海南、福建有野生。性喜温暖，不耐寒，稍耐阴，喜潮湿，忌涝，耐盐碱，宜排水良好肥沃的土壤。生长适温15～20℃，冬季越冬需不低于5℃。

［品种与繁殖］ 以分株繁殖为主。同属植物有100余种。常见观赏栽培的有：①红花文殊兰（*C. amabile*），花紫红色，假鳞茎小，叶大，原产苏门答腊；②北美文殊兰（*C. americanum*），花白色，叶狭带形，边缘有锯齿；③西南文殊兰（*C. latifolium*），花淡红带白色，叶带状；④南非文殊兰（*C. bulbispermum*），花粉色，外边深红色，叶有白霜状物等。

［园林应用］ 文殊兰花叶并美，具有较高的观赏价值，既可作园林景区、校园与机关的绿地、住宅小区的草坪点缀品，又可作庭院装饰花卉，还可作房舍周边的绿篱、盆栽。

4. 朱顶红

学名：*Hippeastrum rutilum*

别名：对红、对对红

科属：石蒜科朱顶红属

英名：barbados lily

［生物学特性］ 多年生草本。有肥大的鳞茎，近球形，其花有白色或红色条纹，花期10～20d。叶剑形整齐排列，绿色有光泽。花色有深红、粉红、水红、橙红、白等，并镶嵌着各色条纹和斑纹。

［地理分布与生态习性］ 原产于巴西和南非，现在世界各国广泛栽培。我国南方有栽植。性喜温暖、湿润和阳光充足环境。要求夏季凉爽、冬季温暖，生长适温18～25℃，冬季休眠期适温为5～10℃。如冬季土壤湿度大，温度超过25℃，茎叶生长旺盛，妨碍休眠，会直接影响翌年正常开花。光照对朱顶红的生长与开花也有一定影响，夏季避免强光长时间直射，冬季栽培需充足阳光。土壤要求疏松、肥沃的沙质壤土，pH在5.5～6.5。喜肥，但开花后应减少氮肥，增施磷、钾肥，以促进球根肥大。切忌积水。

［品种与繁殖］ 常用播种和分株繁殖。常见同属观赏种有美丽孤挺花（*H. aulicum*），花深红或橙色；短筒孤挺花（*H. reginae*），花红色或白色；网纹孤挺花（*H. reticulatum*），花粉红或鲜红色。常见的栽培品种有红狮‘Redlion’，花深红色；大力神‘Hercules’，花橙红色。赖洛纳‘Rilona’，花淡橙红色；通信卫星‘Telstar’，大花种，花鲜红色；花之冠‘FlowerRecord’，花橙红色，具白色宽纵条纹；索维里琴‘Souvereign’，花橙色；智慧女神‘Minerva’，大花种，花红色，具白色花心；比科蒂‘Picotee’，花白色中透淡绿，边缘红色。最近，欧洲又推出适合盆栽的新品种，其中拉斯维加斯‘LasVegas’，为粉红与白色的双色品种；卡利默罗‘Calimero’，小花种，花鲜红色；艾米戈‘Amigo’，晚花种，花深红色，被认为是最佳盆栽品种；纳加诺‘Nagano’，花橙红色，具雪白花心。

［园林应用］ 朱顶红有较强的观赏价值，除用作盆栽外，又是高档的切花材料，也可配植露地庭园形成群落景观，增添园林景色。

5. 蜘蛛抱蛋

学名：*Aspidistra elatior*

别名：箬叶、辽叶、一叶兰

科属：天门冬科蜘蛛抱蛋属

英名：common aspidistra

［生物学特性］ 多年生常绿草本。根状茎短粗，匍匐状稍露出土面。花被合生呈钟状，直径约2cm，外被干膜质包片。浆果的外形似蜘蛛卵，露出土面的地下根茎似蜘蛛，故名“蜘蛛抱蛋”。变种金线蜘蛛抱蛋（var. *variegata*），叶面有纵向黄白色线条；斑叶蜘蛛抱蛋（var. *punctata*），叶面有黄色或白色的斑块或斑点。

［地理分布与生态习性］ 原产于我国海南岛、台湾等地。喜温暖、阴湿，耐贫瘠，不耐寒，极为耐阴，喜疏松、肥沃、排水良好的沙质壤土。

［品种与繁殖］ 分株繁殖。同属常见栽培种还有丛生蜘蛛抱蛋（*A. caespitosa*）、流苏蜘蛛抱蛋（*A. fimbriata*）、海南蜘蛛抱蛋（*A. hainanersis*）、九龙盘（*A. lurida*）等。

［园林应用］ 蜘蛛抱蛋极耐阴，终年常绿，叶形优美，生长健壮，是室内盆栽和插花艺术中极好的观叶和造型材料。可在居室美化环境。

6. 艳山姜

学名：*Alpinia zerumbet*

别名：砂红、土砂仁

科属：姜科山姜属

英名：shell flower

［生物学特性 ］ 多年生常绿草本。根茎横生，肉质。叶革质，有短柄。圆锥花序似总状花序，下垂。苞片白色，顶端及基部粉红色。花萼近钟形。花冠白色。

［地理分布与生态习性］ 原产于我国和印度，分布于印度至我国南部福建、广东、台湾等省。性喜高温多湿环境，不耐寒，怕霜雪，喜阳光又耐阴，宜在肥沃而保湿性好的土壤中生长。

［品种与繁殖］ 有花叶艳山姜、雨花艳山姜等品种。分株繁殖。

［园林应用］ 艳山姜盆栽适宜厅堂摆设。室外栽培点缀庭院、池畔或墙角处，别具一格，也可切叶。枝茎可作绳索。叶有芳香，可作蒸制年糕的衬垫。

7. 海芋

学名：*Alocasia odora*

别名：巨型海芋、滴水观音

科属：天南星科海芋属

英名：giantalocasia

［生物学特性］ 多年生常绿大草本植物。具匍匐根茎，有直立的地上茎，茎内多黏液。巨大的叶片呈盾形，花单性，肉穗花序短于佛焰苞。浆果亮红色，短卵状，长约1cm，径5～9mm。花期4—7月。

［地理分布与生态习性］ 原产于云南、海南，海拔200～1100m热带雨林及野芭蕉林中。性喜高温多湿的半阴环境，畏夏季烈日。栽培比较粗放，对土壤要求不严，但肥沃疏松的沙质土有利于块茎生长肥大。

［品种与繁殖］ 分株繁殖或扦插繁殖。有花叶变种，称花叶海芋（var. *variegata*），叶片上有大块的白色斑纹。

［园林应用］ 海芋耐阴性强，叶片肥大翠绿，适合大盆栽培，用于布置室内花园、热带植物温室和大厅堂。

8. 五彩芋

学名：*Caladium bicolor*

别名：彩叶芋、两色芋

科属：天南星科五彩芋属

英名：bicolor arrow root；common caladium

［生物学特性］ 多年生草本植物。块茎扁球形，株高 15～40cm。叶卵圆形，盾状着生，叶面有各种形态的花纹和多种色彩，常见的栽培品种叶片由红色斑块、白色斑块组成。具有长柄叶；休眠期间叶片枯黄脱落，肉穗状花序，上部是雄性，下部是雌性，佛焰苞绿色，块茎，扁圆形，黄色。

［地理分布与生态习性］ 原产于南美巴西。性喜温暖、潮湿和光线比较充足的环境，生长发育要求高温。生长期间要多浇水，并施含磷钾多的叶肥。秋后见叶色褪淡要逐渐减少浇水。晚秋温度降低到 15℃时，应停止浇水。盆土以沙质壤土为好，也可用疏松和排水良好的腐叶土。

［品种与繁殖］ 繁殖一般用分植小块茎。成批繁殖种苗可用播种和组培繁殖。花叶芋种子不耐贮藏，采种后需立即播种。

同属植物常见的还有龟甲观音莲（*C. cuprea*），又名大花叶芋，叶心脏形，中肋和羽状侧脉为深绿色，明显下凹，叶背紫色。栽培品种有：白叶芋'Candidum'，叶片白色，脉绿色。约翰·彼得'John Peed'，叶片白色，叶脉红色。红云'Pink Cloud'，叶大面积地染红色。海鸥'Seagull'，叶片深绿色，脉白色而突出。车灯'Stoplight'，叶中间绛红色，边缘绿色。白后'White Queen'，白色的叶片上有红色脉等。

［园林应用］ 花叶芋绿叶嵌红、白斑点似锦如霞，可作室内盆栽，配置案头、窗台，极为雅致。在热带地区可室外栽培观赏，点缀花坛、花境。

9. 大丽花

学名：*Dahlia pinnata*

别名：大理花、天竺牡丹

科属：菊科大丽花属

英名：dahlia

［生物学特性］ 多年生草本。是墨西哥的国花，花朵硕大富丽、鲜艳夺目，花色有紫红、桃红、粉红、复色等。具有粗大锤状肉质块根；叶对生，1～3 回羽状分裂，裂片卵形，锯齿粗钝；头状花序。

［地理分布与生态习性］ 原产于墨西哥，是全世界栽培最广的观赏植物，约有 3 万个栽培品种。现在世界各地广泛栽培。在我国以东北和西北地区生长最好，华南地区夏季高温多雨、闷热久湿或烈日干旱，均对大丽花的生长发育影响甚大。性喜温暖凉爽、阳光充足，不耐高温和干旱，但又畏涝。生长适宜温度在 15～25℃之间，以 20～25℃生长最为旺盛，但在 10～15℃的条件下生长粗壮，叶片间距小，从而增加植株的抗倒伏能力。冬季

需放置于温度为3～5℃的环境中，并且环境要干燥，地栽者挖出用微湿的河沙贮藏，盆栽者可直接在盆中越冬。

［品种与繁殖］ 大丽花的品种有很多，全世界大约有3万种栽培品种，有寿光、朝影、丽人、华紫、瑞宝、福寿、珠宝、新晃、红妃、新泉等。以扦插或分株繁殖为主，也可嫁接或播种繁殖。

［园林应用］ 花坛、花境或庭前丛植，矮生品种可作盆栽。花朵用于制作切花、花篮、花环等。

思考题

1. 根据球根花卉原产地气候，分析春植球根花卉和秋植球根花卉在栽培上的异同点。
2. 球根花卉按养分贮藏器官划分主要有哪几种类型？请每类列举3种，写出其繁殖方法、栽培要点和园林用途。
3. 球根花卉采收后贮藏应注意哪些问题？请举例说明。
4. 大丽花原产于墨西哥。根据气候相似性原理，我国哪些地方适宜生产大丽花？

本章推荐阅读书目

1. 王意成. 球根花卉［M］. 南京：江苏科学技术出版社，1998.
2. 义鸣放. 球根花卉［M］. 北京：中国农业出版社，2000.
3. 英国皇家园艺学会. 观赏植物指南：球根花卉［M］. 韦三立，等，译. 北京：中国农业出版社，2000.
4. 周厚高. 球根花卉51种［M］. 北京：北京世界图书出版公司，2006.

第九章　观 叶 植 物

观叶植物叶片形状、色泽或质地具有较高的观赏价值，通常具有较强的耐阴性，适宜在室内散射光条件下较长时间摆放等特点。其观赏周期长，耐粗放管理。观叶植物有1500多种，大多来源于热带地区，少量来源于亚热带地区，是当今世界室内绿化装饰的主要植物材料。本章根据其生物学特性、生态习性、观赏特性及园林用途等方面来进行分类，并对天南星科等主要的科属种类作介绍。

第一节　概述

观叶植物种类繁多，品种丰富，可以根据其生物学特性、生态习性、观赏特性及园林用途等几个方面来进行分类。

一、按生物学特性分类

（一）草本观叶植物

1. 一、二年生观叶植物，如雁来红（*Amaranthus tricolor*）、银边翠（*Euphorbia marginata*）、猩猩草（*Euphorbia cyathophora*）等。

2. 多年生常绿植物，包括：①具有地上茎，茎上呈草质状的天门冬（*Asparagus cochinchinensis*）、文竹（*Asparagus setaceus*）、鸭跖草（*Commelina communis*）、冷水花（*Pilea notata*）、彩叶草等；②无地上茎，叶片从地下根状茎上丛生而出的花叶竹芋（*Maranta bicolor*）、虎耳草（*Saxifraga stolonifera*）、蜘蛛抱蛋等；③叶丛生，无叶柄，基部抱合成假鳞茎状的文殊兰、万年青等。

3. 半常绿宿根观叶植物，如芭蕉（*Musa basjoo*）、麦冬（*Ophiopogon japonicus*）、宽叶麦冬（*Liriope platyphylla*）等。

4. 球根观叶植物，如君子兰（*Clivia miniata*）、蜘蛛抱蛋（*Aspidistra elatior*）、海芋（*Alocasia macrorrhiza*）、卷丹（*Lilium tigrinum*）、延龄草（*Trillium tschonoskii*）、马蹄莲（*Zantedeschia aethiopica*）、仙客来（*Cyclamen persicum*）、天门冬、雪铁芋（*Zamioculcas zamiifolia*）、慈姑（*Sagittaria trifolia*）、泽泻（*Alisma plantago-aquatica*）、阔叶油点百合（*Drimiopsis maculata*）、酢浆草（*Oxalis corniculata*）等。

5. 蕨类植物，如肾蕨、铁线蕨（*Adiantum capillus-veneris*）、卷柏（*Selaginella tamariscina*）等。

6. 竹类植物，如刚竹（*Phyllostachys sulphurea* var. *viridis*）、棕竹、观音竹（*Bambusa multiplex* var. *riviereorum*）、佛肚竹（*Bambusa ventricosa*）等。

（二）木本观叶植物

1. 阔叶乔木类植物，如橡皮树、榕树、细叶冬青（*Ilex serrata*）、棕榈类等。

2. 针叶乔木类植物，如龙柏（*Juniperus chinensis* ‘kaizuca’）、黑松、翠柏、南洋杉等。

3. 灌木观叶植物，如变叶木、红桑、南天竹、朱蕉等。

（三）藤本及蔓生观叶植物

藤本观叶植物有常春藤、白粉藤（*Cissus repens*）、球兰、吊兰等。

二、按光照要求分类

光照条件是影响观叶植物生长和维持其观赏价值的重要因素。观叶植物相对于其他花卉而言，对光照的要求不太严格，对室内的光照条件具有较强的适应力，但不同种类对弱光耐性是存在一定差异的，这对正确选择植物种类以对室内不同光照环境进行装饰绿化非常重要。

（一）需求较高光照的种类

要求给予5000～10 000lx的光照条件，最好能摆放在室内采光较好的地方。光照强度过低时，会发生新梢徒长、细弱、畸形，彩斑特征减弱，并会发生黄叶和落叶现象，失去观赏价值。包括变叶木、海枣、花叶榕（*Ficas benjamina* 'Variegata'）、苏铁、象腿丝兰（*Yucca elephantipes*）、美叶光萼荷（*Aechmea fasciata*）、仙人掌类等。

（二）需求中等光照的种类

适合于摆设在室内明亮的散射光条件下。包括花叶万年青、常春藤、虎尾兰、瓜栗（*Pachira aquatica*）、南洋杉、酒瓶兰、龙血树、散尾葵（*Dypsis lutescens*）、春羽（*Thaumatophyllum bipinnatifidum*）、广东万年青（*Aglaonema modestum*）、花叶芋、大部分凤梨类、袖珍椰子等。

（三）需求较低光照的种类

适宜在光照较弱的条件下生长和摆设，应尽量避免强烈的阳光直射，否则会出现焦叶、黄叶等症状。包括蕨类、竹芋、喜林芋、蜘蛛抱蛋、白鹤芋（*Spathiphyllum kochii*）、银苞芋（*Spathiphyllum floribundum*）、玲珑竹节椰（*Chamaedorea seifrizii*）等。

三、按温度要求分类

大部分观叶植物起源于热带和亚热带地区，不同种类对适宜生长温度的要求和能够忍耐的低温条件也有所不同。根据其在室内装饰中对适宜温度的需求可分为以下几类。

（一）适合中等温度（18～24℃）的类型

这与人们生活环境的温度相近，大多数观叶植物都属于这种类型，如竹芋、龟背竹（*Monstera deliciosa*）、彩叶凤梨、卷柏、一品红（*Euphorbia pulcherrima*）、绿萝（*Epipremnum aureum*）、花叶万年青、喜林芋等。

（二）适合较高温度（25～30℃）的类型

这些植物多起源于热带地区，在室内应摆放在较为温暖的地方，如彩叶芋、条纹竹芋、变叶木、朱蕉及某些兰花等。

（三）适应较为广泛的室内温度类型

一些观叶植物对室温的适应幅度较宽，如蜘蛛抱蛋、红边龙血树、丝兰（*Yucca smalliana*）、橡皮树等，但许多观叶植物对冬季低温的忍耐性都有一定的限度，超过这个限度就会发生冷害，甚至死亡。能够忍耐5～8℃低温的种类有常春藤、袖珍椰子、天门冬、酒瓶兰、苏铁、蜘蛛抱蛋、棕竹、荷兰铁、龟背竹、春羽、吊兰、马拉巴栗、合果芋（*Syngonium podophyllum*）等；能够忍耐9～12℃的种类有散尾葵、美洲铁、白鹤芋、波斯顿蕨（*Nephrolepis exaltata*）、南洋杉、孔雀木（*Schefflera elegantissima*）等。有的种类抗寒性较差，需要13～15℃以上的温度才能安全越冬，如花叶万年青、亮丝草、花纹竹芋、变叶木、花叶芋、绿萝、喜林芋等。

四、按湿度要求分类

不同种类的观叶植物对湿度的要求差异较大。

（一）干燥的空气和土壤环境条件类型

适宜条件类型的植物有仙人掌、龙舌兰、散尾葵、芦荟、球兰、蜘蛛抱蛋、苏铁及景天类等。

（二）中等湿度（RH：50％～60％）环境条件类型

适宜条件类型的植物有春羽、马拉巴栗、袖珍椰子、亮丝草、花叶万年青、椒草（*Peperomia arifolia*）、棕竹、合果芋等。

（三）较高空气湿度环境条件类型

适宜条件类型的植物有竹芋类、花叶芋、凤梨类、蕨类、散尾葵、花烛、观音莲等一些产于潮湿的热带和亚热带地区的种类。

观叶植物对湿度的需求也随季节和生长状态而发生变化。在夏季和旺盛生长的季节需水量较大，而在低温条件和停止生长期则需水量明显减少。温度高，光照强，蒸发量大，需要水分的量也大；温度低，光照弱，则需水量小。

五、按观赏特性分类

观叶植物姿态多样，其株型、叶形、叶色、质地等变化万千，形式多样。

（一）株型

可分为直立型、丛生型、蔓生型植株。直立型植株如朱蕉、苏铁、罗汉松等。丛生型植株如散尾葵、鱼尾葵、白鹤芋等。蔓生型植株如天门冬、常春藤、鹅掌藤、黄金葛、心叶喜林芋等。

（二）叶形

很多观叶植物凭借其独特的叶形脱颖而出，如散尾葵、丛生散尾葵、龟背竹、麒麟尾、变叶木等。

（三）叶色

按叶片颜色可分为绿色系、花叶类、彩叶类。绿色系的植株即有深浅不同的绿色叶，如深绿的豆瓣绿、浅绿的吊兰。花叶类植株的代表如花叶万年青、花叶鹅掌柴、花叶榕等。彩叶类植株有我们熟悉的花叶芋、五彩朱蕉、彩叶草等。

（四）叶质地

按叶片质地可分为柔软类和厚硬类。如铁线蕨、肾蕨、文竹、吊兰等质地柔软，给人柔和舒展的感觉；印度橡皮树、苏铁、虎尾兰、榕树等则质地刚硬，更显大气。

六、按园林用途分类

（一）盆栽类

观赏期长，观赏价值高、适于盆栽的花卉，如马拉巴栗、花烛、凤梨类、蕨类等都是良好的盆栽花卉。

（二）切叶类

可以将叶片切下，作为插花的背景以衬托素材，如天南星科植物和蕨类植物等。

（三）花坛类

花期一致、色彩艳丽、株高整齐并能适应本地区自然环境而露地栽培的种类，如椒草、合果芋、彩叶草、朱蕉等。

（四）垂直绿化

茎秆柔韧性好，呈藤蔓状，适合用于园林中花廊、棚架、墙面、竹篱及栅栏等构筑物的垂直绿化，如常春藤、薜荔（*Ficus pumila*）、天门冬、喜林芋等。

七、按观赏部位分类

有些观叶植物不仅其叶形叶色独特，其花、果、茎亦具有很高的观赏价值。

（一）观花类

以花朵为主要观赏部位，或具有美丽鲜艳的色彩，或具有浓郁、芬芳的香味。前者如杜鹃花（*Rhododendron simsii*）、朱蕉，后者如茉莉花（*Jasminum sambac*）、栀子（*Gardenia jasminoides*）、金粟兰（*Chloranthus spicatus*）等。

（二）观果类

以果实为主要观赏部位，一般果实累累、色泽艳丽、坐果时间长，如金柑（*Citrus japonica*）、朝天椒（*Capsicum annuum* var. *conoides*）、紫金牛（*Ardisia japonica*）、朱砂根（*Ardisia crenata*）等。

（三）观茎类

以茎、枝为主要观赏部位，花卉叶片稀少或无，而枝茎却具有独特的风姿。如绿玉树（*Euphorbia tirucalli*）、竹节蓼（*Homalocladium platycladum*）、珊瑚树（*Viburnum odoratissimum*）等。

第二节　天南星科观叶植物

观叶植物的种类多达1500余种。天南星科（Araceae）植物全球有105属3500余种，我国约28属210余种。该科植物中88属为热带分布，温带分布的仅有17属。天南星属是天南星科的一个大属，约有150种，是一个热带起源的热带属。

天南星科观叶植物为多年生草本植物。叶单一或少数，常基生，大都具网状脉，稀具平行脉，有全绿色，或有斑点，或有彩色。花两性或单性，小或微小，常极臭，排列为肉穗花序，为一佛焰苞片所包，佛焰苞常具彩色。子房上位或稀陷入肉穗花序轴内。果为浆果，极稀紧密结合而为聚合果。

多数原产于热带及亚热带雨林地区，喜温暖、湿润和阴蔽环境，抗寒力较低，冬季一般要求15℃以上的温度，否则叶面易冻伤甚至落叶死亡。栽培以微酸性、疏松、肥沃、排水良好的沙质壤土为好。一般采用营养器官或组织来繁殖新植株。只有在用无性繁殖不易成活时，或为了培育新品种的情况下才采用播种繁殖，如花烛、观音莲、麒麟叶、龟背竹等。

该科植物在阴生观赏植物中占有重要地位，按生长周期状态分为两大类：①常绿型，如花烛、龟背竹、花叶万年青等；②休眠期叶子枯萎型，如花叶芋、海芋、马蹄莲等。主要有花叶万年青属（*Dieffenbachia*）、广东万年青属（*Aglaonema*）、花烛属（*Anthurium*）、五彩芋属（*Caladium*）、龟背竹属（*Monstera*）、白鹤芋属（*Spathiphyllum*）、海芋属（*Alocasia*）、马蹄莲属（*Zantedeschia*）、千年健属（*Homalomena*）等直立或丛生型植物，以及喜林芋属（*Philodendron*）、崖角藤属（*Rhaphidophora*）、麒麟叶属（*Epipremnum*）、藤芋属（*Scindapsus*）、合果芋属（*Syngonium*）等蔓型植物。

1. 龟背竹属 *Monstera*

本属植物原产于墨西哥、哥斯达黎加等中美洲和南美洲地区，大型草质或半木质藤本。大部分种类茎节生出气根，攀附于它物，以蔓性或半蔓性生长。叶型变化大，叶两侧不对称，全缘或羽状裂，有的种类在中脉两侧有穿孔。

龟背竹

学名：*Monstera dcliciosa*

别名：蓬莱蕉、铁丝兰、穿孔喜林芋

科属：天南星科龟背竹属

[生物学特性] 老叶叶脉间散布许多长圆形的孔洞和深裂，形状似龟甲图案，茎有节似竹干，故名“龟背竹”，象征健康长寿。茎粗壮，其上生出褐色细柱状的气生根，形如电线，故又名“电线草”。单叶互生，幼叶心形，无裂口，长大后呈距圆形，出现羽状深裂，并在叶脉间形成椭圆形的穿孔。肉穗花序乳白色，佛焰苞淡黄色，花淡黄色。浆果成熟时暗蓝色被白霜，具香蕉的香味，其原产地居民称这种果实为“神仙赐予的美果”。

[地理分布与生态习性] 原产于墨西哥，在我国福建、云南、北京等地都有分布。可盆栽也可露地栽培。龟背竹性喜温暖、阴蔽的环境，耐旱，不耐寒，不耐涝。

[品种与繁殖] 本属常见栽培种：仙洞万年青（*M. friedrichsthalii*），叶片长卵形，深绿色，中肋至叶缘间有椭圆形窗孔，窗孔外缘至叶缘的间距稍宽；拎藤龟背竹（*M. epipremnoides*），大型种，叶厚似树藤，叶片长70～80cm，深绿色。还有翼叶龟背竹（*M. standleyana*）、斑纹翼叶龟背竹（*M. standleyana* ‘Variegata’）、斜叶龟背竹（*M. obliqua*）、星点龟背竹（*M. punctulata*）和孔叶龟背竹（*M. adansonii*）等。

[园林应用] 龟背竹用于大、中型盆栽或垂直绿化、庭院散植，多在阴凉处种植，亦可作切叶。

2. 麒麟叶属 *Epipremnum*

本属植物主要分布于我国热带地区、喜马拉雅地区、东南亚至澳大利亚，以及太平洋西部地区，性喜温暖、湿润、阴蔽，不耐寒，较耐旱。忌阳光直晒。要求土质肥沃，排水良好。为常绿半木质藤本，茎粗壮，多分枝，具气生根。叶耐阴性强，为美化居室的优良材料，可作柱式种植或挂壁，也可作插花衬料或吊盆栽植。

1）麒麟叶

学名：*Epipremnum pinnatum*

别名：上树龙

科属：天南星科麒麟叶属

英名：common epipremnum

[生物学特性] 大型藤本，茎干粗壮，圆柱形，直径约2.5cm，节上生根，幼叶狭披针形或披针状长圆形；成熟叶长圆形，羽状深裂，几达中脉，裂片线形，两端几等宽，先端斜截头状。叶极大，具长柄。叶柄长20～40cm，上部有关节；总花梗圆柱状，粗壮；佛焰苞外面绿色，里面黄色；肉穗花序无柄，圆柱状；果椭圆形。花期为春夏季。

[地理分布与生态习性] 原产于我国海南陵水、保亭、崖县，常生于密林阴蔽处。此外，我国广东、广西、云南及台湾，以及印度、马来西亚直至菲律宾、南太平洋诸岛和大洋洲皆有分布。喜温暖、阴蔽的环境，稍耐寒，耐旱。

［品种与繁殖］ 主要扦插繁殖。本属常见的还有台湾麒麟叶（*E. formosanum*），附生藤本，匍匐于岩石或树上；叶膜质，长圆形、倒卵形或卵状长圆形，长约 40cm，宽 25～30cm；羽状分裂，顶生裂片梯形，中部侧裂片线状三角形；花期 7 月；为我国台湾特产，生于海拔 1500m 的林内。

［园林应用］ 良好的攀缘植物，较耐阴，多用于垂直绿化，树下、高架桥或者室内。可供切叶，藤供药用。

2）绿萝

学名：*Epipremnum aureum*

别名：魔鬼藤、黄金葛、黄金藤、桑叶

科属：天南星科麒麟叶属

英名：Scindapsus

［生物学特性］ 高大藤本，茎攀缘，长达 10m 以上，节间具纵槽和气生根；多分枝，枝悬垂。幼枝鞭状，细长，粗 3～4mm，节间长 15～20cm。叶柄长 8～10cm，两侧具鞘达顶部；鞘革质，宿存，下部每侧宽近 1cm，向上渐狭；下部叶片大，长 5～10cm，上部叶长 6～8cm，纸质，宽卵形，短渐尖，基部心形，宽 6.5cm。成熟枝上叶柄粗壮，长 30～40cm，基部稍扩大，上部关节长 2.5～3cm、稍肥厚，腹面具宽槽。叶鞘长，叶片薄革质，互生，翠绿色，通常（特别是叶面）有多数不规则的纯黄色斑块，老株叶片边缘有时不规则深裂，幼株叶片罕见裂，有镶嵌金黄色、白色、灰绿等不规则的斑点和条纹的花叶品种，不等侧的卵形或卵状长圆形，先端短渐尖，基部深心形，长 32～45cm，宽 24～36cm。

［地理分布与生态习性］ 绿萝原产于所罗门群岛，在亚洲各热带地区有分布，常攀缘生长在雨林的岩石和树干上。我国广东、福建、上海等地有栽培，因其茎缠绕性强，气根发达，可以水培种植。绿萝是阴性植物，喜散射光，较耐阴。遇水即活，因其顽强的生命力，被称为"生命之花"。

［品种与繁殖］ 常扦插繁殖。常见栽培种有：银葛（E. a. 'Marble Queen'）、金葛（E. a. 'Golden Pothos'）三色葛（E. a. 'Tricolor'）。

［园林应用］ 室内养殖时，不管是盆栽或是用茎秆水培，都可以良好地生长。既可让其攀附于用棕扎成的圆柱上，也可培养成悬垂状置于书房、窗台，抑或直接盆栽摆放，是一种非常适合室内种植的优美花卉。

3. 雪铁芋属 *Zamioculcas*

雪铁芋

学名：*Zamioculcas zamiifolia*

别名：金币树、泽米叶天南星

科属：天南星科雪铁芋属

［生物学特性］ 多年生常绿草本植物，地下茎呈肥大块茎状，地上无主茎，不定芽从块茎萌发形成大型羽状复叶，小叶对生、6～10 对、肉质具短小叶柄，坚挺浓绿。叶柄基部膨大，木质化。

［地理分布与生态习性］ 原产于非洲东部雨量偏少的热带草原气候区，于 1997 年从荷兰引进到广州芳村和顺德陈村栽培，在 1999 年昆明世界园艺博览会上被称为金钱树，自此在华南地区广泛引种栽培。

[园林应用] 雪铁芋主要用于家居、办公室作盆栽观叶，因其叶片形似钱币，质地厚实，经过擦拭后，光亮葱翠，寓意吉祥而广受欢迎。在热带地区，少量用于岩石园、水景园。

4. 广东万年青属 *Aglaonema*

分布于非洲热带、印度、马来西亚的多雨林区，我国有2种，见于西南和华南，其中海南有一种，即粤万年青（*Aglaonema modestum*），产于海南临高，广东、广西、云南等地也有分布。本属与黛粉芋属植物近似，但株型较小，为中、小型种。适于用小型容器栽培，或插植于盛水的玻璃容器中进行水培，是室内装饰的佳品。

广东万年青

学名：*Aglaonema modestum*

别名：粗肋草、亮丝草、粤万年青

科属：天南星科广东万年青属

[生物学特性] 多年生草本。叶色暗绿色，卵圆形，长16～20cm，先端渐尖，基部扩大抱茎。叶柄长约13cm，株高40～50cm。

[地理分布与生态习性] 原产于我国。性喜高温高湿，极耐阴，耐旱能力较差。培养土可以用腐叶土或是泥炭土。夏天要在遮阴下栽培；高温季节每天都要浇水2次，而且叶面要喷雾，室内摆设即使光线比较暗也不会徒长。温度在15℃以上开始生长，越冬不能低于10℃。

[品种与繁殖] 同属植物约50种，主要分布在亚洲热带地区。主要观赏植物有：金皇后（*A. commutatum* 'Pseudobracteatum'），与其形态相似的皇后万年青（*A. commutatum* 'Malay Beauty'）是本属植物中观赏价值最高的、叶色最为漂亮的品种；银皇帝（*A. eommutatum* 'Silver King'）；玉皇帝（*A. crspum*）是比较小型的种类，最适合宾馆条列式花槽摆设，宜和色泽淡雅的皇后万年青混合放置。常用繁殖方法有分株法、播种法、扦插法。

[园林应用] 广东万年青叶片素雅，植株大小适中，可盆栽或用玻璃瓶装水瓶插，是摆放在厅堂、书房的佳品。

5. 花叶万年青属 *Dieffenbachia*

又称黛粉芋属，属多年生常绿亚灌木。分布于热带美洲，我国台湾、福建、广东引种栽培4种，多为较矮小亚灌木，本属有30多个栽培品种。本属植物茎粗壮直立，高可达1.5m，叶面夹杂白色或黄色的斑点、斑块，是高雅的观叶植物。小型品种可作盆景或盆栽，大型品种可用作地面绿化。

粉黛芋

学名：*Dieffenbachia seguine*

别名：花叶万年青

科属：天南星科黛粉芋属

[生物学特性] 多年生常绿草本植物。株高30～45cm，叶边缘绿色，中央几乎为黄白色斑块占据，宛如少女的粉黛。茎干容易从叶腋长出小株，因而常呈丛生状株型。

[地理分布与生态习性] 原产于哥伦比亚、哥斯达黎加等地。喜高温、潮湿和半阴的环境，忌强烈的阳光直射，否则容易发生日灼病。生长的适宜温度为18～25℃，一般在8℃以上就可以安全越冬。喜通风良好的环境；喜疏松的腐叶土作培养基质，也可用珍珠岩、木屑混合而成的无土基质。

［品种与繁殖］ 常用繁殖方法以扦插和组织培养为主。同属观赏植物还有：斑叶万年青（*D. exotica*），种植于花坛高大深绿的植物下；大王万年青（*D. amoena* 'Tropic Snow'），气势雄伟，是草本观叶植物中植株较高的一种；花叶万年青（*D. picta*），大小盆栽均宜，是极好的观叶植物。

［园林应用］ 黛粉叶叶形、叶色和株形俱美，是花叶万年青属的小型品种，既可单独摆放在室内窗台上，也可成排种植于花坛外围。为室内著名的观叶植物。

6. 合果芋属 *Syngonium*

原产于中、南美洲热带雨林。本属植物约 20 种，有 50 多个栽培品种。生长健壮，色泽淡雅，容易栽培管理。适于中小盆栽植，为室内盆栽的重要观叶植物；矮化为丛生植株，绿化室内外环境。

合果芋

学名：*Syngonium podophyllum*

别名：长柄合果芋、白蝴蝶、箭叶芋

科属：天南星科合果芋属

［生物学特性］ 多年生常绿蔓性草本植物。茎蔓生，有明显的节，多数具攀缘气生根。花单生，呈佛焰包状，花开时，外绿，里为玫瑰红色或白色，有浓茶香味，内有乳白色或白色玉米棒状花蕊柱（花葶）。花序肉质，昼开夜合，长尖果型，故被称为合果芋。花期 7—9 月，陆续开放。园艺品种很多。

［地理分布与生态习性］ 原产于南美热带雨林，我国广东、福建等省多有栽培，尤其广东栽培生产量最大。性喜高温、高湿，忌直射阳光，非常耐阴而不耐寒，喜肥沃、疏松、排水良好的微酸性土壤。忌阳光直射，可设遮阳网。生长期需经常浇水和叶面喷水，保持叶面清洁有利生长。合果芋在热带地区的林边及阴蔽的墙隅、隙地可露地栽培。

［品种与繁殖］ 常扦插繁殖、组织培养。常见的种或栽培种还有长耳合果芋（*S. auritum*），长叶合果芋（*S. macrophyllum*），铜叶合果芋（*S. erythrophyllum*），绿金合果芋（*S. xanthophyllum*），绒叶合果芋（*S. wendlandii*），粉蝶合果芋（*S. pinkbutterfly*）和白蝶合果芋（*S. podophfllum* 'White butterfly'）等。

［园林应用］ 合果芋适于中小盆栽培，也做成中、小型图腾柱。现在已成为宾馆、办公楼和居家室内绿化最常用的植物之一。

7. 喜林芋属 *Philodendron*

又称蔓绿绒属、喜树蕉属，本属有 200 多个栽培品种，大多产于南美地区，多属藤本。本属植物观赏部位主要是多样化的叶形和叶色，适宜作立体绿化，也适于作室内装饰。

1）春羽

学名：*Philodendron selloum*

别名：春芋、裂叶喜林芋

科属：天南星科喜林芋属

英名：lacy tree philodendron

［生物学特性］ 多年生常绿的草本植物。茎极短，丛生，叶片从茎部向四面扩展，长 30～100m，羽状全裂。

［地理分布与生态习性］ 原产于巴西、巴拉圭。较耐阴、耐寒，能够耐 5℃低温。夏天

要避免阳光直射。室外要放在树荫或遮阳网下；室内最好放置在有窗帘的窗口边。春羽一般种植在腐叶土和沙土混合的培养基中。从小苗开始就要注意整形，可节约空间且提高观赏价值。

［品种与繁殖］ 扦插繁殖。变种仙羽‘Xanadu’，叶小而幽雅，外形有如大鸟的羽毛。

［园林应用］ 春羽是喜林芋属中一种最普及的观叶植物，可陈列于厅堂或卧室。

2）红苞喜林芋

学名：*Philodendron erubescens*

别名：绿帝王蔓绿绒、绿帝王

科属：天南星科喜林芋属

英名：imperial green

［生物学特性］ 常绿木质攀缘植物。在盆栽条件下，茎的直径可达 3～4cm，节间 1～2cm，在节间上常生有许多不定气生根。茎呈浅褐色，直立性较差，当长高至 30～50cm 以上时便会向一侧倾斜。叶巨大，常呈莲座状丛生于茎顶部。佛焰苞花序腋生，有时 2 个生在一起；在顶部稍呈半开展状，露出里面的黄色柱状肉穗花序。

［生态习性］ 性喜明亮的散射光，忌直射光。喜温暖和湿润的环境，越冬的最低温度夜间应在 13℃以上。有一定的耐阴能力，对室内较干燥的环境亦有较强的适应能力。由于节间短，生长较迟缓，在栽培的头两年株形比较好。

［地理分布］ 原产于哥伦比亚，性喜温暖湿润环境。

［品种与繁殖］ 大批量商业性繁殖均采用组织培养法，少量繁殖可以用扦插或分株法，也可用新鲜的种子繁殖。该杂交种还有一品种为红帝王喜林芋‘Imperial Red’，叶片稍短而宽，紫红褐色带绿色，有光泽，观赏价值比绿帝王喜林芋高。同属常见的栽培种还有：芋叶蔓绿绒（*P. erubescens*），叶卵三角形，全缘，略后弯，叶基戟形凹入，绿色；琴叶蔓绿绒（*P. panduriforme*），茎节具气生根，叶片掌状 5 裂，叶基耳垂状，形似提琴，深绿色，革质；心叶蔓绿绒（*P. scandens*），叶心脏形，全缘，深绿色，是红宝石（*P.* ×‘Red Emerald’）和绿宝石（*P.* ×‘Green Emerald’）的杂交亲本；另有绒叶喜林芋（*P. melanochrysum*）、姬喜林芋（*P. oxycardium*）、牛肋（*P. tuxtlanum*）、鸟巢喜林芋（*P. wendlandii*）等。

［园林应用］ 用作美化较大的厅堂和室内花园，不需树立支柱，现已成为南北各地室内绿化的主要高档盆栽植物。

8. 花烛属 *Anthurium*

本属约有 600 多种，其中 200 多个栽培品种，原产于美洲热带地区，大多为多年生草本植物。花烛大都以其佛焰苞鲜艳的色彩和奇特的形状而定其俗名。一般在夏季开花，如栽培条件良好，可全年开花，观赏时间长达两个月或更长时间。常见栽培观花种类有红掌（*A. andraeanum*）和火鹤花（*A. scherzerianum*）；观叶种类有水晶花烛（*A. crystallinum*）。

9. 五彩芋属 *Caladium*

又称彩叶芋属，16 种，分布于美洲热带地区，为多年生草本植物。株高 30～50cm，叶长心形，叶片大小差异较大，叶柄细长，叶面具绿、红、粉、白、褐等色斑，色彩丰富艳丽，是家居、公共场所美化的极好观叶植物。我国引种栽培的有花叶芋（*C. bicolor*）。

10. 白鹤芋属 *Spathiphyllum*

又称白掌属，约 30 种，主要产于美洲热带地区，亚洲热带只有 2 种。为观叶兼观花的植物。该属植物较耐阴，是优良的室内观赏植物。

白掌

学名：*Spathiphyllum floribundum* ‘Clevelandii’

别名：白鹤芋、和平芋

科属：天南星科苞叶芋属

［生物学特性］ 多年生常绿草本植物。佛焰苞呈叶状，大而显著，高出叶面，白色或绿色，甚为美观。大盆种植时株高和冠幅均可达 1m 左右。

［地理分布与生态习性］ 原产于美洲和亚洲热带地区，性喜高温、半阴和湿润的环境。夏季可遮去 60%～70%的阳光，春秋两季的直射阳光也是有害的，可以遮去阳光 30%～40%。温度适宜，全年均可生长。盆土要求疏松、排水和透气性好，不可黏重。喜肥，生长季节每 1～2 周施 1 次液体肥料。

［品种与繁殖］ 一般用分株和播种法繁殖。常见栽培种和品种有：多花苞叶芋（*S. floribundum*），柏氏苞叶芋（*S. patinii*），玛娜洛埃苞叶芋‘Mauna Loa’和白旗苞叶芋‘Clevelandii’等。

［园林应用］ 白鹤芋花茎挺拔秀美，是良好的花叶共赏植物，可用作客厅、卧室、办公室的盆栽花卉。也可以在花台、庭园、池畔的阴蔽地点、水池边缘丛植、列植。另外，白鹤芋的花与叶都是极好的花篮和插花的装饰材料。

11. *海芋属 Alocasia*

又称观音莲属，同属植物约 70 种，主要产于亚洲热带地区，为多年生常绿大型草本植物。我国有 3 种，分布于西南部及南部。海南有 3 种，海芋（*A. macrorrhiza*），尖尾芋（*A. cucullata*），南海芋（*A. hainanica*）。在广东地区栽培种有黑叶观音莲（*Alocasia* × *mortfontanensis*）、观音芋（*A. amazonica*）和箭叶海芋（*A. longiloba*）等。本属植物叶形多种，叶片肥大，晶莹可鉴，形成风格独特的观叶植物。小株可用作一般盆栽，供居室陈列。大株可盆栽或地栽作园林布景，形态宏伟，极富热带风光。

12. *千年健属 Homalomena*

又称翡翠宝石，原产于亚洲热带地区与美洲，约 130 个种，有 20 多个栽培品种。多数茎较短，叶卵状心脏形或披针形，全缘。目前国外已用于室内装饰，但还不十分普遍。观赏价值较高的有：彩绘扁叶芋（*H. picturata*），叶色浓绿，中肋部分泛银白色，很美丽；春雪芋（*H. wallisii*）叶深橄榄色，上有银黄色斑块。

13. *藤芋属 Scindapsus*

本属约有 40 种，分布于印度至马来西亚，我国产 2 种，即海南绿萝（*S. maclurei*）和大叶藤芋（*S. maclurei*）。

14. *崖角藤属 Rhaphidophora*

本属约有 100 种，原产于印度尼西亚群岛，我国有 7 种，大部分产自西南部和南部。海南常见的有密脉崖角藤（狮子尾，*R. hongkongensis*）和莱州崖角藤（*R. laichauensis*）。

第三节　其他观叶植物

1. *龙血树属 Dracaena*

为天门冬科植物，同属有 150 种，原产于加那利群岛，非洲热带和亚热带地区，亚洲及大洋洲之间的群岛。我国产5种，分别为矮龙血树、长花龙血树、海南龙血树、剑叶龙血树和细枝龙血树，分布于云南、海南、台湾等地。

1）香龙血树

学名：*Dracaena fragrans*

别名：巴西铁

科属：天门冬科龙血树属

英名：corn plant

［生物学特性］ 香龙血树，因其切口能分泌出一种有色的汁液，即所谓的“龙血”而得名。为常绿乔木状或灌木状植物，高可达6m以上。茎粗大，树皮灰褐色或淡褐色，叶片宽大。叶簇生于茎顶，长椭圆状披针形，基部狭窄，端渐尖，弯曲成弓形，绿色或具亮黄色或乳白色的条纹，没有叶柄；穗状花序簇生呈圆锥状，花小，花被黄绿色，成熟后呈浅紫色，夜晚具有芳香；果橘红色。

［地理分布与生态习性］ 原产于美洲的加那利群岛和非洲几内亚等地，我国已广泛引种栽培。喜高温多湿环境，喜散射光，耐阴性强，忌烈日暴晒。生长适温18～35℃，低于13℃停止生长，不耐寒，7℃左右低温即会引起叶片冻伤，过高的温度会引起叶枯。对光照适应性强，但老叶和斑叶品种在阴暗处斑色消失。将老干切成10～20cm，可以放在容器中水养，寿命2年。

［品种与繁殖］ 常用扦插繁殖。盆栽常采用达到一定粗度的成株茎干，截成数段，按不同高度配置在大型花盆中，茎干上部又可萌生叶片，错落有致、层次分明，故给人以“步步高升”之寓意。香龙血树最初由非洲传入欧洲，主要栽培在英国、法国植物园的温室内，后期美洲和亚洲的植物园和公园内也有栽培。常见品种有：金边香龙血树‘Lindenii’，又名金边巴西铁，叶缘有宽的金黄色条纹，中间有窄的金黄色条纹；中斑香龙血树‘Masangeana’，又名金心巴西铁，叶中心有宽的金黄色条纹。

［园林应用］ 巴西铁多作为室内观赏植物，用来布置会场、客厅和大堂，富有热带情调；或小型水养盆栽，点缀居室、书房和卧室，高雅大方。在植物园和公园中，栽培于温室内供观赏；在美洲及亚洲热带地区的园林中，可丛植于花境或作花坛镶边。

2）富贵竹

学名：*Dracaena sanderiana*

别名：万寿竹、距花万寿竹、开运竹、富贵塔

科属：天门冬科龙血树属

英名：dracaena sanderiana lucky bamboo

［生物学特性与生态习性］ 园艺品种多，叶色常具黄白条纹。耐阴湿，空气干燥叶尖易干枯。中、小型盆栽或花瓶水养。常见截取不同高度茎杆捆扎，堆叠成塔形，或用其茎杆编扎成各种造型，置于浅水中养护。

［地理分布］ 原产于加利群岛及亚非地区。

［品种与繁殖］ 生长快，扦插极易成活。主要品种有：金边富贵竹‘Virescens’，叶缘具黄色宽条纹；银边富贵竹‘Margaret’，叶缘具白色宽条纹。

［园林应用］ 常用于家庭室内盆栽或水养瓶插或盆栽，可适当造型为塔状，层次错落有致，造型高贵典雅，也可扭曲成螺旋形、心形、8字形等组合，还可以人工编织成笼状，赋予各种美好的寓意。在热带地区可露地栽培，结合人工造型成竹篮、花瓶等，用于花坛或花境点景。

3）百合竹

学名：*Dracaena reflexa*

别名：短叶竹蕉

科属：天门冬科龙血树属

英名：lily Bamboo

[生物学特性] 株高可达9m，盆栽2m左右。长高后易弯曲，多分枝。叶色浓绿而有光泽。

[地理分布与生态习性] 我国大部分地区均有栽培，喜温喜湿，全光或半阴皆可生长，但喜半阴。对水分要求不严，剪下插在水中也可生根。

[品种与繁殖] 有黄色条纹的品种。播种或扦插繁殖。

[园林应用] 是优良的室内中、大型盆栽植物。也可切枝观赏。

4）海南龙血树

学名：*Dracaena cambodiana*

别名：小花龙血树

科属：天门冬科龙血树属

[生物学特性] 乔木状，高在3～4m以上。树皮带灰褐色，幼枝有密环状叶痕。叶聚生于茎枝顶端，几乎互相套叠，抱茎，无柄。圆锥花序长在30cm以上，花绿白色或淡黄色。

[地理分布与生态习性] 生长于热带与亚热带低海拔花岗岩裂缝及岛屿上，在广东、海南均有栽培。喜光、耐干旱、生长缓慢。

[繁殖] 播种或扦插繁殖。

[园林应用] 海南特有种，是优良的盆栽或室内观赏树种，亦可用作庭院种植等。

2. 吊兰属 Chlorophytum

为天门冬科植物，同属约有215种，中国有5种，产于中国西南部和南部地区。

吊兰

学名：*Chlorophytum comosum*

别名：挂兰、葡萄兰、钓兰

科属：天门冬科吊兰属

英名：spider plant、spider ivy或ribbon plant

[生物学特性] 多年生草本植物，其根肉质粗壮，具短根茎。叶基生，条状披针形，狭长，绿色或有黄色条纹；叶丛中常抽生走茎，先端会长出小植株；小花白色，疏离地散生在花序轴上，四季可开花，春夏季花多。因其叶腋抽生的走茎顶端簇生的叶片由盆沿向外下垂，形似仙鹤，故有“纸鹤兰”之称；有时单独植株悬垂于空间，像钓竿，故又名“钓兰”。

[地理分布与生态习性] 吊兰原产于南非热带丛林。性喜温暖、湿润的半阴环境。生长适宜温度为15～20℃，冬季室温不可低于5℃，要求疏松肥沃、排水良好的土壤。适应性强，可以忍耐较低的空气温度。

[品种与繁殖] 分株繁殖或分割匍匐枝顶端小植株另栽植。个别品种开白色花后结果，可采集种子繁殖，但子代叶色会发生退化，影响观赏价值。主要栽培的园艺品种有：中斑吊兰‘Vittatum’，栽培最普遍，叶片中央为黄绿色纵条纹；镶边吊兰‘Variegatum’，叶面、叶缘有白色条纹；黄斑吊兰‘Mandaianum’，叶面、叶缘有黄色条纹；宽叶

吊兰（*C. capense*），植株生长旺盛，叶片长而宽大，淡绿色，也有许多品种。

［园林应用］ 株态秀雅，叶色浓绿，走茎拱垂，是优良的中小型盆栽或吊盆观叶植物。可点缀于室内山石之中，纤细长茎拱垂，给人以轻盈飘逸之感，故有“空中花卉”之美誉。也可采用水培，置于玻璃容器中，既可观赏花叶之姿，又能欣赏根系之态。吊兰具有极强的吸收有毒气体的功能，故吊兰也有“绿色净化器”的美称。

3. 瓜栗

学名：*Pachira aquatica*

别名：发财树

科属：锦葵科瓜栗属

英名：malabar chestnut

［生物学特性］ 属名取自圭亚那语，意思是“在水中”。常绿乔木，树皮为绿色，干基部常膨大；掌状复叶，长椭圆形至狭倒卵形小叶5～9枚，革质有光泽；绿白色至黄白色杯状花，很少为浅红色；蒴果长10～30cm，褐色球形种子，直径1～2cm。

［地理分布与生态习性］ 原产于巴西，在我国华南及西南地区有广泛地引种栽培。其株型美观，耐阴性强，为优良的室内盆栽观叶植物。

［品种与繁殖］ 常用种子繁殖。本属有2种植物，我国目前引进1种。

［园林应用］ 20世纪80年代，台风韦恩袭击台湾，一位卡车司机被困在家突发奇想，将播种于同一盆中的五棵马拉巴栗小苗的枝干屈曲成辫子状，改名为“发财树”出售。这种枝条绑扎的方法传至日本，受到热烈的欢迎，此后成为东南亚最普遍的观赏植物之一。

4. 猪笼草

学名：*Nepenthes mirabilis*

别名：担水桶

科属：猪笼草科猪笼草属

英名：pitcher plant

［生物学特性］ 攀缘状亚木质藤本，是著名的热带食虫植物。叶互生，叶片呈长椭圆形，全缘，叶片的中脉延长为卷须，末端连接有一个小瓶状的叶笼，笼色以绿色为主，多数有褐色或红色的斑点和条纹，顶端有囊盖，雌雄异株，总状花序，长20～50cm，花红色或紫红色；蒴果，果瓣披针形，萼片宿存，花期在4—10月，果期在9—12月。

［地理分布与生态习性］ 原产地主要为旧大陆热带地区。猪笼草属的学名源自古希腊《荷马史诗》中的一种麻醉药名称Nepenthes，希腊语意为“forgetfulness”，因此又有“忘忧草”之称。猪笼草叶的构造复杂，分叶柄、叶身和卷须，卷须尾部扩大并反卷形成瓶状，被称为叶笼，因为形状像猪笼，故称“猪笼草”。在海南，它又被称作雷公壶，意指其叶笼像酒壶。猪笼草的叶笼开口边缘和囊盖下表面能分泌蜜汁，引诱昆虫，而这些蜜汁有麻醉的作用，使昆虫麻痹而落入笼内，然后被消化吸收。喜温暖、湿润和强散射光的半阴环境。不耐寒，怕干燥和强光曝晒。对土壤要求不严，在各种土质上均可生长，但喜湿润的沙质酸性土。猪笼草必须在高温高湿条件下才能正常生长发育，因此，种植地要求阳光充足，但也要避免长时间的太阳光直射。

［品种与繁殖］ 播种、扦插和压条繁殖。猪笼草的同属植物全世界约170种，我国广东、海南有野生分布。

［园林应用］ 20世纪90年代以来，我国引进猪笼草的优良品种，主要用于花卉展览，也有部分种类常用于室内盆栽或吊盆观赏，以点缀客室、花架、阳台和窗台，或悬挂于小庭院树下和走廊旁。

5. 天门冬属 *Asparagus*

文竹

学名：*Asparagus setaceus*

科属：天门冬科天门冬属

英名：bashfulgrass

［生物学特性与生态习性］ 多年生攀缘性草本。幼时茎直立，生长多年可长达几米以上；6—7月开花，小型，白色。浆果黑色呈球形。有低矮的栽培品种。

［生态习性］ 性喜湿润、温暖和半阴的环境，不耐干旱，怕强光。越冬应该在10℃以上。我国南方一般在室外就可以安全越冬。生长季节要充分浇水，但不能过度浇水，否则容易烂根落叶。

［品种与繁殖］ 繁殖以播种和分株为主。同属植物约有300种，作为观叶或切叶被利用的几乎全都原产于南非热带地区。我国有24种，分布于南北各地。常见种类有：天门冬（*A. cochinchinensis*），又叫武竹，多年生宿根或亚灌木花卉，矮生至蔓生，"叶"细碎，质感柔和，是美丽的绿色植物，适宜室内盆栽或垂直绿化，也是重要的切叶花卉。狐尾天门冬（*A. densiflorus* 'Myersii'），原产南非，欧洲是常见的切叶品种，具有"叶"形丰满，长短适中，曲直自如的观赏特点，观赏性比天门冬属切叶中最常用的郁景山草（*A. sprengeri*）更好，其栽培方式与文竹很相似。狐尾天门冬枝叶比天门冬密。叶状枝密生，呈圆筒状，针状而柔软，形似狐尾，盆栽观叶或切叶。绣球松（*A. umbellatus*），常绿亚灌木，具纺锤状块根。叶状枝针形，密集簇生，浓绿色，犹如小松针。小花白色，有香气。可盆栽观赏，宛如小松树，为重要的切叶花卉。

［园林应用］ 茎叶纤细，质感轻柔，叶状枝成层分布，亭亭玉立，恰似缩小的迎客松，小型盆栽或点缀山石盆景，或置于案头、茶几，显得格外幽雅宁静。成龄植株攀附于各种造型支架上，置于书房、客厅、窗前，犹如拨云散影，情趣盎然。

6. 蜘蛛抱蛋属 *Aspidistra*

蜘蛛抱蛋

学名：*Aspidistra elatior*

别名：一叶青、一叶兰、箬叶

科属：天门冬科蜘蛛抱蛋属

英名：common aspidistra

［生物学特性］ 多年生宿根草本植物，根状茎粗壮，叶片基生于粗壮的根状茎上。花单生短花茎上，贴近土面，紫褐色，外面有深色斑点。球状浆果，成熟后果皮油亮，外形好似蜘蛛卵，靠在不规则状似蜘蛛的块茎上生长，故得名"蜘蛛抱蛋"。

［地理分布与生态习性］ 原产于亚洲热带和亚热带地区。同属植物有13种，我国产8种，分布于长江以南各省（区）。本种原产于我国，后引入世界各地栽培。野生于树林边缘或溪沟岩石旁，适应性强。性喜温暖、湿润的半阴环境。耐阴性及耐寒性较强，有"铁草"之称，可长期置于室内阴暗处养护，盆栽0℃受冻害，叶翠绿，室外栽植能耐9℃低

温。对土壤要求不严，以疏松、肥沃壤土为宜。

［品种与繁殖］ 分株繁殖。本属植物约有174种，我国有8种，主要分布于长江以南地区。

［园林应用］ 中型盆栽。叶片浓绿光亮，质硬挺直，植株生长丰满，气氛宁静，整体观赏效果好。耐阴、耐干旱，是室内盆栽观叶植物的佳品，亦可作切叶。

7. *虎尾兰属 Sansevieria*

虎尾兰

学名：*Sansevieria trifasciata*

别名：虎皮兰、千岁兰、虎尾掌、锦兰

科属：龙舌兰科虎尾兰属

［生物学特性］ 具有匍匐的根状茎，每一根状茎上长叶2～6片，独立成株。叶纵向卷曲，成半筒状，其两面有隐约深绿色横条纹，似老虎尾巴。

［地理分布与生态习性］ 分布于亚非地区，我国大部分地区都有栽培。性喜温暖、光照充足的干燥环境。不耐寒，冬季温度在8℃以上才能安全越冬。忌强光直射，耐半阴，忌通风不良。要求疏松透气、排水良好的沙质壤土。耐旱、耐湿，适应性极强。

［品种与繁殖］ 扦插或分株繁殖。叶插，切取叶片8～10cm，稍晾干切口，插入沙土中2～3cm深，保持20～30℃，10d即可生根。但是有彩色镶边品种的扦插苗，彩边易消失，常用分株繁殖，即在每年4—5月，新芽已充分生长时，结合换盆切割根茎，每株带3～4片叶，分后立即上盆。中型盆栽植。同属植物有60多种，园艺品种甚多，广为栽培。常见品种有：金边虎尾兰‘Laurentii’，叶色为深浅相间的绿色横纹，并具黄色镶边。短叶虎尾兰‘Hahnii’，为金边虎尾兰芽变产生；株形低矮，叶片由中央向外回旋而生，彼此重叠，形成鸟巢状；叶色深绿，具黄绿色云形横纹，是优良的迷你型观叶植物。金边短叶虎尾兰‘Golden Hahnii’，叶片短，阔长圆形，排列成低矮莲座状；叶缘镶乳白色至金黄色的宽边。

［园林应用］ 叶片直立，气质刚强，叶色常绿，斑纹奇特，庄重而典雅，是良好的观叶植物。也是独特的切叶材料。因叶片含有良好的纤维素，在西非作为纤维作物大量栽培。

8. *麦冬属 Liriope*

阔叶山麦冬

学名：*Liriope muscari*

别名：短莛山麦冬

科属：天门冬科麦冬属

英名：broad leaf liriope

［生物学特性］ 分布于我国大部分地区以及日本。多年生常绿宿根草本。根状短茎，局部膨大成肉质小块根。花梗50～100cm，高出叶丛，顶生总状花序，小花多而密，4～8朵簇生，淡紫色或紫红色。花期7—8月。浆果紫黑色。

［地理分布与生态习性］ 性较耐寒，喜阴湿，忌阳光直射。耐粗放管理，对土壤要求不严，肥沃、湿润的沙质土生长良好。

［品种与繁殖］ 分株或播种繁殖。适于长江流域作林下地被。常见种类有：土麦冬（*L. spicata*），株丛较阔叶麦冬小，叶窄而短硬，主脉隆起。花莛高10～20cm，稍伸出叶面，小花淡紫或白色。

［园林应用］ 阔叶山麦冬株丛繁茂，株形清秀优美，是优良的地被植物，广泛地成片

栽植于疏林下、林缘、建筑物背阴处或其他阴蔽裸地，形成乔、灌、草的复层景观绿化效果；亦可作花境、花坛、岩石园等镶边材料。在室内可盆栽观叶，点缀书房或办公室。

9. 吉祥草属 *Reineckea*

吉祥草

学名：*Reineckea carnea*

别名：紫衣草

科属：天门冬科吉祥草属

英名：pink reineckea herb

[生物学特性] 多年生常绿宿根草本。地下具根茎，地上有匍匐茎。株高 20～30cm。花莛约高 15cm，低于叶丛；顶生疏松穗状花序，小花无柄，紫红色，芳香。花期 9—10 月。浆果球形，鲜红色，经久不落，果期 10 月。

[生态习性] 性喜温暖，稍耐寒；喜半阴湿润环境，忌阳光直射，对土壤要求不严。

[品种与繁殖] 分株繁殖为主，也可播种繁殖。本属植物仅吉祥草一种。

[园林应用] 优良的耐阴地被植物。北方多盆栽观叶及果。

10. 豆瓣绿

学名：*Peperomia tetraphylla*

别名：碧玉、豆瓣绿椒草、碧玉椒草、碧玉花、紫边豆瓣绿

科属：胡椒科草胡椒属

英名：peperomia

[生物学特性] 常绿肉质草本。全株光滑。直立或丛生叶片密集着生，不同种类叶形各异，全缘，多肉，叶面多有斑纹或透明点。花小，两性，密集着生于细长的穗状花序上。

[地理分布与生态习性] 原产于墨西哥、西印度群岛的热带和亚热带、美洲的热带和亚热带地区。性喜温暖、湿润环境。不耐旱，怕高温，越冬温度不能低于 10℃，盛夏温度超过 30℃则抑制生长；喜散射光，忌强光直射；要求腐殖质丰富而排水良好的沙质壤土。

[品种与繁殖] 扦插繁殖，也可分株，在春季结合换盆时进行。同属植物约 1000 种，中国有 9 种，分布于中国西南部和中部，均未见于观赏栽培。常用于观叶植物的多为美洲原产，几乎均为小型叶类型。

[园林应用] 可用于微小型盆栽。蔓生型植株可攀附绕柱，别有一番情趣。

1）西瓜皮椒草

学名：*P. argyreia*

科属：胡椒科草胡椒属

[生物学特性] 丛生型。原产于巴西。植株低矮，株高 20～25cm。茎极短。叶近基生，心形，叶脉浓绿色，叶脉间为白色，半月形的花纹状似西瓜皮；叶片厚而光滑，叶背为紫红色；叶柄红褐色。

[园林应用] 西瓜皮椒草株形玲珑，叶密集丛生，叶色翠绿，富有光泽，可以较长时间放在室内莳养，是室内绿化、美化装饰的观叶植物。在热带地区，还可用于建筑物或假山的垂直绿化，也可作林下耐阴的地被。

2）垂椒草

学名：*P. scandens*

科属：胡椒科草胡椒属

蔓生草本。茎最初匍匐状，随后稍直立；茎红色，圆形，肉质多汁。叶片长心脏形，先端尖；嫩叶黄绿色，表面蜡质；成熟叶片淡绿色，上有奶白色斑纹。穗状花序长10～15cm。多作悬挂栽培观赏。

3）皱叶椒草

学名：*P. caperata*

别名：皱叶豆瓣绿、四棱椒草

科属：胡椒科草胡椒属

丛生型。植株低矮，高20cm左右。茎极短。叶长3～4cm，叶片心形，多褶皱。整个叶面似波浪起伏，暗褐绿色，具天鹅绒般的光泽；叶柄狭长，红褐色。穗状花序白色，长短不一，一般夏秋开花。多作小型盆栽观赏。

4）乳纹椒草

学名：*P. magnolifolia* 'Variegata'

别名：白斑椒草

科属：胡椒科草胡椒属

茎从植株基部分枝。叶厚，肉质，呈椭圆形，长约7～8cm。叶面银灰色，而具有光泽。主脉附近为绿色，两侧为乳黄色，鲜明夺目。

11. 彩叶草

学名：*Coleus scutellarioides*

科属：唇形科鞘蕊花属

英名：rainbow pink

[生物学特性] 多年生草本，常作一年生栽培。茎四棱形，叶对生；两面有软毛，叶具多种色彩，具富于变化，故名彩叶草。

[地理分布与生态习性] 原产于印度尼西亚的爪哇岛。1837年在印度尼西亚的爪哇岛发现，其后在欧洲进行育种，美国近年育种工作进展较快，现代彩叶草是种间杂交的后代，形成了众多的品种和品系。性喜高温、散射光。耐寒能力较弱，一般在15℃以上才能越冬，15℃以下连续几天就会导致落叶，5℃以下会枯死。生长的适宜温度在15～25℃。夏天要适当地遮阴，其他季节喜欢日照。

[品种与繁殖] 播种、扦插繁殖。常见种类有：皱叶彩叶（var. *verschaffeltii*），叶缘锯齿变成皱纹状，叶红紫色，叶面上有朱红、桃红、淡黄等彩色斑纹，绿色的边，非常美丽。

[园林应用] 是一种美丽的观叶植物，适宜作为室内窗沿装饰，也可以作为插花材料，或是配置于花坛。

12. 冷水花

学名：*Pilea notata*

别名：透明草、透白草、铝叶草、白雪草、长柄冷水麻

科属：荨麻科冷水花属

英名：aluminium plant

[生物学特性] 多年生常绿草本。地下有横生的根状茎。绿色的叶面上三出脉下陷，脉间有4条断续的银灰色纵向宽条纹，条纹部分呈泡状突起，叶背浅绿色。酷热夏季，淡

雅的叶片能带来凉爽之感，得名冷水花。

[地理分布与生态习性] 原产于热带和温带，分布于西南部至华东地区，作为观叶植物栽培的种类大部分原产于热带。性喜温暖、湿润的半阴环境。不耐寒，冬季温度不能低于5℃。对光照敏感，强光曝晒，叶片变小，叶色消退；光线过暗，茎叶徒长，茎秆柔软，株形松散。较耐水湿，不耐干旱。要求疏松透气、排水良好的壤土。能耐弱碱性土。中小型盆栽。

[品种与繁殖] 同属植物约有400多种，我国约有70余种。常见种类有：镜面草(*P. peperomioides*)，叶片丛生，盾状着生，肉质，叶形似镜；圆锥花序，花小，黄绿色。扦插或分株繁殖。

[园林应用] 十分耐阴，易于管理，冷水花属植物株形圆浑紧凑，叶片花纹美丽，清新淡雅，适应性强，是室内装饰植物的佳品，特别适合摆放于室内办公室、家庭书桌、茶几、花架或悬吊于墙角、窗边等地。

13. 蔓赤车

学名：*Pellionia scabra*

别名：喷烟花

科属：荨麻科赤车属

英名：trailing watermelon begonia

[生物学特性] 多年生匍匐草本植物。茎为圆柱形，肉质，节上生根。叶面深鲜绿色，叶脉周围有近黑色的宽阔斑纹，因此看起来叶面为褐绿色。雌雄异花，雄花生长在高10cm左右的花序上，开花时花被片突然张开，已成熟的花粉被弹撒出来，呈烟状，故名喷烟花，雌花较小，无柄，常数朵丛生在一起。喜高温多湿的环境，忌直射光。

[地理分布与生态习性] 分布于我国南部地区，越南和日本也有分布，常生长于峪溪边或林中。

[品种与繁殖] 除炎热的夏季和气温太低的冬天外，几乎全年都可以用扦插繁殖。

[园林应用] 叶片图案色彩斑斓美丽，枝条软而下垂，又比较喜阴，是优良的室内观叶植物。广泛用作室内布置，常用于“铺垫”种有较高大植物的室内花园培养土的表面，或遮蔽培养槽和类似容器的边缘。

14. 红网纹草

学名：*Fittonia verschaffeltii* var. *pearcei*

科属：爵床科网纹草属

英名：barbate dead nettle

[生物学特性] 多年生常绿草本。植株低矮。茎呈匍匐状，落地茎节易生根。叶片卵形至椭圆形，十字对生；红色叶脉纵横交替，形成网状。茎枝、叶柄、花梗均密被茸毛。一般春季开花，顶生穗状花序，层层苞片呈十字形对称排列，小花黄色。

[地理分布与生态习性] 网纹草属植物原产于秘鲁和南美洲热带雨林。性喜高温、多湿和半阴环境。怕寒冷，越冬温度不低于15℃；忌干燥；怕强光，以散射光最好；要求疏松、肥沃、通气良好的沙质壤土。

[品种与繁殖] 常用扦插、分株和组培繁殖。常见本属观赏种类有：白网纹草(*F. verschaffeltii* var. *argyroneura*)，具匍匐茎，茎有粗毛，叶片卵圆形，翠绿色，叶脉呈银白色；小叶白网纹草‘Minina’，为矮生品种，株高10cm，叶小，叶脉银白色；大网

纹草（*F. gigantea*），茎直立、多分枝，叶先端有短尖，叶脉洋红色。

［园林应用］ 红网纹草叶片清新美观，适合盆栽观赏，单盆或成片置于宾馆、商厦、机场的休息室、橱窗、大厅，能取得较好的绿化美化效果。可盆栽或吊盆用于居室点缀，摆放书桌、茶几或窗台，还可用于制作瓶景或箱景观赏。

15. 金脉单药花

学名：*Aphelandra squarrosa* 'Dania'

别名：金脉药爵床、金脉丹尼亚单药花

科属：爵床科单药花属

英名：dania

［生物学特性］ 常绿矮灌木状。株高可以达到100cm，盆栽约30cm。茎紫黑色。叶部浓绿色，叶脉明显淡黄色。花顶生，花穗长约15cm，金黄色的花苞层层重叠，花期1个月左右，温度适宜，可以在初夏和秋末开花2次。

［地理分布与生态习性］ 原产于热带美洲。喜温暖湿润的环境、喜光畏寒。常种植于椒草、网纹草或小叶金黄葛等矮生植物的周围。

［品种与繁殖］ 常用繁殖方式为扦插和组织培养。

［园林应用］ 常用于室内盆栽，如点缀明亮的书房、厅堂、卧室等。也适合与矮生蔓性植物配植周围，产生更好的群体观赏效果。

16. 虾衣花

学名：*Calliaspidia guttata*

别名：麒麟吐珠、狐尾木

科属：爵床科麒麟吐珠属

英名：shrimp plant

［生物学特性］ 常绿小灌木。株高约50～100cm。穗状花序长6～10cm，弯曲下垂如虾状。有棕色、红色、黄绿色和黄色的宿存苞片；花白色，伸出苞片外，花分上下2层，上唇全缘或稍2裂，下唇浅3裂，上有3条紫斑纹。花苞金黄色，花冠白色呈管状，顶端开裂似鸭嘴。

［地理分布与生态习性］ 原产于墨西哥、秘鲁。适应性强，生长迅速，比较耐寒，喜欢明亮的环境。南方可在室外过冬，短期温度降低到0℃也不会冻死。

［品种与繁殖］ 常用扦插进行繁殖。

［园林应用］ 我国南部的庭园和花圃中极常见。也作室内盆栽，花穗奇异，是放置在室内客厅的珍奇品种；群植于室内花槽，亦显得清逸娇美。

17. 吊竹梅

学名：*Tradescantia zebrina*

别名：吊竹兰、斑叶鸭跖草、甲由草、水竹草、花叶竹夹

科属：鸭跖草科紫露草属

英名：inch plant

［生物学特性］ 多年生常绿草本。茎细弱，肉质下垂，茎节膨大，多分枝，匍匐生长，节上生根。叶片单生茎节上，基部抱茎，无叶柄。叶面绿色杂以银白色条纹或紫色条纹，有的叶背紫红色。小花白色腋生。苞片叶状，紫红色，小花数朵簇生于两片紫红色叶状苞内。夏季开花，果为蒴果。

［地理分布与生态习性］ 原产于墨西哥。我国福建、广东、广西等地有栽培，野生于山边、村边和沟边较潮湿的草地上。喜温暖湿润环境，生长适温 10～25℃，越冬温度 5℃左右，较耐阴，畏烈日直晒，不耐寒，耐水湿，适宜肥沃、疏松的土壤，也较耐瘠薄，不耐旱，对土壤 pH 值要求不严。

［品种与繁殖］ 扦插繁殖。同属植物有 4 种。在我国广东、云南地区可露地越冬。常见栽培变种有：四色吊竹梅（var. *quadricolor*），叶表暗绿色，具红色、粉红色及白色的条纹，叶背紫色；异色吊竹梅（var. *discolor*），叶面绿色，有两条明显的银白色条纹；小吊竹梅（var. *minima*），叶细小，植株比原种矮小。同属植物还有紫吊竹梅（*Z. purpusii*），叶形及花同吊竹梅基本相同。但紫吊竹梅的株形比四色吊竹梅的略大，叶子基部多毛，叶面为深绿色或红葡萄酒色，没有白色条纹。

［园林应用］ 小型盆栽，适用于盆栽或吊盆悬挂观赏，布置几架、窗台、书柜、门厅之上，任其自然悬垂，披散飘逸。亦可瓶栽水养。庭院栽培常用来作整体布置。全草可入药，有清热解毒的功效，可治疗咳嗽、吐血和淋病等。茎叶内含有草酸钙和树胶，可作化工原料。

18. 紫鹅绒

学名：*Gynura aurantiaca*

别名：天鹅绒三七

科属：菊科菊三七属

英名：java velvetplant

［生物学特性］ 多年生小灌木。株高 50～100cm，多分枝，茎多汁。花为管状，橙红色。浓绿的茎叶上密被紫色绒毛，紫中透绿。

［地理分布与生态习性］ 分布于非洲热带地区。性喜光照充足、高温、高湿的环境，越冬期间白天温度宜在 15～18℃之间，夜间不低于 12℃。相对湿度以 50％～60％ 为宜。

［品种与繁殖］ 扦插繁殖。菊科其他常见栽培观叶种类还有：翡翠珠（*Senecio rowleyanus*），千里光属多年生常绿匍匐生肉质草本。茎纤细，全株被白色皮粉。叶互生，圆心形，深绿色，肥厚多汁，极似珠子，故有佛串珠、绿葡萄、绿之铃之美称。头状花序，顶生，长 3～4cm，呈弯钩形，花白色至浅褐色。

［园林应用］ 宜于盆栽装饰厅堂、亭、榭、宾馆等，是观叶植物的珍品。小盆悬吊栽培，一粒粒圆润、肥厚的叶片似一串串风铃在风中摇曳，是家庭悬吊栽培的理想花卉。

19. 熊掌木

学名：*Fatshedera lizei*

别名：五角金盘

科属：五加科五角金盘属

英名：pia bont

［生物学特性］ 常绿灌木。植株幼时茎直立，不断摘心可形成丛生状，也可设支架供攀缘。叶片 5 裂，形似常春藤，薄而大，叶面波浪状或有扭曲；新叶密被毛茸，老叶浓绿而光滑；叶柄长 8～10cm。成株秋季开绿色丛生小花。

［生态习性］ 喜冷凉、湿润的半阴环境。耐寒性强，冬季室内 2～3℃可安全越冬；忌酷热，高温闷热易使下部叶片脱落；耐阴性强，阳光直射易使叶片灼伤黄化。

［品种与繁殖］ 扦插繁殖。幼苗或成株作为小、中型盆栽，成株作大型盆栽。斑叶熊掌木（cv. Vouriegata）观赏性更好，可用熊掌木为砧木嫁接使其生长得更好。

［园林应用］ 其生长缓慢，叶色浓绿，株形优美，生长健壮，尤其许多花叶或斑叶品种，观赏价值更高，现已逐渐成为室内耐阴植物的新宠。

20. 八角金盘

学名：*Fatsia japonica*

别名：手树

科属：五加科八角金盘属

英名：japan fatsia

［生物学特性］ 常绿灌木或小乔木。植株高大，干丛生，树冠伞形。叶片形状奇特，具7～9裂，形状好似伸开的五指；新发幼叶呈棕色毛毡状，而后逐渐变成平滑似革质，产生光泽，中心叶脉清晰，叶色浓绿，叶片直径20～40cm。

［地理分布与生态习性］ 原产于东南亚，尤其是日本和我国台湾。性喜温暖，忌酷暑，较耐寒，冬季能耐0℃低温，夏季超过30℃，叶片易变黄，诱发病虫害；宜阴湿，忌干旱及强光直射；要求疏松、肥沃的沙质壤土。

［品种与繁殖］ 播种、扦插或分株繁殖。同属植物有2种。目前也有与常春藤杂交的小型花叶品种。

［园林应用］ 四季常青，叶形掌状，奇特美丽，是重要的耐阴观叶植物，适于中、大型盆栽。置于室内弱光处，或是广泛应用于门厅、会议厅、宾馆及建筑物等大型景观的背景，仪态端庄大方。可作切叶。

21. 洋常春藤

学名：*Hedera helix*

别名：西洋常春藤

科属：五加科常春藤属

英名：english ivy

［生物学特性］ 藤本植物。茎节上附生气生根，吸附其他物攀缘。叶形、叶色在幼时极易发生变异。叶色、叶形变化丰富，形成诸多园艺品种。

［地理分布与生态习性］ 原产于欧洲。性强健，较耐寒；喜充分光照，忌强光直射或过阴环境；对土壤和水分要求不严，耐干也喜湿。

［品种与繁殖］ 扦插、分株、压条繁殖。优美的攀缘性植物，有黄、白边或叶中部为黄、白色的彩叶及叶形变化的各类品种。同属栽培的还有加那利常春藤（*H. canariensis*）：别名阿尔及利亚常春藤、爱尔兰常春藤，“*canariensis*”为原产地名，即北非的加那利群岛。茎具星状毛，茎及叶柄为棕红色，叶片为常春藤属最大的品种，一般幼叶卵形，成叶卵状披针形，全缘或掌状3～7浅裂，革质，基部心形，叶面常常具有黄白、绿等各色花斑。

［园林应用］ 其茎蔓披垂飘逸，叶片端庄素雅，广泛应用于室内营建绿柱、绿墙或吊挂，自然气息浓郁。有些品种宜作疏林下地被，亦适应室内环境，适于室内垂直绿化或小型吊盆观赏，布置在窗台、阳台等高处，茎蔓柔软，自然下垂，易于造型，如在室内墙壁拉细绳，供茎蔓攀绕，创造“绿墙”景观；或用花盆、花槽室内吊挂；或用铅丝攀扎各式造型，辅以人工修剪等方式，增强室内自然景观效果。也是切花装饰的特色配材。

22. 虎耳草

学名：*Saxifraga stolonifera*

别名：天青地红、通耳草、耳朵草、丝棉吊梅

科属：虎耳草科虎耳草属

英名：saxifraga

［生物学特性］ 多年生常绿草本。植株低矮，全株密被短绒毛，具垂悬细长的匍匐茎。叶缘浅裂有锯齿，表面暗绿色，有明显灰白色叶脉，叶背紫红色。圆锥花序，花白色，瓣3片，花期4—5月。

［地理分布与生态习性］ 原产于我国及日本。喜温暖而稍凉冷环境，生长适温15～25℃；喜半阴和湿润；最适生长于富含有机质且排水良好的沙质壤土。

［品种与繁殖］ 分株繁殖。

［园林应用］ 小型盆栽。虎耳草株型矮小，枝叶疏密有致，是优良的观叶植物。装饰客厅、卧室都非常适宜。

23. 喜阴花

学名：*Episcia cupreata*

别名：红桐草

科属：苦苣苔科喜阴花属

英名：flame violet

［生物学特性］ 多年生草本。茎部和叶部上密生细毛，叶片主脉和侧脉是银白色，叶肉绿色，叶片大，对生，卵圆形。茎细长。走茎顶端有子株，常匍匐地面。须根多，细而嫩。夏季开花，红色。

［地理分布与生态习性］ 原产于墨西哥至巴西一带。性喜阴凉、湿润和通风良好的环境。日照太强，会引起叶片灼伤枯死。阳光不足，如果过于阴蔽，又会影响开花。室内盆养时应该放置在光线较好的场所，可以延长花期。喜阴花十分不耐寒，越冬温度必须高于10℃，否则容易冻死。如果温度过高、湿度过大，又容易引起病害。

［品种与繁殖］ 播种繁殖，也可分株和扦插。适用于悬挂窗口或高处装饰。常见栽培种类还有苦苣苔科芒毛苣苔属（*Aeschynanthus*）植物：毛萼口红花（*A. radicans*），叶对生，花似张开的嘴唇。小花口红花（*A. micranthus*），茎柔软纤细而悬垂，叶小，鲜绿色；花小，花期长，6～9月陆续开花。斑纹口红花（*A. marmoratus*），又名花叶芒、毛苣苔；小叶对生，排列整齐。叶片带有不太明显的暗绿色的斑纹。

［园林应用］ 可用于庭院、窗台、通道口等地方的装饰。

24. 竹节蓼

学名：*Homalocladium platycladum*

别名：扁叶蓼、扁茎竹、百足草、扁足蓼、扁竹蓼

科属：蓼科竹节蓼属

英名：centipedaplant，ribbonbush

［生物学特性］ 常绿灌木。老枝圆柱形，表皮暗褐色，上有纵条裂纹，有节；幼枝呈扁平状，多节，绿色似叶状。

［地理分布与生态习性］ 分布于我国广东、广西、福建等地。喜阳光，稍耐阴，室内

观赏可置于明亮地方。喜温暖，不耐寒，为温室盆栽植物。不耐湿，需排水良好的土壤。要求空气湿度大的环境。

［品种与繁殖］ 嫩茎扦插为主。

［园林应用］ 株色亮绿，枝叶形态极为奇特，别有风趣，可谓是一种奇异的盆栽观赏植物。宜单独摆放于门厅外或窗边，亦可作楼梯或走廊拐角处装饰。

25. 虎舌红

学名：*Ardisia mamillata*

别名：红毛走马胎

科属：报春花科紫金牛属

英名：mamillate ardisa

［生物学特性］ 常绿矮小灌木，又称红毛毡、乳毛紫金牛。枝叶紧凑，叶面密被紫红色厚长茸毛，长达5～15mm，由于绒毛对光线的折射作用，随视角不同颜色随之改变，侧面观有紫红色放射状光芒，喷雾时无数小水珠聚集叶面，在阳光下似粒粒钻石，闪闪发光；叶背面密布红褐色凸起，似老虎舌苔状斑点。果实色泽艳红而富有光泽，似珍珠串簇生于枝头。

［地理分布与生态习性］ 分布于我国云贵川及两广等地。性喜温暖湿润气候，生长温度为15～30℃，不耐高温和严寒，37℃以上和－4℃以下停止生长。喜酸性至中性、疏松的有机质含量高的壤土。

［品种与繁殖］ 种子、枝插和根插繁殖。

［园林应用］ 叶、果奇特，是一种很好的观叶和观果植物。

26. 爱之蔓

学名：*Ceropegia woodii*

别名：心蔓、蜡花、一寸心

科属：夹竹桃科吊灯花属

英名：chamaemelum nobile

［生物学特性］ 多年生蔓生草本多肉植物。茎极细软，平卧或下垂伸展，部分节部膨大而成小块茎。叶脉附近灰白而成花叶，叶背灰紫色。花冠长约2cm，淡紫色，基部膨胀呈球形，顶端5裂片直立靠拢，紫黑色，被直的长毛。蓇果线形，长5～8cm。

［地理分布与生态习性］ 原产于南非。性喜温暖向阳、气候湿润的环境，耐半阴，怕炎热，忌水涝。要求疏松、排水良好、稍为干燥的土壤。粗放，易栽培，需用排水良好的土壤，不宜浇水过多，尤其夏季高温要节制浇水，以防腐烂。应放阳光明亮之处栽培，不宜过多遮阴。室温10℃即可安全越冬。

［品种与繁殖］ 扦插或压条繁殖。扦插用叶片或茎段作插穗。分株结合换盆进行。也可用叶腋下珠芽繁殖。

［园林应用］ 本品乃观叶、观花、观姿俱佳花卉。多作吊盆悬挂或置于几架上，使茎蔓绕盆下垂，飘然而下，密布如帘，随风摇曳，风姿轻盈。也可扎架造型，形成优美图案。

27. 萼距花

学名：*Cuphea hookeriana*

别名：雪茄花

科属：千屈菜科萼距花属

英名：cuphea ignea

［生物学特性］ 多年生草本。叶对生，花单生于叶腋。筒状花的花萼基部一侧膨大成距状，鲜红色，口部白色，有6齿，花冠不存在。全年均可开花，盛花期在夏季。

［地理分布与生态习性］ 原产于墨西哥，北京等地有引种。喜阳光，高温多湿气候。

［品种与繁殖］ 扦插繁殖或种子播种。同属植物有海棠草叶萼距花、朱红色萼距花、小瓣萼距花等。

［园林应用］ 适于庭园石块旁作矮绿篱；花丛、花坛边缘种植；空间开阔的地方宜群植、丛植或列植，绿色丛中，繁星点缀，十分怡人。栽培在乔木下，或与常绿灌木或其他花卉配置均能形成优美景观；亦可作地被栽植，可阻挡杂草的蔓延和滋生。还可作盆栽观赏。

28. 肾蕨

学名：*Nephrolepis cordifolia*

别名：圆羊齿、篦子草、凤凰蛋、蜈蚣草、石黄皮

科属：肾蕨科肾蕨属

英名：tuberrous sword fern，pigmy sword fern

［生物学特性］ 草本植物。孢子囊群生于侧脉上方的小脉顶端，孢子囊群盖肾形。根状茎具主轴并有从主轴向四周横向伸出的匍匐茎，由其上短枝可生出块茎；根状茎和主轴上密生鳞片。

［地理分布与生态习性］ 原产于热带、亚热带地区，分布于我国福建、台湾、广东、广西、云南等山地林缘下或岩石缝隙中，也附生树上。喜温暖、半阴、湿润，忌阳光直射。生长期要多喷水或浇水；光照不可太弱否则生长慢；生长适温15～26℃。

［品种与繁殖］ 常采用分株繁殖。匍匐枝上长出新的幼株，等幼株长出几片幼叶时，就可将它们与母体分开，用小盆培养。市场上品种有：波士顿蕨（*N. exaltata* ‘Bostoniensis’），又称皱叶肾蕨，多年生草本；叶簇生，大而细长，羽状复叶，叶裂片较深；是高大肾蕨的一个园艺品种，在国际上十分流行；喜阴和高温高湿；对水分要求严格，不可过干也不可过湿；主要用来盆栽和切叶。其他品种还有复叶波士顿蕨‘Erect’、少年特地皱叶肾蕨‘Teddy Junior’和垂叶肾蕨‘Maassii’等。

［园林应用］ 常用于园林花坛配置。

29. 乌毛蕨

学名：*Blechnum orientale*

别名：龙船蕨

科属：乌毛蕨科乌毛蕨属

英名：oriental blechnum

［生物学特性］ 草本植物。叶近革质，两面无毛。孢子囊群线形，着生于中脉两侧，连续而不中断。根状茎粗壮，直立，顶部密被褐色钻线形鳞片。

［地理分布与生态习性］ 原产于我国福建、台湾、广东及亚洲热带地区海拔80～500m的林下、林缘、溪谷边、田边、路旁。江西、浙江、广西、四川、贵州、云南也有分布。喜明亮的光照，但不能受烈日的直射；喜温暖，但怕热，适宜生长的温度为16～24℃；较耐干旱，但喜潮湿环境。为酸性指示植物，盆栽基质以园土和腐叶土等量混合，并加入少量过磷酸钙。

［品种与繁殖］ 孢子繁殖。同属植物还有疣茎乌毛蕨（*B. gibbum*）

［园林应用］ 乌毛蕨形态优美，具有苏铁之风韵，是一种观赏价值很高的蕨类。适宜大型盆栽观赏，也适合园林花坛、林下、道旁地栽。叶片适宜作切叶。根状茎入药，味微苦，性凉，有清热解毒、杀虫、止血的功效。

30. 福建观音座莲

学名：*Angiopteris fokiensis*

科属：观音座莲科观音座莲属

英名：mules-foot fern

［生物学特性］ 草本植物。叶簇生，叶柄粗壮肉质，基部扩大成蚌壳状并相互覆叠成马蹄形，如莲座，故得名。孢子囊群呈两列生于距叶缘0.5～1mm的叶脉上，孢子囊群由8～10个孢子囊组成。根状茎为肉质肥大直立的莲座状。

［地理分布与生态习性］ 原产于我国的长江中上游地区，福建、广东、广西、贵州等地，常生于常绿阔叶林下、溪边、沟谷或酸性岩石上。喜阴湿凉爽的环境，生长适温为15～22℃，低于5℃则叶片受害；空气湿度保持在60%～80%；要求疏松透气、腐殖质含量丰富的微酸性土壤。

［品种与繁殖］ 主要的观赏种有：食用观音座莲（*A. esculenta*）、云南观音座莲（*A. yunnanensis*）、强壮观音座莲（*A. robusta*）。常使用分株繁殖。

［园林应用］ 优良的观赏蕨类，最宜于大盆栽培，陈列于各类公共建筑大厅等，地栽可植于庭园及绿化带下。

思考题

1. 观叶植物对环境条件有何特殊要求？
2. 观叶植物主要集中在哪五个科？列举常见的代表植物并说明它们的主要生态习性。
3. 以你所熟悉的一种观叶植物为例，试述其生物学特性、繁殖与栽培养护技术。
4. 常见大型叶观叶植物有哪些？简述其栽培要点。
5. 观叶植物有哪些生态学功能？请举例说明。
6. 观叶植物作为花卉产业重要的组成部分，试述其市场济价值体现在哪些方面。

本章推荐阅读书目

1. 戴志棠. 室内观叶植物及装饰［M］. 北京：中国林业出版社，1990.
2. 林伯年，蒋有条. 球根花卉和室内观叶植物［M］. 上海：上海科学技术出版社，1994.
3. 王玉国，郑玉梅，杨学军，等. 观叶植物的栽培与装饰［M］. 北京：科学技术文献出版社，2002.
4. 马太和，刘秀华，邵蓓蓓，等. 观叶植物大全［M］. 北京：中国旅游出版社，1989.
5. 卢思聪，徐峰，赵梁军，等. 观叶植物［M］. 郑州：河南科学技术出版社，1999.
6. 向其柏. 室内观叶植物［M］. 上海：上海科学技术出版社，1998.
7. 姬君兆. 观叶花卉［M］. 北京：中国建筑工业出版社，1990.
8. 徐峰. 观叶植物［M］. 北京：中国农业大学出版社，2000.
9. 薛聪贤. 观叶植物225种［M］. 杭州：浙江科学技术出版社，2006.

第十章　多浆植物

多浆植物可分为仙人掌类植物和非仙人掌类植物（多肉植物），通常有汁液多、表皮角质化、覆盖毛状物及景天酸代谢循环等适应干旱条件的生理特性。多浆植物对温度、光照、水分等环境条件的要求也各不相同。通常采用播种、扦插、嫁接等方法繁殖。本章主要介绍一些常见多浆植物，以及其形态、特性、产地、繁殖、栽培和应用等方面的知识。

第一节　概述

多浆植物（Succulent plant）主要指其三种营养器官（根、茎、叶）中至少有一种或两种具发达的薄壁组织以贮藏水分，因而在外形上显得肥厚多汁的植物。与普通植物的地上部分相比较，它们明显膨大和肥厚、肉质较多，统称为多浆植物或肉质植物。多浆植物大多生长在干旱或一年中有一个明显旱季的地区，特别是在热带和亚热带沙漠中有相当多的种类，因此有时称之为沙漠植物或沙生植物，但这种叫法并不太贴切，因为沙漠中还生长着许多非多浆类的沙生植物。

多浆类植物是一类比较特殊的植物类型，相当多的种类起源于热带地区，包括热带干旱地区和热带雨林地区，所以对热带气候一般适应较好，在热带地区得到了广泛应用，是热带地区十分重要的一类观赏植物。

一、仙人掌类与其他多肉植物

全世界共有多浆植物 1 万多种，在植物分类上隶属几十个科。其中仙人掌科是比较典型的种类，其形态各异，观赏价值较高，而且具有独特的刺座，因此是人们栽培和研究较多的种类。久而久之，园艺上就习惯将仙人掌科植物单独列出，专称为仙人掌类。其他科的多浆植物仍称为多浆植物。因此多浆植物有广义和狭义之分，即广义的多浆植物包括仙人掌类和非仙人掌类的多浆植物，而狭义的是指除仙人掌科植物外的多浆植物。本章从广义的角度来介绍多浆植物。

多浆植物主要包括仙人掌科、番杏科、龙血树科的全部种类，景天科的大多数植物，其他大戟科、萝藦科、百合科、龙舌兰科、菊科、马齿苋科、鸭跖草科等也含有较多的多浆植物。根据不同的划分方法，约有 50～67 个科中含有多浆植物。

二、形态特性与分类

多浆类植物大多为多年生草本或木本植物，少数为一、二年生草本植物。虽然它们都具有肥厚多汁的特点，但在外形上仍然有很大的差异，小的只有几厘米，大的可高达几十米。叶片在大多数仙人掌科植物中已完全退化，在大戟科多肉植物中也常仅成痕迹或早落；但在其他大多数科的多肉植物中仍存在，只是存在程度不同的肉质化。茎在仙人掌类中常肉质变态，呈绿色，不仅已代替叶成为光合作用的主要器官，而且由于变化万千使其具极高的观赏性。但很多其他科的多肉植物茎却不一定肉质化。此外，仙人掌科植物茎还大多具有棱或疣状突起以及独特的器官刺座。

多浆植物的花差异也很大，有菊花形、梅花形、星形、漏斗形、叉形等，颜色也相当丰富。花的大小相差悬殊，最小的花是马齿苋科的巴氏回欢草（*Anacampseros baseckei*），花径才1mm，而萝藦科的巨花犀角（*Stapelia gigantea*）的花直径最大可达35cm。

多浆植物的果实也有较大的差异，仙人掌科植物大多是浆果，而百合科、大戟科多浆植物多为蒴果，景天科多浆植物多为蓇葖果。果实形状有梨形、圆形、棒形等各形，许多具有观赏价值，如量天尺（*Hylocereus undatus*）的果色红艳，外被规则鳞片，十分鲜红诱人。

（一）仙人掌类植物形态特征

1. 叶

叶只存在于仙人掌科植物最原始的一些属内，如叶仙人掌属（*Pereskia*），麒麟掌属（*Pereskiopsis*）和顶花麒麟掌属（*Quiabenia*）种类有扁平叶，但其大小和肉质化程度有变化。叶仙人掌属种类的叶大而薄，基本上不肉质化，呈椭圆形或披针形，与普通叶片差异不大，常被误认是常见的一种花灌木叶子。而该属中的大花叶仙人掌的叶更长达15cm。麒麟掌属（*Pereskiopsis*）和顶花麒麟掌属（*Quiabenia*）的叶片较小。仙人掌属（*Opuntia*）、翅子掌属（*Peterocactus*）、狼烟掌属（*Tacinga*）和拟叶仙人掌属（*Maihuenia*）的种类也有叶，但已退化成圆筒形，而且大多数只长在茎的幼嫩部位，不久便脱落。根据种类及其生境条件的不同，这些圆筒形叶的大小、形状、寿命都相差很大。笛吹（*Maihuenia poeppigii*）的锥形叶只有0.4～0.7cm长，而将军（*Opuntia subulata*）的圆柱形叶长达12cm，且每叶可存在3～4年，因而在其茎的上半部始终有叶存在。

除了上述有叶的仙人掌外，其他仙人掌类植物已没有叶，但仍可找到叶曾经存在的根据。一些专家指出，仙人掌类的刺座实为腋芽发育而成。还有些专家指出，很多种类的仙人掌，其刺座下面的疣状突起相当于正常叶子的叶基。仙人掌类中某些种类具有绿色扁平的"叶"，如昙花，其圆筒状的茎上着生的绿色扁平物的确类似叶片，但实际上却是茎，其边缘有刺座。

2. 茎

大部分仙人掌类植物的茎绿色，是光合作用的主要器官，但也有一些园艺变种，呈现红色、黄色等不同的颜色。茎通常具棱，有刺、刺座或疣状突起，但不同的仙人掌类植物茎形态差异很大，是观赏的主要对象。

1）具有扁平叶的仙人掌类植物的茎与众不同，大多为呈藤本状的灌木，茎的表皮通常不呈绿色，除幼嫩部分外大多木质化。个别种类茎如乔木树干，高大又高度木质化，如巴伊亚叶仙人掌（*Pereskia bahiensis*）和月之沙漠（*P. pititache*），它们的主茎高8～9m。

2）具圆筒状叶的种类茎常不分节，如将军的茎高达2m，只有一节一直向上。猪耳掌（*Opuntia brasilnsis*）虽具节状扁平茎，但其木质化主茎很高，扁平节状茎只是幼嫩的分枝。而圆筒形叶不明显的仙人掌属种类则木质化主茎不存在或不太明显。

3）不具叶的那些种类，茎在正常情况下呈绿色，也不木质化，特别是球形种类绝不木质化。由于其肥厚多汁，一般称为肉质变态茎，形态极为多样，有的扁平如镜，有的耸立如柱，有的如灯台、管风琴，有的如山峦重叠，有的细长如蛇。更多的呈球形或近似球形，这是长期适应干旱环境的结果，因为同样的体积，球状体表面积最小，蒸腾量也减少。因此在整个仙人掌家族中，球形的种类占一半以上。

4）仙人掌类植物的茎还有一种特殊的形态变化，通常称为畸形变异，包括两种形式：一是带化（crest），又称缀化或鸡冠化变异，主要是茎顶端生长点呈带状分化，通常长成鸡冠形，但也有螺旋形或其他不规则形状的；二是石化（monstous），主要是生长点异形分化，使整个茎的棱错乱，长成山峦叠嶂的样子。

3. 棱与疣状突起

棱是仙人掌类植物茎上纵向突起的结构，除原始类型的种类外，仙人掌类的茎都具棱。棱在仙人掌类植物中有重要的生物学意义，很多仙人掌类植物的原产地干湿季十分明显，每年中有很长时间滴雨不下，但雨季时在短时间内会下很大的雨。而生长在这种环境下的仙人掌类在旱季时由于水分不断散失而体积缩小，棱不断变薄，而一旦下雨则最大限度地吸水使株体迅速膨胀。如果没有棱这种可以伸缩自如的结构，那么表皮肯定要被涨破。同时棱还有增大散热面积的作用。

仙人掌类的棱的数目各异，仙人掌属和昙花属、令箭荷花属及部分苇枝属的种类只有2棱，量天尺属和月林令箭属（*Weberocereus*）通常为3棱，而其他属种都在4棱以上。其中球形种类的棱较多些，个别的种类多达120棱，一般也有10余棱。棱的数量多少和排列方式客观上也为我们区别种类提供了依据，在分类上有一定的意义。

仙人掌类的茎除有棱以外，还有疣状突起，简称疣突或疣，是球形种类的独特构造。疣通常是在纵向的棱上横向突出的结构，但在相当多的种类中茎没有明显的棱，而是全部按一定的间隔突出的疣，如南国玉属、裸萼球属、强刺球属、长钩球属等。

按照种类的不同，疣状突起的形状、长短、直径大小以及质地软硬都有很大区别。光山玉（*Leuchtenbergia principis*）的棱锥形疣突长达12cm，而月世界属的小人帽子（*Epithelantha micromeris* subsp. *bokei*）只有0.2cm。乌羽玉（*Lophophora williamsii*）的疣突很柔软，而光山和波罗球属的大祥冠的疣突则非常坚硬。岩牡丹属的种类疣突排列成莲座状，每一疣突都能充分见阳光。光山的疣突簇生于茎端好似龙舌兰。而乳突球属的希望球、断琴球等疣突围绕生长点严格地排列成对数螺线图案，从顶部看图形非常完美。这种疣突的形状、大小和排列是人们进行分类的一种依据。

疣状突起是仙人掌类植物为适应干旱环境进一步发展的结果。疣可视为退化的叶柄，有了疣状突起更便于植物胀缩和散热。很多种类的仔球着生在疣突中间的疣腋部，幼嫩的仔球可得到疣突和疣突先端刺的保护，避免阳光灼伤和动物侵害。因此目前所有的分类学家都认为疣状突起明显的属种是仙人掌科中最高度进化的物种。

4. 刺座、刺和毛

刺座是为仙人掌类植物特有的一种器官，表面上看为一垫状结构。从植物学角度来看，刺座其实是高度变态的短缩枝，其上着生多种芽，有叶芽、花芽和不定芽，因而刺座上不但着生刺和毛，而且花、仔球和分枝也从刺座上长出。刺座的大小和排列方式各不相同。土星冠（*Neoraimondia arequipensis*）的刺座通常为2cm，而一旦到开花年龄，则会膨大至10cm；小型球类月世界和松露玉的刺座只有0.1cm左右。大多数种类的刺座呈圆形或椭圆形并间隔一定的距离，而白云阁和栉刺尤伯球的刺座呈长条形，在棱上首尾相连。刺座的形状并不是一成不变的，很多仙人掌类到达开花年龄后，刺座会发生变化。如上帝阁（*Pachycereus schottii*）开花前刺座上只有数根短刺，而到开花时，茎上部所有棱上的刺座密生白毛。花座球属，其球顶部的花座实际上也是开花时刺座的变态，具有保护作用。

刺座一般都分布在茎上。但也有一些种类在肉质根、花托、子房、果实等处也有刺座。刺着生在刺座中。刺的形状主要有锥状、匕首状、钩状、锚状、栉齿状、针状、刚毛状和羽毛状等。按刺在刺座上的位置有中刺和侧刺（周刺）的区别，一般中刺比较强大，有1根或数根。有的仙人掌类植物的刺十分强大，如土星冠的直射刺长达24cm左右，但也有很多种类刺完全退化或仅留痕迹，如星球、乌羽玉、松露玉等。有些种类本具强大的刺，但在栽培中人们选育出无刺的变种，如天晃玉属（*Thelocactus*）的无刺大统领、强刺球属的无刺王冠龙和金琥的无刺类型裸琥。另有两种刺常被误认为毛，一种是刚毛，它是一种比针状刺还要细的刺，虽然易弯曲但有弹性。另一种是钩毛或称芒刺，很短很密集，基部有鞘，顶端有不易发现的倒钩，人们不注意时易被扎伤而很难清除，典型的如黄毛掌（*Opuntia microdasys*），幸好这种钩毛仅存在于仙人掌亚科的一部分种类中，数量并不太多。

刺对于仙人掌类植物的生存有重要意义，它是仙人掌科植物适宜干旱气候的重要特征，也是一种保护机制的产物。刺的数量多少以及排列、色彩、形状、射出方向等各种各样，变化无穷，给人以美的享受。同时它又是鉴别种类进行分类的重要依据。

毛也从刺座上长出，长短粗细不一，色彩多样，最常见的为白和黄色，如翁柱（*Cephalocereus senilis*）、白丽翁（*Espostoopsis dybowskii*）、摩天柱（*Pilosocereus glaucescens*）等，其次为褐色，红色最少见。一般植株顶端及着花刺座上毛密而长，往下则往往稀少甚至脱落。生长在高海拔地区的种类通常被很长的毛，这些长毛有效地保护植物不被高山上强烈的紫外线所灼伤。还有一种很短很密集像天鹅绒一般的毛，通常称之为毡毛，它也能保护表皮，同时在一些少雨多雾地区具有汇集露水供根部吸收的功能，如逆鳞球（*Copiapoa cinerea* var. *haseltoniana*）。

5. 花、果实和种子

所有仙人掌类植物都能开花。很多种类只要栽培得当很快就可开花，如子孙球属的种类从播种到开花只需3年。而栽培中通过嫁接还可以大大提前开花。有的种类则需要经过20～30年或更长时间才能开花。不少种类在栽培条件下不易开花，主要是光照和温度不能满足需要。

花通常着生在刺座上，但乳突球属、岩牡丹属和菠萝球属种类的花和刺座不在同一位置。一般情况下，每一刺座只开一朵花，但鸡冠柱属、龙神柱属、白云阁等一刺座开花2朵或以上。大多数种类的刺座只能开花一次，但也有一些种类如巨翁柱，同一刺座能开花多年。

仙人掌类植物开花期通常在春季3—5月，丽花球属、菠萝球属多在夏天开花。秋天开花的种类不是很多，如岩牡丹属，但有不少种类可以在春季嫁接仔球令其在秋天开花。而蟹爪兰、仙人指、凤翼孔雀、玉翁、白星、白琥、雪月花和日之出球在冬季开花。多数种类一年开花一次，但丽花球属、菠萝球属、星球属一年可以开花数次。单朵花开放的时间通常为两天，但晚上开放的花卉开花时间较短，如昙花只有数小时；也有开花时间较长的种类，如雪光，单花可开7～10d。某些种类的仙人掌植物开花具有惊人的一致性，如昙花，几乎所有花蕾同时开花，虽然花蕾大小明显不一。

花的形态丰富多彩，有漏斗状、喇叭状、高脚碟状、杯状等。通常是辐射对称，少数属种的花是两侧对称，如蟹爪兰、花冠柱和吹雪柱等。花瓣通常只有一层或两层，目前在毛花柱属中通过杂交产生了开重瓣花的品种，但国内尚未引进。花瓣通常为全缘，只有棱波等极少数种类花瓣边缘呈睫毛状。花筒一般都很明显，但丝苇属的花筒则几乎没有。花的大小相差悬殊，小的如丝苇属的花，通常只有0.5cm大，大的如蛇鞭柱属、量天尺属和杂种令箭荷花的花，一般在15cm以上，个别种类可达35cm。花的颜色十分丰富，除纯蓝、黑色外，各色都有，具有很高的观赏价值。还有很多种类的花瓣具金属般光泽，非常夺目。某些种类的雌蕊柱头和雄蕊花丝都有鲜艳的色彩，特别是鹿角柱属和南国玉属的部分种类，柱头绿色和紫色，具天鹅绒般光泽，与花瓣相映生辉，甚是美丽。

花通常是两性花，雄蕊数目通常较多，柱头多数分裂，有些种类的柱头裂片大且色艳，颇具观赏价值。子房下位。许多种类花具有香味，如仙人杖的花香味最佳，而葛氏块根柱（*Peniocereus greggii*）的花带辛辣味，30m外都可闻到。

果实通常为肉质浆果，少数为干果。形状有梨形、圆形、棍棒形、纺锤形等。大小也差异较大，如子孙球属的果直径只有0.5cm，而仙人掌属的某些种类可达8～15cm。很多种类的果实很漂亮，如乳突球属的很多种类具鲜红光滑棒状的浆果；量天尺的果实又大又红，美形卧龙柱和单刺量天尺的果柠檬黄色。很多种类果皮光滑，但也有不少有刺座或鳞片等。

种子的形状很多，通常为圆形、椭圆形和扁圆形。星球属的种子呈盔形，也叫碗形。卧龙柱属的种子为中空的圆柱形，也称睡袋形。其他柱状种类的种子大多呈肾形。翅子掌属的种子有木栓质的翅，非常奇特。每一果实的种子数量相差很多，多的上千粒，如新天地，可有2000多粒，少的如乌羽玉只有十多粒。种子的大小非常悬殊，仙人掌属和叶仙人掌属的种子5～6mm，每千粒重为20g；而菊水的种子千粒重仅为0.1g。

6. 根

仙人掌类的根以须根为主，除了少数乔木状的叶仙人掌属种类和仙人掌属种类外，无明显的主根，分布在土壤的浅层，绝大部分只分布在地表以下30cm范围内。但是根系却伸展很远，有的种类的根可伸展出去30m，这样可以显著扩大吸收面积，因为原产地一般土壤持水力差，一旦下雨，仙人掌植物可以最大面积地吸收水分，从而在短期内迅速地吸收足够的水分以备后用。

有些种类具膨大的肉质根或块根，在这些种类中，根代替茎成为贮水的主要器官。这些种类主要集中在岩牡丹属、翅子掌属、块根柱属和部分仙人掌属中，其中葛氏块根柱的块根最为典型，可重达75kg。

附生类型的种类如量天尺、玉柳等，变态茎上有大量气生根。气生根有攀缘和吸收两种功能，在原产地主要是使茎能沿着树枝、岩壁伸向阳光较好的地方，而一旦接触到腐殖质和水分较好的地方，原无根毛的气根会迅速长出根毛进行吸收。

原产干旱地区的种类，根表皮往往木栓化，以保护根不受强光和高温的伤害。而一旦下雨，毛细根会迅速穿过木栓层进行吸收。

（二）其他多肉类植物形态特征

仙人掌科以外的多肉植物由于牵涉到50余科，从总体上来讲其形态更为多姿多彩。和仙人掌类相比，其他多肉植物有如下几个特点：①有叶的种类占相当大的比例；②刺的特色没有仙人掌类那样鲜明，很多种类虽有强刺但被叶掩盖，只是落叶期时刺才显得突出；③花单生的也有，但有很大一部分是集成各种花序，花的观赏性总的来说逊于仙人掌类。

按贮水组织在植株中的不同部位，非仙人掌科多肉植物可分为三大类型：叶多肉植物、茎多肉植物和茎干类多肉植物。这些种类多肉植物的繁殖器官和其科内的其他植物差异不大，但营养器官有明显的特色。

1. 叶多肉植物

叶多肉植物贮水组织主要在叶部。茎一般不肉质化，部分茎稍带木质化。按生境干旱程度的不同，叶的肉质化程度有所区别。不太干旱的地区原产的种类叶较大较薄。如番杏科的露花（*Aptenia cordifolia*）原产南非湿润地区，因此它是蔓生的株形，具较大较薄的叶，形态和一般草花区别不大。随着环境趋向干旱，茎越来越短、叶质越来越厚。极度干旱地区分布的番杏科种类，如肉锥花属（*Conophytum*）、生石花属（*Lithops*）整个植株只有一对或两对叶组成，茎已全部消失，叶高度肉质化，呈元宝形或圆形。

叶多肉植物以番杏科、景天科、百合科、龙舌兰科植物较多，凤梨科、马齿苋科、胡椒科、鸭跖草科和菊科中也有部分种类。由于科属的不同，尽管叶多肉植物有共同的旱生结构——叶，表现为肥厚、表皮角质或被蜡、被毛、被白粉等，但叶的类型相当多。其中大多数是单叶，但也有不少是复叶。单叶的形状有线形、棒形、匙形、卵圆形、心形、剑形、舌形和菱形等。复叶的类型有三出叶、掌状复叶、一回羽状复叶和二回羽状复叶。叶缘多为全缘，有的叶缘和叶尖有齿、毛或刺。

叶的排列方式有互生、对生、交互对生、轮生、两列叠生、簇生等。海拔较高地区原产的种类叶排列成莲座形，整个株形非常紧凑，是家庭栽培观赏的理想种类。

2. 茎多肉植物

大戟科、萝摩科、夹竹桃科和牻牛儿苗科的多肉植物，贮水部分在整个茎部，称为茎多肉植物。它们之中很多种类的茎和仙人掌类相似，呈圆筒状或球状，有的具棱、疣状突起或刺，但绝没有刺座，刺有皮刺、针刺和棘刺之分，少数种类刺很强，如福桂花科、龙树科和夹竹桃科的棒棰树属种类。多数为直立茎，但是葡萄科的白粉藤属和萝摩科的吊灯花属通常是攀缘或蔓生状。

很多具粗壮肉质茎的种类通常不具叶，有的在幼嫩部分有细小的叶但常脱落，如火殃勒、绿玉树。但也有一些种类长期具叶，如棒槌树属植物往往在植株顶端有成簇的叶片，马齿苋科的马齿苋树和景天科的燕子掌既有粗壮的肉质茎又有肉质化的叶，而且这种叶始终存在。

3. 茎干状多肉植物

这类植株的肉质部分主要在茎基部，形成极其膨大的形状不一的块状体、球状体或瓶状体。无节、棱和疣状突起。有叶或叶早落，多数叶直接从根颈处或从突然变细的几乎不肉质的细长枝条上长出。在极端干旱的季节，这种枝条和叶一起脱落。为了防止水分散失，有时候茎基外会产生厚厚的木栓层，形似盔甲，薯蓣科著名的多肉种类龟甲龙和墨西哥龟甲龙就是这种类型。

但也有一些种类，在膨大的茎干上有近乎正常的分枝，茎干通常较高，生长期分枝上有叶，干旱休眠期叶脱落但分枝存在。整体上看株形和一般乔木类似，只是主干有一段（基部或中间）较膨大，贮水较多。如木棉科的猴面包树（*Adansonia digitata*），辣木科的象脚辣木（*Moringa drouhardii*），梧桐科的昆士兰瓶树（*Brachychiton rupestris*），夹竹桃科的沙漠玫瑰（*Adenium obesum*）在索科特拉岛的变种等。但是这些种类的扦插苗通常很难形成膨大的茎干。播种苗的情况略好一些，但在潮湿地带长大的株形无论如何也没有原产地植株那样典型。

很多草本植物具鳞茎，鳞茎是膨大的，半埋在地下或贴地生长。按照茎基膨大的原则它们也应列入茎干类多肉植物。但有些专家不承认，因此石蒜科的虎耳兰、百合科的绵枣儿属在算不算多肉植物上有争议。但有些鳞茎植物绝对没有争议，如百合科的苍角殿、大苍角殿是多肉植物中的著名种类，也是爱好者梦寐以求的珍品。

依据形态特点，可将其他多浆植物分为四类。

1）仙人掌型　形态类似仙人掌科植物。茎粗大或肥厚，块状、球状、柱状或片叶状，肉质多汁，绿色，茎上常有棘刺或毛刺。叶一般退化或短期存在，如大戟科的大戟属，萝藦科的豹皮花属、玉牛掌属等。

2）肉质茎型　除有明显的肉质地上茎外，还有正常的叶片。茎无棱，也无刺，如大戟科的佛肚树（*Jatropha podagrica*），菊科的仙人笔（*Senecio articulatus*）和景天科的玉树（*Crassula argentea*）等。

3）观叶型　主要由肉质叶组成，如番杏科的石生花（*Lithops pseudotruncatella*），菊科的翡翠珠（*Kleinia rowleyana*），百合科的芦荟、十二卷等。

4）尾状植物型　具有大型块茎，内储丰富的水分与养料，由块茎上抽出一至多条常绿或落叶的细长藤蔓，叶常肉质，如萝藦科的吊金钱（*Ceropegia woodii*）。

（三）多浆类植物对环境的生理适应性

多浆类植物大多生长在干旱缺水的环境中，长期适应的结果，使其在生理和其他生长特点上也产生了一系列有利于保水的变化。

1）多浆类植物的表皮有很厚的角质层，很多种类表皮被蜡、被毛。气孔数远较其他植物少而且深埋在表皮凹陷的坑内，角质层扩散阻力很大。因此，这类植物失水明显地比其他植物少。资料表明，一株玉米一天失水3～4L，而一株树木状的大仙人掌一天只失水25ml。

2）多浆类植物体内有白色乳汁或无色的黏液，这是一种多糖物质。特别含有大量的五碳糖，提高了细胞液浓度，增强了抗旱抗逆性。同时这种黏液和乳汁在植物受伤时可使伤口迅速结膜，既防止了体内水分散失又避免了病菌感染。栽培中利用这一特点，可以将一些截面积很大的球形、柱形种切顶扦插。

3）与其他旱生植物不同的是，多浆类植物的渗透压不高，一般在405.3～2 026.5kPa（4～20个大气压）之间，而超过1 215.9kPa（12个大气压）的只有仙人掌属植物。这个数字远比在沙漠中存在的其他沙生植物低。因此在一些可溶性盐类很多的沙漠地区没有仙人掌类植物存在。这一点在栽培上很重要，施肥时决不能一次加入浓度很高的无机化肥，培养土中也不能混有过多的盐类物质，否则根部水分向外渗透而造成植株萎蔫。它们总的渗透压虽然不高，但是内部组织与表皮存在较大的压差。因此，当植株受到损害时，其边上的仔球却完好无损，这无疑对种的繁衍十分有利。

这些生理特点造就了多浆类植物超强的抗旱能力。美国亚利桑那州沙漠研究所曾做过一个实验，将一株重 37.5kg 的金琥不带土放室内任其干燥，6 年后仍然存活，只是减轻了 11kg 的重量。

4）多浆类植物中许多种类，如仙人掌科、景天科、凤梨科等，还有另外一个显著的生理特点，即景天羧酸代谢途径（CAM）。特点是气孔白天关闭减少蒸腾，夜间开放吸收 CO_2，而且在一定范围内，气温越低，CO_2 吸收越多。吸收的 CO_2 通过羧化形成苹果酸存于大液泡内，白天苹果酸脱羧放出 CO_2 进行光合作用，在一定的范围内，温度越高，脱羧越快。由于这种方式是在景天科植物上首先发现的，故称为景天羧酸代谢途径。栽培上利用这个特点，即在一定范围内尽可能加大温室的昼夜温差，在晚上提高室内 CO_2 浓度等，可使这类植物加快生长。

（四）对环境的要求

仙人掌类植物原产地几乎都在美洲，但不同种类分布的区域不同，大体包括以亚马孙河流域为中心的附生类型的仙人掌植物分布区、以安第斯山区为中心的南美陆生型仙人掌植物分布区、以墨西哥高原为中心的北美陆生型仙人掌植物分布区。其他多肉类植物分布范围更广，非洲和美洲是其主要分布区域，亚洲和大洋洲也有多肉植物分布，但数量较少。由于产地自然环境的差异，不同的仙人掌植物和其他多肉植物对环境的要求也各不相同。

1. 温度

大部分仙人掌植物原产于热带、亚热带地区，因而一般都在 18℃以上时才开始生长，而蛇鞭柱属的一些种类要求气温达到 28℃以上才开始生长。生长在一些高山地区的仙人掌植物、南非的多肉植物和北半球高纬度地区的多肉植物一般在 12℃以上即开始生长。需要注意的是，原生热带雨林地区的仙人掌类植物比某些陆生类型更不能忍受高温，因为它们的原产地最高温并不高，只是平均温度较高。除少数茎基部木质化的种类和生于高海拔、高纬度地区的种类外，绝大部分仙人掌类植物和其他多肉植物都不能忍受 5℃以下的低温，0℃以下的低温将会发生冰冻，引起细胞膜变性和细胞壁破裂，最终引起植物死亡。对大部分仙人掌植物及其他多肉植物而言，最适生长温度为 20～30℃，少数为 25～35℃，而冷凉地区的种类维持 15～25℃。由于大部分仙人掌类和其他多肉类植物具有景天羧酸代谢途径，日夜温差较大（10～15℃），对其生长是有利的。

2. 光照

多数仙人掌类和其他多肉植物，都喜欢充足的光照，而原产于沙漠半沙漠地区及高海拔地区的种类尤喜欢光照充足。而一些在原产地栖息于杂草、灌丛的小型球类，如丽花球属、子孙球属、乳突球属等需要适当遮阴，夏季不可曝晒。原生于热带雨林的种类如昙花属、蟹爪兰属、丝苇属等，则需要半阴的环境。栽培时要根据不同种类的习性，提供适宜的光照条件。另外，需要注意的是，放单面温室和阳台上的植株，应注意经常转盆，防止植物长歪。

3. 光质

光质对仙人掌类植物生长也有影响。原生于高山地区的种类如翁柱属、刺翁柱属、老乐柱属等通体被各色长毛，主要是适应高海拔的强紫外线。人工栽培时，特别是温室栽培条件下，紫外光不足，往往毛发育不良，色泽不够光亮。

4. 水分和湿度

仙人掌植物和其他多肉植物大多比较耐旱，但这并不意味着这类植物不需要浇多少水，相反，某些种类需要较多的水分。特别在盆栽的情况下，根系分布十分有限，吸水能力较弱，而且长期栽培有盐分的积累，需要浇水冲洗。当然，在不同的生长阶段，仙人掌类植物和其他多肉植物对水分的需求是不同的。在休眠阶段和生长成熟而又不开花的阶段，对水分的需求不是很高，应适当控制水分；而在种子发芽阶段、幼苗生长阶段及植物开花阶段，对水分的需求很高，必须适时补充水分。除土壤水分外，空气湿度对这类植物也很重要。原产热带雨林的附生种类，尤其需要较高的空气湿度。而陆生型的种类，也要求一定的空气湿度，一般为60%，才能生长正常，植株有光泽，观赏价值高。但是一些种类也不能忍受太高的湿度，如生石花属，夏季休眠时湿度过高，容易引起腐烂。

5. 土壤

仙人掌类植物和其他多肉植物虽然大多原生于贫瘠的土壤，但并不意味着随便用什么土都能栽培好。在原产地，这些植物虽然可能生长在荒漠地带，但是根系分布广泛，可以较大面积地吸收养分。在栽培条件下，则往往根系局限在狭小的区域中，如果没有充足的营养，植物生长将受到影响，如基部提前木质化、老叶脱落等，使观赏价值下降，严重时会引起病虫害的发生，危及植物的生命。因此，栽培用的土壤应该要疏松透气、含有一定的腐殖质、没有过细的尘土、呈弱酸性或中性（少数可呈碱性）。

6. 空气

多浆类植物在原产地多生长在没有污染、非常干净的旷野中，空气非常新鲜，因此在栽培中也需要新鲜的空气。当采用设施栽培或室内栽培时，要经常通风透气，加强空气的流通，否则容易遭受介壳虫、红蜘蛛的危害，也容易产生病害并快速蔓延。

三、繁殖与栽培管理

（一）仙人掌类植物

仙人掌类植物繁殖大多用分株或扦插法。应在生长期扦插。扦插时可截取肉质茎或滋生的仔球作插穗，插穗切取后应晾晒几天，等伤口干燥后，再浅插于沙土中。也可用播种，春秋都可播种，多数播种后1个月内可发芽，苗期避免过度潮湿，温度不宜过高，一般不超过30℃。昼夜温差大有利于种子萌发与生长。不易用上述方法繁殖的种类则用嫁接法，多用量天尺和仙人球作砧木，也有用叶仙人掌的。除冬季气温较低和高湿季节外，其他时期均可进行，而以春季气温达18～25℃时最为适宜，但仙人球夏季作砧木比较适宜。嫁接时采用平接法，先将砧木在适当高度横切，然后把小球接穗底部也横切后立即放在砧木切面上，用橡皮条或细线连盆纵向捆绑，务必使两切面充分密接。嫁接后放稍阴处，注意保持湿度，约2～7d后可解绑。原产沙漠及半沙漠地区的种类，多喜阳光充足和排水良好的沙质土。但在苗期以及易受灼伤的种类，则夏季应予遮阴。生长季节可充分浇水，适当施肥。冬季休眠期间盆土适度干燥，温度维持在4～7℃。附生性种类则喜温暖、阴蔽与潮湿，要求含腐殖质较多的肥土，冬季温度以维持12℃以上为宜。

（二）其他多肉植物

很多种类可在春季分株繁殖，切取自然滋生的短匍匐茎栽植，即可长成新的植株。扦插也极易生根。景天科、龙舌兰科、百合科的一些种类还可行叶插。龙舌兰属、芦荟属、十二卷属及落地生根属中的某些种类可将其形成的珠芽埋入土中长成新植株。多数种类也可用播种繁殖。盆栽宜用排水良好的沙质土。生长季节可充分浇水，冬季休眠期间应保持盆土稍干，夏季应放到室外通风、半阴处培养。

非仙人掌科多肉植物种类繁多，多数种类不太耐寒，冬季要求阳光充足，温度维持在10～15℃。景天科莲花掌属（*Aeonium*）、青锁龙属（*Crassula*）、石莲花属（*Echeveria*）、落地生根属（*Bryophllum*）及景天属（*Sedum*）的一些种类，冬季喜冷凉条件，很多是布置岩石园的好材料，不少种类适宜盆栽。百合科芦荟属（*Aloe*）和十二卷属（*Haworthia*）等的一些种类冬季要求阳光充足并保持冷凉，夏季宜半阴。大戟科大戟属（*Euphorbia*）等的一些种类要求阳光充足，通风良好，冬季维持在10～12℃。龙舌兰科龙舌兰属（*Agave*）及虎尾兰属（*Sansevieria*）等的一些种类喜阳光，栽培宜用肥土，冬季保持冷凉干燥和8～10℃的温度条件。对夏季有休眠习性的种类来说，如番杏科的肉锥花属、生石花属等，夏季要保持干燥，浇水很容易导致腐烂，而在其“蜕皮”的过程中，也要保持环境的干燥。

四、应用

多浆类植物种类繁多，形态各异，具有很高的观赏价值。既有一些种类植株高大，荆刺密布，十分壮观，适合热带地区室外栽植，也有一些小巧玲珑，可爱怡人，适宜室内观赏，还有一些种类形态习性奇特，颇有异趣，别有诱人之处。很多种类兼有十分美丽和芳香的花朵，更能锦上添花。而多浆类植物大多耐旱、耐瘠薄，繁殖、栽培比较容易，更适于花卉栽培业余爱好者和初学者，因此栽培应用范围相当广泛。除观赏外，许多多浆植物具有很高的食用、药用价值。

第二节　仙人掌科植物

按形态差异，仙人掌科植物大体可分为球形、柱形、扁平形、鞭形和具叶类型等几类。

一、球形仙人掌

仙人掌植物的茎膨大为球形，大的直径可以达到1m多，十分壮观，习性强健，容易栽培，是应用价值很高的仙人掌类植物。

1. 金琥

学名：*Echinocactus grusonii*

别名：象牙球、金琥仙人球

科属：仙人掌科金琥属

英名：golden barrel，golden ball cactus

[生物学特性]　肉质植物。茎圆球形，高可达1.3m。球顶密被金黄色绵毛。刺座很大，密生硬刺。6—10月开花，花生于球顶部绵毛丛中，钟形，4～6cm，黄色。

[地理分布与生态习性]　原产于墨西哥中部干燥、炎热的热带沙漠地区。性强健，栽培容易，喜暖、喜阳、喜干燥，畏寒、忌湿、好生于含石灰的沙质土。

[品种与繁殖]　可采用播种法或者嫁接繁殖法。栽培种尚有白刺变种白刺金琥（var. *albispinus*）和弯刺的狂刺金琥（var. *intertextus*），较为珍贵。

［园林应用］ 金琥寿命很长，栽培容易，成年大金琥浑圆碧绿，花繁球壮，长刺金碧辉煌，观赏价值很高。可栽培成规整的大型标本球，点缀厅堂。

2. 仙人球

学名：*Echinopsis tubiflora*

别名：草球、长盛球

科属：仙人掌科仙人球属

英名：hedgehog cactus

［生物学特性］ 单生或丛生，幼株球形，随着生长变为圆柱形，高可达1m，径12～15cm。球体暗绿色，具棱11～12。花生于球体侧方，常着生同几条棱上，喇叭状、白色，长约24cm，径约10cm，傍晚后开放，次晨凋谢。果肉质，种子小。

［地理分布与生态习性］ 原产于阿根廷北部及巴西南部的干旱草原。性喜光，稍耐寒，冬季温度5℃以上。喜疏松排水良好的土壤。盆栽基质以排水透气良好、含石灰质的沙壤土为宜。夏季适当遮阴，适当浇水，伏天时要放阴处并节制浇水，冬季也应保持盆土不过分干燥，换盆最好在早春进行，剪去一部分老根，晾数日后再栽植。

［品种与繁殖］ 繁殖容易，常可繁殖大量仔球，用以扦插即可成活。也可播种，容易发芽。同属栽培种还有长盛球（*E. multiplex*），植株较细长呈倒圆锥形，高15～30cm，棱稍多，13～15，棱脊高。

［园林应用］ 可用作盆栽观赏，也常用作嫁接的砧木。

3. 绯牡丹

学名：*Gymnocalycium mihanovichii* var. *friedrichii* ‘Hibotan’

别名：红灯、红牡丹

科属：仙人掌科裸萼球属

英名：red cap

［生物学特性］ 植株小球形，直径3～6cm，球体橙红、粉红、紫红或深红色。具棱8，棱上有突出的横脊。辐射刺短或脱落。花漏斗形，着生于顶部刺座，4～5cm长，粉色，常数朵同时开放。

［地理分布与生态习性］ 原产于南美洲（原种）。栽培变种，无自然地理分布。性喜温暖和阳光充足，在直射阳光下越晒球体越红，但在夏季高温时应稍遮阴，并使其通风。生长最适温度为20～25℃，越冬温度不可低于8℃。性较强健，喜排水良好的土壤。

［品种与繁殖］ 因为没有叶绿素进行光合作用，只能用嫁接的方法繁殖。嫁接砧木用量天尺。为裸萼球属植物瑞云（*Gymnocalycium mihanovichii*）的变种，日本园艺家1941年选育出来的品种。同属其他栽培种还有：黄体绯牡丹‘Aurea’，球体金黄色，其他同绯牡丹；绯牡丹冠‘Rubra’ f. *cristata*，植株带化呈扁平鸡冠状，其他同绯牡丹。

［园林应用］ 绯牡丹颜色较多，色泽鲜艳，小巧玲珑，耐阴性好，栽培容易，是良好的室内盆栽花卉；也可用于沙生植物园。

4. 龟甲牡丹

学名：*Ariocarpus fissuratus*

科属：仙人掌科岩牡丹属

英名：Living rock

［生物学特性］ 单生或丛生，具肥厚直根。茎近球状，灰绿色，顶部被黄色绒毛，疣状突起呈阔三角形，其表面有纵横交错的龟裂纹，形似“龟甲”。花顶生，钟状，白到粉红色。花期仲夏。

［地理分布与生态习性］ 原产于墨西哥及美国得克萨斯州西部贫瘠、干旱的石灰石沙砾地区。性喜暖、喜阳、喜干燥，畏寒、忌湿。

［品种与繁殖］ 播种或嫁接繁殖。

［园林应用］ 形态奇特，观赏价值高，适合热带地区沙生植物园应用，或者盆栽观赏。

二、柱形仙人掌

仙人掌植物的茎为柱形，高可达数米，原生种主要分布于热带沙漠地区，形成壮观的仙人掌森林，是沙漠地区动物重要的食物和水分来源，生态意义重大。生长习性强健，容易栽培，花往往大而艳丽，但是花期较短，观赏价值高。

5. 山影拳

学名：*Cereus hildmannianus* var. *monstrose*

别名：山影、仙人山

科属：仙人掌科天轮柱属

英名：curiosity plant

［生物学特性］ 肉质植物。植株高可达 3m 以上。变态茎颜色浅绿至深绿。原种为高大柱状种类，但栽培常用畸形石化的品种，其植株芽上的生长锥分生不规则，而使整个植株肋棱错乱，不规则地增殖而长成参差不齐的岩石状，起伏层叠状如山石盆景。

［地理分布与生态习性］ 原产于南美阿根廷、巴西、乌拉圭一带。性喜光照充足，不耐积水，性耐干旱，也耐半阴，冬季盆土干燥可耐 0℃的低温。盆栽要求排水良好的沙质壤土。

［品种与繁殖］ 扦插繁殖。同属栽培种有秘鲁天轮柱（*Cereus peruvianus*），大型柱状仙人掌，高 3m 以上，茎粗 10～20cm，具棱 6～8，花侧生，漏斗形，长 16cm。常见品种有罗汉山影拳、虎头山影拳、狮子山影拳以及紫砂山影拳等。

［园林应用］ 本种株形奇特，栽培容易，是良好的室内观赏植物。也可在其上嫁接各色小球，构成多彩盆栽，别具一格。

6. 量天尺

学名：*Hylocereus undatus*

别名：霸王花、剑花

科属：仙人掌科量天尺属

英名：night blooming cereus

［生物学特性］ 茎三棱柱形，具攀缘性，分节，株高可达 3～6m，刺座间距 3～4cm，长 1～3 枚不明显的小刺，具气生根，可以用于吸附其他植物上攀缘生长。花大型，花外围黄绿色，内有白色，花期夏季，晚间开放，时间极短，具香味。果实长圆形，即火龙果，长 10～12cm，红色，有叶状鳞片，可食用。种子黑色。

［地理分布与生态习性］ 原产于墨西哥及西印度群岛，为热带雨林中的附生类型。喜温暖湿润和半阴环境，能耐干旱，怕低温霜冻，冬季越冬温度不得低于 7℃，否则易受冻害。

［品种与繁殖］ 扦插繁殖，极易生根。甚至粗壮的茎节放半阴处，保持温暖湿润不扦插也可生根。在热带地区可露地栽培，常植于墙垣或大树旁，以便攀缘。可以全光照，但

稍遮阴为好。常见品种有红心火龙果、白心火龙果。

［园林应用］ 量天尺植株翠绿，攀缘能力强，适合树木或墙垣的垂直绿化。花大美丽，香气浓郁，果大色艳，观赏性能高。还是重要的仙人掌科嫁接砧木，花、果可食用。

三、扁平形仙人掌

仙人掌植物的茎呈扁平形，常分段。观赏性状突出的主要有以下几种。

7. 黄毛掌

学名：*Opuntia microdasys*

别名：金乌帽子

科属：仙人掌科仙人掌属

英名：rabbit ears，yellow bunny ears

［生物学特性］ 植株高约60cm，茎节扁平，单节长约15cm，椭圆形或长圆形，淡绿色，刺座紧密，具金黄色钩毛，无刺。花着生在边缘刺座上，黄色，直径约5cm，果实紫色，长圆形。

［地理分布与生态习性］ 原产于墨西哥高原地区。喜光，不耐阴。喜排水良好的土壤。稍耐寒，冬季盆土干燥可耐0℃左右低温。栽培管理粗放。耐光照，热带地区可露地栽培。

［品种与繁殖］ 扦插繁殖。生长季节剪取生长充实的茎节，晾干切口后扦插，容易生根。常见品种有白毛掌、还城乐、金色黄毛掌以及红毛掌等。

［园林应用］ 本种茎节扁平，形似兔耳，密生金黄色钩毛，金光闪闪。由于栽培简单，繁殖容易，是目前栽培比较普遍的仙人掌种类。大小宜人，适合盆栽。但要注意钩毛扎人。

8. 昙花

学名：*Epiphyllum oxypetalum*

别名：琼花、昙华

科属：仙人掌科昙花属

英名：queen of night

［生物学特性］ 多年生灌木，是附生类仙人掌植物。主茎圆筒形，木质。分枝呈扁平叶状，多具2棱，少具3翅，边缘具波状圆齿。刺座生于圆齿缺刻处。幼枝有刺毛状刺，老枝无刺。夏秋季晚间开大型白色花，花漏斗状，长30cm以上，直径12cm，有芳香，经4～5h凋谢。果红色，种子黑色。

［地理分布与生态习性］ 原产于美洲巴西至墨西哥热带雨林一带，现全球均有栽培。喜温暖、湿润气候，耐半阴，土壤要求含腐殖质较多。盆栽昙花由于叶状茎柔弱，应设立支柱。可用昼夜颠倒的方法，即白天遮光、晚上光照，处理7～8d，可使其白天开花。

［品种与繁殖］ 繁殖多用扦插。同属约20种，但栽培种多为杂交种。常见品种有细叶昙花、孔雀昙花、巨翼昙花、锯齿昙花以及卷叶昙花等。

［园林应用］ 昙花枝叶翠绿，颇为潇洒，每逢夏秋夜深人静时，展现美姿秀色。此时，清香四溢，光彩夺目。盆栽适于点缀客室、阳台和接待厅。在热带地区可地栽，若满展于架，花开时令，犹大片飞雪，甚为壮观。

9. 令箭荷花

学名：*Nopalxochia ackermannii*

别名：孔雀仙人掌、孔雀兰

科属：仙人掌科令箭荷花属

英名：orchid cactus

[生物学特性] 附生类仙人掌植物。多年生草本植物，叶退化，茎扁平披针，形似令箭。鲜绿色，边缘略带红色，中脉明显突起。花着生于茎的先端两侧，花钟状，花被开张，反卷，花丝及花柱匀弯曲，花形尤为美丽。不同品种直径差别较大，小的有 10cm 以上，大的达 30cm 以上。花外层鲜红色，内面洋红色，栽培品种有红、黄、白、粉、紫等多种颜色，盛开于 4—5 月。浆果，种子小，多数，黑色。

[地理分布与生态习性] 原产于墨西哥海拔 2000～2700m 处的森林中。喜温暖、湿润环境，也有一定耐旱能力，不耐寒，需阳光充足，夏季需置于半阴处，并保持较高的空气湿度，喜肥沃、疏松、排水良好的微酸性腐叶质土。令箭荷花喜肥，特别要注意加强施肥管理，半月施一次薄肥，花芽分化时尤其要注意施肥。

[品种与繁殖] 多用扦插繁殖，也可嫁接，砧木用量天尺、叶仙人掌、仙人掌等。常见品种有紫荆令箭荷花、小朵令箭荷花。

[园林应用] 花大色艳，观赏价值极高。热带地区可以露地栽培，管理也比较粗放，是良好的墙垣植物。因较耐阴，也可盆栽室内观赏。

10. 蟹爪兰

学名：*Zygocactus truncatus*

别名：圣诞仙人掌、蟹爪莲

科属：仙人掌科蟹爪兰属

英文名：crab cactus，christmas cactus

[生物学特性] 植株常呈悬垂状，茎节扁平，两端及边缘有尖齿 2～4，似螃蟹爪子。主茎圆，易木质化，分枝多，呈节状，刺座上有刺毛，花着生于茎节顶部刺座上，两侧对称。常见栽培品种有大红、粉红、杏黄、纯白色。果梨形或广椭圆形，光滑，暗红色。

[地理分布与生态习性] 原产于巴西东部热带森林中，附生在树干上或隐蔽潮湿的山谷里。性喜半阴、潮湿环境。不耐寒。要求通风良好，否则易患红蜘蛛。为短日照植物。

[品种与繁殖] 扦插或嫁接繁殖。扦插剪取变态茎节作插穗，很容易生根。为培养悬垂伞状植株，常用嫁接法。用三棱柱作砧木，用劈接或切接，一株嫁接 3～5 个接穗。和蟹爪兰十分相似的种为仙人指（*Zygocactus russelliana*），为仙人指属植物。与蟹爪兰的区别在于仙人指的变态茎边缘没有尖齿而呈波状，花也是辐射对称。

[园林应用] 该种株形优美，花朵艳丽，能在没有直射阳光的房间生长良好，而且开花正逢圣诞节、元旦节，适合于窗台、门庭入口处和展览大厅装饰。

四、鞭形仙人掌

仙人掌植物的茎细长如尾状，常下垂生长。观赏性状突出的有以下几种。

11. 鼠尾掌

学名：*Aporocactus flagelliformis*

别名：药用鼠尾草、撒尔维亚

科属：仙人掌科鼠尾掌属

英名：rat’s tail cactus

[生物学特性] 多年生肉质植物。茎细长，鞭形，直径约 1cm，长可达 50cm，在原

产地长达2m，具气生根。刺座小，排列紧密。新刺红色，后变黄或褐色。花粉红色，两侧对称，昼开夜闭，可持续7d或更长。浆果红色，球形，有刺毛，直径1.2cm，种子小，红褐色。

［地理分布与生态习性］ 原产于墨西哥。附生，生长在林中的岩石或大树上。喜阳光充足，喜含腐殖质较多，排水透气良好的土壤。

［品种与繁殖］ 扦插繁殖，也常用较高的砧木进行嫁接，以便养成悬垂株形。砧木可用马氏蛇鞭柱，用直立、厚实的仙人掌作砧木效果亦佳，也可嫁接在叶仙人掌枝条上，形成悬垂的景观。常见品种有细蛇鼠尾掌、康氏鼠尾掌、鞭形鼠尾掌。

［园林应用］ 株型奇特，开花美观，多作盆栽观赏，可制成吊盆，也可嫁接形成悬垂景观。

12. 丝苇

学名：*Rhipsalis cassutha*

别名：槲寄生仙人掌

科属：仙人掌科丝苇属

英名：mistletoe cactus

［生物学特性］ 多年生肉质植物。植株悬垂，茎细长，鞭形，直径约0.2～0.5cm，长可达3m，具气生根。分枝多，分节，每节长10～20cm，茎节柔软线性，光滑，深绿色，无刺，但是有由极细的茸毛构成的褐色斑点。花着生新枝侧面，直径约0.5cm，无花筒，绿白色或白色。果实球形，白色。

［地理分布与生态习性］ 原产于美国佛罗里达州和巴西南部，斯里兰卡和非洲也有分布。附生种类，喜温暖湿润，不耐寒，耐阴，夏季不宜阳光曝晒。

［品种与繁殖］ 扦插繁殖，极易生根，也可播种。宜选用疏松透水、含一定腐殖质的土壤栽培。生长期要保持空气湿润，盆土不能过湿，否则易烂根。

［园林应用］ 本种色泽翠绿，枝蔓悬垂，耐阴，是良好的室内悬挂植物。

五、具叶型仙人掌

仙人掌植物中比较特殊的种类，具有大而明显的叶片。

13. 叶仙人掌

学名：*Pereskia aculeata*

别名：木麒麟、虎刺

科属：仙人掌科叶仙人掌属

英名：barbados goose berry

［生物学特性］ 嫩茎微肉质，老茎木质化并被密集的刺。叶有柄，休眠期常落叶，叶片丰厚亮泽，叶腋丛生锐刺。花单生或集成圆锥花序。辐射对称，白、粉红或橘黄色，芳香。果实球状或梨状，肉质。种子大，黑色。花期3—10月。

［地理分布与生态习性］ 原产于美洲热带地区，主要分布在墨西哥东南部潮湿的热带森林。性喜温暖潮湿气候，不耐霜冻，越冬温度不得低于10℃；喜光照，但也耐阴，畏烈日曝晒。盆栽要求含较高腐殖质的沙质壤土。

［品种与繁殖］ 扦插繁殖，或播种繁殖，但种子宜先作催芽处理。

［园林应用］ 栽培管理粗放，热带地区可以室外露地栽培。可作篱垣植物，用于垂直

绿化。常用作嫁接蟹爪莲、仙人指、鼠尾掌类和小型仙人球类的砧木，如在枝端嫁接，形成奇特的悬垂景观，是立体绿化及盆栽观赏的好材料。

第三节　非仙人掌科植物

本类植物是指除仙人掌科以外的其他多肉植物，以景天科、番杏科、百合科、龙舌兰科、大戟科、萝藦科、夹竹桃科等较多。按主要肉质化器官的不同，可以分为叶多肉植物、茎多肉植物、茎干状多肉植物三大类。

一、叶多肉植物

叶多肉植物主要肉质化器官是叶片，茎一般不肉质化，部分茎稍带木质化。叶型较多，部分种类颜色丰富，或呈半透明状，观赏价值较高，是非仙人掌科多肉植物中的代表类型。比较常见的是景天科、番杏科、百合科、龙舌兰科中的多肉植物。

（一）景天科多肉植物

1. 景天属叶多肉植物

景天科景天属（*Sedum*）植物，通常呈低矮灌丛状，叶片肉质化，多对生，少数轮生，全缘或锯齿，花通常聚伞花序或伞房花序，萼 4～5 裂；花瓣 4～5，雄蕊与花瓣同数或 2 倍，果为蓇葖果。

景天属叶多肉植物种类繁多，形态各异，不少种类叶片呈现靓丽的红色或黄色，观赏价值较高，是近两年极为流行的多肉植物。代表性种类如乙女心（*Sedum pachyphyllum*）、虹之玉（*Sedum rubrotinctum*）、王玉珠帘（*Sedum morgnianum* 'Hybirid'）等。

乙女心：又名八千代、厚叶景天。叶片长 3～4cm，簇生于茎顶，圆柱形，肉质，淡绿色或者淡灰蓝色，先端尖，常呈红色。花黄色。耐旱，喜光照，强光下叶色更红。

虹之玉：又名玉米石、耳坠草，叶片肉质，圆柱形，先端钝圆，阳光下转为红色。聚伞花序，黄色。耐旱，喜光照，全光照条件下叶色更红。

王玉珠帘：株高 20～30cm，叶片肉质，椭圆披针形，先端尖，长 2.5～4cm，粗约 1cm，光滑，稍向内弯，强光条件下会整株转变为红色。聚伞花序，淡粉红色。耐旱，喜光照。

2. 石莲花属多肉植物

景天科石莲花属（*Echeveria*）植物，叶片肉质，呈莲座状，色彩形态多样。总状花序、聚伞花序或圆锥花序。喜温暖干燥阳光充足环境，不耐寒，忌积水，生长期适量浇水，冬季保持干燥。常见种类有吉娃莲（*Echeveria chihuahuaensis*）、玉蝶（*E. glauca*）等。

吉娃莲：又名吉娃娃，多年生肉质草本，植株低矮，一般不超过 10cm，叶肉质，阔卵圆形，先端急尖，叶缘和叶尖红色。聚伞花序，花钟形，红色。耐旱，喜光照，耐半阴。

玉蝶：又名石莲花，株高 20～30cm，30～50 枚匙形叶片组成莲座状叶盘。叶片淡灰绿色，被白粉，先端有一小尖。总状花序。耐旱，不耐积水，喜光照，耐半阴。

3. 景天科其他叶多肉植物

青锁龙（*Crassula muscosa*）：景天科青锁龙属植物。肉质亚灌木，高约 30cm，茎细易分枝，茎和分枝通常垂直向上。叶鳞片般三角形，在茎和分枝上排列成 4 棱，非常紧密，以致使人误认为只有绿色 4 棱的茎枝而无叶，当光线不足时叶片散乱。花着生于叶腋部，很小，黄白色。喜温暖干燥，喜光照，也耐半阴。

长生草（*Sempervivum tectorum*）：景天科长生草属植物。肉质叶排成比较整齐的莲座状，叶片长倒卵形，叶色灰绿，叶缘上部红褐色。春末夏初会从基部长出红色走茎，走茎顶端生有莲座状叶丛。花莛高约 60cm，小花星状，红黄色。

大叶落地生根（*Kalanchoe daigremontiana*）：景天科伽蓝菜属植物。株高 50～100cm，茎单生，直立，褐色，中空。叶交互对生，叶片肉质，长三角形，叶长 15～20cm，宽 2～3cm 以上，具不规则的褐紫斑纹，边缘有粗齿，缺刻处长出不定芽，落地即可发芽生根，故名落地生根。复聚伞花序、顶生，花钟形，红紫色。蓇葖果。种子细小。植株匀称，叶片缺刻处可生长出不定芽，落地即生根，甚有异趣，是良好的盆栽及庭院栽培植物。同属植物约 125 种。常见栽培种类有：落地生根（*K. pinnatum*），叶较小，长 6～10cm，卵圆或阔卵圆形；棒叶落地生根（*K. tubiflora*），叶圆棒形；长寿花（*K. blossfeldiana* 'Tom Thumb'），叶肉质交互对生，椭圆状长圆形，深绿色有光泽，边略带红色。圆锥状聚伞花序，直立，花色有绯红、桃红、橙红、黄、橙黄和白等。花冠高脚碟状；玉吊钟（*K. fedtschenkoi* 'Rosy Dawn'），叶片交互对生，肉质扁平，缘具齿，蓝或灰绿色，上有不规则的乳白、粉红或黄色斑块，新叶更是五彩斑斓，甚为美丽。松散的聚伞花序，小花红或橙色。

（二）番杏科多肉植物

4. 生石花属多肉植物

生石花科生石花属（*Lithops*）植物，约有 40 多种。矮生，几乎无茎，有一对高度肉质化叶片，叶表皮较硬，顶部平坦，各式花纹，中央有裂缝，形似马蹄。花单生，雏菊状，从叶片裂缝中生出，花径 2～3cm。喜温暖和阳光充足环境，不耐寒，不耐水湿，需排水良好基质栽培。常见种类有日轮玉（*L. aucampiae*）、福寿玉（*L. eberlanzii*）、露美玉（*L. turbiniformis*）等。

其他的番杏科多肉植物还包括肉锥花属（*Conophytum*）的多数种、棒叶花属的五十铃玉（*Fenestraia aurantiaca*）、碧光环属的碧光环（*Monilaria obconica*）、银杯玉属（*Dicrocaulon*）的枝干番杏（*Dicrocaulon ramulosum*）等，特别是碧光环和枝干番杏，新生嫩枝如同两个树立的绿色兔子耳朵，十分有趣，是别有趣味的多肉植物。

（三）百合科多肉植物

5. 芦荟

学名：*Aloe vera* var. *chinesis*

别名：卢会、讷会

科属：百合科芦荟属

英名：indian medicine plant

[生物学特性] 多年生肉质草本。有短茎，叶近簇生，肥厚多汁，幼苗叶成两列，叶面叶背都有白色斑点。叶子长成后，白斑不褪。叶长约 35cm，宽 5～6cm。冬季开花，总状花序，花冠筒状，橙黄或具红色斑点。

[地理分布与生态习性] 原产于印度干燥热带地区。喜光照，亦耐半阴。性强健，甚耐旱，宜选用排水良好的土壤。适合布置厅堂、庭院等。叶可食用或做保健品使用。

[品种与繁殖] 常用分株和扦插繁殖。常见栽培的近似种有：库拉索芦荟（*A. vera*），

又称美国芦荟、蕃拉芦荟、翠绿芦荟。与芦荟类似，不同点是叶片上也有白色斑点，但随叶片的生长斑点逐渐消失，叶子四周有刺状小齿；什锦芦荟（*A. variegata*），又称翠花掌，茎短，三角剑形，叶色深绿，有银白色条纹。

[园林应用] 芦荟热带地区可四季生长，常年翠绿，冬春开花，花色靓丽，喜光也较耐阴，土壤的适应性强，适合室内盆栽，也可以用于室外绿化美化。

6. 十二卷

学名：*Haworthia fasciata*

别名：雉鸡尾、锦鸡尾

科属：百合科蛇尾兰属

英名：zebra haworthia

[生物学特性] 多年生常绿多肉植物。植株矮小，无明显的地上茎，叶片紧密轮生在茎轴上，呈莲座状。顺三角状披针形，先端锐尖，截面呈“V”字形。总状花序从叶腋间抽生，花极小，蓝紫色。春末夏初开花。

[地理分布与生态习性] 原产于南非亚热带地区半阴条件下。性喜阳光，但也很耐阴，夏季高温时生长停止而处于半休眠状态，不耐寒，冬季须保持10℃以上气温。要求排水良好的土壤。

[品种与繁殖] 分株繁殖。十二卷类植株小巧玲珑，色泽特异有光泽，十分适合室内小型盆栽。同属有相当多观赏种类，常见的有：水晶掌（*Haworthia cymbiformis* var. *translucens*），肉质叶莲座状，质地柔嫩半透明，叶较小，有暗褐红色条纹；绿心十二卷（*Haworthia krausii*），肉质叶 3 棱，长 7～9cm，浅绿至暗绿色，叶背上有极小的突起；美丽十二卷（*Haworthia magnifica*），肉质叶较少，褐绿色，较硬，叶面基部凹。叶端有细的疣状突起，叶缘具白齿，有短尖；蛇皮掌（*Haworthia tessellata*），肉质叶呈莲座状，无茎，阔卵三角形，叶端具小尖，叶面透明，具 5～7 条纵线及短横线，组成方格斑纹。

除此之外，百合科的叶多肉植物还有虎尾兰属（*Sansevieria*）的虎尾兰（*S. trifasciata*）、金边虎尾兰（*S. trifasciata* ‘Laurentii’）、短叶虎尾兰（*S. trifasciata* ‘Hahnii’）、金边短叶虎尾兰（*S. trifasciata* ‘Golden hahnii’）等。

[园林应用] 十二卷是常见的盆栽植物，多用于室内盆栽，适合放于桌上案头，也可以用于热带地区室外庭院栽培观赏。

（四）龙舌兰科多肉植物

7. 龙舌兰

学名：*Agave americana*

别名：龙舌掌、番麻

科属：龙舌兰科龙舌兰属

英名：century plant

[生物学特性] 多年生常绿植物。植株高大。叶色灰绿或蓝灰，肉质，基部排列成莲座状。花梗由莲座中心抽出，花黄绿色。花后死亡。

[地理分布与生态习性] 原产于美洲热带。性喜光照，喜温暖，不耐寒。生长温度为 15～25℃。耐旱性极强，要求疏松透水的土壤。

［品种与繁殖］ 常用分株繁殖，利用植株基部分蘖产生的幼株，分栽即可。也可播种。同属类似常见栽培种有：狭叶龙舌兰（*A. angustifolia*），叶排列为莲座状，狭长，长45～60cm，宽6～7.5cm，叶缘具细齿，顶端具长刺。圆锥花序高大，约2～3m，花白色，直径5cm。有银边变种银边龙舌兰（var. *marginata*）；剑麻（*A. sisalana*），与龙舌兰类似，但叶纤维含量高，直伸剑形，边缘无锯齿，花后通常不结实而产生大量珠芽。

［园林应用］ 热带地区可露地栽培，也可盆栽。株形巨大，颇具气势，很有热带风情，是良好的庭院观赏植物。

二、茎多肉植物

茎多肉植物的主要肉质化器官是茎秆，叶片一般不肉质化或稍木质化。通常有棱或刺，但没有刺座。最常见的是大戟科的多肉植物。

8. 霸王鞭

学名：*Euphorbia royleana*

科属：大戟科大戟属

英名：fleshy spurge

［生物学特性］ 多年生肉质草本，成年植株乔木状。茎干肉质、粗壮，具5棱，后变圆形。分枝螺旋状轮生，具黑刺。叶片多浆，革质。茎叶含白色乳汁、有毒。

［地理分布与生态习性］ 原产于印度东部。性喜光，喜温暖气候，甚耐干旱。畏寒，温度偏低时常落叶。乳汁有毒。

［品种与繁殖］ 扦插繁殖。取茎段作插穗，晾干后扦插。插后放半阴处，不浇水，稍喷雾，保持盆土湿润。在20～25℃的条件下，40～50d可生根。同属栽培种还有金刚纂（三角火殃勒）（*Euphorbia neriifolia*），茎具明显三棱；麒麟角（*Euphorbia neriifolia* var. *cristata*），为植株带化变为鸡冠状的变种。

［园林应用］ 霸王鞭植株常绿，株形雄壮，适合热带地区庭院栽培，也可盆栽观赏。

9. 光棍树

学名：*Euphorbia tirucalli*

别名：青珊瑚

科属：大戟科大戟属

英名：pencil plant

［生物学特性］ 肉质乔木。无刺，原生地高可达4～7m。小枝分叉或轮生，圆棍状，浅绿色具纵线。幼枝具线状披针形小叶，不久即脱落。

［地理分布与生态习性］ 原产于非洲热带干旱地区。性强健，耐干旱，不耐积水，适于排水良好的土壤。喜温暖，好光照，也耐半阴，耐干燥，不耐寒，冬季温度要保持10℃以上。株形奇特，颜色翠绿，四季可赏。乳汁有毒。

［品种与繁殖］ 扦插繁殖为主。

［园林应用］ 热带地区可作绿化疏篱，或庭院栽培，也可盆栽。

10. 铁海棠

学名：*Euphorbia milii*

别名：虎刺梅、麒麟花

科属：大戟科大戟属

英名：crown of thorns

[生物学特性] 直立或稍攀缘性小灌木。株高1～2m，多分枝，粗1cm左右，体内有白色浆液。茎和小枝有棱。叶片着生新枝顶端。二歧状复花序，生于枝上部叶腋；苞片2枚，红色，总苞钟状，黄红色。花期冬春季。蒴果三棱状卵形，成熟时3裂。花果期全年。花色鲜艳，苞片亮丽，形态雅致。

[地理分布与生态习性] 原产于非洲马达加斯加西部，我国南北广泛栽培。性喜温暖、阳光充足环境。耐高温、不耐寒。以疏松、排水良好的腐叶土为最好。冬季温度不低于12℃。

[品种与繁殖] 扦插繁殖容易，剪取茎段，待伤口充分干燥后扦插，插后约30d可生根。

[园林应用] 虎刺梅管理粗放，热带地区栽培四季可开花不断，还可扎成各种株形，具有良好的观赏性能，常片植装点园林空间或作盆栽观赏。

11. 红雀珊瑚

学名：*Pedilanthus tithymaloides*

别名：铁杆丁香

科属：大戟科红雀珊瑚属

英名：slipper plant

[生物学特性] 多年生草本植物。原产地株高可达3～4m，具有毒性的白色乳汁。茎肉质，绿色，呈之字形弯曲。聚伞花序顶生，总苞左右对称，闭合，鲜红色或紫色，形似小鸟的头冠。

[地理分布与生态习性] 原产于热带美洲。性喜温暖，耐旱，较耐阴，不耐寒，冬季温度10℃以上，低温导致叶片发白脱落。不耐积水，以排水良好的土壤栽培为好。

[品种与繁殖] 扦插繁殖。茎插，容易生根。同属栽培种有白雀珊瑚（*P. tithymaloides* var. *smallii*），与红雀珊瑚的主要区别是叶绿白色，叶背面中脉突出，叶上常有不规则的白斑。

[园林应用] 该种热带地区四季常绿，郁郁葱葱，开花小巧可爱，性耐阴，可作良好的庭院和室内观赏植物。

三、茎干多肉植物

茎干多肉植物主要肉质化器官也是茎干，叶片一般不肉质化或稍木质化，但与茎多肉植物不同，通常是茎干基部膨大，上部不膨大。而且这一类多肉植物需要用种子繁殖才能保持基部膨大状态，如果采用扦插繁殖，则基部膨大的性状往往会消失。比较常见的种类如下。

12. 佛肚树

学名：*Jatropha podagrica*

别名：麻疯树、瓶子树

科属：大戟科麻疯树属

英名：tartogo，australian bottle plant

[生物学特性] 肉质灌木。株高50～150cm，茎干基部膨大呈卵圆状棒形，茎端两歧分叉。叶簇生于枝顶，盾形，3浅裂，光滑，稍具蜡质白粉。花序重复二歧分枝，长约

15cm，花鲜红色。聚伞花序，花梗珊瑚树状，顶生小花，雌雄同株异花。

［地理分布与生态习性］ 原产于中美洲西印度群岛热带地区。性喜温暖干燥及阳光充足，也耐半阴。喜排水良好、含有机质的土壤。阳光不足时，会引起植株变细变长，失去原有的“佛肚”。忌积水。不耐寒，低于10℃会引起落叶，但落叶植株更易开花。

［品种与繁殖］ 多用播种繁殖，播后3～4周出苗。也可扦插，生根温度为25℃为宜，2～3周生根。同属栽培种类还有细裂珊瑚（*J. multifida*），叶簇生于枝顶，羽状深裂开。

［园林应用］ 本种株形奇特，叶色碧绿，在热带地区可以露地栽培，也可盆栽，四季开花不断，是良好的室内及庭院装饰植物。

13. 酒瓶兰

学名：*Nolina recurvata*

别名：象腿木

科属：龙舌兰科酒瓶兰属

英名：pony tree

［生物学特性］ 树状多肉植物。茎干直立，基部膨大，形似长颈酒瓶，原产地高可达10m。叶簇生顶部，细长，线形，长1m以上，宽1～2cm，叶缘近光滑。圆锥花序，小花白色。

［地理分布与生态习性］ 原产于墨西哥干旱热带地区。性喜光，耐旱，不耐寒，冬季温度10～12℃以上，不耐积水，宜选用排水良好的沙质壤土。

［品种与繁殖］ 播种或扦插繁殖。扦插时切取自然滋生的侧枝，晾1～2d，等切口干燥后扦插，23℃下很易生根，繁殖系数较低，且母体上伤口要消毒防止腐烂。常见品种有酒瓶兰锦、酒瓶兰缀化。

［园林应用］ 本种栽培容易，株形奇特，枝叶婆娑，用以点缀室内，别具情趣。

14. 沙漠玫瑰

学名：*Adenium obesum*

别名：天宝花

科属：夹竹桃科沙漠玫瑰属

英名：desert rose

［生物学特性］ 常绿小灌木，在原产地可长成高2m的小乔木。茎粗，肉质化，茎基部略膨大，分枝短而肉质化。叶互生在分枝顶端，有短柄。花2～10朵集成伞形花序，花朵五星漏斗状，花冠玫瑰红色。花期4—5月和8—9月。

［地理分布与生态习性］ 原产于非洲的肯尼亚、坦桑尼亚、索马里及津巴布韦，我国南部省区有引种栽培。性喜阳光充足和温暖气候，耐酷暑，不耐寒，耐干旱，忌积水。以肥沃、富含钙质，且排水、透气性良好的沙质土壤为佳。

［品种与繁殖］ 常用扦插、嫁接和压条繁殖。这三种繁殖方法虽然成活率高，植株生长健壮，并能提早开花，但其茎基部不膨大，影响观赏效果，故最好用播种法繁殖。常见品种有多花沙漠玫瑰、狭叶沙漠玫瑰、索马里沙漠玫瑰、阿拉伯沙漠玫瑰。

［园林应用］ 本种热带地区可以露地栽培。花期长，花色绚烂，开花时鲜花艳丽，形似喇叭。茎基部及分枝肥大膨胀，观赏效果极佳，常用作盆栽观赏。

15. 钝果狼牙棒

学名：*Pachypodium lamerei*

别名：非洲霸王树、霸王树

科属：夹竹桃科棒槌树属

英名：madagascar palm

[生物学特性] 乔木状肉质植物。多刺主干高可达8m，叶长15～20cm，深绿色，簇生枝顶端。茎表皮褐色，幼株被乳突状瘤块，瘤块顶端有3刺。花白色，漏斗状。

[地理分布与生态习性] 原产于非洲马达加斯加。性喜光，耐旱，不耐寒。

[品种与繁殖] 播种或分蘖繁殖。同属栽培种常见的是棒槌树（*Pachypodium namaquanum*），又名光堂，肉质茎高1.5～1.8m，密生长约5cm的刺，茎顶端簇生绿色长卵圆性叶片，花生腋部，花瓣黄色；原产纳米比亚冷凉干燥荒漠；夏季高温会休眠。

[园林应用] 本种株形奇特，富有沙漠景观特色。热带地区可以用于街头绿化，也可盆栽观赏。

16. 象脚辣木

学名：*Moringa thouarsii*

别名：辣木树、象腿树、鼓槌树

科属：辣木科辣木属

英名：moringa drouhardii

[生物学特性] 落叶乔木。树高可达8m，主干直立；树皮为软木质，枝梢顶部交织形成2～3排羽状复叶。圆锥形花序腋生，萼筒盆状（萼杯状），开花时向下向外弯曲；花瓣有五，白色或奶黄色，气味芳香。果荚表面有纵型条纹，呈束状垂下。种子为褐色。

[地理分布与生态习性] 原产于非洲马达加斯加。性喜高温，喜阳光充足，耐长期干旱。生育适温20～32℃。栽培土质以壤土或沙质壤土为佳，排水、日照需良好，不耐积水。

[品种与繁殖] 播种繁殖，扦插采用多年生枝条作插穗。同属常见栽培种有辣木（*Moringa oleifera*），树干灰白色，老枝无毛，具有明显皮孔和叶痕，幼枝有柔毛；圆锥花序腋生，花瓣狭匙形；蒴果，种子可食用。

[园林应用] 本种有叶期叶片细小，绿色柔和，轻盈曼妙，婀娜多姿；落叶期枝条突兀，茎干粗壮突出，有如大象张牙舞爪，傲气横生；树形像一把伞，十分优美，是良好的园景树。

思考题

1. 多浆植物的形态有哪些特点？请举例说明。
2. 植物的形态结构和功能是相适应的。多浆植物在形态上是如何适应其耐旱的生理特征的？
3. 多浆植物隶属哪些科？请各举例3～5种，写出其观赏特性、栽培要点、繁殖特性和园林应用。

本章推荐阅读书目

1. 包满珠. 花卉学 [M]. 2版. 北京：中国农业出版社，2003.
2. 陈俊愉. 中国农业百科全书（观赏园艺卷）[M]. 北京：中国农业出版社，1996.
3. 鲁涤非. 花卉学 [M]. 北京：中国农业出版社，1997.
4. 徐民生，谢维荪. 仙人掌类及多肉植物 [M]. 北京：中国经济出版社，1991.

第十一章　兰 科 花 卉

兰科植物是重要的一类花卉，许多种类如石斛、白芨等兼具观赏和药用价值。热带兰花朵硕大，花形优美，色彩绚丽，花期持久，深受人们喜爱。本章首先介绍兰科植物的形态特征、地理分布、生物学特性、繁殖、栽培管理和病虫害防治等，其次重点介绍目前流行的七大观赏性兰花的主要属种，最后指出对兰科植物资源的合理开发与永续利用才是兰花产业的发展方向。

第一节　概述

兰科（Orchidaceae）植物俗称兰花，是被子植物的最大科之一，广布于除两极和极端沙漠地区外的各种陆地生态系统；特别是热带地区的兰科植物具有极高的多样性，是植物界中最进化、最高级的类群之一。目前全世界兰科植物约有 800 余属 28 000 余种，并且以每年数百种的速度增加，估测有 30 000 多种。由于兰科植物具有极高观赏、药食用和文化价值，目前经过人工选育并登录的兰科植物品种更是超过 110 000 种。

兰科植物是植物保护中的旗舰类群，全世界所有的野生兰科植物均被列入《濒危野生动植物种国际贸易公约》（CITES）的保护范围，占该公约保护植物的 90%以上。中国地域广阔，横跨从热带到北温带的各种气候带，海拔从海平面到世界最高峰，生态系统多样复杂，分布着 4 个全球生物多样性热点区域，是世界上植物多样性、世界上兰科植物最为丰富的国家之一。目前有记载的中国兰科植物共计 5 个亚科 195 属 1600 多种，具有从原始到高级类型的一系列进化群，包括了除水生以外的所有生活型。从热带、亚热带、温带、寒带的各气候带，从临海的海南省、台湾省到超越雪线的高山都有生长，尤其盛产于南方的热带和南亚热带的原生林中。

中国兰科植物具有丰富的多样性。不仅表现在谱系多样性和地理分布上，而且在形态特征、生活方式、生长特性等方面也非常精彩。中国兰科植物具有地生、附生（岩石附生和树附生）、菌类寄生等生活类型，地生和附生种类比例相似，其中菌类寄生类型兰科植物非常丰富。目前在 18 个属中发现有菌类寄生类型，许多属如天麻属、无叶兰属、丹霞兰、山珊瑚属等全部为菌类寄生植物。

作为重要的观赏植物，许多兰科植物已在世界各地广为栽培。兰科植物在我国有近 2000 年的栽培历史，并拥有许多世界级的花卉园艺栽培种类，如兰属（*Cymbidium*）、兜兰属（*Paphiopedilum*）、杓兰属（*Cypripedium*）、独蒜兰属（*Pleione*）、万代兰属（*Vanda*）和石斛属（*Dendrobium*）等。依兰科花卉的商业用途和经济价值，可分为观赏类、药用类和香料类三大类。

（1）观赏类　兰科植物中约 1/3 的种类可作观赏花卉，许多种类是兰花商业贸易的重要对象，也是生产许多兰花园艺种不可缺少的亲本。其中观赏价值较高的地生兰包括兰属、杓兰属、虾脊兰属（*Calanthe*）、兜兰属等，附生兰包括石斛属、蝴蝶兰属（*Phalaenopsis*）、万代兰属、卡特兰属（*Cattleya*）、文心兰属（*Oncidium*）、独蒜兰属等七大类群。

（2）药用类　兰科植物中有很多知名药用植物，除我国药典收载的石斛、天麻（*Gastrodia elata*）、白芨（*Bletilla striata*）、山慈姑类（独蒜兰、杜鹃兰）外，民间广泛使用的还有青天葵、金线兰（*Anoectochilus roxburghii*）、石仙桃、绶草、血叶兰等，其中天麻的药用历史尤为悠久。药用兰科植物种类虽少，但随着社会的发展、人口的增加，药用的范围扩大，用量也大大增加，野生资源承受的压力越来越大，产量远远供不上市场的需求，野生种类长期被过度采挖而导致资源枯竭。

（3）香料类　香草兰属（*Vanilla*）是兰科植物商业性生产中栽培最广泛，最具有经济价值的种类，全世界约100余种，大多具有香料开发价值，是世界上第二大香料作物，被誉为“食品香料之王”。

一、形态特征

兰科植物种子细微如尘，可以随风散布到土壤、树干、岩石上，在合适真菌的作用下萌发、生长。根据其具体生活形态的差异，可以把兰科植物分成2类，即附生兰和地生兰。附生兰是指植物体以气生根附着于树干上或岩石上生长的兰花，如卡特兰、蝴蝶兰、石斛兰和万代兰等。地生兰则是指植物的根系生长于富含有机质的土壤中的兰花，如兜兰和鹤顶兰（*Phaius* spp.）等。兰花同其他植物一样，植物体均由根、茎、叶、花、果和种子构成，共同去完成各阶段的生长发育。

（一）根

兰花根的形态特征依赖于它的原生境。附生兰的气生根通常随意悬挂于暴露的空气中，有时紧贴在附生物体上。相反，地生兰的根通常是深藏于土壤里。合轴型兰科植物的根从基部连接处长出，而单轴型兰科植物（蜻蜓万代兰）的根有规律的沿着茎轴上的节上生长出来，通常每节上最多生长三条根，有时各节上均生根。兰属（*Cymbidium*）与苞舌兰属（*Spathoglottis*）等地生兰的根则生长于土壤中，肉质肥厚，具有存储功能。其根生长多呈块状，多数温带兰的根属此类型，而热带兰中除了极少数属植物，如玉凤花属（*Habenaria*）的根生长成块状，其他属兰科植物的根生长不成块状。多数地生兰根含有真菌，通常在种子生长阶段即受真菌感染。真菌为兰花的幼苗和成龄苗生长提供碳水化合物和矿质营养。附生兰气生根通常不同程度地含有叶绿素，可辅助或代替叶进行光合作用。

不论是气生根或地生根均具有粗大肉质的特征，一般为圆柱形或扁圆形。兰花的根结构有如下部分。

1. 根被　兰花根的最外层，外表呈白色，由疏松的海绵组织构成，具有保护根内组织、吸附固定以及吸水和从空气中汲取养分的作用。附生兰的气生根，根尖为绿色（有时呈红色，如一些石斛兰种），而其余部分由根被覆盖。气生根通过根被来吸收水分和养分。

2. 外皮层　外皮层是一层高度分化的细胞，位于内皮层和根被之间。它由两部分组成：即细胞质小而密的通道细胞和细长且多空泡的后壁细胞。可以保护强日照下的植物内部细胞。

3. 内皮层　根的中层为皮层组织，细胞比较发达，厚度大于根被，由12～15层充满水分或空气的细胞组成，具有吸水作用和贮水功能，并兼备防干旱和保护的作用。

4. 中柱　根的内层为中心柱，其内部是维管束组织，十分强韧，有固定植物体的功能。

5. 根冠　根尖呈绿色部分（附生兰）或褐色部分（地生兰），称之为根冠，它除了有吸收作用外，还具有伸长生长和制造养分的能力。根冠对外界的干扰极为敏感，若人为触碰、接触过浓的肥料或农药，均易受伤害。

6. 根毛　在某些情况下，可观察到根毛的形成。如在一定条件下，万代兰的气生根上生长出纤细的根毛。有时，组织培养的植株的根上会生出细根毛。在地生兰紫花苞舌兰（*Spathoglottis plicata*）的根上也可以观察到纤细的根毛。在正常条件下，气生根通常不分叉，除非远离根尖。当根尖受损害或浸没在水中 24h 以上，侧根产生后，才会发分叉。

（二）茎

茎是兰花植株的一个组成部分，是着生叶片、根系和花朵，并具有贮存养分和水分作用的重要器官。兰花的茎可划分为合轴型（图 11-1）和单轴型两大类，合轴型兰花是指其茎（主轴）的生长有限，它的伸长生长是靠每年由侧芽发出的新侧枝（侧轴）不断重复产生的许多侧茎连接而成，如文心兰、卡特兰、大花蕙兰、兜兰和石斛兰等。单轴型兰花植株其顶端为腋芽，花在其腋生枝中的腋芽萌发并开花。在理论上生长是连续的且无限的，属无限生长型，例如万代兰（*Vanda*）、蜻蜓万代兰（*Aranda*）、莫氏兰（*Mokara*）、蝴蝶兰和火焰兰（*Renanthera*）等。

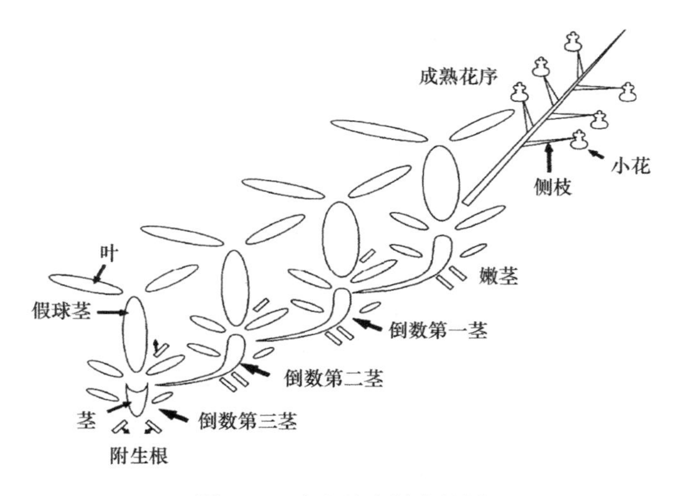

图 11-1　文心兰合轴生长图

此外，兰花的茎形态变化较大，通常又可划分为直立茎、根状茎和假鳞茎。

1. 直立茎　茎干可直立于地上，不需要依靠其他物体都可以向上生长，如万代兰。

2. 根状茎　属于地下茎，它往往是横向生长或垂直生长。在根状茎的节上可生长出许多气生根，并能生长出新芽，如卡特兰。

3. 假鳞茎　叶基部具有明显而膨大的球状结构，是一种变态茎；它是在生长季节开始时从根状茎上生长出的新芽，到生长季节结束时生长成熟形成假鳞茎。所有抽出的叶和花芽都生长在这一膨大的茎上。假鳞茎形态各异，有的呈细长条形，如某些种石斛兰；有的呈椭圆形或棒形，如文心兰。兰花的茎虽然形态各异，但它都含有叶绿素，既可直接进行光合作用，也可为植株贮藏养料和水分。因此，凡是具有肥大的假鳞茎的种类，其生长势均比较健康，耐旱、耐贫瘠性较强。

(三) 叶

兰花的叶片是重要的营养器官，同时也是植株观赏的主要部位。兰花的叶也依种类的不同而有各种变化，如凤蝶兰（*Papilionanthe teres*）的叶呈圆柱状，卡特兰的叶为椭圆状，蝴蝶兰的叶片肉质呈宽卵圆状等。通常生长在阳光充足的地方的种类，叶片多呈硬革质和黄绿色；生长在阳光不足的阴蔽处的种类，叶片宽大而柔软，叶色浓绿。所以我们可依叶片的质地、形状和叶色来判断这株兰花所需的光照量，以便栽培时合理遮光，使其正常生长。

兰花的叶片由角质层、上表皮、叶肉层、维管束和下表皮共同构成。其叶肉组织不像其他植物有明显的栅栏和海绵组织，而是由含有叶绿素的细胞紧密排列而成，很少有细胞间隙。表皮是由不含叶绿素的小型细胞密集排列结合而成，其外侧尚有一层角质化的保护物质。有些种类的表皮组织肥厚而饱含水分，可以耐高温和强光的照射，耐旱性较高。下表皮颜色较上表皮浅，呈淡绿色或黄绿色；分布着众多气孔，以调节水分蒸腾以及氧气和二氧化碳的交换。

通常兰科植物按叶片厚度分为两种基本类型：薄叶型和厚叶型。薄叶和厚叶型的兰科植物其上表皮都缺乏气孔。商业上几种重要的薄叶兰有黄金文心兰（*Oncidium Goldiana*），紫花苞舌兰（*Spathoglottis plicata*）和墨兰（*Cymbidium sinense*）。与厚叶型兰科植物相比，薄叶型兰花下表皮的气孔密度较高。厚叶型兰科植物有石斛兰（*Dendrobium*），蜻蜓万代兰[①]（*Aranda*）和莫氏兰（*Mokara*）[②]。值得关注的是，无论是薄叶型还是厚叶型兰科植物均具有 C3 和 CAM 模式的光合作用。

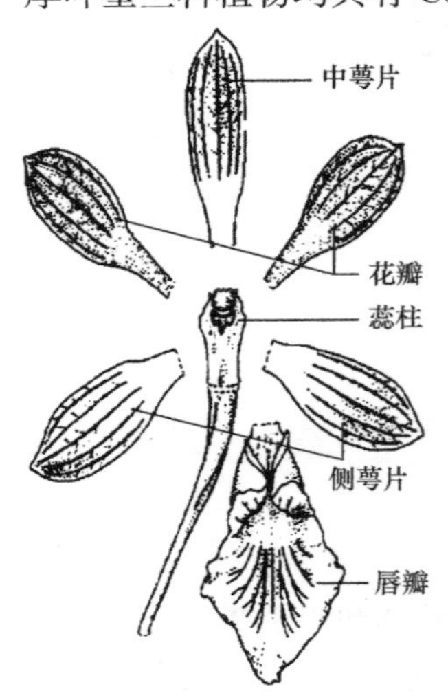

图 11-2　兰花花朵图解

(四) 花

兰花的花是观赏的重点。花朵的大小依种类的不同，差异很大。如卡特兰单朵花直径可达 18cm，而鸟舌兰（*Ascocentrum* spp.）花朵的大小只有 0.5cm。至于花色方面，更是绚丽多彩，除了没有真正的黑色之外，几乎自然界所有的颜色都有，从纯白、黄、橙、朱红、粉红至绿、天蓝、紫等应有尽有。兰花花朵的构造，各兰科植物大致相似，每朵花均由以下各部分构成（图 11-2）。

1. 花瓣　一般为 3 片，位于内轮两侧对称的一对称为花瓣。位于中央下方，外形有异于两侧花瓣者称为唇瓣。唇瓣的形状千变万化，有似喇叭状的，如鹤顶兰紫红色的唇瓣；有似少女裙子的，如文心兰黄色的唇瓣；有似一个兜或袋的，如兜兰。唇瓣是兰花花朵的主要特色部位，很多兰花的唇瓣改良为距（突出朝向花的后面的锥形结构），这里是产花蜜的地方；其千姿百态的外形和丰富绚丽的色彩，是吸引昆虫传粉的主要器官。

2. 花萼　一般成花瓣化，外形与花瓣相似，同样有美丽的色彩。特别是万代兰、兜兰的一些品种，其花萼比花瓣更发达和更美丽，形成观赏的主要对象。花萼一般为 3 片，

---

① 由万代兰属（*Vanda*）与蜘蛛兰属（*Arachnis*）杂交而成。

② 由万代兰属、鸟舌兰属（*Ascocentrum*）、蜘蛛兰属三属杂交而成。

位于花瓣的外轮，在花蕾期包裹着花瓣起保护的作用。位于中部者称为中萼片，位于两侧者称为侧萼片。

3. 蕊柱　兰花的柱头很独特，它连接着雄蕊和雌蕊又称为合蕊柱，由雄蕊和雌蕊共同结合构成。它位于花的中央，唇瓣的上部，由1枚（单蕊亚科，如蝴蝶兰）或2枚雄蕊（双蕊亚科，如兜兰）、1个柱头和1个蕊喙（由退化的雄蕊形成）共同组成。合蕊柱顶端为花药帽，包围着花粉团和花粉团下的蕊喙。一般花粉团由大量花粉（花粉块）、粘盘（黏性的圆盘）和粘盘柄（薄的条形组织连接花粉团和粘盘）构成。在蕊喙的下方有一凹槽，空腔里面充满黏液，可黏住昆虫带来的花粉块，从而达到受精的目的。

（五）果实

兰花的果在植物学上称为蒴果，一般为长条形或卵形，顶端多留有宿存的蕊柱。果外表常有棱，内含极多细小如尘的种子，如卡特兰1个果可含50万～100万粒种子，即使一般的兰花的一个果也有10万～30万粒种子。蒴果成熟时自动裂开，将细小的种子弹出，随风传播。

（六）种子

授粉之后，子房发育成的果实里含有百万个种子。兰花的种子大小长度仅为0.1～1mm，宽仅为0.05～0.5mm，由1～2层细胞形成的种皮包裹着黄绿色或黄褐色呈椭圆形未成熟的胚1个。这些未分化的细胞由种皮包裹着。由于胚不含胚乳，若无共生真菌或人工配制的发芽培养基提供的养料，则无法萌芽生长。因此，由蒴果成熟开裂自然散播出去的种子极少能够萌发存活，只有少数能随风飘至树皮或岩缝中，并得到与其共生的真菌协助，才能发芽生长。

二、生物学特性

（一）兰花胚胎发育

兰科植物的种子仅由尚未分化的胚细胞组成。非共生萌发时，种子吸水膨胀，种胚的细胞质变浓，细胞核变大，中间部分的胚细胞分裂增殖，突破合点端种皮形成球形或椭球形的结构，即原球茎。原球茎（protocorm）是兰科植物的一种再生方式，它是由胚性细胞组成的缩短的、呈珠粒状的、类似嫩茎的原器官。另外，在兰科植物的组织培养中通过诱导适宜的外植体也能产生一些类似于原球茎的结构，通常把这种结构称为类原球茎或拟原球茎（protocorm like bodies，PLBs）。

兰科植物的种子接种到培养基上后，开始吸水膨胀，种胚和种皮都不断胀大。在这一过程中，胚的发育途径有两种：一种是在胚还未转绿时就突破种皮，如窄唇蜘蛛兰（*Arachnis labrosa*）；另一种是胚转绿后再突破种皮，如冬凤兰（*C. dayanum*）、竹叶兰（*Arundina graminifolia*）和多花脆兰（*Acampe rigida*）等。通常以其中一种方式为主，其中少数种胚也以另一种途径同时进行，最后都形成小球体。小球体再经根状茎途径或原球茎途径发育成小苗。

（1）根状茎途径　该途径的原球茎先形成根茎，在根茎顶端分化出芽，形成叶，根茎的下部分化出根形成完整的植株。竹叶兰和春兰（*C. goeringii*）等地生兰就是以根状茎途径形成小苗（图11-3），其中从种子萌发到原球茎形成根状茎可能需要暗培养，其他阶段则在光培养下完成。

（2）原球茎途径　在原球茎顶端长出第一片叶同时小球体增大成原球茎，随后第二、三片叶长出，原球茎伸长，基部长出根，形成完整的植株（图 11-4）。石斛、万代兰等附生兰就是以该途径发育而成。

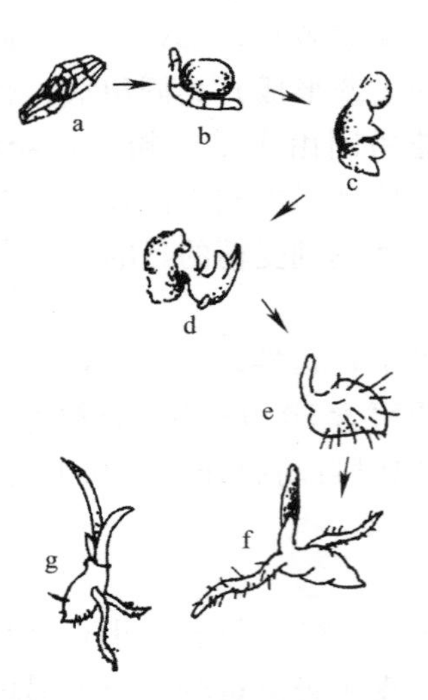

图 11-3　地生兰发育途径

图 11-3：a. 种子；b. 种胚突破种皮；c. 原球茎形成根状茎；d. 原球茎分化；e. 芽分化需低温；f. 幼苗；g. 成苗

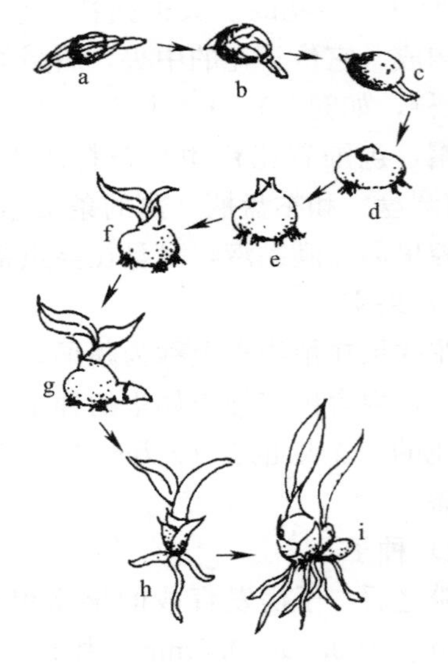

图 11-4　附生兰发育途径

图 11-4：a. 种子；b. 种胚膨大；c. 种胚突破种皮；d. 形成原球茎；e. 原球茎分化；f. 长出第一片叶；g. 生根；h. 幼苗；i. 成苗

（二）菌根共生关系

菌根共生关系已被认为是陆地生态系统中最重要的共生关系之一。自 1899 年诺埃尔·贝尔纳（Noel Bernard）发现至今，已被广泛认可的观点是兰科植物在种子萌发及早期幼苗生长阶段依赖菌根真菌提供营养，有些成年的兰科植物仍需与真菌共生。由此可见，兰科植物与菌根真菌有着天然的共生关系。菌根真菌对兰科植物分布、生境选择、生态位分化、生态适应性等方面均具有重要影响。兰科植物在大自然中与真菌共生不仅是其独特的生存方式，另外也显示了其在自然进化中的生存智慧。

兰科菌根的形成可分为两种情况：一是对兰科植物种子的侵染；二是对新根的侵染。在种子萌发阶段，在适当的环境条件和合适真菌的存在情况下，种子吸水膨胀，种胚突破种皮形成原球茎。原球茎的细胞中就能观察到侵入的真菌菌丝。另外，当菌根真菌侵入兰科植物的新根（营养根）后，在皮层细胞内形成螺旋状或弹簧状的菌丝圈，即菌丝团（pelotons），这是兰科菌根的典型特征。皮层细胞内的菌丝团存在时间并不长，一般几天之内就会消解，消解的菌丝残体会被皮层细胞逐渐吸收，最后消失。这种菌根共生的现象对附生兰的气生根从空气中吸取养分非常重要。由于气生根在空气中无法直接吸收养分，只有依靠这些共生的菌根真菌固定空气中的氮气，再消化吸收菌根真菌含氮的养分，其效果与豆科植物的根瘤可固定空气中的氮供给植物生长的情形类似。

目前，已明确形成兰科植物菌根的真菌主要隶属于担子菌门伞菌纲的三大分类单元，即胶膜菌科（Tulasnellaceae）、角担菌科（Ceraobasidaceae）和蜡壳耳目（Sebacinales）。从野生兰科植物中分离出的菌根真菌大都属于这 3 个类群。当然，也有另外一些担子菌如红菇科（Russulaceae）、革菌科（Thelephoraceae）等以及少量的子囊菌被认为可以和兰科植物形成菌根。

碳源是植物在生长过程中最重要的营养来源之一，而根据碳源的来源不同可以把兰科植物分成 3 类：①光合自养型，即含有叶绿素可以通过光合作用获得碳源的大部分兰科植物；②部分菌根异养型或混合营养型，其碳源部分来自于自身的光合作用产物，部分由共生真菌提供；③完全菌根异养型，其不含叶绿素无法进行光合作用，完全依赖真菌提供碳源等营养物质。真菌可以为其兰科寄主植物提供碳源等营养物质，而其具体的输送方式却略有差异，真菌可以通过菌丝团将营养物质输送给兰科植物，但也发现原球茎可以通过消化菌丝来获得碳、氮等营养物质。

（三）附生现象

兰科植物具有非常丰富多样的生态习性和形式独特的演化方式。据报道，全世界附生植物中，仅兰科植物就占 68%，这些附生兰代表了兰科 69%～73%的种类，是野生兰科植物中重要而特殊的类型。兰科植物在山林里的生存方式和习性变化是多样的。树皮或岩壁有着广阔的体表面积，表层常粗糙或有裂隙，容易滞留和累积土层、水分、枯枝残叶，富含腐殖质，利于苔藓、地衣或微生物生长，成为附生兰种子飘移后萌发的适宜家园。

依照附生宿主的不同，附生兰可分为四类：①专性附生兰，即完全不与地面接触，在宿主植物上度过整个生命周期。有的生长在树干积有腐殖质、苔藓和积土的表层，有的通过根直接贴生于树皮、巨枝或枝椏表面，如华石斛（*Den. sinense*）；②兼性附生兰，既可以在树木上附生，也可见于岩壁或林地土壤的环境，即石生或地生，如流苏贝母兰（*Coelogyne fimbriata*）；③半附生兰，仅生活史的某个阶段与地面有联系，如黑毛石斛（*Den. williamsonii*）；④偶发性附生兰，即主要生长在地面上，仅偶然附生在活体基质上，如五唇兰（*Pha. pulcherrima*）。

与寄生植物不同，附生植物附着和依附于其他植物之上，虽然与宿主紧密联系，但彼此之间没有营养物质的交流。附生兰只是借助于宿主提供的生存空间，依靠植株本身的假鳞茎或气根去吸收空气中游离的养分和水分来求得生存。越是通风透气，高温高湿的环境，越是符合其附生生长。如万代兰的气根，在人工栽培环境下，长出的数十条白色气根从植株叶腋间垂下，犹如一排白色的胡须，蔚为奇观。

（四）传粉机制

植物与传粉者间存在互惠互利的关系，传粉者为植物提供传粉服务，而植物以各种各样的报酬物回馈给传粉者，如食物、筑巢材料，甚至是提供庇护所或产卵地。在兰科植物中，报酬物大多是花蜜，常由子房中的蜜腺管、花被片、萼囊、距或蕊柱分泌，也可以是树蜡或树脂类（昆虫筑巢之用）以及芳香类物质（长舌花蜂所特有，用于交配吸引异性）。已知为兰花传粉的媒介动物除蜂、蝇、蝶、蛾、甲虫和蚁外，还有蜂鸟和太阳鸟等吸蜜鸟类。兰花蓝色、紫色、黄色或白色的花一般为蜂媒花；绿色或浅绿色的花，并多少带有腐臭味者多为蝇媒花；蝶媒花的种类具有红色或橙色等鲜艳色彩；白色、浅绿色或绿黄色，并在夜间开放者，多属蛾媒花；鸟媒花的外形呈管状，唇瓣外弯，具有鲜艳的猩红色或深红色，距内充满丰富的蜜汁。传粉的昆虫一旦降落在唇瓣上，就会被花蜜吸引而钻入花心之中。当昆虫退出时，其身体会触及蕊喙并使之破裂。从而弹出的花粉块会以粘盘紧贴于昆虫背部而被带走。当这只带有花粉块的昆虫落到另一朵同类的兰花花上吸食花蜜时，花粉块会粘于花的合蕊柱柱头上，异花传粉就这样完成了。

有些兰科植物进化出了不为传粉者提供报酬的特质，已发现有大约8000～10 000种的被子植物是欺骗性传粉系统，其中兰科植物是数量最多（6000～8000种，占到兰科植物总数的1/3）、欺骗形式最为多样和欺骗方式最为特别的一个类群。

三、繁殖技术

兰花的繁殖可分为有性繁殖和无性繁殖两大类。有性繁殖指播种繁殖，主要在杂交育种时应用；无性繁殖包括分株、扦插和组织培养繁殖，主要应用于大规模、商业化的生产中。

（一）有性繁殖

兰花的有性繁殖通常是指兰花经过开花后结出具有活力种子的果，然后用种子进行播种育苗的过程。兰花的有性繁殖方法有以下两种。

1. 自然播种　将已开裂果自然散出的种子播于亲本植株的花盆中。自然播种法简单易行，无需复杂的程序和工具，适合一般家庭养兰者应用，但此法成功率极低，出苗数量十分有限少，故在兰花的生产上极少应用。

2. 无菌播种　兰花的种子极为细小，无胚乳，生产上常用无菌播种法大量繁殖兰花。

（二）无性繁殖

兰花容易进行无性繁殖，许多种类的根、茎、叶或花序轴均有自然萌发小苗的能力。

1. 分株　分株繁殖宜在春季新芽和新根开始萌动时或植株休眠期进行。以温度18℃以上、湿度40%～80%、光照强度20%～50%时较好。处于开花期的兰花植株不适宜进行分株繁殖。该法简单易行，是卡特兰、石斛、兜兰等合轴型兰花常用的繁殖方法。

2. 扦插　利用兰株假鳞茎上芽眼的可萌发性以及水分和养分贮藏丰富的特点，将假鳞茎分成一定的长度（10～15cm），然后插入或平铺于水苔一类的疏松栽培基质中，促使假鳞茎上的芽眼萌发新的叶芽。新叶芽经一段时间养护管理后，即可长成健壮的小兰株。扦插繁殖时期应选在春夏季，此时绝大多数的兰花生长发育最旺盛。宜在温度30～35℃、湿度40%～80%、光照强度20%～50%时进行。大多数单轴型的兰花和假鳞茎比较长的种类均可用来扦插繁殖，如万代兰、石斛兰等。

（三）组织培养

兰花规模化生产普遍使用的一种繁殖方法，多采用种子、茎尖、嫩叶、花梗等外植体进行培养。大量繁殖原种，通常是经过人工授粉，得到种子后，再通过无菌播种的方法得到种苗。优良的杂交品种不能用播种方法繁殖，以免使后代产生分离而退化。

四、栽培与管理

兰花种类繁多，要做到成功栽植，由幼苗一直栽植至开花，除了要达到品种要求的生长条件外，日常管理工作亦十分重要。

（一）栽培容器

通常观赏的兰花均用盆栽进行栽培。盆栽兰花可自由搬摆，冬季又可从室外移入室内或温室过冬，从而不受环境和地域的约束和限制。用作栽培兰花的盆具和器皿按制造材料不同，可分为如下5类。

1. 瓦盆　兰花最常使用的盆具。具价格低、规格全、透气与排水性能良好等优点。但易破碎和过重。用瓦盆栽兰时，新盆要用水浸透，旧盆要清洗干净才能使用。有些专门栽植兰花的瓦盆盆壁钻许多大孔洞，以利于气生根的透气。

2. 塑料盆　塑料盆栽植兰花已经越来越普遍，这是由于塑料盆具规格齐全、质轻、价廉、耐用、美观和不易打碎等优点。塑料盆有不同的规格和外形，盆壁多钻有多行孔洞，利于透气和透水。对较大类型的兰花，如虎头兰（*C. hookerianum*）、巨兰（*Grammatophyllum spiciosum*）和毛葶长足兰（*Pteroceras asperatum*）等，最好用塑料吊盆栽植。

3. 木框　用木条叠制而成，多为方形、圆形或其他形状，专门用来栽植一些花序下垂或斜生的兰花，如钻喙兰（*R. retusa*）和白点兰（*Thrixspermum centipeda*）等。

4. 树蕨板和木段　由于附生兰根部需要良好的排水和透气，可以直接将其栽种在树蕨板或树蕨盆中。树蕨盆是用粗大的树蕨茎干锯成花盆大小后，将树心掏空制成。而树蕨板是用树蕨干的边材切割加工而成。两者表面都有许多黑色的根条，并有许多空隙，让兰花的气根穿插其中，透气性和透水性均良好，十分有利于兰株的生长。但由于树蕨是受国家重点保护的珍稀植物，所以近年来国外有用人工压制而成的人造树蕨板来替代天然树蕨板。

5. 椰壳　由于成本低廉，衣壳内的纤维层疏松透气，易于被兰花气生根插入，加上有良好的保水和保肥力，对兰花的生长和开花都极为有利。

（二）栽培基质

培养兰花基质的好坏，直接关系到兰花的生长情况的好坏。兰花的生长习性不同，地生兰类和附生兰类的栽培基质亦有区别。

1. 地生兰类栽培基质

地生兰所处的土壤，上层多为腐殖质土层，下层多为疏松的小粒状土层。所以栽植地生兰花时，盆底应放一层碎砖或火山石，第二层才放入按不同要求配制的培养土将植株固定，盆面按不同湿度需求铺上湿水苔，以维持盆四周的湿度。常见的基质为以下几类。

1）山泥　多取自该种地生兰花的原产地，土中内含丰富的养分和一些兰花生长必不可少的兰菌。

2）腐殖土　腐殖土多分布于阔叶林下经长期堆积发酵形成的林下堆积物，具有松软和富含水分和养分、有较强的保水性的特点，不利于某些忌水湿的地生兰生长。

3）泥炭土　是厚度大于 50cm 的泥炭层的潜育性土壤，多分布于冷湿地区的低洼地。具有无杂菌、疏松多孔、通气透水、贮存养分和保水能力强等特点。中性或微酸性和透气性差而不利于大多数热带地生兰的生长要求，故在应用上常与粗沙、蛭石和珍珠岩再加上少量石灰配制成适合兰花生长的培养土。

4）树皮　主要有杉树皮、松树皮、龙眼树皮和栎树皮等。以皮厚疏松者为佳，但用前要将树皮脱脂，以免日后树脂在细菌的作用下发酵而危及兰根。

5）水苔　一种具有强力吸水和保水的材料。但是使用一年后便会腐烂，此时应立即更换。

6）火山石　即浮石，有黑色和白色两类。具有质轻，透气和透水性好的特点。

2. 附生兰类栽培基质

附生兰的根系均为肉质根，一般较为粗壮，要求透气和排水良好。栽培时常用无土栽培基质，包括木炭、碎砖、椰壳、树皮、水苔和火山岩等。

1）木炭　具有良好的吸附作用，可将杂菌吸附杀灭，并有良好的透气性和透水性。

2）碎砖　烧结成红色的砖块经人工敲碎而成，具有经久不腐，透水和透气性良好的特点。

3）椰壳　椰子外层纤维壳切成粒状，具有透气、保水和保湿的效果。

4）泡沫塑料粒　一种废物利用的材料，应用时将其切成粗粒状，然后填入盆底层作透气增强物。具有质轻、透气、价廉的优点。

（三）栽培方法

兰花的栽植方法，不管是地生或者附生，与一般的花卉栽植大同小异。按植株的大小，可分为小苗栽植、大苗栽植、老株栽植和换盆栽植4种方法。

1. 小苗栽植　兰花的小苗，以组培苗为主，种植时，可先将花盆用水洗净，旧盆需消毒后再用。然后放入一层泡沫塑料块作垫底，再在其上放入水苔或树根蕨，将小苗根部用苔藓包好，一并栽入小盆中。苔藓应当压紧，以避免基质中含水量过大。定植后及时浇水，保持一定的湿度。

2. 大苗栽植　春秋季是兰花大苗种植的黄金季节，此时兰株生长势旺，容易长出新气根而使栽植的大苗成活率增加。其步骤是先将碎砖瓦块或泡沫塑料粒放至盆中1/3处，然后放入植株，再用树蕨根或火山石填入盆中，用手压实即可。新栽的大苗要淋透水，放在高温多湿的半阴处，定期浇水和施肥。

3. 老株栽植　老株生长力会逐渐衰退，叶落根枯，但是重新栽植仍会长出新芽。方法是先剪去全部半老朽根茎，用清水洗净，在日光下倒挂或晾干，然后按小苗种植法填上栽植材料后再将有水苔的老株放入盆中压实，置于阴凉通风处，经常浇水直至有新芽和新根出现后移回原位，按常规浇水和施肥，2～3年后又会开花。

4. 换盆栽植　盆栽的兰花生长一段时间后就会出现由于盆体小，根受到压迫而出现植株发育不良和叶尖干枯的现象，此时就要换盆。兰花的栽植材料一般4～5年就需换一次，而单用水苔作栽植材料的则要每年换一次。换盆时先将植株倒出，剪去枯根败叶，除去旧栽植材料，按大苗种植法重新植入另一个较大的盆中。兰花的换盆宜在春季新芽长出之前或秋季开花之后进行。

（四）温度

兰花的原产地大多位于热带和亚热带地区，一般都喜欢温暖的环境，不耐寒。一般来说大多数兰花的最适温度为25～35℃，最低温度不应低于0～5℃，最高温度不应超过45～50℃。不同种类的兰花对温度的要求也有一定的差异。一般产在低海拔地区的种类，多四季喜高温；而高海拔地区的种类则要求温度偏低，昼夜温差比较大。原产于亚热带和暖温带地区的兰花，则冬季喜欢冷凉的环境。

（五）光照

兰花大都原产于热带和亚热带森林中，在整个生活过程均有树木遮阴，属于半喜阴类植物。一般附生兰较地生兰需要较多的光照，落叶种类比常绿种类需要较强的阳光，叶片肥厚多肉的种类又比叶片质薄的种类需要更多的光照量；除阳光强弱对兰花生长有较大影响外，日照长短对兰花的生长发育也影响甚大。兰花也和其他植物一样，有长日照和短日照之分。有些兰花种类在短日照下形成花芽，如卡特兰；另外一些则需在长日照下花芽才能分化，如虎头兰。

（六）水

不管是露天栽植还是温室栽培，盆栽兰花均需要不时浇水，以经常保持根部和植株四周湿润。此外，小苗耐干旱能力较差，盆栽材料不宜太干，需经常浇水，维持湿润。成年植株生长健壮者比生长弱小者需水量多；处于冬季休眠期的植株，应少浇水或不浇水。当新芽和新根开始生长以后，需要水分比较多，应注意经常浇水，保持盆栽材料的湿润。叶片肥厚或呈棒状，抗干旱能力强，可少浇水。叶片薄而大，喜欢湿润，不耐干旱，应多浇水。

此外，水质也很重要，一般来说附生兰类要求中性或微酸性的软水，水中钙镁的含量要低，水的电导率（EC值）要低。一般饮用的自来水、井水或河水都可以浇兰花，但最好先在有盖的水池中贮藏1～2d，经过处理检验以达到兰花对水质的要求后再使用，例如大花蕙兰对水质要求清洁，pH在5.1～6.6之间，过高过低都会抑制其新根的生长。对兰花进行浇水时水温也不应太高或太低，否则会对兰花的生长造成不良影响。

（七）施肥

合理的施肥对兰株的生长也是十分重要的，这可使兰花长得更迅速，植株更健壮，花色更艳丽。但是施肥过量，会导致烂根，严重时还会导致植株死亡。施肥肥料有农家肥和化肥两种。农家肥包括动物粪便、豆饼、菜籽饼和麻饼渣等。市场上所销售的化肥多为复合化肥，氮磷钾及微量元素含量比较全面。炼苗后的3～5d后施1次高磷肥，浓度为2000倍；小苗阶段，主要施平衡肥（N：P：K＝20：20：20）；中苗以施高磷肥为主，若芽小，则适当提高N肥比例，芽大适当提高K肥比例；在大苗时期，可施高磷肥，或1200～1500倍的农家肥。花期前可适当提高P肥料，开花后施平衡肥，开花期内不宜施肥。在兰花生长阶段，2～3个月可以施一次缓释肥（N：P：K＝14：14：13或N：P：K＝14：14：14）。施肥应在傍晚进行，第二天清晨再浇1次清水，俗称“回水”。换盆后1个月内不宜施肥；阴雨天和寒冷时不宜施肥；兰株发生病虫害时要暂停施肥；盛夏酷暑期宜在黄昏时施肥。此外，施肥后要放在空气流通的地方，要开窗通风，避免由于闷热而影响兰株的代谢作用，使肥水快速流失。

（八）病虫害及其防治

兰花栽培中，病虫害防治也是重要的一环，如果防治不及时，导致传入的病虫害猖獗，将会造成不必要的损失。在兰花病虫害防治工作中，要做到“以防为主，综合防治”的原则。对新购入的兰株要严格检查，一经发现染有病虫害，就要隔离治理。

1. 主要病害

主要病害有炭疽病、黑斑病、白绢病、细菌性软腐病、疫病、花腐病、煤烟病、病毒病等。

1）炭疽病　病原为盘长孢状刺盘孢（*Colletotrichum gloeosporioides*）。主要危害叶片，以大花蕙兰、石斛兰、蝴蝶兰、卡特兰、文心兰等最易发病。原因多为通风不良和闷热。症状是叶面出现椭圆形病斑，由黄变黑，严重时全叶变黑。防治方法是除去病叶，加强通风和光照，降低湿度，并用多菌灵、百菌清或甲基托布津500倍液喷洒，以后每隔10～15d喷药1次。

2）黑斑病　病原为柱盘孢（*Cylindrosporium*）。多见于卡特兰、蝴蝶兰的植株上。这种病多是由于湿度过高所致。症状为染病叶片初期出现黑色小点，周围有水渍状黄色圈，后变成圆形或椭圆形病斑。防治方法为多改善通风条件，降低湿度，出现的病叶要立即剪除，并喷洒50%多菌灵800倍液或1%波尔多液。

3）白绢病　病原为齐整小核菌（*Sclerotium rolfsii*）。几乎所有的热带兰都会发生。感染初期在茎部出现黄色至淡褐色水状病斑，不久即产生白色菌丝，在根际土壤表面及基部蔓延，导致全株植物腐烂死亡。发病与高温多雨有关。防治方法为剪除病茎，改善通风条件，将病株浸于1%硫酸铜溶液中消毒或用50%代森锌500～1000倍液喷洒根际土壤，抑制病菌蔓延。

4）细菌性软腐病　病原为欧氏杆菌（*Erwinia carotovora*）。主要危害卡特兰、蝴蝶兰、石斛兰等植株。初期在叶端出现水渍状绿色斑，叶片组织充水、腐烂，并伴有臭味。防治方法为立即剪除病叶，并在伤口处撒上木炭粉或抹上百菌清粉消毒，再用1%波尔多液喷洒植株。

5）疫病　病原为疫霉（*Phytophthora palmivora*）。是典型的土传病原菌，危害大多数兰花，如蝴蝶兰、石斛兰、文心兰等。感染初期出现小的褐色水渍状斑点并有黄色边缘，多见于叶的下表面，然后逐渐扩展，呈褐色大斑，终呈黑褐色，落叶茎腐至整株死亡。根部也会被侵害而腐烂，扩展至假球茎或地上部。高温高湿或持续长时间的湿润天气易暴发此病。防治方法为加强通风透气，发现病叶立即剪除，发病初期通常用80%福美双粉剂的1200～2000倍液、72.2%普力克水剂600～700倍液或甲基托布津800～1200倍液等杀菌剂喷洒。发病期用苯酰胺类杀菌剂来防治。

6）花腐病　病原为核盘菌（*Sclerotinia sclerotiorum*）。主要危害卡特兰、文心兰、蝴蝶兰的花朵。初期，会在花瓣或萼瓣上出现水渍状小圆点，颜色逐渐变成黑褐色，最终导致花朵提前凋落。防治方法：注意通风，增加光照，水肥施用不宜过多；一旦发现花朵感染此病，应立即剪除、隔离或烧毁染病植株，并对其他健康植株进行预防性消毒；在发病时，可喷施50%多菌灵1000倍液和50%速克灵1000倍液。

7）煤烟病　病原为多主枝孢（*Cladosporium herbarnm*）和大孢枝孢（*Cladosporium macrocarpum*）。主要危害石斛兰、蝴蝶兰的叶片。初时在叶片上产生灰黑色至炭黑色霉污状菌落，严重时布满整个叶面。防治方法：以预防为主，通风良好，雨后及时排水，及时防治蚜虫、粉虱、介壳虫等传染源；发病时，及时喷施40%灭菌丹可湿性粉剂或40%的大富丹可湿性粉剂500倍液防治。

8）病毒病　病原有许多种，常见的两种为蕙兰病毒（Cymbidium mosaic virus，简称CyMV）和烟草花叶病毒兰科株系（Tobacco mosaic virus-orchid strains，简称TMV-O）。发病初期叶和花产生黄色的斑纹或斑点，后变为黑色，继而叶、花萎缩，全株植株衰弱而死。防治方法为病株一经发现，立即予以丢弃、焚烧或深埋，以防传染其他健康兰株，目前尚无特效农药医治，因此主要靠防治，且修剪用的工具需用火焰或磷酸三钠消毒。病毒病主要出现在大花蕙兰、石斛兰、蝴蝶兰、文心兰等植物上。

2. 主要虫害

主要虫害有介壳虫、蚜虫、叶螨、蓟马、粉虱、潜叶蝇、毛虫、线虫、蜗牛及蛞蝓等。

1）介壳虫　又名蚧虫、兰虱。其种类繁多，常见有盾蚧、兰蚧、拟刺白轮蚧等。虫体细小长1.2～1.5mm、宽0.25～0.5mm，灰黑、乳白或黑色。由虫卵孵化而成若虫，寄生在兰株的假鳞茎以上部位的茎干、叶片以及叶柄等处，并分泌蜡质层将自身固定，用其刺吸式口器穿刺吸取汁液营生。轻则在叶片上留下白斑点，使叶片变黄老化；重则成片覆盖叶面，出现枯叶、落叶，甚至全株死亡。同时介壳虫侵害后的伤口极易感染病毒，其分泌物易招致黑霉菌的发生。防治方法是加强通风，用50%敌百虫250倍液，或2.5%溴氰菊酯乳油2000倍液喷洒1～3次，每次间隔7～10d。另可采取药液浸盆法，选用具有杀卵功能的药剂如介死净、毒丝本、卵虫绝、扫灭利、果虫净等，按使用说明稀释成药液，浸没盆兰5～10min。

2）蚜虫　蚜虫的种类多，其排泄物为蜜露型，易招致霉菌滋生，诱发黑腐病，传染病毒。防治方法是：少量、零星发生时可用软刷蘸水刷下，然后集中杀灭。发生初期，可用银灰驱蚜薄膜条间隔铺设在兰圃苗床作业道上和苗床四周。另可利用蚜虫对色彩的趋性，将纸板刷成黄绿色涂上黏油以诱粘。大面积发生时，可用40%水胺硫磷乳油1000倍液，或50%抗蚜威可湿性粉剂1000倍液喷杀。

3）叶螨　叶螨有多种，以红蜘蛛较常见，其虫体小，红褐色或橘黄色。以锐利的口针吸取叶片中的养分，致使叶片干枯坏死，同时传播细菌和病毒。防治方法是，保持通风和清洁，清除枯叶。用20%四氰菊酯乳油4000倍液，每隔7 d喷1次，连续2～3次。也可采用600倍液的鱼藤精加1%的洗衣粉溶液、73%克螨特乳油2000～3000倍液、风雷激（绿旋风）1500倍液喷杀。药物交替使用，有利预防抗药性种群的产生。

4）蓟马　蓟马虫体小，成虫体长1.2～1.4mm，淡黄至深褐色。食性杂，寄主广，活动隐蔽，危害初期不易发现。多在心叶、嫩芽、花蕾内部群集危害，导致兰叶表面出现许多小白点或灰白色斑点。防治方法是：宜选择有内吸、熏蒸作用的药剂，如50%辛硫磷乳剂1200倍液隔7d喷1次，连续3～5次，喷药时要特别注意喷及花蕾和叶腋内。喷施时根据需要也可混入酸性杀菌剂和磷酸二氢钾、尿素等叶面肥。

5）粉虱　虫体较小，成虫体长1～1.5mm，淡黄色，全身有白色粉状蜡质物，通常群集于兰株上，在兰棚通风不良时易发生。以刺吸式口器吸取嫩叶、新芽、花蕾的汁液，传播病毒，使叶片枯黄，并常在伤口部位排泄大量蜜露，造成煤污并发生褐腐病，甚至引起整株死亡。防治方法是清除场地杂草枯叶，集中烧毁，利用粉虱对黄色的强烈趋性，用黏性捕虫板诱杀。化学防治宜抓若虫期（因成虫期体表有蜡质层，药物不易渗入），使用2.5%溴氰菊酯2500倍液、10%二氯苯醚菊酯2000倍液、20%速灭杀丁2000倍液、50%马拉松乳剂1000倍液等，每7～10d喷洒1次，连续2～3次。

6）潜叶蝇　成虫多在早春出现，产卵于叶缘组织内，卵孵化后发育成幼虫（蛆状，白色，体长3mm左右），幼虫以潜食叶片中的叶肉细胞为主，在叶片上形成曲曲弯弯的蛇形潜痕，呈隧道状。成虫的取食和产卵孔也造成一定危害，影响叶片的光合作用和营养物质的输导。被破坏的部位还易产生黑腐病，从而导致全叶甚至植株腐烂死亡。防治方法是：少量发生时可用针尖将幼虫挑出，较严重时要及时摘去虫叶并烧毁。幼虫初期潜叶危害时可喷洒50%倍硫磷乳剂1500倍液，每7～10d喷1次，连续3次。幼虫化蛹高峰期后8～10d内可喷洒48%乐斯本乳剂1000倍液、1.8%爱福丁乳油2500倍液、5%抑太保乳油1500倍液、1.8%虫螨光乳油2000倍液、5%锐劲特胶悬剂2000倍液、75%灭蝇胺可湿性粉剂2000倍液、40%虫不乐乳油。

7）毛虫　毛虫为具有咀嚼式口器的蝶类或蛾类幼虫，以啃食新芽、新叶、新根及花序、花蕾、花瓣等幼嫩组织为生，经其危害的部分难以恢复原状，具较大的危害性。防治方法是以防为主，清除盆面、兰场周围的杂草，不让虫卵有存身场所。利用蛾类的趋光性，在成虫发生盛期设黑光灯诱杀。幼虫危害期喷洒10%氯氰菊酯乳油2000倍液、2.5%溴氰菊酯乳油2500倍液均可。还可在假鳞茎上用注射器注射内吸传导性药剂，如40%久效磷、5%吡虫啉高渗乳油等，浓度控制在100倍左右。

8）线虫　线虫体形小，长不及1mm，雌虫梨形，雄虫线形。常寄生于兰根，致使根体形成串珠状的结节瘤凸，小者如米粒，大者如珍珠（根瘤中的白色黏状物就是虫体与虫卵）。受害植株之叶片常出现黄色或褐色斑块，甚则坏死枯落；受害之叶芽、花芽往往干枯，花蕾不能绽放。线虫在土壤中越冬，常于高温多雨季节从兰根入侵寄生危害。防止措施是高温处理培养土：一是日光曝晒，二是可用高温蒸气消毒。药剂消毒可用80%二溴氯丙烷乳油200倍液浇灌盆土，或每1000g培养基质中拌入5%甲基异柳磷颗粒剂5g防治。

9）蜗牛及蛞蝓　蜗牛和蛞蝓喜温暖潮湿的环境，常藏匿于水沟、杂草、枯叶堆或花盆内等阴蔽处，白天潜伏，晚上出来啃食兰株的新芽、新叶、根和花朵。其爬行经过的地方会留有一条银白色的痕迹，影响兰花的观赏价值。下雨天的白天、清晨或黄昏气温低时也会出来危害。防治方法是：铲除杂草、及时排干积水，破坏蜗牛栖息和产卵场所，大面积发生时可采用6%四聚乙醛颗粒剂500～750克/亩，掺沙子或细干土20～30kg于傍晚撒于地面。或使用80%四聚乙醛（密达）可湿性粉剂30～60克/亩，兑水30kg于傍晚喷雾防治。该药对蜗牛、蛞蝓有很好的胃毒和触杀作用，10～15d可再防治一次。

第二节　地生兰

1. 国兰

兰属 *Cymbidium* 隶属树兰亚科（Epidendroideae），其属名来自希腊语“kymbos”，意指像船一样的唇瓣，模式种为纹瓣兰（*Cymbidium aloifolium*）。兰属是兰科植物的重要类群，具有重要的科研、经济、文化和社会价值。

兰属植物在花卉市场中占重要地位，是我国传统花卉，我国有2000多年的赏兰和栽培历史。其中具有较高观赏价值的地生种类，国人称之为“国兰”，包括春兰（*C. goeringii*）、蕙兰（*C. faberi*）、建兰（四季兰，*C. ensifolium*）、寒兰（*C. kanran*）、墨兰（*C. sinense*）、春剑（*C. tortisepalum* var. *longibracteatum*）、莲瓣兰（*C. tortisepalum*）七大类，有上千个园艺品种。国兰除在我国拥有众多的爱好者外，在日本、韩国等东南亚国家也很受欢迎，因此也称为东方兰。

1）产地与分布　江浙沪地区以春兰、惠兰为主，为我国国兰文化中心，经数百年的选育，在该地区原生的春兰和惠兰中选育出数百种名种；云贵川以原生于本地的春剑、莲瓣兰、建兰、内地春兰为特色，形成了中国兰花内地系列；江西湖南国兰资源十分丰富，各品种在该地区都有原生种，该地区以寒兰、惠兰、春兰为重点；海南地区原生墨兰，该区地处北纬20度以南，当地以开发热带兰为主。

2）形态特征　国兰根肉质肥大，无根毛，有共生菌。具有假鳞茎，俗称芦头，外包有叶鞘，常多个假鳞茎连在一起，成排同时存在。叶线形或剑形，革质，直立或下垂。花单生或成总状花序，花梗上着生多数苞片。花两性，具芳香。花冠由3枚萼片与3枚花瓣及蕊柱组成。萼片中间1枚称主瓣，下2枚为副瓣，副瓣伸展情况俗称肩。上2枚花瓣直立，肉质较厚，先端向内卷曲，俗称捧，下面1枚为唇瓣，较大，俗称兰苏。

3）生物学特性　国兰喜阴畏阳，忌阳光直射，一般生长在背阴、通风、不积水的山地。生长适温为18～30℃，5℃以下、35℃以上生长缓慢。相对湿度60%～70%时生长良好，过干或过湿都易引发兰病。除发根、发芽期、快速生长期需要较多的水分外，其他时间消耗水分较少。

4）我国主要原生种　全属约48种，分布于亚洲热带与亚热带地区，向南到达新几内亚岛和澳大利亚。我国有29种，广泛分布于秦岭山脉以南地区。分别为春兰（*C. goeringii*）、蕙兰（*C. faberi*）、建兰（*C. ensifolium*）、寒兰（*C. kanran*）、墨兰（*C. sinense*）、莎叶兰（*C. cyperifolium*）、邱北冬蕙兰（*C. qiubeiense*）、珍珠矮（*C. nanulum*）、落叶兰（*C. defoliatum*）、兔耳兰（*C. lancifolium*）、大根兰（*C. macrorhizon*）、滇南虎头兰（*C. wilsonii*）、虎头兰（*C. hookerianum*）、长叶兰（*C. erythraeum*）、西藏虎头兰（*C. tracyanum*）、黄蝉兰（*C. iridioides*）、碧玉兰（*C. lowianum*）、文山红柱兰（*C. wenshanense*）、美花兰（*C. insigne*）、大雪兰（*C. mastersii*）、独占春（*C. eburneum*）、莎草兰（*C. elegans*）、垂花兰（*C. cochleare*）、斑舌兰（*C. tigrinum*）、果香兰（*C. suavissimum*）、多花兰（*C. floribundum*）、冬凤兰（*C. dayanum*）、硬叶兰（*C. mannii*）、纹瓣兰（*C. aloifolium*）。

5）繁殖　国兰一般采用分株法进行繁殖。早春开花的品种可于秋季停止生长时进行，夏、秋开花的品种在春季新芽尚未长出时分株最好。分株一般以子母苗达4芽以上者即可实施1次分株为宜。分株前应控水，使盆土稍干燥，根系变软，以防根水分过多而变脆，导致伤根。脱盆前先用手轻拍兰盆，使盆内植料松动，并小心地将兰株拉出，去掉基质后用手将叶片拨开，仔细找准分株处，小心地用手掰开或用消毒的利刀割开。然后用自来水将兰根冲洗干净，并剪除烂根和老根，同时剪除枯叶、病叶，用剪刀剔除枯干叶鞘。最后放在阳光下，兰叶用遮阳网盖上，待晾晒至兰根稍软时即可上盆栽植。除此之外，无菌播种、组织培养法也广泛运用于国兰的商品化大规模生产中。

6）栽培管理　国兰盆栽可以用泥炭土、珍珠岩、花生壳、树皮、沙、蛇木屑（或蕨根）、椰糠（或稻壳）等混合植料作基质。无机基质一般选用直径在1～2cm的陶粒、苔藓土、火山石、浮石等，也可使用水苔作基质栽培。一般情况下，原产地生长环境较阴暗的种类建兰、寒兰和墨兰等应多遮阴，原产地生长环境光照条件好的如春兰、蕙兰，因适应强光照射，可少遮阴。国兰大多发源于亚洲热带和温带地区，对温度的适应范围较广，一般营养生长适宜气温为25℃左右，生殖生长适宜温度则低于15℃，但是不同起源地的类群对于温度有不同的要求。国兰喜欢在饱含湿润空气的环境中生长。一般湿度要求保持在70%～80%。而墨兰相对湿度要求在90%左右。空气湿度低，兰叶会变得粗糙，无光泽。国兰叶片比较厚，又有肥大的假鳞茎和肉质根，是比较耐旱的植物，因此浇水不宜过勤，也不能积水，否则根系易窒息死亡。国兰不喜大肥，施肥宜稀不宜浓。

7）主要病虫害及防治　主要病害有黑斑病、白绢病、炭疽病、圆斑病、叶尖枯斑病、褐腐病、蘖腐病等，使兰苗部分器官生长受阻，造成植株的观赏价值和经济价值降低，因此在防治病害工作中必须贯彻“预防为主，综合防治”的原则。在平时管理中要注意保持环境清洁，注意通风，及时检查，并清除病株残叶。兰株应定期杀菌，发生病虫害要及时防治，而药品要兼顾真菌及细菌防治，混合使用效果较好。如选择进口农药70%甲基特毙菌（日本）、50%亿力（美国）、50%扑克拉锰（美国）、81.3%嘉赐铜（中国台湾）、25%待克利（瑞典）、50%速灭宁（日本）、10%四环霉素（意大利）、40%四氯异苯腈（日本）

等，国产农药如80%代森锰锌、75%百菌清、70%甲基托布津等可湿性粉剂，发病前每隔7～10d一次，发病后可连续用药3～4次。

主要虫害有蚜虫、蓟马、粉蚧、夜蛾类及有害动物类，如蜗牛和蛞蝓等。蚜虫和蓟马在抽花梗时危害花朵，尤其是在蕙兰花朵上危害严重，可用2.5%敌杀死乳油2000～3000倍液或90%万灵可湿性粉剂1500倍液喷雾防治。粉蚧多寄生于叶片背面以及假鳞茎部位处危害，可用专杀介壳虫的农药防治。夜蛾类虫害主要发生于管理不善或疏忽的情况下，只需稍加留意即可避免。蜗牛与蛞蝓喜阴暗潮湿，常在夜间取食，并留下一条灰白透明黏液痕迹，喜食嫩叶，危害叶片多在中央造成大小不一及不规则的孔洞，影响植株品质。因蛞蝓及小蜗牛藏躲于基质中，不易被发现，而大部分农药对其无效果，是花农最感头痛的有害动物。因无很好杀蜗剂，防治较困难，近来有人研究利用支架下方绑黄铜片，以阻隔小蜗牛和蛞蝓上架，效果不错。另外，还可用苦茶渣及烟草粉防治，效果极佳。

8）用途

国兰的观赏性极高，深受古今中外学者和广大民众的喜爱。古人在诗歌、绘画中常以兰来抒写情怀，涌现出大量的珍贵墨宝。与此同时，在爱兰、植兰、赏兰、咏兰等兰事活动中，形成了融道德修养、人文哲理的兰文化。世界上最早的两部兰花专著，即《金漳兰谱》（1233）和《兰谱》（1247），就是专门论述兰属地生种类及其栽培经验的。兰文化融入我们的文化、民俗、经济以及日常生活，成为中华民族传统文化的重要组成部分。

2. 兜兰

兜兰（*Paphiopedilum*）又名拖鞋兰、仙履兰，隶属于杓兰亚科（Cypripediodeae）。兜兰由于独特的花朵造型、绚丽的花朵色彩、持久的观赏花期而具有极高的观赏价值，是国际上的高档花卉，也是世界上栽培最早和最普及的洋兰之一。因唇瓣呈半椭圆形的袋状，形状很特别，故名兜兰。

1）产地与分布　兜兰原产于亚洲的热带及亚热带地区，全世界约有70余种。分布于亚洲南部的印度、缅甸、印度尼西亚至巴布亚新几内亚等热带地区。我国兜兰属植物资源非常丰富，约有27余种，主产西南各省区，华南亦有少量种类分布。其中云南有22种，广西有9种，贵州有7种，西藏、广东和海南分别各有1种（海南岛分布有卷萼兜兰）。

2）形态特征　兜兰为多年生常绿草本植物，多数种类为地生种，少数附生。无假鳞茎，茎短，包藏于二列对折的基生叶叶基内。叶片为条带形或长圆状披针形，相互叠合对生，小叶类型叶片正反面有各种紫红色大理石花纹，大叶类型叶片为纯绿色。唇瓣呈口袋形；背萼极发达，两片侧萼合生在一起；蕊柱与其他兰花不同，两枚花药分别生于蕊柱的两侧。

3）生物学特性　兜兰喜湿润、温暖，通风、排水条件良好的半阴环境，忌阳光直射。生长适温为15～25℃，有些高山种30℃以上停止生长。若室温降至2℃以下，叶片会枯萎死亡。

4）我国主要原生种　我国兜兰属植物资源非常丰富，云南产22种，为紫纹兜兰（*P. purpuratum*）、同色兜兰（*P. concolor*）、带叶兜兰（*P. hirsutissimum*）、亨利兜兰（*P. henryanum*）、麻栗坡兜兰（*P. malipoense*）、巨瓣兜兰（*P. bellatulum*）、紫毛兜兰（*P. villosum*）、长瓣兜兰（*P. dianthum*）、飘带兜兰（*P. parishii*）、硬叶兜兰

(*P. micranthum*)、杏黄兜兰（*P. armeniacum*）、虎斑兜兰（*P. markianum*）、彩云兜兰（*P. wardii*）、波瓣兜兰（*P. insigne*）、窄瓣兜兰（*P. angustatum*）、心启兜兰（*P. singchii*）、密毛兜兰（*P. densissimum*）、玲珑兜兰（*P. microchilum*）、翡翠兜兰（*P. smaragdinum*）、多叶兜兰（*P. multifolium*）、白旗兜兰（*P. spicerianum*）、夏花兜兰（*P. aestivum*）等。贵州产7种，为小叶兜兰（*P. barbigerum*）、同色兜兰、带叶兜兰、长瓣兜兰、硬叶兜兰、白花兜兰（*P. emersonii*）、麻栗坡兜兰。广西产9种，为紫纹兜兰、白花兜兰、长瓣兜兰、硬叶兜兰、同色兜兰、带叶兜兰、小叶兜兰、紫毛兜兰、卷萼兜兰（*P. applectonianum*）。西藏、广东和海南各产1种，分别为秀丽兜兰（*P. venustum*）、紫纹兜兰、卷萼兜兰。

5）繁殖　兜兰多用分株法繁殖，花后结合换盆进行。先将母株从盆中脱出，去土后，将成株基部根际长出的有2条以上新根的幼株，用利刀轻轻切离母体，分别栽植，往往每盆需有3株兰苗。浇透水，置半阴处。大量繁殖和栽培新品种用无菌播种法繁殖。

6）栽培管理　兜兰盆栽可以用腐叶土、泥炭土、苔藓、碎蕨根、腐叶、木屑和树皮块等做基质。由于兜兰没有贮藏水分和养分的假球茎，应注意水分和养分的管理。在干旱和盛夏季节，除正常浇水保持栽培基质湿润外，每天应向叶面和向花盆周围地面洒水2～3次。开花前2～3个月，应控制浇水，有利花芽分化。生长期间每周施一次稀薄的肥料，并适当提高磷、钾肥的比例；休眠期应停止施肥。生长适温18～25℃。春、夏、秋三季应视阳光强度而定，夏季遮去阳光的60%～70%，冬季遮去阳光的40%～50%。阳光太强会使植株生长缓慢而矮小或出现日灼病、枯叶，甚至全株死亡。

7）主要病虫害及防治　兜兰主要病害有茎腐病、炭疽病和褐斑病等，可用百菌清和托布津500～1000倍液喷施，同时改善通风条件。常见虫害参照蝴蝶兰。

8）用途　兜兰很适合于盆栽观赏，是极好的高档室内盆栽观花植物。

第三节　附生兰

1. 蝴蝶兰

蝴蝶兰（*Phalaenopsis*），学名按希腊文的原意为“好像蝴蝶般的兰花”。它能吸收空气中的养分而生存，归入附生兰范畴，可以说是热带兰花中的一个大族。也是世界上栽培最广泛、最普及的洋兰之一，被誉为洋兰“皇后”。最早于1750年发现，到1852年才由布卢姆（Blume）定名。至今为止，已发现70多个原生种，大多数产于亚洲热带地区。由于花大、开花期长，有的品种一枝花可以开放数月之久，花色艳丽色泽丰富，花型美丽别致，深受世界各国人们的喜爱。

1）产地与分布　该属原生种主要分布于亚洲和大洋洲的澳大利亚等地森林。我国原生蝴蝶兰有20种及1亚种，是蝴蝶兰属植物分布的多样性中心之一，主要分布在云南、广西、海南和台湾。其中台湾产台湾蝴蝶兰（*P. aphrodite*）和桃红蝴蝶兰（*P. equestsis*）；海南产海南蝴蝶兰（*P. hainanensis*）；云南有华西蝴蝶兰（*P. wilsonii*）、滇西蝴蝶兰（*P. stobartiana*）、满氏蝴蝶兰（*P. mannii*）和罗氏蝴蝶兰（*P. lobbii*）4种。

2）形态特征　蝴蝶兰为多年生常绿草本，茎短肥厚，既无匍匐茎，也无假鳞茎，仅基部有极短的茎。具有肉质根和气生根，气生根粗壮。叶基生，卵形、长卵形、长椭圆形。总状花序，每个花序上有花数朵，花茎由叶腋中抽出，有分枝，开放花瓣宽阔，状如蝴蝶。

3）生物学特性　蝴蝶兰为附生兰，气生根多附生于热带雨林树干或枝杈上。喜高温多湿，通风半阴环境，忌水涝气闷。越冬温度不低于15℃。生长适温为25～30℃，光照不宜过强，遮阴量30％～50％。根部要求通气和排水良好。

4）常见栽培品种

（1）点花系　萼片和花瓣上有大小和疏密不等的红色或紫色的斑点。唇瓣为鲜红色。多为中型或大型花，花径8～10cm，如完美（*Cabrillostar*‘Perfection’AM/AOS），琼丽皇后‘Jungle Queen’，娥丽（*Samba*‘Earle’AM/AOS），琼（*Golden Freckles*‘Jun’HCC/JOGA BM/JOGA）。

（2）条花系　花的萼片和两枚侧瓣的底色为白、黄或红色，在其上面布满枝丫状和珊瑚状的红色脉纹，十分美丽奇特。有许多品种为大花型，花径可达9～11cm，如‘塞布’朵丽蝶兰（*Dtps.* George Molor‘Hanabusa’SM/JOGA），美美‘东京’（Malibu Optimistb‘Tokyo’），冬天的狂欢节（‘Winter Carnival’）。

（3）粉红色花系　分为三类：第一类为小花型，花小而芳香，为鲜艳的红色，有蜡质的光泽；第二类花大型，花径10cm左右，粉红色，唇瓣为深红色，每花茎上有花数朵，花形整齐、丰满，十分美丽，深受人们的喜爱；第三类为深紫红色的大花型，花为深红色，萼片及花瓣的边缘为粉红色，唇瓣为深紫红色。如桃姬‘Toki’，粉流‘Flow de Mate’，红梅娃（*Dtps*，*Red joe*‘Miwa’BM/JOGA），粉奥涛‘Otohime’。

（4）黄色花系　花底色为黄色，上面有红褐色或红色的斑点或条文，如垂笑（*Fasciata*‘Shaffer’×*Barcolona*‘Sanata Cruju’），黄金丝雀［Golden Sands‘Canary’（Feuton Davis Arant×*Lueddemanniana* FCC/AOS）］。

（5）白色花系　花萼及两枚侧瓣为洁白色，无任何斑点和条纹，唇瓣白色，上面有黄色或红褐色斑点及条纹。有的品种唇瓣为红色，如多里士‘Doris’，卡拉山‘Mount Kaala’，美人‘Show Girl’，普娣‘Mariposang Puti’。

5）繁殖　蝴蝶兰可用无菌播种、组织培养和分株法进行繁殖。常用的外植体主要为花梗腋芽、花梗节间或试管小植株的叶片。蝴蝶兰的自然花期是3—4月，比传统春节晚1～2个月，因此，上市需要促花技术，提前置于高海拔山地地区进行催花。

6）栽培管理　温室栽培为主，基质必须疏松、排水和透气。常用苔藓、蛇木、蕨根、树皮块、椰壳为盆栽基质。栽培容器底部和四周应有许多孔洞，选用木框、藤框、兰盆利于根系生长。生长期间温度控制在日温28～30℃，夜温20～23℃。高于35℃和低于15℃的环境引起生长停滞。空气湿度缓苗期控制在85％～95％，生长期宜保持75％～80％，通过浇水和使用加湿器维持。栽培期间应适时通风。施用薄肥，忌施未腐熟的家禽肥、人粪尿。

7）主要病虫害及防治　常见病害有花瓣灰霉病、炭疽病、白绢病、细菌性软腐病等，防治方法参见本章第一节内容。

8）用途　蝴蝶兰是世界上著名盆栽花卉，亦做切花栽培，同时也是室内装饰和各种花艺装饰的高档用花。

2. 石斛

石斛又名石斛兰（*Dendrobium nobile*），拉丁名为希腊语 *dendron*（树木）与 *bios*（生

活）二字结合而成，意为附生在树上。兰科中仅次于石豆兰的第二大属，其种类繁多、花形独特、花姿优美、花色艳丽、花期长，深受各国人们的喜爱。

1）产地与分布　全世界石斛属原生种约有1500余种，主要分布于亚洲和大洋洲（太平洋岛屿、东南亚及澳大利亚等）的热带地区，部分种类分布在热带和热带亚高山湿润和季风气候区域。亚洲的热带岛屿，如新几内亚岛、苏拉维西岛等是石斛属植物主要的分布中心，中国亚热带的长江流域地区、韩国南部、日本中部是石斛属植物分布的北界。中国目前记载的种类约105个原生种，特有种20余个，主产于广西、贵州、四川、云南、西藏、湖南、江西、福建、台湾、海南等省区。

2）形态特征　多年生草本，落叶或常绿。假鳞茎直立丛生，细长，圆柱状或棒状、节处膨大。叶革质或草质。总状花序生于上部节处或枝顶，花数朵至数十朵，中萼片与花瓣近圆形，唇瓣匙形，外缘多有波状褶皱。花色鲜艳，花期长，春、秋开花种类多。

3）生物学特性　石斛属分布范围广泛。原产于高山区的种类稍耐低温，冬季落叶或休眠，低温通过春化阶段，气温回升后开花，花期春季，喜半阴。此类石斛多盆栽，基质宜疏松肥沃，生长适温18～26℃，冬季不低于5℃，忌阳光直射，夏季应半遮阴。原产于低海拔热带雨林的种类为附生性热带兰花，无明显休眠期，喜温暖湿润，不耐寒。此类石斛的适宜生长温度是25～30℃，高于35℃或低于15℃生长停滞，低于5℃将对植株产生严重伤害。除夏季需遮阴外，其他季节可全日照促进开花。

石斛兰在园艺上按品种习性的不同，分为春石斛类和秋石斛类。两者的生态习性和生长条件差异较大。春石斛的杂交亲本主要是石斛（*D. nobile*），这类石斛兰具有需经10℃左右的低温和干旱环境才能形成花芽的特点，为此花期常常在春季。通过长期的杂交育种已有许多品种，花色有白、粉、紫、红等；花型也有大、中、小之分，主要作为盆花栽种，为重要的早春盆花。秋石斛是主要以蝴蝶石斛（*D. phalaenopsis*）为亲本育成的杂交品种类型。这类石斛兰最大的特点是在高温高湿和短日照的环境下，才能形成花芽，是世界上重要的兰花切花。一般花期在秋季，但常常只要条件许可，在其他季节也可能开花。

4）常见栽培种和品种　常见同属观赏种有密花石斛（*D. densiflorum*）、金钗石斛（*D. nobile*）、美花石斛（*D. loddigesii*）、流苏石斛（*D. fimbriatum*）等。主要栽培品种有凯布1号‘K. B. No. 1’、大熊猫1号‘BigPanda No. 1’、粉色钻石‘Pink Thamond’、王朝‘Dynasty’、白塔‘White Tower’和奇约尼星团‘Star dust Chiyoni’。

海南省原产石斛有聚石斛（*D. lindleyi*）、钩石斛（*D. aduncum*）和重唇石斛（*D. hercoglossum*）等16种，包括海南特有种华石斛（*D. sinense*）。

5）繁殖　石斛兰繁殖包括分株繁殖、分芽繁殖、扦插繁殖、无菌播种和组培繁殖。其中生产上以组培繁殖为较常见的方式。家庭栽培以分株繁殖为常见方式，春季结合换盆进行，将生长密集的母株，从盆内托出，少伤根叶，把兰苗轻轻掰开，选用3～4株栽15cm盆，有利于成型和开花。

6）栽培管理　盆栽石斛需用泥炭苔藓、蕨根、树皮块和木炭等轻型、排水好、透气的基质。同时，盆底多垫瓦片或碎砖屑，以利于根系发育。栽培场所必须光照充足，对石斛生长、开花更加有利。春、夏季生长期，应充分浇水，使假鳞茎生长加快。9月以后逐渐减少浇水，使假鳞茎逐渐成熟，能促进开花。生长期每旬施肥1次，秋季施肥减少，到假鳞茎成熟期和冬季休眠期，则完全停止施肥。栽培2～3年以上的石斛，植株拥挤，根系满盆，盆栽材料已腐烂，应及时更换。无论常绿类或是落叶类石斛，均在花后换盆。换盆时要少伤根部，否则遇低温叶片会黄化脱落。

7）主要病虫害及防治　与其他热带兰相比，石斛较少发生病虫害。常见病害有黑斑病、炭疽病、软腐病和病毒病等。可用百菌清或托布津 800～1000 倍液喷洒防治。同时还要改善栽培环境，加强通风。常见虫害有介壳虫、红蜘蛛、蚜虫、蜗牛和蛞蝓等，防治参照本章第一节常见虫害防治。

8）用途　本属许多种类兼具观赏和药用价值，如铁皮石斛、美花石斛和金钗石斛等均为贵重的中药材，应用历史悠久。春石斛主要作盆栽观赏，秋石斛广泛用于切花。

3. 卡特兰

卡特兰（*Cattleya labiata*），又名嘉德利亚兰，其花朵硕大、花形优美、色彩绚丽并具有特殊的芳香，是世界上栽培最早，深受人们喜爱的洋兰，有"洋兰之王"的美誉。先端尖尖的萼片 3 枚竖直着延伸为此花的最大特征。

1）产地与分布　卡特兰属全球有约 65 种，全部产自热带美洲。分布于危地马拉、洪都卡斯、哥斯达黎加、委内瑞拉及巴西中美洲、南美洲的热带森林中，其中以哥伦比亚和巴西野生种最多。均为附生兰，常附生于林中树上或林下岩石上。

2）形态特征　卡特兰为多年生附生草本植物，假鳞茎呈棍棒状或圆柱形，具 1～3 片革质厚叶，是贮存水分和养分的组织。叶片长椭圆形厚革质。3 瓣萼片与 2 片侧瓣和唇瓣相间分布，呈三角形。花梗长 20cm，有花 5 朵至 10 朵，花大，花径约 10cm，有特殊的香气，每朵花能连续开放很长时间；花色非常丰富，除没有黑色、蓝色外，其余各色几乎俱全，尤其是唇瓣色彩最为艳丽，单色或复色。

3）生物学特性　卡特兰多附生在森林中大树的树干上，喜温暖、潮湿和充足的光照，但避免强光直射。夏季遮阴 40%～50%，过于阴蔽不利于开花。生长适温为 25～32℃，冬季宜在不低于 16℃的环境中越冬，不耐寒，温度低于 5℃对植株有致命伤害。空气湿度长年保持在 60%～85%，花后有数周休眠期。

4）常见栽培种和品种　卡特兰的原种魅力在于作为自然的产物，植株、花型和花色均具有原始美，在众多野生热带兰中有如此完美的花朵和植株，实属少见。主要原生种和栽培品种有卡特兰（*C. labiata*）、瓦氏卡特兰（*C. warneri*）、秀丽卡特兰（*C. dowiana*）、硕花卡特兰（*C. gigas*）、中型卡特兰（*C. intermadia*）、两色卡特兰（*C. bicolor*）、橙黄卡特兰（*C. citrina*）。杂交种有：蕾丽卡特兰（BLc. *prophesy*'monterey' HCC/AOS）、绿克拉（Blc. *Greenwich*'Killarny' HCC/AOS—SM/JOGA）、大眼睛（Blc. Hwa Yan Eye）、红宝石（Slc. Jewel Box 'Sheherazade'）、大帅（Blc. Purpre Ruey）等。切花卡特兰品种有红伊丽莎白（Slc. Mae Haukins 'Elizabeth'）、极点（Blc. Culminant）、黄眼（Blc. 'Yellow Eyes'）。

5）繁殖　卡特兰的繁殖方式有分株繁殖、组织培养和无菌播种。分株繁殖是卡特兰常用的方法，一般在 3 月待新芽刚萌发或开花后将基部根茎切开，每丛至少有 2～3 个假鳞茎并带有新芽，株丛不宜太小，否则新株恢复慢，开花晚。组织培养繁殖小苗是目前大规模工厂化生产的主要办法，对通过杂交育种所选的优良单株，取其茎尖进行组培繁殖。

6）栽培管理　常用泥炭藓、蕨根、树皮块、木炭块或碎砖混合后作栽培材料。栽种前盆底先填充一些较大颗粒的碎砖块、木炭块，将卡特兰的根栽植在多孔的泥盆中。栽种时将根系均匀地分布在盆中。新栽的植株放在半阴处养护2～3周，每日向叶面少量喷水，保持叶片及假鳞茎不干缩，根部不必浇水，更不能施肥。等新根长出2～3cm时开始灌水。生长时期需要较高的空气湿度，适当施肥和通风。在春秋季多喷水，保持较高空气湿度，冬季花芽发育期，需高温多湿，注意通风和遮阴。卡特兰喜施薄肥，薄肥勤施有利于开花。施肥多用颗粒复合肥和缓效肥片，定时喷施速效肥。

7）主要病虫害及防治　卡特兰主要病害有叶斑病、叶枯病、黑腐病、细菌性软腐病等；虫害主要有介壳虫、红蜘蛛、白粉虱、蜗牛和蛞蝓等。防治方法参见本章第一节相关内容。

8）用途　卡特兰不仅是优良的室内盆栽花卉，而且还是高档的胸饰花和切花材料。

4. 万代兰

万代兰（*Vanda*）又称万带兰，附生于密林中树上或石壁上的大型热带气生兰，是最重要的观赏兰花之一。它具有相当粗壮的茎，是一种单轴型兰花。万代兰花朵大而艳丽，花期长。花萼片特别发达，尤其2枚侧萼片更大，是欣赏的重点。

1）产地与分布　万代兰属于典型的热带附生兰，原种共有70多个。广泛分布于自亚洲的印度以东至大洋洲巴布亚新几内亚、澳大利亚的热带及亚热带林地。我国处于万代兰属的分布区域内，有原生种10个，分布于华南和西南各省区。主要生长在北纬20℃以南的海南的种类，有纯色万代兰（*V. subconcolor*）、矮万代兰（*V. pumila*）、棒叶万代兰（*V. teres*）等；分布于我国云南南部的种类，有白柱万代兰（*V. brunnea*）、大花万代兰（*V. coerulea*）、鸡冠万代兰（*V. cristata*）、垂头万代兰（*V. alpina*）、小蓝万代兰（*V. coerulescens*）等。

2）形态特征　万代兰的植株粗壮，是多年生草本，既无假鳞茎，亦无匍匐茎，终生只有一条向上生长的直立茎，为单轴型的附生兰。叶片革质，抱茎而生，在茎的两侧排成两列，通常有扁平、圆柱和半圆柱3种形态。花序主要由叶腋抽出，萼片发达，花色艳丽，有白、黄、粉红、紫红、茶褐和天蓝等。花期长，可开放3～8周。

3）生物学特性　万代兰是热带附生兰，现在商业栽培的绝大多数为杂交种，原生种多附生在林中树干或石壁上，喜光喜湿，不耐旱。温度以18～32℃为宜，最低不得低于15℃。一些分布高海拔的种类较为耐寒，可以低至12℃或更低。气生根粗壮发达，喜通风良好和充足的肥料。在生长旺季需要较多的水分供应和湿润的环境；但冬春季节要保持略为干燥和凉爽的气候。

4）常见栽培种和品种

（1）棒叶万代兰（*V. teres*）　我国云南有分布，细长圆棍状叶。喜高温、高湿和较强的光照。花大而美，白色至粉红色，花径7～10cm。因花瓣较厚，切花十分耐久。适应性强，易繁殖，是较好的栽培种和杂交育种的重要亲本。已出现许多以该种为亲本的优良杂交品种。

（2）大花万代兰（*V. coerulea*）　我国云南南部有分布，喜高温潮湿的气候环境。本种是我国产万代兰属植物中花最大的一种，花径7～10cm。淡蓝色至深蓝色，有格式网纹。红花系品种，特点是花朵密生，全花除蕊柱白色外，全部为深褐红色，花瓣质厚，花期长。是重要的杂交亲本，已育出许多优良品种。

（3）散式万代兰（*V. sanderiana*）　原产菲律宾，为热带低温性原生种。绝大多数的杂交种都有本种的血统。花径7～12cm，上萼片和花瓣为乳白色、黄色和粉红色，基部有咖啡色斑点。两枚侧萼片十分发达，有显著的咖啡色网纹，这是该种的特点，容易遗传。该种很少生侧芽，分株繁殖比较困难，大多靠播种繁殖。

（4）‘哥登狄龙’（*V.* ×*Gordon Dillon*） 泰国兰花育种家 Thai-Am 于1968年杂交培育出来的。该种的花色由浅蓝色到深蓝色或暗蓝色，从粉红色、粉红斑点、浅红到深红色应有尽有。花形平整浑圆、丰满，花径可达15cm。

（5）‘金可达娜’（*V.* ×*Kultana Gold* AM/RHS） 1980年泰国曼谷兰花育种学家 Kulatana 登记的优良单株品种。花序从叶腋间抽出，上面有金黄色的浑圆大花6～10朵，花质厚重，略带蜡质，花径10～12cm。从秋天一直可开到翌年春天，每朵花可开花25～30d，每花序可连续开放2个月。

（6）鸟舌万代兰（*Ascda* ‘Yip Sum Wah’ AM/RHS） 为鸟舌兰和万代兰的属间杂种，台湾称千代兰。花茎由叶腋间抽出，长20～30cm，每花序上有20～30朵，花橘红色，十分鲜艳，略带蜡质，花形圆整，唇瓣为鲜黄色，花径4～5cm。每朵花可开花15～20d，每花序可连续开放2个月左右，一年内至少开2～3次花。

5）繁殖 万代兰的繁殖方法有分蘖、扦插、无菌播种和组织培养。一般采用种子无菌播种或茎尖、腋芽等营养器官来进行组培繁殖。采用V&W培养基或3g花宝一号和2g胰蛋白胨及35g食用糖配制培养基，对其种子萌发效果较好，加入15%的椰子汁能促进种子萌发。万代兰茎尖，腋芽培养一般没有褐变，最适初代培养基和成苗培养基均为V&W培养基。以实生苗叶片为外植体时，采用培养基为：花宝一号3.5g，肌醇100mg/L，烟酸1mg/L，维生素B_1 1mg/L，NAA 5mg/L，KT 10mg/L，苹果汁或椰乳100mg/L。在该培养基上40d能形成类原球茎。类原球茎的继代培养和成苗培养可采用V&W培养基附加5%～10%的香蕉汁或15%～20%的椰子汁。

6）栽培管理 万代兰盆花以木框式吊盆栽培者较多，也可用瓦盆种植。盆栽采用树皮、椰衣、腐烂木糠、水苔等为植料，必须透气性能良好。也可直接将万代兰附生着树干上悬挂生长。温度全年保持在20～30℃以上，冬季维持在15℃以上会对万代兰的生长和开花十分有利。但在10℃以下时，易产生寒害。夏季应遮光30%。生长期水分要充足，保持通风良好，但冬季休眠期减少浇水。施肥采用根外施肥，微量为佳。

7）主要病虫害及防治 主要病害有黑斑病，危害万代兰的叶片、茎干与花蕾。主要虫害为介壳虫寄生于植株叶片边缘或叶背面吸取汁液，引起植株枯萎，严重时整株植株会枯黄死亡，介壳虫的分泌物还会引起黑霉病的发生。防治方法见本章第一节相关内容。

8）用途 万代兰具有花枝直立粗壮、花朵寿命长等特点，主要用于切花和盆花，也用于热带庭院布置美化，许多较矮生的品种亦栽作盆花使用。

5. 文心兰

文心兰（*Oncidium*）又名舞女兰、金蝶兰、瘤瓣兰等，全世界原生种多达750种以上，商业上用的千姿百态的商品种多是杂交种。植株轻巧、潇洒，花茎轻盈下垂，花朵奇异可爱，形似飞翔的金蝶，极富动感，文心兰自20世纪初被发现以来，发展很快，在世界各国广泛地栽培和应用。在亚洲生产规模最大，尤以泰国、新加坡、马来西亚更为著名。

1）产地与分布 文心兰原产于美洲热带地区，种类分布最多的有巴西、美国、哥伦比亚、厄瓜多尔及秘鲁等国家。

2）形态特征　文心兰的形态变化较大，假鳞茎为扁卵圆形，较肥大，但有些种类没有假鳞茎。叶片分为薄叶种（或称软叶型）、厚叶种（或称硬叶型）和剑叶种三类。花茎由假鳞茎基部长出，唇瓣通常三裂，或大或小，呈提琴状，在中裂片基部有一脊状凸起物，脊上又凸起的小斑点，颇为奇特，故名瘤瓣兰。

3）生物学特性　文心兰大多数为附生兰，少数为半附生或地生兰。分布在低地雨林或高山矮林，附生于树上或石上。一般而言，厚叶种的文心兰较喜温暖，生长适温18～25℃，冬季温度不低于12℃；薄叶种和剑叶种喜欢冷凉，生长适温为10～22℃，冬季温度不低于8℃。对温度的要求不同，过冬温度5～15℃不等。叶薄类喜水，厚叶类耐旱。大多喜干燥，生长季节充分浇水，冬季休眠期少浇水，注意通风。夏天开花的品种应施氮、磷、钾比例相等的液肥，或磷肥比例大些的液肥。

4）常见栽培种和品种　常见同属观赏种有豹斑文心兰（*O. pardinum*）、宽唇文心兰（*O. ampliatum*）、金黄文心兰（*O. varicosum*）、双叶文心兰（*O. bifotium*）、扇叶文心兰（*O. pusillum*）等。

常见的栽培品种有南茜（*Gower* 'Ramsey'）、火山皇后（'Volcano Queen'）、巧克力香水文心兰（'Sharry Baby'）、野猫（*colmanara* 'wildcat'）、蜜糖文心兰（'Sweet Sugar'）等。其中切花品种有：黄花系的幻想（Gower Ram Sey 'Fancy'）、金象（'Golden Shower'）、夏威夷（Aloha Iwanaga 'Hawaiian'）等。

盆栽品种有黄花系的达卡'Taka'、金橘'Kuquat'和红花系的红彩'Red Color'、加勒比美人'Caribbean Beauty'、芳香（Sharry Baby 'Sweet Fragrance'）等。

5）繁殖　文心兰的繁殖方式有分株繁殖和组织培养。家庭栽培以分株繁殖为主。春季新芽萌发前结合换盆进行分株最好。应先将分株用的刀具清洗干净消毒；而后将植株从盆中取出，去除病叶和病根，将植株的基部和根系放在消毒水中消毒数分钟；等植株阴干后，再将植株的基部和根系蘸少许的生根剂，并迅速甩干；经过4～5d阴干后，可以上盆。分株所用的母株最好是开花后的植株，带2个芽的假鳞茎。大量生产用组培法繁殖。

6）栽培管理　盆栽文心兰常用15cm盆，也可用蕨板或蕨柱栽培。常用基质为碎蕨根40%、泥炭土10%、碎木炭20%、蛭石20%、水苔10%。盆底多垫碎瓦片和碎砖，有利于透气和排水。开花植株栽植在花谢后进行最好，未开花植株在萌芽前进行，这样有利于文心兰新根生长。生长旺盛期，每半月施肥1次。冬季休眠期可停止施肥和浇水，增加喷水，提高空气湿度即行。液体肥料流失严重，每半月可用0.05%～0.1%复合肥喷洒叶。在栽培中应适度遮光，一般在夏季应遮去阳光的50%～60%，冬季遮去阳光的20%～30%，湿度应保持在30%～60%。

7）主要病虫害及防治　主要病害有软腐病、叶斑病、疫病、炭疽病及病毒病等。软腐病和叶斑病可用30.3%四环霉素、12.5%链霉素和50%克菌丹可湿性粉剂1000倍液、72%农用硫酸链霉素3000倍液等轮换使用。炭疽病可用70%甲基托布津800倍液或75%百菌清1000倍液喷雾，以上病害主要以防为主。对于病毒病，一经发现应立即销毁病株，以免传染。

虫害有蜗牛、蛞蝓、介壳虫、白粉虱、蛾类等。蜗牛和蛞蝓应及时喷澄清石灰水1000倍液或用6%四聚乙醛粒剂撒在其活动区域诱杀。介壳虫可用40%氧化乐果或速蚧灵1000倍液喷杀。白粉虱可用蚜虱消3000倍液或2.5%的敌杀死乳油2500倍液喷杀。蛾类可用

40%氧化乐果乳油800～1000倍液喷杀。在害虫防治的同时还须注意栽培环境的卫生，清除杂草与杂物，避免害虫的栖息和寄生。

8）用途　文心兰是世界重要的盆花和切花种类之一，世界各地均有栽培，适合于家庭居室和办公室瓶插，也是加工花束、小花篮的高档用花材料。

6. 大花蕙兰

国兰中大花附生种类，如虎头兰（*Cym. hookerianum*）、碧玉兰（*Cym. lowianum*）、美花兰（*Cym. insigne*）等，在栽培观赏市场受到很大的重视。通过人工杂交培育出的具有色泽艳丽、花朵硕大的附生兰品种系列，统称为大花蕙兰（*Cymbidium hybridum*）。大花蕙兰品种众多、气味芬芳、高雅名贵，花茎直立而坚挺；每花序上有花多朵，花期长达2个至3个月，可盆栽或供作鲜切花；深受消费者喜爱，已成为世界上栽培最广泛的附生兰之一。

1）产地与分布　大花蕙兰是兰属中部分附生大花种多代杂交后，选出的优良品种群。其原生种亲本主要分布在喜马拉雅以东海拔较高的山区和高原。其中有许多种是分布在我国的西南地区和缅甸、越南、尼泊尔、泰国、印度、锡金等地。目前栽培的大花蕙兰均为杂交种优良品种。主要原生种亲本除了虎头兰、美花兰、碧玉兰外，还有黄蝉兰（*Cym. iridioides*）、独占春（*Cym. eburneum*）、象牙白花兰（*Cym. parshii*）、长叶兰（*Cym. erythraeum*）、大雪兰（*Cym. mastersii*）、山德氏兰（*Cym. sanderae*）、斑舌兰（*Cym. tigrinum*）、西藏虎头兰（*Cym. tracyanum*）、滇南虎头兰（*Cym. wilsonii*）、红柱兰（*Cym. erythrostylum*）等，近几年又将小花种如建兰（*Cym. ensifolium*）和垂花种引入进行杂交，产生了许多小花和垂花品种。

2）形态特征　大花蕙兰为多年生附生性草本，具有发达粗厚的肉质根。假鳞茎椭圆形、粗大。叶丛生，带状，浅绿色，革质。花莛斜生，稍弯曲，有花6～12朵，花大而多。花期依品种不同可从10月到第二年4月，多在2—3月开花。

3）生物学特性　大花蕙兰性喜温暖高湿、光照充足、通风良好、昼夜温差较大的生活环境，喜冬季温暖、夏季凉爽，全年适宜温度10～28℃，能耐3℃的低温。越冬温度保持在夜间10℃左右比较适宜，若温度低于5℃，叶片略呈黄色，花芽不生长，花期推迟。在华南地区栽植，夏、秋季应遮光50%～60%。大花蕙兰为合轴性兰花，腋芽不断萌发。大花蕙兰腋芽的萌发主要受温度支配，高温（高于18℃）下出芽快而整齐，低温（低于6℃）下则发芽较慢。由萌芽到假鳞茎形成的时间因品种或环境而异，8～12个月。长日照、光照充足、多肥等条件均可以促进侧芽生长。

4）常见栽培品种　大花蕙兰是兰属中的大花附生种、小花垂生种以及一些地生兰经过一百多年的多代人工杂交育成的庞大品种群。自1889年英国培育出第一个杂种以后，在20世纪40年代，欧美也选育出大量种间和品种间杂种。因为大花蕙兰深受广大消费者的喜爱，新品种增加速度迅猛，每年都有数十甚至上百个新品种选育成功，目前已有近两万个新品种。

（1）红色天使（Lady Fire ‘edAngelica’）　大花品种，花深红色，绒质。成熟假球茎叶片数为10片，叶长65～70cm，宽2.8～3.0cm，叶片较宽大，但不直立。花茎长60～70cm。每枝花朵数12～18朵。

（2）红公主（Princess ‘Nobuko’）　红色大花品种，株型高大。叶片长且宽大，成熟假球茎叶片数 10～12 片。叶长 90～110cm，宽 2.8～3.2cm。花茎长 80～100cm，每枝花朵数 15～18 朵。

（3）亚历山大（Blooming‘Alexander’） 红色中花型品种，株型矮壮。成熟假球茎叶片数 6～8 片，叶片较少。叶长 50～70cm，宽 2.1～2.5cm。每枝花朵数 15～18 朵，花朵排列较紧密。

（4）新世纪（Rosewine‘Sinseiki’） 红色大花品种，株型紧凑。成熟假球茎叶片数 11 片，叶片宽大、挺直。叶长 45～65cm，宽 2.5～3.5cm。花茎长 45～60cm，每枝花朵数 12～18 朵。

（5）娇艳欲滴（Rose Wine‘Fruity Drop’） 红色大花品种，‘新世纪’的姊妹品种，株型紧凑。花朵排列较‘新世纪’紧密，花朵数多。

（6）心境（Enzan Spring‘In TheMood’） 粉红大花品种。叶片较直立，叶长 60～65cm，宽 2.0～2.5cm。成熟假球茎叶片数为 10～12 片，花茎长 60～65cm，花朵数 14～18 朵。

（7）幸运星（Lucky Gloria‘Fukunokami’） 粉红大花品种。叶片较披散。成熟假球茎叶片数 9～10 片。叶片长 60～65cm，叶宽 3.0～4.5cm。花茎长 60～65cm，每枝花朵数 12～16 朵。

（8）幸运之花（lucky Flower‘Anmitsu Hime’） 粉红大花品种。叶片长且披散。花茎长 65～80cm，着花 18～22 朵。可人工弯曲成垂花型。

（9）仙境（Half Moon‘Wanderland’） 大花品种。叶片较多，挺直。成熟假球茎叶片数 14～15 片。叶长 60～80cm，宽 2.5～3.0cm。花茎长 65～70cm，花朵排列紧密，每枝花朵数 18～22 朵。

5）繁殖 大花蕙兰常用分株法繁殖，每 2～3 年进行 1 次。具体方法是将生长健壮的植株从盆内取出，并用利刀从假球茎相连接处切断，分切成数丛，每丛应带有 2～3 枝假鳞茎（其中 1 枝必须是前一年新形成的）。及时用硫黄粉或木炭粉涂抹切口，将新分植株放于干燥处晾 1～2d 后单独上盆。分株时间以花谢后至新芽长出之前为宜。

6）栽培管理 大花蕙兰的栽培中，基质必须排水和透气性高，保水力强，常用松树皮、椰子屑、碎砖粒、陶烧土和水苔等。栽植大花蕙兰常用陶质或塑料花盆，盆底多孔。大花蕙兰生长需充足的散射光，夏秋季应用遮光网遮阳 50%左右，阴天或冬春季阳光柔和时要打开遮光网接受直射光。生长期间温度控制在日温 22～28℃，夜温 18～22℃。温度过低，其生长速度减慢，甚至出现冷害。最佳湿度为 70%～80%，最低要保持在 60%以上，最高勿超过 95%。开花期间温度控制在日温 22～25℃，夜温 15～20℃。开花期以保持适量水分为佳，给水过多导致新陈代谢加速，反而缩短花期；给水太少，则无法满足开花消耗的养分和水分。大花蕙兰在浇水、施肥前必须调整水肥 pH 至 5.2～5.5，否则将造成生长不良，甚至更大损害。大花蕙兰需肥量较高，施肥原则是薄肥勤施，结合浇水施肥。

7）主要病虫害及防治 大花蕙兰病害种类繁多，主要有病毒病、软腐病、炭疽病、叶枯病，这些病害对大花蕙兰的影响不一，其传播途径也各有不同，轻微者影响其生长，伤害其组织，严重者影响面大，甚至可能全部废弃。防治方法主要是：①改善种植场所环境，加强通风，降低湿度；②培育壮苗，尽量降低种植密度，增强植株抗病性；③发现细菌性软腐病、炭疽病和叶枯病时应及时摘除病叶，细菌性软腐病可用0.5%波尔多液或200mg/L农用链霉素，每15d喷洒1次，高温、高湿季节增加喷药次数，可3～5d喷1次；炭疽病和叶枯病用多菌灵、好生灵、雷多米尔等药剂交替使用，7～15d喷1次。

主要虫害有介壳虫、红蜘蛛、蜗牛、蛞蝓、蓟马等。应以预防为主，选用虫地乐、克螨特、速灭螨等交替使用，每隔10～15d喷1次；如果虫害发生严重，可3～5d喷1次。

8）用途 大花蕙兰盆栽有很高的观赏价值，可增添人们的视觉享受，已成为家居摆设的理想盆栽花卉。也是重要切花品种。

第四节　菌类寄生兰

根据碳源的来源不同，可以把兰科植物分成光合自养型、部分菌根异养型、完全菌根异养型三类。如天麻、盂兰等完全菌根异养型兰科植物，其不含叶绿素无法进行光合作用，完全依靠共生真菌提供营养，也称菌类寄生兰，是最进化的菌类寄生植物。

与其他兰科植物不同，菌类寄生兰一般无根或根退化，无叶或叶退化成鳞叶，气孔也退化或缺失。常年生长于地下或被深厚的枯枝落叶覆盖，到开花期才出土、抽薹、开花，且花期短，甚至整个生活史都在地下完成，如产于澳大利亚的地下兰（*Rhizanthella gardneri*）。

菌类寄生兰因露出地面的时间及开花期极短，观赏价值受到很大影响。但常因生于阴暗环境，且外形奇特，加上如幽灵般地出现和消失，总是带有一种神秘的色彩。

1. 天麻

学名：*Gastrodia elata*

别名：赤箭

科属：兰科天麻属

天麻作药用已有一千多年的历史，用天麻酿成的养生酒视为宫中珍品。古医书《神农本草经》和《本草纲目》里，均有天麻“除百病益寿延年”的记载。据2015版《中华人民共和国药典》记述，天麻入药部位为其块茎，性甘，平，归肝经，主治功能有息风止痉、平抑肝阳、祛风通络，可用于治疗小儿惊风、头痛眩晕、肢体麻木等症状，是我国传统的名贵药材之一。

1）产地与分布　分布于我国吉林、辽宁、内蒙古、河北、山西、陕西、甘肃、江苏、安徽、浙江、江西、台湾、河南、湖北、湖南、四川、贵州、云南和西藏。生于疏林下，林中空地、林缘，灌丛边缘，海拔400～3200m。尼泊尔、不丹、印度、日本、朝鲜半岛至西伯利亚也有分布。

2）形态特征　腐生草本。植株高30～100cm，有时可达2m；根状茎肥厚，块茎状，椭圆形至近哑铃形，肉质，具较密的节，节上被许多三角状宽卵形的鞘。茎直立，橙黄色、黄色、灰棕色或蓝绿色，无绿叶，下部被数枚膜质鞘。总状花序长5～30（50）cm，通常具30～50朵花；花苞片长圆状披针形，长1～1.5cm，膜质；花梗和子房长7～12mm，略短于花苞片；花扭转，橙黄、淡黄、蓝绿或黄白色，近直立；萼片和花瓣合生成的花被筒长约1cm，直径5～7mm，近斜卵状圆筒形，顶端具5枚裂片，但前方亦即两枚侧萼片合生处的裂口深达5mm，筒的基部向前方凸出；外轮裂片（萼片离生部分）卵状三角形，先端钝；内轮裂片（花瓣离生部分）近长圆形，较小；唇瓣长圆状卵圆形，长6～7mm，宽3～4mm，3裂，基部贴生于蕊柱足末端与花被筒内壁上并有一对肉质胼胝体，上部离生，上面具乳突，边缘有不规则短流苏；蕊柱长5～7mm，有短的蕊柱足。蒴果倒卵状椭圆形，长1.4～1.8cm，宽8～9mm。花果期5—7月。

3）生物学特性　天麻无根无叶，不能进行光合作用，是依靠蜜环菌供应营养生长繁衍。因而种植天麻的第一步是培育出一定数量的优质蜜环菌材，第二步才是引购天麻种，并及时与蜜环菌材伴栽。天麻生长的适宜温度10～30℃，最适温度20～25℃，空气相对湿度80%左右，土壤含水量50%～55%，pH 5～6，即偏酸性的生态环境。

4）我国主要原生种　春天麻（*G. fontinalis*）、无喙天麻（*G. appendiculata*）、八代天麻（*G. confusa*）、北插天麻（*G. peichatienian*）、秋天麻（*G. autumnalis*）、勐海天麻（*G. menghaiensi*）、冬天麻（*G. hiemali*）、夏天麻（*G. flabilabella*）、天麻（*G. elata*）、疣天麻（*G. tuberculata*）、原天麻（*G. angusta*）、细天麻（*G. gracilis*）、南天麻（*G. javanica*）。

5）繁殖　主要用块茎繁殖，冬栽或春栽。冬栽天麻接菌率高，生长快，时间在11月。春栽在3—4月。栽前要培养好菌床。适宜蜜环菌生长的树种，以树皮厚、本质坚硬、耐腐性强的阔叶树为好。也可用种子繁殖，选择重100g以上的天麻，按上法随采随栽，抽薹时要防止阳光照射，开花时要进行人工授粉。授粉时间可选晴天10时左右，待药帽盖边缘微现花时进行。授粉后用塑料袋套住果穗，当下部果实有少量种子散出时，由下而上随熟随收。由于天麻种子寿命短，采下的蒴果应及时播种。

6）栽培管理　天麻栽培一般为当年10月下旬至翌年4月。10月下旬至12月上旬土壤结冻之前播种为冬栽，春季3—4月土壤解冻之后播种为春栽，高海拔山区播种时间可延期至5月。栽培场地可选择房前屋后、荒野坡地、果园林地等任何土地田块，尤以透气渗水性强的沙质壤土为最佳。土壤pH为5～6。平地可就地按宽80cm、深10cm、长不限作畦；荒野坡地视坡势地形建成梯式横畦，畦与畦间距1m左右，畦边树木、杂草尽量保留，便于遮阴、防畦坎或畦埂溃崩。果园林地依地形建畦，四周开挖排水沟。

(1) 温度管理　天麻生产的适宜温度为13～25℃（土表以下10cm），在此温度段内，越高越好。控温是天麻仿野生栽培管理的重要工作。冬季要防冻，海拔1000m以下的地区，栽种后覆盖10～20cm厚的枝叶、杂草即可；高于1000m以上的地区可将覆盖物加厚至30cm。夏秋要防高温和干旱，除了利用遮阳物防高温外，还可利用补水来降低土壤温度。补水以日落、土温下降后进行。

(2) 水分管理　冬季至翌春（清明前）土壤湿度控制在10%～20%。4—6月提高土壤湿度达60%左右。6—8月天麻进入旺季生长期，营养积累达到高峰，此时宜保水降温、保墒排渍，进行综合管理。到了9月，天麻营养积累进入后期，达到生理成熟阶段，此时畦床土壤湿度应控制在40%以下，10月下旬土壤温度已降至10℃，天麻进入休眠期，即可揭土采挖。每平方米可采挖鲜天麻7kg左右。

7）主要病虫害及防治　危害天麻生长的主要害虫有蝼蛄、蛴螬、白蚂蚁等。防治方法：一是栽培天麻时，在畦床周围撒施5%的氯丹粉和“白蚁杀王”药剂；二是选用白蚂蚁控制诱捕器对白蚂蚁进行诱杀。

8）用途　天麻是名贵中药，用以治疗头晕目眩、肢体麻木、小儿惊风等症。

2. 其他菌类寄生兰类植物

我国菌类寄生兰类植物约有112种，集中分布在鸟巢兰族和树兰族的25个属中，包括天麻属（*Gastrodia*，39种），盂兰属（*Lecanorchis*，12种），鸟巢兰属（*Neottia*，10种），无叶兰属（*Aphyllorchis*，7种）、山珊瑚属（*Galeola*，5种），肉果兰属（*Cyrtosia*，4种）、双唇兰属（*Didymoplexis*，4种）、虎舌兰属（*Epipogium*，4种），齿唇兰属（*Odontochilus*，3种）、叠鞘兰属（*Chamaegastrodia*，3种）、宽距兰属（*Yoania*，3种）、头蕊兰属（*Cephalanthera*，3种）、丹霞兰属（*Danxiaorchis*，2种）、兰属（*Cymbidium*，2种）、鳔唇兰属（*Cystorchis*，1种）、倒吊兰属（*Erythrorchis*，1种）、锚柱兰属（*Didymoplexiella*，1种）、美冠兰属（*Eulophia*，1种）、拟锚柱兰属（*Didymoplexiopsis*、1种）、肉药兰属（*Stereosandra*，1种）、珊瑚兰属（*Corallorhiza*，1种）、舌唇兰属（*Platanthera*，1种）、双蕊兰属（*Diplandrorchis*，1种）、无喙兰属（*Holopogon*，1种）、紫茎兰属（*Risleya*，1种），其中以天麻属和盂兰属中的种类最多。

我国菌类寄生兰类植物的分布以南部、西南部、东南部的热带、亚热带地区最为集中，种类丰富度也高，特别是云南、海南、台湾、四川、广西壮族自治区分布种数较多，而从南到北分布的种类逐渐减少，有明显的规律性。除了天麻属植物外，近年来我国菌类寄生兰植物新记录种、新种甚至新属也不断有新发现，如发现发表新属丹霞兰属（*Danxiaorchis*）及其两个新种：丹霞兰（*D. singchiana*）、江西丹霞兰（*D. yangii*）。

与大多数兰科植物一样，菌类寄生兰类植物面临的威胁主要有两个：一是因有重要经济价值，如天麻有重要药用价值，丹霞兰等具有很高的观赏价值而遭到过度采挖，导致物种的濒危或灭绝；二是菌类寄生兰类植物对生境要求苛刻，容易因森林砍伐、土地开发等而失去适生环境，分布区收缩并破碎化，种群数量较少，甚至濒危或灭绝。

第五节　兰花的保护与利用

兰科植物是植物保护中的旗舰类群，全世界所有的野生兰科植物均被列入《濒危野生动植物种国际贸易公约》（CITES）的保护范围，占该公约保护植物的90%以上。许多兰花兼具观赏价值、药用价值和社会文化价值，是一类经济价值很高的花卉植物；加强兰花资源的保护与利用，势在必行。

一、加强兰科植物的生态学、群居生物学、地理学的研究

兰科（Orchidaceae）是世界自然保护联盟红色名录中收录受威胁种类最多的科，已成为植物保护中的“旗舰”类群。根据现有的被子植物化石资料，兰科植物最早可能起源于112 Ma左右的早白垩纪的澳大利亚地区，随后逐渐分化为拟兰亚科（Apostasioideae）、香荚兰亚科（Vanilloideae）、杓兰亚科（Cypripedioideae）、兰亚科（Orchidoideae）和树兰亚科（Epidendroideae）。

由于早期各地区气候波动和生境扩张，例如火山爆发等导致兰科植物各类群的形态形状和生态位的演化历史与快速辐射和物种多样化有一定的内在联系。因此，从植物区系起源和进化来看，兰科植物虽然起源非常古老，但系统演化却处于被子植物的最高水平。是植物的多样性发展演化研究的最具代表分类群之一，也是植物区系发生、发展过程地理分布格局研究的具有典型意义分类群。

兰科植物的地理分布表现出“不均匀性”“分化中心”“生境多样性中心”或“特有中心分布”等特点。喜马拉雅山脉、印尼地区、中亚山地和中国西南山地也成为世界兰科种群生存的热点研究地区。但是因为兰科植物生境复杂，相对于庞大的兰科家族来说，人们只是很有限地对少数几个种群的生态特征进行了研究。而研究植物的种群空间分布格局和种群动态，不仅可以完善植物种群的水平结构的定量，更重要的是可以通过分析分布格局的成因和环境因子间的关系来阐明植物珍稀濒危种群的动态变化规律，探讨濒危机制。我国关于兰科植物在这些方面的研究处于初级阶段，很多重要地理区域的相关种群研究仍是空白。对于兰科种群生态的各方面研究，需要得到广大研究机构和人员的重视，开展进一步的研究工作。加强兰科植物的生态学、群居生物学和地理的研究，为兰科植物提供新的生态位和生境，同时了解兰科植物的种类丰富度和种群数量以及进化演变历程等，为科学有效地保护兰科植物资源提供了理论支持。

二、加强兰科植物的规模化繁育

兰科植物具有极高的观赏价值和药用价值。近年来，一方面受经济利益驱使，野生兰科植物遭到人类过度采挖；另一方面由于兰科植物的生境遭到破坏，兰科种子与共生真菌的微妙关系被破坏，导致种子的萌发受到限制。兰科植物的种群数量急剧减少和中国传统文化赋予兰科植物的意义，使兰花市场出现供不应求的现象。为了满足广大群众的需要，兰科植物规模化繁育至关重要。目前，兰花的种植水平与其他花卉相比较为落后，缺乏先进的快速繁殖手段，还无法大量、快速地繁殖完整植株并成功脱毒，离体培养还未达到实用化水平，从而还无法实现大规模生产，出现了空有兰花市场却无兰花种苗的窘境。这样一来，兰花产业根本没有实现真正的产业化发展。兰花品质的优劣与品种差异和种苗质量息息相关，随着花卉行业的日益发展，兰花需求量日益增大，但市场机制不健全和法律措施不完善导致野生兰花生境破坏极为严重，无节制的采挖导致野生兰科植物濒临灭绝。特别是国兰的繁殖周期太长，育种困难，很大程度上制约了国兰产业的发展，种苗的快繁技术有待突破。

从栽培的硬件设施看来，虽然近几年我国农业现代化程度已有了很大的提升，成规模的蝴蝶兰、文心兰和石斛的栽培亦在温室中进行，但实际的栽培方式仍是以手工为主，现代化程度、机械化程度仍然很低，包括温室等现代设备的应用仍在初级阶段，诸如喷灌系统，自动化遮阳系统，加温、降温措施，基本都没有真正实现自动化、机械化。在走访我国各地兰花园的过程中发现，绝大多数的兰园，虽多采用温室和简易大棚进行栽种，但并没有应用真正的现代温室设备。产业化程度太低是制约我国兰花产业发展的症结所在。从兰花产业发展水平看来，兰花企业大多呈现“多、散、小、差”的问题。首先是企业数量过多，规模太小。其次是专业化程度不高，我国的兰花企业大多都存在一个通病：生产种类多而不精。行业间合作差也是问题所在，孤军奋战成了普遍现象。而洋兰多数花大色艳，在全球各地都受到人们的喜爱，并已实现工厂化生产，市场化程度较高，仅我国台湾地区就有500多家洋兰生产经营企业，大陆也超过了200家。相比之下，国兰的规模化生产程度相当低，普遍都是小农户且以副业经营为主，产业化水平低，与国兰本身悠久的历史和深厚的文化底蕴完全不符。特别是目前炒作之风的盛行对国兰事业的发展极其不利。

因此，为了加快兰花产业的发展，加强野生兰科植物的规模化繁育迫在眉睫。首先要加快种苗快繁技术研究，建立完善的国兰引种繁殖技术体系，充分发挥高科技的优势。其次要建立大型公司、企业，包括组培室、实验室、加工、包装车间、现代化温室设施、营业厅、国兰超市一系列生产体系，业务范围覆盖生产试管苗，植株和鲜切花收购、加工、包装、外运，科研业务，进出口业务等，加强公司管理体系，改变目前大多数兰花产业规模小、管理混乱的现状，形成大规模商品化的生产和销售体系。

三、对兰花的产品要多元化发展

兰花作为新兴文化产业，国兰文化仍处于较薄弱时期，仍存在资源破坏、整体规划布局不足、缺乏文化特色和创新等问题。弘扬国兰文化应成为国兰产业发展的主流，加强国兰文化的宣传和国兰知识的普及，在整个国兰产业发展和野生兰科植物保护的过程中亦不容忽视。相对来说，目前我国的兰花产业发展比较单一，应使兰花产业多样化发展，除盆花发展方向外，还应与生态旅游与休闲旅游相结合。同时，由于兰花化妆品、食品和以国兰为图案的服装、家具、工艺品还未兴起，也可以加强国兰文创产业发展。

四、加大对兰科植物保护重要性的科普宣传教育，促进兰花生态旅游的发展

让人们充分了解保护兰科植物的重要性，推动兰花生态旅游的发展。可以采取网站宣传、举办与兰花相关的各种活动、旅游推介等多种形式，加大宣传力度，提高兰花的宣教能力。例如，组织和协办一系列兰科植物国际研讨会及兰科植物学术交流会等活动，可以为兰科植物的保护和保护区自身知名度的提升起到很好的宣传作用。建立保护区网站，向国内外推介兰科植物的资源价值和科研价值；举办科普旅游、攀岩速降、峡谷探险、兰花展览、“兰花节”等活动，促进兰花旅游发展。

思考题

1. 请阐述直立茎、根状茎和假鳞茎的区别，并举例说明。
2. 兰菌共生现象对兰花栽培与管理有何指导作用?
3. 兜兰和卡特兰对栽培基质的要求有何不同?
4. 兰花的繁殖方式有哪几种？请举例说明。
5. 防治文心兰的疫病和病毒病，应注意哪些事项?
6. 请就热带兰谷或热带兰展作一个设计方案。

本章推荐阅读书目

1. DEARNALEY J D W, MARTOS F, SELOSSE M A. Orchid mycorrhizas: molecular ecology, physiology, evolution and conservation aspects[M]//ESSER K, HOCK B. The mycota. Vol IX. 2nd ed. Berlin-Heidelberg: Springer-Verlag, 2012.
2. WOOD H P. The dendrobiums[M]. A. R. G. Gantner Verlag K. G, 2006.
3. JOHANSEN B, FREDERIKSEN S. Orchid flowers: evolution and molecular development[M]//CRONK Q C B, BATEMAN R M, HAWKINS J A. Developmental genetics and plant evolution. London: Taylor & Francis, 2002.
4. PRIDGEON A M, CRIBB P J, CHASE M W, et al.. Genera orchidacearum[M]. New York: Oxford University Press, 1999-2004.
5. STEWART J. Kew gardening guides: orchids[M]. The Hamlyn Publishing Group Limited, 1988.
6. REINHOLD V N. Orchid genera illustrated[M]. Tom & Makion Sheehan, 1979.
7. 陈心启，吉占和. 中国兰花全书 [M]. 北京：中国林业出版社，1998.

8. 胡松华. 热带兰花［M］. 北京：中国林业出版社，2002.
9. 李咔. 文心兰专辑［M］. 台北：财团法人台湾区花卉发展协会，2002.
10. 卢思聪. 中国兰与洋兰［M］. 北京：金盾出版社，1994.
11. 卢思聪，段东太. 热带亚热带花卉［M］. 北京：中国农业出版社，1999.
12. 兰花中国（上）［J］. 森林与人类，2019，353（11）：1-126.
13. 兰花中国（下）［J］. 森林与人类，2019，354（12）：1-128.

第十二章 水生花卉

水生花卉的种类繁多，随着科技的发展和人们对观赏植物需求的增加，更多美丽的水生植物被驯化，并进入了观赏植物的行列。水生花卉的用途不再局限为盆栽，在切花及庭院、园林绿地的景观构建中都有应用。水生花卉的含义在扩大，水生花卉的观赏价值也越来越受到人们重视。本章简要概括了水生花卉的含义、分类和繁殖、栽培，并介绍了几种常见的水生花卉。

第一节 概述

一、概念与分类

植物学意义上的水生植物（aquatic plants）是指常年生活在水中，或在其生命周期内某段时间生活在水中的植物。水生植物体内细胞间隙大，通气组织比较发达，种子能在水中或沼泽地萌发，在枯水期时它们比任何一种陆生植物更易死亡。水生花卉按照生活方式与形态特征可分为挺水花卉、浮水花卉、漂浮花卉和沉水花卉。随着水生花卉在营造水体景观方面得到越来越广泛的应用，水生花卉的内涵和范围逐步扩大，依据广义花卉的定义，可以将水生花卉定义为具有一定的观赏价值，用于绿化美化水体、营造水体景观，适应水湿环境，并经过一定技艺栽培、养护的植物。涵盖的范围也相应扩大，包括挺水花卉、浮水花卉、漂浮花卉、沉水花卉以及水缘植物、喜湿性植物和海岸红树林。

（一）挺水花卉

挺水花卉植株高大，花色艳丽，绝大多数有茎、叶之分；直立挺拔，下部或基部沉于水中，根或地茎扎入泥中生长发育，上部植株挺出水面。挺水花卉种类繁多，常见的有荷花（*Nelumbo nucifera*）、黄花鸢尾（*Iris wilsonii*）、千屈菜（*Lythrum salicaria*），菖蒲（*Acorus calamus*）、香蒲（*Typha orientalis*）、再力花（*Thalia dealbata*）、水葱（*Schoenoplectus tabernaemontani*）、慈姑（*Sagittaria sagittifolia*）、梭鱼草（*Pontederia cordata*）、旱伞草（*Cyperus alternifolius*）、黄花蔺（*Limnocharis flava*）等。

在园林功能上，挺水花卉植株高大、花色艳丽、叶片浓绿、类型多样，与水面、水缘植物和水边的建筑及园林小品等产生高程与线条的对比，使水体景观有了良好的观赏效果。

在园林中，常选择挺水花卉中体型高大的种类，如荷花等，将其大量、成片地配置于大面积水体的浅水区，营造大尺度的植物群体景观；而体型小巧的种类，如再力花、黄花鸢尾、水葱等，则成丛地配置于水边，产生良好的点缀与装饰效果。

（二）浮水花卉

根或根状茎生于泥中，叶浮于水面，花开时略高于水面。浮水花卉的根状茎发达，花大，色艳，体内通常贮藏有大量的气体，使叶片或植株能漂浮于水面上。常见种类有王莲（*Victoria amazornica*）、睡莲（*Nymphaea tetragona*）、田字萍（*Marsilea quadrifolia*）、萍蓬草（*Nuphar pumila*）等，以睡莲科植物最为常见。

浮水花卉是水面绿化和美化的重要植物材料，对于改变水面色彩、丰富水面景观等起着重要的作用，广泛应用于各类静态的园林水体。在配置手法上，无论群植、片植还是散植，都能起到很好的绿化装饰效果。

（三）漂浮花卉

漂浮花卉同上述两类的最大差别是它们的根系不是生于泥土中，而是随植株一起漂浮于水面，可随风或水流四处漂泊，但要防止其无序蔓延。它们既能吸收水里的矿物质，又能遮蔽射入水中的阳光，能够抑制水藻的生长。常见的种类有凤眼莲（*Eichhorniacrassipes*）、水鳖、水罂粟（*Hydrocleys nymphoides*）、大薸（*Pistia stratiotes*）、满江红（*Azolla pinnata* subsp. *asiatica*）、槐叶萍（*Salvinia natans*）等。漂浮花卉多数以观叶为主，它们在水面的生长速度很快，能更好更快地提供对水面的遮盖和装饰。但有些种类，如凤眼莲、大薸等，其生长繁殖特别迅速，可能会导致生物入侵和生态灾害，在设计和管理时应加以控制。

（四）沉水花卉

沉水花卉根茎生于泥中，整个植株沉入水体之中，通气组织特别发达，利于在水中空气极度缺乏的环境中进行气体交换。叶多为条形、带状或丝状，植株的各部分均能吸收水中的养分，在水下弱光的条件下也能正常生长发育。对水质有一定的要求，因为水质会影响其对弱光的利用。花小，花期短，以观叶为主。它们能够在白天制造氧气，有利于平衡水中的化学成分和促进鱼类的生长。具代表性的植物有金鱼藻（*Ceratophyllum demersum*）、苦草（*Vallisneria natans*）、海菜花（*Ottelia acuminata*）、龙舌草（*Ottelia alismoides*）等。大部分种类的沉水花卉会在繁殖期将花挺出水面，以便完成授粉，如海菜花；少数种类则一生完全在水中度过，就连开花也不例外。

沉水花卉具有良好的净化水质的生态功能，在园林中可种于水下用于生态和景观展示。近年来，沉水花卉也走进了家庭生活，出现在各类水草缸及水族箱中，如金鱼藻、狐尾藻（*Myriophyllum verticillatum*）和海菜花等。

（五）水缘植物

水缘植物生长在水池边，从水深 30～45cm 到水池边的湿泥里，都可以生长。种植在小型野生生物水池边的水缘植物，可以为水鸟和其他光顾水池的动物提供藏身的地方。在自然条件下生长的水缘植物，可能会成片蔓延，因此有些需要经常修剪或控制根部的蔓延。常见的种类有芦苇（*Phragmites australis*）、千屈菜、黄花蔺、铜钱草（*Hydrocotyle vulgaris*）等。水缘植物常配置于小型自然式水池，营造富有野趣的园林景观。同时也为水鸟及其他小型动物提供藏身之所。

（六）喜湿性植物

喜湿性植物生长在水池或小溪边沿湿润的土壤里，但是根部不能浸没在水中。它们喜欢生长在有水的地方，根部只有在长期保持湿润的情况下才能旺盛生长。常见的有美人蕉类、肾蕨（*Nephrolepis cordifolia*）、百子莲（*Agapanthus africanus*）等，另外还有水翁（*Cleistocalyx operculatus*）、水石榕（*Elaeocarpus hainanensis*）、蒲葵（*Livistona chinensis*）、木芙蓉（*Hibiscus mutabilis*）、垂柳（*Salix babylonica*）等木本植物。

（七）海岸红树林

海岸红树林是指生长在热带、亚热带海岸潮间带，受周期性潮水浸淹，以红树植物为主体的木本植物群落。海岸红树林被誉为“海上森林”和“海岸卫士”，在防风消浪、护岸固堤、净化海水和空气等方面具有不可替代的作用。红树林是当今世界上生物多样性最丰富的生态系统之一，具有非常重要的科学研究和保护价值。

全世界共有红树林1700万公顷，主要分布于热带亚洲、大洋洲和中南美洲东西海岸、西印度群岛以及非洲西海岸等地。中国约有红树林1.46万公顷，主要分布于海南、广西、广东、福建、台湾、香港和澳门等地的海岸沿线，最北一直延伸到浙江南部。

组成红树林的植物称作“红树植物”，可分为“真红树植物”和“半红树植物”两类。其中，“真红树植物”是指专一地生长在海岸潮间带并形成丰富树林的物种，如秋茄树（*Kandelia obovata*）、角果木（*Ceriops tagal*）、木榄（*Bruguiera gymnorhiza*）、桐花树（*Aegiceras corniculatum*）、海桑（*Sonneratia hainanensis*）等；而“半红树植物”指既能生长在潮间带，也可生长于内陆非盐渍地区的两栖树种，如黄槿（*Hibiscus tiliaceus*）、银叶树（*Heritiera littoralis*）、海杧果（*Cerbera manghas*）等。

全世界约有红树植物100种，主要以红树科种类为主，如红树属、木榄属、秋茄树、角果木属等。此外还有使君子科的锥果木属和榄李属、紫金牛科的桐花树、海桑科的海桑属、马鞭草科的白骨壤（*Avicennia marina*）、楝科的木果楝属、茜草科的瓶花木（*Scyphiphora hydrophyllacea*）和大戟科的海漆（*Excoecaria agallocha*）等。中国有真红树植物26种、半红树植物12种，合计有红树植物38种。

由于红树植物生活的海水环境条件非常特殊，它们具有一系列形态和生理特征来适应这种环境。①具有支柱根与呼吸根：为了防止海浪冲击，红树植物枝干上长出多个支持根，扎入泥滩以保持植株的稳定。与此同时，从根部长出许多指状的气生根露出海滩地面，用以通气，称作呼吸根。②部分植物具有“胎生”现象：这些植物的果实成熟后留在母树上，并迅速长出长达20～30cm的胚根，然后由母体脱落，插入泥滩里，迅速扎根生长而成为新的植株，未能及时扎根生长的胚轴也可随着海流在大海上漂流数个月，在几千里外的海岸扎根生长。③在生理方面，具有良好的盐适应性：一方面，红树植物的细胞内渗透压很高，这有利于红树植物从海水中吸收水分；另一方面，部分红树植物还具有“泌盐现象”，这些种类的植物在叶肉内有泌盐细胞，能把叶内的含盐水液排出叶面，如桐花树、白骨壤（*Avicennia marina*）、老鼠簕（*Acanthus ilicifolius*）等。这些特征确保了红树植物能在高盐度的海水环境中正常生存和生长。

二、生态因子

（一）水分

水是水生花卉生长过程中的最重要的环境因子，水生花卉的一切生长过程都要求在一定水域条件中进行。为适应环境，植物体的形态结构和生理机能产生了巨大的变化，形成了许多次生性的水生结构，如通气组织和排水器官。

其中，通气组织满足了水生花卉新陈代谢的需要，使植物产生浮力漂浮或直立于水中，并具有适应水环境中机械应力的功能。水生植物体内的隔膜属于通气组织的一种，除具有通气、防水和支持等作用外，还是营养物质和代谢产物的短期贮藏所。

当外界气压过低或蒸腾作用减弱时，水生植物依靠其发达的排水器具（由水孔、空腔和管胞组成的分泌组织），把体内过多的水分排出，同时又可使水分和无机盐类得以继续进入体内。

大部分水生花卉要求静水或流速缓慢的水域，尤其是挺水花卉和浮水花卉。且不同生长发育阶段的水生花卉对水位要求不同。种子发芽时，水深 1～3cm；幼苗阶段，因根系弱小，在土壤中分布较浅，水深 5～10cm；之后，随着植株的生长应及时加深水位，用于园林景观的水生花卉定植时，水深一般为 40～100cm。

（二）光照

太阳能是地球上所有生物进行光合作用的主要来源，也就是说，地球上的一切生物直接或间接地依赖太阳所提供的能量（光）而生存与发展。

1. 日照时数

光照时间的长短直接影响水生花卉性器官的形成与生长发育。长日照水生花卉所受日照时数越长，则发育越快，现蕾开花早，结实率高，如莲属、睡莲属、王莲属、萍蓬草属等。短日照性水生花卉大多为沉水植物，所受日照时数越短，透光度越弱，则发育越快，如眼子菜科、水车前属、水蕨（*Ceratopteris thalictroides*）等。中日性水生花卉以观叶为主，观赏价值高，如黄花蔺、猪笼草（*Nepenthes mirabilis*）、龟背竹（*Monstera deliciosa*）、旱伞草（*Cyperus involucratus*）等。

2. 光照强度

不同水生花卉的生态条件各异，对光照强度的要求也有所不同。耐阴湿水生花卉要求有 60%～80%的阴蔽度，如水蕨、海菜花属、天南星科植物等植物。喜光水生花卉在露地光照条件下才能正常生长发育，如荷花、睡莲属、千屈草等。中生性水生花卉对光照强度的要求介于二者之间，要求阴蔽度为 40%左右，即可生长发育良好，如黄花蔺、泽泻（*Alisma plantago-aquatica*）等。

（三）温度

温度是影响水生花卉生长发育最重要的环境因子之一，由于原产地气候条件不同，每一种植物都有其最高点、最低点的温度范围，若超出这个基点范围，植物则不能正常生长发育。如热带花卉蓝睡莲、王莲等，要求年均温为 20℃，年最低温度在 6℃以上，它们的种子要在 30℃以上的温度下才能萌发生长。月均温在 29℃时，对温带、寒带水生植物的生长发育有一定的影响；当气温长期超过 40℃时，就会出现腐叶，重则造成整个植物死亡。因此，在整个水生花卉生长发育阶段，可采取适当的遮光法、保持水源流动等措施达到降温的目的。

三、繁殖

（一）有性繁殖

大多数水生花卉的种子干燥后即丧失发芽力，须在种子成熟后立即播种或经后熟处理后贮于水中或湿处，贮存温度一般在 5℃左右。少数水生花卉种子可在干燥条件下保持较长的寿命，如荷花、香蒲（*Typha orientalis*）、水生鸢尾。水生花卉一般在水中播种。热带地区在 1 月底或 2 月初可进行春播。播种前须注意，有的种子需要温水浸种，如睡莲；有的需要锉（剪）伤种皮，如荷花。之后将种子播于有培养土的盆中，盖以沙或土，然后将盆浸入水中。水温应保持在 20～25℃，王莲、睡莲则要求温度在 30℃左右。注意适时加水、换水。发芽后需移植，待幼苗生长到 4～6 片浮叶时，可定植。

（二）无性繁殖

无性繁殖是水生花卉的重要繁殖途径，可通过分株、压枝和扦插进行繁殖。水生花卉大多植株成丛或具有地下根（茎），可直接分株或将根茎切成数段进行栽植（每段必须带顶芽及尾根），如荸荠（*Heleocharis dulcis*）、香蒲、睡莲等。压枝繁殖时，将母植株的枝压埋于土壤或泥中，使其生根后与母株分离，成为独立的植株，如千屈菜、芦苇、荻（*Miscanthus sacchariflorus*）、圆叶泽苔草等。也可通过扦插繁殖，即剪取水生花卉的茎、叶、根、芽等，插入沙中或泥中灌水3～5cm，生根后移植，如水禾（*Hygroryza aristata*）、千屈菜等。

（三）组织培养

为了保持水生花卉的优良遗传性状，避免有性繁殖的分离现象，提高繁殖系数，可以通过组织培养的繁殖方式培育新植株。组织培养不但繁殖速度快，且很容易得到健壮植株，防止感染病虫，提高工作效率和质量，是水生花卉繁殖新植株一种非常好的方式。

四、栽培与管理

（一）栽培

水生花卉的栽培应遵循花卉的生物学特性，提供良好的栽植环境，即适宜的温度、光照、土壤等。一般来说，水生花卉的栽培要求水底土质肥沃，有20cm的淤泥层，水流畅通且缓慢。有地下根茎的水生花卉一旦在水中栽植时间较长，便会四处扩散，与设计意图相悖。为防止扩散，可修建种植池或使用种植篮，以免影响整体景观。漂浮类水生花卉常随风而动，一般可用拦网加以固定。

（二）管理

水生花卉的栽培需进行一定的遮阴。在不同的生长时期，应适当调节水位。分栽时，保持5～10cm的水位，随着立叶或浮叶的生长，将水位不断提高。追肥时可用浸泡腐熟后的人粪、鸡粪、饼类肥，应用可分解的纸做袋装肥或用泥做成团施入泥中，一般需要2～3次，并及时除杂草。

五、园林应用

水生花卉被广泛用于盆栽、切花以及庭院、园林绿地中，很多宾馆、酒店、写字楼内也建起了小型的种有水生花卉的水景园，人们的生活也与水生花卉结下不解之缘，美丽的水景园更成为人们流连忘返、与水生花卉亲密接触的场所，成为展示水生花卉最重要的舞台。

（一）水景园的概念及分类

英国园艺家肯·奥斯莱特（Ken Aslet）等人在《水景园》一书中写道："水景园是指园中的水体向人们提供安宁和轻快的风景，在那里种有不同色彩和香味的植物，还有瀑布、溪流的声响，池中及沿岸配植由各种水生植物、沼泽植物和耐湿的乔灌木而组成有背景和前景的园林。"

余树勋在《水景园》一书中，将"水景园"定义为"园林中的水以各种目的、用各种形式达到不同的艺术效果，从平面到立面、有静态有动态并综合四周的景物和倒影及水中的动植物等，供人们享受并使人获得愉快的整体组合"。

从这些概念可以看出，植物是水景园重要的组成部分，水生花卉依托水景园展示自己的美丽，而水景园因水生花卉变得更加生动，两者互相依托，关系密切。

（二）水生花卉选择

水生花卉是水景园观赏植物中重要的组成部分，选择什么样的水生花卉装饰水景园，是水景园设计成功与否的重要环节之一。一般来说，选择水生花卉时应考虑如下因素。

1. 因地制宜

水生花卉有的喜光，有的喜阴；有的适应浅水，有的适应深水。因此，需要因地制宜地选择适应当地及具体生态环境的花卉，形成一种稳定的水生花卉群落。同时要避免在植物种类的选择上过多地追求新、奇、异、珍，避免影响本地植物群落的物种组成、破坏其结构的稳定性，甚至外来物种排挤并最终毁灭本地乡土物种的情况，防止整个滨水生态系统被破坏，如凤眼莲、大薸等。

2. 净化水质

水生花卉能够吸收水中的部分污染物作为自身生长的养料，并将某些有毒物质的重金属富集、转化、分解成无毒物质。水景园可以充分利用水生花卉的特性来净化水质。在选择水生花卉美化水景园的时候，可有针对性地选择能去除污染物质的植物种类，如能高效去除水中氮的芦苇，能净化水中酚类的水葱，去除氮、磷的凤眼莲，等等。

3. 结合水景园的景观功能

以喷泉、瀑布为主的水景园，可考虑种植水缘植物；以平静的水面及水中的倒影为主景的水景园，可选择沉水植物；以水生花卉为主景的水景园，尽量选择多种类型的水生花卉。

4. 满足设计要求

根据对花期、色彩、形态以及景观层次等的具体设计要求，选择相应的水生花卉种类，进行适当配置，营造预期的景观效果。

（三）景观设计

水生花卉的种植设计与其他植物的景观设计一样，要遵循相关的艺术原理，如变化与统一、比例与尺度、节奏与韵律、均衡等。但是，与陆地植物景观相比，水景植物具有更特殊的景观效果，可以通过特殊的构图手法，创造出虚实相生、蕴含意境的园林景观。

1. 平面景观设计

水生花卉在水景园中的平面布置要遵循一定的平面设计原理。水面上配置的浮水花卉、漂浮花卉及挺水花卉，在平面布置上要有聚有散，就像一幅水墨山水画，既要有大面积表现虚的“留白”，也要有疏密适宜、表现实的“墨画”。一般来说，水面“留白”占水面的2/3以上，水生花卉占的水面大约在1/3以内，如水面太小，则可以扩大一点种植面积。“留白”的水面可以反射出变幻莫测的天空以及周边的环境，使水景园显得空灵、通透，景色变幻无穷，具有浓浓的意境美。

水景园岸边也是景观的重要表现区域，由水缘植物和喜湿性植物组成。但注意不要一圈都种上水生花卉，就像一个轮胎紧紧地箍在水景园周围，这种做法既不合适，也不美观。岸边的水生花卉景观可以结合各种硬质驳岸、景观平台、亲水台阶、缓坡草地、卵石滩、小桥等，布置在水景园周围，使水岸材质有节奏韵律地发生变化，同时使水岸景观丰富、赏心悦目。

2. 立面景观设计

在水景园的水生花卉立面设计中，要注意各种类型水生花卉的适当运用和巧妙搭配。在水体中，沉水花卉、漂浮花卉和浮水花卉、挺水花卉形成一定的竖向层次，再辅以岸边的水缘植物、喜湿性植物，立面上形成草花、灌木、小乔木、乔木多层次的植物景观。这些层次丰富的水生植物景观配以景观建筑、景观平台、小桥等园林小品，与它们在水中的倒影共同组成一幅风景画。

在进行立面景观设计时，要特别注重从主要观赏点所看到的立面的设计，如立面的均衡、变化与统一等，充分利用植物的高度、形态、质感变化以及点景的人工园林小品，形成既统一又有变化的立面景观。

3. 色彩设计

水景园中体现出的和谐统一的色彩效果主要得益于水面的统一调和作用。水的颜色淡绿透明，反射出植物的绿色、天空的蓝色和白色，是调和各种园林景物色彩的底色，使整个水景园的色彩画面高度协调统一，呈现“淡妆浓抹总相宜”的景观效果。

在水景园中，种植荷花、睡莲、荇菜等能给水面增添丰富的色彩，水缘及岸边可种植黄花鸢尾、花菖蒲（*Iris ensata*）、美人蕉（*Canna indica*）、广东万年青（*Aglaonema modestum*）、美蕊花（*Calliandra haematocephala*）、椰子（*Cocos nucifera*）、榕树等植物，再配以浅色系的建筑小品、小桥等，使色彩在统一中求变化，形成“统一于绿色，融合于水色”的协调的色彩景观。

4. 线条构图

水平面、水波纹、水岸线，都暗示着水面中横线条的存在，它们与竖向生长的挺水花卉、水缘植物、喜湿性植物形成线条上的对比，与王莲等浮于水面的大型叶片形成统一的横线条构图，这是水景园最具特色的线条构图景观。中国传统园林中也常运用这种构图手法，如西湖岸边的垂柳、菖蒲，水中的荷花等，波动影摇，别具一番景致。热带最具特色的线条构图就是将椰子树、槟榔树（*Areca catechu*）、大王棕（*Roystonea regia*）等种在水边，形成倒影，直立挺拔的线条与水面、水岸、景观建筑、景观台阶等横向线条形成鲜明的对比。此外，水边树木如小叶榕，探向水面的枝条，或平伸，或垂挂，或斜展，或拱曲，在水面上形成优美的线条，创造出独特的景观效果。

5. 意境设计

水景园因水成趣，因花卉而美丽。有水有花卉的水景园容易产生意境。倒影就是一首朦胧的诗，水面的倒影对于水景园意境的产生有重大贡献。我国传统园林，如拙政园和西湖三潭印月等，就充分利用倒影来扩大竖向空间，产生意境。在水景园中，无论是园林小品还是水生植物，都能形成随风而动、变幻莫测的倒影。倒影中景物的色彩、形态与原景物因水波及反射的存在有一定的不同，空间的色彩因此变得更加丰富，水面镜子的效果也使得空间变大，产生对影成双、虚实相生的艺术效果。

第二节　重要水生花卉

荷花和睡莲，是世界上著名的水生植物，它们具有较高的观赏价值，同时也与人民的生活紧密相关，具有较高的经济价值和社会文化价值。形态上，可根据以下检索表进行快速辨析。

1. 地下茎有气腔，叶挺水，叶基部无缺裂，坚果 ························ 莲
1. 地下茎无气腔，叶浮水，叶基部有缺裂或无缺裂，浆果
    2. 叶直径 1～2.5m，叶背具刺，叶基部无缺裂 ························ 王莲
    2. 叶直径小于 0.5m，叶片光滑无刺，叶基部有缺裂 ························ 睡莲

1. 荷花

学名：*Nelumbo nucifera*

别名：莲花，莲

科属：莲科莲属

英名：lotus flower，blue lotus，bean of India

荷花又名莲，是我国十大传统名花之一。多年生挺水植物。在我国栽培历史悠久，品种资源丰富，文化底蕴深厚，既可观赏也可食用，在全球范围内广泛种植。

1）形态特征

（1）根茎

莲的根为须状不定根，生长在地下茎的节间处，成束环绕排列，每节约5～8束。肥大多节的根状茎，俗称“藕”，横生水底泥中，是贮藏养分和繁殖的器官，藕的横断面是椭圆形，有许多大小不一的孔道——气腔。藕带分节，一般6～9节，节部缢缩，生有鳞片及不定根，并由此抽生叶、花梗及侧芽。

（2）叶

叶圆形，盾状，直径25～90cm，表面深绿色，被蜡质白粉覆盖，背面灰绿色，全缘稍呈波状，上面光滑，具白粉，下面叶脉从中央射出，有1～2次叉状分枝；叶柄粗壮，圆柱形，长1～2m，中空，外面散生小刺。花梗和叶柄等长或稍长，也散生小刺；叶柄圆柱形，密生倒刺。

（3）花

花单生于花梗顶端、高出水面之上，花直径10～20cm，美丽，芳香；有单瓣、复瓣、重瓣及重台等花型；花色有白、粉、深红、淡紫色、黄色或间色等变化；花瓣矩圆状椭圆形至倒卵形，长5～10cm，宽3～5cm，由外向内渐小，有时变成雄蕊，先端圆钝或微尖，雄蕊多数；雌蕊离生，埋藏于倒圆锥状海绵质花托内，花托表面具多数散生蜂窝状孔洞，受精后逐渐膨大称为莲蓬，每一孔洞内生一小坚果（莲子）；花药条形，花丝细长，着生在花托之下；花柱极短，柱头顶生；花托（莲房）直径5～10cm。

（4）果

坚果椭圆形或卵形，长1.8～2.5cm，果皮革质，坚硬，熟时黑褐色；种子（莲子）卵形或椭圆形，长1.2～1.7cm，种皮红色或白色。花期6—9月，每日晨开暮闭。果期8—10月。

2）分类与分布

通常所讲的荷花其实是指亚洲莲（*Nelumbo nucifera*），除了这个种之外，莲属还存在另一个种——美洲莲（*N. lutea*）。前者分布于俄罗斯南部、中国、朝鲜半岛、日本、越南、泰国澳大利亚北部等地，花为红色、粉红和白色，花型多样；后者因为分布于美国东南部、墨西哥和加勒比海诸岛，花色只有黄色，又称美洲黄莲。

在我国，荷花南起海南岛（北纬19°左右），北至黑龙江的富锦（北纬47.3°），东临上海及台湾，西至天山北麓，除西藏和青海外，全国大部分地区都有分布。垂直分布可达海拔2000m，在秦岭和神农架的深山池沼中也可见到。

3）生态习性

荷花喜相对平静的浅水，水深以不超过1m为宜。中小型花水深20～50cm即可。荷花喜温暖也较耐寒，生长期适宜温度为 22～30℃，藕的生长最适温度为 24～25℃。对土壤要求不严，喜欢有机质多且肥沃的黏壤土，pH 以 6.5～7.5 为宜；荷花生长期十分喜光，在强光下生长快、花期早，凋谢亦早，在弱光下荷花生长发育慢、开花晚，凋谢亦晚。

4）繁殖

以分株繁殖为主。分株时一般选用整枝藕或主藕作种藕，种藕必须是藕身健壮，无病虫害，具有顶芽、侧芽、叶芽的完整藕。分株结束后应立即栽植，栽植时顶芽朝下，斜插入泥，尾节翘露泥外，在特殊情况下，可以选用藕节和走茎作为繁殖材料，但必须保证具备完好无损的藕苫。也可进行播种繁殖，选择颗粒饱满、充分成熟的种子，由于莲壳坚硬，播种前需要先对莲子进行破壳处理，用枝剪将莲子的基部削破，微露出种皮即可，注意不要损伤种子的胚乳，然后将种子置入 25～35℃的温水中浸泡发芽，待发芽后长出两片立叶后即可移栽。

5）品种

根据《中国荷花品种图志》按观赏植物“二元分类法”原则，将种源作为 1 级品种分类标准，按株型大小（包括与之成正相关的花径大小）、花型、花色的顺序，列为 1 级、2 级、3 级、4 级标准，共分为 3 系、6 群、16 类、48 型。其中 3 系是中国莲系、美洲莲系以及中美杂交莲系。据统计（截至 2019 年），世界荷花资源共有约 4500 个名称（包括种、居群及品种名），其中正式文献记载的名称有 2080 个（含 2018 年及以前国际登陆的 142 个），以及 2412 个未出版记载的，其中有一些品种名存在同物异名或同名异物的现象。品种名记载最多的为中国，其次是日本和美国。在数目繁多的品种中，不乏深受人们喜爱的优良商品品种，比如‘伯里夫人’、‘大洒锦’、‘友谊牡丹莲’、‘千瓣莲’、‘红台莲’、美洲黄莲、‘粉千叶’、‘舞妃莲’、‘小洒锦’、‘红唇’等。我国是荷花资源大国，早在 1808 年，我国第一部荷花专著《缸荷谱》问世，记载了当时江浙一带流行的 33 个花莲品种；中华人民共和国成立后，以中国科学院武汉植物研究所和武汉东湖风景区为首的科研单位开始收集祖国大江南北的荷花资源并培育新品种，20 世纪至今，我国已经有了庞大的荷花育种队伍，既有公司院所，也有一大批荷花爱好者。

莲花中有一种独特的类型，称为并蒂莲。2019 年 7 月 1 日，上海辰山植物园国际荷花资源圃就曾报道出现并蒂莲。并蒂莲是指两朵花生于一茎，各有花蒂，蒂在花茎上连在一起，又称并头莲，其生成率是万分之一，是荷花中的珍品。民间常以并蒂莲比喻男女忠贞之爱及夫妻“百年好合，相亲相爱”。

6）应用

（1）产业化

荷花既是著名的观赏植物，又是重要的经济植物。它的叶、花、莲子、茎均可食用，故按价值又可分为藕莲、子莲、花莲三大类。作为滋补药用的植物，荷花在我国有 2000 年的应用历史，自古以来莲子被视为珍贵食品，带动了诸多地方专营莲子生产；莲藕是很好的蔬菜和蜜饯果品；荷叶、荷花则是备受大众喜爱的药膳食品。

（2）园林应用

自古以来，荷花就成为宫廷园圃或私家庭院中的一种珍贵水生花卉。在近现代园林风景中，作为一种重要的水生植物，荷花在湿地与湖泊生态修复、河道景观绿化、水景园建设中被广泛应用。在家庭中，荷花可以用来布置阳台、插瓶清供、美化居室。

（3）花文化

荷花自古以来深受中国人的喜爱，中国最早记载荷花的是《诗经·郑风》，在《说文解字》中描述为“荷，芙蕖叶”；在《本草纲目》中，解释为“莲者连也，花实相连而生也”。在文人墨客笔下，荷花还有很多别称，例如芙蕖、水芝、水芙蓉、凌波仙子、菡萏等。历史上有很多咏荷花的诗句：杨万里的《晓出净慈寺送林子方》里有“接天莲叶无穷碧，映日荷花别样红”；王昌龄的《采莲曲》里有“荷叶罗裙一色裁，芙蓉向脸两边开”的描绘。在佛教中，菩萨趺坐莲座上，佛经中也常常出现“莲”字，佛教创始人释迦牟尼设想人类应该拥有一个没有烦恼、充满仁爱、遍地莲花盛开的极乐世界。荷花是佛教四大吉花之一，又是八宝之一，也是佛教九大象征之一。荷花的花语为清白、坚贞和纯洁。

2. 睡莲

学名：*Nymphaea tetragona*

别名：子午莲、水芹花

科属：睡莲科睡莲属

英名：water lily

睡莲是睡莲科（Nymphaeaceae）睡莲属植物的统称，属多年生草本植物，广泛分布于欧亚大陆、美洲、非洲和大洋洲各地，从北纬68°11′至南纬47°都有分布。花色丰富，花姿优雅，广泛用于园林布景，深受大众的喜爱。睡莲在进化上占据着重要的位置，它与无油樟、木兰藤被认为在进化上属于基部被子植物的3个分支，是进化比较原始的物种。

1）形态特征

（1）根茎

睡莲属植物的成年植株均没有主根系，睡莲的主根只存在于种子发芽生长后的实生苗早期阶段。当实生苗长出第一个片叶后，从胚轴与叶柄相接处的下方长出第一个不定根，随着叶片、不定根的增多，须根系逐渐形成，初生根失去作用而消失。

睡莲的茎为块茎、根茎或者球茎，这些变态茎主要用于贮藏碳水化合物，当干旱时或气候异常寒冷时，可用以抵抗不良环境。依据不同的形态和生长特点，睡莲的茎大致可分为6个类型。

马利耶克型（Marliac）：具此类块茎的品种多为开紫红色花的耐寒睡莲。这类块茎水平延伸生长，沿块茎长出侧芽，组织坚实粗壮，侧茎与主茎组织连接紧密，能耐贮藏和长途运输，不易腐烂。

香睡莲型（Odorata）：具此类块茎的种、变种和栽培品种多开粉红花。香睡莲型块茎粗壮，形似短棒，水平生长，极为旺盛。此类型块茎的品种，开花极多，群体花期也长，但由于其组织近似海绵状，较为松软，离体后易腐烂，不耐贮运。

长棒型（Tuberosa）：此类块茎呈细长棒状，水平生长，沿着块茎可长出易掰离的芽球，繁殖系数大。

菠萝型块茎：具有此类块茎的主要是热带睡莲，块茎呈菠萝状，直立生长。有的品种可有性繁殖，有的可以叶面胎生繁殖，即在叶脐处长出新的完整植株。

指型块茎：只限于子午莲（*Nymphaea tetragona*）等极少数种或其衍生的杂交种。此类块茎不分生侧茎，因此不能无性繁殖，只能以种子繁殖。

地下走茎型：具此类走茎的种和品种仅限于墨西哥热带睡莲及其杂交所衍生的栽培品

种。它是混合茎类型的种，生长的植株具有菠萝型球状茎，直立生长。此外它可以从直立球茎上长出地下走茎，走茎的每一节都长出一个新的植株。

（2）叶

睡莲的叶片有沉水叶和浮水叶两种类型。沉水叶产生于实生苗或无性繁殖的块茎的生长初期，浮水叶出现在生长后期，叶片形状主要有圆形、肾心圆形、阔椭圆形或卵圆形。耐寒睡莲的叶缘为全缘平滑而无缺刻，热带睡莲的叶缘有锯齿。叶弯缺是睡莲叶片结构的另一特征，从叶脐处开始，叶片的基部缺裂，两侧裂片呈三角扇形分离形成弯缺，弯缺两侧的部分叫裂片或耳垂。在一些白天开花的热带睡莲中，叶片除了通过正常的光合作用制造营养物质外，还具有胎生繁殖的功能。睡莲的叶柄有较强的可塑性，可随水体深度的加深而伸长，使叶片能保持在水面上。

（3）花

睡莲是标准的两性花，花的结构也表现出比较原始的形态，由外而内依次是花萼、花瓣、雄蕊、雌蕊四大部分。

花萼：睡莲的萼片通常 4 枚，外侧多为绿色，内侧为灰白色，有的品种花萼与花瓣同色，或有斑点，质地较花瓣更加厚实，花朵闭合时能紧密地贴合在一起，保护内层的花器官不受雨水、病虫的侵害。

花瓣：睡莲的花瓣通常呈长椭圆形，外层花瓣中央常内凹，使花瓣呈汤匙状，花瓣的数量品种间差异较大，几枚至上百枚不等。花瓣的颜色上，热带睡莲常见的花色有红、白、黄、粉、蓝、紫等，耐寒睡莲花色同样丰富，但缺乏蓝色和蓝紫色。

雄蕊：睡莲的雄蕊形态多变，不同品种间差异较大，根据结构可分为两大类型。一种是雄蕊由花丝、花药两部分组成，包括耐寒睡莲、晚上开花的热带睡莲以及澳系睡莲；另一种是雄蕊由花丝、花药和顶端附属物组成，这种类型主要存在于广热带睡莲亚属中。

雌蕊：睡莲的雌蕊由心皮（子房）、胚珠、柱头、花柱四部分构成。睡莲的雌蕊是半下位子房，由多心皮围绕中轴聚合而成，每个心皮中胚珠多数，各个心皮腹缝线在子房顶部形成浅漏斗状的柱头盘。花柱极短，0.1～0.2cm 厚，存在于柱头盘和子房之间。在柱头盘的边缘会有心皮延伸而成的附属结构——心皮附属物，形态与花药类似，有吸引昆虫的作用。在柱头盘的中心存在一个圆形凸起，这是花梗延伸所形成的中轴的顶端，圆凸的大小和颜色因品种而异，是识别品种的标志之一。

（4）果

在受精后，子房膨大形成果实。睡莲果实属于浆果，内部充满了胶质，成熟时，果皮开裂，胶质和种子一同从果实内溢到水中，随后包裹种子的胶质分解，种子沉入水下泥土中，种子形状为圆形或椭圆形。

2）分类与分布

截至 2022 年，睡莲属有 60 多个种（含变种）、1000 余个园艺品种。根据分布地和习性，可将睡莲属植物分为两个大类：耐寒睡莲和热带睡莲。进一步细分可分为 5 个亚属，分别如下。

广温带睡莲亚属（*Nynphaea*）：又称为耐寒睡莲亚属，能在−22℃冰层下的泥土中自然越冬，主要分布在北纬 20°以北的地域。

澳大利亚睡莲亚属（*Anecphya*）：分布于澳大利亚及其周围岛屿，为白天开花的热带睡莲。

广热带睡莲亚属（*Brachyceras*）：此亚属广泛分布全球热带地区，为白天开花的热带睡莲。

新热带睡莲亚属（*Hydrocallis*）：此亚属花色较少，花柱棒状，少有人栽培，为夜间开花的热带睡莲。

古热带睡莲亚属（*Lotos*）：是最古老和原始的睡莲亚属，分布于热带地区，花大，花柱带状，被广泛栽培，为夜间开花的热带睡莲。

在我国，有4个睡莲原生种、1个变种，分别是在我国分布广泛的睡莲（子午莲，*Nymphaea tetragona*），产自河北、山东、陕西、浙江的白睡莲（*Nymphaea alba*），产自新疆的雪白睡莲（*Nymphaea candida*），产自湖北、海南的延药睡莲（*Nymphaea stellata*），以及云南的柔毛齿叶睡莲（*Nymphaea lotus* var. *pubescens*），其中柔毛齿叶睡莲是齿叶睡莲（*Nymphaea lotus*）的变种。

3）生态习性

睡莲喜光，光照不充足会发育不良，花量少。睡莲喜温暖环境，耐寒睡莲适宜生长温度为20～30℃，热带睡莲为18～35℃，水深因品种不同而异，小型品种10～30cm，中大型品种60～90cm为宜。耐寒睡莲在北方一般花期在5—10月，热带睡莲只要条件适宜可以全年开放。睡莲适合栽培于富含腐殖质的塘泥和壤土中。

睡莲白天开花，晚间闭合，故名“睡莲”。实际上，根据开放时间的不同，睡莲又分为白天开花和晚上开花两种类型。白天开花的睡莲包括了全部的耐寒睡莲和绝大部分的热带睡莲，一般早上8点开放，下午3点闭合，品种间存在一定差异；晚上开放的睡莲仅限于热带睡莲，一般晚上9点开放，次日中午前闭合。这种开放闭合的节律一般持续4日，在第5日花朵不再开放并伴随着花梗弯曲沉入水中。这种开花特性受生物钟和环境因子的综合影响，其机理目前尚不清楚，柯美玉等人从生长素和光周期两个方面对蓝星睡莲和埃及蓝睡莲的开放闭合进行了研究，初步揭示了通过生长素和光照调控睡莲开放闭合的机理。

两种开花类型均表现出雌蕊先熟的特点，在开花第一天，雄蕊群竖立、花药不开裂，柱头盘分泌大量的柱头液，成为一个美丽的陷阱，蜜蜂等传粉昆虫很容易掉入其中，当它们在柱头液中挣扎时，身上携带的花粉也漂散到了柱头液里，起到了授粉的作用，其中一些昆虫可以“洗洗澡”就爬出来，但另一些就没那么幸运，当它们个头过小或柱头液过多时，这些昆虫会无法爬出而淹死在里面，即使没被淹死，花朵闭合后也会使其窒息而死。到了开花第二天，柱头盘变得干燥，不再分泌柱头液，雄蕊会向花心合拢罩在柱头盘上方，雄蕊一部分已经成熟，剩下的在开花后几日逐渐成熟。

4）繁殖

睡莲的繁殖方式包括有性繁殖和无性繁殖。有性繁殖为种子繁殖，适合结实能力强的种和栽培品种。无性繁殖包括块茎分生繁殖、分苗繁殖、叶面胎生繁殖。热带睡莲繁殖多数为行叶面胎生和分株繁殖，繁殖能力强，育种周期短。海南特有种延药睡莲就是典型的行叶面胎生的睡莲。目前睡莲的组培繁殖尚无大的突破，组培繁殖体系尚未形成，在消除内生真菌方面还有很大困难。

5）品种

截至2019年，在国际睡莲水景园艺协会（IWGS）登录的睡莲品种为2175个，其中包括 2019 年登录的 42 个。睡莲的人工杂交育种研究，可以追溯到 150 年前，世界上第一个进行睡莲杂交育种研究的是英国人约瑟夫·帕克斯顿（Joseph Paxton），他利用晚上开花的热带睡莲 *Nymphaearubra* 与 *Nymphaea lotus* 进行杂交，培育出了 *Nymphaea* 'Devoniensis'。我国睡莲育种起步较晚，从 20 世纪末期开始，在黄国振先生等科学家的带领下开始了睡莲的研究，并在 2001—2006 年先后育成了 24 个热带睡莲品种、72 个耐寒睡莲品种。近几年，我国的睡莲育种技术不断发展，一系列睡莲新品种在国际上登录，其中，由李子俊培育的"侦探艾丽卡"、李淑娟培育的"天赐"分别在 2016 年和 2017 年国际睡莲新品种比赛中获奖。农业农村部于 2019 年发布了第 1 号令，公布了《中华人民共和国农业植物品种保护名录（第十一批）》，其中睡莲属在列，这是睡莲育种史上的里程碑事件。另外，陈煜初领衔的研究团队，在国际上首次构建了热带睡莲转基因体系，并将转胆碱氧化酶 CodA 基因转入热带睡莲中，提高其耐寒性，这是第一个利用分子技术培育睡莲品种的研究。

6）应用

古埃及早在公元前 3000 多年，就把蓝睡莲奉为圣花，蓝睡莲成为宫廷贵族盛大节日和祭奠仪式用花。*Nymphaea* 是由拉丁文 Nymph 派生而来，Nymphy 一词意为居住在山林水泽中的仙女，古希腊人和古埃及人都把睡莲视为美丽、纯洁及高尚品德的化身和象征。有香味的睡莲花也被用于女性的木乃伊，代表纯洁与美好。在东南亚广泛分布热带睡莲，在泰国、柬埔寨、老挝、缅甸等信奉佛教的国家，人们深信佛祖是莲花的化身，圣洁高尚。

睡莲浑身是宝，是产品产业化开发利用的重要材料。随着产业规模的扩大，目前睡莲已经广泛用于观赏、食品、保健、制药、化妆品等领域，开发利用前景广阔。睡莲植株中富含多种活性成分，具有抗氧化、抗菌、抗炎、抗辐射、降血糖和降血压等功效，因此可以药用；睡莲叶片、叶柄、花梗和花中富含 17 种氨基酸、睡莲蛋白属优质蛋白，可以食用；睡莲花瓣中提取的精油和纯露、睡莲碱、睡莲素、睡莲花青素提取物、睡莲花蜜、睡莲花粉等具有一定的有抗氧化和抑菌作用，可以用于化妆品。

睡莲是重要的水生花卉和世界名花，有"水中女神"的美誉。它和荷花一样是水生花卉的主体植物。由于睡莲花色丰富，花期特别长，适应性和抗逆性强，栽培容易，根还能吸收水中的铅、汞、苯酚等有毒物质，因此在城乡公共绿地、水体的绿化、美化、净化中起着重要作用。睡莲在园林中应用很早，在 16 世纪，意大利就把它作为水景园的主题材料；在两千年前，中国汉代的私家园林中也曾出现过睡莲的身影。近现代园林中广泛用作公园水景、喷泉池和厅堂外景等处的点缀装饰。睡莲中有很多小型品种，适合家庭宅院水池栽培和盆栽。部分睡莲品种也是作切花、盆栽的好材料。

3. 王莲（亚马孙王莲）

学名：*Victoria amazonica*

别名：水玉米

科属：睡莲科王莲属

英名：royal water lily

［生物学特性］ 多年生或一年生大型浮叶草本。具直立的根状短茎和发达的不定须根。初生叶呈针状，2～3 片呈矛状，4～5 片叶呈戟形，6～10 片叶呈椭圆形至圆形，11

片叶以后叶缘上翘呈盘状，叶面绿带微红，有皱褶，背面紫红色，具刺，叶脉为放射网状脉；叶直径1～2.5m。花单生，常伸出水面开放，花大而美；花瓣多数，倒卵形，第一天白色，有白兰花香气，第二天花瓣变为淡红色至深红色。浆果球形，黑色，含种子100粒以上。花果期7—9月。

[地理分布与生态习性] 全属有3种，原产于南美洲热带水域，我国从20世纪50年代开始相继从国外引种。王莲性喜高温高湿、光照充足、水面清洁的环境，喜肥沃、富含有机质的栽培基质。一般要求水温30～35℃，空气湿度80%左右。

[品种与繁殖] 播种繁殖。种子须在30～35℃水池中贮藏，失水种子会丧失发芽力。待长出根和锥形叶后上盆放入水面下2～3cm处，顶端露出基质面。叶片生长至20～30cm时便可定植。一般栽植一株王莲，需水池面积30～40m²，深80～100cm。定植前应将水池消毒，并在池内设种植槽、排水管等。王莲为睡莲科王莲属植物的统称，该属包括原生种亚马孙王莲、克鲁兹王莲（*V. cruziana*）和两者杂交而成、叶片最大的长木王莲（*V. amazonica*×*cruziana*‘Long Wood’）。

[园林应用] 王莲因具有巨型奇特似盘的叶片、娇容多变的花色和浓厚的香味而闻名于世。可与荷花、睡莲等水生植物搭配布置，形成一个完美、独特的水体景观。种子含有丰富的淀粉，可以食用。

4. 粉美人蕉

学名：*Canna glauca*

别名：水生美人蕉、粉叶美人蕉

科属：美人蕉科美人蕉属

英名：Longwood canna

[生物学特性] 多年生大型草本植物。株高1～2m，叶片长披针形，蓝绿色。顶生总状花序疏花，有10朵左右。雄蕊瓣化，花径大，约10cm。花色有红、黄、粉色等多种颜色。种子长圆形，蒴果长圆形，长3.5cm。花期夏秋季。茎干挺拔，株型紧凑；叶片繁茂，花色绚丽多彩；花形别致，花量大，花期长。粉美人蕉与其他种的最大区别是根状茎细小，节间延长，耐水淹，在20cm深的水中能正常生长。

[地理分布与生态习性] 原产于南美洲，现在主要分布在南美、我国中南部地区。生性强健，适应性强，喜光，怕强风，适宜于潮湿及浅水处生长，在20cm深的水中能正常生长。肥沃的土壤或沙质土壤都可生长良好。地上部分在温带地区的冬季枯死，根状茎进入休眠期，花期4—10月。热带和亚热带地区终年常绿，全年开花。

[品种与繁殖] 多采用种子或分株繁殖。粉美人蕉多数是*Canna flaccid*，*Canna glauca*及它们的杂交后代，目前常见的栽培品种有Ra、Taney和Erebus等。

[园林应用] 是优良的园林绿化和城市湿地水景布置的材料。具有茎叶茂盛、花色艳丽、花期长、耐水淹、也可在陆地生长的优点，所以在雨季丰水期和旱季枯水期都能安然无恙。群植观赏效果最佳，可单一品种或不同品种组合种植于湖泊或池塘边，独立成景或与荷花、鸢尾、水葱、水菖蒲乃至陆生美人蕉等配植，构建植物形态多样的水景，组成别具特色的水生花卉专类园。此外，粉美人蕉还具有较强的污水净化能力，它既能吸收和分解水中的氮、磷等营养物质，也能富集汞、铅、镉等重金属离子，是天然的“污水处理厂”，对水环境保护具有重要作用。

第三节　其他水生花卉

1. 再力花

学名：*Thalia dealbata*

别名：水莲蕉、水竹芋

科属：竹芋科再力花属

英名：powdery alligator-flag

[生物学特性]　多年生挺水草本。叶卵形，互生，叶面青绿，叶缘紫色，上被白粉；长 20～40cm，宽 10～15cm。复总状花序，小花多数，花冠淡紫色。花期 7—9 月。

[地理分布与生态习性]　原产于美国南部和墨西哥，我国有栽培。性喜温暖、湿润和阳光充足的环境，不耐寒。

[品种与繁殖]　以根茎分株繁殖为主。

[园林应用]　再力花适于水池湿地种植，为珍贵水生花卉。叶色翠绿，株形美观，是水景绿化的优良花卉。也可作盆栽观赏。

2. 风车草

学名：*Cyperus involucratus*

别名：旱伞草

科属：莎草科莎草属

英名：umbrellaflatsedge

[生物学特性]　多年生挺水草本。高 40～160cm，茎干直立丛生，三棱形，不分枝。叶退化成鞘状，棕色，包裹茎干基部。叶状总苞约 20 枚，呈螺旋状排列于茎干顶端，向四面扩散呈伞状。聚伞花序有多个辐射枝，每个辐射枝端又有 4～10 个二级分枝；小穗多个，密生于二级分枝的顶端，每小穗具花 6 至多朵。花期 6—7 月。

[地理分布与生态习性]　原产于非洲东部和亚洲西南部，我国南北各地常见栽培。性喜温暖、阴湿及通风良好的环境。

[品种与繁殖]　播种、分株或扦插繁殖均可。本属约 55 种植物，如茳芏（*C. malaccensis*）、高秆莎草（*C. exaltatus*）等。

[园林应用]　本种株型优美飘逸，常配置于小型自然水体的水缘或岸边作为点缀装饰，极富野趣。也可用于室内盆栽观赏或用作插花材料。

3. 凤眼蓝

学名：*Eichhornia crassipes*

别名：水浮莲、水葫芦、凤眼莲

科属：雨久花科凤眼莲属

英名：water hyacinth

[生物学特性]　多年生漂浮草本。茎短缩，根丛生于节上，须根发达，悬浮于水中，具匍匐走茎。叶呈莲座状基生。叶柄基部略带紫红色，中下部膨大呈葫芦状气囊，花莛单生直立，中部有鞘状包片，穗状花序，花 6～20 朵；花被蓝紫色，6 裂，上面一片较大，在蓝色花被的中央有黄色的斑点，另 5 片相等。种子多数，有棱。花期 7—9 月。

[地理分布与生态习性] 原产于南美洲，现我国大部分地区都有分布。此属约有 6 个种，我国仅有一种。性喜温暖湿润的环境，偏好向阳、平静的水面，生长发育的最适温度为 25～35℃。

[品种与繁殖] 分株繁殖，一般春夏两季进行。由腋芽长出的匍匐枝可形成新的植株，切取新植株作繁殖即可。我国仅凤眼莲 1 种。

[园林应用] 凤眼莲因叶色翠绿、叶形漂亮，成为水面绿化的好材料。属入侵植物，要注意拦网，以防四处飘散。全株可入药，清凉解毒，除湿祛风。本种作为监测环境污染的植物，可监测水中是否有砷存在，还可净化水中汞、镉、铅等有害物质。

4. 黄花蔺

学名：*Limnocharis flava*

科属：花蔺科黄花蔺属

英名：yellow florrush

[生物学特性] 多年生挺水草本。叶丛生，叶片卵形，长 6～28cm，宽 4.5～20cm，叶亮绿色，先端圆形，基部钝圆或浅心形；叶柄三棱形，长 20～65cm；伞形花序，花 2～15 朵，上具复芽（可发育成新的植株）。苞片绿色，圆形至椭圆形；内轮花瓣状花被片，淡黄色，宽卵形至圆形；果实锥形。种子多数，褐色，马蹄形，具多条横生薄翅。

[地理分布与生态习性] 分布于我国云南西双版纳和广东沿海岛屿，缅甸南部、泰国、斯里兰卡、美洲热带等地也广为分布。生于沼泽地或浅水中，性喜温暖湿润、土壤肥沃、通风良好的环境。

[品种与繁殖] 黄花蔺的繁殖较特殊，有性繁殖和无性繁殖可同时进行。种子采收后经水藏过冬，4—5 月播种，生长周期 180～200d。花期时，花莛基生直立生长，顶端形成 6～7 支小花梗于顶部开花，花后花莛弯伏，果实浸于水中生长发育成熟。地栽植株，花莛紧贴地面，果实发育后期，花莛端部长出幼苗，仍与母株相连，以便从母株上吸取养分、水分，供幼苗长叶、生根。花莛弯伏入水也有利于种子随水传播，这种有性繁殖和无性繁殖相伴的繁殖方法，有利于其种群繁衍。本属仅 1 种。

[园林应用] 黄花蔺植株中型，株形奇特，叶黄绿色、叶阔，花黄绿色，朵数多，开花时间长，整个夏季开花不断，黄色花朵灼灼耀眼，深受人们喜爱。多用于水景的中后景配置，也可盆栽孤植供观赏，还可食用或作家畜的饲料。

5. 少脉香菇草

学名：*Hydrocotyle vulgaris*

别名：铜钱草

科属：伞形科天胡荽属

英名：marsh pennywort

[生物学特性] 多年生小型沼生草本。株高 35～50cm，蔓生性，节上常生根。叶互生，圆形、盾形，直径 6～8cm，缘波状，叶脉 15～20 条放射状。花两性，伞形花序，小花白色。花期 6—8 月。

[地理分布与生态习性] 原产于欧洲，现广泛分布于世界热带、亚热带区。性喜温暖潮湿的气候，喜光、稍耐阴，过于阴蔽则生长不良。

[品种与繁殖] 本属约 75 种，我国约 17 种，常见如缅甸天胡荽（*H. burmanica*）、

中毕天胡荽（*H. chinensis*）等。繁殖以分株或扦插为主。

[园林应用] 本种叶形优美，叶色苍翠，是良好的室内盆栽观赏材料，也可片植于水岸潮湿处作点缀装饰。

6. 龙舌草

学名：*Ottelia alismoides*

别名：水车前、水芥菜

科属：水鳖科水车前属

英名：herb of water plantain ottelia

[生物学特性] 多年生沉水草本。具须根。叶膜质，形状的变化很大，通常为卵形至近圆形，长约20cm、宽约18cm或更大，基部近圆形或心形，柄的长短视水的深浅而定，长8～50cm。总花梗长10～30cm，佛焰苞椭圆形至卵形，顶端2浅裂。花两性，偶见单性花，单生，无花梗，萼片绿色，披针形，长8～14mm；花瓣倒卵形，长2～3cm，白色，基部有黄斑。花期4—10月。

[地理分布与生态习性] 原产于福建、台湾、广东、海南、云南等地。常生于湖泊、沟渠、水田以及积水洼地中，性喜浅水边及池沼环境。

[品种与繁殖] 播种繁殖，还可采用分株和组织培养。同属常见种有海菜花（*Ottelia acuminata*）、水菜花（*Ottelia cordata*）等。

[园林应用] 本种叶片翠绿挺拔，花序奇特，常用于点缀园林水池和湖畔。叶片和花序可用作切花材料。嫩叶可代菜食用。全株可作饲料。

7. 菖蒲

学名：*Acorus calamus*

别名：臭蒲、泥菖蒲

科属：天南星科菖蒲属

英文：calamus

[生物学特性] 多年生草本，根状茎粗壮，叶基生，剑形，花莛基出，短于叶片，稍扁，佛焰苞叶状，肉质穗状花序圆柱形。

[地理分布与生态习性] 原产于中国及日本，北温带均有分布，喜沼泽地，溪流或水田边。菖蒲先于百草寒冬刚尽时觉醒，因而得名。

[品种与繁殖] 播种、分株繁殖为主。常见品种有细根菖蒲（*A. calamus*. var. *verus*）根茎纤细，叶较狭，花期5—9月。

[园林应用] 本种叶丛翠绿，端庄秀丽，具有香气，适宜水景岸边及水体绿化，也可盆栽观赏或作布景用。园林上丛植于湖、塘岸边，或点缀于庭园水景和临水假山一隅，有较高的观赏价值，为园林中最常用的水生花卉之一。

思考题

1. 区分狭义和广义的水生花卉的概念及分类方式。
2. 水景园中水生花卉的配置应从哪些方面入手？
3. 热带地区水生花卉材料有哪些？
4. 热带睡莲和耐寒睡莲在应用上有哪些区别？

5. 水生花卉按照生活方式与形态特征可分为哪几类？请举例说明。
6. 请设计一个 2m 深的水生园，根据水位梯度，配置各类型的水生花卉，需画出平面图、立面图和剖面图。

本章推荐阅读书目

1. 董丽. 园林花卉应用设计［M］. 北京：中国林业出版社，2003.
2. 李尚志. 水生植物造景艺术［M］. 北京：中国林业出版社，2000.
3. 卢昌义，叶勇. 湿地生态与工程：以红树林湿地为例［M］. 厦门：厦门大学出版社，2006.
4. 徐峰，牛泽慧，曹华芳. 水景园设计与施工［M］. 北京：化学工业出版社，2006.
5. 余树勋. 水景园［M］. 天津：天津大学出版社，2002.
6. 赵家荣，秦八一. 水生观赏植物［M］. 北京：化学工业出版社，2003.
7. 赵家荣. 水生花卉［M］. 北京：中国林业出版社，2002.
8. 周厚高. 水体植物景观［M］. 贵州：贵州科技出版社，2006.
9. 黄国振. 睡莲［M］. 北京：中国林业出版社，2009.
10. 王其超，张行言. 中国荷花品种图志［M］. 北京：中国林业出版社，2005.

第十三章　木本花卉

木本花卉包括观花乔木、观花灌木和木质观花藤本三种类型，其植株高大、季相变化丰富，对于营造多层次、多季相的热带园林景观具有不可替代的作用。本章主要介绍热带地区常见的木本花卉种类，帮助大家了解它们的科属归类、识别特征、栽培方法和园林用途。

第一节　概述

木本花卉指因花色艳丽、花型奇特或花香宜人而深受欢迎、具有较高观赏价值的园林树种，即木本观花植物。

一、木本花卉类型

木本花卉根据生活型分为观花乔木、观花灌木和木质观花藤本三类，不同类型之下又可根据不同的分类标准划分为次一级类型。

（一）观花乔木

观花乔木是指花或花序具有较高观赏价值的乔木种类，其体形高大，具有直立发达的主干，高度通常在5m以上。观花乔木的分类方法多种多样，主要包括：①根据成年期体型，分为大乔木、中等乔木和小乔木三种类型，其中大乔木是指高度在20m以上的高大树木，如吉贝、木棉、楹树（*Albizia chinensis*）等；中等乔木树高为8～20m，如凤凰木、火焰树、刺桐等；小乔木树高为5～10m或更低，如鸡蛋花、黄槿、红千层、金蒲桃（*Xanthostemon chrysanthus*）、灰莉（*Fagraea ceilanica*）等。②根据植物季相，分为常绿乔木和落叶乔木两种类型，前者如白兰、火焰树、红千层、白千层，后者如凤凰木、鸡蛋花、木棉、刺桐等。③根据生长快慢，分为速生乔木（大叶相思、马占相思）、中生乔木（木棉、大花第伦桃等）和缓生乔木（苦梓含笑，*Michelia balansae*、铁力木等）。④根据对光照环境条件的需求，分为阳性乔木（鸡蛋花、黄槿、木棉等）、中性乔木、阴性乔木（大黄栀子 *Gardenia sootepensis*）。⑤根据对水分条件的需求，分为耐湿乔木（海南海桑 *Sonneratia hainanensis*、红榄李 *Luminitzera littorea*、水石榕）、中性乔木和耐旱乔木（木棉、瓶子树 *Brachychiton rupestris* 等）。

（二）观花灌木

灌木是指植株矮小（通常小于5m），主干低矮或无明显主干的木本植物，其中花具有较高观赏价值的灌木种类称作观花灌木。观花灌木资源丰富，种类繁多，根据不同的分类方式可分为：①根据植株高度，分为大灌木（高度2m以上，如鸡蛋花、希茉莉、金凤花、黄花夹竹桃、胭脂树等），中等灌木（高1～2m，如海南杜鹃、狗尾红、桃金娘、黄蝉、黄钟花等）和小灌木（高通常在1m以下，如细叶萼距花、沙漠玫瑰、鸳鸯茉莉等）。②根据株形，分为直立灌木、攀缘灌木和匍伏灌木等类型。其中直立灌木是株形直立向上生长的灌木，大多灌木都属于这种类型，如龙船花、狗牙花、红纸扇、米兰、虎刺梅、扶桑、朱缨花等；攀缘灌木是指枝条细长柔软，具有一定攀缘能力的灌木，如叶子花、白纸扇、软枝黄蝉、硬骨凌霄、龙吐珠、鹰爪花、假鹰爪等；偃伏灌木是指植株低矮，枝条紧贴地面匍匐生长的灌木类型，如产于热带海滨的假茉莉（*Clerodendrum inerme*）、蔓荆（*Vitex rotundifolia*）、刺果苏木（*Caesalpinia bonduc*）等，这类灌木常常是优良的生态防护植物和园林地被植物。③根据植物季相的不同，分为常绿灌木（米兰、黄蝉、红桑、变叶木、狗尾红、扶桑等）和落叶灌木（映山红、石榴花等）两种类型。

（三）木质观花藤本

藤本花卉，是指植物体细长、柔软，不能直立生长，只能以自身特有的结构，如卷须、吸盘、钩刺、气生根或茎本身，缠绕、攀缘或吸附在他物向上生长，或悬垂、匍匐生长的植物的总称，而其中花部具有较高观赏价值的木质藤本即为木质观花藤本。藤本花卉是城市园林绿化中极为重要的植物类型，具有占地少而绿化面积大，生长迅速、绿化见效快，繁殖容易、管理粗放等优点，对节约土地、开拓城市绿色空间，增加“绿视率”和绿化覆盖面积，提高城市绿化水平并改善城市生态环境具有十分重要的意义。

木质藤本花卉依据不同的分类方式可分为不同的类型，主要包括：①依据植物季相的不同，分为常绿藤本和落叶藤本，前者如炮仗花、蒜香藤、叶子花等，叶片四季青翠，不落叶；后者如使君子、异叶爬山虎等，叶片在秋冬时会全部脱落。②依据植物体赖以向上生长或匍匐蔓延的器官的不同，分为缠绕藤本、卷须藤本、吸附藤本、钩刺藤本、蔓生藤本和匍匐藤本等类型。其中缠绕类藤本是依靠自己的主茎或叶轴缠绕他物向上生长的一类藤本花卉，如美丽猕猴桃、忍冬、华南忍冬等；卷须藤本是指利用由枝、叶、托叶的先端变态特化而成的卷须攀缘生长的藤本，如炮仗花、蒜香藤、首冠藤等；吸附类藤本是指依靠吸盘或气生根等吸附他物攀缘生长的藤本，如异叶爬山虎、崖爬藤类、绿萝、球兰类等；钩刺藤本是指利用枝蔓体表向下弯曲的镰刀状逆刺（枝刺或皮刺），钩附他物向上攀缘生长的藤本类型，如叶子花、藤本月季等；蔓生藤本是指不具缠绕特性，无卷须、吸盘、吸附根等特化器官，也不能沿地面匍匐生长，茎长而细软，披散下垂的一类藤本，如木本夜来香（*Cestrum nocturnum*）、桉叶藤、炮仗竹等；匍匐藤本是指茎细长柔弱，沿着地面蔓延生长的藤本，如海刀豆、马鞍藤等。

二、木本花卉繁殖

木本花卉的繁殖方法主要有播种、扦插、嫁接和压条等。

（一）播种

播种繁殖主要见于结实性较好且扦插成活率不高的木本花卉类型，如木棉、凤凰木、腊肠树、火焰树、大花紫薇、桉树类、红千层、金凤花、首冠藤等。

（二）扦插

木本花卉中适用扦插法进行繁殖的种类主要见于灌木和藤本花卉，如朱槿、栀子花、狗牙花、琴叶珊瑚、朱缨花、红纸扇、龙船花、鸳鸯茉莉、叶子花、使君子、炮仗花、蒜香藤、球兰、冬红等，部分观花乔木也可采用扦插法进行繁殖，如刺桐、鸡蛋花、紫檀等。值得一提的是部分木本花卉无论是采用播种还是扦插法都易于成活，如紫檀、桂花和榕树等，但采用不同繁殖方法得到的后代个体在长势和树形上有一定的差异：一般播种苗根系发达、长势好、干性强、分枝点高、抗风性较强，适合用作行道树；而扦插苗长势较弱、分枝点低、抗风性弱，适合用作园景树。

（三）嫁接与压条

部分木本花卉不结实或结实率低，不宜采用播种繁殖，同时扦插繁殖的成活率也较低，故而一般只能采用嫁接与压条法进行繁殖。如白兰一般以黄兰或紫玉兰为砧木进行嫁接繁殖或采用高空压条法，红花羊蹄甲（*Bauhinia* ×*blakeana*）和美丽异木棉则常分别以羊蹄甲（*B. purpurea*）和吉贝（爪哇木棉）为砧木进行嫁接繁殖等。

三、木本花卉的造景应用

木本花卉种类繁多、类型多样，广泛应用于各类城市园林绿地，具有广泛的园林用途和极高的观赏价值，同时其配置形式也千变万化、多种多样。

（一）园林用途

1. 园景树

通常是指作为园林绿地的中心景物而配置，赏其树形树姿或花、果、叶等的观赏树木。其配植形式常为孤植，故也称为孤赏树，也可丛植、群植或林植。其中单株配置者，对树木个体的观赏性状要求较高，主要以高大的乔木类为主，如木棉、白兰、雨树、凤凰木、糖胶树等。而在建筑内庭等空间较小处也可选用部分中小型观花乔木，如鸡蛋花、金蒲桃、黄钟木（*Tabebuia chrysantha*）、大花紫薇等。

2. 庭荫树

庭荫树是指植于园林绿地，以取其绿荫为主要目的的观赏乔木树种。在我国北方，一般多为冠大荫浓的落叶乔木，在冬季需要阳光时落叶；而在热带地区，由于常年高温，日照强烈，人们对于绿荫要求较高，所以用于园林中的庭荫树以常绿树种为主，其中的观花乔木有凤凰木、雨树、吉贝、糖胶树、楹树等。

3. 行道树

指沿道路两侧成行种植的乔木树种。要求树干通直、树冠整齐开展、分枝点高、耐修剪、寿命长，同时对城市较为恶劣的环境条件，如高温、强光、干旱、土壤浅薄贫瘠等具有较强的抵抗能力。热带地区常用作行道树的观花乔木树种有木棉、美丽异木棉、白兰、玉蕊、红花玉蕊、黄槿、红花羊蹄甲、火焰木、蓝花楹、紫檀、凤凰木、盾柱木、美丽梧桐、海南菜豆树、白千层、糖胶树等。

4. 绿篱树

绿篱是指密植成行，用于分隔空间、屏障视线和装饰美化的树种。适合用作绿篱的树种，应具备以下特点：树体低矮、分枝多而紧凑，枝叶细小、浓密；萌芽性强、耐修剪，生长缓慢等，一般以灌木为主，其中以观花灌木构成的绿篱称作花篱，是绿篱中最具观赏性的类型。热带观花灌木中常用作绿篱的主要有朱槿、龙船花、小叶龙船花、九里香、米仔兰、长隔木（希茉莉）、狗牙花、朱缨花、金凤花、红纸扇、鸳鸯茉莉、黄钟花、直立山牵牛等。

5. 地被

木本地被植物是指在园林中用以覆盖地面的低矮木本植物，它们能有效地控制杂草滋生、减少尘土飞扬、防止水土流失，并能增加湿度、降低温度和起到很好的装饰美化作用，在城市园林绿化中具有重要的作用。木本花卉中可用作地被的有萼距花、巴西野牡丹、桃金娘、地菍（*Melastoma dodecandrum*）、海刀豆等。

6. 盆栽与盆景

木本花卉中植株小巧、枝叶紧凑、花果亮丽，对环境适应性强的种类常可作盆栽用于观赏，如朱槿、叶子花、龙船花、米仔兰、九里香、狗牙花、朱砂根、虎舌红、虎刺梅、沙漠玫瑰等，而其中的部分种类还可用作盆景，如九里香、紫薇、映山红、叶子花等。

7. 立体绿化

立体绿化是指充分利用不同的立地条件，选择攀缘植物及其他植物材料栽植并依附或者铺贴于各种构筑物及其空间结构上的绿化方式，包括各类立交桥、建筑墙面、坡面、河道堤岸、屋顶、门庭、花架、棚架、阳台、廊、柱、栅栏、枯树及各种假山与建筑设施上的绿化。立体绿化由于具有占地少（能充分利用有限的城市空间）、见效快、养护管理简便（可随时根据设计需求进行修剪和绑扎以达到理想效果）等优点，以及极为良好的观赏效果和生态功能，在现代城市绿化中占有重要的地位。

（二）园林配置形式

1. 观花乔木和观花灌木的配置形式

1）孤植

孤植是指乔木的孤立种植形式，主要表现植株个体的特点，突出树木的个体美，如体形壮美、冠大荫浓，树形树姿优美，叶色绚烂，花果色艳、形态奇异等。在热带地区园林中常用作孤植树的木本观花乔木树种有凤凰木、盾柱木、雨树、蓝花楹、掌叶木、大叶紫薇、美丽梧桐等。

2）对植

对植是指用两株或两丛相同或相似的树，按照一定的轴线关系，作相互对称或均衡的种植形式，主要用于强调公园、建筑、道路、广场的出入口，同时发挥蔽阴和装饰美化的作用，在构图上形成配景和夹景。

3）列植

列植即成行栽植，是乔灌木按照一定的株行距成排成行的种植形式。列植所形成的景观比较整齐、单纯、气势大，是规则式园林绿地，如道路广场、工矿区、居住区、办公大楼绿化应用最多的基本栽植形式。列植宜选用树冠体形比较整齐的树种，而不选用枝叶稀疏、树冠不整齐的树种，以利于形成整齐的景观效果，并要根据树种大小和园林用途确定合适的株行距。

4）丛植

丛植通常是指由两三株到十余株同种或不同种的乔灌木组合而成的种植形式，是园林中的一种重要的布置形式。丛植所形成的树丛按其功能可分为两类，以蔽阴为主同时供观赏的树丛和以观赏为主的树丛。前者多由乔木树种组成，以采用单一树种为宜；而后者则通常将不同种类的乔木与灌木混交，且可与宿根花卉相配。

5）群植

群植是由多数乔灌木（一般在十株以上，七八十株以下）混合成群栽植的种植形式，主要展现树木的群体美。树群组成需要重点，种类不宜太多，要考虑到树龄与季节的变化，同时种植地点应该足够开阔，以便于观赏。

6）林植

凡成片、成块大量栽植乔灌木以构成林地和森林景观的称为林植，多用于大型公园、风景区、森林公园和卫生防护林带等。林植有两种分类方法。

根据种植密度和树林郁闭度情况可分为密林和疏林两种类型。密林是指郁闭度在0.7～1.0之间的树林，阳光很少透入林下，土壤湿度大，地被植物含水量高，不便于游人活动。疏林的郁闭度为0.4～0.6，常与大面积草地相结合，称为草地疏林。

根据树种的组成可分为纯林和混交林。纯林由同一种乔木组成，包括规则式纯林和自然式纯林，具有简洁单纯之美，但生态效果欠佳，易受病虫害侵袭而导致大面积受害。混交林是由多种树木花草所构成的植物群落，种间关系复杂，群落层次丰富，生态效果和观赏效果都较高。

7）篱植

由灌木或小乔木以近距离密植，栽成单行或双行，紧密结合而成的规则式种植形式，在园林中主要用于分割空间、屏障视线、美化装饰、界定范围及防护。

2. 观花木质藤本的配置形式

1）棚架式

棚架式的主体结构为花架和长廊等具有一定立体形式的土木构架，多用于人口活动较多的地区，供居民休息、交流和观景。适用于棚架绿化的藤本花卉以卷须类和缠绕类为主，如炮仗花、蒜香藤、使君子、冬红等。

2）附壁式

附壁式是指以攀缘植物依附建筑墙面、斜坡、挡土墙、大块裸岩等立面的立体绿化形式，这种绿化形式能有效打破墙面呆板的线条，吸收夏季强烈的日光照射，柔化建筑物的外观并起到固土护坡、防止水土流失的作用。由于建筑墙面等处体量较大，且立面近乎垂直，故而一般只适合配置各类攀缘能力强的吸附类藤本，如爬山虎、常春藤、薜荔等，而观花的木质藤本大多难以配置应用于此处。

3）篱垣式

篱垣式主要指攀缘植物用作各类矮墙、篱架、栏杆、铁丝网等处的绿化装饰。其中普通的矮墙、石栏杆、钢架等处可选用软枝黄蝉、叶子花、使君子、炮仗花、蒜香藤等各类蔓生、钩刺和卷须藤本，而小型的竹篱、木栅栏、铁丝网等则应以茎蔓细小的草质藤本为主，如蓝蝴蝶（*Clitoria ternatea*）、茑萝、牵牛花等。

4）立柱式

立柱式是指园林中将藤本花卉攀附于树干、电线杆、灯柱、高架桥和立交桥立柱等柱状物的立体绿化形式。对树干的绿化可选用球兰、软枝黄蝉等观花藤本，也可选用叶子花等，但须人工绑扎和牵引。而大型的柱状物，如高架桥和立交桥立柱，则须选用攀附力极强的吸附类藤本，如爬山虎、异叶爬山虎、常春藤、薜荔等。

5）悬垂式

利用种植容器种植藤蔓或软枝植物，不让其攀缘而上，而是凌空悬垂的立体绿化形式。可用于此类绿化的木本藤本花卉常见的有叶子花（主要见于城市立交桥桥身边沿）、炮仗竹（*Russelia equisetiformis*）、球兰、飘香藤（*Mandevilla laxa*）、龙吐珠、红萼龙吐珠（*Clerodendrum×speciosum*）等。

第二节　观花乔木

观花乔木是指木本花卉中的乔木种类，如木棉、美丽异木棉、凤凰木、蓝花楹、火焰树、风铃木、羊蹄甲、刺桐、白兰、黄兰等。这类树种株型较为高大，有独立主干，在城市园林中广泛用作孤赏树、园景树、行道树或庭荫树，是城市园林绿化中不可缺少的植物材料。

1. 白兰

学名：*Michelia ×alba*

别名：白缅桂、白兰花

科属：木兰科含笑属

英名：white michelia

[生物学特性]　常绿高大乔木。叶薄革质，具香味，长椭圆形或披针状椭圆形，长13～26cm，宽5.5～9.5cm，小枝环状托叶痕达叶柄中部以下。花白色，极香，花被片10片以上，披针形，花后通常不结实。花期以4—9月为主。

[地理分布与生态习性]　原产于印度尼西亚爪哇，现广植于东南亚，我国南部和西南各省有栽培。性喜光照充足、暖热湿润和通风良好的环境，不耐阴、稍耐寒，宜排水良好、疏松、肥沃的微酸性土壤，忌烟气，畏积水。不耐修剪。

[园林应用]　园景树、行道树、庭荫树，花可佩戴作为襟花，也可用作熏制花茶及提取香精。本种花期长，花香馥郁，为著名的热带庭园观赏树种。

[品种与繁殖]　嫁接和压条繁殖。

本属常见的还有：黄兰（*M. champaca*），常绿乔木，嫩枝及嫩叶密被黄褐色绒毛，环状托叶痕达叶柄中部以上；花橙黄色，极香；花被片15～20片；蓇葖果倒卵状长圆形；花期6—7月；产自我国西藏东南部、云南南部及西南部，印度、尼泊尔、缅甸、越南有分布。醉香含笑（火力楠）（*M. macclurei*），常绿乔木，叶倒卵形或椭圆形，厚革质，叶背具灰色夹杂褐色平伏短柔毛；花单生于叶腋，白色，芳香，花期3—4月；产自我国海南、广东和广西北部；树形美观，花芳香，为美丽的庭荫树和行道树种。石碌含笑（*M. shiluensis*），常绿乔木，顶芽具橙黄色或灰色柔毛，小枝、叶、叶柄等处无毛；叶革质，倒卵状长圆形，先端钝尖，叶背粉绿色；花白色，花被片9枚，3轮，开放时花冠内收如灯笼状，花期3—5月；海南特有树种，产海南岛中南部山区，分布海拔约200～1500m；庭园观赏或行道树。

1. 托叶与叶柄连生，在叶柄上留有托叶痕；叶背浅绿色
  2. 花黄白色，花后不结实；叶缘平直或微波曲，环状托叶痕延伸至叶柄中部以下 ………… 白兰
  2. 花黄色，花后通常结实；叶缘明显波浪状，环状托叶痕延伸至叶柄中部以上 ……………… 黄兰
1. 托叶与叶柄离生，在叶柄上无托叶痕；叶背粉绿色或红褐色
  3. 花冠开展；叶先端凸尖或渐尖，芽、嫩枝、叶柄等处均被紧贴的红褐色短柔毛 …… 醉香含笑
  3. 花冠内收；叶先端钝尖，全株除芽外无毛 ……………………………………………… 石碌含笑

2. 木棉

学名：*Bombax ceiba*

别名：红棉、英雄树、攀枝花

科属：木棉科木棉属

英名：Bombax

[生物学特性]　落叶大乔木，树干粗大端直，树皮灰白色；幼树树干及枝条具圆锥形皮刺。掌状复叶互生，小叶5～7片，长圆形至长圆状披针形。花单生枝顶叶腋，红色、橙红色或金黄色，簇生枝端，花萼杯状。蒴果长椭圆形，木质。

[地理分布与生态习性]　原产于我国海南、广东、广西、云南、福建、台湾，印度、斯里兰卡、中南半岛、马来西亚、印度尼西亚、菲律宾及澳大利亚有分布。性喜温喜光，耐干旱贫瘠，深根性，生长迅速，树皮厚，耐火烧。

[品种与繁殖]　播种或扦插繁殖，果在成熟时爆裂，种子易随棉絮飞散，故宜于果开裂前采收，并置阳光下曝晒使其开裂。种子不耐久藏，于当年雨季播种。同属有50种植物，分布于热带，中国有两种。

[园林应用]　树势雄伟，树冠整齐，早春先叶开花，满树满枝，如火如荼，为极其美丽的观花树种，可用作行道树、园景树和庭荫树。

3. 美丽异木棉

学名：*Ceiba speciosa*

别名：美人树

科属：木棉科吉贝属

英名：Floss silk tree

[生物学特性]　幼树树皮浓绿，密生圆锥状皮刺。掌状复叶有小叶5～9片；小叶椭圆形，叶缘具锯齿。花单生，花冠淡紫红色，中心白色；花瓣5，反卷。花期9月至翌年1月为主，5—8月零星开花。

[地理分布与生态习性]　原产于南美洲巴西、阿根廷和玻利维亚，我国南部省区引种栽培。性喜高温湿润气候和光照充足的环境，生长迅速，对有害气体抗性较强。

[品种与繁殖]　播种繁殖。种子于3—4月成熟，宜随采随播。同属的植物还有吉贝(*C. pentandra*)又称爪哇木棉，树型高大，叶片全缘较小。

[园林应用]　本种树形优美，叶色青翠，树干青翠光滑，成年后呈酒瓶状；冬季盛花期红花满树，光彩照人，为美丽的庭院观赏树种，也常用作行道树。

4. 雨树

学名：*Samanea saman*

科属：含羞草科雨树属

英名：Rain tree，Saman

[生物学特性]　落叶乔木。树冠极广展。二回羽状复叶，小叶3～8对，对生，斜长圆形，长2～4cm，宽1～1.8cm。花玫瑰红色，组成单生或簇生、直径5～6cm的头状花序，生于叶腋。花期8—9月。

[地理分布与生态习性]　原产于美洲热带地区，我国海南、广东、福建等地有引种栽培。性喜高温多湿气候，喜光稍耐阴，耐旱、耐湿、耐贫瘠，易移植。

[品种与繁殖]　播种繁殖。同属植物共有20种，我国引入只有1种。

[园林应用]　树形美观，广展如巨伞，叶片绿色光亮，花繁色艳，极为美观，为美丽的园林观赏树种，常作庭荫树和园景树，也可作行道树。

5. 红花羊蹄甲

学名：*Bauhinia blakeana*

别名：香港紫荆花

科属：苏木科羊蹄甲属

英名：Hongkong orchidtree

[生物学特性] 常绿乔木。叶互生，革质，圆形或阔心形，基部心形，顶端二裂，裂片深度为全叶长的1/4～1/3；上面无毛，下面疏被短柔毛；基出脉11～15条。总状花序顶生或腋生，有时聚生成圆锥花序；花大，美丽，花瓣5，紫红色；发育雄蕊5枚，其中3枚较长，退化雄蕊2～5枚；花后通常不结实。花期全年，11月至次年3月为盛期。

[地理分布与生态习性] 原产于亚洲南部，我国海南、福建、广东、广西、云南等地有栽培，越南、印度亦有分布。性喜高温、潮湿、多雨的气候，有一定耐寒能力，适应肥沃、湿润的酸性土壤。

[品种与繁殖] 高空压条、扦插及嫁接繁殖。通常选用直径3～6cm的健壮大枝进行环剥高压，也可用大枝直接扦插。嫁接常以羊蹄甲（*B. purpurea*）为砧木。移植易成活，长势好，管理粗放，但寿命较短。

本属常见的还有：羊蹄甲（*B. purpurea*），叶片先端裂片达全叶的1/3～1/2，花浅粉红色，发育雄蕊3～4，退化雄蕊5～6，花后结实，原产于我国南部，中南半岛、印度、斯里兰卡有分布。洋紫荆（宫粉羊蹄甲、宫粉紫荆，*B. variegata*），叶先端裂片达全叶的1/3；花粉红色，芳香，发育雄蕊5，退化雄蕊1～5；荚果可长达30cm；花期全年，尤以3—5月最盛；原产于我国南部，印度和中南半岛有分布。白花羊蹄甲（*B. variegata* var. *candida*），为洋紫荆的变种，花白色，中间一枚花瓣常具红色斑纹，发育雄蕊5，无退化雄蕊，盛花期3—5月，叶片下面通常被短柔毛。黄花羊蹄甲（绵毛羊蹄甲，*B. tomentosa*），灌木，高3～4m；叶纸质，近圆形；总状花序侧生，少花（1～3朵），花瓣淡黄色，阔倒卵形，长4～5cm，宽3～4cm，荚果带形，长7～15cm，宽1～1.5cm；原产于热带非洲、印度、斯里兰卡。

[园林应用] 洋紫荆以及本属多种树木均为华南地区极为美丽的观花树种，花大色艳，花期极长，且具香味，常用作园景树及行道树。本种为香港特别行政区区花，2004年香港大学通过DNA技术，发现本种实为羊蹄甲（*B. purpurea*）和洋紫荆（*B. variegata*）的天然杂交种。

关于红花羊蹄甲、羊蹄甲和洋紫荆这3种是在中国南方地区十分常见的观花植物，其形态较易混淆，中文名称也十分混乱。如红花羊蹄甲（*B. blakeana*）在香港叫作洋紫荆，台湾叫作艳紫荆；羊蹄甲（*B. purpurea*）在香港叫作红花羊蹄甲，在台湾则叫作洋紫荆；洋紫荆（*B. variegata*）在香港叫作宫粉羊蹄甲，台湾叫作羊蹄甲。故应认真记忆各自的拉丁学名，以免混淆。分类性状如下：

1. 花深紫红色，发育雄蕊5，花后不结实，盛花期为11月至翌年1月 ………… 红花羊蹄甲 *Bauhinia*×*blakeana*

1. 花粉红色、浅粉红色或白色，发育雄蕊3～4或5，花后结实

 2. 花粉红色，发育雄蕊3～4，盛花期为9—11月 ………… 羊蹄甲 *Bauhinia purpurea*

 2. 花浅粉红色，发育雄蕊5，盛花期2—5月 ………… 洋紫荆 *Bauhinia variegate*

6. 凤凰木

学名：*Delonix regia*

别名：凤凰花、红花楹、火树

科属：苏木科凤凰木属

英名：Royal poinciana，Peacock flower

[生物学特性] 落叶乔木。二回羽状复叶，长 20～60cm，有羽片 15～20 对；每羽片具小叶 25～28 对，密生，细小，长圆形。伞房式总状花序顶生和腋生，花大，直径 7～10cm；花冠鲜红色至橙红色，具黄色斑。荚果微呈镰刀形，扁平，长 30～60cm。花期 5—7 月，果期 11 月。

[地理分布与生态习性] 原产于非洲马达加斯加，世界热带地区广泛栽培。我国海南、台湾、福建、广东、广西、云南和四川攀枝花等地有引种栽培。喜光，喜高温多湿气候，土质须为肥沃、富含有机质的沙质壤土，排水需良好，不耐干旱和瘠薄，不耐寒，抗风，抗大气污染。生长快，寿命较短，易遭虫害侵袭。

[品种与繁殖] 播种繁殖。同属植物全世界共 10 种，如白凤凰木（*D. elata*）。

[园林应用] 凤凰木为热带及南亚热带著名的观花树种，叶形如鸟羽，有轻柔之感，花大而色艳，初夏开花，如火盛放，极具观赏价值，常用作行道树、园景树和庭荫树。

7. 刺桐

学名：*Erythrina variegata*

科属：蝶形花科刺桐属

英名：coral bean

[生物学特性] 落叶乔木。树皮灰色，有圆锥形刺。三出复叶，互生，小叶膜质，宽卵形或菱状卵形，小叶柄基部有一对腺体状的托叶。总状花序顶生，花萼佛焰苞状，花冠红色。花期 12 月至次年 3 月，先叶开放。

[地理分布与生态习性] 原产于印度至大洋洲的海岸林中，我国海南、台湾、广东、广西、福建等地有栽培。喜温暖湿润、光照充足的环境，耐旱也耐湿，对土壤要求不严，喜肥沃排水良好的沙壤土。

[品种与繁殖] 繁殖以扦插为主，也可播种。同属植物有 200 种，我国有 5 种。

本属常见的还有：金脉刺桐（*E. variegata* var. *orientialis*），刺桐变种，落叶乔木，叶脉金黄色，原产菲律宾、印度等亚洲热带地区。鸡冠刺桐（*E. crista-galli*），落叶灌木或小乔木，高 2～4m；花期 4—7 月为主，腋生，总状花序，花冠橙红色；原产巴西。褐花刺桐（*E. fusca*），小乔木，株高 2～3m，花红褐色；原产热带亚洲及太平洋岛国波利尼西亚一带。龙牙花（*E. corallodendron*），小乔木，小叶宽菱状卵形，长 5～12.5cm，总状花序腋生，花鲜红色，荚果长约 10cm，有长喙，种子红色；产热带美洲。

[园林应用] 花色鲜红，叶前开放，花期长，为冬季至早春重要的观花树种，常用作园景树。

8. 大花紫薇

学名：*Lagerstroemia speciosa*

别名：大叶紫薇

科属：千屈菜科紫薇属

英名：queen crapemyrtle

[生物学特性] 落叶乔木干直立，树皮黑褐色，分枝多，枝开展。叶大，薄革质，对生或近对生，矩圆状椭圆形或卵状椭圆形，长 10～25cm，宽 6～12cm，全缘；圆锥花序顶生，花紫红色，花瓣 6，花期 5—7 月。

[地理分布与生态习性] 原产于斯里兰卡、印度马来西亚、越南和菲律宾，我国海南、广东、广西、云南、福建等地引种栽培。喜高温湿润气候，喜光照，略耐侧阴，对土壤选择不严，抗风、耐寒、耐干旱、耐贫瘠。

[品种与繁殖] 播种、扦插、高枝压条均可。

本属常见的还有：多花紫薇（*L. floribunda*），落叶乔木，树干淡黄色，具绿褐色块状斑纹；叶长圆形，长 10～14cm，宽 4～7cm；圆锥花序顶生，花萼钟状，被 12～14 条纵棱；花紫红色后逐渐变为白色，花期 7—10 月；原产于缅甸、泰国、马来西亚等国，我国华南各地常见引种栽培。毛萼紫薇（*L. balansae*），落叶乔木，树皮浅黄色，间有绿褐色块状斑纹，光滑；幼枝密被黄褐色绒毛；叶对生或近对生，革质，长圆状披针形；圆锥花序长 6～15cm，花淡紫红色后渐变为白色，花期 6—8 月；原产于我国海南，分布于越南和泰国。分类性状如下：

1. 树皮条状开裂；叶大型，长达 10～25cm，椭圆形；花紫红色，花瓣长达 2.5～3.5cm ……………… 大花紫薇
1. 树干光滑、斑驳；叶较小，长 15cm 以下，长圆形或长圆状披针形；花红白相间，花瓣长约 2cm
   2. 花萼具 12～14 条纵棱 ……………… 多花紫薇
   2. 花萼无棱 ……………… 毛萼紫薇

[园林应用] 大花紫薇花大色艳，花期长，叶脱落前变为橙红色，可观赏，为美丽的观花、观叶树种，常用作庭园观赏树种，孤植、对植、丛植、列植均可。

9. 鸡蛋花

学名：*Plumeria rubra* var. *acutifolia*

别名：缅栀子

科属：夹竹桃科鸡蛋花属

英名：mexican frangipani

[生物学特性] 落叶小乔木或灌木。高 4～5m，最高可达 8m。枝条粗壮，肉质，具丰富乳汁。叶大，互生，厚纸质，长圆状倒披针形或长椭圆形，长 20～40cm，宽 7～11cm。花数朵聚生于枝顶，长16～25cm；花冠外面乳白色，花冠内面黄色，极芳香。蓇葖果双生，长约 11cm。花期 5—10 月，果期 7—12 月。

[地理分布与生态习性] 原产于西印度群岛和美洲，现已遍布全世界热带及亚热带地区。我国海南、福建、广东、广西及云南常见栽培。为强阳性植物，喜高温，不耐寒，喜湿润，亦耐旱，但怕涝。

[品种与繁殖] 扦插或压条繁殖，极易成活。一般在 5 月中下旬进行扦插，注意扦插时将扦插枝条放置在通风阴凉处 2～3d，使乳汁流干后再进行扦插。

本属常见的种类还有：红鸡蛋花（*P. rubra*），高 4～5m，小枝肥厚；聚伞花序顶生，粉红色，具芳香；花期 5—11 月；原产于美洲的墨西哥及委内瑞拉一带。钝叶鸡蛋花（*P. obtusa*），小乔木，枝条粗，稍肉质；叶较大，先端圆钝；花冠漏斗状，白色，中心黄

色；原产于美洲热带。戟叶鸡蛋花（*P. pudica*），灌木至小乔木，叶戟形，花白色；原产于中南美洲巴拿马、哥伦比亚、委内瑞拉等地，我国热带地区有栽培。

[园林应用] 树形美观，叶大深绿，花色素雅而具芳香，常植于庭园观赏。

10. 蓝花楹

学名：*Jacaranda mimosifolia*

科属：紫葳科蓝花楹属

英名：Jacaranda

[生物学特性] 落叶乔木。二回羽状复叶，对生，羽片在16对以上，每羽片具小叶16～24对；小叶椭圆状披针形至椭圆状菱形。圆锥花序枝生或腋生，花钟形，蓝色，花期5—6月。

[地理分布与生态习性] 原产于南美洲巴西、玻利维亚和阿根廷，我国海南、广东、广西、福建、云南及江西南部有栽培。性喜温暖湿润，不耐霜冻；喜阳光充足，亦能耐半阴。

[品种与繁殖] 通过播种、扦插及组织培养等方法进行繁殖。扦插繁殖在春秋两季均可进行，选择中熟枝条作插穗，发根率高。同属有49种植物，我国引入2种。

[园林应用] 蓝花楹为极其美丽的观花树种，树形枝叶皆婆娑雅致，远观枝叶繁茂，近看曼妙多姿。花时叶片脱落，花繁多蓝色，布满枝头，蔚为壮观，为优良的园景树和行道树种。

11. 火焰树

学名：*Spathodea campanulata*

别名：喷泉树、火烧花

科属：紫葳科火焰树属

英名：Flam tree

[生物学特性] 常绿乔木。奇数羽状复叶对生，小叶（9）13～17枚，椭圆形或倒卵形。伞房状总状花序顶生，花序轴长12cm，被褐色柔毛；花萼佛焰苞状，外面被短绒毛；花冠橙红色，花期10月至次年4月。

[地理分布与生态习性] 原产于热带非洲和热带美洲，各热带地区多有栽培。喜光，喜高温湿润气候，不耐寒；耐旱、耐湿、耐瘠、耐移植，枝脆、不耐风。

[品种与繁殖] 扦插、播种或高压法繁殖，均宜在春季进行。同属共2种植物，我国仅引入1种。

[园林应用] 火焰树树姿优雅，树冠广阔，绿荫效果佳。花期长，花色橙红醒目，簇生于树冠上如火焰般灿烂夺目，为优美的园林观赏树种，用作园景树、行道树、庭荫树均可。

12. 依兰

学名：*Cananga odorata*

别名：加拿楷、依兰香、香水

科属：番荔枝科依兰属

英名：Ilang-ilang

[生物学特性] 常绿乔木，高达20m以上。叶大，膜质至薄纸质，卵状长圆形或者长椭圆形，基部圆形，叶面无毛。花2～5朵着生于叶腋内或外，长约8cm，黄绿色，芳香，倒垂。花瓣线性或线状披针形。雄蕊线状倒披针形，心皮长圆形。果圆球状或卵状，成熟后黑色。花期4—8月，果期12月至翌年3月。

[地理分布与生态习性] 原产于缅甸、印度尼西亚、菲律宾和马来西亚。我国栽培于台湾、福建、海南、广东、广西、云南、四川等地。

[品种与繁殖] 播种繁殖。

[园林应用] 本种枝叶茂密，开花时花香四溢，是著名的芳香植物，用作庭院街道绿化效果良好。

13. 五桠果

学名：*Dillenia indica*

科属：五桠果科五桠果属

英名：chulta

[生物学特性] 常绿乔木，高25m，树皮红褐色，大块薄片状脱落。叶薄革质，矩圆形或倒卵状矩圆形，长15～40cm，宽7～14cm。花单生于枝顶叶腋内，直径约12～20cm；萼片5，肥厚肉质，近于圆形；花瓣白色，倒卵形。果实圆球形，直径10～15cm，宿存萼片肥厚，稍增大。花期6—8月，果期12月至次年2月。

[地理分布与生态习性] 原产于我国云南省南部，分布于印度、斯里兰卡、中南半岛、马来西亚及印度尼西亚等地。喜生于山谷溪旁水湿地带，性喜暖热多湿气候和光照充足环境，要求土壤疏松肥沃、排水良好。

[品种与繁殖] 播种繁殖。

同属常见的还有：大花五桠果（*D. turbinata*）：树皮灰色或浅灰色，小枝粗壮。叶革质，倒卵形或倒卵状长圆形，长15～30cm，宽8～14cm，顶端圆形或钝，边缘有疏离小齿。总状花序生枝顶，有花3～5朵；花大，黄色，直径10～13cm。果近球形，直径4～5cm，成熟时暗红色。花期2—5月，果期7—9月。原产海南、广东、广西、福建和云南等地区。小花五桠果（*D. pentagyna*）：落叶乔木，高15m或更高；树皮平滑，灰色，薄片状脱落。叶薄革质，长椭圆形或倒卵状长椭圆形，长20～60cm，宽10～25cm；边缘有浅波状齿，侧脉32～60对或更多。花小，数朵簇生于老枝的短侧枝上，直径2～3cm。果实近球形，直径1.5～2cm，成熟时黄红色。花期2—5月。产于我国广东、海南及云南等地区，也见于中南半岛、泰国、缅甸、马来西亚及印度，常生于低海拔的次生灌丛及草地上。分类性状如下：

1. 花或花序生于枝顶叶腋；花果较大，直径4cm以上；侧脉25～50对
   2. 叶矩圆形，侧脉25～50对；花单生，白色；果实直径10～13cm ························ 五桠果
   2. 叶倒卵形，侧脉15～25对；花数朵排成总状花序，花黄色；果实直径4～5cm ··· 大花五桠果
1. 花序生于无叶老枝上；花果较小，直径小于3cm；侧脉可多达60～80对 ············ 小花五桠果

[园林应用] 本种叶大浓密，树形优美，宜作行道树或庭园种植。

14. 滨玉蕊

学名：*Barringtonia asiatica*

别名：棋盘脚树

科属：玉蕊科玉蕊属

英名：asiatic barringtonia

[生物学特性] 常绿乔木。小枝粗壮，有大的叶痕。叶集生枝端，有短柄，近革质，倒卵形或倒卵状矩圆形，长25～50cm，宽20cm；顶生直立总状花序，长2～15cm，浓香；花冠直径达10cm，花瓣4，淡红色，基部筒状。果实卵形或近圆锥形，长8.5～11cm，具4棱，

如棋盘之四脚，外部革质，内有纤维组织，可帮助果实漂浮。花期6—10月，果期全年。

[地理分布与生态习性] 原产于台湾东、南部及兰屿，马来西亚、澳大利亚及太平洋诸岛有分布。阳性植物，喜日照强烈、高温多湿的环境。喜湿，耐盐，土壤以肥沃的沙质壤土为佳。

[品种与繁殖] 播种繁殖。

本属常见的还有：玉蕊（穗花棋盘脚树、水茄苳）(*B. racemosa*)，常绿乔木；叶集生枝顶，倒卵形至倒卵状椭圆形或倒卵状矩圆形；总状花序顶生，下垂，长达70cm或更长，花期几乎全年；产于我国台湾、海南，生于滨海地区丛林，广布于非洲、亚洲和大洋洲的热带、亚热带地区。梭果玉蕊（*B. fusicarpa*），常绿乔木，叶丛生小枝近顶部，倒卵状椭圆形、椭圆形至狭椭圆形；穗状花序顶生，或于老枝侧生，下垂，花白色带粉红色；果实梭形，两端收缩，长11cm，直径4cm；花期几乎全年；产于云南南部和东南部，中国特有植物。红花玉蕊（*B. acutangula*），落叶乔木，叶长椭圆形，叶缘具细密锯齿；总状花序顶生或于老枝侧生，花瓣及雄蕊深红色，花常于夜间开放并具浓烈气味，花期4—6月、8—10月；果纺球形，具纵棱，原产于马来西亚和印度尼西亚等地，园林中常用作行道树和园景树。分类性状如下。

1. 花序直立，雄蕊粉红色，果有明显的4棱；叶全缘，基部钝或微心形 …………………… 滨玉蕊
1. 花序下垂，雄蕊粉红色或深红色
  2. 常绿乔木；花较大，雄蕊粉红色；叶全缘或具小齿
    3. 叶缘有小齿，基部钝形，常微心形；花有梗；果卵球形 ………………………………… 玉蕊
    3. 叶全缘或偶有小齿，基部楔形；无花梗；果实梭形 ………………………………… 梭果玉蕊
  2. 落叶乔木；花小，花瓣及雄蕊深红色；果有明显的8棱，叶缘具细密锯齿………… 红花玉蕊

[园林应用] 叶大而光亮，花、果皆美，尤宜在海滨生长，为美丽的庭园观赏树种和海滨绿化树种。

15. 弯子木

学名：*Cochlospermum religiosum*

科属：红木科弯子木属

英名：silk-cotton tree

[生物学特性] 落叶乔木。叶互生，盾状，常掌状5深裂，长宽约20cm，纸质，黄绿色至绿色，叶缘具疏锯齿；叶柄长约20cm，正面红色，背面绿色。花顶生，多朵聚生成圆锥花序；花瓣5，鲜黄色，雄蕊多数，深黄色，花期3—5月。

[地理分布与生态习性] 原产于印度、缅甸、泰国，我国海南、广东、云南等地有引种栽培。喜高温湿润气候。

[品种与繁殖] 播种繁殖。常见品种有重瓣弯子木（*C. regium*）。

[园林应用] 花鲜艳美丽，可用作园景树和行道树。

16. 水石榕（海南杜英）

学名：*Elaeocarpus hainanensis*

别名：海南杜英

科属：杜英科杜英属

英名：Hainan elaeocarpus

[生物学特性] 常绿小乔木。单叶互生，聚生于枝顶，狭披针形或倒披针形，长7～

15cm，宽 1.4～2.8cm，边缘有波状小锯齿。总状花序腋生，悬垂，有花 2～6 朵，花瓣白色，深裂成丝状。核果纺锤形，两端渐尖。树冠宽广，叶色浓绿，姿态雅致婀娜；花瓣边缘呈流苏状深细裂，形态奇特，花较大而繁密，花期长，有芳香。

［地理分布与生态习性］ 原产于我国海南、广西、云南等地以及越南。喜温暖气候和湿润环境，喜湿但不耐积水，深根性，抗风力较强，不耐寒，不耐干旱，土质以肥沃和富含有机质壤土为佳。

［品种与繁殖］ 扦插、播种繁殖。

本属常见的还有：山杜英（*E. sylvestris*），常绿乔木，叶革质，倒卵形至倒卵状披针形，长 4～12cm，宽 1.5～4.5cm，先端钝尖，叶缘中部以上有不明显的钝锯齿。6—7 月开花，总状花序腋生。原产于我国南部各省，中南半岛各国有分布。性喜温暖潮湿环境，耐寒性稍差。稍耐阴，根系发达，萌芽力强，耐修剪。喜排水良好、湿润、肥沃的酸性土壤。对二氧化硫抗性强。播种或扦插繁殖。毛果杜英（*E. rugosus*），常绿乔木，叶聚生枝顶，倒卵状披针形，长 11～20cm，宽 5～7.5cm，全缘，或上半部有小钝齿；总状花序生于枝顶叶腋内，有花 5～14 朵，花瓣白色，倒披针形，先端 7～8 裂；产于我国云南南部、广东和海南。圆果杜英（*E. subglobosus*），常绿乔木，叶纸质，长圆形，长 7～12cm，宽 3～4.5cm；产自海南，常见于中海拔至高海拔密林阴处，菲律宾有分布。锡兰橄榄（*E. serratus*），常绿乔木，叶片椭圆形，长 10～19cm，宽 4～8cm，浓绿、光亮；嫩叶浅红，老叶凋落干后转为橘红和浓红色，果实较大；原产于印度、斯里兰卡。

［园林应用］ 宜作庭园风景树种，宜于草坪、坡地、林缘、庭前、路口、水边丛植，效果良好。

17. 海南梧桐

学名：*Firmiana hainanensis*

科属：梧桐科梧桐属

英名：Hainan phoenix tree

［生物学特性］ 落叶乔木。单叶互生，叶 3～5 裂或不裂，叶形变异大，基部截平或浅心形，稀有深心形。花序顶生或腋生，长 20cm。花浅粉红色，直径 2cm。蓇葖果卵形，长 7cm，宽 3cm。花期 4 月。

［地理分布与生态习性］ 我国海南特产，分布于昌江、琼中、保亭等地。喜温暖湿润，喜光，较耐阴。

［品种与繁殖］ 播种繁殖。蓇葖果采回后置于通风凉爽处风干，待种子自然脱出，随即播种育苗。因种子含油，寿命较短，不宜久藏。

本属常见的还有：美丽火桐（美丽梧桐，*F. pulcherrima*），落叶乔木；叶异型，薄纸质，掌状 3～5 裂或全缘，顶端尾状渐尖，基部截平至心形；聚散花序作圆锥花序式排列，长 8～13cm，花鲜艳橙红色，于叶前开放；花期 4—5 月；海南特产，见于琼海、万宁、保亭等地。

［园林应用］ 本种及同属的美丽火桐均为极美丽的观花树木，宜开发作园景树及行道树。

18. 黄槿

学名：*Hibiscus tiliaceus*

别名：桐花、万年春

科属：锦葵科木槿属

英名：linden hibiscus

[生物学特性] 常绿小乔木或灌木。单叶互生，革质，近圆形或广卵形，长 7～15cm，全缘或不明显齿缘，先端突尖，基部心形；叶脉掌状，7～9 条。花单生于叶腋，花冠黄色并渐变为橙色。花期以 7 月至次年 2 月为主。

[地理分布与生态习性] 原产于中国南部，印度、菲律宾、斯里兰卡、太平洋群岛等地广泛分布。强阳性树种，喜光照，喜高温，耐湿；对土壤要求不严，在微酸性到微碱性土壤中均可生长，也可在高盐分的土壤中生长，以沙质壤土为佳。抗风力强，有防风定沙之效。

[品种与繁殖] 扦插或早春播种繁殖。同属植物约 200 种，其中很多为很好的纤维植物，如大麻槿（*H. Cannabinus*）。

[园林应用] 树形美观，花金黄美丽，并可变色而带红色，为优美的庭园观赏树种。黄槿生长强健，适应性强，喜阳、耐旱、耐盐碱、耐瘠薄、抗风，极宜作海滨绿化。

19. 红千层

学名：*Callistemon rigidus*

科属：桃金娘科红千层属

英名：stiff bottle brush

[生物学特性] 常绿小乔木。树皮暗灰色，纵裂。叶条形，互生，坚硬，无柄，有透明油腺点，条形，长 3.3～8（11）cm，宽 0.2～0.6cm。穗状花序紧密，生于枝的近顶部；花瓣绿色，雄蕊鲜红色。

[地理分布与生态习性] 原产于澳大利亚，我国海南、广东、广西、台湾有栽培。喜阳光，喜温暖气候，不耐寒，稍耐干旱。主根长，侧根少，不耐移植。

[品种与繁殖] 播种繁殖。

本属常见的还有：柳叶红千层（*C. salignus*），叶片宽 0.7cm，雄蕊黄色。垂枝红千层（串钱柳）（*C. viminalis*），常绿灌木或小乔木，高 2～6m，小枝明显下垂。美花红千层（*Callistemon citrinus*），常绿灌木，高 1～2m，花开后花序轴继续生长。

[园林应用] 花形奇特，色彩鲜艳，宜作庭园观赏。

20. 白千层

学名：*Melaleuca cajuputi* subsp. *cumingiana*

种属：桃金娘科白千层属

英名：punktree

[生物学特性] 常绿乔木，树皮灰白色、扭曲，厚而松软，呈薄层状剥落。叶互生，线形或线状披针形，或偏斜成弯镰状，具基出脉 3～5 条，叶面具腺点。花白色，集生于枝顶成穗状花序。

[地理分布与生态习性] 原产于澳大利亚。喜阳光充足，耐干旱、高温瘠薄，亦可耐轻霜及短期 0℃左右低温。对土壤要求不严。同属植物有 100 种，我国仅引入 2 种。

[品种与繁殖] 播种繁殖，种子随采随播。

[园林应用] 园景树、行道树。

21. 洋蒲桃

学名：*Syzygium samarangense*

别名：莲雾

科属：桃金娘科蒲桃属

英名：Java apple，Semarang rose-apple，wax jamb

［生物学特性］ 常绿乔木，高12m。叶对生；叶柄极短，长不过4mm；叶片薄革质，椭圆形至长圆形，长10～22cm，宽6～8cm，上面干后变黄褐色，下面多细小腺点，侧脉14～19对，离边缘5mm处互相结合成边脉。聚伞花序顶生或腋生，长5～6cm，有花数朵；花白色；萼管倒圆锥形，萼齿4，半圆形；雄蕊极多，长约1.5cm，花柱长2.5～3cm。果实梨形或圆锥形，肉质，洋红色，发亮，长4～5cm，先端凹陷，有宿存的肉质萼片。种子1颗。花期3—4月，果熟5—6月。

［生态习性］ 性喜温，耐水湿，对土壤要求不严，根系发达，适应性强。

［地理分布］ 原产于马来半岛及印度，我国台湾、广东、海南、云南及广西等地有栽培。

［品种与繁殖］ 本属常见的还有：蒲桃（*S. jambos*）：常绿乔木，高达10m。叶对生，长椭圆状披针形，叶长10～20cm，宽3～5cm，叶面多透明小腺点。聚伞花序顶生，花绿白色，芳香，雄蕊数多。果实球形或卵形，淡黄色或杏黄色，肉白色，质松，肉薄，中空，种子1～2粒。一般盛花期3—4月，夏、秋季也有零星的花朵开放。果实于5—7月成熟。

［园林应用］ 本种树姿优美，花果期长，花浓香，花形美丽，果形奇特，果色红艳，是良好的庭园观赏树种，有时也用作行道树。果实可供食用，为著名的热带水果。

22. 金蒲桃

学名：*Xanthostemon chrysanthus*

别名：黄金蒲桃、黄金熊猫、澳洲黄花树

科属：桃金娘科金蒲桃属

英名：golden penda

［生物学特性］ 常绿小乔木。叶互生，长椭圆形，常集生于枝顶。花金黄色，簇生于叶腋，大量聚生呈伞形花序。每年秋冬春各开一次花，盛花期集中在12月至次年2月。

［地理分布与生态习性］ 原产于澳大利亚，我国海南、广东等地引种栽培。性喜温暖湿润的气候，要求光照充足的环境和排水良好的土壤，耐瘠薄、盐碱，在强光下花色更为艳丽，顶端优势明显，生长速度快。

［品种与繁殖］ 播种、扦插、高空压条繁殖。

［园林应用］ 金蒲桃叶色亮绿，株形挺拔，在夏秋间开花，花期长，花簇生枝顶，金黄色，花序呈球状，是优良的园林绿化树种。

23. 台湾鱼木

学名：*Crateva formosensis*

别名：鱼木、树头菜

科属：山柑科鱼木属

［生物学特性］ 常绿乔木或灌木，高2～15m。指状复叶；小叶3，纸质，卵形或卵状披针形，长7～12cm，宽3～5cm，先端急尖或渐尖，基部楔形，无毛，侧生小叶偏斜；叶柄长4.5～8cm，托叶早落。伞房花序顶生；花直径5～7cm；萼片卵形；花瓣叶状，绿黄色转淡紫色，长约3cm，有爪；雄蕊13～20；子房圆柱形。果近球形，直径2.5～4cm；种子多数，肾形。花期6—7月，果期10—11月。

［地理分布与生态习性］ 产于我国台湾、广东北部、广西东北部、四川，生于海拔

400m 以下的沟谷或平地、低山水旁或石山密林中。日本南部也有分布。喜光，喜温暖及高温和湿润气候。

［品种与繁殖］ 播种、扦插繁殖。本属常见的还有：钝叶鱼木（*C. trifoliata*），乔木或灌木，高 1.5～30m；枝灰褐色，有纵绉肋纹。叶幼时质薄，长成时近革质，椭圆形或倒卵形，顶端圆急尖或钝急尖。数花在近顶部腋生或排成明显的花序；花瓣白色转黄色。果球形，成熟时或未熟干后均呈红紫褐色。花期 3—5 月，果期 8—9 月。产于我国广东、广西、海南、云南等省区，生于沙地、石灰岩疏林或竹林种，也见于海滨。印度至中南半岛也有分布。树头菜（*C. unilocularis*），乔木，高 5～15m 或更高。小叶薄革质，侧生小叶基部不对称，顶端渐尖或急尖；总状或伞房状花序着生在小枝顶部；花瓣白色或黄色。果球形，表面粗糙。花期 3—7 月，果期 7—8 月；产于我国广东、广西及云南等省区。沙梨木（刺籽鱼木，*C. nurvala*），乔木，2～20m 或更高。小叶纸草质至近革质，卵披针形至长圆状披针形，顶端渐尖至长渐尖，侧生小叶基部不对称；叶柄顶端向轴面有数个苍白色腺体；总状花序生在下部有数叶的花枝顶部；花瓣白色。果椭圆形，少有卵形。花期 3—4 月，果期 8—9 月；产于我国广东、广西、海南、云南等省区；生长于溪边、湖畔或平地，有时也见于开阔地带的林中。性状区别如下：

1. 果实表面光滑，无斑点；花时无叶或具嫩叶
   2. 小叶顶端渐尖，花枝上的小叶长 10～12cm ·········· 台湾鱼木
   2. 小叶顶端圆形或钝形，花枝上的小叶最长不过 8.5cm ·········· 钝叶鱼木
1. 果实表皮粗糙或有干平疮痂状斑点；花时有叶 ·········· 沙梨木
   3. 果球形：小叶长约为宽的 2～2.5 倍，侧脉 5～10 对 ·········· 树头菜
   3. 果椭圆形：小叶长约为宽的 2.5～4.5 倍，侧脉（7）10-15（22）对 ·········· 沙梨木

［园林应用］ 该种树形优美，可作园景树、庭荫树或行道树。

24. 台湾相思

学名：*Acacia confuse*

别名：相思树、台湾柳、相似仔

科属：含羞草科金合欢属

英名：small Philippine acacia

［生物学特性］ 常绿乔木，高 6～15m。二回羽状复叶，退化，叶柄叶片状，披针形，革质，有纵向的平行脉 3～5 条。头状花序腋生，直径约 1cm；花金黄色，有微香。荚果扁平，种子 2～8 颗。花期 3—10 月，果期 8—12 月。

［地理分布与生态习性］ 原产于我国台湾。喜高温和强光环境，生长快，适应性强，成年树不耐移栽。

［品种与繁殖］ 播种繁殖。

本属常见的还有：大叶相思（*A. auriculiformis*），常绿乔木，枝条下垂。二回羽状复叶退化，叶状柄镰状长圆形，长 10～20cm，宽 1.5～4cm，比较显著的主脉有 3～7 条。穗状花序，花黄色；荚果成熟时旋卷，果内有种了约 12 颗。花期 7—10 月。原产于澳洲。生长迅速，抗风、抗逆，喜温暖潮湿而阳光充足的环境，适宜种植于排水良好的沙质土壤中。播种繁殖。马占相思（*A. mangium*），常绿乔木，主干通直，小枝绿色，具 3 棱。2 回羽状复叶退化，叶柄叶片状，互生，倒卵状椭圆形，宽达 5～8cm，主脉 4～5 条，呈纵向平行

状。花白色，聚生成穗状花序，花期 9—11 月。荚果旋卷扭曲，成熟后棕色。产于澳大利亚、巴布亚新几内亚和印度尼西亚。生长迅速，对环境适应性强。播种繁殖。生长迅速，萌生力强，可用作荒山造林及营建防风林，园林中可用作行道树和庭荫树。性状区别如下：

1. 头状花序，花黄色；叶状叶柄细长，宽仅约 1cm ………………………………………… 台湾相思
1. 穗状花序，花黄色或白色；叶状叶柄宽 1.5cm 以上
  2. 花黄色；叶状柄宽约 1.5～4cm，弯镰状长圆形 ………………………………………… 大叶相思
  2. 花白色；叶状柄宽达 5～8cm，倒卵状椭圆形 ………………………………………… 马占相思

[园林应用] 本种生长迅速，耐干旱，为荒山造林和水土保持的良好树种，也可用作园景树及庭荫树。

25. 楹树

学名：*Albizia chinensis*

别名：华楹

科属：含羞草科合欢属

英名：Chinese albizia

[生物学特性] 常绿乔木，高约 20～30m；小枝被黄色柔毛。叶柄基部和叶轴上有腺体；羽片 6～20 对，每一羽片有小叶 20～40 对；小叶膜质，无柄，长椭圆形，长 6～10mm，宽 5mm。头状花序 10～20 朵，生于长短不同、密被柔毛的总花梗上，常数个聚成顶生的圆锥花序，花无梗，绿白色或淡黄色。荚果扁平，长 10～15cm，宽约 2cm，幼时稍被柔毛，成熟时无毛，种子间无隔膜。花期 3—5 月，果期 6—12 月。

[生态习性] 喜温喜湿，强光树种，不耐阴，抗风力弱。

[地理分布] 原产于我国南部海南、福建、广东、广西、云南等省区，亚洲其他热带国家也有分布。

[品种与繁殖] 播种繁殖。

[园林应用] 本种生长迅速，枝叶茂盛，开花繁密，适为行道树、园景树及庭荫树。

26. 盾柱木

学名：*Peltophorum pterocarpum*

别名：双翼豆

科属：苏木科盾柱木属

英名：wing fruit peltostyle

[生物学特性] 落叶乔木。二回羽状复叶，长 15～40cm，具羽片 5～11 对，每羽片具小叶 9～20。花黄色，成直立、分枝的圆锥形花序，密被锈色短柔毛。荚果具翅，扁平，纺锤形，两端尖，中央具条纹。

[地理分布与生态习性] 原产于印度、越南、斯里兰卡、马来半岛、印度尼西亚至大洋洲北部，我国海南、广东也有栽培。喜阳光不耐阴，耐热、耐旱、耐瘠、耐风，抗污染，易移植。

[品种与繁殖] 播种繁殖。本属共 2 种，另一种为银珠（*P. tonkinense*），落叶乔木，高 12～20m，产于我国海南。与盾柱木较相似，区别为花梗为花蕾的 1～2 倍长，总状花序，荚果成熟后在中部无条纹。

[园林应用] 树形开展，花黄色鲜艳，荚果紫红色，生于枝顶，美观可赏，园林中可

作为园景树和庭荫树，也可作行道树。

27. 腊肠树

学名：*Cassia fistula*

别名：牛角树，阿勃勒

科属：苏木科决明属

英名：golden shower senna

［生物学特性］ 落叶乔木。偶数羽状复叶具小叶3～4对，宽卵形至椭圆状卵形。总状花序长达30cm或更长，下垂；花黄色，与叶同放。荚果圆柱形，长30～60cm，直径2～2.5cm，黑褐色。花期5—8月，果期10月。

［地理分布与生态习性］ 原产于印度、缅甸和斯里兰卡，我国南部和西南各省有栽培。喜阳、耐半阴，喜温暖、湿润气候，怕霜冻，喜生长于湿润、肥沃、排水良好的中性土壤，忌积水，在干燥瘠薄的壤土中也能生长。

［品种与繁殖］ 播种繁殖。同属还有**绒果决明**（花旗木、泰国樱花，*Cassia bakeriana*），落叶乔木，高10～15m；偶数羽状复叶具小叶6～12对，椭圆形，长3～6cm。总状花序至老枝伸出，花瓣粉红色或白色，苞片红色，花期春夏，通常于叶落后开放；果实棒状，长30～40cm，外被绒毛。原产于泰国、缅甸和印度。

［园林应用］ 腊肠树开花繁密，花色金黄，荚果形如腊肠，垂挂于枝叶间，极富情趣，为极美丽的庭园观赏树种。

28. 美丽决明

学名：*Senna spectabilis*

科属：苏木科番泻决明属

英名：whitebark senna

［生物学特性］ 常绿乔木，嫩枝密被黄褐色绒毛。一回偶数羽状复叶具小叶6～15对；叶轴及叶柄密被黄褐色绒毛；小叶对生，椭圆形或长圆状披针形，先端短渐尖，具针状短尖。花组成顶生的圆锥花序或腋生的总状花序；花瓣黄色。花期12月至次年2月。

［地理分布与生态习性］ 原产于美洲热带地区；我国广东、云南南部有栽培。喜阳，喜温暖、湿润气候，对土壤适应性较强。

［品种与繁殖］ 播种繁殖。同属还有黄槐决明（*S. surattensis*）和铁刀木（*S. siamea*）等，都是分布于热带地区、开黄色花的观赏乔木树种。

［园林应用］ 本种枝叶开展。株型美观，冬春花时满树金黄，为良好的庭院观赏树种。

29. 中国无忧花

学名：*Saraca dives*

别名：火焰花

科属：苏木科无忧花属

英名：saraca，india saraca

［生物学特性］ 常绿乔木。偶数羽状复叶，长30～50cm；小叶5～6对，长椭圆形、卵状披针形或长倒卵形。花朵密集簇生于枝顶，花黄色，后部分红色。花期4—5月，果期7—10月。

［地理分布与生态习性］ 原产于云南东南部，广西西南部、南部和东南部。喜温暖、

湿润的亚热带气候，不耐寒，越冬温度应在12℃以上。要求排水良好、湿润肥沃、阳性、疏松肥沃的沙质土壤。

［品种与繁殖］ 播种、扦插和压条繁殖均可。同属约25种，我国有2种。

［园林应用］ 本种树形美观，叶大亮绿，荚果硕大，花色绚烂，为美丽的园林观赏树种。

30. 紫檀

学名：*Pterocarpus indicus*

别名：印度紫檀

科属：蝶形花科紫檀属

英名：pterocarpus

［生物学特性］ 落叶大乔木，高15～25m；树皮灰色，薄片状剥落。羽状复叶长15～30cm；小叶3～5对，互生，卵形，长6～11cm，宽4～5cm，先端渐尖或钝尖，基部圆形。圆锥花序顶生或腋生，多花，被褐色短柔毛；花萼钟状，微弯；花冠黄色，花瓣有长柄，边缘皱波状。荚果圆形，扁平，偏斜，宽约5cm，周围具宽翅；种子1～2粒。花期4—5月。

［地理分布与生态习性］ 产于我国台湾、广东和云南南部。生于坡地疏林中或栽培于庭园。印度、菲律宾、印度尼西亚和缅甸也有分布。喜高温多湿和日照充足环境。

［品种与繁殖］ 播种、扦插或插干法繁殖，易于成活。同属约30种，我国有1种。

［园林应用］ 本种生长健壮，栽培管理容易，对环境适应性强，树体高大雄伟，枝叶浓密开展，是华南一带极优良的行道树和庭荫树。其花金黄艳丽，香气浓郁，也是良好的园景树。

31. 海南红豆

学名：*Ormosia pinnata*

别名：大萼红豆、羽叶红豆、鸭公青

科属：蝶形花科红豆属

英名：Hainan ormosia

［生物学特性］ 乔木或灌木，高3～18m；嫩枝被粉状柔毛及细绒毛，渐变无毛。叶为羽状复叶；小叶7片，薄革质披针形，长12～15cm，宽约4cm，顶端钝或渐尖，两面均无毛；小叶柄有短柔毛。圆锥花序顶生，长20～30cm；萼比花梗长，被柔毛，裂片钝头；花冠粉红而带黄白色，各瓣均具爪，旗瓣基部有角质耳状体柄；子房被柔毛，有胚珠4枚。荚果长3～7cm，有种子1～4颗，如具单种子时，其基部有明显的柄，顶端为镰刀状，如具数种子时，膨胀而卷曲；果瓣厚木质，成熟时褐色，有浅色斑点，无毛；种子椭圆形，红色，长15～20mm。花期：7月（6—8月）。果期：10月至次年1月。

［地理分布与生态习性］ 原产于我国海南各地，广东、越南也有分布。常见生于低海拔至中海拔森林中。喜高温湿润气候，喜光；适应力颇强，耐寒，耐半阴，抗大气污染，抗风，不耐干旱。

［繁殖方法］ 播种繁殖。

［园林应用］ 枝叶繁茂，树冠圆伞形，树姿高雅，花朵显著，果实及种子奇特，是优良的行道树和园景树。

32. 巴西木蝶豆

学名：*Clitoria fairchildiana*

科属：蝶形花科蝶豆属

英名：brazil wood clitoria

[生物学特性] 常绿乔木，高可达10m以上，枝干浅灰色，分枝多而粗壮。三出复叶，小叶薄革质，全缘，椭圆形、长椭圆形或披针形，长20～30cm，宽4～6cm，叶正面绿色，背面粉绿色；主脉及侧脉显著，侧脉12～20对，近平行而斜伸直达叶缘。圆锥花序顶生，下垂，长约15～30cm，花近无花梗，花蓝紫色，长4～5cm，旗瓣发达显著，花期7—10月。

[地理分布与生态习性] 原产于巴西，我国海南等地有引种栽培。喜高温湿润气候。

[繁殖方法] 播种繁殖，也可扦插。同属约70种，我国原产3种，引入1种。

[园林应用] 本种株型整齐，花色蓝紫艳丽，是良好的园景树和行道树。

33. 银桦

学名：*Grevillea robusta*

科属：山龙眼科银桦属

英名：robust silver-oak

[生物学特性] 常绿乔木，树皮暗灰色或暗褐色，具浅纵裂。单叶互生，二次羽状深裂，裂片7～15对。总状花序，长7～13cm，腋生，或排列成少分枝的顶生圆锥花序，花橙红色或黄褐色。花期3—5月，果期6—8月。

[地理分布与生态习性] 原产于澳大利亚，我国南部及西南各省广有栽培。阳性，喜温暖，较耐寒。对土壤要求不严，但在质地黏重、排水不良的偏碱性土中生长不良。耐一定的干旱和水湿，根系发达，生长快，对有害气体有一定的抗性，耐烟尘，少病虫害。

[品种与繁殖] 播种繁殖。移植时须带土球，并适当疏枝，去叶，减少蒸发，以利成活。本属还有：红花银桦（*G. banksii*），常绿乔木，高可达20m；总状花序，花顶生或腋生，长约10cm，橙红色；蓇葖果球形，具绒毛，种子四周有翅，花期初夏；原产于澳大利亚。

[园林应用] 高大挺拔，树干通直，枝叶秀丽，花色绚烂，为优良的行道树和园景树。

34. 海桑

学名：*Sonneratia caseolaris*

科属：海桑科海桑属

英名：sonneratia

[生物学特性] 常绿小乔木，高5～6m；小枝常下垂，节部隆起，幼时具钝4棱。叶革质，阔椭圆形、矩圆形至倒卵形，长4～7cm，宽2～4cm，先端钝尖或圆形，基部渐狭而下延成一短宽柄。花梗短粗；萼筒平滑无棱，浅杯状，果时碟状，裂片6，平展；花瓣条状披针形，暗红色，长1.8～2cm。浆果扁球形，径4～6cm，花萼及花柱基部宿存。花期冬季，果期春夏季。

[地理分布与生态习性] 产于我国海南，生于海边泥滩。东南亚热带至澳大利亚西北部也有分布。喜光，耐风强。

[品种与繁殖] 播种繁殖。

同属还有：海南海桑（*S. hainanensis*），常绿乔木，小枝粗壮。叶革质，阔椭圆形或近圆形。花大而美丽，花梗短粗；萼筒具 6 棱，钟形，裂片 6；在萼片之间花瓣生长的位置，有明显的退化雄蕊存在；花瓣缺。浆果扁球形，径 5～6cm。海南特有种。喜高温湿润气候。播种繁殖。杯萼海桑（*S. alba*），常绿灌木或乔木，高 2～4m；枝和小枝均有隆起的节，近四棱形。叶革质，倒卵形或阔椭圆形。花梗短粗；萼筒有棱，钟形或倒圆锥形，裂片 6，外弯；花瓣白色。浆果扁球形，径 3～4cm。花果期秋冬季。产于海南，生于滨海泥滩和河流两侧而潮水到达的红树林群落中。非洲的马达加斯加北部和亚洲热带浅海泥滩至日本的琉球群岛南部也有分布。喜光，播种繁殖。无瓣海桑（*S. apetala*），常绿乔木，高15～20m；小枝细长下垂，有隆起的节。叶厚革质，椭圆形至长椭圆形。总状花序，花萼 4 裂，三角形，绿色；花瓣缺。分布于孟加拉国、印度和斯里兰卡。

[园林应用] 本种树干通直，呼吸根发达，花色艳丽，可用作滨海风景区观赏树，也可用于海边泥滩作防护林。

35. 木油桐

学名：*Aleurites montana*

别名：千年桐

科属：大戟科油桐属

英名：woody tung-tree

[生物学特性] 常绿乔木，高达 20m。叶阔卵形至圆心形，不分裂或 2～5 分裂，裂片顶端渐尖，弯缺处常有腺体；叶柄顶端具 2 枚高脚杯状腺体；托叶披针形，长 2～4mm。花雌雄异株，偶同株；雄花：花冠白色，基部淡红色，花瓣倒卵形；雄蕊 8～10 枚，2 轮；雌花：花冠同雄花；子房 3 室，密被褐色毛；花柱 3 枚，2 深裂，线状。核果卵球状，顶端具喙，具 3 条纵棱，棱间有粗疏网状皱纹。花期 4—6 月，果期 7—10 月。

[地理分布与生态习性] 产于我国西南至东南各省区，生于海拔 1300m 以下的疏林中。越南、泰国、缅甸也有分布。喜湿喜温，喜光，不耐阴，适生于排水良好的中性或偏酸性土壤。

[品种与繁殖] 播种、嫁接繁殖。同属还有：石栗（*A. moluccana*）：常绿乔木，高达 18m；树皮暗灰色，浅纵裂至近光滑；嫩枝及叶密被灰褐色星状微柔毛。叶纸质，卵形至椭圆状披针形，顶端短尖至渐尖，基部阔楔形或钝圆，稀浅心形，全缘或 3～5 裂，裂片深或浅；基出脉3～5 条；叶柄密被星状微柔毛，顶端有 2 枚扁圆形腺体。花雌雄同株，花瓣长圆形，乳白色至乳黄色。核果近球形或稍偏斜的圆球状，具 1～2 颗种子。花期 4—9 月，果期 10—11 月。产于我国福建、台湾、广东、海南、广西、云南等省区。

[园林应用] 本种树形高大、叶片亮绿，花色白净素雅，可用作庭园观赏。种子榨取的桐油可用于竹、木器等涂料或工业原料。

36. 大黄栀子

学名：*Gardenia sootepensis*

别名：麦托罗

科属：茜草科栀子属

英名：large gardenia

[生物学特性] 常绿乔木。叶对生，纸质或革质，倒卵形、倒卵状椭圆形、广椭圆形或长圆形，花大，直径约 7cm，芳香，单生于小枝顶端；花冠黄色或白色，高脚碟状。花期 4—8 月，果期 6 月至次年 4 月。

［地理分布与生态习性］ 原产于我国云南，泰国和老挝也有分布。喜温暖湿润、阳光充足的气候条件，较耐阴。对土壤要求不严，以土层深厚肥沃疏松、排水良好的酸性或中性土壤种植为佳。

［品种与繁殖］ 常用扦插繁殖，也可播种繁殖。同属分布于热带地区的乔木树种还有海南栀子（*G. hainanensis*），常绿乔木或灌木，高 3～10m；叶薄革质，倒卵状长圆形，长 7～16cm，宽 3～6（8）cm；花白色，芳香，直径约 4～5cm，花期 4 月；原产于海南。

［园林应用］ 树形高大，叶片亮绿，花黄色显著，芳香宜人，为优良的庭园观赏树。

37. 糖胶树

学名：*Alstonia scholaris*

别名：灯架树、象皮木

科属：夹竹桃科鸡骨常山属

英名：dita，white cheesewood

［生物学特性］ 常绿乔木，高达 20m；枝轮生，具乳汁。叶 3～8 片轮生，倒卵状长圆形、倒披针形或匙形，稀椭圆形或长圆形，长 7～28cm，宽 2～11cm，顶端圆形，钝或微凹，基部楔形；侧脉每边 25～50 条，密生而平行，近水平横出至叶缘联结。花白色，多朵组成稠密的聚伞花序，顶生，被柔毛；花冠高脚碟状，绿白色；花盘环状。蓇葖果 2，细长，线形，长 20～57cm；种子长圆形，红棕色，两端被红棕色长缘毛。花期 7—11 月，果期 10 月至次年 4 月。

［地理分布与生态习性］ 我国广西南部、西部和云南南部野生。我国广东、湖南和台湾有栽培。尼泊尔、印度、斯里兰卡、缅甸、泰国、越南、柬埔寨、马来西亚、印度尼西亚、菲律宾和澳大利亚热带地区也有分布。生于海拔 650m 以下的低丘陵山地疏林中、路旁或水沟边。喜湿润肥沃土壤，在水边生长良好，为次生阔叶林主要树种。

［品种与繁殖］ 同属植物约 50 种，我国有 6 种。播种、扦插繁殖。

［园林应用］ 树形美观，常作行道树、园景树和庭荫树。乳汁丰富，可提制口香糖原料，故称糖胶树。

38. 海杧果

学名：*Cerbera manghas*

别名：海芒果、黄金茄

科属：夹竹桃科海杧果属

英名：Sea mango

［生物学特性］ 小乔木，高达 6m，含丰富乳状汁液；枝粗壮，中空，轮生；有明显的叶痕。叶常集生于小枝上部，披针形或倒卵状长圆形，长 6～37cm，宽 2.3～7.8cm，顶端钝，有短尖头，基部楔形；中脉粗壮，侧脉清晰，每边 12～30 条。花组成顶生聚伞花序，总花梗长 5～21cm，花萼 5 深裂，裂片卵状椭圆形而急尖，花冠白色，直径约 5cm，冠管长 2～3cm，喉部红色；雄蕊 5 枚；心皮 2 枚，离生，花柱丝状。核果平滑，椭圆形或卵圆形，长约 6cm，直径约 4cm，成熟时红色。花期 3—10 月；果期 11 月至次年春季。

［地理分布与生态习性］ 原产于我国海南、广东南部、广西南部和台湾，生于海边或近海边湿润的地方。亚洲和澳大利亚热带地区也有分布。喜高温多湿气候，喜光照充足环境，耐水湿、耐盐碱。

[品种与繁殖] 播种繁殖。同属植物约9种，我国产1种。

[园林应用] 树形端正优美，叶片亮绿，花白净美丽，是良好的庭园观赏树种，亦可用于海岸防护林。本种果实的形态与杧果（*Mangifera indica*）近似，但有剧毒，请注意区分。

39. 黄钟木

学名：*Tabebuia chrysantha*

别名：黄花风铃木

科属：紫葳科粉铃木属

英名：golden trumpet tree，roble amarillo

[生物学特性] 落叶乔木。树皮灰褐色，具浅纵裂，枝条轻柔纤细。掌状复叶，对生，小叶4～5枚，倒卵形，纸质，有疏锯齿，被褐色细茸毛。花色金黄，花冠漏斗形、五裂，似风铃状，花缘皱曲。花期3—4月，先叶开放。

[地理分布与生态习性] 原产于墨西哥、中美洲、南美洲，我国海南、广东等地有引种栽培。喜高温，生育适温23～30℃；阳性树种，需强光；耐旱、耐瘠、抗污染、萌芽强，耐移植。

[品种与繁殖] 播种、扦插或高压法繁殖。

同属还有：银鳞风铃木（黄金风铃木，*T. aurea*），常绿乔木，树干黄白色，幼时稍肉质，后具不规则纵条纹，全株无毛。掌状复叶，具小叶5～15，小叶长椭圆形至狭长披针形，长7～15cm，宽2～4cm，叶背具银白色鳞片，全缘。聚伞花序，花冠金黄色。花期2—4月为主。原产于热带美洲，我国华南各地引种栽培。掌叶黄钟木（洋红风铃木，*T. rosea*），掌状复叶对生，小叶3～5，倒卵状椭圆形，革质，有锯齿。花冠铃形，五裂，粉红色，中心鲜黄；原产于美洲热带地区。花期2—5月。分类性状如下：

1. 花鲜黄色，植株有毛或无毛
    2. 小叶倒卵形，叶缘具疏锯齿；嫩枝及叶片密被色细茸毛 ………………………… 黄钟木
    2. 小叶长椭圆形至狭长披针形，全缘；植株无毛，叶片背面被银白色鳞秕 ………… 银鳞风铃木
1. 花粉红色，全株无毛 ………………………………………………………… 掌叶黄钟木

[园林应用] 风铃木花色醒目，花形奇特，开花繁密；花时无叶，但见满树黄花，绚烂夺目，为极优美的庭园观赏树种，也可用作行道树。

40. 海南菜豆树

学名：*Radermachera hainanensis*

科属：紫葳科菜豆树属

英名：Hainan radermachera

[生物学特性] 常绿乔木，高10～20m。叶为二回羽状复叶，小叶卵形或长圆状卵形，先端长渐尖或尾尖，基部楔形，边全缘，两面绿色，光亮。花序为总状花序或简单的圆锥花序，少花，侧生或腋生，花萼淡红色，不整齐，花冠淡黄色，钟状。蒴果线形下垂，似菜豆，光滑无毛。种子卵形，有膜质翅。花期4—9月。

[地理分布与生态习性] 原产于我国海南、广东和云南西南部，现华南地区有栽培。喜光，能耐半阴，喜温暖湿润气候。喜富含腐殖质、湿润而排水良好的土壤，但也能耐瘠薄。

[品种与繁殖] 播种繁殖。

同属常见的还有：菜豆树（*R. sinica*），常绿乔木，叶为二回羽状复叶，稀为三回羽状

复叶，小叶卵形或卵状披针形，先端尾状渐尖，基部宽楔形。顶生圆锥花序，直立，花冠白色至淡黄色，钟状。蒴果细长，下垂，圆柱形，稍弯曲，长达 85cm。花期 5—9 月，果期 10—12 月。产于我国台湾、广东、广西、贵州和云南。美叶菜豆树（*R. frondosa*），乔木，高 7～20m。2 回羽状复叶，小叶 5～7，纸质，阔或狭椭圆形或卵形，顶端尾状渐尖。花序顶生，直立；花白色；花冠细筒状，裂片圆形；花盘杯状。蒴果下垂，近圆柱状，长 20～40cm。花期几乎全年。产于我国海南、广西和广东（徐闻、增城）。

[园林应用] 本种树形挺拔，花繁叶密，在园林中常作行道树和园景树；幼株也可室内盆栽观赏。

41. 火烧花

学名：*Mayodendron igneum*

科属：紫葳科火烧花属

[生物学特性] 常绿乔木，高达 15m，胸径 20cm，树皮光滑。复叶长达 60cm，小叶卵形或卵状披针形，长 8～12cm，两面无毛，侧生小叶柄长 5mm，顶生小叶柄长达 3cm。花序有 5～13 朵花，花序梗长 2.5～3.5cm，花梗长 0.5～1cm，花萼长约 1cm，径约 7mm，花冠长 6～7cm，径 1.5～1.8cm，花丝长约 4.5cm，基部被细柔毛，药隔顶端延伸成芒尖。果长达 45cm，径约 7mm，隔膜顶端细圆柱形，木栓质。种子卵圆形，连翅长 1.3～1.6cm。花期 2～5 月，果期 5—9 月。

[地理分布与生态习性] 产于我国台湾、广东、广西、云南。喜温暖湿润气候，不耐寒，喜光，耐干热。

[品种与繁殖] 种子繁殖。本属仅 1 种植物。

[园林应用] 本种树干通直，树形优美，叶色亮绿，花色艳丽，花量大，且常着生于树干及大枝基部，是极为优美的园林观赏树种，常可作园景树、行道树和庭荫树。

第三节 观花灌木

观花灌木也称作花灌木，是指植株矮小（通常小于 5m），主干低矮或无明显主干的木本观花植物。观花灌木是城市园林绿化的重要组成部分，具有种类繁多，姿态优美，色彩艳丽，应用灵活，适应性强等突出优点，对于营造绿、美、香、雅、艺的园林艺术空间具有十分重要的意义。

1. 含笑

学名：*Michelia figo*

别名：含笑梅、烧酒花

科属：木兰科含笑属

英名：figo michelia，banaba shrub

[生物学特性] 常绿灌木。分枝紧密，小枝有锈褐色绒毛。叶革质，狭椭圆形或倒卵状椭圆形。花直立，淡黄色而瓣缘常带紫晕，极芳香；花被片 6，长椭圆形。花期 3—5 月。

[地理分布与生态习性] 原产于华南，生于阴坡杂木林中，现从华南至长江流域各省均有栽培。性喜暖热多湿气候，不耐旱，较耐寒；喜光，耐弱阴，畏烈日曝晒，否则叶易变黄；喜深厚、肥沃的酸性壤土。

[品种与繁殖] 播种、扦插、分株、压条繁殖均可。本属常见的树种有深山含笑(*M. maudiae*)、多花含笑(*M. floribanda*)、乐昌含笑(*M. chapensis*),以及原产湖南的石碌含笑(*M. shiluensis*)。

[园林应用] 含笑为我国著名的香花植物,宜丛植于庭园、公园、街道两侧、草坪边缘及稀疏林丛之下,也可修剪为圆柱形列植于道路两侧。含笑的花香随温度升高而变浓,古人有诗云:"秋来二笑再芬芳,紫笑何如白笑强。只有此花偷不得,无人之处忽然香。"

2. 夜合花

学名:*Magnolia coco*

别名:夜香木兰

科属:木兰科木兰属

英名:China magnolia

[生物学特性] 常绿灌木。单叶互生,革质,椭圆形、狭椭圆形或倒卵状椭圆形,网脉明显凹起,环状托叶痕长达叶柄顶端。花下垂,圆形,夜间极香;花被片 9 枚,外面 3 枚白带绿色,被白粉,里面的纯白色,花期夏季。

[地理分布与生态习性] 原产于我国南部,现广泛栽培于东南亚地区。性喜温暖湿润气候和半阴环境,怕烈日曝晒,要求肥沃、疏松和排水良好的微酸性土壤,冬季温度不能低于 5℃。

[品种与繁殖] 压条和嫁接繁殖。靠接时以一年生白兰或黄兰作砧木。同属约 90 种,我国约 31 种,如绢毛木兰(*M. albosericea*)、天目木兰(*M. amoena*)等。

[园林应用] 夜合花树姿轻盈雅致,花时昼开夜合,芳香宜人,极富情趣,在南方常配植于公园和庭院中,长江以北作盆栽观赏。夜合花的园林应用历史悠久,据《广东新语》载,罗浮山夜合花大至合抱,开时满谷皆香,古代称合昏花。岭南画派著名大师居巢以它入夜正开,花形又似含笑而大,称它为大含笑,并有诗云:"夜合夜正开,徽名殊不肖。花前试相问,叶底谁含笑"。

3. 胭脂木

学名:*Bixa orellana*

别名:巴西红木

科属:红木科红木属

英名:anatto

[生物学特性] 常绿灌木或小乔木。小枝被褐色毛,具环状叶痕。单叶互生,卵形全缘,掌状脉,先端渐尖,基部心形或平截。圆锥花序顶生;花粉红色或白色雄蕊多数,花丝长,粉红色。蒴果扁卵形或扁球形,被软刺,鲜红色或绿色,成熟时室间开裂;种子多数,种皮肉质带红色。花期 10 月至次年 1 月。

[地理分布与生态习性] 原产于巴西、牙买加、西印度群岛等地,我国海南、台湾、福建、广东及云南南部引种栽培。喜暖热气候和肥沃土壤,喜湿润不耐旱,不耐霜冻,幼苗受冻易枯梢。

[繁殖方法] 播种繁殖。种子生活力只能保持 1 个月左右,宜在雨季来临之前采集种子。

[园林应用] 胭脂树体形端庄,花果皆美,为优良的庭园观赏树种,孤植、丛植及列植均极为适宜。果肉和种子可提取红木素(Bixin),为著名的食用色素和染料。

4. 朱槿

学名：*Hibiscus rosa-sinensis*

别名：扶桑、状元红

科属：锦葵科木槿属

英名：Chinese hibiscus

[生物学特性] 常绿灌木。叶互生，卵形或阔卵形，具3主脉，先端突尖或渐尖，叶缘有粗锯齿或缺刻。花单生于叶腋，花冠深红、紫红、粉红、橙黄、金黄或白色，单瓣或重瓣；花大，直径约10cm左右，最大可达25cm。花期全年，夏秋最盛。

[地理分布与生态习性] 原产于中国南部，现广泛栽培于世界各地。性喜温暖、湿润，不耐寒、不耐旱，室温低于5℃叶片转黄脱落，低于0℃即遭冻害。要求日光充足，不耐阴。耐修剪，发枝力强。对土壤的适应范围较广，但以富含有机质，pH6.5～7.0的微酸性壤土生长最好。

[品种与繁殖] 常用扦插和嫁接繁殖。嫁接多用于扦插困难或生根较慢的重瓣品种，枝接或芽接均可，砧木用单瓣花扶桑，宜在春、秋季进行。

同属分布于热带的还有：吊灯扶桑（*H. schizopetalus*），灌木，枝条纤细而呈拱形下垂，故也名为拱手花篮。花大而下垂，花瓣红色，羽状细裂，向上反曲，雄蕊花丝长而垂于花冠外。花期全年。原产于非洲东部，我国华南一带引种栽培。木芙蓉（*H. mutabilis*），落叶灌木或小乔木，高2～5m；小枝密被星状毛与短柔毛。叶宽卵形至圆卵形或心形，常5～7裂，先端渐尖，边缘具钝圆锯齿，两面均有星状毛。花单生于枝端叶腋，初开时白色或淡红色，后变深红色；花瓣近圆形。蒴果扁球形，径约2.5cm，被淡黄色刚毛和绵毛。花期8—10月，果10—11月成熟。原产于湖南；全国各地有栽培。扦插、压条、分株、播种繁殖。

[园林应用] 扶桑为我国南方著名的观花灌木，在我国已有1700余年的栽培历史。花期长，花朵硕大，色彩艳丽，品种繁多，观赏价值极高。可孤植、丛植于庭园观赏，部分品种极耐修剪，可作为绿篱与花篱或修剪成各种造型，起到良好的装饰和分割空间的作用。

5. 琴叶珊瑚

学名：*Jatropha integerrima*

别名：变叶珊瑚花、南洋樱花

科属：大戟科麻疯树属

英名：spicy jatropha，coral plant，peregrina

[生物学特性] 常绿灌木。单叶互生，倒阔披针形，常丛生于枝条顶端。叶基有2～3对锐刺，叶端渐尖。聚伞花序，花瓣5片，花冠红色。花期全年。

[地理分布与生态习性] 原产于中美洲，我国南方多有栽培。喜高温、不耐寒，喜光，耐旱，光照不足易致叶多花少。

[繁殖方法] 扦插繁殖。

[园林应用] 花期长，花色艳丽，宜丛植作庭园观赏。

6. 红穗铁苋菜

学名：*Acalypha hispida*

别名：狗尾红

科属：大戟科铁苋菜属

英名：redspike copperleaf

[生物学特性] 常绿灌木。叶纸质，阔卵形或卵形，基出脉3～5条。雌雄异株，雌花序腋生，穗状，鲜红色，长15～30cm，下垂。花期2—11月。

[地理分布与生态习性] 原产于太平洋岛屿，现世界热带、亚热带地区广泛栽培。喜温暖、湿润和阳光充足的环境；不耐寒，越冬温度应在18℃以上，12℃以下叶片上垂，长时间低温，会引起叶片脱落。

[繁殖方法] 扦插繁殖。

[园林应用] 花序鲜红，长而下垂，形态奇特，为美丽的观赏花木，常孤植、丛植作庭园观赏，也可盆栽。

7. 朱缨花

学名：*Calliandra haematocephala*

别名：美洲合欢、红绒球

科属：含羞草科朱缨花属

英名：red powder puff

[生物学特性] 常绿灌木。二回羽状复叶具1对羽片，长8～13cm；小叶7～9对，斜披针形。头状花序腋生，直径约3cm，淡紫红色。花期春至秋季。

[地理分布与生态习性] 原产于南美洲，世界热带、亚热带地区广为栽培。我国海南、广东、台湾、重庆等地有栽培。喜温暖湿润和阳光充足的环境，较耐寒，在长江流域南部可正常生长；土壤以深厚、肥沃的沙质土壤为最佳。

[品种与繁殖] 常采用扦插繁殖，也可播种繁殖。

本属常见的种类还有：粉扑花（苏里南朱缨花）（*C. surinamensis*），常绿小乔木或呈灌木状。羽片1对，小叶5～10对，长圆形；头状花序，花丝粉红色，下端白色；花期8—12月；原产南美洲；我国海南、广东、云南、台湾、福建有栽培。红粉扑（凹叶红合欢，*C. tergemina* var. *emarginata*），半落叶灌木，二回羽状复叶具小叶6片；头状花序腋生，花丝为鲜红色，花期5—8月。原产于中北美洲墨西哥至危地马拉一带。

[园林应用] 叶色浓绿，株形美观，花繁色艳，形态奇特，为美丽的观花灌木，常丛植或列植观赏，自然形态或修剪成圆球形均可；朱缨花分枝繁密，耐修剪，新叶鲜红，也是优良、美观的绿篱植物。

8. 金凤花

学名：*Caesalpinia pulcherrima*

别名：洋金凤、蛱蝶花

科属：苏木科苏木属

英名：prettiest caesalpinia

[生物学特性] 常绿灌木。分枝多，茎绿色或粉绿色，枝上疏生硬刺。叶互生，二回羽状复叶，羽片对生，具小叶7～11对，长椭圆形或倒卵形。总状花序顶生或腋生，花冠橙红色或黄色，花期几乎全年。

[地理分布与生态习性] 原产于热带地区，我国南方各地庭园常栽培。性喜光、不耐阴，喜温暖、湿润环境，耐热，不耐寒。土壤以排水良好、富含腐殖质的微酸性土壤中。

[繁殖方法] 播种或扦插繁殖。

[园林应用] 洋金凤树姿轻盈婀娜，花期长，花形如蝴蝶，花时繁花满树，远望如一群彩蝶飞舞于绿叶丛中，极富趣味，为美丽的观花树种。常孤植、丛植于庭园或园林绿地，也可列植于建筑前或道路两侧，以其自然形态和繁花供人观赏。

9. 翅荚决明

学名：*Senna alata*

科属：豆科决明属

英名：wing pod senna

[生物学特性] 直立灌木。偶数羽状复叶，叶柄和叶轴有狭翅，小叶 6～12 对，倒卵状长圆形。总状花序顶生或腋生，花冠黄色，直立，荚果具翅，故得名。夏季至次年春季均可开花，盛花期在秋季。

[地理分布与生态习性] 原产于美洲热带，世界热带地区多有栽培。喜光，喜高温湿润气候，适应性强，耐半阴，不甚耐寒，不耐强风，宜植于日照充足和通风良好之地，土质只需土层深厚即可生长。

[品种与繁殖] 播种繁殖。同属还有双荚决明（*S. bicapsularis*），常绿或半常绿灌木；羽状复叶，小叶 3～4 对，倒卵形或倒卵状长圆形；圆锥花序顶生或腋生，花色金黄，花期 9—11 月；荚果圆柱状，果期 11 月至次年 3 月；原产热带美洲，我国广东、广西等地栽培较多。中国原产约 10 种，如决明、大叶决明。

[园林应用] 本种枝叶翠绿，花期长，花色金黄，花果挺立，有较高的观赏价值，为优美的热带木本花卉。园林中常丛植于路边、庭院、水岸边。

10. 红纸扇

学名：*Mussaenda erythrophylla*

别名：红叶金花、红萼花

科属：茜草科玉叶金花属

英名：ashanti blood，red flag bush

[生物学特性] 常绿灌木。叶纸质，披针状椭圆形，两面被柔毛，叶脉红色。聚伞花序，花冠黄色，小型；萼片 5～6 枚，其中 1 枚萼片常扩大成叶状，深红色，卵圆形，被红色柔毛，有纵脉 5 条。花期 6—10 月。

[地理分布与生态习性] 原产于西非，中国有引种。喜高温和半阴环境，要求肥沃的酸性土壤。不耐寒，适于生长的温度为 20～30℃，冬季气温低至 10℃时即落叶休眠，低至 5～7℃时则极易受冻干枯死亡。

[品种与繁殖] 扦插繁殖。本属常见应用还有粉纸扇（粉叶金花、粉萼花）（*M. hybrida* 'Alicia'），常绿灌木，株高可达 3m，冠幅约 1m；叶阔椭圆形，两面密被白色柔毛；花 3～5 朵簇生枝顶，花冠黄色，喉部红色，花萼片 3～5 枚发育，粉红色；花期 4—10 月；原产于菲律宾。

[园林应用] 红纸扇花期长，开花繁密，叶状萼片大而显著，色彩艳丽，富有情趣，为我国南方园林常用之观赏植物。可丛植于庭园、坡地、林下、林缘，观赏其自然形态；可大面积片植作色带，观赏其群体之美；也可修剪整齐为花篱，布置于分车带与道路两侧。

11. 长隔木

学名：*Hamelia patens*

别名：希茉莉

科属：茜草科长隔木属

英名：firebush，scarlet bush，redhea

［生物学特性］ 常绿灌木。叶 3～4 枚轮生，纸质，椭圆状卵形至长圆形，全缘。聚伞花序有 3～5 放射状分枝，顶生；花冠橙红色，冠管狭圆筒形，长约 2.5cm。花期 5—10 月。

［地理分布与生态习性］ 原产于拉丁美洲，我国南部和西南部引种栽培。性喜高温、高湿气候，喜光、耐阴，喜土层深厚、肥沃的酸性土壤。

［繁殖方法］ 多采用扦插繁殖。

［园林应用］ 株形开展，枝叶茂密，花期长，花色绚烂，新叶嫩红。可孤植、丛植于庭园观赏，可列植用作道路分隔，也可紧密种植成绿篱布置于园林绿地。

12. 龙船花

学名：*Ixora chinensis*

别名：山丹、卖子木

科属：茜草科龙船花属

英名：China ixora

［生物学特性］ 常绿小灌木。叶对生，偶 4 叶轮生，薄革质，披针形、矩圆状披针形至矩圆状倒卵形，全缘。顶生伞房状聚伞花序，花序分枝红色，花冠红色或橙红色，高脚碟状，筒细长。浆果近球形，熟时紫红色和紫黑色。花期全年。

［地理分布与生态习性］ 原产于我国南部海南、福建、广东、广西和香港，越南、菲律宾、马来西亚和印度尼西亚有分布。喜温暖及高温气候，不耐寒；喜光、耐半阴，耐旱，要求土壤为疏松、肥沃、富含腐殖质的酸性土壤。

［繁殖方法］ 播种、扦插、压条繁殖。

［园林应用］ 花期长，花繁色艳，为优美的庭园观赏花木，常自然式片植或密植作花篱，用途十分广泛。

13. 狗牙花

学名：*Tabernaemontana divaricata*

科属：夹竹桃科狗牙花属

英名：pinwheel flower

［生物学特性］ 常绿灌木。多分枝，无毛，有乳汁。单叶对生，长椭圆形全缘，光亮。聚伞花序 6～10 朵，近顶生；花白色，重瓣，边缘有皱纹，芳香。蓇葖果长 2.5～7cm，叉开或外弯。花期 5—11 月。

［地理分布与生态习性］ 原产于云南南部，印度也有分布，现广泛栽植于亚洲热带、亚热带地区。性喜温暖湿润，不耐寒，宜半阴，喜肥沃排水良好的酸性土壤。

［品种与繁殖］ 多采用扦插繁殖。

［园林应用］ 绿叶青翠欲滴，花朵晶莹洁白且清香宜人，为优良的盆栽花卉，也可布置于庭园观赏。本种为单瓣狗牙花的重瓣品种，花形、叶形均较类似于栀子花（*Gardenia jasminoides*），唯狗牙花枝叶具白色乳汁而无柄间托叶，而栀子花具柄间托叶无白色乳汁。

14. 直立山牵牛

学名：*Thunbergia erecta*

别名：硬枝老鸦嘴

科属：爵床科山牵牛属

英名：king's clockvine

[生物学特性] 常绿灌木。分枝多，枝条较柔软，四棱形。单叶对生，卵形至卵状披针形边缘具波状锯齿。花单生于叶腋，小苞片白色，花冠管白色，喉部杏黄色，冠檐蓝紫色。花期 10 月至次年 3 月。

[地理分布与生态习性] 原产于热带西部非洲，我国南部各地有引种栽培。性喜高温湿润气候，喜阳光充足，较耐阴，较耐旱。硬枝老鸦嘴抗性强，病虫害少，管理粗放，分枝多而繁茂，且耐修剪，花期长。

[繁殖方法] 多采用扦插繁殖。

[园林应用] 花形奇特，花色为较少见的蓝紫色，故很适合作盆栽观花植物及庭院布置，也可作花篱和植物造型。

15. 假鹰爪

学名：*Desmos chinensis*

别名：半夜兰、双柱木

科属：番荔枝科假鹰爪属

英名：dwarf ylang-ylang

[生物学特性] 直立或攀缘灌木。除花外，全株无毛。叶互生，薄革质，矩圆形或矩圆状椭圆形，全缘，上面光亮，下面粉绿色。花黄白色，与叶对生或近对生。萼片 3，卵圆形，花瓣 6，2 列，外轮大于内轮，矩圆形或矩圆状披针形，呈鸡爪型。雄蕊多数，药隔顶端楔形，心皮长圆形。果有柄，念珠状。花期夏至冬季，果期 6 月至次年春季。

[地理分布与生态习性] 产于我国云南、广东、广西、海南和贵州等地，生于丘陵山地林缘灌木中。印度、越南、老挝、柬埔寨等南亚及东南亚也广泛分布。

[品种与繁殖] 播种、扦插繁殖。同属约 30 种，常见的有毛叶假鹰爪（*D. dumosus*）、大叶假鹰爪（*D. grandifolius*）。

[园林应用] 假鹰爪花美香浓，香气持久，一树花开，满园皆香，是优良的香花植物。其花可用于提取精油。其叶可用来制酒饼，故有“酒饼叶”之称；还可作药用。

16. 海南杜鹃

学名：*Rhododendron hainanense*

科属：杜鹃花科杜鹃属

英名：Hainan rhododendron

[生物学特性] 直立灌木，高 0.5～2m，具多数直立的小枝，枝叶密被紧贴硬毛。叶小型，近革质，线状披针形或阔披针形，长 2～4cm、宽 0.3～0.8cm；花单生或 3 朵成簇顶生，鲜红色，花期 10 月至次年 3 月，果期 8 月。

[地理分布与生态习性] 原产于我国海南和广西南部，常分布于低海拔至中高海拔的水边、林下等处。越南北部也有分布。性喜温暖湿润气候，耐热、耐水涝。

[品种与繁殖] 播种及扦插繁殖。

同属常见种类还有：猴头杜鹃（南华杜鹃，*R. simiarum*），常绿乔木，高可达 10m。叶厚革质，倒卵状披针形、倒卵形或长圆状披针形，长 4～12cm，宽 3～5cm，叶背初时薄具灰白色或淡土黄色丛生卷毛，后近无毛。花 4～6 朵组成伞房花序式总状，花冠漏斗状钟形，粉红色，雄蕊 10～12，长 2～3cm，子房被星状毛，花柱长 5cm，基部具腺体。蒴果卵圆形，木质，长 1.5cm。花期 4—5 月，果期 10 月。原产于海南、广东、广西、福建、香港、江西、湖南和浙江等地，喜冷凉湿润气候，喜光、较耐阴，常见于中高海拔的山坡丛林中。毛棉杜鹃（*R. moulmainense*），常绿灌木或小乔木，高 5～8m，幼枝、嫩叶常密被白色刺状硬毛；叶厚革质，长圆状披针形或椭圆形披针形，长 4～13cm，宽 2～4cm；新叶嫩红色。花通常 1～2 朵组成腋生的伞形花序，花冠狭漏斗状，淡紫色、粉红色或淡红白色，具香气。蒴果细长圆柱形，长 2.5～5cm，微弯曲。花期 2—4 月，果期 8 月。产于我国海南、福建、广东、广西和云南等省区，中南半岛、印度尼西亚也有分布。

[园林应用] 本种花色红艳，花期长，花量大，株型适中，可应用于庭园及园林观赏及盆栽。

17. 吊钟花

学名：*Enkianthus quinqueflorus*

别名：山连召、白鸡烂树

科属：杜鹃花科吊钟花属

英名：Chinese-new-year flower

[生物学特性] 灌木或小乔木，高 1～3m，罕高达 7m。叶长圆形至倒卵状长圆形，长 5～10cm，宽 2～4cm，全缘或偶于顶部疏生细齿，边缘常反卷；侧脉 6～7 对，连同网脉在叶片两面均十分明显。花通常 3～8 朵组成伞房花序，外被覆瓦状排列的粉红色大苞片；花冠宽钟形，长约 1.2cm，红色或粉红色，花期 2—5 月。

[地理分布与生态习性] 产于我国海南、广东、广西、福建、江西、湖北、湖南、四川、云南、贵州等省，生于海拔 600～2400m 的山坡灌丛。喜凉、不耐高温。

[品种与繁殖] 压条、扦插繁殖。同属常见种类还有：齿缘吊钟花（*E. serrulatus*），落叶灌木或小乔木，高 2.6～6m。叶长圆形或卵形，长 6～8cm，宽 3.2～3.5cm，边缘具细锯齿。伞形花序顶生，每花序具花 2～6 朵，花下垂，花冠钟状，白色，长约 1cm，花期 4 月。产于浙江、江西、福建、湖北、湖南、广东、广西、海南、四川、贵州、云南等省区。毛叶吊钟花（*E. eflexus*），落叶灌木或小乔木，高 3～7m。小枝及芽鳞红色，幼时被短柔毛。叶片椭圆形、倒卵形或长圆状披针形，薄纸质，先端渐尖或钝而有突尖，边缘有细锯齿。花多数排成总状花序，花序轴细长，长达 7cm，连同花梗密被锈色绒毛；花冠宽钟形。蒴果卵圆形，长约 7mm；果梗顶端明显下弯。花期 4—5 月，果期 6—10 月。产于我国广东、四川、贵州、云南、西藏等省区。

[园林应用] 本种株型开展，分枝繁密，叶脉及新枝嫩红可赏，苞片、花序也均艳丽美观，是十分美丽的野生观赏花木，宜开发作为庭院观赏树及盆栽观赏。

18. 金莲木

学名：*Ochna integerrima*

别名：米老鼠树

科属：金莲木科金莲木属

英名：entire ochna

[生物学特性] 落叶灌木或小乔木。叶互生，单叶，脱落，有小齿；花瓣 5～10，花

柱合生，柱头盘状，浅裂。

[地理分布与生态习性] 原产于我国广东西南部、海南和广西西南。喜高温，喜多肥，生育适温23～30℃，冬季需温暖避风越冬。栽培土质选择性不严，只要排水良好的普通园土均能成长。栽培处全日照、半日照生育均佳，但日照良好开花较繁盛。

[品种与繁殖] 播种繁殖。同属常见种类还有：桂叶黄梅（*O. thomasiana*），常绿灌木，株高可达3m。叶互生，近无柄；叶片椭圆形，革质，边缘有针状锯齿，中脉明显。花小，两性，离瓣花；花萼结果时增大，宿存，暗红色；花瓣黄色；雄蕊多数，花丝宿存；子房上位。果皮薄，未成熟时绿色，成熟时黑色，每个果实中有种子1粒，褐色。原产非洲南部。

[园林应用] 全株常见花果，色彩变化万千，甚为珍雅奇特，极富观赏价值，适于庭园点缀栽培或大型盆栽。

19. 非洲芙蓉

学名：*Dombeya wallichii*

别名：吊芙蓉、铃铃花

科属：梧桐科非洲芙蓉属（铃铃花属）

英名：pink ball

[生物学特性] 常绿灌木或小乔木状，株高2～6m。单叶互生，厚纸质，心形，先端渐尖或突尖，基部心形，叶缘具细锯齿；掌状脉7～9；枝及叶均被白色柔毛。聚伞状圆锥花序下垂；花粉红色，由二十余朵小花组成，花瓣5。花期12月至次年3月。果为蒴果。

[地理分布与生态习性] 原产于马达加斯加，我国华南及西南等地引种栽培。喜温暖湿润和阳光充足的环境，对水分要求不严。

[繁殖方法] 扦插繁殖。

[园林应用] 本种花繁色艳，适用于庭园及园林配植观赏，在路边、林缘、石际、水边等处效果俱佳；也可用于盆栽观赏。

20. 垂花悬铃花

学名：*Malvaviscus penduliflorus*

别名：悬铃花

科属：锦葵科悬铃花属

英名：sleeping hibiscus

[生物学特性] 常绿小灌木。叶片互生，卵形至近圆形，有时浅裂。花通常单生于上部叶腋处，下垂，花冠漏斗形鲜红色、粉红色或白色。花期全年。

[地理分布与生态习性] 原产于墨西哥至秘鲁及巴西，现分布于世界各地热带及亚热带地区，我国南部各省引种栽培。喜高温多湿和阳光充足环境，不耐寒，耐湿，稍耐阴，宜在肥沃、疏松和排水良好的微酸性土壤中生长，冬季温度不低于8℃。

[繁殖方法] 主要用扦插繁殖。

[园林应用] 本种开花繁密，花色鲜艳，花形如风铃下垂并可随风摆动，极富情趣，为优美的观花树种，常丛植于庭园观赏。其枝繁叶茂，耐修剪，也是极好的绿篱植物。

21. 金铃花

学名：*Abutilon pictum*

别名：纹瓣悬铃花

科属：锦葵科苘麻属

英名：striped abutilon

[生物学特性] 常绿灌木。叶互生，掌状3～5深裂，宽5～8cm。花腋生，下垂；花钟形，形似风铃，花5瓣，橘黄色，具紫色条纹，瓣端向内弯，呈半展开状。花期5—10月。

[地理分布与生态习性] 原产于南美洲的危地马拉、巴西等地，我国云南、福建、广东等地有栽培。喜温暖、湿润和阳光充足的环境，耐半阴，忌寒冷和过于阴蔽。

[繁殖方法] 扦插和高空压条繁殖。

[园林应用] 园林用途类似垂花悬铃花。

22. 野牡丹

学名：*Melastoma malabathricum*

别名：展毛野牡丹、多花野牡丹

科属：野牡丹科野牡丹属

英名：Common melastoma

[生物学特性] 常绿灌木。茎和叶柄密被鳞片状粗毛。叶对生，广卵形至长卵形，顶端急尖，基部心形或圆形，背面密被长粗毛；基出脉常为7条，有时5条。花大，通常3朵簇生于枝顶，有时单生或5朵簇生；花瓣玫瑰红色。花期5—10月。

[地理分布与生态习性] 原产于我国海南、台湾、福建、广东、广西和云南南部，越南和日本北部也有分布。喜温暖湿润气候，耐热；喜光，耐阴，喜酸性土壤，为酸性土指示植物，耐瘠薄，萌发力强。

[品种与繁殖] 播种及扦插繁殖。本属常见分布的还有：紫毛野牡丹（*M. penicillatum*），灌木，高达1m，茎、小枝、花梗、花萼及叶柄均密被淡紫色长粗毛。叶卵状长圆形至椭圆形，叶面被紧贴的糙伏毛。伞房花序有花3～5朵；花瓣紫红色。花期3—4月。产于我国海南岛，生于海拔380～1300m的山坡密林下，菲律宾也有分布。毛稔（*M. sanguineum*），灌木，茎和枝均被散生、扩展的长粗毛；叶大，卵状披针形至披针形基出脉5条。花极大，紫红色，1～3朵生于枝顶，直径可达7～8cm；花期5月。产于我国南部，印度、马来西亚有分布。

[园林应用] 株形美观，花大而繁密，为美丽的观花植物，可孤植、丛植于庭园观赏，或作盆栽。野牡丹属植物种类繁多，多数都是极其美丽的野生观花灌木或小乔木，且喜温耐热，喜光耐阴，适应性强，引种栽培容易，能更好地为城市园林建设添彩。

23. 巴西野牡丹

学名：*Tibouchina semidecandra*

科属：野牡丹科蒂牡花属

英名：Princess flower

[生物学特性] 常绿小灌木，株高约1～4m。枝条红褐色。叶对生，椭圆形至披针形，两面具细茸毛，全缘，3～5出分脉。花顶生，大型，5瓣，浓紫蓝色，中心的雄蕊白色且上曲。初开花呈现深紫色，后期则呈现紫红色。蒴果杯状球形。花期几乎全年。

[地理分布与生态习性] 原产于巴西，我国广东等地有引种栽培。生于低海拔山区及平地。喜高温，极耐旱和耐寒，宜在阴凉通风处越夏。适应性和抗逆性强。

[繁殖方法] 扦插繁殖，春、秋两季为适期。

[园林应用] 本种植株株型紧凑美观，分枝力强，花多而密，花大色艳，适应性强，

为优良的灌木及盆花植物，适合于庭园丛植、花坛美化。

24. 桃金娘

学名：*Rhodomyrtus tomentosa*

别名：岗稔、山稔

科属：桃金娘科桃金娘属

英名：downy rose myrtle

[生物学特性] 常绿小灌木。叶对生，革质，椭圆形或倒卵形，离基三出脉。聚伞花序腋生，有花1～3朵，花色紫红、粉红或玫瑰红色。浆果球形或卵形，成熟时暗紫色。花期5—7月，果期7—9月。

[地理分布与生态习性] 原产于我国海南、台湾、广东、广西、福建和云南南部，印度、斯里兰卡、菲律宾、中南半岛及日本南部有分布。喜阳光充足、温暖、湿润的环境及酸性土壤，耐瘠薄土壤，通常零星分布于低山坡疏林中。

[繁殖方法] 播种和扦插繁殖，选用当年采收的种子发芽率最高。

[园林应用] 桃金娘树形美观，花色鲜艳，常一株有红、粉红等多种颜色，花量大，开时漫山遍野，绚丽多彩，为美丽的野生观花灌木，极宜于庭园孤植和丛植。可食用，种子甘甜可口。

25. 散沫花

学名：*Lawsonia inermis*

别名：干甲树、指甲木

科属：千屈菜科散沫花属

英名：henna tree

[生物学特性] 大灌木，高可达6m；小枝略呈四棱形。叶对生，薄革质，椭圆形或椭圆状披针形，长1.5～5cm，宽1～2cm，顶端短尖，基部楔形或渐狭成叶柄，侧脉5对，纤细，在两面微凸起。花序长可达40cm；花极香，白色或玫瑰红色至朱红色，直径约6mm；花瓣4，边缘内卷，有齿；雄蕊通常为8。蒴果扁球形，直径6～7mm，通常有4条凹痕；种子多数，肥厚，三角状尖塔形。花期6—10月，果期12月。

[地理分布与生态习性] 我国广东、海南、广西、云南南部均有栽培。喜温，适应力强。

[品种与繁殖] 本属仅1种。播种繁殖。

[园林应用] 花极香，除栽于庭园供观赏外，其叶可作红色染料，花可提取香油和浸取香膏用于化妆品。

26. 萼距花

学名：*Cuphea hookeriana*

别名：细叶萼距花

科属：千屈菜科萼距花属

英名：false heather

[生物学特性] 直立小灌木，植株高30～60cm。茎具黏质柔毛或硬毛。叶对生，长卵形或椭圆形，顶端渐尖，中脉在下面凸起，有叶柄。花顶生或腋生，花萼长1.6～2.4cm，被黏质柔毛或粗毛，基部有距；花瓣6，紫红色，背面2枚较大，近圆形，其余4枚较小，倒卵形或倒卵状圆形；雌蕊稍突出萼外。多分枝。叶线形、线状披针形或倒线状披针形。花单生叶腋，花冠筒紫色、淡紫色至白色。花期自春至秋，随枝稍的生长而不断开花。

［地理分布与生态习性］ 原产于墨西哥，我国广东、广西、云南、福建等省广泛栽培。喜温喜光，耐修剪喜排水良好的沙质土壤。

［品种与繁殖］ 本属常见的有小瓣弯距花（C. micropetala），花瓣微小，比花萼裂片短。扦插繁殖。

［园林应用］ 由于枝繁叶茂，叶色浓绿，四季常青，且具有光泽，花美丽而周年开花不断，易成形，耐修剪，有较强的绿化功能和观赏价值。园林绿化中，适于庭园石块旁作矮绿篱。

27. 金英

学名：*Thryallis gracilis*

科属：金虎尾科金英属

英名：slender thryallis

［生物学特性］ 常绿灌木。单叶对生，纸质，矩圆形或椭圆状矩圆形，先端钝或短尖，叶近基部两侧各有1腺体。总状花序顶生，花冠鲜黄色，花瓣黄色，花期8—9月。

［地理分布与生态习性］ 原产于墨西哥及中美洲地区，我国海南、广东、云南西双版纳等地有栽培。喜阳光或半阴，喜温暖、湿润、迎风环境，栽培土质的稍带沙质的壤土生长好，但需排水良好。

［繁殖方法］ 扦插繁殖。

［园林应用］ 株形秀丽，花色鲜黄，花期长，花成簇盛开，金光灿烂，迎风招展，为美丽的观花灌木。由于株形小，宜多株丛植观赏。

28. 小叶红色龙船花

学名：*Ixora williamsii*

别名：小叶龙船花、矮仙丹花

科属：茜草科龙船花属

英名：jungle geranium，jungle flame，flame of the woods

［生物学特性］ 常绿灌木，高通常0.5～1.5m；叶长椭圆形，先端钝，硬纸质，叶基心形至楔形。聚伞花序稠密，橙红色，花冠4裂，裂片阔披针形或菱形，先端锐尖；雄蕊与花冠裂片同数，生于冠管喉部，花丝短或缺。核果球形或略呈压扁形，有2纵槽，革质或肉质，有小核2；种子与小核同形，种皮膜质。花果期全年。

［地理分布与生态习性］ 原产于印度、斯里兰卡、中南半岛，热带地区有广泛栽培，我国华南各地常见栽培。喜温，喜湿，较耐阴。

［品种与繁殖］ 扦插繁殖。

本属其他植物还有：海南龙船花（*I. hainanensis*），常绿灌木叶对生，纸质，椭圆形、长圆形至倒披针形；聚伞花序宽达7cm，花冠白色，花期5—11月；产于海南，常见于低海拔至中海拔密林中，多生于溪边或林谷中湿润的土壤中，广东也有分布。团花龙船花（*I. cephalophora*），常绿灌木，叶纸质，长圆形或长圆状倒披针形，聚伞花序顶生，多花，总花梗近无，花冠白色，花期5月；产于海南，在低海拔至中海拔密林中略常见，多见于林谷中或溪边，越南也有分布。

［园林应用］ 本种广泛用作花篱，也可用作庭园观赏及盆栽。

29. 铁海棠

学名：*Euphorbia milii*

别名：虎刺梅

科属：大戟科大戟属

英名：baron milius

［生物学特性］ 常绿蔓生灌木，高60～100cm，茎多分枝，具纵棱，密生硬而尖的锥状刺。叶互生，通常集中于嫩枝上，倒卵形或长圆状匙形，长1.5～5.0cm，宽0.8～1.8cm，先端圆，具小尖头，基部渐狭，全缘。花序2～4或8个组成二歧状复花序，生于枝上部叶腋；苞叶2枚，肾圆形，长8～10mm，宽12～14mm；总苞钟状，黄红色，边缘5裂，裂片琴形。雄花数枚，雌花1枚，常不伸出总苞外。蒴果三棱状卵形，平滑无毛。种子卵柱状灰褐色，具微小的疣点。花果期全年。

［地理分布与生态习性］ 原产于非洲马达加斯加，我国南方各地常见栽培。喜温喜湿，不耐高温，较耐旱。

［品种与繁殖］ 其变种虎刺梅（*E. milii* var. *splendens*），相对于原种而言，花和叶皆较大，硕大花苞片鲜艳夺目，具有红、黄、白等色系。扦插繁殖。

［园林应用］ 常见于公园和庭院，常用作花篱。全株入药，外敷可治瘀痛、骨折及恶疮等。

30. 一品红

学名：*Euphorbia pulcherrima*

别名：圣诞树

科属：大戟科大戟属

英名：christmas flower

［生物学特性］ 常绿灌木，高达4m。叶互生，卵状椭圆形、长椭圆形或披针形，纸质，长6～22cm，宽4～10cm，顶端渐尖或急尖，基部楔形，边缘波状；叶柄长3～7cm，红色；托叶三角形，长约1.5mm。杯状聚伞花序集生于枝顶；每个杯状聚伞花序有1枚与其对生的叶状苞叶；苞叶鲜红色，长圆形至披针形，长达15cm；总苞坛状，淡绿色，长7～9mm，直径6～8mm，裂片三角形，腺体常1枚，稀2枚，常压扁，黄色，呈两唇状；雄花：多朵；雌花：子房无毛，花柱下半部合生。花、果期10月至次年4月。

［地理分布与生态习性］ 产于中美洲，广泛栽培于热带和亚热带。我国绝大部分省区有栽培。喜温，喜光，喜湿润。

［品种与繁殖］ 常见的品种有一品黄（*E. pulcherrima* 'Lutea'），苞片为淡黄色，一品白（*E. pulcherrima* 'Ecke's white'）苞片为乳白色。

［园林应用］ 北方地区常用于盆栽，热带地区可配置于庭园及园林观赏。

31. 佛肚树

学名：*Jatropha podagrica*

科属：大戟科麻疯树属

英名：goutystalk nettlespurge

［生物学特性］ 常绿灌木，高0.5～2m；茎肉质，基部膨大，多汁；枝具明显的叶痕。叶盾状着生，直径10～30cm，3～6浅裂，裂片全缘；托叶分裂呈刺状，长1～2mm，顶端具腺体，宿存。伞房状聚伞花序顶生，具长总梗，分枝与花均红色；雄花：花萼5裂，花瓣长椭圆形，长约7mm，花盘杯状，雄蕊（6～）8枚，花丝基部合生；雌花较大，子房无毛。蒴果椭圆形，直径约1.5mm。花期几全年。

［地理分布与生态习性］ 产于中美洲或南美洲热带地区，我国华南各地常见栽培。喜

光，喜温。

［品种与繁殖］ 同属常见种类还有：全缘叶珊瑚（*J. integerrima*），灌木，高1～3m。叶互生，卵形、倒卵形、长圆形，或提琴形，稀3裂，长4～8cm，宽2.5～4.5cm，顶端急尖或渐尖，基部圆钝，近基部常有数枚疏齿，嫩叶下面紫红色；托叶小，早落。聚伞状圆锥花序顶生，红色，具长总梗；苞片披针形，长5～10mm；花红色；雄花：花萼长约3mm，5裂，花瓣长倒卵形，长约1mm，花盘具腺体5枚，雄蕊10枚，外轮花丝基部合生；雌花较大。花期6—10月。产于中美洲热带，现世界热带地区常见栽培。我国华南地区有栽培。珊瑚花（*J. multifida*），灌木或小乔木，高2～3（6）m；茎枝具乳汁，无毛。叶轮廓近圆形，宽10～30cm，掌状9～11深裂，裂片线状披针形，长8～18cm，宽1～5cm，全缘、浅裂至羽状深裂，上面绿色，下面灰绿色，两面无毛；掌状脉9～11条；叶柄长10～25cm；托叶细裂成分叉的刚毛状，长达2cm花序顶生，总梗长13～20cm，花梗短，花密集；雄花花萼长2～3mm，裂片5枚，近圆形，无毛；花瓣5枚，匙形，红色，长约4mm；雄蕊8枚，花丝仅基部合生，花药伸长；雌花：花萼如雄花；花瓣长6～7mm，红色；子房无毛，花柱3枚，下半部合生。蒴果椭圆状至倒卵状，长约3cm。花期7—12月。产于美洲热带和亚热带地区，现栽培作观赏植物。我国南方园林有栽培。一般扦插繁殖。

［园林应用］ 一般用作庭院观赏，也可盆栽。

32. 黄花夹竹桃

学名：*Thevetia peruviana*

科属：夹竹桃科黄花夹竹桃属

英名：yellow oleander，luckynut thevetia

［生物学特性］ 常绿大灌木或小乔木。枝条柔弱，小枝下垂。叶轮生，无柄，线状披针形或线形，长10～15cm，宽0.5～1.2cm。花大，黄色或白色漏斗状，具香味。核果扁三角状球形，绿色光亮。花期5—12月，果期8月至次年春季。

［地理分布与生态习性］ 原产于热带美洲地区，我国海南、广东、广西、福建、台湾、云南等地有栽培。喜光，喜高温多湿气候，生命力强，耐湿，耐半阴，抗风，抗大气污染。

［品种与繁殖］ 播种或扦插繁殖，种子需随采随播。

［园林应用］ 树冠开展，分枝多而下垂，叶色翠绿，花大色艳，花期甚长，为常见的木本花卉，宜孤植、丛植作庭园观赏。

33. 黄蝉

学名：*Allamanda schottii*

科属：夹竹桃科黄蝉属

英名：bush allamanda

［生物学特性］ 常绿直立灌木，高1～2m，具乳汁；枝条灰白色。叶3～5枚轮生，全缘，椭圆形或倒卵状长圆形，长6～12cm，宽2～4cm，先端渐尖或急尖，基部楔形，叶面深绿色，叶背浅绿色，除叶背中脉和侧脉被短柔毛外，其余无毛；叶脉在叶面扁平，在叶背凸起，侧脉每边7～12条，未达边缘即行网结；叶柄极短，基部及腋间具腺体；聚伞花序顶生；总花梗和花梗被秕糠状小柔毛；花橙黄色，长4～6cm，直径约4cm；苞片披针形，着生在花梗的基部；花萼深5裂。裂片披针形，内面基部具少数腺体；花冠漏斗

状，内面具红褐色条纹，花冠下部圆筒状，长不超过 2cm，直径 2～4mm，基部膨大，花喉向上扩大成冠檐，长约 3cm，直径约 1.5cm，冠指顶端 5 裂，花冠裂片向左覆盖，裂片卵圆形或圆形，先端钝，长 1.6～2.0cm，宽约 1.7cm；雄蕊 5 枚，着生在花冠筒喉部，花丝短，基部被柔毛，花药卵圆形，顶端钝，基部圆形；花盘肉质全缘，环绕子房基部；子房全缘，1 室，花柱丝状，柱头顶端钝，基部环状。果球形，具长刺，直径约 3cm；种子扁平，具薄膜质边缘，长约 2cm，宽 1.5cm。花期 5—8 月，果期 10—12 月。

[地理分布与生态习性] 本种原产于巴西，现广泛栽培于热带地区。我国海南、广东、广西、福建、台湾等地有栽培。喜温，喜湿，喜光不耐旱，不耐寒。

[园林应用] 花黄色，大形，供庭园及道路旁作观赏用。植株乳汁有毒，人畜中毒会刺激心脏，循环系统及呼吸系统受障碍。

34. 牛角瓜

学名：*Calotropis gigantea*

别名：五犬卧花心

科属：夹竹桃科牛角瓜属

英名：Crown flower

[生物学特性] 直立灌木，高达 3m，全株具乳汁；茎黄白色，枝粗壮，幼枝部分被灰白色绒毛。叶倒卵状长圆形或椭圆状长圆形，长 8～20mm，宽 3.5～9.5mm，顶端急尖，基部心形；两面被灰白色绒毛，老渐脱落；侧脉每边 4～5 条，疏离；叶柄极短，有时叶基部抱茎。聚伞花序伞形状，腋生和顶生；花序梗和花梗被灰白色绒毛，花梗长 2～2.5mm；花萼裂片卵圆形；花冠紫蓝色，辐状，直径 3～4mm，裂片卵圆形，长 1.5mm，宽 1mm，急尖；副花冠裂片比合蕊柱短，顶端内向，基部有距。蓇葖单生，膨胀，端部外弯，长 7～9mm，直径 3mm，被短柔毛；种子广卵形，长 5mm，宽 3mm，顶端具白色绢质种毛；种毛长 2.5mm。花果期几乎全年。

[地理分布与生态习性] 产于我国云南、四川、广西和广东等省区。生长于低海拔向阳山坡、旷野地及海边。喜温，喜湿。

[品种与繁殖] 本属含 6 种，中国产此 1 种。播种繁殖。

[园林应用] 其花形独特，一般群植于路边或者公园，作为隔离屏障。

35. 米仔兰

学名：*Aglaia odorata*

别名：米兰、鱼子兰

科属：楝科米仔兰属

英名：Chinese perfume plant

[生物学特性] 常绿灌木或小乔木；茎多小枝，幼枝顶部被星状锈色的鳞片或无毛。叶具柄，长 6～16cm，叶轴及叶柄均具狭翅，有小叶 3～5 片，倒卵形，对生，纸质，长 3～11cm，宽 1.5～5cm，顶端 1 片小叶最大，下部的远较顶端的渐小，均无毛，基部楔形，先端钝，侧脉极纤细，每边约 8 条，于叶两面凸起。花腋生，圆锥花序，长 4～11cm，稍疏散无毛；花直径约 2mm，极芳香；雄花的花梗细长，两性花的花梗较短而粗；花瓣 5 片，长圆形或近圆形，长 1.2～2mm，黄色，花萼 5 裂；雄蕊管，倒卵形或近钟形，略短于花瓣，无毛，顶端全缘或有圆锯齿，花药 5，卵形，内藏；子房卵形，密被黄色粗

毛。浆果卵形或近球形，长10～12mm，幼时被散生的星状鳞片，后脱落为无毛；种子包有肉质假种皮。花期6月至次年2月，果期7月至次年3月。

［地理分布与生态习性］ 产于我国广东、广西，福建、四川亦有分布；常见于低海拔山地的疏林或灌木林中。福建、四川、贵州和云南等省常有栽培，北方需在温室越冬。喜温畏冷，较耐阴。

［品种与繁殖］ 扦插繁殖。我国约产10种，如台湾米仔兰（*A. formosana*）。

［园林应用］ 花极香，可提取芳香油。木材纹理细致，适宜用作农具、玩具或雕刻等。

36. 九里香

学名：*Murraya exotica*

别名：石桂树

科属：芸香科九里香属

英名：Chinese box

［生物学特性］ 常绿灌木至小乔木，高可达8m。一回奇数羽状复叶，有小叶3～7片，小叶椭圆形，互生，长2～7cm，宽1～3cm，顶端圆或钝，且常微凹，基部全缘，楔形，一侧略偏斜；花序常顶生，兼有腋生，圆锥形聚伞花序，白色，花芳香；萼片卵形，长约2mm，花瓣白色长椭圆形，长1～3cm，雄蕊10枚，长短不等，花柱稍较子房纤细，与子房均为淡绿色，无明显界限，柱头甚粗，较子房宽。果朱红色，阔卵形，顶部短尖，中部以下较厚，长10～12mm，厚5～8mm；种子具短棉质毛。花期4—7月，果期9—11月。

［地理分布与生态习性］ 产于我国福建、广东、海南、广西、湖南等省区南部。喜温，不耐寒，喜光，适生于沙质土壤。

［品种与繁殖］ 同属其他植物还有：翼叶九里香（*M. alata*），常绿灌木，高1.5m。枝黄灰或灰白色。叶轴具狭窄的叶翼，叶具5～8小叶，倒卵形或倒卵状椭圆形，顶端圆，基部钝或急尖，叶缘有不规则的细钝裂齿或全缘。花白色，聚伞花序腋生，有花数朵或仅1朵；花瓣5片，倒披针形，白色。果卵形或近球形，直径8～11cm，红色。花期为春秋两季。产于我国海南南部、广西北海附近。生于干燥的沙地灌木丛中。我国广东西南、越南东北部沿海地区也有分布。播种或嫁接繁殖。

［园林应用］ 常生于疏林或灌木丛中，在干燥环境生长迟缓，多用作围篱材料或盆景材料。根、叶可入药，有止血止痛的功效。

37. 灰莉

学名：*Fagraea ceilanica*

别名：华灰莉、非洲茉莉

科属：马钱科灰莉属

英名：Chinese fagraea

［生物学特性］ 常绿乔木或灌木，有时可呈攀缘状。叶对生，稍肉质，椭圆形或倒卵状椭圆形，长5～10cm，侧脉不明显。花单生或为二岐聚伞花序；花冠白色，有芳香。浆果近球形，淡绿色。花期4—8月。

［地理分布与生态习性］ 原产于我国台湾、海南、广东、广西、云南南部以及印度、中南半岛和东南亚各国。喜阳光，耐阴，耐寒力强，在南亚热带地区终年青翠碧绿，长势良好。对土壤要求不严，适应性强，易栽培。

[繁殖方法] 扦插或播种繁殖，成苗率高。

[园林应用] 本种分枝茂密，枝叶均为深绿色，花大而芳香，为良好的庭院观赏植物，也可盆栽及用作绿篱。

38. 鸳鸯茉莉

学名：*Brunfelsia brasiliensis*

别名：二色茉莉

科属：茄科鸳鸯茉莉属

英名：franciscan raintree

[生物学特性] 常绿灌木，单叶互生，矩圆形或椭圆状矩形，先端渐尖，全缘，具短柄。花单生或数朵组成聚伞花序，花被初开时淡紫色，随后变成淡雪青色，再后变成白色。

[地理分布与生态习性] 原产于中美洲西印度群岛，现各地均有引种栽培。喜温暖湿润气候，喜光照，也较耐阴，在柔和充足的日照条件下开花繁茂。要求富含腐殖质、疏松肥沃、通透性能良好的微酸性培养土，不耐盐碱。

[繁殖方法] 多采用扦插繁殖。

[园林应用] 鸳鸯茉莉姿势优美，春、夏季开花，初开时蓝紫色，渐而变淡蓝至白色，非常奇特，适合于盆栽观赏，用于点缀小庭院和门厅，热带地区常用作庭园和绿地配植观赏。

39. 木本夜来香

学名：*Cestrum nocturnum*

别名：夜香树、洋素馨

科属：茄科夜香树属

英名：night blooming cestrum

[生物学特性] 常绿直立或近攀缘状灌木。全株无毛，枝条细长而下垂。叶互生，全缘，矩圆状卵形或矩圆状披针形。伞房式聚伞花序，腋生或顶生，花多数；花绿白至黄绿白色，夜间极香；花冠高脚碟状。

[地理分布与生态习性] 原产于南美洲，现广泛栽植于世界热带地区，我国海南、福建、广东、广西、云南有栽培。喜温暖湿润及阳光充足环境，稍耐阴，不耐严重霜冻，最好在5℃以上越冬。不择土壤。

[品种与繁殖] 多采用扦插繁殖。本属常见植物还有：黄花夜香树（*C. aurantiacum*），常绿灌木，枝初直立，后俯垂，小枝具棱，无毛。叶长圆状卵形或椭圆形。总状式聚伞花序，腋生或顶生，花色金黄，夜间极香；原产于南美洲，我国广东等地有栽培。

[园林应用] 株形拱垂，雅致美观，花期长而繁密，花极芳香，极富观赏价值，常布置于庭园观赏。

40. 马缨丹

学名：*Lantana camara*

别名：五色梅

科属：马鞭草科马缨丹属

英名：big-sage，wild-sage，red-sage，tickberry

[生物学特性] 披散灌木，高1～2m；茎枝四方形，有短柔毛，通常有短而倒钩状刺。单叶对生，揉烂后有强烈的气味，叶片卵形至卵状长圆形，长3～8.5cm，宽1.5～

5cm，顶端急尖或渐尖，基部心形或楔形，边缘有钝齿，表面有粗糙的皱纹和短柔毛，背面有小刚毛。花冠黄色、橙黄色，开花后不久转为深红色，花冠管长约1cm，直径4～6cm。果圆球形，直径约4mm，成熟时紫黑色。全年开花。

[地理分布与生态习性] 原产于美洲热带，我国广东、海南、福建、台湾、广西等有栽培，且已逸为野生。喜光，喜温暖湿润气候。适应性强，耐干旱瘠薄，不耐寒，在疏松肥沃排水良好的沙壤土上生长较好。

[品种与繁殖] 播种或扦插法繁殖。同属常见植物还有：蔓马缨丹（*L. montevidensis*），常绿蔓性小灌木，茎长1m左右。叶卵形，先端尖，基部楔形，边缘有粗齿。头状花序，具长总花梗，花蓝紫色，苞片阔卵形。花期全年。原产于西印度群岛，现我国华南、西南等地广为栽培。

[园林应用] 五色梅花色美丽，观花期长，抗尘、抗污力强，华南地区常配置于公园、庭院中作花篱、花丛，也可于道路两侧、旷野形成绿化覆盖植被。也可盆栽及应用于花坛。

41. 龙吐珠

学名：*Clerodendrum thomsoniae*

别名：麒麟吐珠

科属：马鞭草科大青属

英名：bleeding glory-bower

[生物学特性] 攀缘状灌木，高2～5m；幼枝四棱形。叶片纸质，狭卵形或卵状长圆形，长4～10cm，宽1.5～4cm，顶端渐尖，基部近圆形，全缘，基脉三出。聚伞花序腋生或假顶生，二歧分枝，长7～15cm；苞片狭披针形，长0.5～1cm；花萼白色，有5棱脊，顶端5深裂，裂片三角状卵形，长1.5～2cm，宽1～1.2cm，顶端渐尖；花冠深红色，裂片椭圆形，长约9mm，花冠管与花萼近等长；雄蕊4，与花柱同伸出花冠外。核果近球形，径约1.4cm。花期几乎全年。

[地理分布与生态习性] 原产于热带非洲西部。我国南部省区常见栽培。喜温暖、湿润气候和阳光充足的环境，不耐寒，越冬温度不低于8℃，5℃以上茎叶易遭受冻害。

[品种与繁殖] 扦插繁殖，枝插、芽插和根插均可。同属其他植物还有：红萼龙吐珠（*Clerodendrum*×*speciosum* Teijsm. & Binn），为龙吐珠与艳赪桐（*C. splendens* G. Don）的杂交种，亦为攀缘状灌木，花萼紫红色。

[园林应用] 龙吐珠花形奇特，开花繁茂，常用于庭园及盆栽观赏，也可作花架及悬垂布置。

42. 赪桐

学名：*Clerodendrum japonicum*

别名：状元红

科属：马鞭草科大青属

英名：Japanese glory-bower

[生物学特性] 常绿灌木，高1.5～2m，茎直立，不分枝或少分枝；幼茎四方形。叶对生，心形，长15～20cm，宽16～20cm，纸质，叶缘浅齿状；叶柄特长，约为叶片的2倍，长30～35cm。总状圆锥花序，顶生，向一侧偏斜；花小，但花丝长；花萼、花冠、花梗均为鲜艳的深红色。果圆形，蓝紫色。花期5—11月，果期12月至次年1月。

[地理分布与生态习性] 原产于亚洲热带低海拔林缘或灌木丛中。喜高温、湿润、半

阴蔽的气候环境，喜土层深厚的酸性土壤，耐阴，耐瘠薄，忌干旱，忌涝，畏寒冷，生长适温为23～30℃。

［品种与繁殖］ 播种或扦插繁殖。同属其他栽培种还有：烟火树（*C. quadriloculare*），常绿灌木，株高50～100cm，嫩枝四棱形，紫黑色；叶对生，长椭圆形，先端尖，全缘或锯齿状波状缘，叶背暗紫红色。聚伞花序顶生，小花多数，长高脚碟状，紫红色；花冠先端5裂，白色，反卷。原产菲律宾及太平洋群岛等地，中国热带地区引种栽培。喜温暖湿润的气候，不耐寒，稍耐干旱与瘠薄。

［园林应用］ 赪桐花期长，花艳如火，常用于庭园及园林，成片栽植效果最佳。

43. 炮仗竹

学名：*Russelia equisetiformis*

科属：玄参科炮仗竹属

英名：fountain bush

［生物学特性］ 常绿亚灌木，高约1m；茎绿色，具纵棱，细长柔软，常呈悬垂状。叶4～5枚轮生，小型，常退化为鳞片状。顶生总状或圆锥花序；花鲜红色，花冠长筒状，长约2cm。花期4—8月。

［地理分布与生态习性］ 原产于热带美洲。喜温暖湿润和半阴环境，不耐寒，越冬温度5℃以上，耐水湿，耐修剪。

［繁殖方法］ 繁殖以扦插、分株为主。也可压条及播种，但常不结实。

［园林应用］ 炮仗竹茎枝轻柔，花色鲜红艳丽，成串着生如炮仗，是极为优美的庭园观花树种，常用于悬垂绿化及盆栽和花境等。

44. 红花玉芙蓉

学名：*Leucophyllum frutescens*

科属：玄参科玉芙蓉属

英名：Texas ranger，cenizo，silverleaf

［生物学特性］ 常绿灌木，高0.5～2m；茎皮灰白色。单叶互生，厚革质；椭圆形或倒卵形，上下表面及叶柄密被银白色绒毛，边缘微微卷曲。花单朵，腋生，花冠铃形，紫红色，五裂，具不规则纵向裂纹。蒴果，种子多数，扁翅状，橘黄色。夏季到秋季间开花。

［地理分布与生态习性］ 原产于美国得克萨斯州及墨西哥，喜生于石间及沙质土中，我国南方省区有引种栽培。喜温暖和稍干旱的环境，喜光、耐旱。

［繁殖方法］ 播种繁殖。本属仅有1种植物。

［园林应用］ 本种枝叶茂盛、叶色粉绿、花色美艳、花期较长，是美丽的观花和观叶树种，是极佳的庭院观赏树种；其耐修剪，对环境适应性强，且耐盐碱，也是用作绿篱、盆栽、布置岩石园及滨海绿化的极佳材料。

45. 金苞花

学名：*Pachystachys lutea*

别名：黄虾花、金苞银

科属：爵床科厚穗爵床属

英名：Lollipop plant，Pachystachys

［生物学特性］ 多年生常绿亚灌木状草本植物。叶对生，长披针形，纸质，全缘。穗

状花序顶生或腋生，苞片对生，心形，金黄色；花唇形，白色，长度约为苞片的 3 倍。花期全年，盛花期为 10 月至次年 5 月。

［地理分布与生态习性］ 原产于南美洲的秘鲁，我国南部各省引种栽培。喜温暖、湿润和半阴的气候环境，在疏松肥沃的土壤中生长旺盛，忌夏日阳光直射，忌干旱，不耐瘠薄，忌涝，较耐寒冷。

［繁殖方法］ 多采用扦插繁殖。

［园林应用］ 叶色青翠，花色明净，花形奇特，常片植于绿地观赏其群体之美，也常盆栽观赏。

46. 假杜鹃

学名：*Barleria cristata*

别名：禄劝假杜鹃

科属：爵床科假杜鹃属

英名：crested philippine violet

［生物学特性］ 直立、无刺、多枝半灌木，高达 2m。叶椭圆形至矩圆形，长 3～10cm，宽 1.3～4cm，先顶端尖，两面有毛。花通常 4～8 朵簇生于叶腋；小苞片条形，长 1～1.5cm；萼片 4，两两相对，外面 2 片卵状椭圆形，长 1.2～2cm，顶端有小尖刺，边有刺状小齿；花冠青紫色或近白色，漏斗状，长 4～7cm，裂片 5，2 唇形；雄蕊 2，退化雄蕊 2。蒴果长约 1.2cm；种子 4 颗。花期 11 月至次年 3 月。

［地理分布与生态习性］ 原产于我国台湾、福建、广东、海南、广西、四川、贵州、云南和西藏等省区。生于海拔 700～1100m 的山坡、路旁或疏林下阴处，也可生于干燥草坡或岩石中。中南半岛、印度和印度洋一些岛屿也有分布。对环境适应性强。性喜温暖较耐寒，喜湿耐旱，喜光、稍耐阴，对土壤要求不严。

［繁殖方法］ 播种繁殖，种子采后即播，亦可嫩枝扦插繁殖。

［园林应用］ 假杜鹃花色淡蓝雅致，枝叶繁茂。宜在我国华南地区疏林下湿润地片植。

47. 黄钟花

学名：*Stenolobium stans*

科属：紫葳科黄钟花属

英名：yellow bells，yellow trumpt，trumpet creeper

［生物学特性］ 常绿灌木。奇数羽状复叶，对生，小叶 5～13 枚，长椭圆状卵形至披针形。圆锥花序，顶生；花萼钟形，花冠漏斗状，鲜黄色。蒴果线形，长 13～20cm。花期几全年，夏秋两季为盛期。

［地理分布与生态习性］ 原产于中、南美洲，我国海南、广东、云南西双版纳等地有栽培。性喜高温湿润气候，不耐寒，喜光。

［繁殖方法］ 播种或扦插繁殖。

［园林应用］ 花色明艳，树姿柔美，花期极长，是理想的观赏花木。适合庭园、绿地丛植观赏或盆栽。

48. 硬骨凌霄

学名：*Tecomaria capensis*

科属：紫葳科硬骨凌霄属

英名：cape honey suckle

［生物学特性］ 常绿直立灌木或攀缘灌木。奇数羽状复叶，对生，小叶5～9枚，卵形至椭圆状卵形，缘具齿；总状花序顶生，花冠漏斗状，橙红至鲜红色，略弯曲。花期春季。

［地理分布与生态习性］ 原产于南非西南部，21世纪初引入我国，华南和西南各地多有栽培。喜温暖湿润气候，不耐寒；要求阳光充足，不耐阴。对土质选择不严，喜排水良好的沙壤土，切忌积水。

［繁殖方法］ 扦插和压条繁殖。

［园林应用］ 株形优雅，花色鲜艳，宜于庭园和绿地配植，也可盆栽。

第四节 木质藤本花卉

1. 光叶子花

学名：*Bougainvillea glabra*

别名：宝巾花、簕杜鹃

科属：紫茉莉科叶子花属

英名：paper flower

［生物学特性］ 常绿攀缘灌木，茎有刺。叶卵形或卵状披针形。花顶生，3朵簇生于叶状苞片内。苞片紫色、洋红色、橙色、白色等，花期几乎全年。

［地理分布与生态习性］ 原产地巴西。喜温，不耐寒，喜光。

［繁殖方法］ 扦插或嫁接繁殖。

［园林应用］ 宝巾花花期长，色彩艳丽、开花繁密，是我国南方重要的庭院观赏植物，也常用作垂直绿化、庭园观赏花篱、盆栽。

2. 叶子花

学名：*Bougainvillea spectabilis*

别名：毛宝巾、九重葛

科属：紫茉莉科叶子花属

［生物学特性］ 常绿攀缘灌木。枝叶密被柔毛。刺腋生，下弯；单叶互生，卵形或卵状椭圆形，先端渐尖，基部圆形至广楔形，全缘，表面被柔毛。花序腋生；花细小，黄绿色，常3朵簇生，各具1枚叶状大苞片，苞片椭圆状卵形，有鲜红色、橙黄色、紫红色、乳白色等，为主要观赏部位；瘦果，具5棱。花期几乎全年。

［地理分布与生态习性］ 原产于巴西。喜温暖湿润气候，不耐寒，在3℃以上才可安全越冬，15℃以上方可开花。喜充足光照。对土壤要求不严，在排水良好、富含矿物质的黏重壤土中生长良好，耐贫瘠、耐碱、耐干旱、忌积水，耐修剪。

［繁殖方法］ 常用茎干及枝条扦插繁殖。

［园林应用］ 叶子花苞片显著，色彩鲜艳，且持续时间长，宜庭园种植或盆栽观赏，还可作盆景、绿篱、修剪造型，并常用于棚架、廊柱、墙面、园门等的垂直绿化。此外，叶子花品种繁多，花色各异，是建设专类园的适宜材料。

3. 鹰爪花

学名：*Artabotrys hexapetalus*

别名：五爪兰、鹰爪兰、鹰爪、莺爪

科属：番荔枝科鹰爪花属

英名：six petal eagle claw

[生物学特性] 常绿大型攀缘灌木。高达4m。叶纸质，单叶互生，长圆形或阔披针形，长6～16cm，宽3～5cm，先端渐尖。花1～2朵生于钩状的花序柄上，淡绿或淡黄色，芳香。浆果卵圆形，长2.5～4cm，直径约2.5cm，数个聚生于果托上。花期5—8月，果期5—12月。

[地理分布与生态习性] 原产于印度、菲律宾及我国南部，泰国、越南、印度尼西亚等地有分布。性喜温暖气候和较肥沃、排水良好的土壤，喜光，耐阴，耐修剪，但不耐寒。树性强健，耐修剪。

[繁殖方法] 播种、压条或扦插繁殖。

[园林应用] 用于花架、花墙栽植，也可与山石配置以增加山林野趣。花可提制鹰爪花浸膏，为香精原料，亦可熏茶，根可入药。

4. 木麒麟

学名：*Pereskia aculeata*

别名：叶仙人掌

科属：仙人掌科木麒麟属

英名：lemonvine，barbados gooseberry，blade-apple cactus，leaf cactus，rose cactus

[生物学特性] 攀缘灌木，高3～10m。主干灰褐色，表皮纵裂；分枝多数圆柱状，具长的节间，绿色或带红褐色，无毛。叶片先端急尖至渐尖，全缘，稍肉质。花于分枝上部组成总状或圆锥状花序，芳香；萼状花被片2～6，卵形至倒卵形；瓣状花被片6～12，倒卵形至匙形，粉红色；雄蕊多数，无毛；子房上位。浆果淡黄色，倒卵球形或球形，具刺。

[地理分布与生态习性] 原产于中美洲、南美洲北部及东部、西印度群岛。我国海南、云南、广西、广东、福建、台湾、浙江及江苏南部有栽培。喜温暖湿润气候，稍耐寒。

[繁殖方法] 扦插繁殖，易于成活。

[园林应用] 本种叶片光亮，花粉红显著，在园林中可用作庭院观赏及垂直绿化材料。此外，本种也常作嫁接仙人球的砧木。叶可作蔬菜，果酸甜可食。

5. 首冠藤

学名：*Bauhinia corymbosa*

别名：深裂叶羊蹄甲

科属：苏木科羊蹄甲属

英名：corymbose bauhinia

[生物学特性] 常绿木质藤本。叶纸质，近圆形，长宽各2～4cm，自先端深裂达3/4，裂片先端圆，基部近截平或浅心形。伞房花序状的总状花序顶生于侧枝上，具短的总花梗，花瓣白色，有粉红色脉纹，阔匙形或近圆形。荚果带状长圆形。花期4—6月，果期9—12月。

[地理分布与生态习性] 原产于我国南部海南及广东，世界热带、亚热带地区有栽培。喜光、耐半阴，喜温暖及高温湿润气候，耐寒，耐干旱，抗大气污染，土壤以富含有机质的沙质壤土为佳。

[品种与繁殖] 播种繁殖。同属其他植物还有：琼岛羊蹄甲（*B. ornate* var. *austrosinen-*

sis)，常绿大藤本，小枝、叶柄和花序密被紧贴的柔毛；叶膜质，圆形，长 6～15cm，叶二裂至 1/3～1/2，基出脉 11～13 条。荚果革质，密被锈色短柔毛；白色、芳香；荚果披针状长圆形，长 15～25cm，宽 3.5～6cm。花期 5—6 月，果期 11—12 月。原产于我国海南澄迈、定安、琼中、琼海等地，泰国也有分布。粉叶羊蹄甲（*B. glauca*），花萼 2 裂；花期 4—6 月，果期 7—9 月；产于我国广东、广西、云南等省，印度、中南半岛、印度尼西亚也有分布。海南羊蹄甲（*B. hainanensis*），卷须粗壮，单生于上部叶腋间，枝、小枝和花序均被棕黄色短柔毛；伞房花序，具长梗。花期 12 月；我国海南特产，仅见于三亚和乐东。粤羊蹄甲（*B. Kwangtungensis*），叶卵形，总状花序顶生，荚果革质，花期 6 月；产于我国广东及海南。龙须藤（*B. championii*），攀缘灌木；叶微缺或 2 裂，裂片长度不一，背面干时粉白色，有叶脉 7 条；总状花序腋生，有时成圆锥花序状；花期 6—10 月，果期 7—12 月；产于我国长江以南各省区，印度、越南、印度尼西亚也有分布。嘉氏羊蹄甲（*B. galpinii*），常绿攀缘灌木，茎长不足 3m。叶坚纸质，近圆形，长约 5～9cm；先端 2 裂达叶长的 1/5～1/2，裂片顶端钝圆，基部截平至浅心形。聚伞花序伞房状，侧生；花瓣 5 枚橙红色，倒匙形；花径 5～9cm。荚果长圆形，上细下大，长可达 20cm，成熟时由绿色转变成褐色。花期 4—11 月，果期 7—12 月。原产于南非。喜光照充足和温暖湿润环境，生长适宜温度 22～30℃，可耐 5℃左右的低温；对土质要求不严，以疏松、肥沃的壤土为宜。播种繁殖。橙羊蹄甲藤（素心花藤）（*B. kockiana*），常绿藤本，株高 20～40cm；叶两面无毛，长卵形或长椭圆形，基部平截或浅心形，先端渐尖至短尾尖，基生三出脉；短总状或伞房花序顶生，花瓣 5，圆形至卵形，瓣缘波皱状，具明显瓣柄；花由开至谢会呈现橙红、桃红、黄色等多种颜色，花期夏秋。原产于马来半岛、苏门答腊，东南亚各国常见应用。喜高温多湿和全日照环境。

[园林应用] 本种花期长，花多而密，色彩淡雅，为良好的藤状花卉和垂直绿化植物，可用于庭园观赏及配置棚架、山石。

6. 使君子

学名：*Quisqualis indica*

别名：四君子、史君子、舀求子

科属：使君子科使君子属

英名：rangoon creeper

[生物学特性] 落叶木质藤本。株高 2～8m，幼株具黄褐色柔毛。叶对生，长圆状披针形，全缘。伞房状穗状花序顶生，有花 10 余朵，下垂；花瓣 5，长圆形或倒卵形，初开时为浅粉色，后变为粉红、深红直至紫红色。果实橄榄状，长约 3cm，黑褐色或深棕色。花期 5—9 月，果期 6—10 月。

[地理分布与生态习性] 原产于马来西亚、印度、缅甸、菲律宾和我国广东、广西、海南岛、四川、重庆、云南、福建、台湾等地。喜阳光、温暖湿润气候，畏风寒、霜冻，对土壤要求不严，但以肥沃的沙质壤土最好，宜栽植于向阳背风的地方，直根性，不耐移植。

[繁殖方法] 播种、扦插、压条和分株繁殖。

[园林应用] 使君子为亚洲热带及亚热带地区重要的垂直绿化植物。其枝叶茂盛，长势强健，攀缘能力强；花色艳丽，且能随花期而由浅变深，盛花时常见红粉相间，灿烂缤纷，在园林中宜结合花架、篱垣和大树配植；其干燥果实即中药“使君子”，为驱虫良药。

7. 软枝黄蝉

学名：*Allemanda cathartica*

别名：黄莺、小黄蝉

科属：夹竹桃科黄蝉属

英名：common allemanda，golden trumpet

[生物学特性] 常绿攀缘灌木。高可达4m。叶3～4枚轮生，或有时对生，长圆形或倒卵状长圆形。花序顶生，花萼裂片披针形；花冠黄色，裂片卵形或长圆状卵形，顶端圆。蒴果球形，有长达1cm的刺。花期5—12月，夏季为其盛花期。

[地理分布与生态习性] 原产于巴西，现广植于热带地区。喜光照充足环境和高温湿润气候，生育适温为22～30℃；对土质要求不严，但以富含腐殖质之壤土或沙质壤土为最佳。

[品种与繁殖] 播种、扦插繁殖。本属藤本花卉还有：大花软枝黄蝉（*A. cathartica* var. *hendersonii*），为软枝黄蝉变种，花冠长10～13cm，径9～13cm，喉部具5个发亮的斑点；原产于乌拉圭，热带地区广泛栽培。紫蝉（*A. blanchetii*），花冠呈暗桃红色或淡紫红色，原产于巴西。

[园林应用] 庭园美化或围篱、花廊、花架等的垂直绿化。

8. 飘香藤

学名：*Mandevilla laxa*

别名：文藤

科属：夹竹桃科双腺藤属

英名：chilean jasmine，fragrance vine

[生物学特性] 多年生常绿藤本植物。叶对生，全缘，长卵圆形，先端急尖，革质，叶面有皱褶，叶色浓绿并且富有光泽。花腋生，花冠漏斗形，花为红色、桃红色、粉红等色。花期几乎全年，主要为夏、秋两季。

[地理分布与生态习性] 产自阿根廷。喜温暖湿润及阳光充足的环境，也可置于稍阴蔽的地方，但光照不足开花减少。最适生长温度为20～31℃，最高温不宜超过35℃，最低温度为13℃，低于10℃随时会产生冻害的可能。对土壤的适应性较强，但以富含腐殖质排水良好的沙质壤土为佳。

[繁殖方法] 扦插繁殖。

[园林应用] 飘香藤的缠绕茎柔软而有韧性，顺着支架盘旋而上；花粉红似喇叭，大而直挺，在开花期间，往往呈现花多于叶的盛况，微风袭来，阵阵扑鼻的清香使人心旷神怡，有“热带藤本植物皇后”的美称。在园林中可用于花架、墙体垂直绿化，也可搭设简易支架任其向上攀爬供庭园观赏。

9. 球兰

学名：*Hoya carnosa*

别名：爬岩板、草鞋板

科属：萝藦科球兰属

英名：porcelainflower，wax plant

[生物学特性] 常绿攀缘灌木，附生于树上或石上；茎节上生气根。叶对生，肉质，卵圆形至卵圆状长圆形，长3.5～12mm，宽3～4.5mm，顶端钝，基部圆形；侧脉不明

显，约有 4 对。聚伞花序伞形状，腋生，着花约 30 朵；花白色，直径 2mm；花冠辐状，花冠筒短，裂片外面无毛，内面多乳头状突起；副花冠星状，外角急尖，中脊隆起，边缘反折而成 1 孔隙，内角急尖，直立；花粉块每室 1 个，伸长，侧边透明。蓇葖线形，光滑，长 7.5～10mm；种子顶端具白色绢质种毛。花期 4—6 月，果期 7—8 月。

[地理分布与生态习性] 产于我国海南、云南、广西、广东、福建和台湾等省区，生于平原或山地，附生于树上或石上。喜温，喜湿，耐干燥，耐阴。

[品种与繁殖] 同属其他藤本花卉还有：花叶球兰（*H. carnosa* var. *marmorata*），为球兰花叶变种，叶缘有黄白色条纹。橙花球兰（*H. lasiogynostegia*），常绿攀缘灌木；叶片披针形，基部圆形，顶部带尾；伞形花序，顶生，多花，花冠亮黄色，直径约 1cm，花期 4 月。原产于中国海南。喜高温、多湿及半阴的环境，忌阳光暴晒，耐寒性较差，喜疏松、透气、排水良好的轻质培养土。扦插繁殖。蜂出巢（*H. multiflora*），直立或附生蔓性灌木，叶坚纸质，椭圆状长圆形，侧脉不明显；伞状聚伞花序腋生或顶生，向下弯；花冠黄白色；蓇葖果通常单生，线状披针形；花期 5—7 月，果期 10—12 月；产于东南亚缅甸、印度支那、马来西亚、印度尼西亚、菲律宾等地，我国南部省区有栽培。

[园林应用] 著名观赏植物，常用于垂直绿化，攀附于树干和山石，也可盆栽用作悬垂观赏。

10. 蓝花藤

学名：*Petrea volubilis*

别名：紫霞藤

科属：马鞭草科蓝花藤属

英名：tropical wisteria，queen's-wreath

[生物学特性] 常绿木质藤本。长达 12m，小枝灰白色，具椭圆形皮孔，叶痕显著。叶对生，革质，叶面粗糙，椭圆状长圆形或卵形椭圆形。总状花序顶生，下垂，被毛；花蓝紫色。花期 4—5 月。

[地理分布与生态习性] 原产于古巴，我国广州等地有栽培。喜温暖湿润气候，耐寒性较强，能耐 0～5℃左右的低温；喜阳，耐半阴。

[繁殖方法] 以播种及扦插繁殖为主。

[园林应用] 蓝花藤花色艳丽、花团锦簇，成串下垂，被誉为"热带紫藤"（Tropical wisteria），为极其美丽的观赏藤本花卉。在园林中可用于花架、墙体、树干等的垂直绿化，也可搭设简易支架任其向上攀爬供庭园观赏。

11. 冬红

学名：*Holmskioldia sanguinea*

科属：马鞭草科冬红属

英名：Chinense-hat-plant

[生物学特性] 常绿攀缘灌木。叶对生，全缘或有齿缺，两面具腺点。花 2～4 朵，排成总状花序或聚伞花序，单生或聚生于枝顶；花萼由基部向上扩展成喇叭状或漏斗状，红色；花冠管状，橙红色，自花萼中央伸出，上部偏斜，5 浅裂。花期春夏，果期秋冬。

[地理分布与生态习性] 原产于印度北部至马来西亚，热带地区广泛栽培。喜温暖及高温气候，生长适温为年均温 20～28℃；喜光、稍耐阴，在全日照、半日照或稍阴蔽环境

下均生长理想；要求土壤排水良好。

[繁殖方法] 播种及扦插繁殖。

[园林应用] 庭园种植或盆栽观赏，也可绑扎于棚架形成花廊。

12. 炮仗花

学名：*Pyrostegia ignea*

别名：鞭炮花、黄鳝藤

科属：紫葳科炮仗花属

英名：crack flower

[生物学特性] 常绿木质藤本。茎粗壮，有棱，小枝有纵槽纹。三出复叶，对生，顶生小叶常变为顶部三叉的卷须；叶卵形至卵状长椭圆形，全缘。圆锥状聚伞花序，下垂。花期 11 月至次年 3 月。

[地理分布与生态习性] 原产于巴西，现世界热带地区常见栽培。性喜温暖湿润气候，不耐寒。适合种植于阳光充足和通风处，土壤以排水良好的沙壤土为宜。生命力强，生长旺盛，栽培容易，花后少有结实。

[繁殖方法] 扦插或压条繁殖。

[园林应用] 炮仗花花形如炮仗，花朵鲜艳，下垂成串，花期较长且开花之时正值春节前后，能增添节日气氛，因而极受人们喜爱。在园林中多用于阳台、花廊、花架、门亭的绿化美化，或于低层建筑墙面及屋顶作立体绿化材料。

13. 蒜香藤

学名：*Mansoa alliacea*

别名：紫铃藤

科属：紫葳科蒜香藤属

英名：alliaceous vine，garlicvine

[生物学特性] 常绿木质藤本。三出复叶，对生，卷须 1 或缺，椭圆形，先端尖。聚伞花序，腋生，花冠筒状，5 裂，花紫色，花期春至秋季，但以春、秋两季为其盛花期。由于其花及叶揉搓后具大蒜气味，故名蒜香藤。

[地理分布与生态习性] 原产于美洲热带地区。我国分布于华南南亚热带常绿阔叶林区地区，包括海南、福建、广东等、海南等。喜光，喜温暖及高温气候。对土质要求不严，但栽培地点需光照充足，否则开花稀疏或不开花。

[繁殖方法] 播种或扦插繁殖。

[园林应用] 蒜香藤生长强健，少病虫害，适应力强，栽培管理容易，开花时如成簇的紫色彩球，是极具观赏价值的攀缘植物，适合配置成花廊，或攀爬于花架、墙面、围篱、阳台之上。

14. 紫铃藤

学名：*Saritaea magnifica*

别名：美丽二叶藤

科属：紫葳科紫铃藤属

英名：glow vine，purple bignonia

[生物学特性] 常绿木质藤本，株高通常 3～3.5m，卷须不分枝。2 出复叶对生，椭圆

形，羽状脉明显。花单生或2～4排成顶生的圆锥花序；花冠漏斗状，紫红色或淡紫红色，花冠筒长约4cm，喉部白色，带有橙黄色的斑条，檐部5裂，裂片圆形。花期为秋冬季。

［地理分布与生态习性］ 原产于热带美洲，我国西南和华南一带有引种栽培。喜高温、阳光充足的环境。

［品种与繁殖］ 约10种，我国有1种。可扦插、播种、压条繁殖。

［园林应用］ 本种叶片翠绿光亮，花大型，色彩艳丽，是极其美观的藤本观赏树种，适用作花架、棚架、拱门等处的垂直绿化。

15. 紫芸藤

学名：*Podranea ricasoliana*

别名：非洲凌霄

科属：紫葳科非洲凌霄属

英名：zimbabwe creeper

［生物学特性］ 常绿半蔓性灌木。奇数羽状复叶，对生，小叶长卵形，先端尖，叶缘具锯齿。花顶生，花冠铃形，花色粉红色至淡紫色。蒴果，种子卵形。花期秋至次年春季。

［地理分布与生态习性］ 产自非洲南部。紫芸藤生长快速，容易种植。需阳光充足，营养丰富、排水性良好的土壤，夏季需常浇水。稍耐寒。修剪可提高开花率。修剪的最佳时间是冬天和早春新芽萌生前。

［繁殖方法］ 播种繁殖。种子浅埋于排水性良好土壤中，保持温暖潮湿。3～4周种子可萌发。

［园林应用］ 花朵极具观赏价值，适合配置成花廊，或攀爬于花架、墙面、围篱、阳台之上。

16. 大花紫玉盘

学名：*Uvaria grandiflora*

别名：山椒子

科属：番荔枝科紫玉盘属

英名：large flower uvaria

［生物学特性］ 常绿攀缘灌木。高3m；幼枝被锈色星状柔毛。叶近革质，长圆形、椭圆形或倒卵状长圆形，顶端常渐尖或突尖，基部圆形或钝。花单朵，与叶对生，紫红色或深红色，大型，直径达9cm。果长圆柱形，长4～6cm。花期3—11月，果期5—12月。

［地理分布与生态习性］ 原产于我国海南及广东南部，印度、缅甸、泰国、越南、马来西亚、菲律宾和印度尼西亚也有分布，为低海拔灌丛中的常见植物。性喜温暖湿润气候，较耐阴。

［品种与繁殖］ 播种繁殖。本属其他藤本植物还有：光叶紫玉盘（*U. boniana*），常绿攀缘灌木，全株无毛或微有毛；叶纸质，长圆形至长圆状阔卵形；花期5—10月，果期6月至次年4月；原产于我国海南、广东、广西及江西，越南也有分布。刺果紫玉盘（*U. calamistrata*），常绿攀缘灌木，幼枝被锈色星状柔毛，老枝几无毛。叶长圆形、椭圆形或倒卵状长圆形，近革质或厚纸质，叶面被稀疏星状短柔毛，老渐无毛，叶背密被锈色星状绒毛。花淡黄色，直径约1.8cm，单生或2～4朵组成密伞花序，腋生或与叶对生；内外轮花瓣近等大或外轮稍大于内轮，长圆形，两面被短柔毛。果椭圆形，长2～3.5cm，直径1.5～2.5cm，成熟时红色，密被黄色绒毛状的软刺。花期5—7月，果期7—12月。

产于我国广东、广西、海南，生于低海拔至中海拔山地林中或山谷水沟旁灌木丛中。越南也有。乌藤（*U. tonkinensis*），攀缘灌木，小枝被星状毛，后无毛；叶纸质，倒卵状披针形；花期4—9月，果期8—12月；原产于我国海南、广西，越南北部有分布。

［园林应用］ 花大而美丽，果实外形奇特，且为凤蝶寄主植物，适于庭园观赏应用。

17. 红花青藤

学名：*Illigera rhodantha*

科属：莲叶桐科青藤属

英名：red-flower illigera

［生物学特性］ 常绿藤本。茎长3～6m，具沟棱，幼枝被金黄褐色绒毛。复叶具3小叶；叶柄密被金黄褐色绒毛。小叶纸质，卵形至倒卵状椭圆形或卵状椭圆形，长6～11cm，宽3～7cm，先端钝，基部圆形或近心形，全缘，两面沿中脉常被短柔毛，小叶柄密被金黄褐色绒毛。花序密被金黄褐色绒毛；萼裂片5，长圆形，长0.6～0.8cm，紫红色，外面稍被短柔毛；花瓣与萼片同形，稍比萼裂片短，玫瑰红色。核果，具4翅。花期6—11月，果期12月至次年4—5月。

［地理分布与生态习性］ 产于广东、广西、云南，生于海拔100～2100m山谷密林或疏林灌丛中，石灰岩地区也有。喜温暖及冷凉湿润气候。

［品种与繁殖］ 播种繁殖。同属藤本植物还有：小花青藤（*I. parviflora*），常绿藤本。茎长3～5m，具沟棱，幼枝被微柔毛。复叶具3小叶；叶柄无毛。小叶纸质，椭圆状披针形至椭圆形，长7～14cm，宽3～7cm，先端渐尖至长渐尖，基部阔楔形，全缘，两面无毛，小叶柄无毛。花序密被灰褐色微柔毛；花绿白色；花瓣5，与萼片同形，白色。核果，具4翅。花期5—10月，果期11—12月。产于我国云南、贵州、广西、广东及福建等省区，生于海拔350～1400m山地密林、疏林或灌丛中。越南、马来西亚也有分布。播种繁殖。宽药青藤（*I. celebica*），常绿藤本。茎长5～8m，具沟棱，无毛。复叶具3小叶；叶柄具条纹，无毛。小叶纸质至近革质，卵形至卵状椭圆形，先端突尖，基部圆形至近心形。花序较疏松，无毛；花萼5裂，绿色；花瓣5，白色，有透明腺点。核果，具4翅。花期4—10月，果期6—11月。产于我国云南、广西、广东，生于海拔160～1300m的疏林、灌丛或密林中。越南、泰国、柬埔寨、菲律宾、印度尼西亚、马来西亚有分布。喜温暖至冷凉湿润气候。播种繁殖。

［园林应用］ 红花青藤花色艳丽，花繁叶茂，可用于庭园观赏及垂直绿化。

18. 香港马兜铃

学名：*Aristolochia westlandii*

科属：马兜铃科马兜铃属

英名：westland's birthwort

［生物学特性］ 木质藤本。嫩枝被短柔毛。叶革质或纸质，狭长披针形或长椭圆形，顶端短尖，下部收狭，基部深心形或狭耳形；叶柄常弯扭，稍被毛。总状花序生于老茎近基部或枝下部叶腋，花有腐肉臭味；花梗向下弯垂。花期3—4月。

［地理分布与生态习性］ 原产于我国南部广东、云南及香港。喜光又耐阴，喜温暖湿润气候。

［品种与繁殖］ 播种或分株、分根法繁殖。

本属分布于热带地区常见的种类还有：烟斗藤（*A. gigantea*），大型速生藤本，高可达4～6m，花大型；原产于中、南美洲，巴拿马至巴西都有分布。大花马兜铃（*A. grandiflora*），花形巨大，长可达40cm，宽20cm，为马兜铃属花形最大的种类，也是植物界花形最大的种类之一；原产于美洲墨西哥、巴拿马、巴西等国。耳叶马兜铃（*A. tagala*），也称印度马兜铃，小型草质藤本；叶纸质，卵状心形或长圆状卵形，基部深心形，两侧裂片近圆形，下垂；花期5—8月，果期10—12月；产于我国南部海南、广东、广西、云南、台湾等省区，印度、越南、马来西亚、印度尼西亚、菲律宾及日本也有分布。海南马兜铃（*A. hainanensis*），木质藤本，老茎具增厚之木栓层，枝近无毛，具明显浅纵槽；叶革质，卵形至椭圆状卵形，长（6）12～20（30）cm，宽7～11cm；总状花序腋生，具少数花，花上半部红色，下半部白中带黄色；花期10月至次年2月；海南特产，见于定安、保亭、东方、白沙等地。俟氏马兜铃（*A. howii*），木质藤本，茎无毛，老茎有加厚木栓层；叶革质，阔长圆状倒披针形，长7～13cm，宽2.5～4（5）cm；花单生，稀两朵簇生于叶腋，暗红色或暗褐色，花期5月；我国海南特产，见于保亭、琼中、琼海等地。

[园林应用] 本属植物大多花大色艳，花、果形态奇异，为热带地区重要的藤本花卉，在园林中可应用于棚架、栅栏和阳台绿化，也可作地被观赏。同时，本属植物为多种凤蝶幼虫的寄主植物，是建设蝴蝶园的重要材料。此外，其根茎、叶、果实皆有药用价值。

19. 华南忍冬

学名：*Lonicera confusa*

别名：土花、山银花、左转藤

科属：忍冬科忍冬属

英名：southern honeysuckle

[生物学特性] 半常绿藤本，幼枝、叶柄、总花梗、苞片、小苞片和萼筒均密被灰黄色卷曲短柔毛，并疏生微腺毛；小枝淡红褐色或近褐色。叶纸质，卵形至卵状矩圆形，顶端尖或稍钝而具小短尖头，基部圆形、截形或带心形。花有香味，短总状花序，有明显的总苞叶；花冠白色，后变黄色，唇形。果实黑色，椭圆形或近圆形，长6～10mm。花期4—5月，有时9—10月开第二次花，果熟期10月。

[地理分布与生态习性] 产于我国广东、海南和广西。生于丘陵地的山坡、杂木林和灌丛中及平原旷野路旁或河边，海拔最高达800m。越南北部和尼泊尔也有分布。

[园林应用] 本种花供药用，为华南地区“金银花”中药材的主要品种，有清热解毒之功效。藤和叶也入药。花色黄白间杂，常用于花架绿化，或攀附点缀山石。同忍冬（*L. japonica* Thunb.）外貌十分相似，但忍冬具硕大的叶状苞片，萼筒无毛，小枝密生开展的糙毛，易与本种区别。

20. 美丽猕猴桃

学名：*Actinidia melliana*

科属：猕猴桃科猕猴桃属

英名：pretty kiwi

[生物学特性] 半常绿藤本，高可达10m，枝条、花序和叶柄均被红棕色粗长毛；髓白色，片层状。叶膜质至坚纸质，长圆形，长6～15cm，宽3～9cm，基部微心形，背面密被糙伏毛。聚伞花序腋生，长不超过2cm，约有10朵花；花瓣5枚，白色。果幼时被

粗伏毛，成熟时脱落，圆柱状卵形，两端凹陷，长 1.6～2.2cm。花期 5—6 月。

[地理分布与生态习性] 产于我国海南、广东、广西、湖南和江西，生于海拔 200～1300m 的山地林及灌丛中。喜温暖湿润气候，在疏松肥沃、水源充足、富含腐殖质的土壤中生长良好，适应性较强。

[品种与繁殖] 播种或扦插繁殖。播种时由于种子细小，育苗时须要细致，覆土不宜过厚；扦插可于生长期，进行带叶绿枝扦插。

同属藤本植物还有：阔叶猕猴桃（多果猕猴桃）(*A. latifolia*)，大型落叶藤本，高达 8m，枝近无毛，有皮孔；髓心白色，片层状或中空或实心；叶坚纸质，阔卵形，长 8～13cm，宽 5～8.5cm，背面密被星状绒毛。聚伞花序大型，长达 10cm；花多数，有香气，花径 1.4～1.6cm；花瓣 5～8 枚，前半部及边缘部分白色，下半部的中央部分橙黄色。果暗绿色，圆柱状或卵状圆柱形，长 2.5～3.5cm，无毛，具斑点；花期 4—6 月。产于我国南部和东南部，喜生于旷野或中低海拔的灌丛或山谷。越南、马来半岛及印度尼西亚有分布。

[园林应用] 本种为生长强健的野生观赏藤本花卉，可于庭园种植观果，也可作花架绿化。

21. 绿玉藤

学名：*Strongylodon macrobotrys*

别名：碧玉藤、翡翠葛

科属：蝶形花科绿玉藤属

英名：tayabak，jade vine

[生物学特性] 常绿藤本，长可达 20m。三出复叶，小叶长椭圆形，全缘，长 7.6～12.7cm，先端渐尖，基部楔形，叶脉明显。总状花序下垂，长达 90～150cm 或更长；花蓝绿色，花期 12 月至次年 4 月。荚果，种子圆柱形，长约 5cm。

[地理分布与生态习性] 原产于菲律宾，多生长在潮湿森林的溪边。喜高温湿润和光照充足的环境，不耐寒，冬季温度需保持在 15℃ 以上。宜生长在中性至酸性的土壤中。

[繁殖方法] 播种繁殖。

[园林应用] 本种花色冷艳奇特，适合作为花廊和墙垣等处的垂直绿化材料。

22. 白花油麻藤

学名：*Mucuna birdwoodiana*

别名：禾雀花

科属：油麻藤属

英名：birdwoodian

[生物学特性] 大型木质藤本；老茎外皮灰褐色，断面淡红褐色，且有先为白色后变红色的汁液。羽状复叶长 17～30cm，有小叶 3 片；小叶革质，顶生小叶椭圆形或卵形，长 9～16cm，宽 2～6cm，先端钝而具尾状渐尖头，基部圆形或楔形；侧生小叶基部偏斜。总状花序生于叶腋或老枝上，长 20～38cm；花冠灰白色。荚果革质，带状，长 30～45cm，宽 3.5～4cm，密被锈色短茸毛；种子间稍缢缩，近念珠状；种子 5～13，暗紫黑色，光亮。花期 4—6 月；果期 6—11 月。

[地理分布与生态习性] 原产于我国海南、广东、香港、福建、江西、贵州、四川。生于海拔 1100m 以下的山地、路旁、溪边、海边向阳处，常攀缘于乔木或灌木上。喜温暖湿润气候；喜光；耐寒，耐半阴，不耐干旱和瘠薄，喜肥沃、富含有机质和湿润、排水良好的壤土。

[品种与繁殖] 播种繁殖。同属藤本植物还有：常春油麻藤（*M. sempervirens*），木质藤本，长可达 25m。羽状复叶长 21～39cm，有小叶 3 片；小叶纸质至革质，顶生小叶椭圆形、卵状椭圆形至卵状长圆形。总状花序生于老茎上，长 10～36cm。荚果条形，长 30～60cm，宽 3～3.5cm，有种子 4～10 颗。花期 4—5 月，果期 8—10 月。原产于我国四川、云南、贵州、陕西南部、湖北、湖南、江西、浙江。中性稍耐阴，较喜温，适生于湿润、肥沃而排水良好的土壤，空气湿度较大的阴坡。种子繁殖。

[园林应用] 本种分枝繁多，需攀于棚架或支柱上生长，盛花期花多于叶，宜在庭园作棚架或花廊种植。观花及垂直绿化效果俱佳。

23. 美丽崖豆藤

学名：*Callerya speciosa*

别名：牛大力藤

科属：蝶形花科鸡血藤属

英名：beautiful cliff bean

[生物学特性] 常绿攀缘灌木。嫩枝密被白色茸毛，后脱落。奇数羽状复叶，先端钝或短渐尖，基部近圆形，上面无毛，背面密被毛。总状花序通常腋生，有时成具叶的顶生圆锥花序；花冠白色，杂有黄色。荚果表面密被茸毛。花期 7—10 月。

[地理分布与生态习性] 原产于我国南部海南、广东、广西等地，越南也有分布。喜光耐阴，喜温暖气候较耐寒。

[品种与繁殖] 播种、扦插繁殖，近年来组织培养也取得成功。同属常见藤本植物还有：香花鸡血藤（*C. dielsiana*）：木质藤本，除花序和幼嫩部分被黄褐色柔毛外，余均无毛。叶长约 10cm，具短柄；小叶 7～9，纸质，具短柄，长椭圆形、卵状长椭圆形或卵形。圆锥花序顶生，柔弱而下垂，长 5～10cm，在基部分枝；花多而密集，单生于每节上；花冠无毛，紫色至玫瑰红色。荚果狭长椭圆形，长可达 15cm，宽1～1.5cm，扁平；种子 3～6。花期 5 月。原产于我国海南、云南、广西、广东、江西、湖南、湖北、安徽、江苏、浙江及福建。喜光，稍耐阴，喜肥沃深厚之土壤，亦耐瘠薄和干旱。播种、分株、压条、扦插都宜成活，管理粗放。为优良的棚架、门廊及山坡绿化的材料。

[园林应用] 用于庭园观赏、花境栽植，根可药用。

24. 鱼藤

学名：*Derris trifoliata*

科属：蝶形花科鱼藤属

英名：threeleaf derris

[生物学特性] 常绿木质藤本，小枝和叶均无毛。一回奇数羽状复叶，小叶通常 5 片，间有 3 片或 7 片，具短柄，近革质，卵状长椭圆形至长椭圆形，长 5～10cm，宽 2～4cm，顶端渐尖而钝头，基部圆形。总状花序腋生或侧生；花冠白色或粉红色，各瓣近等长。荚果扁平而薄，斜卵形、圆形或阔长椭圆形，长 2.5～4cm，宽 2～3cm，无毛；种

子 1～2。花期 4—8 月，果期 8—12 月。

［地理分布与生态习性］ 原产于我国东南部，多见于沿海河岸灌丛、海边灌木林或近海岸的红树林中。印度、马来西亚及澳大利亚北部也有分布。喜阴蔽，适宜于土层深厚、排水良好的地方栽培。

［繁殖方法］ 扦插繁殖。

［园林应用］ 可用于栅架、门廊等处垂直绿化。

25. 海刀豆

学名：*Canavalia maritima*

别名：水流豆

科属：蝶形花科刀豆属

英名：sea knife bean

［生物学特性］ 粗壮草质藤本。茎无毛，长达 30m。三出复叶，小叶倒卵形或宽椭圆形，顶生小叶基部楔形，侧生小叶基部偏斜，网脉明显。总状花序，花 1～3 朵生于花序顶部，花冠粉红色。荚果。花期 9 月，果期 10—11 月。

［地理分布与生态习性］ 原产于我国海南、广东及广西等地，广布于热带地区海岸。喜生于海边沙土上，喜阳、耐高温、耐盐碱，适应性强，生长强健。

［繁殖方法］ 播种繁殖。

［园林应用］ 花粉红色，美丽，对热带海滨环境极为适应，宜于海边绿化、美化。

26. 三星果藤

学名：*Tristellateia australasiae*

别名：蔓性金虎尾

科属：金虎尾科三星果属

英名：three star fruit

［生物学特性］ 常绿木质藤本。长达 10m。叶对生，全缘，纸质或近革质，卵形，先端急尖至渐尖，基部圆形至心形。总状花序顶生或腋生；花梗长 1.5～3cm，中部以下具关节；花鲜黄色，花瓣长椭圆形。果具星芒状。花期 8 月，果期 10 月。

［地理分布与生态习性］ 原产于我国台湾恒春半岛、兰屿海岸林边，菲律宾、马来西亚、澳大利亚热带地区及太平洋诸岛也有分布。喜光照充足环境和温暖及高温气候，耐旱、抗风。

［繁殖方法］ 播种及扦插繁殖。

［园林应用］ 本种长势强健、适应性强，叶片亮绿，花色鲜黄，为理想的垂直绿化材料。

27. 桉叶藤

学名：*Cryptostegia grandiflora*

别名：橡胶紫茉莉

科属：萝藦科桉叶藤属

英名：large flower cryptostegia

［生物学特性］ 落叶攀缘灌木。株高可达 15m。叶对生，椭圆形至卵状椭圆形，先端钝，具短突尖，全缘，革质。聚伞花序具小花 6～12 朵，花淡紫红色，高脚碟状。蓇葖

果。花期6—7月。

［地理分布与生态习性］ 原产于印度和马达加斯加，我国南部广东、海南等省有少量栽培。喜充足的阳光照射，喜微湿润的生长环境，耐寒性弱，必须保持温度在10℃以上。

［繁殖方法］ 播种、扦插或压条繁殖。

［园林应用］ 本种叶色亮绿，花色鲜艳、着花繁密，为极美丽的观赏植物，可盆栽观赏或庭园配置，尤宜沿小径两侧密植；也可作垂直绿化。其枝叶具白色乳汁，也是开发生物能源的植物材料。

28. 夜香花

学名：*Telosma cordata*

别名：夜香花、夜兰香

科属：夹竹桃科夜来香属

英名：cordate telosma

［生物学特性］ 柔弱藤状灌木。小枝被柔毛，黄绿色，老枝灰褐色，渐无毛，略具有皮孔。叶膜质，叶脉上被微毛。伞形状聚伞花序腋生，着花多达30朵；花芳香，夜间更盛；花冠黄绿色，高脚碟状；花柱短柱状，基部五棱。蓇葖披针形，外果皮厚，无毛；种子宽卵形，顶端具白色绢质种毛。花期5—8月，极少结果。

［地理分布与生态习性］ 原产于我国华南地区。生长于山坡灌木丛中，现南方各省区均有栽培，亚洲热带和亚热带及欧洲、美洲均有栽培。喜温暖湿润、阳光充足、通风良好、干燥的气候、排水性好和土壤疏松肥沃的环境。耐旱、耐瘠薄，不耐涝，不耐寒。

［繁殖方法］ 通常采用扦插繁殖。

［园林应用］ 夜来香枝条细长，夏秋开花，黄绿色花朵傍晚开放，飘出阵阵扑鼻浓香，尤以夜间更盛。常栽培供观赏，在南方多用来布置庭院、窗前、塘边和亭畔。我国华南地区有取其花与肉类煎炒作馔，花还可蒸香油，有清肝、明目、去翳之功效。

29. 玉叶金花

学名：*Mussaenda pubescens*

别名：良口茶、野白纸扇

科属：茜草科玉叶金花属

英名：jade leaf and gold flower，buddha’s lamp

［生物学特性］ 常绿攀缘灌木。小枝被平伏的短柔毛。叶对生或轮生，膜质或薄纸质，卵状长圆形或卵状披针形。花序顶生，为伞房花序式的聚伞花序，无总花梗或极短；花冠黄色，冠管长约2cm；花期春夏间。

［地理分布与生态习性］ 原产于我国南部、东部和东南部。喜温暖湿润气候，喜半阴环境和酸性土壤，适应性较强。

［品种与繁殖］ 扦插繁殖。同属可供园林应用的还有：楠藤（*M. erosa*），别名厚叶白纸扇，攀缘灌木，小枝无毛，叶长圆形、卵形至长圆状椭圆形；花期夏秋；产于我国海南、广东、广西、四川、贵州等地，日本琉球群岛也有分布。海南玉叶金花（*M. hainanensis*），叶对生，长圆状椭圆形；花序具总花梗；花期夏秋；为我国海南特产。

［园林应用］ 玉叶金花在野外呈攀缘藤本状，而在人工栽培环境下常为灌木。其花期

较长，花色醒目，叶色亮绿，耐阴性较强，在园林中常点缀于林下或林缘，颇具野趣；也可作为花坛或庭园美化。

30. 山牵牛

学名：*Thunbergia grandiflora*

别名：大花老鸦嘴

科属：爵床科山牵牛属

英名：bengal clock vine

［生物学特性］ 大型粗壮草质或木质藤本。长可达 8m 或更长，枝多数，有沟槽，被短柔毛。叶纸质，阔卵形或三角状心形，对生，两面被柔毛。花单生，有时两朵并生于叶腋或组成顶生、多花、下垂的总状花序；花冠淡蓝色。蒴果被柔毛，种子半球形。花期5—11 月。

［地理分布与生态习性］ 原产于我国南部和印度，现广植于热带和亚热带地区。喜光照充足环境和温暖湿润气候，不耐寒，越冬温度 10℃以上；对土壤要求不严，以湿润、排水良好者为最佳。

［品种与繁殖］ 播种、扦插及分株繁殖。同属可作观赏应用的藤本植物还有：翼叶山牵牛（黑眼花）（*T. alata*），缠绕草本，叶柄具翼；花冠 5 裂呈橙黄色，花筒中心褐黑色；原产于非洲热带地区，我国海南、广东、福建等地栽培作为观赏植物。海南老鸦嘴（*T. fragrans* subsp. *hainanensis*），小型缠绕或攀缘藤本，高约 1m，茎草质或下部木质；叶纸质，长3～5cm，宽 1.8～3.3cm，长圆状卵形或长圆状披针形；花冠白色，花期夏季；原产于我国海南、广东、广西等地；耐阴，为优良的观花地被植物。

［园林应用］ 山牵牛生长强健，覆盖面大，花大繁密而色彩艳丽，花期较长，可供棚架、建筑、篱垣及大树垂直绿化。

思考题

1. 木本花卉的定义是什么？
2. 请列举热带地区常见应用的观花乔木、观花灌木和观花藤本各 5 种，并写出其科属、拉丁学名和主要观赏特性。
3. 请列举花为红色、黄色、蓝紫色、白色的观花树种各 5 种，并写出其拉丁学名。
4. 什么叫藤本花卉？藤本花卉有哪些类型？在园林中有哪些常见的应用形式？
5. 请列举 10 种香花树种，并写出其科属、拉丁学名和主要园林用途。

本章推荐阅读书目

1. 陈有民. 园林树木学［M］. 北京：中国林业出版社，1990.
2. 庄雪影. 园林树木学［M］. 第三版. 广州：华南理工大学出版社，2014.
3. 中国科学院华南植物研究所. 海南植物志（第一卷）［M］. 北京：科学出版社，1964.
4. 苏雪痕. 植物造景［M］. 北京：中国林业出版社，2000.
5. 吴泽民. 园林树木栽培学［M］. 北京：中国农业出版社，2003.
6. 周铁烽. 中国热带主要经济树木栽培技术［M］. 北京：中国林业出版社，1999.
7. 朱家柟. 拉汉英种子植物名称［M］. 4 版. 北京：科学出版社，2001.

第十四章　热带趣味花卉

热带雨林不但有绚烂多姿的自然景观，也分布着许多极富趣味的观赏花卉，如趣味食虫植物（猪笼草、茅膏菜、黄花狸藻等）、趣味观果植物（神秘果、金莲木、铁西瓜、吊瓜树、假苹婆等）、剧毒植物（见血封喉）等，以及大量的热带标志性观赏植物——棕榈科植物。本章首先把趣味花卉分为珍稀保护植物、形态奇特植物、功能神奇植物、世界之最植物和传奇色彩植物五大类，对各类的主要种类作了较为详细的介绍；其次对热带景观的代表类型棕榈科植物作了特别推介，有助于我们更深入地了解神奇的热带雨林世界。

第一节　概述

热带趣味花卉，又可称为热带奇趣植物、珍奇植物、奇花异木，指的是原产地主要分布在热带地区尤其是热带雨林中，在形态、习性或者功能上具有区别于一般植物的奇特之处，富有一定趣味的花卉植物。近年来，国内涉及趣味花卉的专著、期刊不少，但是缺少系统全面地对趣味花卉植物的概念、分类、功能和习性进行描述的相关书籍，大多数以专类趣味小百科的形式呈现，分类方式五花八门，种类各不相同，内容完整性不足。热带地区因为环境条件的复杂性和丰富性，趣味花卉植物的种类更是不胜枚举。例如构成热带雨林十大奇观的榕树、见血封喉、四树木、菠萝蜜、火烧花、王莲、鸟巢蕨、兰花、麒麟叶、扁担藤等；热带雨林指示性珍稀植物坡垒、青皮、望天树；承载历史文化积淀的五狗卧花心——牛角瓜；拥有“龙之血”的龙血树；恐龙的食物桫椤；能“吃肉”的猪笼草；会“害羞”的含羞草；能改变人味觉的神秘果；报时之花——时钟花；“怕痒”的小叶紫薇等等。总之，热带趣味花卉种类纷繁多样，对人类的物质和精神需求都具有重要作用。

一、热带趣味花卉的分类

较早的书刊对于趣味花卉的定义范畴相对狭窄，以草本花卉为主，偏重其外在形态和习性的奇特之处，将趣味花卉主要分为食虫植物（insectivorous plants）、蚁栖植物（ant-hill plants）、动感植物（dynamic plants）、空气草（air grass）四大类。近年来，趣味花卉不再仅仅局限于草本花卉植物，以奇、趣为标准，加之与特殊的文化内涵相结合，囊括了包括乔灌木等多种植物类型，大大拓宽了趣味花卉的概念。现阶段，趣味花卉虽然还没有比较统一的分类标准，但是所涉及的植物种类大同小异。热带趣味花卉作为趣味花卉的一大类群，应在传统分类方式的基础上，结合热带趣味花卉特色进行分类。目前，热带趣味花卉可以按照多种方式进行分类，但综合考虑花卉植物本身特性以及其文化属性的分类方式最为严谨、科学。

（一）珍稀保护植物

在新生代第三纪或更早以前有广泛分布，而目前大部分已经因为地质、气候变化而灭绝，只在很小范围内幸存下来的孑遗植物，例如桫椤、苏铁、鹅掌楸；只在中国有分布，分布范围极为狭窄的望天树、石碌含笑、红毛丹、海南龙血树、海桑；在我国只有窄分布的鹿角蕨、董棕等。这些植物数量少，但是具有很高的观赏和应用价值。

（二）形态奇特植物

植物的个体发育，从种子萌发到形成具有根、茎、叶的植株，继而开花结果。在这些形态建成过程中，往往有一部分的器官发生变态，产生异常的结构，也有一些植物的器官，正常生长就具有奇特的形态，成为人们观赏的对象。例如能长出大量支柱根的榕树，形成独木成林的奇观；茎节上能够长出细长红褐色气生根的锦屏藤，营造出一帘幽梦的浪漫景致；拥有象腿一般粗壮的茎干的象腿辣木，浑身是宝，种子可榨油，嫩叶嫩果可食用，花和树皮还能药用；叶形似鸟巢一般的鸟巢蕨；花朵拥有五种颜色的五色梅；神似西瓜，还能爆炸的铁西瓜；生长在空气中的空气凤梨等。

（三）功能神奇植物

功能神奇植物包括作用神奇、捕食昆虫、动植物共生、拥有特殊成分的植物。例如供药用的曼陀罗、槟榔；气味独特的蒜香藤、胡椒木；改变味蕾感受器的神秘果；对外界环境敏感的跳舞草、含羞草、小叶紫薇、时钟花、木芙蓉、昙花、鸭跖草、夹竹桃；胎生和假胎生植物落地生根、龙舌兰；食虫植物金鱼草、猪笼草、捕蝇草、茅膏菜、瓶子草、狸藻、腺毛草、土瓶草；动植物共生的蚁栖植物蚁栖树、蚁寨、蚁茎玉、蚁窝花、眼树莲、双角兰、管状匈伯加兰、鳞茎铁兰、蚁蕨、蚁囊蕨；拥有特殊成分的糖棕、人心果、番木瓜、土沉香、油梨、依兰香、糖胶树、橡胶树、可可。

（四）世界之最植物

植物世界中，若按照其生长的快慢、寿命的长短、质地的轻重、人类利用的迟早划分，总有首尾两端者，这便是人们津津乐道的植物世界之最。如种子最大的植物海椰子，最轻的木材轻木，最重的木材铁力木，最毒的植物见血封喉，最大的仙人球金琥，叶片寿命最长的植物百岁兰等。

（五）传奇色彩植物

人类在与植物的长期相处过程中，给一些植物赋予特殊的文化内涵，如佛教中的植物，传统的名木花卉、国树国花等，或是传闻典故相伴，或是诗词乐画相伴，赋予美好寓意，总是人们喜闻乐见、兴趣盎然者。佛教中的文殊兰、荷花、缅桂花、地涌金莲、鸡蛋花、菩提树、贝叶棕、大青树、木蝴蝶、垂枝暗罗等；各国的国树国花，缅甸国花龙船花、泰国国花腊肠树、利比里亚国树油棕、巴拉圭国花西番莲等；代表真善美的植物，如橄榄、海南红豆、蓝花楹、凤凰木、鹤望兰、一串红、文竹、一品红等。

二、热带趣味花卉的功能

热带趣味花卉植物，不同于传统花卉植物分类中的乔灌草，因此在探讨其功能时，除了其园林造景功能外，其环境指示功能、经济生产功能、文化教育功能等都不可忽视。

（一）园林造景功能

热带趣味花卉中，譬如珍稀保护植物，世界之最植物，不仅具有较高的观赏价值而且十分珍稀，俗话说得好，物以稀为贵，这些植物无疑是园林造景中作为主景、中心景观植物的首选；而其他一些植物例如独木成林的榕树、一帘幽梦的制造者锦屏藤等都能在局部空间内营造出别具一格的独特景致；猪笼草、跳舞草、含羞草、凤仙花、猫脸花、太阳花等草本花卉是盛花花坛、室内盆栽的不错选择；木芙蓉、时钟花、小叶紫薇、鹤望兰、龟背竹等低矮灌木能够作为特色绿篱、点缀之景。总之，趣味花卉植物丰富多样，既具备传统花木的景观功能，还因为其特殊性，成为特色造景的常选植物类群。

（二）环境指示功能

趣味花卉植物中有一类植物对于有害气体十分敏感。例如能够检测空气质量好坏的鸭跖草，能够吸收和承受大量有害气体净化空气的夹竹桃，还有能够预测风雨的韭莲。它们本身就能够运用到空气质量监测、有害气体清除、气象预报等领域，也可作为相关领域研究者重要的参考植物。

（三）经济生产功能

有许多趣味花卉植物的某些器官能产生特殊的化学成分，使得它们具有食用、药用、饲用、保健及作为工业原料等经济功能。番荔枝、无花果、番木瓜、菠萝蜜、油梨、红毛丹都是热带水果佳品；乳茄、海巴戟、曼陀罗、槟榔、辣木等既可药用又可食用；依兰香、香棕、糖棕、龙血树、橡胶树、胭脂树、牛角瓜等都是重要化工原料的来源。

（四）文化教育功能

趣味花卉植物中涉及的佛家五树六花、各国国树国花、花卉诗词典故以及趣味花语等，都可供人们学习揣摩，寓教于植物，更能激发学生的兴趣，是青少年了解文学经典、国家文化、佛教文化、人情世故的不错选择。

第二节　主要热带趣味花卉

热带趣味花卉作为热带花卉植物的重要组成部分，其种类纷繁多样，趣味之处千奇百怪，无法详尽地赘述每一种植物。因此挑选出比较具有代表性，在我国海南岛等热带地区久负盛名的一些种类，对其基本形态特征、产地分布地、趣味之处、功能以及保护现状等方面进行简要叙述。希望能够抛砖引玉，推进趣味植物文化传播，引导趣味植物保护等。

一、珍稀保护植物

1. 恐龙的食物——桫椤

学名：*Alsophila spinulosa*

别名：蛇木

科属：桫椤科（Cyatheaceae）桫椤属

英名：cyathea

［生物学特性］　桫椤蕨类植物，别名蛇木，有“蕨类植物之王”的赞誉。桫椤高可达数米，犹如一棵大树，在蕨类植物中是“鹤立鸡群”的种，又称“树蕨”。桫椤的茎直立，中空，似笔筒，叶螺旋状排列于茎顶端，因此又叫“笔筒树”。

［地理分布与生态习性］　产于我国的西藏、贵州赤水及南方各地，在尼泊尔、印度锡金、不丹、印度、缅甸、泰国、越南、菲律宾及日本南部也有分布，海南岛中部热带雨林有分布。生于林下或溪边阴地。

［园林应用］　桫椤是古老蕨类植物，是草食性恐龙的主要食物之一，经第四纪冰期洗礼后，有幸孑遗下来。在现代，桫椤植株可制作成工艺品和中药，还是一种很好的庭园观赏树木。桫椤被称为研究古生物和地球演变的“活化石”，为《国家保护植物名录》中的一级保护植物，也是《国家重点保护野生植物名录（第一批）》中的一级保护植物。

［小贴士］ 由于桫椤科植物的古老性和孑遗性，它对研究物种的形成和植物地理区系具有重要价值，它与恐龙化石并存，在重现恐龙生活时期的古生态环境，研究恐龙兴衰、地质变迁具有重要参考价值。桫椤树形美观，树冠犹如巨伞，虽历经沧桑却万劫余生，依然茎苍叶秀，高大挺拔，称得上是一件艺术品，园艺观赏价值极高。

2. 伯乐不常有，伯乐树更罕见——伯乐树

学名：*Bretschneidera sinensis*

别名：钟萼木、山桃花

科属：伯乐树科（Bretschneideraceae）伯乐树属

［生物学特性］ 落叶乔木，又名钟萼木或山桃花。伯乐树高可达20m，树冠塔形，树皮褐色，光滑，有块状灰白斑点。叶为奇数羽状复叶，椭圆形或倒卵形，叶背粉白色，密被棕色短柔毛。芽为宽卵形，较大，芽鳞红褐色。花为大型总状花序，顶生，粉红色。蒴果红褐色，木质，被毛，近球形，具三棱，内有种子1～6粒。4—5月开花，9—10月果熟。

［地理分布与生态习性］ 分布于我国广东、广西、江西、福建、台湾、浙江、湖南、湖北、云南、贵州、四川，越南和泰国北部也有分布。通常生于海拔500～2000m的沟谷、溪旁坡地等常绿—落叶阔叶混交林中。喜潮湿而凉爽的气候，具有较强的耐寒性。

［园林应用］ 伯乐树系伯乐树科唯一的种，中国特有的第三纪孑遗植物。《中国植物红皮书》将伯乐树列为稀有种，《国家重点保护野生植物名录（第一批）》将该种列为国家一级重点保护植物，中国物种红色名录将该种列为易危种。伯乐树还有个非常奇特的特性，种子要在林下的树叶中覆盖一年后才能萌芽，苗期又无法长出发达的根系。因此野生伯乐树分布十分零星稀少，真可谓是“伯乐不常有，伯乐树更罕见”。2003年张荣京等人在海南省鹦哥岭发现了7株野生伯乐树，本种在海南的分布，是其在中国最南端的分布，而且是真正在潮湿热带雨林中的分布。

该种冠大荫浓，树干通直，材质优良；其花大型，总状花序顶生，初夏盛开时满树粉红如霞，格外引人注目；果实成熟时暗红色果实挂满枝头，形如小仙桃，在绿叶的衬托下，十分耀眼，独具特色，具有很高的观赏价值，是优良的园林观赏和绿化造林树种。因主根直伸，侧根发达，为深根性树种，抗风力强，生长较快，为中低山区的优良的速生树种。

［小贴士］ 在唐代文学家韩愈的《马说》中，作者对统治者埋没人才、不能重视人才和识别人才感到愤懑，因此发出“千里马常有，而伯乐不常有”的感叹。伯乐树便是植物界中的伯乐，非常稀少，被誉为“植物中的龙凤”。伯乐树名字的来历其实和稀有关系不大，而是和它的拉丁名有关系，将伯乐树的拉丁学名 *Bretschneidera sinensis* Hemsl.，音译过来，便有了现在这个好听的名字“伯乐树”。而此名又确实能很好地体现它的珍稀程度，不能不叹服事物的神奇巧妙。

3. 海棠依旧——琼崖海棠

学名：*Calophyllum inophyllum*

别名：红厚壳、海棠木、海棠果、胡桐、君子木

科属：为藤黄科（Guttiferae）红厚壳属

［生物学特性］ 常绿乔木。高5～12m，胸径30～60cm。树皮厚，灰褐色或暗褐色。

叶厚革质；阔椭圆形至倒卵状椭圆形，长 8～15cm，宽 4～8m；侧脉细密且平行；全缘；对生。花为腋生圆锥花序，具长梗白色，芳香；花瓣 4；雄蕊多数。核果圆球形，径约 2.5cm，成熟时黄色。

[地理分布与生态习性] 原产于我国海南、广东和台湾，马尔加什、印度、马来西亚及波利尼西亚均有分布。通常生于丘陵地和滨海沙荒地上。性强健，耐风、耐盐、耐干旱，是极佳的海岸防风树种。播种繁殖。

[园林应用] 我国海南环岛沿岸皆有分布，树冠成圆形、宽阔，绿荫效果极佳，为华南地区重要的庭荫树种，也可为海岸防风树种和城乡道旁绿化树种。

[小贴士] 琼崖海棠枝干虬结硬实，属于一类材，仅次于陆均松、荔枝、子京、青皮、坡垒等五大特类材。不是海棠，胜似海棠。扎根于热带海岛的琼崖海棠虽与北国西府海棠风格迥异，却也浑身是宝。崖州志中记载："粗皮礌砢，株柯拳曲。子可榨油"。海棠油灯照亮了海南的夜空至少 500 年，半个世纪以前才逐渐退休。由野生海棠树的籽仁压榨而得，除了做灯油之外，海棠油还是一种上等的保健药用品，具有皮肤保湿、强化静脉和毛细血管、抗风湿、抗菌，抗病毒促进免疫、消炎，促进伤口愈合与细胞再生等功效。

4. *刀砍不尽——母生树*

学名：*Homalium ceylanicum*

别名：红花天料木

科属：大风子科（Flacourtiaceae）天料木属

[生物学特性] 常绿乔木。高可达 15m，稀 20m 或 25m；树皮灰色，不裂；小枝圆柱形，无毛，有槽纹。叶片革质，先端短渐尖，基部楔形或宽楔形，两面无毛，叶柄无毛。花外面淡红色，内面白色，总状花序，花被极短，萼筒陀螺状，萼片线状长圆形，花丝无毛，花药圆形，花盘腺体近陀螺状，子房被短柔毛，花柱略高出雄蕊；蒴果倒圆锥形，6 月至次年 2 月开花，10—12 月结果。

[地理分布与生态习性] 分布于我国海南，云南、广西、湖南、江西、福建等省区有栽培。生于海拔 400～1200m 的山谷密林中。播种繁殖，也可扦插。

[园林应用] 母生树是海南著名的乡土树种之一，属海南省重点保护植物。木材红褐色，木质坚韧，纹理致密，是造船、家具、水工及细木工用材。树高可达 40m，树干通直，又可作为很好的园景树或庭荫树在城市园林中运用。

[小贴士] 母生树萌芽力很强。砍掉老树之后，从老树的根部会长出很多新的小树，越砍长得越快。海南当地人有个习俗，生女儿后，在庭园里种植数量不等的"母生树"，等孩子长大快要成家的时候，这几棵树也成为栋梁之材，能为女儿出嫁打制嫁妆。

二、形态奇特植物

1. *沧海桑田的活见证——露兜树*

学名：*Pandanus tectorius*

别名：露兜簕

科属：露兜树科（Pandanaceae）露兜树属

英名：tahitianscrewpine

[生物学特性] 常绿灌木或小乔木。叶狭窄，簇生于顶，中脉和边缘有刺。花单性异株，花序被叶状的佛焰苞所包围，无花被。果为圆头状或圆柱状的聚合果。

［地理分布与生态习性］ 分布于世界热带地区，我国产于福建、台湾、广东、海南、广西、贵州和云南等地区。喜高温高湿的热带气候，喜肥，适宜海边沙地生长。

［园林应用］ 不仅是优良的滨海景观植物，也是抗风植物。

［小贴士］ 露兜树的树干，有很多气根生出，若气根与地面接触后，会扩展成支柱根。古露兜树是生长在海滩上，古地中海消失后，它经过长期的演化、发育，成为热带雨林的成员，但是它仍然保持着原来生长在海滨滩涂上为了“呼吸”和支撑地上植株而生长的支柱根。露兜树属植物全身是宝，叶能编织多种工艺品。该属香露兜（*P. amaryllifolius*）的根、叶芽、内果可药用，西双版纳地区的傣族人民常取其嫩叶放入水中煮后当茶饮，有清热之功效。

2. 老茎生花——火烧花

学名：*Mayodendron igneum*

别名：缅木

科属：紫葳科（Bignoniaceae）火烧花属

［生物学特性］ 常绿乔木，高达15m。二回奇数羽状复叶。花冠橙黄色至金黄色，着生于老茎或侧枝上，花梗长5～10mm。蒴果线形，果皮革质，种子细小，极多，卵圆扁平，两侧具白色透明的膜质翅。

［地理分布与生态习性］ 分布于缅甸、印度、越南、老挝以及我国台湾、广东、广西、云南、海南等地。喜高温高湿的热带气候，喜疏松、肥沃的中性至微酸性土壤。

［园林应用］ 火烧花木材黄褐色带灰，结构较细腻，材质较硬重，是较好的木材之一。其树皮、茎皮、根皮可以入药。开花时，满树枝都是火红的花朵，就像树干在燃烧一样，十分震撼，广泛用于园林造景中。

［小贴士］ 在海南岛黎族村落，小孩喜欢用手搓揉花朵，一手捏住管状花的花冠，然后把花的基部放在嘴里并向花筒内鼓气，用两手一挤，花管爆裂，发出“泌”的一声，这是黎族小孩喜欢的一种小游戏。因此，黎族人称这种花为“锅罗泌”，意为“爆竹花”。其花是黎族人喜爱的生态蔬菜，是餐桌上的一道佳肴。每当火烧花盛开后凋落时，黎族人便在清晨来到火烧花树下，把一朵朵落花拾起，回家后用水漂洗，再放到开水中轻烫数分钟后，捞起用清水泡着，食用时可炒、可煮。

3. 老茎生果——菠萝蜜

学名：*Artocarpus heterophyllus*

别名：牛肚子果

科属：桑科（Moraceae）菠萝蜜属

英名：jackfruit

［生物学特性］ 常绿乔木，高可达20m。叶互生，亮绿。花果难辨。果实为聚花果，果皮有坚硬的瘤状凸起，生于树干，内有数十个淡黄色果囊；果色金黄，中有果核；种子浅褐色，卵形或长卵形。

［地理分布与生态习性］ 原产于亚洲热带地区，我国海南岛广泛分布。喜热带气候和深厚肥沃的土壤，忌积水。

［园林应用］ 菠萝蜜树形整齐，冠大浓郁，果奇特，亦可作为庭荫树和行道树。

［小贴士］ 菠萝蜜因果囊大、味美而闻名遐迩，被誉为“热带水果皇后”。其果实又

大又重，可达50kg，是热带雨林中的果王。它也是老茎生花结果植物的代表。菠萝蜜是“聚花果”植物，就是说它的果实是由一个花序上所有的花包括花序轴共同发育而成的。它全身都是宝。在海南地区，当地黎族人取其木材，切成块，放入酒中浸泡数日后饮用，有治风湿骨痛的功效。菠萝蜜木质金黄、材质坚硬，不仅可以做碓窝，还可作黄色染料。

4. 巨叶如伞的海芋

学名：*Alocasia macrorrhiza*

别名：隔河仙、天荷、滴水芋、野芋

科属：天南星科（Araceae）海芋属

英名：giant taro

[生物学特性] 多年生大型草本植物，根状茎粗壮。叶大、盾状、边缘波折。肉穗花序较佛焰苞短，下部为雌花，上部为雄花，二者之间为中性花。浆果红色。

[地理分布与生态习性] 产于我国江西、福建、广东、海南、四川、云南等地。孟加拉国、印度东北部至马来西亚半岛、中南半岛以及菲律宾、印度尼西亚等地也有分布。喜高温，耐阴湿，喜肥沃土壤。

[园林应用] 海芋深绿色的大叶片，纯白的佛焰苞，还有那红艳艳的浆果，颇具观赏性，它常作为园林绿化中的林下观赏植物。其根、茎、叶还可药用。

[小贴士] 海芋生长在热带雨林林下和林缘处，叶片巨大，形似一把撑开了的巨伞，这是海芋适应林下弱光环境、长期进化的结果。在热带雨林中，林下光线十分微弱，海芋为了生存，便扩大叶片，以得到更多的阳光进行光合作用，从而获取营养，久而久之，就形成了雨林下独特的巨叶奇观。热带地区多骄阳与阵雨，人们在野外劳作而没有戴遮阳帽和雨具时，常在林缘摘一片海芋叶，既可遮阳，又可挡雨。

5. 水中玉米——王莲

学名：*Victoria amazonica*

科属：睡莲科（Nymphaeaceae）王莲属

英名：royal water lily

[生物学特性] 多年生或一年生，水中浮生大型草本植物。有直立的根状短茎和发达的不定须根。叶大，圆形，光滑，直径可达2m多；叶缘直立；叶片绿色略带微红，有皱褶，叶背面紫红色；叶背面和叶柄有许多坚硬的刺；叶脉为放射网状。花大，开花后由乳白色逐渐变为紫红色。浆果球形，每果有种子几十到上百粒；种子球形，黑色。

[地理分布与生态习性] 原产南美洲的亚马孙河流域，现我国热带亚热带广泛栽培。性喜高温高湿环境，在肥沃的淤泥土壤中栽培较好。

[园林应用] 著名的热带水生植物。果实成熟后形似豌豆，含有丰富的淀粉，可食用，南美洲人称之为“水玉米”。

[小贴士] 具有世界上水生植物中最大叶片的王莲，其叶片直径盈米，结构非常巧妙。它叶片正面淡绿色，背面紫红色，密布着中空而坚实粗壮的叶脉，构成坚固的“骨架”；叶子内部有许多充满气体的洼窝，植物学上称为海绵组织。王莲的海绵组织非常发达，使叶片具有很大的浮力，且叶的边缘向上卷曲，犹如翠绿色的大簸箕浮在水面上；其叶缘有一处缺口，可让暴雨后过多的雨水流出而不压坏叶片。

尤为奇特的是王莲的花。其花大而美丽，直径可达20～30cm，每朵花有数十片花瓣，花色会随开花的时间发生变化。王莲通常在傍晚开花。初开时为乳白色的“雌性花”，花香浓烈且花内温度较高，吸引甲虫前来拜访。次日清晨，王莲的花闭合，将甲虫也关在里面，此时“雌性花”变成了“雄性花”，花药逐渐成熟并且开始释放，附着在甲虫身上。等傍晚花重新开放的时候，甲虫飞出，将花粉带到其他新开的白色的雌性花柱头上，从而完成传粉过程。而此时重新开放的王莲花朵已变成粉红色。第3天花变成深红色，最后变成紫红色而凋谢。当花沉入水中约3天后便形成幼果。3个月后果实成熟，内含几十到上百粒种子。

三、功能神奇植物

1. 有蒜香味的蒜香藤

学名：*Mansoa alliacea*

别名：紫铃藤

科属：紫葳科（Bignoniaceae）蒜香藤属

[生物学特性] 多年生常绿灌状藤本。植株蔓性，具卷须。三出复叶对生。花腋生，聚伞花序，花冠筒状，花瓣先端五裂。荚果，扁形，内有种子数粒。

[地理分布与生态习性] 原产于南美洲的圭亚那和巴西；海南城市园林中广泛应用。喜阳，对土壤没有严格的要求。

[园林应用] 蒜香藤一年能多次开花，每当花盛开时，数朵花聚集成一簇，仿佛垂挂着一团团粉彩绣球。其花在刚开时为粉紫色，慢慢变成粉红色，后变成粉白色而凋落，是优良的棚架植物。

[小贴士] 蒜香藤，顾名思义，就是有大蒜气味的植物。当靠近这种植物时，便可闻到一股大蒜味，若取花朵与叶片搓揉，大蒜气味更加浓烈。据有关研究表明，蒜香藤的叶和花含有二烯丙基二硫醚和二烯丙基三硫醚等有机硫化物，因而具有大蒜味；而这两种有机硫化物具有多种生物活性，都是大蒜油的有效成分。蒜香藤的根、茎、叶均可入药，用来治疗伤风、发热、咽喉肿痛等疾病，是一种兼具养生保健功能的优良观赏植物。

2. 报时之花——时钟花

学名：*Turnera ulmifolia*

科属：时钟花科（Turneraceae）时钟花属

[生物学特性] 多年生草本观花植物，高约1m。叶对生，近菱形，边缘具齿。花萼和花冠结合成筒状。果实为蒴果，种子有网状纹。

[地理分布与生态习性] 分布在非洲南部和南美洲的热带和亚热带地区，现我国热带亚热带广泛栽培。喜阳光充足的湿润环境。

[园林应用] 常见的时钟花有白色和黄色，其开花数量大，是优良的观赏植物。

[小贴士] 人类发明时钟，把一天分为24个小时，告诉人们何时起居、劳作和就寝。植物界也有“花钟”，时钟花就是植物界有名的“花钟”。时钟花不仅花形似时钟上的文字盘，而且能像时钟一样告诉人们时间。它每天开花时间很有规律：9点花瓣打开，9点半半开，10点全部开放，15点关闭。同一群植株上的所有花同时开放、同时凋谢的景象，十分奇特。时钟花开与闭的节律与日照、温度的变化密切相关，同时受内在一种物质——时钟酶的控制。这种酶调节、控制着开花时间。日出后，随气温逐渐升高，酶活跃起来，促进了花朵的开放；当气温上升到一定程度，酶的活性又渐渐减弱，花朵也就自然凋谢

了。当阴天或下雨时，时钟花的开放便相应推迟，且只是呈半开状态。

3. 雨中欢歌的多花脆兰

学名：*Acampe rigida*

别名：香蕉兰、芭蕉兰

科属：兰科（Orchidaceae）脆兰属

英名：banana orchid

[生物学特性] 兰科大型附生植物。茎粗壮，不分枝，具多数二列的叶。叶近肉质，带状，斜立，基部具宿存而抱茎的鞘。花序腋生或与叶对生；花多数；花苞片肉质；花梗和子房黄绿色，肉质；花黄色带紫褐色横纹；具香气。蒴果。

[地理分布与生态习性] 广泛分布于东南亚各国和非洲热带地区，我国海南岛中部山区有分布。喜附生于树干或岩石上生长。

[园林应用] 多花脆兰常附生于石灰山森林林缘树干或岩石上。其成熟的蒴果外形和颜色都很像香蕉，故又被称为“香蕉兰”。它植株大型，萼片和花瓣为黄色，又有香味，是园林上创造“空中花园”景观的好材料。

[小贴士] 多花脆兰为自交亲和植物，热带雨林里可以依靠雨水传粉的植物。为了完成传宗接代的使命，多花脆兰进化出适宜雨水传粉的特殊花部结构。每年8—9月，多花脆兰花开繁盛，然而正值雨季，此时传粉昆虫数量稀少。当雨滴落到花朵中的药帽上，重力会使药帽弹开，暴露出花粉块；在雨滴的再次击打下，花粉块会向上弹起。连接花粉块的粘盘柄的伸缩作用，使花粉块翻绕270°而精确地落入柱头窝，完成了自花授粉。正因为多花脆兰花粉块在雨水的作用下具有如此精妙的运动，才保证了它们的结实率。

4. 蚂蚁的天堂——蚁栖树

学名：*Cecropia peltata*

别名：号角树

科属：桑科（Moraceae）号角树属

英名：snake wood，trumpet tree，trumpetwood，trumpet-wood

[生物学特性] 常绿乔木。呈盾状形的掌状裂叶，成熟叶片直径达30cm以上，约有9至11裂，叶柄长约20～30cm，叶表粗糙、叶背色泽较偏淡白色并披有绒毛，雌雄异株，花序为腋生。

[地理分布与生态习性] 原产于巴西，我国华南地区有引种。阳性，喜高温、湿润气候。植株生长迅速，气生根发达。播种及扦插繁殖。

[园林应用] 叶型奇特，是优良的观赏植物。

[小贴士] 蚁栖树树干上有许多小孔，这是寄居的益蚁进出的“门户”；益蚁在中空有节的树干中生儿育女，与树木相依为命，因此人们称这种树为“蚁栖树”。蚁栖树的叶柄基部有一丛毛，毛里有一些蛋白质和脂肪构成的小球，益蚁以小球为食。旧的小球吃完了，新的小球又会长出来，成为益蚁取不尽、吃不完的营养食品。当别的生物来咬食蚁栖树树叶时，益蚁会奋起抗击夺粮者。生物学上把两种生物共同生活在一起，相互依赖、彼此有利的现象叫作“共生”。益蚁保护蚁栖树，而蚁栖树供给益蚁食物和住所，它们真是动物与植物共生合作的最佳典范。

蚁栖树叶片外形像早期留声机的筒状喇叭，尤其从树荫下抬头仰望硕大叶片在阳光照射下叶、脉的透空的感觉，特别亮丽而深具美感，故又称“号角树”。

5. 制糖棕榈——糖棕

学名：*Borassus flabellifer*

别名：扇叶糖棕、柬埔寨糖棕

科属：棕榈科（Palmae）糖棕属

英名：palmyra palm，doub palm，tala palm

[生物学特性] 常绿乔木；植株粗壮高大。叶大型，掌状分裂，叶柄粗壮，边缘具齿状刺。雄花小，黄色，雌花较大，球形。果实大，近球形；中果皮纤维质，内果皮坚硬，包着种子；种子通常3粒，胚乳角质，均匀，胚近顶生。

[地理分布与生态习性] 原产于亚洲热带地区和非洲。我国有引种栽培，海南岛广泛栽培。喜阳光充足、气候温暖的环境，以疏松肥沃的土壤为好。

[园林应用] 糖棕是产糖的“能手”，在其主产国如印度、缅甸、马来西亚、斯里兰卡等，人们大量利用糖棕制糖。糖棕树形优美，为佛家五树六花之一，在园林配置中既能作为主景，也可作为行道树，是优良的园林绿化树种。

[小贴士] 糖棕为雌雄异株，雌株主要是结果繁衍后代，而雄株则可产糖。当雄株花序抽出时，人们就爬上树，把花序捆绑起来不让其展开；若干天后，用木棒敲打花序并用利刀把花序尖切去一小段，这样，花序中的糖汁就顺着切口流出来并滴进准备好的容器中。如此操作，每切去一小段花序就可再让其滴出糖汁。据统计，一个花序可产出3～4小桶糖汁，每株糖棕每年可产60～70小桶糖汁，可熬制糖20～30kg。一棵糖棕就可以满足一个三口之家的用糖量。割取的花序汁液除了可以制糖外，还可酿酒及做饮料等。

糖棕的果实数十个挂于树顶，如皮球大小，金黄光亮。其种子为褐色，可放于室内作装饰。叶片同贝叶棕的叶片一样，不仅可以用来刻写文字或经文，还可用于盖房屋和编席子、篮子。其果实未熟时，种子里有一层凝胶状胚乳和少量清凉的液体可供食用和饮用。其树干外面的木质部坚硬，可用来制作筷子、输水槽，也可用于制作花瓶等工艺品。此外，糖棕植株高大，掌状叶巨大而且排列紧密，犹如一把天然的大绿伞，能遮挡热带炽热的阳光，给人们一片凉爽的绿荫。因此，东南亚一些国家的居民喜在房前、屋后、田园种糖棕，既可绿化观赏，又可遮阴，还能获得食糖来源。

6. 变酸为甜的神秘果

学名：*Synsepalum dulcificum*

别名：变味果

科属：山榄科（Apotaceae）神秘果属

英名：miracle fruit/berry

[生物学特性] 常绿灌木，高2～4m，枝上有不规则的灰白色条纹。花腋生，白色，米粒大小。果椭圆形，成熟时鲜红色，含种子1粒。

[地理分布与生态习性] 原产于西非的加纳、刚果（布）、刚果（金）一带。我国海南有引种栽培。喜阳，喜肥沃土壤，耐半阴。

[园林应用] 神秘果用途甚广，鲜果可食用，也可制成酸性食品助食剂，或制成糖尿病人需要的甜味变味剂。其果汁、种子还可以药用。神秘果枝叶繁茂，花小而具奶香，果艳丽，是一种供庭院绿化观赏的珍奇植物，尤其是做成盆景，备受消费者的青睐。

［小贴士］ 20世纪60年代，周恩来总理访问西非时，加纳共和国作为国礼相赠，并在中国科学院西双版纳热带植物园安家落户。以后我国南方的一些植物园纷纷引种成功。神秘果被誉为“果园里的魔术师”，它的果实有改变人味觉的特效。它那鲜红、花生仁大小的果实，只要你吃上一粒后，再吃任何酸的东西都会感觉是甜甜的，其功效能持续两个多小时。神秘果为何会有如此奇特的功能呢？原来，神秘果中含有一种能对人口中味蕾产生影响的变味蛋白酶。人们吃了神秘果后，舌头上对酸味敏感的味蕾暂时被麻痹和抑制，而激发了对甜味敏感的味蕾，这样，人们便对水果中的果酸感觉不出来，享受的都是水果中的果糖。然而，这种蛋白酶对牙齿和肠胃却起不了作用，所以，对酸水果敏感的人，可不能被神秘果的功效所“欺骗”，还是少吃酸为妙。

四、世界之最植物

1. 世界上最轻的木材——轻木

学名：*Ochroma pyramidale*

别名：百色木

科属：木棉科（Bombacaceae）轻木属

英名：corkwood

［生物学特性］ 常绿乔木。树干挺直，叶片宽大呈心状卵圆形，叶背面密被、上表面疏被褐色星状柔毛。花单生近枝顶腋，花瓣匙形，白色，柱头5枚伸出于花药之上并相互扭转成螺旋状纺锤形。蒴果，种子多数。

［地理分布与生态习性］ 原产于热带美洲，分布于西印度群岛、墨西哥南部至秘鲁、玻利维亚等地；现我国云南、海南、广东有引种栽培。喜高温多湿气候，不耐寒。

［园林应用］ 轻木是世界上最轻的商品木材，也是一种很好的绝热材料。此外，轻木还可做隔音设备、救生胸带、水上浮标等。

［小贴士］ 轻木，顾名思义，就是指其木材很轻。那么它究竟轻到什么程度呢？一般情况下，一个成人可以扛起长达2 m、直径达70cm的轻木木材轻松地迈步前进，其得名“轻木”果真是名副其实。轻木的比重只有0.1～0.25，因而是世界上最轻的商品木材。因其容重最小、材质均匀易加工，可作为航空工业中的夹心板等多种轻型结构物的重要材料，由于其木材结构变异小、体积稳定性较好，又可做各种展览的模型或塑料贴面板等材料。

轻木生长速度极快，12年的树生长可达18 m高，树干直径粗达70cm，是一种典型的热带速生树种。由于它生长成材快，在相对较短的时间就能长成高大魁梧的树体，所以，为了支撑迅速成长的高大树体，轻木也采取了特殊的生存策略——在其根部很快形成庞大的地面根，并紧紧地抓住地面，让地上部分在狂风暴雨中屹立不倒。以生长12年的轻木为例，其地面根可从树干基部伸出25m远。

2. 最毒之木——见血封喉

学名：*Antiaris toxicaria*

别名：药树、加独、大毒木、弩箭王

科属：桑科（Moraceae）见血封喉属

英名：upas tree

［生物学特性］ 大乔木，具乳白色树液，树皮具泡沫状凸起。大树基部粗大，有些会形成板根。叶互生，基部不对称。果肉质，梨形红色，内含白色种子1粒。

［地理分布与生态习性］ 多分布于赤道热带地区，印度、缅甸、泰国、中南半岛、马来西亚、印度尼西亚等地也有分布，我国海南岛中南部热带雨林广泛分布。喜高温多湿的热带气候。

［园林应用］ 见血封喉是热带雨林中具有“巨大板根”的种类，极其抗风。

［小贴士］ 见血封喉又名箭毒木，在过去，黎族人将其毒汁涂于箭头上，用于射杀野兽和反击外来侵略者。相关研究发现，将 1mL 见血封喉汁液注射于 500g 的小白兔体内，165s 后小白兔就死亡了。见血封喉树汁含有强心苷，该类物质具有强心、加速心跳、增加血液输出量的功能。一接触人畜伤口，即可使中毒者心脏加速跳动导致心律失常。

见血封喉尽管听起来很可怕，但它也可以为人们所利用。其树皮纤维厚实柔软，过去海南岛中部山区各民族用于制作树皮衣和睡垫。人们取长度适宜的一段树干，用木棒反复均匀地敲打，当树皮与木质部分离时，剥取整块树皮；然后将树皮放入水中浸泡约一个月，再放到河水中边敲打边冲洗，除去毒液，脱去胶质，再晒干就得到一块洁白、厚实、柔软的纤维层。用它制作褥垫、衣服或筒裙，既轻柔保暖，又舒适耐用。

3. 林中的巨人——望天树

学名：*Parashorea chinensis*

别名：擎天树

科属：龙脑香科（Dipterocarpaceae）柳安属

［生物学特性］ 常绿高大乔木，高可达 80m。树干通直，树冠如一把巨大的伞。叶互生，革质。花乳白色。坚果，顶部具 3 个同等大小的翼。

［地理分布与生态习性］ 分布于我国云南南部（勐腊、河口东部、马关）和广西（巴马）等地；在东南亚热带雨林也有分布；广东、海南等地有栽培。喜高温高湿的雨林环境。

［园林应用］ 望天树具有很高的科学研究价值和经济价值，而它的分布范围又极其狭窄，所以被列为《国家保护植物名录》中的一级保护植物、《国家重点保护野生植物名录（第一批）》中的一级保护植物。其木材坚硬，耐用，耐腐性强，不易受虫蛀，结构均匀，花纹美观，是制造各种家具的高级用材。

［小贴士］ 望天树，顾名思义，仰头看天才能看到树顶。原产于云南西双版纳热带密林中，于 1974 年首次发现，是我国特产的珍稀树种。望天树高大通直，一般可高达 60m 左右，个别的高达 80m、胸径 300cm 以上。这些世上所罕见的巨树，棵棵耸立于沟谷雨林的上层，一般要高出第二层乔木 20m 之上，真有直通九霄、刺破青天的气势，是中国树木中最高的“巨人”。望天树是热带雨林的标志性树种，望天树的发现，推翻了“中国十分缺乏龙脑香科植物”“中国没有热带雨林”等论断。

4. 拥有巨大板根的四数木

学名：*Tetrameles nudiflora*

科属：四数木科（Tetramelaceae）四树木属

［生物学特性］ 落叶大乔木，高可达 30m，树干粗壮，叶互生，心形，边缘具粗糙的锯齿。雌雄异株，无花瓣，蒴果球形或卵球形，顶端穴内有两个裂口，散出细小种子。

［地理分布与生态习性］ 分布于我国云南南部，海南有栽培；印度、斯里兰卡，缅甸、越南、马来半岛至印度尼西亚等地也有分布。喜高温高湿，喜腐质的石灰岩土壤。

［园林应用］ 四数木是世界上最典型，也是我国最大的板根植物。由于在我国四数木

科只分布此一种植物，而且十分稀少，因此被列为国家重点保护植物。

[小贴士] 四数木树体高大，树干粗壮，而根系较浅，为了支撑起高大的树冠，便产生了一种很奇特的翼状结构的板根。这些根能从树干辐射伸出像墙一样宽的3～5条支柱根，高可达10m之上，并可向外延伸10m，甚为壮观，成为热带雨林最显著的一个生态特征。在中国科学院西双版纳热带植物园的热带雨林景区内保存着一株数人才能围合起来的四数木，它形成的大板根景观，每年吸引着上万游人来观光欣赏。由于其板根巨大，砍伐十分困难，因而很少被利用。不过，以前生活在西双版纳地区的少数民族居民利用其翼状的板根制作推车或畜生拉力车的轮子。

五、传奇色彩植物

1. 善解人意的缅桂花

学名：*Michelia ×alba*

别名：白兰、缅桂

科属：木兰科（Magnoliaceae）含笑属

英名：white michelia

[生物学特性] 常绿乔木，高达20m；嫩枝和叶柄均被淡黄色的平伏柔毛。叶互生，托叶痕明显。花白色，极香。蓇葖果，外有白色斑点；种子有红色假种皮。

[地理分布与生态习性] 原产于印度尼西亚的爪哇，现广植于东南亚诸国；我国福建、广东、海南、广西、云南等地广泛栽培。喜高温、半阴环境。

[园林应用] 缅桂花终年常绿，树形优美，花洁白清香，花期长，是著名的庭院观赏树种，常用作行道树。其花可提取香精或用于熏茶，叶可提取精油。其根皮可入药，用于治疗便秘。

[小贴士] 在某些地区，缅桂花是当地人喜爱和信奉的植物，因此，人们常将它种于寺庙、村边、庭院中。缅桂花极香，每当它绽放时，少女和妇女喜将其摘下做成花环或花团戴在头上、胸前或作颈饰。男女在唱情歌时，常用这种花来比喻善解人意的姑娘。而在热恋中的少男少女常常喜欢共栽一株缅桂花树，象征他们的爱情。还有一些少数民族，女性把这种花当耳环，戴在耳朵上既起到装饰作用又可闻花香，还能驱蚊虫。南美洲的厄瓜多尔将缅桂花选为国花，象征爱意、纯洁、真挚。

2. 五狗卧花心——牛角瓜

学名：*Calotropis gigantea*

别名：五狗卧花、断肠草

科属：萝藦科（Asclepiadaceae）牛角瓜属

[生物学特性] 直立灌木，全株具乳汁；茎黄白色，枝粗壮，幼枝部分被灰白色绒毛；叶倒卵状长圆形或椭圆状长圆形；聚伞花序伞形状，腋生和顶生；花萼裂片卵圆形；花冠紫蓝色，辐状；副花冠裂片比合蕊柱短，顶端内向，基部有距。花果期几乎全年。

[地理分布与生态习性] 产于我国云南、四川、广西和广东、海南等省区，印度、斯里兰卡、缅甸、越南和马来西亚等也有分布。生长于低海拔向阳山坡、旷野地及海边。喜温、喜光。

[园林应用] 牛角瓜的茎皮纤维可供造纸、制绳索及人造棉，织麻布、麻袋；种毛可作丝绒原料及填充物。茎叶的乳汁有毒，含多种强心甙，供药用，治皮肤病、痢疾、风

湿、支气管炎；树皮可治癫痫。乳汁干燥后可用作树胶原料，还可制鞣料及黄色染料。全株可作绿肥。也可作为海边固沙防风的低矮灌木层。

［小贴士］ 牛角瓜的副花冠结构十分奇特，5 个副花冠规则整齐地排列在雄蕊的基部，极像五只小狗卧在花蕊中，那五角形的柱头恰似一轮明月。这种花型十分奇特的植物，当年还引出北宋两大名家王安石和苏轼的一段佳话。传说，王安石（1021—1086）到达海南时，看到牛角瓜这种植物的花十分奇特，有五只酷似小狗的玩意儿卧在花中间，因此他当即赋诗“明月当空叫，五狗卧花心”来形容这种奇特的花。当苏东坡（1037—1101）看到这句诗时，觉得“明月”应当是“当空照”，“五狗”只能卧在“花荫”中，因此将这句诗为“明月当空照、五狗卧花荫”。后来，苏东坡到了海南看到牛角瓜的花，才恍然大悟。

第三节 食虫植物

食虫植物（insectivorous plants）指的是一类通过捕捉并消化动物而获得营养的植物，如今的西方社会已经倾向于称之为“食肉植物（carnivorous plants）”，因为这些植物所捕捉的并不限于昆虫，还包括各种节肢动物、环节动物乃至小型脊椎动物等。食虫植物是指通过植株的某个部位捕捉活的昆虫或小动物，并能分泌消化液，进而消化、吸收动物的营养（非能量），以供自身生长所需的一类植物。这是一种生态适应，这种植物是一类自养型植物，多生于长期缺乏氮素养料的土壤或沼泽中，具有诱捕昆虫及其他小动物的变态叶。

食虫植物是一个稀有的种群，几乎遍布全世界，但以南半球最多，全世界共有 12 科 20 属 630 多种。主要有三大类：一类是叶扁平，叶缘有刺，可以合起来，如捕蝇草类；一类是叶子成囊状的捕虫囊，如猪笼草、瓶子草类；再有一类是叶面有可分泌汁液的纤毛，通过黏液粘住猎物，如茅膏菜类。

食虫植物因为根系不发达，吸收能力差，长期生活在缺乏氮素的环境（如热带、亚热带的沼泽地）中，假如完全依靠根系吸收的氮素来维持生活，那么在长期的生存斗争中早就被淘汰了。迫于生存的压力，食虫植物为了获取足够的养分，不得不进化出捕捉昆虫的器官。此外，食虫植物为了消化捕获的昆虫，还从体内合成消化这些动物的酶，经过一段时间的消化作用，动物的蛋白质就可转化成氮素被植物吸收利用。食虫植物既能进行光合作用，又能利用特殊的器官捕食昆虫，依靠外界现成的有机物来生活。因此，食虫植物是一种奇特的兼有两种营养方式的绿色开花植物。

一、食虫植物捕虫的方式

食虫植物的捕食方式有两种，即主动式捕虫器捕食和被动式捕虫器捕食。

（一）主动式捕虫器

主动式捕虫器的特点在于其具有快速运动的能力，能够很迅速地抓住昆虫。主要包括：兽夹式捕虫器和吸力式捕虫器。

1. 精彩且智慧的陷阱——兽夹式捕虫器

这一类的捕虫器存在于捕蝇草和貉藻上，构造就如捕兽夹一般，是食虫植物中构造最为复杂的捕虫器，其带有感觉毛，能感应到猎物的触碰。平时捕虫器是展开着的，待昆虫触碰到感觉毛时，便会促使捕虫器闭合起来。由于闭合的速度很快且闭合的力量很强，因此昆虫难以脱逃。兽夹式陷阱的捕食过程不仅精彩，而且极具智慧。三根触毛的陷阱开合方式能聪明地分辨出是风吹雨淋的干扰，还是真正有昆虫掉入陷阱。叶缘的尖刺在闭合时能够筛选合适的猎物，如果落下的昆虫个头太小，能提供的养料太少，不值得为此闭合叶片，那么尖刺形成的牢笼内昆虫能够钻出来，兽夹会再次打开，等待迎接更大的猎物。

2. 罕见的气功——吸力式捕虫器

这是水生食虫植物狸藻的专利捕虫技术。因其捕虫构造为囊状构造，因此这种捕虫器也可称是捕虫囊。捕虫囊是具有弹性的囊状构造。若将瓶口打开后，会自然地鼓起。在捕虫器的开口处具有一个不透水的盖子，是向内开的。平时紧紧地盖住开口而不漏水。捕虫囊上具有排水的机制，会不断将囊内的水往外排放捕虫囊变扁，但同时囊内的负压也变高。如果水中的小动物触碰到开口处的感觉毛时，盖子便突然打开，捕虫囊将水连同小生物一起吸进来，在吸水的过程中便会使盖子向内开，堵住囊口，将小虫关在囊中消化吸收。同时在狸藻的囊口有一种绿色刚毛细胞，依靠细胞内叶绿素分子的作用，能够自动调节囊内外水的压力，保证囊内消化液不因水的进入而被稀释。

（二）被动式捕虫器

这一类的捕虫器大多以陷阱的方式捕虫。捕虫器通常只能缓慢的运动，甚至不运动，其构造可分为三类分别是：掉落式陷阱捕虫器、粘胶型捕虫器、龙虾篓型捕虫器。

1. 失足便是不归路——掉落式陷阱捕虫器

有一类食虫植物“身不动，膀不摇”就能捕虫吃，这一类食虫植物长出瓶子状的捕虫器，由于捕虫器能分泌一些吸引昆虫的气味，因此昆虫便会被吸引到瓶口，若失足跌入瓶中，则无法逃出。比如，猪笼草的捕虫器的瓶口周围具有蜜腺，可分泌含有果糖的汁液来吸引昆虫，猪笼草通常都是吸引蚂蚁，猪笼草分泌的蜜汁具有毒性，所以前来取食的蚂蚁才会中毒而容易掉入瓶中。瓶子草的捕虫器的瓶口周围也具有蜜腺，不过瓶子草不吸引蚂蚁，而较多吸引蜜蜂或果蝇。瓶子草分泌的蜜汁带有更强的毒性，前来觅食的昆虫往往中毒掉入瓶中而死。

2. 有去无回的诱惑——龙虾篓型捕虫器

这类捕虫器与掉落式陷阱捕虫器有些相似，如眼镜蛇瓶子草属植物和鹦鹉瓶子草，但是它们采取了一种似乎更为精巧的陷阱装置。不同于掉落式陷阱宽敞的入口，特化的变态叶片顶端几乎闭合形成一个类似球形的腔体，仅仅留下一个不大的入口。这类陷阱精妙之处在于它利用了昆虫的天性和弱点，与人们用龙虾篓捉龙虾的原理有异曲同工之妙。与许多瓶子草一样，龙虾篓型捕虫器也利用多彩且极富变化的叶片和甘甜的花蜜来诱惑昆虫，当被吸引的昆虫随着花蜜爬到那个不大的入口后，就会在喜钻洞寻食的贪吃天性诱导下，不知不觉爬入洞内。洞内仿佛色彩斑斓的小房间，昆虫在这个色彩斑斓的迷幻世界里找不到出口，只能顺着瓶子提供的步道前行，因此在劫难逃。

3. 致命的一吻——粘胶型捕虫器

这一类食虫植物都有产生黏液的腺毛，可以粘住昆虫，依其构造和运动能力分两小类。

第一类存在于茅膏菜属植物。这一类食虫植物的腺毛和叶片具有运动的能力，当粘到猎物时，腺毛和叶片会运动，以便将猎物抱得更紧。比如毛毡苔的捕虫器覆满了腺毛，能分泌黏液以粘住猎物。当捕捉到猎物后，在猎物旁的腺毛全都会弯过来压制猎物，最后连叶子整个都弯起来了，除了能防止猎物逃走外，还能使更多的腺毛都能接触到猎物，从而能做更有效率的消化。

第二类存在于捕虫堇属植物。其腺毛非常短而细小，披覆在叶片上，其腺毛和叶片没有运动能力。比如，捕虫堇叶片上，覆满大量微细的腺体，腺体上均带有黏液。捕虫堇通常只能捉到微小的昆虫，如蚊子或果蝇等，其捕虫叶特别能分泌抗菌的物质，所以猎物不会腐败。

二、食虫植物的捕食结构

食虫植物的捕食结构大多数是由叶变态而来的，也有的是由花形成的，由它们形成了各种各样精巧的捕虫器，以适应捕捉昆虫。

（一）由叶形成的捕虫器

由叶形成的捕虫器多种多样，结构复杂，外形常呈瓶状、盘状、囊状等，在这种捕食结构上都有能分泌消化液的腺体存在，还有的具有引诱昆虫的蜜腺、粘着昆虫的黏液腺、感受刺激的触毛或感应毛等结构。

具瓶状捕虫器的如猪笼草。这种植物叶片分化为三部分，下部呈绿色扁平的带状，中部细长呈卷须状，遇到异物时可卷曲借以攀缘，先端则变为具盖的瓶状体，瓶长 12～16cm，瓶内有腺体，能分泌出含蛋白酶的消化液，瓶口上方为叶片状的瓶盖，瓶盖通常是敞开的，盖的腹面及瓶口内缘光滑且具有蜜腺。当昆虫受到蜜汁的吸引爬到瓶口时，极易滑入瓶内，瓶盖也随之关闭，昆虫遂被瓶内的消化液消化，并由囊壁吸收，当消化吸收完毕后，瓶盖能再次打开，去捕捉下一个“来访”的昆虫。类似捕虫器的植物还有瓶子草。

具盘状捕虫器的如茅膏菜。茅膏菜的叶子为圆盘状，其表面辐射状排列着许多腺毛，腺毛顶端膨大，能分泌消化液和黏液。昆虫落到上面便被粘住。在昆虫挣扎时，其他部分的腺毛即弯向昆虫所在的地方，迅速将昆虫包围，同时腺毛分泌消化液，将昆虫消化并吸收。之后，腺毛重新张开，以便继续捕虫。类似捕虫器的植物还有捕蝇草、锦地罗、貉草等。

具囊状捕虫器的如狸藻。狸藻是多年生水生植物，叶羽状分裂成细丝，和一般沉水叶相似。其中有部分裂片特化为捕虫囊，囊口附近长有许多刺状毛，旁边有小管分泌黏液，并生有一个只能向内开的活瓣，囊内壁上有消化腺。平时捕虫囊的两壁相靠，囊口关闭，当在水中游动的小昆虫触到囊口附近的刺毛时，囊的两壁突然分开，囊口张开，小虫即随水流入囊中，这时活瓣又关闭，堵住囊口，将小虫关在囊中消化吸收。同时在狸藻的囊口有一种绿色刚毛细胞，依靠细胞内叶绿素分子的作用，能够自动地调节囊口内外水的压力，保证囊内消化液不因水的进入而被稀释。与此种捕食方法相似的还有挖耳草等。

（二）由花形成的捕虫器

在美国得克萨斯州南部发现了一种夹竹桃，它花中的五个箭形花药顶部在柱头处相互靠拢，柱头的表面布满透明的黏液，粘住花药顶端，使花药间形成上窄下宽的垂直楔形缝。当肉蝇前来采蜜，用口器从缝隙伸向含花蜜的腔中取食时，花药则将口器卡住，黏液又牢牢粘住花药，肉蝇再也无法飞走，只好坐以待毙。

三、食虫植物分类

食虫植物的分类处于不断的变化之中，一般分为：5 个目，包括禾本目、石竹目、唇形目、管状花目；12 个科，包括双钩叶科（Dioncophyllaceae）、露叶茅膏菜科（Drosophyllaceae)、茅膏菜科（Droseraceae)、猪笼草科（Nepenthaceae)、捕虫树科（Roridulaceae)、瓶子草科（Sarraceniaceae)、腺毛草科（Byblidaceae)、狸藻科（Lentibulariaceae)、角胡麻科（Martyniaceae)、土瓶草科（Cephalotaceae)、凤梨科（Bromeliaceae)、谷精草科（Eriocaulaceae)；22个属，包括穗叶藤属（*Triphyophyllum*)、露松属（*Drosophyllum*)、貉藻属（*Aldrovanda*)、捕蝇草属（*Dionaea*)、茅膏菜属（*Drosera*)、猪笼草属（*Nepenthes*)、捕虫木属（*Roridula*)、瓶子草属（*Sarracenia*)、眼镜蛇瓶子草属（*Darlingtonia*)、南美瓶子草属（*Heliamphora*)、腺毛草属（*Byblis*)、捕虫堇属（*Pinguicula*)、螺旋狸藻属（*Genlisea*)、狸藻属（*Utricularia*)、单角胡麻属（*Ibicella*)、长角胡麻属（*Proboscidea*)、角胡麻属（*Martynia*)、土瓶草属（*Cephalotus*)、布罗基凤梨属（*Brocchinia*)、嘉宝凤梨属（*Catopsis*)、食虫谷精草属（*Paepalanthus*)、谷精草属（*Ericaulon*)。我国原生的食虫植物共计27种，分属于2目，包括石竹目、管状花目：3科包括猪笼草科、茅膏菜科、狸藻科；5属包括猪笼草属、茅膏菜属、貉藻属、捕虫堇属、狸藻属。

四、食虫植物在园林中的应用

食虫植物由于它们捕虫叶的奇特，或有艳丽的花朵，目前很多品种被人们作为观赏植物。如猪笼草的叶长得很怪，叶片基部扁平绿色，能进行光合作用，中部很细，中脉延伸成卷须，借以攀附邻近的植物，卷须顶端挂着一个紫红色壶状瓶子。有的瓶子挂在其他植物的枝头上，随风摆动，既滑稽又优美，被人们当作观叶植物来栽培。还有一种叫眼镜蛇草的食虫植物，它的捕虫叶是管状叶，叶的顶部似眼镜蛇头部，管状叶延伸出两个舌状附属物似的蛇舌，也是一种奇异的观叶植物。食虫植物也有观花的，如露叶花，它的茎上一般无叶，上部有花，花形有点像梅花，五瓣整齐，雄蕊多个。还有孔雀捕蝇草，它的花莛上部有许多较大的白色花朵，叶片上还有小颗粒，形似珍珠宝石，呈绛红色，色彩美丽。最著名的瓶子草，它的叶片瓶子状，呈紫红色，花莛上出一花，是紫红色，既可观花，又可观叶。

五、食虫植物介绍

（一）茅膏菜科

本科有4属100余种，主产于热带、亚热带和温带地区，少数分布于寒带。我国有2属7种3变种，多数分布于长江以南各省区及台湾等沿海岛屿，少数分布于我国东北地区。除貉藻（*Aldrovanda vesiculosa*）和圆叶茅膏菜（*Drosera rotundifolia*）分布于东北外，其余分布于长江以南；长叶茅膏菜（*Drosera indica*)、宽苞茅膏菜（*Drosera spathulata*）和长柱茅膏菜（*Drosera oblanceolata*）等仅见于近海地带或海岛。其中，茅膏菜属约100种，主要分布于大洋洲，我国有6种3变种，多分布于长江以南各省区及台湾等沿海岛屿，少数分布于东北地区。茅膏菜属具3亚属，我国2亚属。

1. 茅膏菜属 *Drosera*

多年生草本食虫植物，植株有明显的茎，叶互生或基生，密集呈莲座状，叶片半月形，中间边缘有许多的腺毛，毛顶端膨大，紫红色，能分泌黏液，引诱昆虫之类的小动物前来觅食，昆虫触到腺液时，腺毛立即收缩将昆虫捕获，然后将其消化吸收。

本属为食虫植物之一，植物体有多种颜色，其叶面密被分泌黏液的腺毛，当小虫停落叶面时，即被黏液胶着，而腺毛又极敏感，有物一触，即向内和向下运动，将昆虫紧压于叶面。当小虫逐渐被腺毛分泌的蛋白质分解酶所消化后，此腺毛复张开而又分泌黏液，故在此等植物的叶上常可见小虫的躯壳。这类植物本身有叶绿素，可行光合作用，但是根系极不发达，捕食昆虫可弥补其氮素养分的不足。它们通常生长在酸性很强的沼泽地上，能进行光合作用，但不能合成足够多的含氮化合物，以昆虫为氮源维持生活。

代表物种有茅膏菜、锦地罗。

2. 捕蝇草属 *Dionaea*

原产于美国东部的沼泽地。捕蝇草是多年生常绿草本植物。其食虫本领和观赏价值主要在于其独特的叶。捕蝇草的叶子既是捕捉器官，又是消化器官。

捕蝇草的叶从根颈处长出，长 4～15cm，排列成莲座状，叶柄宽大呈叶片状，上部着生的 2 片叶瓣对生成略为展开的贝壳状，其展开角度一般略小于直角，着生叶瓣的中脉膨大。每个叶瓣内侧中央都有 3 条尖锐的刚毛排列成三角形，这是“触动感应器”。捕蝇草叶瓣的内表面上还有许多略带紫色的腺体，能分泌消化液将猎获物的柔软部分消化吸收，变成自己的营养，剩下的残骸等到叶子打开时由风吹走。捕蝇草消化吸收小虫的过程约需 7～10d，然后叶瓣再慢慢打开，等待其他昆虫前来。

捕蝇草喜阴凉湿润的环境，常野生于潮湿的泥炭苔藓中或潮湿的沼泽地环境中。喜酸性土，7～30℃气温下均能健壮生长，生长最适气温为 15～20℃。

常规繁殖可用播种、分株和扦插等方法，以分株法为主。分株法的适宜期为秋季至冬季，秋季可在花盆内播种，基质选用泥炭土和苔藓的混合物。播后保持湿润，于次年春季发芽。扦插以叶片扦插为主，剪取成熟的叶片插于泥炭苔藓中，保持中等温度。

捕蝇草为珍奇有趣的食虫植物，因其株型矮小，一般作小型盆栽，可置于无强光直射的书桌、几案、窗台或阳台上观赏，也可在庭院内专辟栽植槽，群丛栽培，别具一格。

（二）猪笼草科 Nepenthaceae

本科有 2 属约 68 种，主产于加里曼丹等亚洲热带岛屿，少数分布至大洋洲北部、非洲马达加斯加岛以及印度半岛。我国有 1 属，分布于广东。共存在 129 个公认的原生种，但不断有新的物种被发现。6 种较常见的园艺种：绯红猪笼草（*Nepenthes*×*Coccinea*）、戴瑞安娜猪笼草（*Nepenthes*×*Dyeriana*）、绅士猪笼草（*Nepenthes*×*Gentle*）、宝琳猪笼草（*Nepenthes*×*Lady Pauline*）、红灯猪笼草（*Nepenthes*×*Rebecca Soper*）、米兰达猪笼草（*Nepenthes*×*Miranda*）。猪笼草可以在温室栽培，种植难度较低的低地猪笼草有印度猪笼草（*Nepenthes khasiana*）、高棉猪笼草（*Nepenthes thorelii*）、奇异猪笼草（*Nepenthes mirabilis*）等，高地猪笼草有宝特瓶猪笼草（*Nepenthes truncata*）、翼状猪笼草（*Nepenthes alata*）、维奇猪笼草（*Nepenthes veitchii*）等。

猪笼草别名猪仔笼、水罐植物、猴水瓶等，猪笼草原产于亚洲东南部和大洋洲北部地区，全世界约有 67 种，我国产 1 种，分布在海南、广西、广东等地。

猪笼草为多年生藤本或直立草本植物，猪笼草的叶片长椭圆形，叶片的叶脉粗大，叶脉在叶片顶端穿出叶片，形成向下弯曲的卷须。卷须的顶端特化成外形奇特的瓶状捕虫袋。捕虫袋口外翻形成口唇。当捕虫袋长出特有的颜色与花纹时，意味着捕虫袋发育即将成熟，成熟后，袋上盖子由密封变为开启，之后不会再自动关闭，其主要功能是防止雨水进入袋口。猪笼草喜温暖、湿润和半阴环境，不耐寒，怕干燥和强光，多生长在山坡湿地，特别是含沙质较多且有机质丰富的酸性土壤，如沼泽湿地的草丛和石隙等地。扦插繁殖是猪笼草最常见的繁殖方式。

猪笼草捕虫袋的口唇周围分布有蜜腺，能分泌出甜中带酸，并具有较强麻醉能力的香味蜜汁，以引诱昆虫。捕虫袋上半部内壁的腺体有一层表皮细胞覆盖，较为平滑，下半部内壁腺体能分泌含有蛋白酶的消化液，消化液体积约占捕虫袋体积的一半，当昆虫（多数为蚂蚁，少数为蝇类、蚊和其他昆虫等）被猪笼草口唇附近分泌的特殊气味引诱进入袋体后，昆虫很易滑入消化液中，逐渐被消化液中的蛋白酶消化，最后营养成分被猪笼草吸收。猪笼草的捕虫袋由于形态优美和功能奇特，具有独特的观赏价值，可制成盆景或盆栽供观赏，满足人们喜好新奇的要求。

猪笼草的茎、叶具有清热利尿、消炎止咳、消积化石的功能，可作为药用，也可制成清凉的饮品。

（三）瓶子草科 Sarraceniaceae

本科瓶子草属共有 9 种和众多的亚种、变种及人工培育的品种，均产于北美，如美国东海岸、得州、五大湖区，以及加拿大南方和格鲁吉亚，分布于从接近北极圈的加拿大拉布拉多半岛，直到美国东南角的佛罗里达半岛的大西洋沿岸地区。

1. 瓶子草属 *Sarracenia*

瓶子草属只分布在美洲，这类植物的叶子演化成瓶状，并由瓶内分泌诱饵以吸引昆虫，当昆虫失足落下，瓶子内有逆毛防止小虫爬出，最后被瓶内的水淹死成为植物的养分。

2. 眼镜蛇瓶子草属 *Darlingtonia*

1841 年，植物学家 J·D. 布拉肯里奇（J. D. Brackenridge）在一次对西部偏远地区的考察中于加利福尼亚州沙斯塔山发现了眼镜蛇瓶子草。1853 年，约翰·托里（John Torrey）描述了眼镜蛇瓶子草属，并以威廉·达林顿的名字命名了该属。

主要分布在美国加利福尼亚州北部与俄勒冈州。眼镜蛇瓶子草是非常知名的食虫植物品种，因酷似眼镜蛇而得名，是许多玩家收藏的目标。眼镜蛇瓶子草的叶片具两型。叶片呈莲座状分布，每个成年生长点由 3～14 片叶组成。瓶口边缘内弯，形成类似龙虾笼笼口的形状。瓶口连接着一个二叉的鱼尾状附属物。附属物背侧及瓶口周围存在蜜腺。叶片球状部及管状部上端表面具大量不规则的半透明白色斑纹。叶球状部分内表面无毛，光滑具蜡质。眼镜蛇瓶子草耐冷怕热，尤其是根部要保持冰凉，日夜要有较大的温差；喜欢强光，在温度不过高的情况下，可接受阳光的照射。

眼镜蛇瓶子草的鱼尾状附属物背侧会分泌大量糖蜜，并散发出强烈的气味。黄蜂及苍蝇等昆虫会被这种气味吸引至瓶口。顺着蜜腺爬行的昆虫可能被引入捕虫瓶内，而捕虫瓶内透光的斑纹又会迷惑昆虫，使其将这些斑纹误认为出口而被困在捕虫瓶内。由于捕虫瓶蜡质的顶部及带下向毛的中下部，昆虫会逐渐落入捕虫瓶基部的消化液内。之后，其尸体被消化，植株即可从中吸收分解出来的营养物。与此捕虫机制类似的物种还有鹦鹉瓶子草（*Sarracenia psittacina*）、小瓶子草（*Sarracenia minor*）、克洛斯猪笼草（*Nepenthes klossii*）及马兜铃猪笼草（*Nepenthes aristolochioides*）。

3. 太阳瓶子草属 *Heliamphora*

太阳瓶子草属包括 22 个物种，均产自南美洲北部。其中大多数以共生菌类为消化捕获昆虫的工具。产于南美洲高山湿地，奇美的外形被许多玩家所喜欢，但因种植要求较高，只适合有条件的玩家收藏。

(四) 狸藻科 Lentibulariaceae

本科有3亚科4属230余种，分布于全球大部分地区。我国有2亚科2属19种，广布南北各地。捕虫堇属约30种，以欧洲南部为中心，分布于北半球温带及中南美洲高山地区。我国有2种，一种产自西南至秦岭高山地区，另一种见于大兴安岭。狸藻科植物的命名习惯上根据生长环境的不同而有区别。

1. 捕虫堇属 *Pinguicula*

植株低矮，叶片像花瓣一样，呈莲座状生长，肉质，光滑，质地较脆，大都呈现明亮的绿色或者粉红色，表面有细小的腺毛，腺毛分泌黏液，能粘住昆虫。大多数品种的叶片边缘向上卷起，这种凹形结构有助于防止猎物逃脱。其叶通常呈水滴形、椭圆形或线形。

捕虫堇可用播种、分株的方法繁殖，某些品种像墨西哥捕虫堇还可用叶插的方法繁殖。

2. 狸藻属 *Utricularia*

一年生或多年生食虫植物。陆生、附生或者水生。多生于静水池塘中。喜光照充足的环境，但注意不要使日照过强。喜温暖，怕低温，在20～30℃的温度范围内生长良好，越冬温度不低于10℃。在中文命名上，狸藻属植物水生种类一般叫作“狸藻”，而陆生或附生种类叫作“挖耳草”。

狸藻属分布于全世界大部分地区，我国有17种，分布于浙江、安徽、江西、福建、台湾、湖南、广东、广西、四川等地。海南有1属9种，分别是黄花狸藻（*Utricularia aurea*）、南方狸藻（*Utricularia australis*）、海南挖耳草（*Utricularia baouleensis*）、挖耳草（*Utricularia bifida*）、少花狸藻（*Utricularia exoleta*）、异枝狸藻（*Utricularia intermedia*）、圆叶挖耳草（*Utricularia striatula*）、短梗挖耳草（*Utricularia caerulea*）和齿萼挖耳草（*Utricularia uliginosa*）。

不同于茅膏菜属，狸藻属植物有特殊的捕虫技巧，可捕捉水中微小的虫体或浮游动物。其捕虫构造为囊状，可称作捕虫囊。捕虫囊是具有弹性的囊状构造，若将囊口打开后，会自然地鼓起。在捕虫囊的开口处具有一个不透水的盖子，是向内开的，平时紧紧地盖住开口而不漏水。捕虫囊上具有排水的机制，会不断将囊内的水往外排放，因此捕虫囊就变扁了，但同时囊内的负压也变高。如果水中的小生物触碰到开口外的感觉毛时，盖子便突然打开，捕虫囊便将水连同小生物一起吸进来；在吸水的过程中会使盖子向内开，吸完后便关起来，然后虫体被消化在囊内。以水蚤为例，它在水中靠划动触角一冲一冲向前游动，一旦闯入囊内，就无法逃脱，成为狸藻的美餐。

第四节　棕榈科植物

棕榈科植物（Palm plants）是一类形态特征十分独特的热带观赏植物。其大型的叶片聚生于枝干顶部，通常不分枝。树干有的上下几乎都同样粗细，如椰子、槟榔；有的则中间粗、两头小，如王棕、菜王棕；有的则畸形可赏，如酒瓶椰、棍棒椰等。多数乔木类棕榈植物挺拔雄劲，姿态优美，具有很高的文化品位和园林美学特征，是展现热带风情的重要景观植物。在我国南方各城市的园林植物造景中，棕榈科植物一直都受到人们的普遍关注，应用频率很高，在居住区、道路、广场、公园等绿地中，常见棕榈植物列植、群植、孤植于其中，形成一道独特迷人的风景线，展示出棕榈科植物独特的魅力和优雅的景观。

一、概述

（一）地理分布

棕榈科属于单子叶植物纲初生目，全世界约有 207 属，2800 多种。原产我国的有 18 属，98 种。其中我国特有种有 27 种，引种成功并广为种植的外来种有 10 属，约 50 种。棕榈科植物分布于泛热带至暖亚热带，现代分布中心在热带美洲及热带亚洲。其中分布于热带美洲，包括美国南部、中美洲国家及南美洲北部国家的共有 66 属；分布于热带至暖亚热带亚洲国家的有 53 属。

（二）形态特征

多为常绿乔木或灌木，单生或丛生，茎通直，通常不分枝，少数属种有叉状分枝；有的种类为无茎的木本植物；有的为木质藤本，靠叶轴或花序轴上的钩刺攀附他物向上生长。单叶，大型，多聚生于茎的顶端；掌状或羽状，浅裂、深裂至全裂而成复叶状，裂片向内（上）或向外（下）折叠而呈“∧”形或“∨”形，分别称为内向折叠和外向折叠，少数种类的叶不分裂，叶柄基部膨大成鞘状或具纤维的鞘（棕），常半抱或全抱茎。花两性、单性或杂性，雌雄同株或异株；花序通常为大型多分枝的聚伞花序，被一至多个鞘状或管状的佛焰苞所包围，故称佛焰花序；花小，花萼与花瓣各 3 枚，离生或合生，雄蕊 6 枚排成 2 轮，或雄蕊多数，稀少仅 3 枚，花药 2 室，子房由三至多心皮组成，1～3 室或 3 心皮离生，每心皮有 1～2 粒胚珠，稀少含多粒胚珠。棕榈科植物大部分果实为核果，有时成浆果状，外果皮光滑或木质，或发育成多数鳞片，包围中、内果皮；每果含种子 1～2 粒，稀少 3 粒，大者 1 颗种子如一面盆大，小者种子犹如 1 豆蔻，具胚乳。虫媒传粉，花粉常为单槽型或槽型。

（三）系统分类

棕榈科可分为六个亚科：即省藤亚科 Calamoideae、贝叶棕亚科 Coryphcideae、槟榔亚科 Arecoideae、腊椰亚科 Ceroxyloideae、象牙椰亚科 Phytelephantoideae 和水椰亚科 Nypoideae。

其亚科的分类检索表如下：

1. 茎攀缘状，果皮有下向覆瓦状排列的鳞片 ………………………………………………（3）省藤亚科
1. 茎直立或匍匐状，丛生或单生
  2. 茎直立，花被片发育或退化
    3. 叶掌状分裂或偶不裂，或叶为羽状但叶轴近基部的裂片成明显针刺状，花雌雄异株（刺葵属），叶裂片内向折叠或罕见外向折叠（石山棕属） ……………………………（1）贝叶棕亚科
    3. 叶为羽状分裂，花雌雄同株或异株，叶裂片外向折叠或偶内向折叠（鱼尾葵族）
      4. 花被发育，6 片，花单性或两性，雌雄同株或异株
        5. 花单性、稀两性，肉穗花序多分枝，花在花序分枝节上常 3 朵并生（雌花位于两雄花之间），花序为 1 枚大型佛焰苞所包围，子房 1～3 室 …………………………（2）槟榔亚科
        5. 花单性或两性，单生或呈蝎尾状聚伞花序，极少种类的蝎尾状聚伞花序只有 3 朵花（但雄花生于雌花之上），花序具多个佛焰苞，子房 3 ………………………………（5）腊椰亚科
      4. 花被极度退化，单性，雌雄异株，异型；雄花极多，簇生为单歧聚伞花序；雌花单生，聚生成球状 ……………………………………………………………………（6）象牙椰亚科
  2. 茎匍匐状，花序顶生，花被退化成线状，生于海滩或河滩 …………………………（4）水椰亚科

1. 省藤亚科（Calamoideae）

攀缘状木质藤本，少数为乔木状或为无茎的木本植物，单生或丛生，多数具尖刺；有的种类一次开花结果后死亡（如钩叶藤属 *Plectocomia*）。叶羽状分裂，稀少近掌状分裂，裂片外向折叠。花单性或杂性，雌雄异株或同株，雌雄花序略异形，稀为两性花；花在花序分枝节上成对着生或为其变形；雄蕊 6 枚或多数；心皮 3，合生，仅 1 心皮发育，含 1 胚珠，子房外壁发育成多数覆瓦状排列的鳞片，果实成熟时多数鳞片包围中、内果皮。我国产木质藤本类植物有省藤属（*Calamus*）、黄藤属（*Daemonorops*）、钩叶藤属（*Plectocomia*），另有无茎木本类的蛇皮果属（*Salacca*）等；引种的有酒椰属（*Raphia*）等。

2. 贝叶棕亚科（Coryphcideae）

乔木或灌木、单生或丛生。叶为扇形或近圆形、近心形，掌状分裂，少数种类不分裂或为羽状分裂（刺葵属 *Phoenix*），裂片内向折叠，少数外向折叠（石山棕属 *Guihaia*）。花两性、单性或杂性，雌雄异株；花在花序分枝节上单朵或 2 朵并生（合轴状分枝），花序外由数片苞片组成的佛焰苞所包围或部分包围，绝无 3 朵并生（即中间 1 雌花，两侧各 1 雄花）；雄蕊多枚或 6 枚；心皮 3 枚，离生或合生。核果含种子 1～3 粒。我国产的属有棕榈属（*Trachycarpus*），石山棕属（*Guihaia*），棕竹属（*Rhapis*），蒲葵属（*Livistona*），轴榈属（*Licuala*），琼棕属（*Chuniophoenix*），刺葵属（*Phoenix*）等；常见引种栽培的外来属有丝葵属（*Washingtonia*），贝叶棕属（*Corypha*），菜棕属（*Saba*），糖棕属（*Borassus*）。该亚科的海椰子（巨籽棕）（*lodoicea maldivica*）产于塞舌尔群岛，果为种子植物中最大的果。

3. 槟榔亚科（Arecoideae）

乔木或灌木，无茎的木本植物，单生或丛生。叶羽状全裂，裂片外向折叠，稀少内向折叠（鱼尾葵族）。花单性，雌雄同株或异株，稀少两性，花在花序分枝节上常 3 朵并生（中间 1 雌花，两侧各 1 雄花），花序为 1 枚大型佛焰苞所包围，花被片小。雄蕊多数至少数；心皮 3～7 枚，稍合生；子房 1～3 室。核果或坚果。我国产的属有桄榔属（*Arenga*），鱼尾葵属（*Coryota*），瓦理棕属（*Wallichia*），槟榔属（*Areca*），山槟榔属（*Pinanga*），椰子属（*Cocos*）等。常见引种栽培的属有王棕属（*Roystonea*），散尾葵属（*Chrysalidocarpus*），假槟榔属（*Archontophoenix*），油棕属（*Elaeis*），金山葵属（*Syagrus*）等。

4. 腊椰亚科（Ceroxyloideae）

高大或中小型乔木或灌木，无茎，单生或丛生，叶羽状分裂，二裂或不分裂，裂片外向折叠。花序具多个佛焰苞，仅具 1 个佛焰苞（*Wendlatia* 属，中国不产），花单性或两性，单生或呈蝎尾状聚伞花序，极少种类的蝎尾状聚伞花序只有 3 朵花（但雄花生于雌花之上），心皮合生，子房 3 室。主要分布于中、南美洲，非洲的马达加斯加及澳大利亚，有酒瓶椰属（*Hyophorbe*）、袖珍椰属（*Chamaedorea*）等。

5. 象牙椰亚科（Phytelephantoideae）

茎直立或无茎，单生或丛生。叶羽状分裂，外向折叠。花单性，雌雄异株，雌雄花序显著异形；雄花簇生，为单歧聚伞花序，花被极度退化，雄蕊极多，多达 1000 枚（如 *Palandra*）；雌花聚成球状、密集的聚伞花序，萼片和花瓣伸长为条形，肉质，花柱和柱头极伸长，5～10 心皮合生。果实有 5～10 枚种子。分布于南美洲西部和西北部低地，如象牙椰属、毛鞘象牙椰属等，我国不产。

6. 水椰亚科（Nypoideae）

茎匍匐状，丛生。叶羽状全裂，裂片外向折叠。花单性，雌雄同株，雌雄花序异形，雌花聚生于茎顶端成球状聚伞花序，雄花生于侧边的短枝上；花被片6，线形，雄蕊3，花丝合生成柱状，心皮3，离生。果实成球形，由压扁具棱角的心皮组成，有或无种子。我国仅1属1种，即水椰属（*Nypa*），分布于海南省，是棕榈科中唯一的红树林植物。

（四）生态习性

1. 对光照的要求

棕榈科植物多为阳性物种，要求光照充足，但不同的棕榈科植物对光照的要求是不同的。多数种类不耐阴，当光照不足时，会使植株和叶片徒长；也有的种类比较耐阴，在半阴条件下才生长良好，如散尾葵（*Chrysalidocarpus lutescens*）、棕竹（*Rhapis excelsa*）、三药槟榔（*Areca triandra*）等。需要注意的是，一般棕榈科植物在幼龄期都忌强光直射。

2. 温度要求

棕榈科植物的正常生长温度为20～30℃。低于15℃或高于35℃，均不利其正常生长。也有一些棕榈科植物对温度的适应范围较广，如原产于热带美洲的布迪椰子（*Butia capicata*），虽性喜温暖环境，但抗风耐冻，在我国的黄淮流域乃至京津一带都可露地栽培。也有部分种类自然分布区靠北，耐寒性较强，如原产于中国的棕榈（*Trachycarpus fortunei*）可耐－15℃的低温，在中国长江沿岸地区露地栽培生长良好；而欧洲矮棕（*Chamaerops humilis*）自然分布可达北纬44℃以北地区，耐寒性更强。

3. 水分要求

棕榈科植物多数适宜在年降雨量分布均匀，雨量丰富的地区生长。一般年降雨量在1300～2600mm的地区均适宜其生长。大部分的棕榈科植物对空气湿度的变化十分敏感，尤其那些原产于热带及其海滨区域的棕榈科植物，对空气相对湿度的要求更高（一般要求相对湿度达到70％以上），如沼地棕（*Acoelorrhaphe wrightii*）、水椰（*Nypa fruticans*）等。相反，原产于干旱、沙漠地带的棕榈科植物，要求空气相对湿度较小，湿度大时反而对其生长不利，如海枣（伊拉克蜜枣）（*Phoenix dactylifera*）等。

（五）繁殖与栽培管理

1. 有性繁殖（种子繁殖）

种子繁殖是棕榈科植物最常见的繁殖技术。棕榈科植物果熟后及时采收。用刀将果穗平基部砍下，选用粒大饱满、无病虫害的种子。最好随采随播，如需次年春播，则应混于湿沙中贮藏。浆果类种子宜采用适当堆沤发酵的方法，果皮果肉腐烂后冲洗干净并晾干。核果类中的一些大中型果如椰子（*Cocos nucifera*）、槟榔（*Areca catechu*）等，宜直接放在阴凉湿润处沙藏保存或催芽育苗。播种前将种子用草木灰温水（灰水比为2∶8）浸泡5～7d，去除种子表面蜡质，以利种子吸水萌发，并预防病虫害的侵染。同时苗床也应适当使用杀虫剂防止虫害，采用合理的密度撒播种子，薄覆土后遮阴保湿催芽，待小苗2～3叶时分袋移栽。

2. 营养繁殖

播种繁殖虽能获得大量植株，但对于雌雄异株的种类以及气候因素使植株无法形成可育种子的种类，营养繁殖是不错的选择。

1）分株

对于丛生型的或是茎干上具有吸芽的棕榈植物可进行分株繁殖。通常的处理是，丛生型的种类在分株后应使每丛至少具有2根茎干，或1根茎干再带有1个芽。分株时应选用锋利的工具，切面应涂杀菌剂或草木灰。分株时间最好是在春末夏初，分株时尽量保留原有的正常根系，去除有病的或是已腐烂的根系，将植株置于阴处，分株种植后应浇透水。分株繁殖容易破坏原有的株形，故平常很少采用此繁殖方式。

2）扦插

对于某些有气生根的种类，如袖珍椰属的部分种类，也可进行扦插繁殖。对于单干型的种类，能使原来过于细高的植株“矮化”下来，使它重新获得观赏价值；对于丛生型的植株，因只需1根茎干即可繁殖，故基本不会破坏原有株形。扦插繁殖必须掌握好时间，宜在夏初进行，并且保证新的植株带有气生根。切口应涂草木灰，扦插的介质应有良好的排水透气性，扦插后应浇透水，将植株置于阴处，并有较高的空气湿度。

此外，棕榈科植物的营养繁殖方式还有高压、压条繁殖以及组织培养和离体组织培养等方式，可依具体情况选择相应的繁殖方式。

（六）栽培管理

棕榈科植物的幼苗耐阴，应选用林间空地或两坡夹沟的山谷、日照较短的阴坡山窝作为育苗地。育苗地必须土层深厚、排水良好、质地疏松。要做到床土细碎、床面平坦、沟道畅通。应结合整地做床，适量施入基肥。采用条播，播种后覆盖细土，最后遮盖稻草。播种当年要进行3～4次中耕除草和追施肥料。年终幼苗一般有2个叶片。常留圃培育2～3年后才能出圃栽植。

幼年树施肥时，首先应施足基肥，种植后2～3个月开始追肥，离树头15～20cm处挖穴施入，覆盖土，施肥后淋水1次。以后隔2个月左右追施1次。棕榈植物成年树的施肥，一般分3次施，时间分别在3月下旬至4月上旬、6月上旬和8月下旬，在树冠滴水线下开浅沟施肥，然后盖土淋水。根据植株长势还可在8月施肥后至次年施肥前安排补施1次。

（七）棕榈科植物园林应用

在植物景观设计中，通常选用不同的棕榈科植物如鱼尾葵（*Caryota ochlandra*）、王棕（*Roystonea regia*）、老人葵（*Washingtonia filifera*）、蒲葵（*Livistona chinensis*）、假槟榔（*Archontophoenix alexandrae*）、油棕（*Elaeis gunieensis*）、银海枣（*Phoenix sylvestris*）等，采用不同的种植形式，配置其他植物，营造热带亚热带的风貌，充分体现热带特色，营造热带风情。

1. 棕榈科植物在园林中的作用

1）主景

棕榈科植物以其别具特色的茎干和叶形引人注目，人们常常有意将观茎干形的棕榈植物配置在道路的交叉点，广场中心，空旷的大草坪上等视线易聚集的地方，形成具有较强视觉冲击力的主景。例如在宽阔的草坪上，选用加那利海枣（*Phoenix canariensis*）、酒瓶椰子（*Hyophore lagenicaulis*）、王棕、油棕、假槟榔、银海枣、老人葵等作中心植物，配以色彩艳丽的地被，点缀少许花灌木，通过植物间高低、形态、体量、色彩的强烈对比，可形成层次和质感丰富的棕榈植物景观。

2）配景

不同的棕榈科植物与园林建筑中的山、水、石、桥、庭、台、楼、阁等进行配置，会产生相映生辉的效果，使园林景观更加优美、协调，构成其他植物难以替代的热带园林景观。棕榈植物的叶片呈现一种自然的曲线，树干刚劲挺拔，因此在园林中可利用叶片柔软的质感及婀娜多姿的形态来软化人工硬质材料构成的建筑形体，用树干清晰的竖向线条反衬建筑、水面、山体等横向线条，产生强烈的对比效果。如在建筑物旁、楼前庭后、亭旁桥边、墙角廊边、水边选用一两株散尾葵、美丽针葵（*Phoenix roebelenii*）、三药槟榔、椰子、棕竹等，再配以景石，将达到良好的软化硬质材料，产生线条对比的景观效果。

3）障景

在园林布置上较为常用的障景手法之一就是用植物遮挡一些不雅的构筑物，达到美化的效果。例如厕所、垃圾房、围墙、挡土墙等不雅观的建筑物，最简便而又最有效的方法就是种上几丛短穗鱼尾葵、棕竹或散尾葵等叶片较为茂密的植物，使不雅的建筑物隐藏在美丽的绿色植物之后，在遮挡的同时，人们也将通过植物获得愉悦的感受。

4）分隔或围合空间

在园林造景中，可以根据实际需要，选用不同的棕榈植物，采用不同的配置方式，形成或开敞或封闭的景观空间。与建筑材料围合的空间类似，由这些植物组合的空间也可形成收放有致的空间序列。能围合封闭空间的植物有散尾葵、鱼尾葵、棕竹等；能围合空间但视线通透的植物有蒲葵、王棕、三药槟榔、假槟榔等。

5）创造意境

棕榈科植物不仅有特殊的审美价值，还具有优良的品格和强烈的象征意义。如贝叶棕（*Corypha umbraculifera*），很早以前，东南亚人民就开始用贝叶棕的巨大叶片来记录自己民族的文字，因此，东南亚文化在历史上有“绿叶文化”之称，贝叶棕也具有了佛教的象征意义；此外贝叶棕还象征着“光明”与“爱情”。槟榔果是财富和吉祥的象征，它不仅是傣族和黎族等少数民族青年男女的爱情信物，还是一种常用的南药。海枣则是马来西亚人斋戒月的独特食品。因此，进行景观设计时，可利用棕榈科植物的这些象征意义表达特殊的环境主题，使意境得到升华。

2. 棕榈园的设计

棕榈园是指以棕榈科植物为造景主体，以收集、科学展示棕榈科植物及其景观为主要功能，集观赏、科普、游览于一体的棕榈科植物专类园。棕榈园中以棕榈科植物独特的形态美及丰富的植物群落吸引人们驻足观赏游憩，并利用高低、叶形不同的棕榈科植物，形成高矮有致、错综复杂的景观，构筑或开敞或封闭的植物空间。

1）棕榈园设计概要

在进行棕榈园的设计时，首先要考虑棕榈园的分区，一般来说可包含景观观赏区、品种科普区、生产区、保育区、种质资源圃等，其中景观观赏区和品种科普区在小型棕榈园中也可结合在一起。展示棕榈科植物的方式可依据棕榈科植物系统分类，也可按照主要观赏性状、季相变化或不同的生境条件进行展示。棕榈科植物的微观生长环境是棕榈园设计必须考虑的重要方面。棕榈植物分布广而形态、习性各异，有的喜阳，有的喜阴；有的耐旱，有的喜湿；有的耐瘠，有的好肥；有的耐盐，有的耐碱；大多数种类抗风性甚强。在各种生境条件下都能找到相应的棕榈科植物，微观生长环境将决定棕榈科植物的生长状况，长势良好的棕榈科植物才能让棕榈园显得生机勃勃。

此外，种类繁多、高低不同的棕榈科植物能使竖向层次丰富，独特的外形也能尽显热带风情，但难免会因色彩或外形的高度统一使景观单调、缺乏变化。如何使棕榈园既能以棕榈科植物展示为主，植物景观同时又丰富多彩，使棕榈园真正做到科普与观赏游憩相结合，是我们进行设计时应该重点考虑的问题。如以其他植物或地形作为展示背景，用其他花灌木、地被等植物作为点缀，丰富和衬托棕榈植物景观，可避免景观的单调重复。

2）棕榈园局部设计

（1）园路

棕榈园中的路网景观是一个有机整体，在景观设计时应从路网景观结构的整体性出发，营造一种统一和谐的环境氛围。同时，要在统一的主题下表现出各自的特色和韵味，既强调园路景观的多样性，又通过这种多样性来强化整体的景观形象。如在主行道树一致的情况下，可改变其下层的植物种类或种植方式，否则就可能会因单调而使游客注意力迟钝。此外，还应考虑如何才能处理好景观效果与遮阴以及安全的关系，重视游赏的舒适性与安全性。

在棕榈园中，可用高大，茎干粗壮、分枝高、寿命长的大型单干型棕榈植物作为行道树，在棕榈园的主要景观道路上进行列植，以形成强烈的视觉冲击力，如蒲葵、王棕、菜王椰（*Roystonea oleracea*）、蒲葵等。丛生型棕榈植物如三药槟榔、短穗鱼尾葵、散尾葵、棕竹等，可作为主行道树的配景，构筑闭合、半闭合的道路空间。如在其中点缀一些其他的花灌木或地被植物，可以丰富景观层次，增添景观内容。

（2）地形

园林中常以挖低叠高来加强地形的起伏变化，模仿自然营造峰、峦、坡、谷，塑造丰富的地形作为展示园林的骨架。棕榈科植物树形独特，需要有一定的场所来展示自己的丰姿，缓缓起伏的地形就恰到好处地充当了展示棕榈科植物的理想舞台。因此，微地形的塑造结合棕榈科植物的展示能够丰富棕榈园的景观，如将大型单干型棕榈植物种植于地势较高处，则既能增强地势起伏，又能衬托出所植材料的俊秀挺拔。此外也可将单干棕榈与枝叶密集、丛生型的棕榈植物合理配置，结合微地形形成闭合且林冠线优美的活动空间。

（3）水与棕榈植物的融合

水是棕榈园中又一重要的造景元素。水能活跃棕榈园的氛围，提供水生或喜湿植物的生境条件，提供两栖动物及水中动物的生存环境，丰富棕榈园中的物种多样性和园林景观。静态的水能够形成天空和棕榈植物的倒影，扩大园中的竖向空间；它的水平横向线条与棕榈科植物竖直向上的线条形成鲜明对比。如椰子弯曲的树干能和水面及岸线的横向线条产生对比，叶子随风摇曳，与水中的倒影共舞，树下点缀石景，形成如诗如画的热带美景；质感硬、粗的棕榈植物如王棕、菜王棕，植于水体边，既能反衬出水体平湖似镜、宁静安逸，又能体现出植株的刚劲挺拔，如西双版纳热带植物园在水边群植的大王椰，已成为该园的标志性景观。

（4）园林建筑小品

棕榈园中一般会有一定量的服务性的建筑小品，如大门、茶室、小卖、厕所、休息亭廊等，应从整体布局出发，合理安排建筑小品的位置，统一风格，满足必要的服务性功能。这些建筑小品应尽量体量小巧，强调横向线条，与竖向的棕榈植物取得对比的景观效果；也可适当采用仿生设计，如把亭柱砌成大王椰茎干、亭顶建成棕榈叶的外形；或直接利用棕榈植物的茎、叶代替水泥、砖石建成能遮阳、遮雨的亭子等方式，以强化棕榈园的设计主题。

二、主要棕榈科植物

1．椰子

学名：*Cocos nucifera*

别名：可可椰子

科属：棕榈科椰子属

英名：coconut

[生物学特性] 乔木。茎干粗壮。叶羽状全裂，裂片外向折叠；叶柄粗壮，基部有网状褐色棕皮。肉穗花序腋生，总苞舟形，肉穗花序雄花呈扁三角状卵形，雌花呈略扁之圆球形，几乎全年开花。7—9月果熟，4—6月和10月有少量收获。

[地理分布与生态习性] 椰子属有1种及若干栽培变种或品种，主要分布于热带地区，亚洲及南太平洋群岛最多。我国华南、西南、东南地区有天然分布或种植。我国海南、台湾和云南南部栽培椰子已有两千年以上的历史。喜强阳，在高温、湿润的海边生长发育良好，喜海滨和河岸的深厚冲积土。最适年平均温度是26～27℃，要求年平均温度24～25℃以上，最低温度不低于10℃，才能正常开花结实。年降雨量需要1500～2000mm，不耐干旱，一次干旱可影响2～3年的产量，长期水涝也会影响生长势和产量，抗风力强。

[品种与繁殖] 本属仅1种。播种繁殖。

[园林应用] 椰子苍翠挺拔、姿态优雅，是热带地区的风景区（尤其是海滨区）主要的园林绿化树种，常用作园景树，丛植或片植，也可用作行道树。

2．王棕

学名：*roystonea regia*

别名：大王椰子、王椰、大王椰

科属：棕榈科王棕属

英名：royal palm

[生物学特性] 乔木，高达10～20m。茎淡褐灰色，具整齐的环状叶鞘痕，幼时基部明显膨大，老时中部膨大。叶聚生茎顶，羽状全裂。肉穗花序三回分枝，排成圆锥花序式，佛焰苞2枚。雄花淡黄色，果近球形，红褐色至淡紫色。种子1颗，卵形。

[地理分布与生态习性] 原产于古巴，现广植于世界各热带地区，我国广东、广西、台湾、云南及福建均有栽培。喜土层深厚肥沃的酸性土，不耐干瘦贫瘠，较耐干旱，亦较耐水湿。根系粗大发达，抗风力强。

[品种与繁殖] 王棕属约有12种，产于美国佛罗里达州至中美洲及南美洲北部国家。其他主要的观赏种有菜王棕（*R. oleracea*）。

[园林应用] 王棕树形独特美观，宜作行道树、园景树，或植于高层建筑旁、大门前两侧、花坛中央主景以及水滨、草坪等处，可孤植、丛植和片植，均具良好效果。

3．槟榔

学名：*Areca catechu*

别名：槟榔子、大腹子

科属：棕榈科槟榔属

英名：areca，betel nut，pinang

［生物学特性］ 乔木，叶狭长披针形。肉穗圆锥花序分枝曲折。果卵状球形或长圆形，橙黄色；种子卵形。花期4—6月，自开花至果熟约需13个月。喜高温多雨的湿热地区，适生温度为24～26℃，低于16℃就会发生落叶，低于5℃即会受冻害；在富含腐殖质的土壤生长良好。

［地理分布与生态习性］ 原产于东南亚，我国广东南部、云南、台湾南部有栽培。一般在海拔低的地区生长较好。喜湿而忌积水，雨量充沛且分布均匀则对生长有利。

［品种与繁殖］ 槟榔属约有54种，我国有1种。多数种生长在热带雨林中。其他主要的观赏种有三药槟榔（*A. triandra*），茎干似翠竹，雄花有香气，叶色青绿，可作庭园树种。一般播种繁殖。

［园林应用］ 槟榔树干纤细、通直，树形优美，是重要的园林观赏树和热带风光的标志树。成熟槟榔种子可入药，是我国名贵的“四大南药”之一。含油状的槟榔碱，可治食滞、腹胀痛、疟疾等症，也可驱虫；果含单宁，可作红色染料，亦可加工制成嗜好品与蒌叶（Piper betal）共同咀嚼；果皮纤维还可织地毯；树干坚韧，可供梁柱、板料、家具、乐器等用。

4. 假槟榔

学名：*Archontophoenix alexandrae*

别名：亚力山大椰子

科属：棕榈科假槟榔属

英名：alexandrian king palm，alexandra palm

［生物学特性］ 乔木，茎干具阶梯状环纹，干基稍膨大。叶羽状全裂，排成2列，先端渐尖而略2裂，边缘全缘，下面灰绿，有白粉。肉穗花序，雄花为三角状长圆形；雌花单生，卵形。果卵状球形，熟时红色。

［地理分布与生态习性］ 原产于澳大利亚东部热带至暖亚热带地区，我国华南地区有栽培，常生长在海边潮湿地区。喜高温，耐寒力稍强，能耐5～6℃的长期低温及极端0℃左右低温。喜光。对土壤的适应性颇强，肥力中等以上的各类土壤，均能生良好。耐水湿，亦较耐干旱。根系浅，地植不宜过深。抗风力强，能耐8～9级风暴。

［品种与繁殖］ 播种繁殖。假槟榔属约有6种，其他主要的观赏种或品种有宝塔假槟榔（*A. alexandrae* var. beatricae）、紫花假槟榔（*A. cunninghamiana*）等。

［园林应用］ 假槟榔植株高大、树形优美，树干通直，叶片披垂碧绿，随风招展，是著名的热带风光树，宜作园景树和行道树。

5. 鱼尾葵

学名：*Caryota ochlandra*

别名：孔雀椰子

科属：棕榈科鱼尾葵属

英名：common fishtail palm

［生物学特性］ 乔木，茎绿色，被白色的毡状绒毛，具环状叶痕。叶羽状，互生，稀对生。果球形，熟时淡红色。花期5—7月；果期8—11月。

［地理分布与生态习性］ 原产于亚洲热带地区，我国华南、云南、台湾有分布。生于海拔 450～700m 山坡或沟谷林中。性耐阴、喜湿润酸性土。

［品种与繁殖］ 鱼尾葵属有 13 种，我国 4 种，生长在低海拔至中海拔的森林中。其他主要观赏种有：短穗鱼尾葵（*C. mitis*）、董棕（*C. urens*）、单穗鱼尾葵（*C. monostachya*）等。

［园林应用］ 树姿优美，叶型奇特，可供热带地区园林栽培，作行道树、庭荫树。

6. 油棕

学名：*Elaeis guineensis*

别名：油椰子

科属：棕榈科油棕属

英名：oil palm

［生物学特性］ 乔木，叶柄边缘有刺，羽叶裂片条状披针形。雌花序近头状，果实成熟时黄褐色，外果皮光滑，中果皮肉质具纤维，内果皮坚硬。花期 6 月，果期 9 月。

［地理分布与生态习性］ 原产于非洲热带地区，我国在广东、海南、云南及台湾有栽培。喜暖热气候及土壤肥厚湿润、气温要求在 24～28℃。在雨水充足、年降雨量大于 1800mm、阳光充足的环境中生长良好。喜排水良好的酸性沙壤土或壤土；不耐霜雪。

［园林应用］ 油棕株形优美，树冠巨大、浓密，为不可多得的林荫树，宜植于公园，或列植为行道树。每公顷年产油可达 3750kg，有“世界油王”之称。

7. 海枣

学名：*Phoenix dactylifera*

别名：伊拉克蜜枣

科属：棕榈科刺葵属

英名：data palm

［生物学特性］ 乔木，雌雄异株。单干，茎干常具有吸芽而呈丛状，基部常形成“座茎”。羽状复叶，小叶披针形，叶色带浅灰绿色。果橙黄色。

［地理分布与生态习性］ 原产于西亚、北非，现热带地区广为栽培。极耐旱、耐盐碱，耐寒，成年树可耐－10℃的低温。

［品种与繁殖］ 种子繁殖、根蘖繁殖。品种约 17 种，我国有 2 种另引种 3 种。

［园林应用］ 可用于庭园配置和行道树，是一种兼作食用栽培和观赏的树种。

8. 银海枣

学名：*Phoenix sylvestris*

别名：林刺葵、野海枣

科属：棕榈科刺葵属

英名：silver date palm

［生物学特性］ 乔木，茎具宿存的叶柄基部。叶密集成半球形树冠；叶长 3～5m，完全无毛；叶柄短；叶鞘具纤维。佛焰苞近革质，开裂为 2 舟状瓣，表面被糠秕状褐色鳞秕。种子长圆形，两端圆，苍白褐色。果期 9—10 月。

［地理分布与生态习性］ 原产于印度、缅甸。我国福建、广东、广西、云南等省区有引种栽培，常作观赏植物。银海枣耐高温、耐水淹、耐干旱、耐盐碱、耐霜冻、喜阳光，可在热带至亚热带气候下种植。

［繁殖方法］ 多播种繁殖。

［园林应用］ 银海枣树干高大挺拔，树冠婆娑优美，富有热带气息，可孤植作园景树，或列植为行道树，也可三五群植造景，相当壮观，是充满贵族派的棕榈科植物。应用于住宅小区、道路绿化，庭院、公园造景等，效果极佳，为优美的热带风光树。

9. 加那利海枣

学名：*Phoenix canariensis*

别名：长叶刺葵

科属：棕榈科刺葵属

英名 pineapple palm，canary island date palm

［生物学特性］ 乔木，茎干粗壮，具波状叶痕。羽状复叶，顶生丛出，较密集，每叶有 100 多对小叶（复叶），小叶狭条形，近基部小叶成针刺状，基部由黄褐色网状纤维包裹。穗状花序腋生，花小，黄褐色。浆果卵状球形至长椭圆形，熟时黄色至淡红色。

［地理分布与生态习性］ 原产于非洲加那利群岛，我国早在 19 世纪就有零星引种，近些年在南方地区广泛栽培。喜温暖湿润的环境，喜光又耐阴，抗寒、抗旱。生长适温 20～30℃，越冬温度－5～－10℃。

［繁殖方法］ 播种繁殖。

［园林应用］ 植株高大雄伟，形态优美，耐寒耐旱，可孤植作景观树，或列植为行道树，也可三五株群植造景，街道绿化与庭园造景的常用树种，深受人们喜爱。

10. 软叶刺葵

学名：*Phoenix roebelenii*

别名：美丽针葵，江边刺葵

科属：棕榈科刺葵属

英名：roebelenii，miniature date pal，pygmy date palm

［生物学特性］ 常绿小乔木，茎干具宿存的三角状叶柄基部。羽状复叶全裂，羽片线形，较柔软，两面深绿色，背面沿叶脉被灰白色的糠秕状鳞秕。佛焰苞上部裂成 2 瓣，雄花序与佛焰苞近等长，雌花序短于佛焰苞。果实长圆形，成熟时枣红色，果肉薄而有枣味。花期 4—5 月，果期 6—9 月。

［地理分布与生态习性］ 分布于印度、越南、缅甸以及我国的广东、广西、云南等地，生长于海拔 480～900m 的地区，多生长于江岸边。喜阴、喜湿润，肥沃土壤。喜光，不耐寒。

［繁殖方法］ 播种繁殖。

［园林应用］ 软叶刺葵株型小巧，叶形美观，花色鲜艳，在园林中常数株丛植观赏，也可用于室内绿化。

11. 狐尾椰

学名：*Wodyetia bifurcate*

别名：狐尾棕

科属：棕榈科狐尾椰属

英名：foxtail palm

［生物学特性］ 狐尾椰属为单种属，为棕榈科植物中复羽状分裂的 6 个属之一，可通

过无支持根、茎干膨大、冠茎绿色、叶绿色的特征和其他 5 个属相区分。乔木，茎干单生，茎部光滑，有叶痕，略似酒瓶状。叶鞘形成绿色冠茎。叶色亮绿，簇生茎顶，复羽状分裂，小叶披针形，轮生于叶轴上，形似狐尾。穗状花序。果卵形，熟时橘红色至橙红色。

[地理分布与生态习性] 原产于澳大利亚昆士兰东北部。喜温暖湿润、光照充足的生长环境，耐寒、耐旱、抗风。生长适温为 20～28℃。以疏松肥沃、排水良好的沙质壤土为佳。

[品种与繁殖] 本属仅 1 种。一般播种繁殖。

[园林应用] 狐尾葵株型直立端正，叶形奇特美观，果实较大而鲜艳，在园林中常丛植观赏，也常列植于建筑之前或道路两侧。

12. 酒瓶椰

学名：*Hyophorbe lagenicaulis*

别名：酒瓶棕

科属：棕榈科酒瓶椰属

英名：bottle palm

[生物学特性] 小乔木，树干平滑，酒瓶状，中部以下膨大，近顶部渐狭成长颈状。叶聚生于干顶，羽状叶拱形、旋转，于基部侧向扭转而使羽片的叶面和叶轴所在的平面成 45°，有时羽片和叶柄边缘略带红色。

[地理分布与生态习性] 酒瓶椰属原产于马斯克林群岛。喜阳光，在热带地区种植的效果最佳，有的也可在南亚热带地区种植。

[园林应用] 酒瓶椰是热带地区最著名的观赏植物之一，可孤植作为公园的主景植物，也可列植、丛植或群植，是观赏价值很高的中型棕榈科植物。其他的主要观赏树种有棍棒椰（*H. verschaffeltii*）。

13. 蒲葵

学名：*Livistona chinensis*

别名：扇叶葵、葵树

科属：棕榈科蒲葵属

英名：fan palm，Chinese fan palm

[生物学特性] 乔木，树冠密实，近圆球形。叶阔肾状扇形，掌状浅裂，叶柄两侧具骨质的钩刺。肉穗花序腋生，圆锥花序分枝多而疏散；花小，两性。核果，状如橄榄，两端钝圆，熟时亮紫黑色，外略被白粉。

[地理分布与生态习性] 原产于我国华南，在广东、广西、福建、台湾有分布，西南的重庆、四川、云南等地普遍栽培。蒲葵全身都是宝，嫩叶制葵扇，老叶制蓑衣席子。叶脉可制牙签，树干可作柱。果实及根、叶均可入药。喜温暖湿润，不耐旱。

[品种] 蒲葵属约有 28 种，我国产 4 种。本属其他观赏种类还有：圆叶蒲葵（*L. rotundifolia*）、美丽蒲葵（*L. speciosa*）、大叶蒲葵（*L. saribus*）等。

[繁殖方法] 播种繁殖。

[园林应用] 蒲葵株型优美，叶片翠绿秀丽，常数株丛植于绿地、庭园、水际、石边，或列植于道路两侧。

14. 棕竹

学名：*Rhapis excelsa*

别名：筋头竹、观音竹

科属：棕榈科棕竹属

英名：lady palm

［生物学特性］ 丛生灌木。茎圆柱形有节，上部被淡黑色、粗硬的网状纤维。叶掌状深裂，裂片4～10，先端具不规则锯齿。佛焰苞数个，花序梗密被褐色绒毛。果球状倒卵形，种子球形。花期6—7月。

［地理分布与生态习性］ 原产于西南至华南。喜温，喜湿，耐阴，畏烈日，不耐涝。

［品种与繁殖］ 棕竹属约12种，我国产6种。其他主要观赏种类有细棕竹（*R. gracilis*）、斑叶细棕竹（*R. gracilis* 'Variegata'）、矮棕竹（*R. humilis*）、多裂棕竹（*R. multifida*）等。一般分株繁殖。

［园林应用］ 棕竹秀丽青翠，叶形优美，株丛挺拔，叶形清秀，宜配植于窗外、路旁、花坛或廊隅等处。也可盆栽供室内布置。

15. 华盛顿椰

学名：*Washingtonia filifera*

别名：丝葵

科属：棕榈科丝葵属

英名：California fan palm

［生物学特性］ 乔木，茎干基部不膨大，顶端被覆许多下垂的枯叶，可见明显的纵向裂缝和不太明显的环状叶痕。掌状叶簇生于干顶，叶基密集。叶身直径达2m，裂片间灰白色丝状纤维长期宿存，叶柄长达2m。叶间肉穗花序，花小，白色。核果椭圆形，熟时黑色。花期6—8月。

［地理分布与生态习性］ 原产于美国加利福尼亚州的南部和亚利桑那州的西部至墨西哥的北部，我国福建、台湾、广东和云南等地有栽培。喜温暖、湿润、向阳的环境。较耐寒，较耐旱，耐瘠薄土壤。不宜在高温、高湿处栽培。

［品种与繁殖］ 丝葵属有2种，均为单干，枯叶宿存，裂片间具白色丝状纤维。本属另外一种为大丝葵（*W. robusta*）。播种繁殖。

［园林应用］ 华盛顿椰树形优美、奇特，既可孤植、群植于庭园观赏，也可用作行道树。

16. 霸王棕

学名：*Bismarckia nobilis*

别名：俾斯麦榈

科属：棕榈科霸王棕属

英名：satra，bismarck palm

［生物学特性］ 乔木，植物高大，茎干光滑，结实，灰绿色。叶片巨大，长可达3m左右，扇形，多裂，蓝灰色。雌雄异株，穗状花序；雌花序较短粗；雄花序较长，上有分枝。种子近球形，黑褐色。常见栽培的还有绿叶型变种。

［地理分布与生态习性］ 原产于马达加斯加西部稀树草原地区，引入我国后在华南地区栽培表现良好。霸王棕耐旱、耐寒，成株适应性较强，喜肥沃土壤，耐瘠薄，对土壤要求不严。

［繁殖方法］ 播种繁殖。

［园林应用］ 霸王棕树形挺拔，叶片巨大，形成广阔的树冠，为珍贵而著名的观赏类棕榈，适于庭园栽培，供观赏。

17. 棕榈

学名：*Trachycarpus fortunei*

别名：栟榈、棕树

科属：棕榈科棕榈属

英名：fortunes windmill palm

［生物学特性］ 常绿乔木，叶掌状裂深达中下部，叶柄两侧细齿明显。雌雄异株，锥状肉穗花序腋生，花小而黄色。核果肾状球形，蓝褐色，被白粉。花期4—5月，10—11月果熟。

［地理分布与生态习性］ 分布于我国长江以南各省份。耐阴、耐寒，耐轻盐碱，喜肥；耐烟尘，抗多种有毒气体。根系浅，须根发达，生长缓慢，寿命长。

［品种与繁殖］ 棕榈属约有6种，我国有3种及若干变种（品种），产于亚洲东部和南部亚热带至暖温带地区。其他主要的观赏种还有山棕榈（*T. martianus*）。播种繁殖。

［园林应用］ 外形挺拔秀丽，是很好的园林绿化树种，可列植、丛植或成片栽植，也常用盆栽或桶栽作室内或建筑前装饰及布置会场之用。

18. 国王椰

学名：*Ravenea rivularis*

别名：佛竹、密节竹

科属：棕榈科国王椰属

英名：majesty palm

［生物学特性］ 乔木，植株高大，单茎通直，表面光滑，密布叶鞘脱落后留下的轮纹。羽状复叶，小叶线型，排列整齐。

［地理分布与生态习性］ 原产于非洲马达加斯加，我国广东、海南等地引种栽培。国王椰子喜光照充足、水分充足的生长环境，耐半阴，较不耐寒，生长适温22～30℃，抗风性较强。

［繁殖方法］ 播种繁殖。

［园林应用］ 国王椰子树形优美，园林上可作庭园配置、行道树，盆栽观赏，为优美的热带风光树。

19. 圣诞椰子

学名：*Adonidia merrillii*

别名：马尼拉椰子

科属：棕榈科圣诞椰子属

英名：christmas palm，manila palm，kerpis palm

［生物学特性］ 常绿小乔木，单干直立，茎干通直平滑，环节明显。叶羽状全裂，裂片（小叶）披针形，排列十分有序，翠绿而富含光滑，叶鞘较长，脱落后在茎干上留下密集的轮纹。肉穗花序，多分枝，雌雄同株。果近球形，熟时红褐色。

［地理分布与生态习性］ 原产于菲律宾群岛，现亚洲许多国家均有栽培。圣诞椰子喜

光照充足、高温多湿的生长环境，不耐寒，生长适温为25～30℃，越冬温度不能低于5℃，喜肥沃疏松的沙质土壤。

[品种与繁殖] 其近缘观赏物种有威尼椰子。播种繁殖。

[园林应用] 圣诞椰子形态优美，其黄色变种色彩鲜艳尤为引人注目，是一种不可多得的园林绿化植物，适于庭院种植或盆栽观赏。

20. 琼棕

学名：*Chuniophoenix hainanensis*

别名：陈棕

科属：棕榈科琼棕属

英名：Hainan palm

[生物学特性] 常绿灌木，有时呈乔木状。茎直立、粗壮。叶团扇形，掌状深裂；叶柄上面具沟槽，无刺；叶鞘中常有吸芽抽出。肉穗花序腋生，呈圆锥花序式。果球形，成熟时呈黄色至红色。

[地理分布与生态习性] 琼棕属原产于我国海南，越南也有分布。可在热带和南亚热带气候下种植。喜阴，成株可植于直射光下，但短时间的直射光或半阴下的观赏性能更佳。

[品种与繁殖] 生长缓慢，可通过播种繁殖，也可分株繁殖。其他观赏种类有矮琼棕（*C. nana*）。

[园林应用] 茎秆坚韧，为工艺品材料。可作庭园观赏植物。

21. 金山葵

学名：*Syagrus romanzoffiana*

别名：皇后葵

科属：棕榈科皇后椰属

英名：queen palm

[生物学特性] 常绿乔木，羽状叶螺旋状排列而绝不呈纵列，长达5.4m，羽片约400，不规则地排列多个平面。果实卵形，黄色至橙色。

[地理分布与生态习性] 主产于南美洲，以巴西最多。喜阳光，宜植于热带或南亚热带地区。

[品种与繁殖] 播种或分株繁殖。金山葵属共有32种，同属主要观赏种有奥后皇后葵（var. *australe*）。

[园林应用] 皇后椰树干挺拔，簇生在顶上的叶片，犹如松散的羽毛，酷似皇后头上的冠饰，可做庭园观赏或行道树，亦可作海岸绿化树种。

22. 袖珍椰

学名：*Chamaedorea elegans*

别名：矮生椰子、矮棕

科属：棕榈科竹节椰属

英名：parlor palm，good-luck palm

[生物学特性] 灌木，叶一回羽状分裂，羽片沿叶轴两侧整齐排列成2列。花序轴在果期时为橙红色。果球形，黑色。

[地理分布与生态习性] 原产于南美洲北部、中美洲和墨西哥。性喜较阴蔽环境，忌

强光直射。生长适温为20～30℃，冬季室温宜在12～13℃之间，最低不能低于10℃。

［品种与繁殖］ 同属其他观赏种类有藤蔓袖珍椰（*C. elatior*）、银玲珑椰（*C. metallica*）、竹茎袖珍椰（夏威夷椰，*C. seifrizii*）等。播种或分株繁殖。

［园林应用］ 袖珍椰纤细的茎干、优美的株形及叶形、花轴及果序是其主要观赏特征，适宜盆栽，室外可丛植、群植，是观赏价值较高的棕榈科植物。

23. 贝叶棕

学名：*Corypha umbraculifera*

别名：行李叶椰子

科属：棕榈科贝叶棕属

英名：talipot，talipotpalme

［生物学特性］ 常绿乔木。茎单生，下部叶柄（鞘）残基粗厚，上部叶柄（鞘）残基常“人”字形开裂，并有叶柄（鞘）痕深沟。叶厚革质，掌状深裂，两侧边缘裂片较狭，中肋粗，明显。叶两侧有短齿，果球形，内含种子1粒。花期2—4月，果熟期次年5—6月。

［地理分布与生态习性］ 原产于缅甸、印度及斯里兰卡，现我国华南、东南及西南省区有引种。喜光喜湿。

［品种与繁殖］ 同属主要观赏种类有长柄贝叶棕（*C. utan*）等。播种繁殖。

［园林应用］ 贝叶棕叶宽大、坚实、柔韧，古印度用其叶刻经文，称“贝叶经”，保存数百年而不腐烂。多栽培于寺庙前，为小乘佛教礼仪树种。

24. 桄榔

学名：*Arenga pinnata*

别名：砂糖椰子

科属：棕榈科桄榔属

英名：sugar palm，gomuti palm

［生物学特性］ 乔木，茎粗壮，宿存具黑色针刺的叶基。叶簇生于茎顶，一回羽状分裂，常竖直生长，羽片于叶轴上排列成不同平面，略悬垂，具双侧耳垂，叶面深绿色，叶背银白色。果近球形。花期4月，果期11月。

［地理分布与生态习性］ 桄榔属原产于我国南部、印度、斯里兰卡及新几内亚岛、约克角半岛，约17种。喜阳光，幼株能忍受直射光。在热带气候下约10年即可开花，可在南亚热带气候下生长，但成熟期延长。

［品种与繁殖］ 同属其他观赏种类有澳大利亚桄榔（*A. australasica*）和山棕（香棕，*A. engleri*）等。播种繁殖。

［园林应用］ 其中山棕香气幽雅，其花油含有橙花叔醇等物质，是高级调香原料。果实颜色鲜艳，挂果期长，是理想的观花、观果植物。

25. 青棕

学名：*Ptychosperma macarthurii*

别名：马氏射叶椰子

科属：棕榈科射叶椰属

英名：macarthurr palm，darwin Palm

［生物学特性］ 大灌木，茎丛生，具竹节环痕。羽状复叶，叶轴弯曲旋转，小叶阔线

形，叶鞘顶端具叶舌。穗状花序腋生，雌雄同株，果实椭圆形，熟时鲜红色。

［地理分布与生态习性］ 射叶椰属主产于新几内亚，及邻近的马鲁古群岛、加罗林纳群岛、所罗门群岛等地，有28种。茎单干型或丛生型，具显著叶环痕。喜温暖湿润、半阴的生长环境，较耐寒，生长适温为23～28℃。在土质肥沃、排水良好的偏酸性壤土中生长最佳。

［品种与繁殖］ 同属其他观赏种类有美丽青棕（*P. elegans*）、丛羽青棕（*P. sanderiamum*）等。播种或分株繁殖。

［园林应用］ 青棕是最优美的丛生型棕榈植物之一，树姿优美，观赏效果好。既可丛植、孤植、桶栽，也可列植成树篱。果实成熟后，果穗便成为一道吸引人的靓丽景观。

26. 白藤

学名：*Calamus tetradactylus*

别名：大发汗、白花藤

科属：棕榈科省藤属

英名：wai hangnou，wai savang

［生物学特性］ 粗壮具刺藤本，丛生，茎细长。叶羽状全裂，羽片少，2～3片成组排列，顶端的4～6片聚生，披针状椭圆形或长圆状披针形。雌雄花序异型，雄花序部分三回分枝，雄花小，长3mm，长圆形；雌花序二回分枝，雌花小，长3～4mm。果球形，直径8～10mm，稍光泽，淡黄色，具红褐色稍急尖的顶尖，边缘有不明显的啮蚀状。种子为不整齐的球形。花果期5—6月。

［地理分布与生态习性］ 省藤属原产于我国南部、南亚、东南亚至新几内亚、斐济、澳大利亚东部和热带非洲，约有400种。喜温不耐寒，幼苗忌强光。

［品种与繁殖］ 同属其他观赏种有鱼尾省藤（*C. caryotoides*）、玛瑙省藤（*C. manna*）等。播种繁殖。

［园林应用］ 藤茎质地中上等，可供编织藤器。

27. 散尾葵

学名：*Chrysalidocarpus lutescens*

别名：黄椰子、凤凰尾

科属：棕榈科散尾葵属

英名：rehazo，golden cane palm

［生物学特性］ 丛生灌木，茎基部略膨大，叶环痕显著。叶羽状全裂，平展而稍下弯，黄绿色，羽片披针形，表面有蜡质白粉。叶柄及叶轴具沟槽。花序生于叶鞘之下，圆锥花序，花小，金黄色。果卵形。

［地理分布与生态习性］ 原产于马达加斯加，我国南方常见栽培。喜阳光，可植于半阴处。需充足的水分。同属约有20种，我国常见栽培的只有一种。

［繁殖方法］ 播种或分株繁殖。

［园林应用］ 散尾葵可丛植、列植、盆栽，既可用于室外绿化，也可用于室内装饰，是优良的园林绿化树种。

28. 老人棕

学名：*Coccothrinax crinita*

科属：棕榈科银棕属

英名：old man palm，thatch palm

［生物学特性］ 常绿乔木。茎干单生，粗壮，被长而悬垂的叶鞘纤维所组成的厚纤维层紧密包裹，形似老人胡须。叶掌状，多裂，裂深近中部。穗状花序。果近球形。

［地理分布与生态习性］ 银棕属原产于美国佛罗里达州南端、墨西哥尤卡坦半岛沿岸及西印度群岛。性喜光照充足、温暖的气候条件，喜排水良好、疏松肥沃的沙质土壤，较耐干旱，生长缓慢，耐瘠薄。

［品种与繁殖］ 本属其他观赏种类有：银叶棕（*C. argentata*）、王银叶棕（*C. spissa*）等。播种繁殖。

［园林应用］ 老人葵形态奇特，观赏价值高，可孤植、丛植、列植，是优良的绿化树种。

29. 猩红椰子

学名：*Cyrtostachys renda*

别名：红槟榔

科属：棕榈科猩红椰属

英名：lipstick palm，red sealing wax palm

［生物学特性］ 常绿灌木，茎丛生，干细长，无刺。叶顶生，羽状复叶呈“弓”状，羽叶线形，尾部尖锐，绿色。叶鞘、叶柄和叶轴为鲜红色。花单性，雌雄同株，肉穗花序下垂，红色。

［地理分布］ 本属原产于东南亚及新几内亚，约 8 种。

［繁殖方法］ 播种或分株繁殖。

［园林应用］ 猩红椰子因叶具鲜红的颜色，与羽片的绿色形成鲜明对比，具有很高的观赏价值。可孤植于公园作为主景，也可丛植或作为白墙等构筑物的配景。

30. 穗花轴榈

学名：*licuala fordiana*

科属：棕榈科轴榈属

英名：licuala palm

［生物学特性］ 丛生灌木。茎干纤细柔韧。叶片半圆形，裂片楔形，裂至基部。叶柄下部两侧具刺。肉穗花序从基部叶腋中抽出。花小，2～3 朵簇生。果球形，熟时红色。花期 5 月，果期 9—10 月。

［地理分布与生态习性］ 原产于海南及广东东南部，常生于雨林下或砍伐后的灌丛中。轴榈属约 100 种，分布于亚洲热带地区、澳大利亚和太平洋群岛。喜半阴、湿润的环境。在强阳光下生长较矮小，叶色黄绿。轴榈形态奇异，又极耐阴。

［品种与繁殖］ 我国有 3 种，产于南部及西南部。我国本属种类还有刺轴榈（*L. spinosa*）和毛花轴榈（*L. dasyantha*）。播种或分株繁殖。

［园林应用］ 适宜栽植于林缘，或盆栽供室内观赏。

31. 三角椰

学名：*Dypsis decaryi*

别名：三角棕

科属：棕榈科金果椰属

英名：triangle palm

［生物学特性］ 乔木，树干圆柱形。叶鞘浅黄绿色，外侧中央具一显著突出的脊，故

叶鞘包裹部分呈三角状。羽状复叶，一回羽状分裂，长 2.5m，直伸，先端拱形，排成 3 列；小叶细线形，灰绿色；叶柄棕褐色。果卵形，绿色。

［地理分布与生态习性］ 原产于马达加斯加，我国广东、广西、海南、云南、福建、台湾等地区均有引种栽培。喜高温、光照，耐寒、耐旱、也较耐阴，生育适温 18～28℃。

［品种与繁殖］ 本属约 60 种，主要分布于非洲坦桑尼亚、马达加斯加及部分非洲印度洋岛屿，如毛里求斯和科摩罗等；少数种类分布于加勒比海地区。其他观赏种类有红领椰子（*D. leptocheilos*）和红冠棕（*D. lastelliana*）等。播种繁殖。

［园林应用］ 三角椰具有三角形茎干，株形奇特，寿命长，可孤植或群植于草坪及庭院中作为主景，也可列植。作盆栽用于装饰宾馆的厅堂和大型商场，观赏效果也非常好。

32. 水椰

学名：*Nypa fruticans*

科属：棕榈科水椰属

英名：：nypa palm，attap palm

［生物学特性］ 丛生常绿灌木。根茎粗壮，匍匐状。叶羽状全裂，羽片狭长披针形，先端锐尖，全缘，中脉在叶背凸起，有纤维状膜质小鳞片。佛焰花序顶生，单性，雌雄同株。果序球形，果实核果状，褐色，倒卵球形。花期 7 月。

［地理分布与生态习性］ 原产于海南东南部的崖县、陵水、万宁、文昌等县的沿海港湾泥沼地带，生长于河道、堤岸旁的软泥。亚洲东部、南部至澳大利亚、所罗门群岛等热带地区亦有分布。喜湿。土壤一般为半碱性的沼泽土，pH 为 6.8～8.0。

［繁殖方法］ 播种繁殖。

［园林应用］ 水椰是棕榈科植物中唯一的红树林植物，具胎生现象，种子在果实还未脱落时就开始萌动，此习性完全不同于其他棕榈植物。除了有观赏价值外，水椰还有较高的经济价值，有防海潮、护堤等较高的生态价值。

33. 变色山槟榔

学名：*Pinanga discolor*

科属：棕榈科山槟榔属

英名：discolor pinanga

［生物学特性］ 常绿灌木。茎丛生，干纤细，圆柱形，有褐色斑纹。叶鞘、叶柄及叶轴上均被褐色鳞秕。叶羽状全裂，复叶排列成倒人字形，叶轴背面具暗褐色鳞片，小叶剑状披针形，先端截形，且三角形齿缺。肉穗花序下垂，生于叶鞘束下。核果近纺锤形，熟时紫红色，花期 4—5 月，果期 11—12 月。

［地理分布与生态习性］ 原产于马来西亚、印度及我国广东南部、海南、广西南部、云南南部等地区。喜温暖湿润的气候，能耐轻霜，忌过强的光照，生长适温为 20～28℃，在疏松肥沃、排水良好的壤土中生长最佳。

［品种与繁殖］ 播种或分株繁殖。属约 120 种，分布于亚洲热带地区。我国产 8 种。其他观赏种类有亚山槟榔（*P. coronata*）、燕尾山槟榔（*P. sinii*）、绿色山槟榔（*P. viridis*）、华山竹（*P. chinensis*）、长枝山竹（*P. macroclada*）等。

［园林应用］ 变色山槟榔树姿优美，茎干小如细竹，可丛植，也可盆栽供室内绿化装饰。常散生于雨林及常绿季雨林下的山谷和溪边潮湿地。

34. 糖棕

学名：*Borassus flabellifer*

别名：扇叶糖棕、柬埔寨糖棕

科属：棕榈科糖棕属

英名：palmyra palm，doub palm，tala palm

［生物学特性］ 乔木，植株直立、粗壮。叶大型，近圆形，集生茎顶，掌状分裂到中部，裂片线状披针形，渐尖，顶端2裂；叶柄两侧具齿状小刺，戟突明显。肉穗花序腋生，较大，雌雄异株。果实近球形，黑褐色。

［地理分布与生态习性］ 原产于亚洲热带地区和非洲，我国华南及西南地区有栽培。喜阳光充足、气候温暖的生长环境，较怕寒冷，生长适温为22～30℃，越冬温度不能低于8℃，对土壤的要求不严，但以疏松肥沃的壤土为最好。

［品种与繁殖］ 本属其他观赏种类有：马岛糖棕（*B. madagascariesis*）、王糖棕（*B. sambiranensis*）等。播种繁殖。

［园林应用］ 糖棕是一种很重要的经济棕榈，可用来制糖、酿酒、制醋和饮料；叶片和贝叶棕一样可用来刻字和经文，还可用来盖屋顶、编席子等。株形较优美，可孤植、列植、丛植，用于广场、公园的绿化美化。

思考题

1. 海南园林常运用的趣味花卉植物有哪些？列出10种并注明科属。
2. 热带趣味花卉植物有哪些有别于一般趣味花卉的特点，限制趣味花卉植物商业化推广的因素有哪些？
3. 食虫植物叶型多样性有哪些？举例说明。
4. 食虫植物有哪些捕食陷阱，请简要概述并举例说明。
5. 由叶形成的捕食器有哪些，代表植物是什么？
6. 食虫植物的主要代表有哪些？
7. 请列举10种常见的棕榈科植物，写出其拉丁学名，并阐述棕榈科植物的观赏特性与园林用途。
8. 棕榈科植物按照叶片的形态可分为哪两种类型？请各列举5种，并写出其拉丁学名。
9. 请列举10种原产于中国的棕榈科植物，并写出其拉丁学名。

本章推荐阅读书目

1. 胡松华. 另类奇特花卉［M］. 北京：中国林业出版社，2002.
2. 董仁威. 趣味植物小百科［M］. 成都：四川出版集团 四川辞书出版社，2006.
3. 黄全能. 珍奇植物［M］. 福州：福建科学技术出版社，2012.
4. 李璐. 植物新语：彩云之南［M］. 上海：上海科学技术出版社，2017.
5. 宋希强，雷金睿. 海南城市景观植物图鉴［M］. 北京：中国林业出版社，2018.
6. 李洸熙. 阴森植物世界的趣味之旅［M］. 南昌：江西美术出版社，2010.
7. 庄雪影. 园林树木学［M］. 3版. 广州：华南理工大学出版社，2014.
8. 周铁烽. 中国热带主要经济树木栽培技术［M］. 北京：中国林业出版社，1999.
9. 朱家柟. 拉汉英种子植物名称［M］. 4版. 北京：科学出版社，2001.

附录一 拉丁文索引

附录二　中文名索引